工业和信息化部“十四五”规划教材
“十三五”国家重点出版物出版规划项目
材料科学研究与工程技术系列·化学化工精品系列图书

材料测试技术与分析方法（第2版）

CAILIAO CESHI JISHU YU FENXI FANGFA

范瑞清　杨玉林　刘志彬　张立珠　王　平　编　著

哈爾濱工業大學出版社
HARBIN INSTITUTE OF TECHNOLOGY PRESS

内 容 简 介

本书介绍了材料测试仪器的组成、基本原理、样品的制备、测试步骤和数据分析。全书共分 18 章，依次为扫描电子显微镜、透射电子显微镜、X 射线光电子能谱、俄歇电子能谱、拉曼光谱、扫描隧道电子显微镜、原子力显微镜、X 射线衍射分析、红外吸收光谱、紫外–可见分光光度法和紫外漫反射光谱、分子荧光光谱法、X 射线荧光光谱、核磁共振波谱法、电子顺磁共振、质谱分析法、热分析技术、等离子体发射光谱和电化学分析方法。在编写过程中，以培养学生独立分析问题和解决问题的能力为重心，尽量简化理论深度，突出实用性。

本书内容全面、实用性和系统性强，既可作为高校材料科学与工程、化学和化工类等专业高年级本科生与研究生的教材，也可作为从事材料科学研究与分析测试的工程技术人员的教学参考书。

图书在版编目(CIP)数据

材料测试技术与分析方法/范瑞清等编著. —2 版
. —哈尔滨：哈尔滨工业大学出版社，2021. 8
ISBN 978 - 7 - 5603 - 9599 - 9

Ⅰ. ①材… Ⅱ. ①范… Ⅲ. ①材料科学-测试技术-高等学校-教材②材料科学-分析方法-高等学校-教材 Ⅳ. ①TB3

中国版本图书馆 CIP 数据核字(2021)第 139400 号

责任编辑 王桂芝 王 爽
出版发行 哈尔滨工业大学出版社
社 址 哈尔滨市南岗区复华四道街 10 号 邮编 150006
传 真 0451 - 86414749
网 址 http://hitpress. hit. edu. cn
印 刷 哈尔滨市工大节能印刷厂
开 本 787 mm×1 092 mm 1/16 印张 24. 25 字数 585 千字
版 次 2014 年 9 月第 1 版 2021 年 8 月第 2 版
2021 年 8 月第 1 次印刷
书 号 ISBN 978 - 7 - 5603 - 9599 - 9
定 价 58.00 元

第 2 版前言

《材料测试技术与分析方法》自 2014 年 9 月首次出版以来已有七年，在这七年中，科学技术飞速发展，出现了大量具有较好力学性能和特殊物理、化学性能的复合材料、纳米材料、功能材料等。这对材料测试与分析提出了新要求，要求既能精确测定材料的各种性能和微观组织，还能通过对材料的组织结构和成分分析找出材料性能产生的机理和材料失效的原因，为研制开发新材料和研究构件失效机理提供更简洁的方法。

考虑到上述材料测试技术与分析方法的进步，作者对本书进行了修订，力争做到内容全面、重点突出、线索清晰地介绍材料测试技术与分析方法，以使第 2 版教材具有更好的实用性和教学可操作性。本次修订重点围绕以下方面进行：

(1) 在原有教材 18 章内容的基础上，每章均增加了国内外最新的实例分析和学科历史拓展，深化了本书的基本内容。

(2) 每章均补充了习题，并配有习题答案，以便于学生巩固和掌握材料的各种先进的现代测试分析方法。

(3) 对第 1 版书中存在的个别错误及问题进行了修订。

本次修订工作主要由范瑞清、杨玉林、刘志彬、张立珠和王平共同完成，全书由范瑞清统稿。

由于作者水平有限，书中难免存在疏漏或不当之处，恳请广大读者给予批评指正。

作　者

2021 年 6 月

前　　言

随着科学发展和技术的进步，材料科学与化学、物理、生命、环境以及工程技术领域不断交叉融合，已打破原有单一学科界限，采用多学科联合解决实际问题，并发现新的研究领域和新问题。目前，已有大量具有新颖结构、组成和性能的新型功能材料问世。一方面，人们对材料的认知从宏观向微观发展，极大地推动了材料科学的进步；另一方面，人们在分子水平上对材料的研究又进一步地用来指导新型功能材料的设计和合成，这便对功能材料的表面、体相测试手段和分析方法提出了更高的要求。

材料是人类赖以生存的物质基础，功能材料是目前应用化学、应用物理和材料科学的研究热点之一。据统计，高校中有超过三分之一的化学和材料类专业将功能材料作为重要的专业方向，并开设相应的课程。这些课程主要集中于材料化学、材料物理和材料制备工艺等方面。虽然有些高校也开设材料分析测试技术课程，但大多围绕仪器分析或有限几个仪器，受课时限制，涉及的仪器较少，实用性不够强。目前许多高校的学生对材料分析测试的仪器不甚了解，需要掌握：功能材料要进行什么测试和表征；某一仪器测试表征能反映出的全部信息；测试的结果怎样分析。针对上述问题，作者选择 XRD、SEM、TEM、XPS、AFM 等 20 余种仪器，结合应用实例，系统介绍仪器的组成、基本原理、样品的制备（含用量、处理方法、仪器检测限）、测试步骤、理想的测试结果的选取、测试数据分析、通过数据分析发现哪些科学现象、得到什么结论以及如何解释功能材料的组成、结构与性能的关系等。本书以培养学生的科研能力为出发点，以培养学生独立分析问题和解决问题的能力为重心，表现形式上力求简明扼要，突出实用性。

本书由杨玉林、范瑞清、张立珠和王平撰写，全书由强亮生教授主审。其中，第 1 ~ 8 章由杨玉林编写，第 9、10、14、16、18 章由范瑞清编写，第 11、12、17 章由张立珠编写，第 5、13、15 章由王平编写。本书在编写过程中，感谢吉林大学化学学院刘云凌教授、大连理工大学徐铁奇副教授给予的指导和建议，感谢哈尔滨工业大学王鑫博士、周广鹏博士、陈海燕硕士、胡伟硕士和孙钦杰硕士在收集整理材料方面所做的工作。

由于作者水平有限，书中难免有疏漏或不当之处，恳请读者提出宝贵意见。

作　者

2014 年 3 月

目　录

第 1 章　扫描电子显微镜

1.1　简　　介

随着科学技术的进步，显微镜的类型和用途在不断地更新和发展。虽然不同类型的显微镜所依据的物理基础不同，但其基本工作原理都是类似的，即采用一种照明源，使其缩小成极细的照明束，再以一定方式照射到被观察的试样上。根据照明源与被观察试样的相互作用结果所发回的信息，通过成像放大系统构成放大影像，再由人眼进行观察。

根据照明源的性质、照明方式以及被观察对象所收回信息的性质和对信息的相应放大处理方法，显微镜通常可以分为光学显微镜（OM）、透射电子显微镜（TEM）、场发射电子显微镜（FEM）和扫描电子显微镜（SEM）等。一般情况下，SEM 的景深比 TEM 的景深大 10 倍，比 OM 的景深大 100 ~ 500 倍。

图 1.1 所示的是在相同条件下多孔硅的光学显微镜和扫描电子显微镜照片。从图 1.1 中可以看出，扫描电子显微镜景深很大，照片更加清晰，分辨率很高，可以得到完整的多孔硅的形貌像。

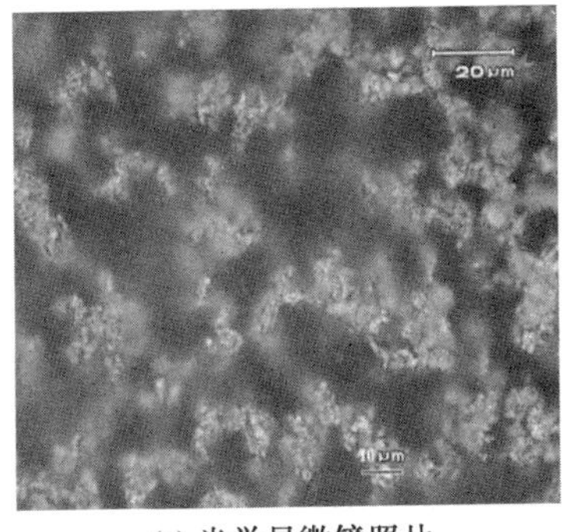

(a) 光学显微镜照片

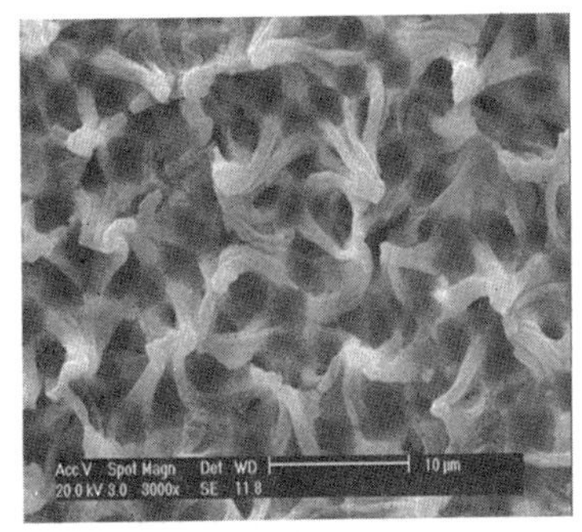

(b) 扫描电子显微镜照片

图 1.1　多孔硅的两种形貌像比较

扫描电子显微镜简称为扫描电镜（Scanning Electron Microscope，SEM），SEM 与电子探针（EPMA）的功能和结构基本相同，但 SEM 一般不带波谱仪（WDS）。SEM 采用细聚焦的电子束轰击样品表面，通过电子与样品相互作用产生的二次电子、背散射电子等对样品表面或断口形貌进行观察和分析。SEM 与能谱（EDS）组合，可以进行样品组成和含量分析。因此，SEM 是显微结构分析的主要仪器，已广泛应用于材料、冶金、矿物、生物学等领域。其主要特点为：

①直接观察大尺寸试样的原始表面。能够直接观察尺寸直径为 100 mm、高 50 mm 或更大尺寸的试样，对试样的形状没有任何限制，粗糙表面也能进行观察，样品制备方法

简单,而且能真实反映试样本身物质成分不同的衬度。

②试样在样品室可调的自由度大。其他显微镜的工作距离通常只有 2 ~ 3 mm,实际上只允许试样在二维空间内运动。但在扫描电子显微镜中则不同,由于工作距离大(可大于 15 mm),景深大(比透射电子显微镜大 10 倍),样品室的空间也大,因此允许试样在三维空间内有 6 个自由度运动(即三维空间平移和空间旋转)且可动范围大,为观察不规则形状试样的各个区域细节带来很大的方便。

③观察试样的视场大。

④景深大,图像富有立体感。扫描电子显微镜比透射电子显微镜的景深大 10 倍,比光学显微镜大 100 ~ 500 倍。由于图像景深大,扫描电子显微镜所得扫描电子像富有立体感,很容易获得一对同样清晰聚焦的立体对照片,并进行立体观察和立体分析。

⑤放大倍数的可变范围很宽,不用经常对焦。扫描电子显微镜的放大倍数范围很宽(5 ~ 20 万倍连续可调),基本包括了从金相显微镜到电子显微镜的放大倍数范围,且一次聚焦好后即可从低倍到高倍,或高倍到低倍连续观察,不用重新聚焦,这对进行材料分析特别方便。

⑥在观察厚块试样时,扫描电子显微镜能观测到高分辨率且较真实的试样形貌,其分辨率介于光学显微镜和透射电子显微镜之间。对厚块试样进行观察比较时,透射电子显微镜要采用复膜方法,而复膜的分辨率通常只达 10 nm,且观察的并不是试样本身。因此,用扫描电子显微镜观察厚块试样更有利,能够得到真实的试样表面资料。

⑦电子照射对试样的损伤和污染程度很小。同其他方式的电子显微镜相比,扫描电子显微镜观察时所用的电子探针电流小(一般为 10^{-12} ~ 10^{-10} A),电子探针的束斑尺寸小(通常为 5 nm 到几十纳米),电子探针的能量也比较小(加速电压可以小到 2 kV),不是固定一点照射试样,而是以光栅状扫描方式照射试样。因此,通过电子照射而发生试样的损伤和污染程度很小,这对观察一些生物试样特别重要。

⑧动态观察。在扫描电子显微镜中,成像的信息主要是电子信息。如果在样品室内安装有加热、冷却、弯曲、拉伸和离子刻蚀等附件,可以通过连接电视装置,观察相变、断裂等动态的变化过程。

⑨通过试样表面形貌可获得多方面资料。在使用扫描电子显微镜时,可以利用入射电子和试样相互作用所产生各种信息来成像。因此,通过不同信号处理方法可以获得多种图像的特殊显示方法,从试样的表面形貌获得多方面资料。

扫描电子像不是同时记录的,而是将样品分解为近百万个像元,逐次、依次记录的,因此扫描电子显微镜除了观察表面形貌外,还能进行成分和元素的分析。此外,采用三透镜式的扫描电子显微镜还能够通过电子通道花样进行结晶学分析,选区尺寸可以为2 ~ 10 μm。由此可见,扫描电子显微镜是一种多功能的仪器,可以进行如下 3 种基本分析:

①三维形貌的观察和分析。

②在观察形貌的同时,进行微区的成分分析。

③在观察形貌的同时,进行微区的结晶学分析。

由于扫描电子显微镜具有上述特点和功能,所以受到科研工作者的重视,用途日益广泛。

1.2　扫描电子显微镜的系统组成

图 1.2 所示的扫描电子显微镜为 JSM-6700F 场发射扫描电镜，其系统主要包括电子光学系统、真空系统、透镜系统、检测-放大系统、信号处理和扫描显示系统等。

图 1.2　JSM-6700F 场发射扫描电镜

1. 电子光学系统

图 1.3 所示为扫描电镜电子光学系统示意图。该系统由电子枪、电磁透镜、扫描线圈和样品室等部件组成，以获得扫描电子束，作为信号的激发源。为了得到较高的信号强度和图像分辨率，扫描电子束应具有较高的亮度和尽可能小的束斑直径。

为了获得扫描电子像，通常用探测器接收来自试样表面的信息，再经过信号处理系统和放大系统（变成信号电压），最后输送到显像管的栅极，用来调制显像管的亮度。显像管中的电子束和在镜筒中的电子束是同步扫描的，其亮度由试样所发回的信息的强度来调制，进而得到一个反映试样表面状况的扫描电子像。

（1）电子枪。

电子枪的作用是产生电子照明源，它的性能决定了扫描电子显微镜的质量，商业生产扫描电子显微镜的分辨率可以说是受电子枪亮度所限制。

应用于电子显微镜的电子枪可以分为 3 类：

①直热式发射型电子枪。阴极材料用钨丝（直径为 0.1 ~ 0.15 mm）制成发夹式或针尖式形状，并利用直接电阻加热来发射电子，它是一种最常用的电子枪。

②旁热式发射型电子枪。阴极材料用电子逸出功小的材料，如 LaB_6、YB_6、TiC 或 ZrC 等，其中 LaB_6 应用最多，它是用旁热式加热阴极来发射电子。

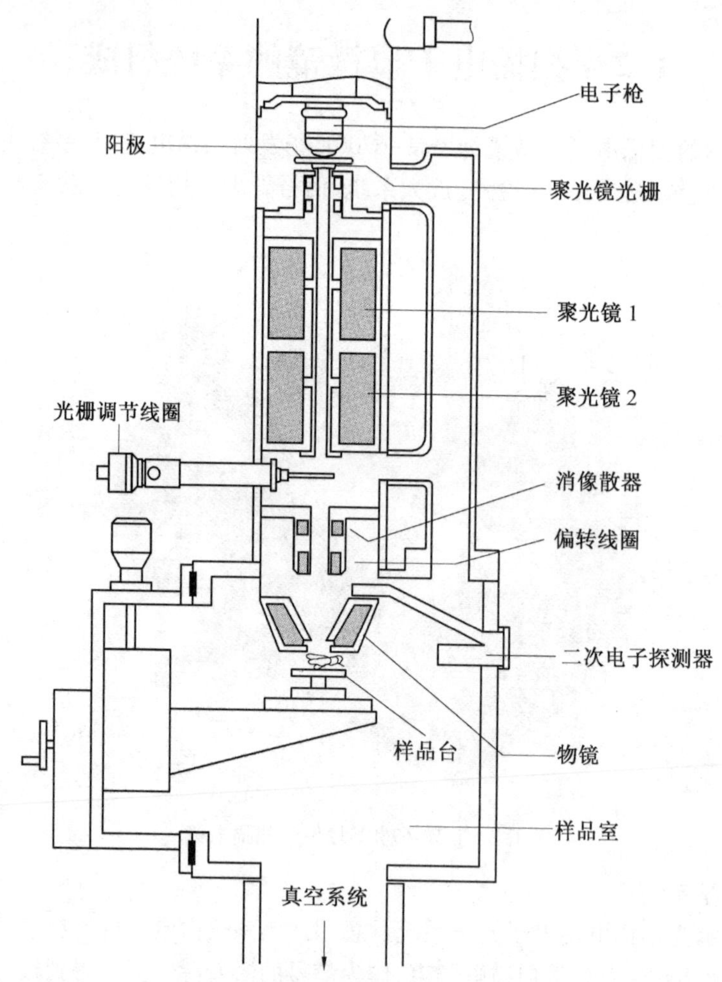

图 1.3　扫描电镜电子光学系统示意图

③场致发射型电子枪。阴极材料用(310)位向的钨单晶针尖,针尖的曲率半径大约为 100 nm。它是利用场致发射效应来发射电子的。

目前,商业生产的扫描电子显微镜大多是采用发夹式钨灯丝电子枪,故这里仅介绍直热式发射型电子枪中发夹式钨灯丝电子枪。

(2)发夹式钨灯丝电子枪的工作原理。

发夹式钨灯丝电子枪的结构如图 1.4 所示。它是一种典型的三极电子枪,灯丝本身为阴极,并直接通过阴极电流来加热灯丝,使其发生热电子发射。为了改善灯丝发射电子的稳定性,通常采用自栅偏压方法。阴极所发射的电子被阳极的电位加速,穿过栅极孔,在电极间的电场作用下,形成一个亮度为 B_0,交叉点尺寸为 G_0

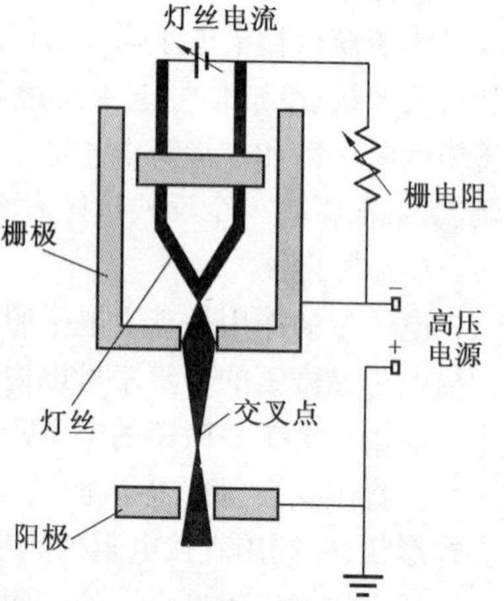

图 1.4　发夹式钨灯丝电子枪的结构图

的虚光源。G_0 的大小取决于栅极电位和阳极电位的比值（V_g/V_A，V_g 为栅极电位，V_A 为阳极电位）。适当地调节灯丝—阳极距离和栅极—阳极距离，获得最细的电子束。

2. 真空系统

真空系统在电子光学仪器中十分重要，因为电子束只能在真空下产生和操纵。真空系统保证电子枪和试样室有较高的真空度，而高真空度能减少电子的能量损失并提高灯丝寿命，减少电子光路的污染。对于扫描电子显微镜来说，要求真空度优于 10^{-3} Pa。任何真空度的下降都会导致电子束散射加大，电子枪灯丝寿命缩短，产生虚假的二次电子效应，使透镜光栅和试样表面受碳氢化物的污染加速等，从而严重影响成像质量。因此，真空系统的质量是衡量扫描电子显微镜质量的参考指标之一。

通常用机械泵——油扩散泵，抽真空。油扩散泵的残余油蒸气在电子束的轰击下，会分解成碳的沉积物，影响超轻元素的定量分析结果，特别是对碳的分析影响严重。用液氮冷阱冷却试样附近的冷指，或采用无油的涡轮分子泵抽真空，可以减少试样碳污染。目前，商品扫描电子显微镜多采用油扩散泵系统。为了减轻污染程度并提高真空度，常在油扩散系统上方安装一个液氮冷阱，从而大大改善真空系统的质量。

3. 透镜系统

（1）基本要求。

①把虚光源的尺寸从几十微米缩小到 5 nm（或更小），并且从几十微米到几个纳米间连续可变。

②控制电子束的开角，在 $10^{-3}\sim10^{-2}$ rad 内可变。

③所形成的聚焦电子束可以在试样的表面上做光栅状扫描，且扫描角度范围可变。

为了获得上述扫描电子束，其透镜系统通常是由电磁透镜、扫描线圈和消像散器等组成。采用电磁透镜的优点是：透镜可以安置在镜筒外面，可避免污染和减小真空系统的体积，而且透镜的球像差系数较小。

（2）样品室。

理想的扫描电子显微镜样品室，在设计上要求如下：

①为了能对试样进行立体扫描，样品室的空间应足够大，以便放进大试样后还能进行旋转 360°、倾斜 0～90°和沿三度空间做平移等动作，并且能动范围越大越好。

②在试样台中试样能进行拉伸、压缩、弯曲、加热或深冷等操作，以便研究一些动力学过程。

③试样室四壁应有数个备用窗口，除安装电子检测器外，还能同时安装其他检测器和谱仪，以便进行综合性研究。

④备有与外界接线的接线座，以便研究有关电场和磁场所引起的衬度效应。

4. 检测-放大系统

检测-放大系统的作用是把入射电子和物质相互作用所产生的各种信息进行接收和放大，并转换为视频信号电压。实践表明，检测系统的性能对扫描电镜的图像质量起重要作用。在扫描电子显微镜中最普遍使用的是电子检测器，它由闪烁体、光电导管和光电倍增器组成。

5. 信号处理和扫描显示系统

信号处理和扫描显示系统如图 1.5 所示。扫描显示系统是将电子束在试样表面和观察图像的荧光屏(CRT)进行同步光栅扫描,把电子束与试样相互作用产生的二次电子、背散射电子及 X 射线等信号,经过探测器及信号处理系统后,送到 CRT 显示图像或照相记录图像。以前采集图像一般为模拟图像,现在都是数字图像,数字图像可以进行图像处理和图像分析。检测样品在入射电子作用下产生的物理信号,经视频放大作为显像系统的调制信号。

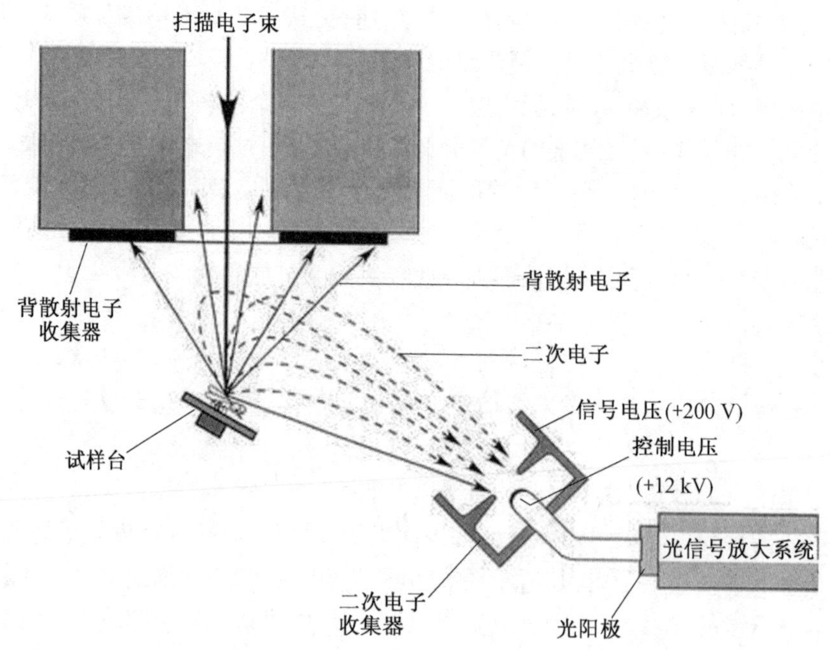

图 1.5 信号处理和扫描显示系统

信号处理的目的:

①人工控制图像的衬度以改善图像的质量。

②实现各种特殊图像的显示以获得更多的形态分析资料。

扫描电子显微镜的优点是:能把从样品所获得的信息电子化,能应用电子学信号处理和电子计算机处理提高图像的质量,或者用多种方式显示图像,而后者是通过信号处理和成像系统来完成的。

1.3 试样的制备

试样的制备主要包括以下 3 个方面:

(1)粉体试样的制备。

粉体可以直接撒在试样座的双面碳导电胶上,用表面平的物体(例如玻璃板)压紧,然后用洗耳球吹去黏结不牢固的颗粒。当颗粒比较大时,例如直径大于 5 μm,可以寻找表面尽量平的大颗粒分析,也可以将粗颗粒粉体用环氧树脂等镶嵌材料混合后,通过粗磨、细磨及抛光方法制备。

分析细颗粒的粉体时，特别是观察团聚体粉体形貌时，需将粉体用酒精或水在超声波机内分散，再用滴管把均匀混合的粉体滴在试样座上，待液体烘干或自然干燥后，粉体靠表面吸附力黏附在试样座表面。

(2)块状试样的制备。

块状试样，特别是测定其薄膜厚度、离子迁移深度、背散射电子观察相分布时，可以用环氧树脂等镶嵌后，进行研磨和抛光处理。较大的块状试样也可以直接研磨和抛光，但容易产生倒角，影响薄膜厚度及离子迁移深度的测定，因此，对尺寸小的试样只能镶嵌后加工。多孔或较疏松的试样，例如某些烧结材料、腐蚀产物等，需采用真空镶嵌方法。将试样用环氧树脂胶浸泡，在 500 ~ 600 ℃时放入低真空容器内抽气，然后在 60 ℃恒温烘箱内烘烤 4 h，即可获得坚固的块状试样。这样可以避免试样在研磨和抛光过程中脱落，同时可以避免抛光物进入试样孔内引起污染。

(3)蒸镀导电膜的制备。

对不导电的试样，例如陶瓷、玻璃、有机物等，在电子探针进行图像观察、成分分析时，会产生放电、电子束漂移、表面热损伤等现象，使分析点无法定位、图像无法聚焦。大电子束流时，例如 6 ~ 10 A，有些试样电子束轰击点会产生起泡、熔融。为了使试样表面具有导电性，必须在试样表面蒸镀一层金或者碳等导电膜。试样在镀膜后应马上分析，避免其表面污染和导电膜脱落。

进行一般形貌观察时，蒸镀小于 10 nm 厚的金导电膜。金导电膜具有导电性好、二次电子发射率高、在空气中不氧化、熔点低、膜厚易控制等优点，可以拍摄到质量好的照片。

成分定性、定量分析，必须蒸镀碳导电膜。碳为超轻元素，对所分析元素的 X 射线吸收小，对定量分析结果影响小。蒸镀碳只能用真空镀膜仪，镀膜要均匀，厚度控制在 20 nm 左右，为了保证试样与标样镀膜厚度相同，标样和试样应该同时蒸镀。

另外，现在许多 SEM 具有图像处理和图像分析功能。有的 SEM 引入附件后，能进行加热、冷却、拉伸及弯曲等动态过程的观察。

1.4　扫描电子显微镜的基本原理与分析方法

1.4.1　扫描电子像的衬度效应和专门技术分析

采用亮度调制所获得的扫描电子像，其图像的细节是通过各像元之间的亮度差异(即明暗度)而显示出来的，这种显示图像细节的明暗度称为衬度。由于人肉眼对一幅图像明暗度的适应能力是有限的，如果从肉眼的感观来衡量，通常把这幅图像的反差定义为在图像中最亮部分和最暗部分的亮度比值，即

$$C=\frac{B_{max}}{B_{min}}$$

式中，C 为图像的反差；B_{max} 为图像中最亮部分的亮度；B_{min} 为图像中最暗部分的亮度。

经验表明：对于一幅令人感观良好的图像，图像的反差 C 应控制在 15 ~ 40，超出这个

范围,就会使人感觉图像平淡,不够鲜明或反差过大。因为扫描电子像的特点是每个像元的亮度(它同相应的视频信号电压成正比)同试样的表面状态(包括几何形状、组织结构以及其他物理和化学状态)有关。为了对扫描电子像进行正确的解释,首先要弄清它的衬度效应来源及其同试样性质的关系。

扫描电子像衬度的影响因素可以归纳为3个方面:①成像信息本身性质所决定的衬度;②试样本身性质所决定的衬度;③信号处理和成像系统所控制的人工衬度。因为第一种和第二种衬度效应是相互依存的,故通常把这两种衬度效应合起来又称为原衬度效应,它是对图像进行正确解释的基础。

1. 电子与固体试样的交互作用

当一束聚焦电子束沿一定方向入射到试样内时,由于受到固体物质中晶格位场和原子库仑场的作用,其入射方向会发生改变,这种现象称为散射。

(1)弹性散射。

如果在散射过程中入射电子只改变方向,但其总动能基本上无变化,则称这种散射为弹性散射。弹性散射的电子符合布拉格定律,携带有晶体结构、对称性、取向和样品厚度等信息,在电子显微镜中用于分析材料的结构。

(2)非弹性散射。

如果在散射过程中入射电子的方向和动能都发生改变,则称这种散射为非弹性散射。在非弹性散射情况下,入射电子会损失一部分能量,方向也有微小变化并伴有各种信息的产生。非弹性散射既能用于电子能量损失谱,提供成分和化学信息,也能用于特殊成像或衍射模式。

当一束细聚焦的电子束轰击试样表面时,入射电子与试样的原子核和核外电子将产生弹性或非弹性散射作用,并激发出反映试样形貌、结构和组成的各种信息,如二次电子、背散射电子、阴极发光、特征X射线、俄歇过程和俄歇电子、吸收电子、透射电子等。

(3)二次电子。

入射电子与样品相互作用后,使样品原子较外层电子(价带或导带电子)电离产生的电子称为二次电子。二次电子能量比较低,习惯上把能量小于50 eV的电子统称为二次电子,仅在样品表面5~10 nm的深度内才能逸出表面,这是二次电子分辨率高的重要原因之一。

二次电子像是表面形貌衬度,它是利用对样品表面形貌变化敏感的物理信号作为调节信号得到的一种像衬度。因为二次电子信号主要来自样品表层5~10 nm的深度范围,它的强度与原子序数没有明确的关系,但对微区表面相对于入射电子束的方向却十分敏感,而且二次电子像分辨率比较高,所以适用于显示形貌衬度。

(4)背散射电子。

背散射电子是指入射电子与样品相互作用(弹性散射和非弹性散射)之后,再次逸出样品表面的高能电子,其能量接近于入射电子能量(E_0)。背散射电子的产额随样品的原子序数增大而增加,所以背散射电子信号的强度与样品的化学组成有关,即与组成样品的各元素平均原子序数有关。背散射电子像的形成,就是因为样品表面上平均原子序数Z大的部位产生较强的背散射电子信号,而形成较亮的区域;而平均原子序数较小的部位则产生较少的背散射电子，在荧光屏上或照片上就是较暗的区域，这样就形成原子序数衬度。

锡铅镀层的二次电子图像和背散射电子图像的对比如图 1.6 所示。

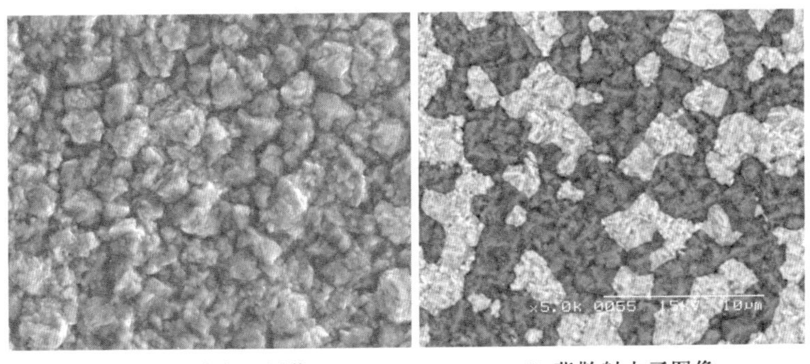

(a) 二次电子图像　(b) 背散射电子图像

图 1.6　锡铅镀层的表面图像

背散射电子既可以用来显示形貌衬度，也可以用来显示成分衬度。

2. 形貌衬度

背散射信号进行形貌分析时，其分辨率比二次电子低。因为背散射电子是来自一个较大的作用体积。此外，背散射电子能量较高，它们以直线轨迹逸出样品表面。对于背向检测器的样品表面，因检测器无法收集到背散射电子，掩盖了许多有用的细节，如图 1.7 所示。

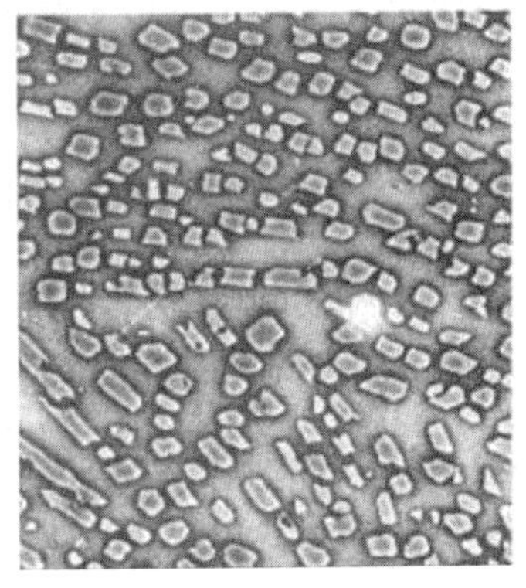

图 1.7　玻璃不透明区域的背散射电子像

3. 成分衬度

背散射电子发射系数可表示为样品中重元素区域在图像上是亮区，而轻元素在图像上是暗区。利用原子序数造成的衬度变化可以对各种合金进行定性分析。由于背散射电子信号强度要比二次电子低得多，所以粗糙表面的原子序数衬度往往被形貌衬度所掩盖。将检测器得到的信号相加，能得到反映样品的原子序数的信息，相减能得到形貌信息。背散射电子探头采集的成分图像和形貌图像如图 1.8 所示。

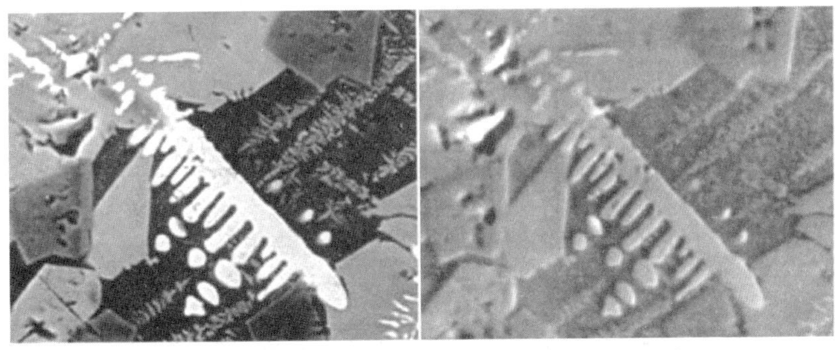

(a) 成分图像　(b) 形貌图像

图 1.8　背散射电子探头采集的成分图像和形貌图像

4. 各种信号的深度和区域大小

可以产生信号的区域称为有效作用区，有效作用区的最深处为电子有效作用深度。但在有效作用区内的信号不一定都能逸出材料表面，成为有效的可供采集的信号。这是因为各种信号的能量不同，样品对不同信号的吸收和散射也不同。随着信号的有效作用深度增加，作用区的范围增加，信号产生的空间范围也增加，这对于信号的空间分辨率是不利的。

景深是指一个透镜对高低不平的试样各部位能同时聚焦成像的一个能力范围。扫描电镜的景深比一般光学显微镜的景深大 100 ~ 500 倍，比透射电镜的景深大 10 倍。

1.4.2　扫描电子像质量的控制原理

从显微镜观察微观形貌的质量来说，如果观察的放大倍数不大于一万倍，则扫描电子显微镜通常比其他类型显微镜所观察到的图像更富有立体感，清晰度更高，层次细节更分明和丰富。扫描电子像具有这样优良的品质，固然同它本身的成像原因有密切关系，但更重要的是：影响扫描电子像质量的一些因素，如信噪比、分解率、景深、衬度和宽容度等，可以在很大程度上自由控制。

如同一张普通照片那样，一幅优良的扫描电子像首先应当是细节清晰，其次是图像富立体感、层次丰富且对比鲜明，此外还要求主题突出和构图美观。因此，要获得一幅细节清晰的扫描电子像，应当满足如下条件：

①像元的尺寸应当小于等于人肉眼的分辨能力，有关这方面的质量通常由像元的数目来衡量。

②两像元间由于成像信息（如二次电子、背反射电子等）所贡献的亮度差异应远大于噪声，有关这方面的质量通常用信噪比来衡量。

③在试样上产生成像信息的体积单元，在线长度上应小于等于相应一个像元周期内电子束所扫描过试样的距离。因为产生成像信息的体积单元决定了能区分开在试样上两点间最近距离的能力，故有关这方面的质量通常用所谓的分辨力来衡量。

此外，要获得一幅富有立体感的图像，主要与拍摄图像时的焦深有关；要获得一幅层次丰富和对比鲜明的图像，主要与拍摄时的衬度控制、宽容度控制、正确的曝光条件等有关。高质量的扫描电子显微镜照片如图 1.9 所示。

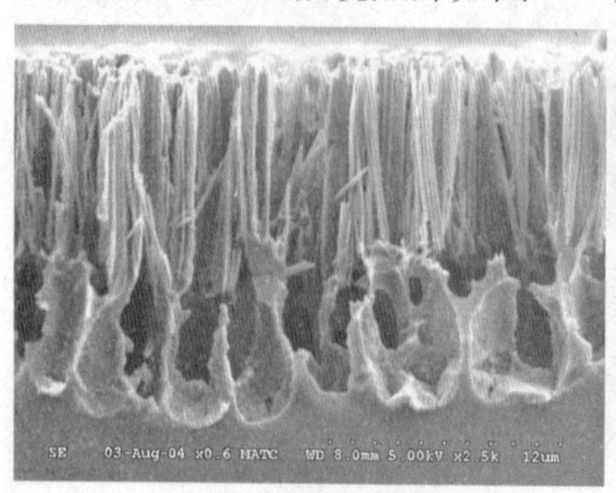

(a) 多孔硅的剖面图

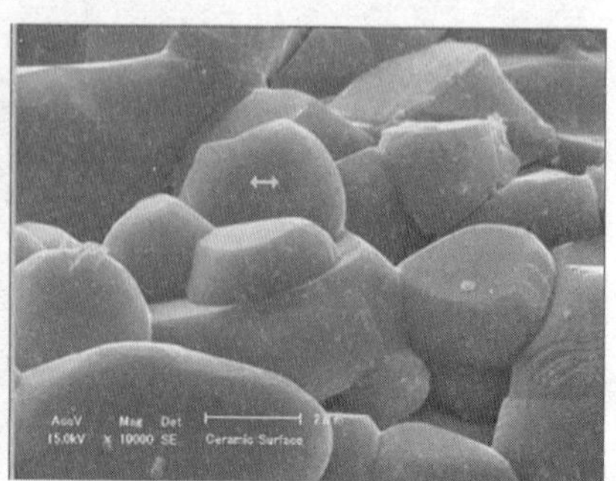

(b) 陶瓷烧结体的表面图像

图 1.9　高质量的扫描电子显微镜照片

1.4.3　扫描电镜的立体分析技术

扫描电子显微镜所获得的扫描电子像虽然富有立体感，但不等于就是立体观察。所谓立体观察是指应用立体摄影原理，把两个不同角度拍摄的图像复合成一个具有立体和深度感觉的图像。扫描电子显微镜的特点是具有大的焦深，可容许被观察试样在倾斜不同角度下仍能保证获得清楚聚焦的图像，因此，就有可能把立体照相术应用到扫描电子显微镜中，从而获得一对构成立体对的照片进行真正的复合立体观察。

在立体照片中对相关点的几何参数进行测量和分析，从而获得有关描述立体形貌的一些几何参数，如立体高度、二面角、真实表面积和空间方位等，这种技术称为立体分析技术。

在扫描电子显微镜的分析技术中，有关立体分析的内容是广义的，它包括如何对试样拍摄立体对照片以及如何把立体对照片进行复合观察和立体几何分析等有关的全部实验安排和定量分析问题。扫描电子显微镜的立体分析技术在 1969 年才开始出现，它标志着显微镜的观察和分析技术上一个重大的发展，有可能解决一些过去难以解决的观察问题和定量测量问题。因此，它同扫描电镜的结晶学分析技术和成分分析技术一起并称为扫描电镜的三大基本分析技术。

立体摄影原理就是应用这种体视效应，对物体分别从两个不同角度拍取两张相关的照片，这两张相关的照片习惯简称为立体对照片。立体对照片的最基本特点是在这对照片上的影像仅在一个方向上有位置差异（如左右差异）。如把这种立体对照片放到立体看视器中进行观察，则通过立体看视器将这对左右位置有差异的影像复合，就可以得到一个具有深度感觉的立体形像。例如图 1.10 所示的钛酸铋钠粉体的六面体形貌(20 000 倍)。

图 1.10　钛酸铋钠粉体的六面体形貌(20 000 倍)

为了进行立体几何分析，目前有平移试样法、倾斜试样法和沉积污染线法等，其中倾斜试样法是一种普遍方法，它可以确定全部立体几何特征参量，如立体高度、两面角和空间方位等。当采用倾斜试样法进行立体分析时，如果是为了复合观察，则拍摄两张照片的倾斜角度差异可选取 6° ~ 10°，这取决于被分析试样的高度差异；如果是为了立体几何分析，则拍摄两张照片的倾斜角度差异选取通常大于 10°，在推导定量几何分析关系式的过程中，要全部采用适合于极射投影的几何关系和数学关系，不能错用适合于正投影的几何关系和有关数学关系，否则将会导出不正确的定量关系式。

以倾角为0°的图像为参考图像，在参考图像中取 x(600,1 600)、y(500,1 200)的区域为研究对象，则不同立体角所对应的立体对之间的位移场如图 1.11 所示。

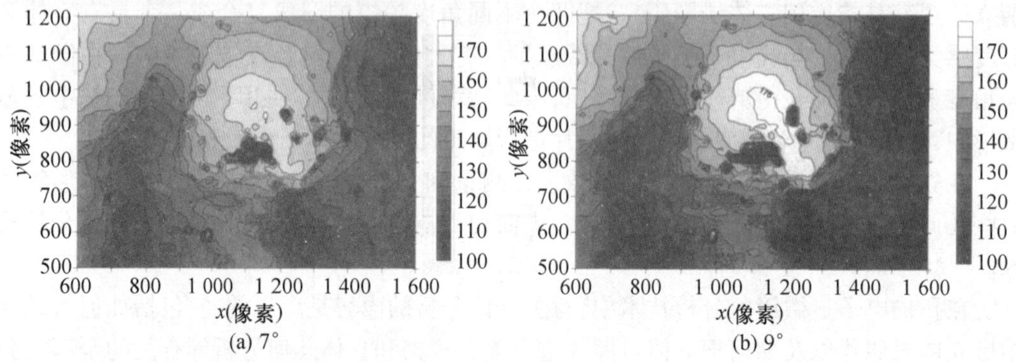

图 1.11　不同立体角所对应的立体对之间的位移场

1.4.4　扫描电镜的结晶学分析技术

在结晶固体中，其原子在三维空间呈周期排列，构成三维空间点阵，而在固体表面几个原子层则具有二维点阵的特征。所谓晶体学分析就是指对晶体表面的位向、晶体中原子在点阵中的排列方式、点阵类型和结构（包括晶胞大小、晶胞中原子数目、晶胞中原子位置等）以及点阵应变和点阵缺陷等进行分析。近代结晶学分析方法的基本原理是：应用高能入射束（如 X 射线、中子和电子等）和晶体点阵（或称晶格）相互作用所伴随着发生的物理效应进行分析。

在扫描电镜中，可以利用这些物理效应对厚块试样进行结晶学分析，相应有如下几种方法：

①电子通道花样分析技术（Electron Channelling Pattern Technique，ECP）。其物理基础是应用声子散射所产生的电子通道效应。

②电子背散射花样分析技术（Electron Back-scattering Pattern Technique，EBSP）。其物理基础是应用背反射电子空间角分布的结晶学效应。

③反射电子衍射技术（Reflection Electron Diffraction Technique，RED）。其物理基础是应用表面原子对掠入射电子的衍射效应（卢瑟福散射效应）。

④X 射线柯塞尔花样分析技术（X-ray Kossel Pattern Technique，XKP）。其物理基础是应用物质内部的 X 射线源（由上述原子的电离散射产生），当它向四面八方辐射出 X 射线时，又会受该物质晶格的作用而产生衍射效应。

这里我们以电子通道花样分析技术和电子背散射花样分析技术为例予以说明。

1. 电子通道花样分析技术

对于比较完整的晶体试样，当入射电子束相对于试样的入射角的连续变化足够大时，常可以看到一些规则分布的线或带衬度所构成的花样叠加在一般的扫描电子像（如二次电子像、背反射电子像和吸收电子像等）上。这种现象最早是在 1967 年由科茨 D. G. 通过扫描电镜观察硅、锗等单晶体时发现的。由于这种花样颇类似于透射电镜的菊池花样，故当时把它称为赝菊池花样或科茨花样。实际上这种花样和菊池花样是来源于两种不同物理机制的。

电子通道显微术在材料科学中的应用，例如，多孔 SiC 陶瓷的二次电子图像，如图 1.12 所示。它主要有如下两个方面用途：一方面可以通过位向的衬度效应去显示未经任何金相腐蚀的多晶材料的晶界，特别是孪晶界和亚晶界；另一方面是通过异常的位向衬度效应去分析多晶材料的塑性变形性质和行为。

2. 电子背散射花样分析技术

在扫描电镜的结晶学分析技术中，EBSP 主要被应用于分析晶体的位向。

图 1.13 为 $ZrO_2-Al_2O_3-SiO_2$ 系耐火材料的背散射电子像（1 000 倍）。由于 ZrO_2 相平均原子序数远高于 Al_2O_3 相和 SiO_2 相，所以图中白色相为斜锆石，小的白色粒状斜锆石与灰色莫来石混合区为莫来石-斜锆石共析体，基体灰色相为莫来石。

图 1.12　多孔 SiC 陶瓷的二次电子图像

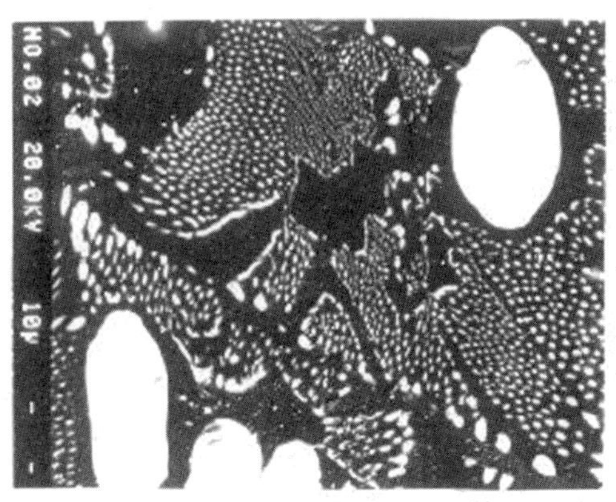

图 1.13　$ZrO_2-Al_2O_3-SiO_2$ 系耐火材料的背散射电子像（1 000 倍）

1.4.5　扫描电镜的成分分析技术（能谱分析）

微区成分分析（Microanalysis）是指在物质的微小区域中进行元素鉴定和组成分析，被分析物质的体积通常小于 1 μm^3，相应被分析物质的质量为 10^{-12} g 的数量级。为了实现微区成分分析，通常采用一定能量的一次束，如电子、离子、光子（电磁波）、质子等作为微探针去激发固体，从而获得有关被分析微区的元素组成、分子组成以及原子价状态等信息。近年来在扫描电镜中已实现把各种微区成分分析技术同成像技术结合起来，大大地扩展了它的研究范围。

如果应用从物质中所激发出的特征 X 射线来进行材料的元素分析，则这种分析技术称为 X 射线元素分析技术。它可以分为 X 射线波谱分析法（WDS）、X 射线能谱分析法（EDS）和 X 射线荧光分析法（XFS）3 种，其中 WDS 和 EDS 宜于进行微区的元素分析，故这两种分析方法又统称为 X 射线显微分析技术。

在扫描电镜的各种成分分析技术中，以 X 射线元素分析技术的分析精度为最高（原子序数大于 11 的元素分析误差约 1%），因此这种成分分析技术应用最广。

1. X 射线波谱分析法的基本原理和分析特点

X 射线波谱分析法的基本原理是依据莫塞莱所发现的简单规律，即从某元素中所激发出的特征 X 射线谱可以分为几群线系，称为 K、L、M 线系，每一线系的临界激发电压虽然不同，但其波长和原子序数 Z 之间有如下关系，即

$$\sqrt{\frac{C}{\lambda}}=K(Z-\sigma)$$

式中，λ 为从某元素中所激发出特征 X 射线的波长；C 为光速；K 和 σ 为同线系有关的系数。

因此，鉴定从试样所激发出特征 X 射线谱的波长，以确定在被激发物质中包含有哪些元素。

X 射线波谱分析法适于做成分的定量分析和元素分布浓度扫描，但要求被分析试样表面光滑。分析元素范围从 4 Be 到 92 U，分析区域尺寸可以少到 2 μm，分析灵敏度为 $10^{-5}\sim10^{-4}$，分析含量为 10～14 g（当分析体积为 5 μm^3 时，测出质量分数为 0.01% 的铜元素，定量分析的精度为±(2%～5%)，在某种情况下可优于 1%）。

2. X 射线波谱仪的工作原理

X 射线波谱仪的工作原理示意图如图 1.14 所示。

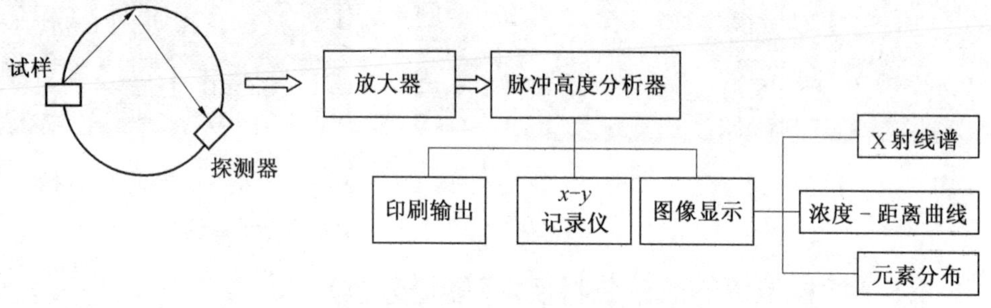

图 1.14　X 射线波谱仪的工作原理示意图

3. 实验中的关键问题

(1)试样的制备。

X 射线波谱分析所用的试样都是块状的，要求被分析表面尽可能平整，而且能够导电，任何试样表面的凹凸不平，都会造成对 X 射线有规则的吸收，影响 X 射线的测量强度。此外，样品表面的油污、锈蚀和氧化会增加试样表面对出射 X 射线的吸收作用；金相腐蚀也会造成假象或有选择地去掉一部分元素，影响定量分析的结果，因此应重视所制各样品表面的原始状态，以免得出错误的分析结果。

根据上述要求，正确的制样方法：为了使试样表面磨平，可以用细金刚砂代替氧化铝作为抛光剂，得到更平的表面。试样表面经抛光后应充分清洗，为了不使抛光剂留在表面，最好用超声清洗。如果试样表面要经过金相腐蚀后才能确定被分析部位，可以采用浅腐蚀以确定分析位置，再在其周围打上显微硬度作为标记，然后抛掉腐蚀层，再进行分析。对于易氧化样品，制备好后应及时分析，不宜在空气中放置过久。

对于导电试样，如果样品的尺寸过小，则可把它用镶嵌材料压成金相试块，再对分析表面磨光。采用的镶嵌材料应具有良好的导电性和一定的硬度。常用的镶嵌材料有纯铝、低熔点合金(如伍德合金等)、环氧树脂加石墨粉或电木粉加细石墨粉等。

对于非导体的样品，在电子轰击的地方会产生表面充电现象，造成电子束在试样表面来回跳动，使分析部位不准，对以后继续入射的电子起排斥作用，使实际进入试样中参加激发元素 X 射线的电子减少，影响出射 X 射线的强度。因此对于一些不导电样品，需要在其表面喷上一层碳，或铝、铬、金等导电薄膜后，才可以进行分析。

(2)分析模式。

①利用 X 射线波谱法进行微区成分分析通常有如下 3 种分析模式：

a. 鉴别或确定在被分析样品中存在哪几种元素，通常采用 X 射线波谱的分析模式。

b. 鉴定未知样品在某一线长度上元素浓度的分布，通常采用元素线分布的分析模式。

c. 鉴定某一种元素在未知样品指定区域内的分布情况，通常采用元素面分布的分析模式。

②根据不同的应用目的，获得特征 X 射线波谱也有 3 种(点、线、面)分析方法：

a. 点分析。

点分析是把电子探针固定在对试样感兴趣的点上，对该点进行元素的定性或定量分析。被分析的选区尺寸可以小到 1 μm。该方法用于显微结构的成分分析，例如对材料晶界、夹杂、析出相、沉淀物、奇异相及非化学计量材料的组成等研究。

典型的特征 X 射线波谱如图 1.15 所示。图 1.15 中纵坐标代表 X 射线的强度，它同物质中某元素的含量有关，横坐标代表衍射角。因此，根据每个波谱所对应的衍射角位置，就可以确定该点物质所含元素；根据峰的高度，就可以确定该元素的含量。

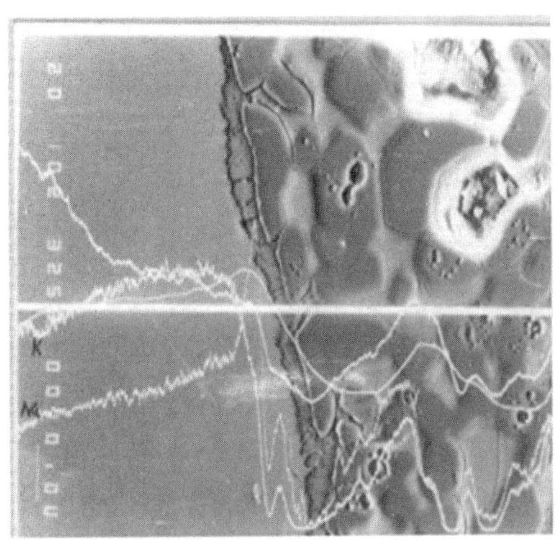

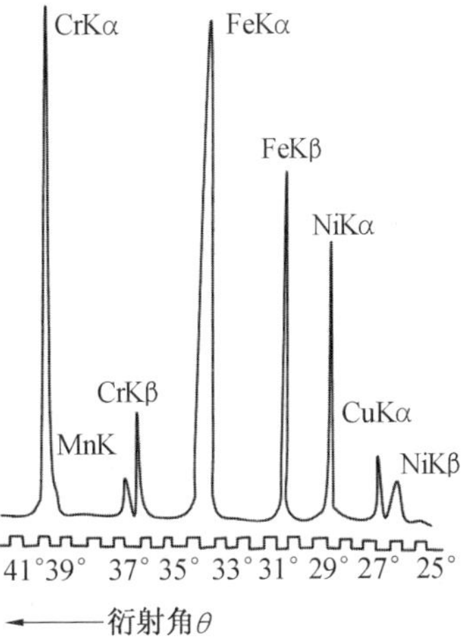

图 1.15　从合金钢试样上一点所获得的 X 射线波谱

b. 线分析。

电子束沿一条分析线进行扫描(或试样扫描)时，能获得元素含量变化的线分布曲线。如果与试样形貌像(二次电子像或背散射电子像)对照分析,能直观地获得元素在不同相或区域内的分布。

图 1.16 为对 TiN_xO_{2-x} 做元素的线分析。根据对元素 C、O、Ti 和 N 的分析结果,就可以确定该夹杂物为 TiN_xO_{2-x}。

c. 面分析。

当电子束在试样表面的某面积上进行光栅状扫描的同时,记录该元素的特征 X 射线的出现情况。凡含有该元素的试样点,有信号输出,相应在显像管的荧光屏上出现一个亮点;反之,凡不含有该元素的试样点,由于无信号输出,相应在显像管的荧光屏上不出现亮点。因此,在荧光屏上亮点的分布就代表该元素的面分析,称为元素的面分布图。在 Al-Fe合金中某面积上分析 Fe 元素的面分布如图 1.17 所示。

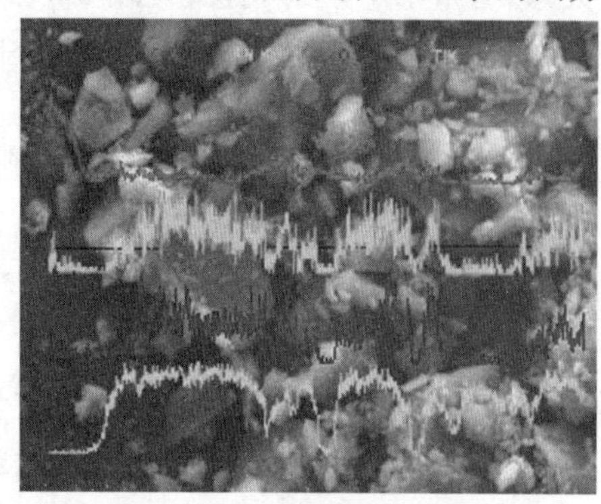

图 1.16 TiN_xO_{2-x} 的元素的线分析

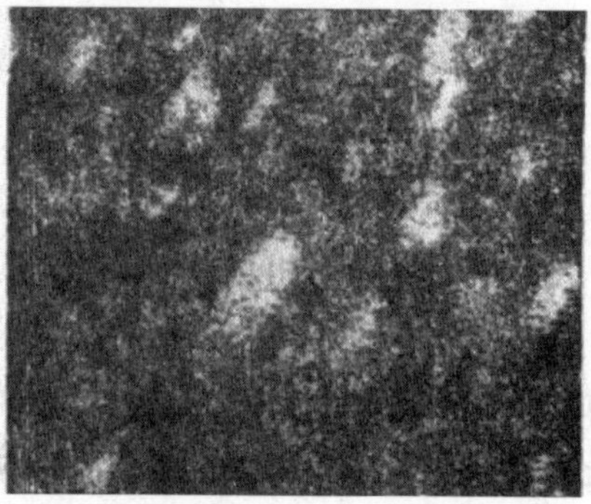

图 1.17 Al-Fe 合金中某面积上 Fe 元素的面分布

(3)元素成分的定量分析。

在实际应用中,X 射线显微分析分为两类:一类是定性分析,确定未知样品在被分析区域内存在哪些元素,以及在未知样品某区域内(在一定线长度或面积内)元素的分布情况;另一类是定量分析,是计算样品上某微小区域内几种元素的相对浓度或绝对浓度或原子数比值,也就是计算各元素的含量。定量分析是在定性分析的基础上,运用一定的数学和物理模型,经过大量计算而得出的结果。图 1.18(a)给出了样品的元素定性和定量分析,图 1.18(b)所示是不同外加工作电压下的元素分布。

在扫描电镜中最成熟的成分分析技术是 X 射线元素分析技术。但是随着分析型扫描电镜的发展,为了满足各种试样的显微分析要求,目前的发展方向是扩大它同各类显微分析仪的组合。

(4)应用。

在扫描电镜的各种成分分析技术中,目前主要采用 X 射线显微分析术(包括 X 射线能谱分析术和 X 射线波谱分析术)。由于 X 射线显微分析技术在微区、微粒和微量成分分析上具有分析元素范围广、灵敏度高、准确、快速和不损耗试样等特点,因此在材料科学中得到广泛应用。目前,这类显微分析技术主要应用在如下几个方面:

①测定合金中微小析出相(0.1 ~ 10 μm)的成分,有助于弄清合金的组织结构。

②测定合金中沉淀物的成分,分析合金元素和含量与出现的沉淀相的关系,研究合金元素对材料力学性能影响的本质。

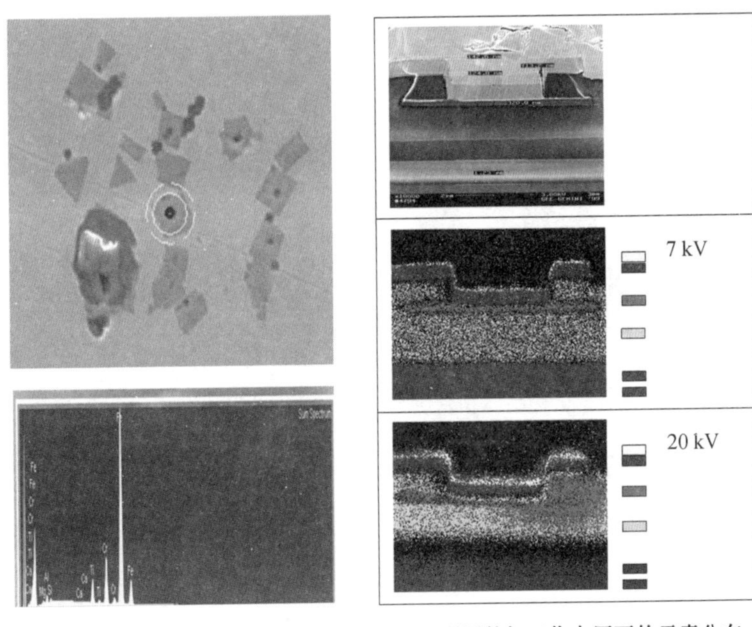

(a) 元素定性和定量分析　　(b) 不同外加工作电压下的元素分布

图 1.18　元素定性和定量分析及不同外加工作电压下的元素分布

③测定材料中夹杂物的成分、大小、形状和分布，选择合理的生产工艺，以减小材料中有害夹杂物的作用。

④测定晶界元素的偏析，分析晶界和晶粒内部的结构差异。

⑤通过元素含量的线分析，研究元素的扩散现象，为金属材料的表面化学热处理提供理论分析的实验依据。这种方法不但很方便地绘出成分与扩散距离的关系曲线，而且在微米级距离上逐点定量分析，能够精确地确定出两种不同物质之间的互扩散系数和扩散激活能。

⑥通过对一个扩散层从 100% 的纯金属开始直到浓度变化到零的位置，进行逐相分析，确定该温度下相图的相界位置。

⑦通过对材料的表层进行逐层成分分析，研究表面的氧化和腐蚀现象等。

1.5　扫描电子显微镜分析示例

1.5.1　抛光面的观察

对于小于 5 μm 的小颗粒，严格地讲不符合定量分析条件，但实际工作中有时可以通过采取一些措施得到较好的分析结果。对细颗粒的粉体进行分析时，特别是对团聚粉体形貌进行观察时，需要将粉体用酒精或水在超声波机器内进行分散，再用滴管把均匀混合的粉体滴在试样座上。

图 1.19 为 $\beta-Al_2O_3$ 试样高体积密度与低体积密度的形貌图像。

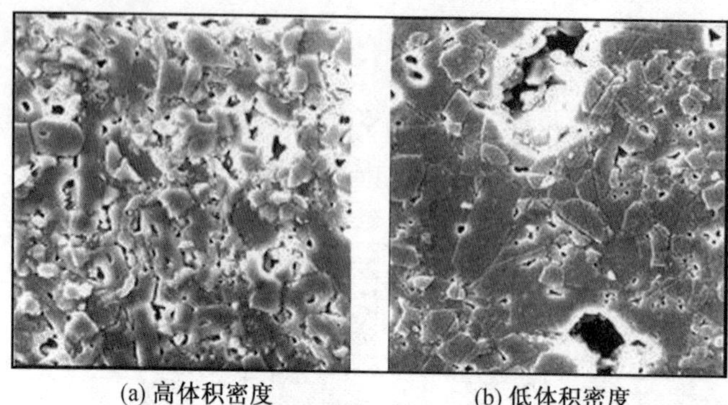

(a) 高体积密度　　(b) 低体积密度

图 1.19　β-Al_2O_3 试样高体积密度与低体积密度的形貌图像(2 200 倍)

1.5.2　断口形貌分析

图 1.20 是典型的功能陶瓷沿晶断口的二次电子像,断裂均沿晶界发生,有晶粒拔出现象,晶粒表面光滑,还可以看到明显的晶界相。

图 1.20　功能陶瓷沿晶断口的二次电子像

由于扫描电镜的景深大,放大倍数高,所以在对表面凹凸不平的断口进行形貌分析时具有得天独厚的优势。图 1.21 是一组 1018 号钢在不同温度下的断口形貌图像。在室温和高于室温的温度下,1018 号钢发生塑性断裂,呈现出典型的韧窝状形貌。韧窝的形成与材料中的夹杂物有关,在外加应力作用下,夹杂物成为应力集中的中心点,周围的基体在高度集中的应力作用下与夹杂物分离,形成微空洞,微空洞不断长大互相连接,形成大的孔洞,当大的空洞继续长大并连接后,材料会发生断裂。从图 1.21(a)中不仅可以看到微空洞,而且可以看到明显的夹杂物,非常直观地说明了塑性断裂的机制。当试验温度低于 1018 号钢的韧脆转变温度以后,在拉伸应力的作用下,材料会发生脆性断裂。这种断裂方式吸收的能量很少,通常沿低指数晶面发生开裂,故也称为解理断裂。脆性断裂通常发生在体心立方和密排六方结构中,因为这些结构没有足够多的滑移系来满足塑性变形。脆性断裂的特征是存在一些光滑的解理面,如图 1.21(b)所示。1018 号钢的韧脆转变温度在 295 K 左右,在此温度下,材料的断裂表现出明显的二重性,既有脆性断裂的特征,也有塑性断裂的特征,如图 1.21(c)所示,图的左上部分是脆性断裂区,右下部分是塑性断裂区。

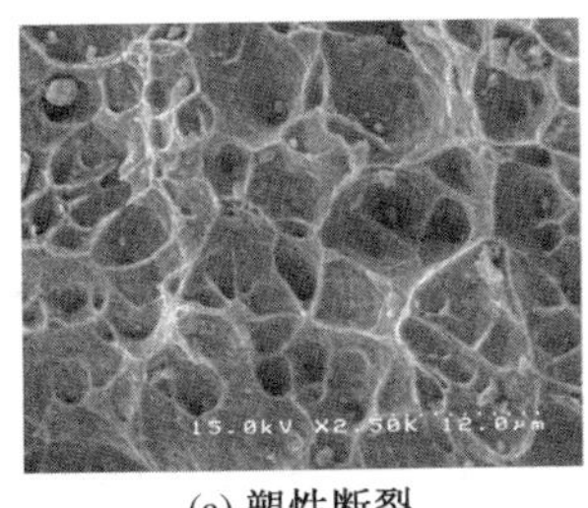

(a) 塑性断裂

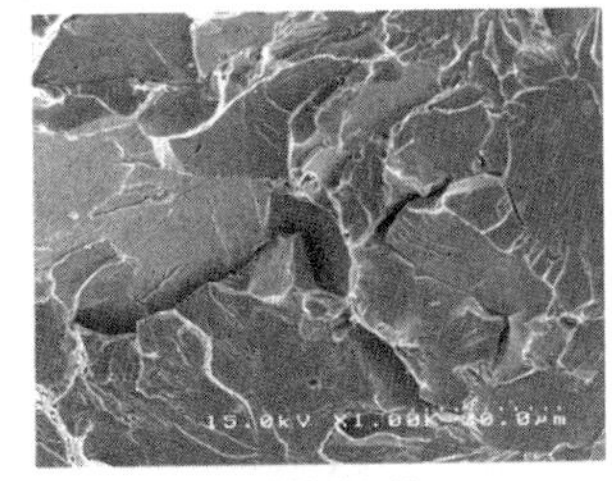

(b) 脆性断裂

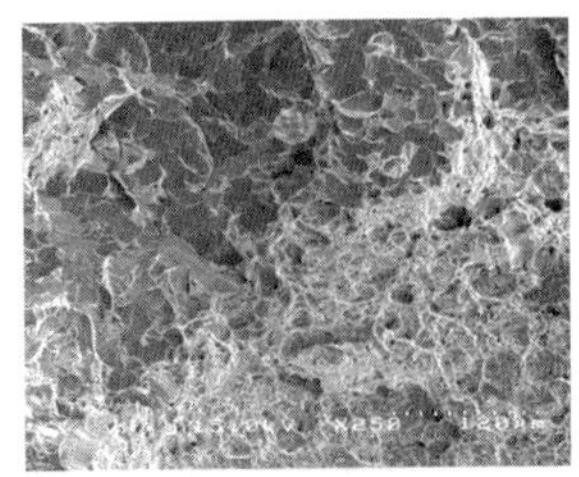

(c) 塑性断裂和脆性断裂同时存在

图 1.21　1018 号钢在不同温度下的断口形貌图像

1.5.3　纳米材料形貌分析

扫描电镜具有极高的分辨率和放大倍数,适用于观察纳米材料的形貌和分析组态。图 1.22 是利用多孔氧化铝模板制备的金纳米线的形貌,其中模板已经被溶解掉。纳米线排列非常整齐,直径小于 100 nm。

(a) 低倍像

(b) 高倍像

图 1.22　多孔氧化铝模板制备的金纳米线的形貌

图 1.23 为半导体氧化物纳米晶的 SEM 照片。图 1.23(a)为 N 掺杂改性的纳米 TiO_2 形貌图,从图中可以看出,改性后的粒子粒径变小,约为 10 nm,且大小相对均一。图 1.23(b)为 ZnO 纳米棒的形貌图,从图中可以看到棒状纳米 ZnO 团簇呈纳米花状结构,直径约为 20 nm,长度约为 5 μm。

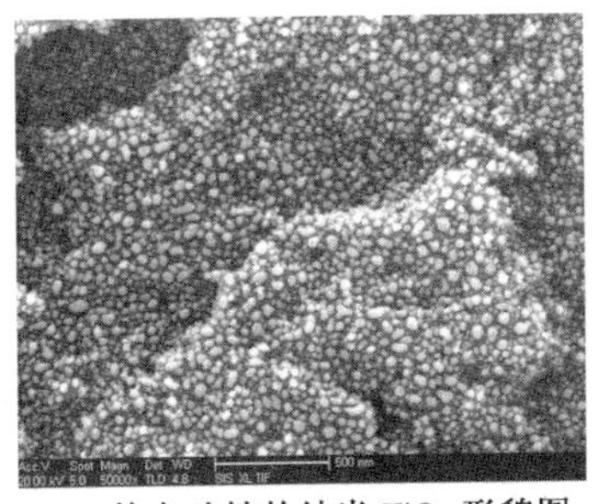

(a)N 掺杂改性的纳米 TiO_2 形貌图

(b)ZnO 纳米棒的形貌图

图 1.23　半导体氧化物纳米晶的 SEM 照片

1.5.4　膜材料表面形貌分析

图 1.24 为在阳极氧化铝（α-Al_2O_3）基底上生长 MIL-160 膜的 SEM 图像，在这项研究中，通过聚多巴胺（PDA）改性 α-Al_2O_3 载体制备 MIL-160 膜。从图中可以看出，PDA 改性的 α-Al_2O_3 载体表面完全被紧密的立方 MIL-160 晶体覆盖，与 MIL-160 膜很好地共生，并且没有观察到裂缝、针孔或其他缺陷，这表明在 PDA 修饰的 α-Al_2O_3 载体上形成了致密的 MIL-160 膜。相反，如果支撑表面未被 PDA 修饰，则不会形成连续层。原因是 MIL-160 前体物质与载体表面之间的相互作用弱，MIL-160 在 α-Al_2O_3 载体表面上的异相成核很差，导致连续 MIL-160 层在 α-Al_2O_3 载体上的生长困难。

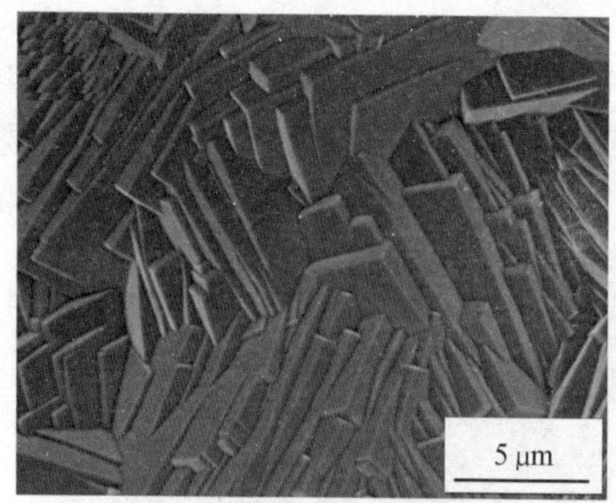

(a) α-Al_2O_3 载体经 PDA 处理后生长 MIL-160 膜的 SEM 图像

(b) α-Al_2O_3 载体经直接生长 MIL-160 膜的 SEM 图像

图 1.24　在阳极氧化铝（α-Al_2O_3）基底上生长 MIL-160 膜的 SEM 图像

1.6　扫描电子显微镜技术的发展

随着科学技术的迅猛发展，扫描电子显微镜的性能在不断改善和提高，功能在不断增强，现已成为冶金、生物、考古、材料等各领域广泛应用的重要表征手段，特别是对各种断口的观察而言，更是无可替代的有力工具。目前，扫描电子显微镜技术的发展主要表现在以下几个方面：

（1）场发射电子枪。

场发射电子枪可显著提高扫描电镜的分辨率，目前场发射式扫描电镜的分辨率已达 0.6 nm（加速电压为 30 kV）或 2.2 nm（加速电压为 1 kV），场发射电子枪还促进了高分辨扫描电镜技术和低能扫描电镜显微技术的迅速发展。

（2）低能扫描电镜。

当加速电压低于 5 kV 时的扫描电镜即称为低压或低能扫描电镜。虽然加速电压减小会显著减小电子束的强度，降低信噪比，不利于显微分析，但使用场发射电子枪就可保证即使在较低的加速电压下，电子束强度仍然较强，仍能满足显微分析的基本要求。低压扫描电镜具有以下优点：

①显著减小试样表面的荷电效应，在加速电压低于 1.5 kV 时，可基本消除荷电效应，这对非导体样品尤为适合。

②可减轻试样损伤,特别是生物试样。

③可减轻边缘效应,进一步提高图像质量。

④有利于二次电子的发射,使二次电子的产额与表面形貌对温度更加敏感,一方面可提高图像的真实性,另一方面还可开拓新的应用领域。

1. 场发射扫描电镜(FESEM)

场发射扫描电镜的基本结构与普通扫描电镜相同,所不同的是场发射的电子枪不同。场发射电子枪由阴极、第一阳极(减压电极)和第二阳极(加压电极)组成。第一阳极的作用是使得阴极上的电子脱离阴极表面,第二阳极与第一阳极之间有一个加速电压,阴极电子束在加速电压的作用下,其直径可以缩小到 1nm 以下。阴极材料通常由单晶钨制成,场发射电子枪可分为 3 种:冷场发射式(Cold Field Emission, CFE)、热场发射式(Heat Field Emission, HFE)及肖特基发射式(Schottky Emission, SE)。当在真空中的金属表面受到 108 V/cm 大小的电子加速电场作用时,会有可观数量的电子发射出来,此过程称为场发射。其原理是高压电场使电子的电位障碍产生 Schottky 效应,即使能障宽度变窄,高度变低,致使电子可直接“穿隧”通过此狭窄能障并离开阴极。场发射电子是从很尖锐的阴极尖端所发射出来,因此可得到极细而又具高电流密度的电子束,其亮度可达热游离电子枪的数百倍,甚至千倍。由于从极细的阴极尖端发射电子,要求阴极表面必须完全干净,所以要求场发射电子枪必须保持超高真空度以便防止阴极表面黏附其他的原子。

场发射扫描电镜广泛用于生物学、医学、金属材料、高分子材料、化工原料、地质矿物、商品检验、产品生产质量控制、宝石鉴定、考古和文物鉴定及公安刑侦物证分析,可以观察和检测非均相有机材料、无机材料及在上述微米、纳米级样品的表面特征。该仪器的最大特点是具备超高分辨扫描图像观察能力(可达 1.5 nm),是传统 SEM 的 3 ~ 6 倍,图像质量较好,尤其是采用最新数字化图像处理技术,提供高倍数、高分辨扫描图像,并能即时打印或存盘输出,是纳米材料粒径测试和形貌观察最有效的仪器,也是研究材料结构与性能关系所不可缺少的重要工具。

2. 低真空扫描电镜(环境扫描电镜 ESEM)

用扫描电镜观察非导体的表面形貌,以往需先对试样进行干燥处理,然后在其表面喷镀导电层,以消除样品上的堆积电子。由于导电层很薄,所以样品表面的形貌细节无大损伤。但导电层毕竟改变了样品表面的化学组成和晶体结构,使这两种信息的反差减弱,而且干燥常引起脆弱材料微观结构的变化。更重要的是干燥终止了材料的正常反应,使反应动力学观察不能连续进行。

为了克服这些缺点,低真空扫描电镜应运而生。低真空扫描电镜是指其样品室处于低真空状态下,气压可接近 3 kPa。它基本上与普通扫描电镜的成像原理一样,只不过普通扫描电镜样品上的电子由导电层引走;而低真空扫描电镜样品上的电子被样品室内的残余气体离子中和,因而即使样品不导电也不会出现充电现象。

低真空扫描电镜的机械构造除样品室的真空系统和光栅外,与普通扫描电镜基本上是一样的。所以它的工作原理除样品室内的电离平衡外,也和普通扫描电镜相差无几。

3. 低电压扫描电镜(LVSEM)

目前,大多数扫描电镜利用 10 ~ 30 kV 的加速电压工作,都可获得较好的图像分辨率和信噪比，在进行微区成分分析时，也能提供可靠的定性、定量结果。然而这种常规电压范围并不适于检测半导体材料和器件。近年来超大规模集成电路发展迅速，线路与元件更加密集，利用光学显微镜和机械触针等检测已不能完全控制生产和成品质量，因而扫描电镜逐步成为有效的检测手段。在生产过程中不允许将大尺寸芯片和集成电路元件镀上导电膜层，而必须用扫描电镜直接检测，因此只能选用较低的加速电压，以防止芯片上绝缘部分充电或损坏。生物活性样品在高电压下会受到损坏，也必须选用较低的加速电压。这都有力地促进了低电压扫描电子显微术的发展，即选用 1.5 kV 或更低的加速电压检测，便可获得高质量图像。

(1)低电压扫描电子显微镜的特点。

低于 5 kV 的扫描电子显微分析技术简称为低电压扫描电子显微术(或低能扫描电子显微术)，这样的扫描电子显微镜称为低电压扫描电子显微镜。从原理上来说，它有以下优势：

①有利于减小试样荷电效应。

②样品的辐照损伤小，可以避免表面敏感试样(包括生物试样)的高能电子的辐照损伤。

③有利于减轻边缘效应，使原来图像中淹没在异常亮的区域中的形貌细节得以显示。

④有利于二次电子发射，改善图像质量，提高了作为试样表面图像的真实性。

⑤可兼作显微分析和极表面分析。

⑥入射电子与物质相互作用所产生的二次电子发射强度随着工作电压的降低而增加，且对被分析试样的表面状态和温度更敏感，因此，它有可能开拓新的应用领域。

(2)低电压扫描电子显微镜的应用。

低电压扫描电子显微镜用于检验生物样品、合成纤维、溅射或氧化膜层、半导体集成电路，为材料科学和生物学的研究开辟了新途径。

习 题

1. 要获得一幅细节清晰的扫描电子像，应满足哪些条件？

2. 在扫描电子显微镜的各种成分分析技术中，X 射线显微分析技术具有哪些特点？主要应用在哪些方面？

3. 相对光学显微镜和透射电子显微镜，扫描电子显微镜有哪些优点？

4. 二次电子与背散射电子的区别和用途是什么？

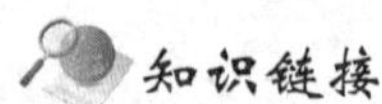

扫描电子显微镜的发展

冷冻扫描电镜基于扫描电镜的超低温冷冻制样及传输技术发展而来，具有能在高真空状态下观察含水样品、分辨率高、制样简单快速、可对样品进行断裂刻蚀等优点，是生命科学研究的有力工具。

对于常规扫描电镜而言，用于观察的样品必须经过彻底干燥处理、无水且无其他易挥发性溶剂。含水量高的样品在扫描电镜真空的镜筒中将造成诸多不良后果。冷冻扫描电镜可以不经过干燥直接观察含水样品。冷冻扫描电镜利用低温快速冷冻技术使样品中的水在低温状态下呈玻璃态,既减少了冰晶的产生,又阻止了水等挥发性液体的蒸发,从而在不影响样品本身结构的同时使其可以在高真空的扫描电镜样品舱中进行观察,分辨率可达到 1 nm。

2017 年的诺贝尔化学奖授予了雅克·杜邦内特(Jacques Dubochet)、约阿希姆·弗兰克(Joachim Frank)和理查德·亨德森(Richard Henderson) 3 人,以表彰他们在冷冻显微术领域的贡献。

Richard Henderson 生于 1945 年,作为电子显微镜领域的开创者之一,他也是个生物物理学家,以一个物理学家的特有眼光看待生物化学领域,或许总能获得别样的思路。"我把从事的研究当成了一项吸引人的爱好,因为从来不会重复,总有新东西"。把研究当爱好,就仿佛孩子爱玩并好奇周围一切一样,让 Henderson 在 20 世纪 90 年代思如泉涌,改进了传统电子显微镜,取得了原子级分辨率的图像。人们因此得以看到极其微观层面的世界。

德裔美国科学家 Frank 是哥伦比亚大学生命科学系教授。他的主要贡献是在 20 世纪七八十年代开发了一种图像合成算法,能将电子显微镜模糊的二维图像合成清晰的三维图像。Frank 物理学背景深厚,说他是物理学家也不为过。在德国的大学里,他研究的是熔点下金的电子衍射,读博士时,他接触了 X 射线晶体学,师从德国著名的电子显微学家霍佩博士,并由此接触到了电子显微镜。1970 年 Frank 在德国慕尼黑理工大学获得博士学位后,获得了资助前往美国较好的几个实验室游学两年,其中包括美国航天局的喷气推进实验室。而在喷气推进实验室工作期间,他选择去学习图像处理技术。当时的他,怎么也不会想到他的这些功课日后会与化学有关联。此后,Frank 在英国剑桥大学从事电子光学研究。几年后他又定居美国,从事一些与电子显微镜相关的公共卫生研究。丰富的"跨界"学术经历对他的成长很有帮助。Frank 发展了一系列成像算法并编写软件,实现了无需结晶的蛋白质三维结构解析技术。尤其在核糖体三维重构方面有一系列的重要开创性工作,可惜当年解析核糖体结构而获诺贝尔奖的科学家不包括他。现在他在冷冻显微术领域获诺贝尔奖,实至名归。

如果说,Henderson 和 Frank 在基本理论实践和重构算法方面有贡献,瑞士洛桑大学荣誉教授 Dubochet 则在样本制作方面有开创性贡献。20 世纪 80 年代,Dubochet 发明了迅速将液体水冷冻成玻璃态以使生物组织保持自然形态的技术。通俗地说,生物细胞内的水一旦冷冻就会结冰,而这些冰晶会破坏细胞内各种物质的原有形态。让这些水变成玻璃态,就能让细胞内的各种分子保持原样,供电子显微镜观察。Dubochet 做出开创性研究之后,随着冷台技术的开发,低温冷冻电子显微技术才正式推广开来。2015 年,这一成果已被同行认为是"诺奖级"。

Dubochet 不仅是一位科学家,还堪称"哲人"。退休后,他在博客上经常写一些富有哲思的短文。他还广泛关注社会问题,提倡科学家要有社会责任感,成为"公民科学家"。他在一篇题为《教科学家成为公民》的文章中写道:"成为一名好科学家很难,成为一个好公民更难""成为一名好的公民生物学家需要一点哲学和历史,加上一些经济学和法律知识"。

第2章　透射电子显微镜

2.1　简　　介

透射电子显微镜(Transmission Electron Microscope,TEM)是以电子源代替光源,以电磁场为透镜,电子束穿过试样成像的一种仪器。目前,大型电镜的分辨本领为0.2～0.3 nm,电压为100～500 kV,放大倍数为50～1.2×10^6倍,是材料科学工作者进行微观组织与结构研究的有力工具之一。

与扫描电镜和X射线衍射仪相比,透射电子显微镜具有以下优势:

①实现微区物相分析。电子束可以汇聚到纳米量级,实现样品选定区域电子衍射(选区电子衍射)或微小区域衍射(微衍射),同时获得目标区域的组织形貌,将微区的物相结构(衍射)分析与其形貌特征严格对应起来。

②高图像分辨率。电子在高压电场下加速,获得波长很短的电子束,电子显微镜的分辨率大大提高。可见光波长为4 000～8 000 nm,电子波长是光波长的十万分之一,只要能使加速电压提高到一定值就可得到很短的电子波。目前,常规的透射电镜的加速电压为200～300 kV,虽然存在透镜像差等降低透射电镜分辨率的因素,最终的图像分辨率仍然可以达到1 nm左右,从而获得原子级的分辨率,直接观测原子像。

③获得立体丰富的信息。装备能谱、波谱、电子能量损失谱,透射电子显微镜可以实现微区成分和价键的分析。

以上这些功能的配合使用,可以获得物质微观结构的综合信息。

2.2　TEM的系统组成及工作原理

透射电子显微镜是以波长极短的电子束作为照明源,用电磁透镜聚焦成像的一种高分辨本领、高放大倍数的电子光学仪器。它由电子光学系统、真空系统及电源与控制系统3部分组成。

2.2.1　电子光学系统

电子光学系统通常称为镜筒,是透射电子显微镜的核心,它的光路原理与透射光学显微镜十分相似,分为3部分,即照明系统、成像系统和观察记录系统。

整个电子光学系统置于显微镜镜筒之内,类似于积木式结构,按自上而下顺序排列着电子枪、聚光镜、试样室、物镜、中间镜、投影镜、观察室、观察屏、照相机构等装置。其中,电子枪、聚光镜等组成照明部分;试样室、物镜、中间镜、投影镜等组成成像放大部分;观察室、观察屏、照相装置(有的还设有电视装置)等组成显像部分。从结构上看,它非常类似于透射式光学显微镜,只不过用电子枪代替可见光光源,用电磁透镜代替光学透镜,最后是在涂有荧光粉的观察屏上成像。图 2.1 为透射电子显微镜的构造原理和光路图,即从光源或电子枪发出的光线或电子束,被聚光镜会聚在所观察的试样上,通过物镜形成试样的中间像,再经目镜或投影镜把像呈现在毛玻璃或观察屏上。

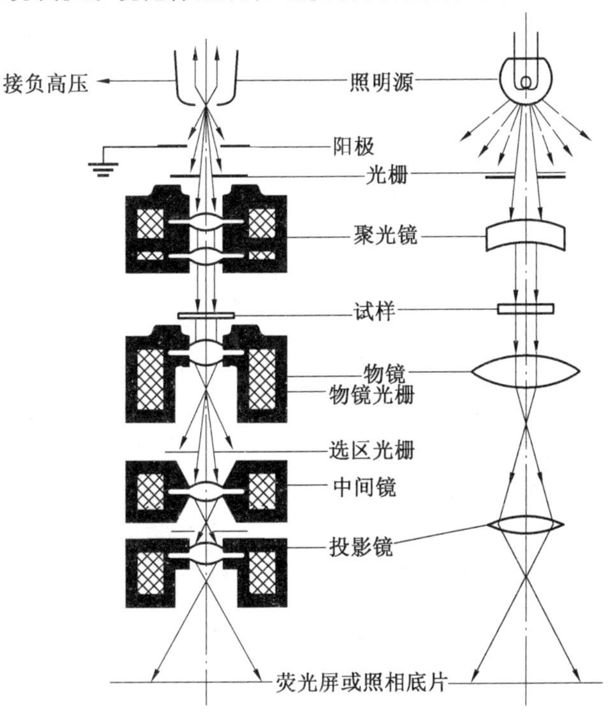

图 2.1　透射电子显微镜的构造原理和光路图

1. 电子透镜

电子和可见光的光子不同,它是一个带电的粒子,不能凭借光学透镜会聚成像,但可以凭借轴对称的非均匀电场、磁场的力使其会聚或发散,达到成像的目的,电子透镜就是根据这一原理设计成的。电子透镜是电子显微镜的核心部件,直接关系到电子显微镜的性能。电子透镜按所用的是电场还是磁场分为静电透镜和磁透镜两大类。

2. 物镜

物镜是电镜的最关键部分,作用是将来自试样不同点同方向、同相位的弹性散射束会聚于其后焦面上,构成含有试样结构信息的散射花样或衍射花样像;将来自试样同一点不同方向的弹性散射束会聚于其像平面上,构成与试样组织相对应的显微像,这实际是阿贝成像原理在电镜中的再现。阿贝成像原理:平行光束受到周期结构试样散射作用形成各级衍射束,经透镜聚焦会聚于其后焦面,以衍射花样形式将试样结构信息显示出来,然后各级衍射束通过干涉重新在像平面上形成反映试样特征的像。可见,物镜是使试样获得第一幅具有一定分辨本领并放大了的电子像的电子透镜。透射电镜分辨本领的好坏,很大程度上取决于物镜的优劣。物镜的最短焦距可达 1 mm,放大倍数约 300 倍,最佳理论分辨率可达 0.1 nm,目前实际分辨率已达 0.2 nm。

3. 光栅

在透射电子显微镜中共有3种主要光栅，即聚光镜光栅、物镜光栅和选区光栅。

物镜光栅又称为衬度光栅，通常被安放在物镜的后焦面上。常用物镜光栅孔的直径是20～120 μm。电子束通过薄膜样品后会产生散射和衍射。散射角（或衍射角）较大的电子被光栅挡住，不能继续进入镜筒成像，在像平面上形成具有一定衬度的图像。光栅孔越小，被挡去的电子越多，图像的衬度就越大，这是物镜光栅又称为衬度光栅的原因。物镜光栅的另一个主要作用是在后焦面上套取衍射束的斑点（即副焦点）成像，即暗场像。利用明暗场显微照片的对照分析，可以方便地进行物相鉴定和缺陷分析。

选区光栅又称为场限光栅或视场光栅。为了分析样品上的一个微小区域，在样品上放一个光栅，使电子束只能通过光栅孔限定的微区。对这个微区进行衍射分析称为选区衍射。选区光栅并不能完全挡掉光栅以外物相的衍射线。这样选区和衍射像不能完全对应，有一定误差，因为物镜有球差和像的聚集误差。误差严重时，实际衍射区甚至不是光栅所选微区，以致衍射像和微区像来自两个不同部位，造成分析错误。由于选区衍射所选的区域很小，因此能在晶粒十分细小的多晶体样品内选取单个晶粒进行分析，为研究材料单晶体结构提供了有利的条件。图2.2为ZrO_2-CeO_2陶瓷相变组织的选区衍射照片。

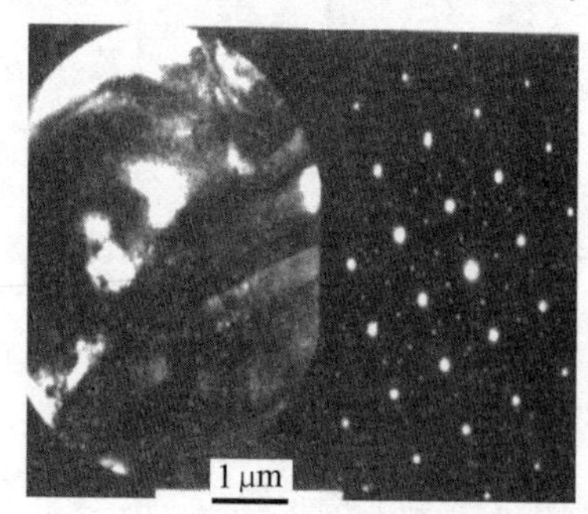

(a) 基体相和条状新相共同参与衍射的结果

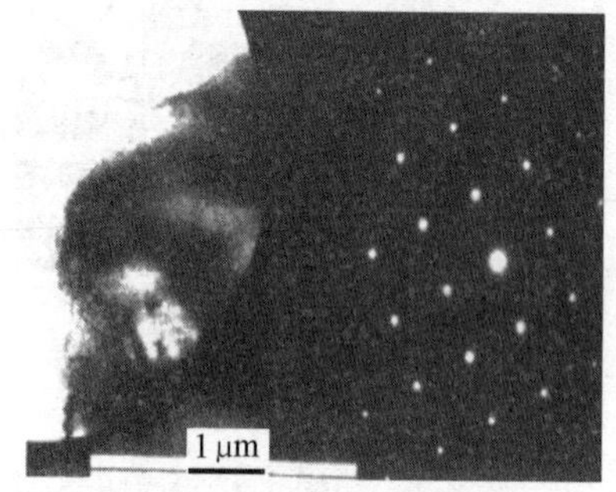

(b) 只有母相参与衍射的结果

图2.2 ZrO_2-CeO_2陶瓷相变组织的选区衍射照片

4. 透射电子显微镜分辨率和放大倍数的测定

点分辨率的测定：将铂、铂-铱或铂-钯等金属或合金，用真空蒸发的方法可以得到粒度为0.5～1 nm、间距为0.2～1 nm的粒子，将其均匀地分布在火棉胶（或碳）支持膜上，在高放大倍数下拍摄这些粒子的像。为了保证测定的可靠性，至少在同样条件下拍摄两张底片，然后经光学放大(5倍左右)。从照片上找出粒子间最小间距，除以总放大倍数，即为相应电子显微镜的点分辨率，如图2.3所示。

晶格分辨率的测定：利用外延生长方法制得的定向单晶薄膜作为标样，拍摄其晶格像。这种方法的优点是不需要知道仪器的放大倍数，事先可精确地知道样品晶面间距。根据仪器分辨率的高低，可选择晶面间距不同的样品作为标样，如图2.4所示。

放大倍数的测定：如果对样品放大倍数的精度要求较高，可以在样品表面上放少量尺寸均匀并已知精确球径的塑料小球作为内标准测定放大倍数。在高放大倍数如10万倍以上情况下，采用前面用来测定晶格分辨率的晶体样品来做标样，拍摄晶格条纹像，测量晶格图像条纹间距，计算出条纹间距与实际晶面间距的比值即为相应条件下仪器的放大倍数。

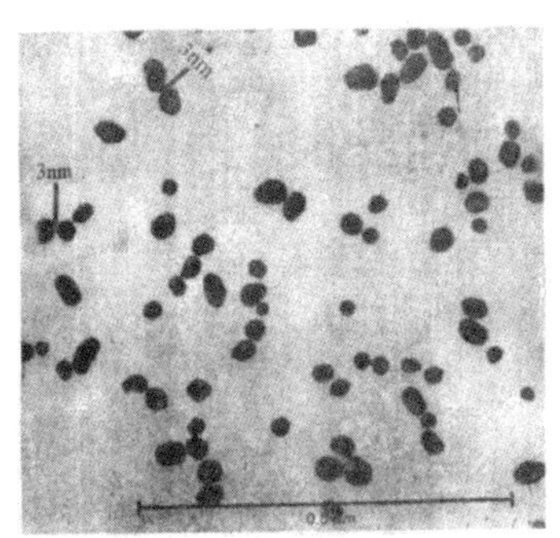

图 2.3 点分辨率的测定
(真空蒸镀金颗粒)

图 2.4 晶格分辨率的测定
(金(220)、(200)晶格图像)

5. 质厚衬度原理

质厚衬度是建立在非晶体样品中原子对入射电子的散射和透射电子显微镜小孔径角成像基础上的成像原理,是解释非晶态样品(如复型)电子显微图像衬度的理论依据。

衬度是指在荧光屏或照相底片上,眼睛能观察到的光强度或感光度的差别。电子显微镜图像的衬度取决于投射到荧光屏或照相底片上不同区域的电子强度差别。对于非晶体样品,入射电子透过样品时碰到的原子数目越多(或样品越厚),样品原子核库仑电场越强(或样品原子序数越大或密度越大),被散射到物镜光栅外的电子就越多,而通过物镜光栅参与成像的电子强度也就越低。下面讨论非晶体样品的厚度、密度与成像电子强度的关系:

$$Q=N_0\frac{\rho}{A}\sigma_0,\quad t=\frac{1}{Q}=t_c$$

式中,ρ 为密度;A 为相对原子质量;N_0 为阿伏伽德罗常数;σ_0 为原子散射截面面积;t_c 为临界厚度,即电子在样品中受到单次散射的平均自由程;Q 为总散射截面面积;t 为自由程。因此,可以认为,$t\leqslant t_c$ 的样品对电子束是透明的。

$$(\rho t)_c=\frac{A}{N_0\sigma_0}=\rho t_c,\quad \Delta t_{\min}=\frac{0.05}{Q}=0.05t_c$$

式中,$(\rho t)_c$ 为临界质量厚度。随加速电压的增加,临界质量厚度$(\rho t)_c$ 增大。

不同区域的 Qt 值差别越大,复型的图像衬度越高。一般认为肉眼能辨认的最低衬度,即复型必须具有的最小厚度差不应小于5%。

2.2.2 真空系统

为了保证电子在整个通道中只与试样发生相互作用,而不与空气分子碰撞,整个电子通道从电子枪至照相胶版盒都必须置于真空系统之内,一般真空度为$1.33\times10^{-2}\sim1.33\times10^{-5}$ Pa。电镜真空系统一般由机械泵、油扩散泵、离子泵、阀门、真空测量仪和管道等部分组成。

2.2.3 电源与控制系统

透射电镜需要两部分电源:一是供给电子枪的高压部分;二是供给电磁透镜的低压稳

流部分。

透射电镜可以进行组织形貌与晶体结构同位分析。下面介绍电子衍射基本原理与方法。

电子衍射的原理和 X 射线衍射相似,是以满足(或基本满足)布拉格方程作为产生衍射的必要条件。两种衍射技术所得到的衍射花样在几何特征上也大致相似。多晶体的电子衍射花样是一系列不同半径的同心圆环,单晶衍射花样由排列得十分整齐的斑点组成,而非晶态物质的衍射花样只有一个漫散的中心斑点,如图 2.5 所示。

(a) 单晶 c-ZrO_2

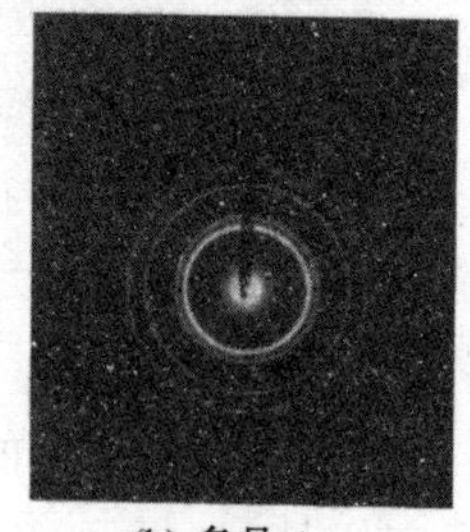
(b) 多晶 Au

(c)Si_3N_4 陶瓷中的非晶态晶间相

图 2.5　电子衍射花样

在通过电子衍射确定晶体结构的工作中,只凭一个晶带的一张衍射斑点图不能充分确定其晶体结构,需要同时摄取同一晶体不同晶带的多张衍射斑点(即系列倾转衍射)图才能准确地确定其晶体结构。图 2.6 为同一立方 ZrO_2 晶粒(c-ZrO_2)倾转到不同方位时摄取的 4 张电子衍射斑点图。

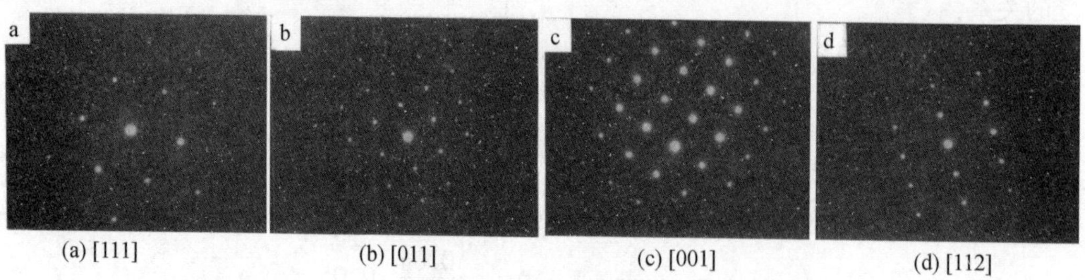

(a) [111]　(b) [011]　(c) [001]　(d) [112]

图 2.6　c-ZrO_2 衍射斑点

2.3　样品制备技术(复型技术)

由于电子束的穿透能力比较低,用透射电子显微镜分析的样品非常薄,根据样品的原子序数大小,一般在 5 ~ 500 nm 之间。要制成这样薄的样品必须通过一些特殊的方法,复型法就是其中之一。所谓复型,就是样品表面形貌的复制,其原理与侦破案件时用石膏复制罪犯鞋底花纹相似。复型法实际上是一种间接(或部分间接)分析方法,因为通过复型制备出来的样品是具有真实样品表面形貌组织结构细节的薄膜复制品。

制备复型的材料应具备 3 个条件:第一是复型材料本身必须是非晶态材料。晶体在电子束照射下,某些晶面将发生布拉格衍射,衍射产生的衬度会干扰复型表面形貌的分析。第二是复型材料的粒子尺寸必须很小。复型材料的粒子越小，分辨率就越高。例如，用碳作为复型材料时，碳粒子的直径很小，分辨率可达 2 nm 左右。如用塑料作为复型材料时，由于塑料分子的直径比碳粒子大得多，它只能分辨直径比 20 nm 大的组织细节。第三是复型材料应具备耐电子轰击的性能，即在电子束照射下能保持稳定，不发生分解和破坏。真空蒸发形成的碳膜和通过浇铸蒸发而成的塑料膜都是非晶体薄膜，它们的厚度又都小于 100 nm，在电子束照射下也具备一定的稳定性，因此符合制造复型的条件。

目前，主要采用的复型方法有一级复型法、二级复型法和萃取复型法 3 种。由于近年来扫描电子显微镜分析技术和金属薄膜技术发展很快，复型技术部分地被上述两种分析方法所替代。但是，用复型观察断口扫描电镜的断口清晰以及复型金相组织和光学金相组织之间的相似，致使复型电镜分析技术至今仍然为人们所采用。

2.3.1　一级复型

一级复型有塑料一级复型和碳一级复型两种。

1. 塑料一级复型

图 2.7(a)是塑料一级复型的示意图。在已制备好的金相样品或断口样品上滴几滴体积浓度为 1% 的火棉胶醋酸戊酯溶液或醋酸纤维素丙酮溶液，溶液在样品表面展平，多余的溶液用滤纸吸掉，待溶剂蒸发后样品表面即留下一层 100 nm 左右的塑料薄膜。把这层塑料薄膜小心地从样品表面上揭下来，剪成对角线小于 3 mm 的小方块后，就可以放在直径为 3 mm 的专用铜网上，进行透射电子显微分析。从图 2.7(a)可以看出，这种复型是负复型，也就是说样品上凸出部分在复型上是凹下去的。在电子束垂直照射下，负复型的不同部分厚度是不一样的，根据质厚衬度的原理，厚的部分透过的电子束弱，而薄的部分透过的电子束强，在荧光屏上造成了一个具有衬度的图像。如分析金相组织时，这个图像和光学金相显微组织之间有着极好的对应性。

在进行复型操作之前，样品的表面必须充分清洗，否则一些污染物留在样品上将使负复型的图像失真。塑料一级复型的制备方法十分简便，对分析直径为 20 nm 左右的细节还是清晰的。但是塑料一级复型大都只能做金相样品的分析，不宜做表面起伏较大的断口分析，因为当断口上的高度差比较大时，无法做出较薄的可被电子束透过的复型膜。此外，塑料一级复型存在分辨率不高和在电子束照射下容易分解等缺点。

2. 碳一级复型

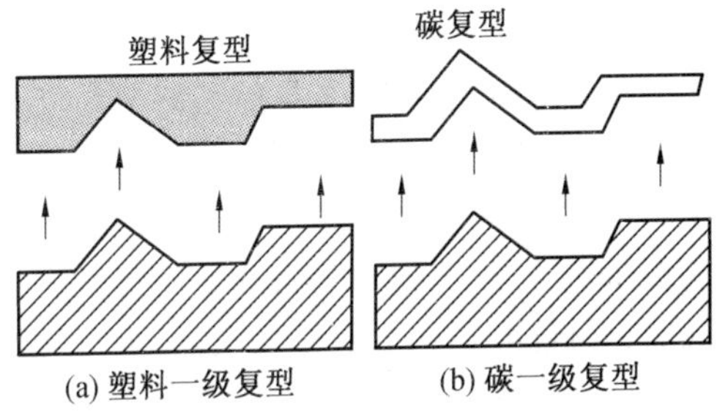

图 2.7　塑料一级复型和碳一级复型的示意图

为了克服塑料一级复型的缺点，在电镜分析时常采用碳一级复型。图 2.7(b)为碳一级复型的示意图。制备这种复型的过程是直接把表面清洁的金相样品放入真空镀膜装置中，在垂直方向上向样品表面蒸镀一层厚度为数十纳米的碳膜。蒸发沉积层的厚度可用放在金相样品旁边的乳白瓷片的颜色变化来估计。在瓷片上事先滴一滴油，喷碳时油滴部分的瓷片不沉积碳而基本保持本色，其他部分随着碳膜变厚渐渐变成浅棕色和深棕色。一般情况下，瓷片呈浅棕色时，碳膜的厚度正好符合要求，把喷有碳膜的样品用小刀划成对角线小于 3 mm 的小方块，然后把此样品放入配好的分离液内进行电解或化学分离。电解分离时，样品通正电作为阳极，用不锈钢平板作为阴极。不同材料的样品选用不同的电解液、抛光电压和电流密度。分离开的碳膜在丙酮或酒精中清洗后便可置于铜网上放入电镜观察。化学分离时，最常用的溶液是氢氟酸、双氧水溶液。碳膜剥离后也必须先清洗，然后才能进行观察分析。

与碳一级复型相类似的还有一种氧化膜复型，这种方法是在样品表面人为地造一层均匀的氧化膜，把这层氧化膜剥离下来，也能真实地反映样品表面的浮凸情况。氧化膜复型的分辨率介于碳一级复型和塑料一级复型之间。

2.3.2 二级复型（塑料-碳二级复型）

二级复型是目前应用最广的一种复型方法。它是先形成中间复型（一次复型），然后在中间复型上进行第二次碳复型，再把中间复型溶去，最后得到的是第二次复型。醋酸纤维素（AC 纸）和火棉胶都可以作为中间复型。

图 2.8 为二级复型制备过程的示意图。图 2.8(a) 为塑料中间复型，图 2.8(b) 为在揭下的中间复型上进行碳复型。为了增加衬度可在倾斜 15°～45°的方向上喷镀一层重金属，如 Cr、Au 等（称为投影）。一般情况下，是在一次复型上先投影重金属再喷镀碳膜，但有时喷投次序也可相反，图 2.8(c) 表示溶去中间复型后的最终复型。

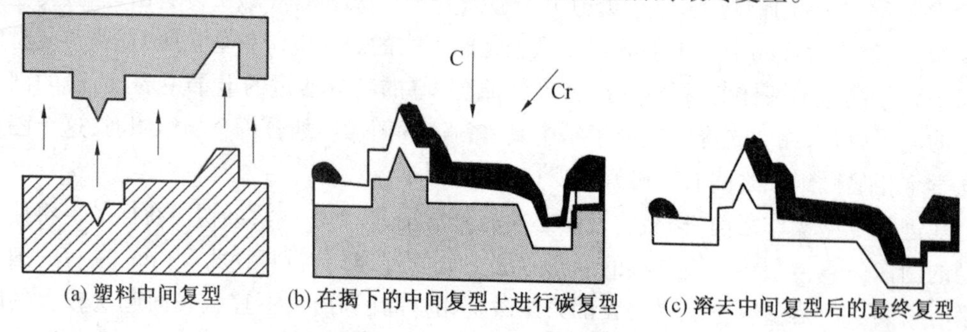

(a) 塑料中间复型　(b) 在揭下的中间复型上进行碳复型　(c) 溶去中间复型后的最终复型

图 2.8　二级复型制备过程的示意图

塑料-碳二级复型的特点是：①制备复型时不破坏样品的原始表面；②最终复型是带有重金属投影的碳膜，这种复合膜的稳定性和导电导热性都很好，因此，在电子束照射下不易发生分解和破裂；③虽然最终复型主要是碳膜，但因中间复型是塑料，塑料-碳二级复型的分辨率和塑料一级复型相当；④最终的碳复型是通过溶解中间复型得到的，不必从样品上直接剥离，碳复型是一层厚度约为 10 mm 的薄层，可以被电子束透过。由于二级复型制作简便，因此它是目前使用得最多的一种复型技术。图 2.9 为合金钢回火组织及低碳钢冷脆断口的二级复型照片，可以清楚地看到回火组织中析出的颗粒状碳化物和断口上的河流花样。

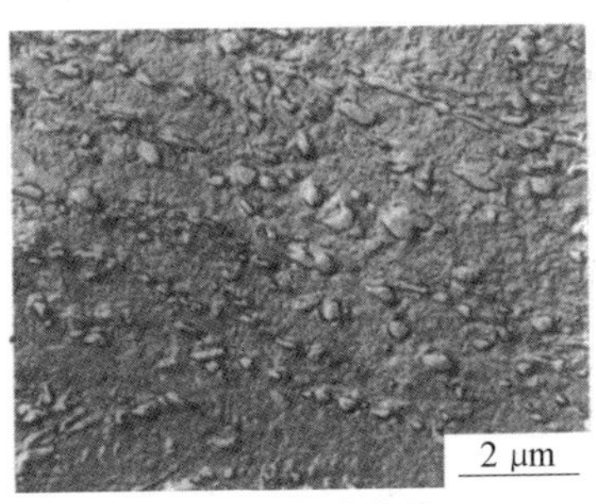
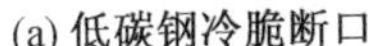

(a) 低碳钢冷脆断口

(b)30CrMnSi 合金钢回火组织照片

图 2.9　合金钢回火组织及低碳钢冷脆断口的二级复型照片

2.3.3　萃取复型

在需要对第二相粒子形状、大小和分布进行分析的同时再分析其物相及晶体结构时，常采用萃取复型的方法。图 2.10 是萃取复型示意图。这种复型的方法和碳一级复型类似，只是金相样品在腐蚀时应进行深腐蚀，使第二相粒子容易从基体上剥离。此外，进行喷镀碳膜时，厚度应稍厚，约 20 mm，以便把第二相粒子包络起来。蒸镀过碳膜的样品用电解法或化学法溶去基体（电解液和化学试剂对第二相不起溶解作用），因此带有第二相粒子的萃取膜和样品脱开后，膜上第二相粒子的形状、大小和分布仍保持原来的状态。由于萃取膜比较脆，通常在蒸镀的碳膜上先浇铸一层塑料背膜，待萃取膜从样品表面剥离后，再用溶剂把背膜溶去，由此可以防止膜的破碎。

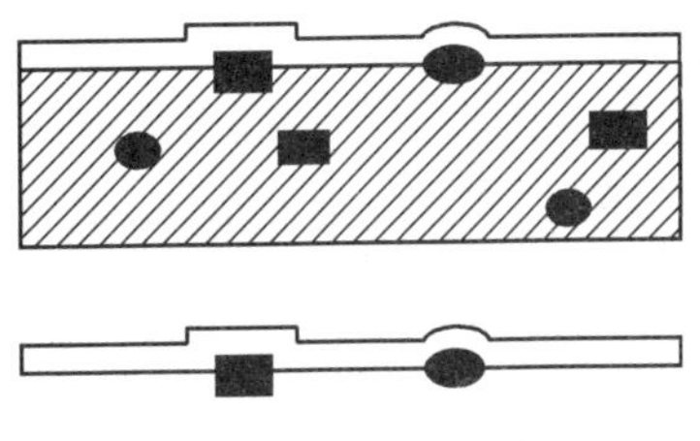

图 2.10　萃取复型示意图

在萃取复型的样品上，可以在观察样品基体组织形态的同时观察第二相颗粒的大小、形状及分布，对第二相粒子进行电子衍射分析，还可以直接测定第二相的晶体结构。

2.3.4　粉末样品的制备

目前，超细粉体及纳米材料（如纳米陶瓷）发展很快，而粉末的颗粒尺寸大小、尺寸分布及形状影响最终制成材料的性能，因此，如何用透射电镜来观察超细粉末的尺寸和形态，便成了电子显微分析的一项重要内容。其关键的工作是粉末样品的制备，样品制备的关键是如何将超细粉的颗粒分散开来，各自独立而不团聚。图 2.11 为超细陶瓷粉末的透射电镜照片。

1. 胶粉混合法

在干净玻璃片上滴火棉胶溶液，然后在玻璃片胶液上放少许粉末并搅匀，再将另一玻璃片压上，两玻璃片对研并突然抽开，稍候，膜干，用刀片划成小方格，将玻璃片斜插入水杯中，在水面上下空插，膜片逐渐脱落，用铜网将方形膜捞出，待观察。

2. 支持膜分散粉末法

需透射电镜分析的粉末颗粒一般都远小于铜网小孔，因此要先制备对电子束透明的支持膜。常用的支持膜有火棉胶膜和碳膜，将支持膜放在铜网上，再把粉末放在膜上送入电镜分析。

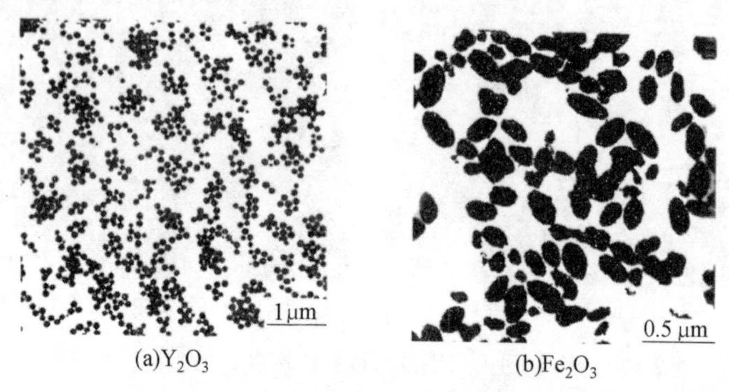

(a)Y_2O_3 (b)Fe_2O_3

图 2.11 超细陶瓷粉末的透射电镜照片

粉末或颗粒样品制备的成败关键在于能否使其均匀分散地撒到支持膜上。首先用超声波搅拌器,把要观察的粉末或颗粒样品加水或溶剂搅拌为悬浮液。然后,用滴管把悬浮液滴在附有支持膜的样品铜网上,静置干燥后即可观察。为了防止粉末被电子束打落污染镜筒,可在粉末上再喷一层薄碳膜,将粉末夹在两层膜中间。

方华膜的韧性比较强,而碳膜能忍受电子的冲击,化学性能稳定,两者结合起来制备的方华膜-碳双层膜机械性能强、耐高温及电子束轰击,是一种良好的纳米材料透射电镜样品制备的支持膜。纳米粒子表面积相对于粒子直径很大,表面能很高而极易出现大量粒子团聚现象。而采用分散剂超声分散后,降低了粒子的团聚趋势,也降低了粉料直接涂撒在铜网上对电镜镜筒污染的可能。通过本方法处理后的纳米材料样品,在透射电子显微镜下可准确观察到纳米材料粒子的外形特征,计算出纳米材料粒子大小的分布情况,因此,透射电子显微镜是用于检测纳米粉体材料粒径及粒子外形特征的良好分析手段。

2.3.5 薄膜样品的制备

电子束对薄膜样品的穿透能力和加速电压有关。当电子束的加速电压为 200 kV 时,就可以穿透厚度为 500 nm 的铁膜,如果加速电压增至 1 000 kV,可以穿透厚度大致为 1 500 nm 的铁膜。从图像分析的角度来看,样品的厚度较大时,往往会使膜内不同深度层下的结构细节彼此重叠而互相干扰,得到的图像过于复杂,以至于难以进行分析。但从另一方面来看,如果样品太薄则表面效应将起到十分重要的作用,造成薄膜样品中相变和塑性变形的进行方式有别于大块样品。因此,为了适应不同研究目的,应选用适当厚度的样品。对于一般金属材料而言,样品厚度都在 500 nm 以下。

1. 薄膜样品必须具备测试条件

①薄膜样品的组织结构必须和大块样品相同,在制备过程中,这些组织结构不发生变化;②样品相对于电子束必须有足够的“透明度”,因为只有样品能被电子束透过,才有可能进行观察和分析;③薄膜样品应有一定强度和刚度,在制备、夹持和操作过程中,在一定的机械力作用下不会引起变形或损坏。在样品制备过程中不允许表面产生氧化和腐蚀。氧化和腐蚀会使样品的透明度下降,并造成多种假象。

2. 工艺过程

制备大块材料金属薄膜样品的过程可以分为下面3个步骤：

①从实物或大块试样上切割厚度为0.3～0.5 mm的薄片。电火花线切割法是目前用得最广泛的方法，它是用一根往返运动的金属丝作切割工具。电火花切割可切下厚度小于0.5 mm的薄片，切割时损伤层比较浅，可以通过后续的磨制或减薄过程去除。电火花切割只能用导电样品，对于陶瓷等不导电样品可用金刚石刃内圆切割机切片。

②样品薄片的预先减薄。预先减薄的方法有两种，即机械减薄法和化学减薄法。机械减薄法是通过手工研磨来完成的，把切割好的薄片一面用黏结剂粘在样品座表面，然后在水沙纸磨盘上进行研磨减薄。应注意把样品平放，不要用力太大，使它充分冷却。因为压力过大和温度升高都会引起样品内部组织结构发生变化。减薄到一定程度时，用溶剂把黏结剂溶化，使样品从样品座上脱落下来，然后翻一个面再研磨减薄，直至样品被减薄至规定的厚度。如果材料较硬，可减薄至70 μm左右；若材料较软，则减薄的最终厚度不能小于100 μm。这是因为手工研磨时即使用力不大，薄片上的硬化层也往往会厚至数十个纳米。为了保证所观察的部位不引入因塑性变形而造成的附加结构细节，因此除研磨时必须特别仔细外，还应留有在最终减薄时应去除的硬化层余量。化学减薄法是把切割好的金属薄片放入配制好的化学试剂中，使它表面受腐蚀而继续减薄。因为合金中各组成相的腐蚀倾向是不同的，所以在进行化学减薄时，应注意减薄液的选择。化学减薄的速度很快，操作时必须动作迅速。化学减薄的最大优点是：表面没有机械硬化层，薄化后样品的厚度可以控制在20～50 μm。这样可以为最终减薄提供有利的条件，经化学减薄的样品最终抛光穿孔后，可供观察的薄区面积明显增大。但是，化学减薄时必须事先把薄片表面充分清洗，去除油污或其他不洁物，否则将得不到满意的结果。

③最终减薄。目前效率最高和操作最简便的方法是双喷电解抛光法。将预先减薄的样品剪成直径为3 mm的圆片，装入样品夹持器中。进行减薄时，针对样品两个表面的中心部位各有一个电解液喷嘴。从喷嘴中喷出的液柱和阴极相接，样品和阳极相接。电解液是通过一个耐酸泵来进行循环的。在两个喷嘴的轴线上还装有一对光导纤维，其中一个光导纤维和光源相接，另一个光导纤维则和光敏元件相连。如果样品经抛光后中心出现小孔，光敏元件输出的电信号就可以将抛光线路的电源切断。用这样的方法制成的薄膜样品，中心孔附近有一个相当大的薄区，可以被电子束穿透，直径为3 mm圆片的周边好似一个厚度较大的刚性支架，因为透射电子显微镜样品座的直径也是3 mm，因此，用双喷抛光装置制备好的样品可以直接装入电镜进行分析观察。由于双喷抛光法工艺规范、十分简单，而且稳定可靠，因此它已成为现今应用最广的最终减薄法。

对于不导电的陶瓷薄膜样品，可采用如下工艺：首先采用金刚石刃内圆切割机切片，再进行机械研磨，最后采用离子减薄。离子减薄是用离子束在样品的两侧以一定的倾角(5°～30°)轰击样品，使之减薄。对于要求较高的金属薄膜样品，在双喷后再进行一次离子减薄，观察效果会更好。陶瓷样品硬度高，耐腐蚀，离子减薄的时间长，一般长达十多个小时，如果机械研磨后的厚度大，则离子减薄时间长达几十个小时。因此，目前出现一种挖坑机，对于机械研磨后的样品，先挖坑，使中心区厚度进一步减薄。挖坑机的原理就是一个球形砂轮在样品中心滚磨，同时配以厚度精确测量显示装置，经挖坑后的样品，其离子减薄的时间可大大缩短。

2.4 应用实例

2.4.1 透射电子显微镜在晶体学中的应用

1. 孪晶的观测

材料在凝固、相交和变形过程中，晶体内的一部分相对于基体按一定的对称关系生长，即形成了孪晶。图 2.12 所示为单斜相 ZrO_2 的孪晶衍射斑点和孪晶形貌照片。

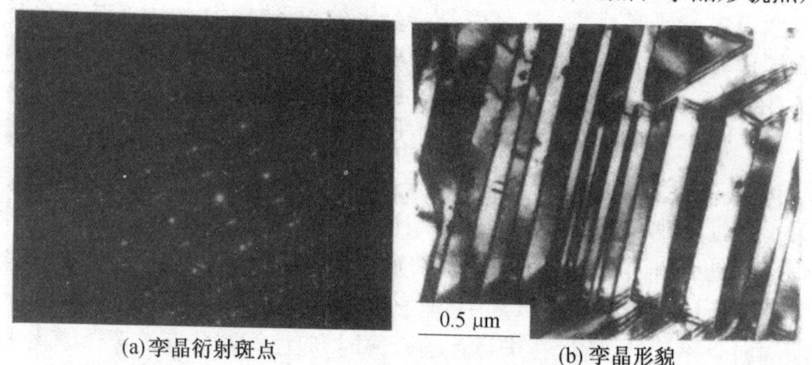

(a) 孪晶衍射斑点　　(b) 孪晶形貌

图 2.12　单斜相 ZrO_2 的孪晶衍射斑点和孪晶形貌照片

2. 菊池衍射花样

当样品晶体比较厚（约在最大可穿透厚度的一半以上）或样品内缺陷的密度较低时，在其衍射花样中，除了规则的斑点以外，还常常出现一些亮暗成对的平行线条，这就是菊池线或菊池衍射花样。菊池(S. Kikuchi)首先发现并对这种衍射现象做了定性的解释，故以其名字命名。典型的菊池衍射花样（t-ZrO_2 菊池衍射花样）如图 2.13 所示。

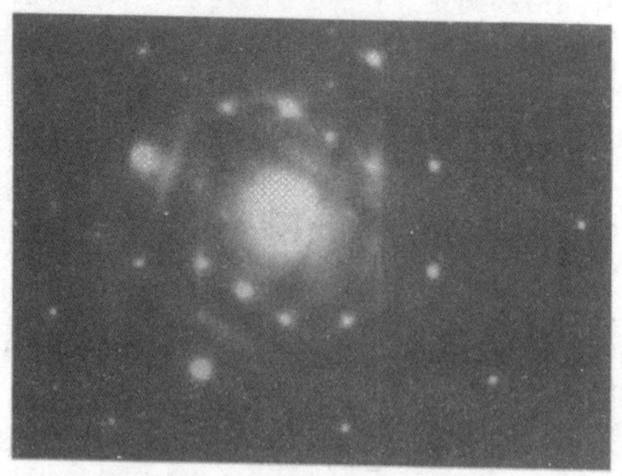

图 2.13　t-ZrO_2 菊池衍射花样

入射电子在样品内所受到的散射作用有两类：一类是相干的弹性散射，由于晶体中散射质点的规则排列，使弹性散射电子彼此相互干涉，产生了前面所讨论的衍射环或衍射斑点；另一类则是非弹性散射，即在散射过程中不仅有方向的变化，还有能量的损失，这是衍射花样中背景强度的主要来源，散射角越大，强度越低。所以衍射花样中背景总是中心较强，边缘较弱。

3. 晶体位错缺陷分析

孪晶的形态不同于层错，孪晶是由黑白衬度相间、宽度不等的平行条带构成，相间的相同衬度条带又同一位向，而另一衬度条带为相对称的位向；层错是等间距的条纹。图 2.14 为 ZrO_2 和 Al_2O_3 陶瓷中的网状位错照片。

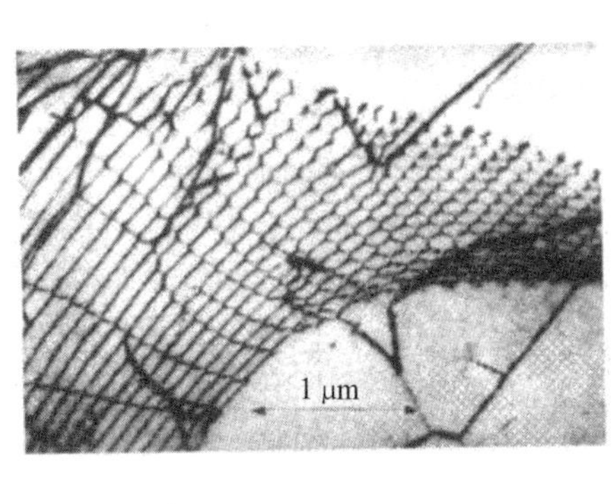

(a) ZrO_2

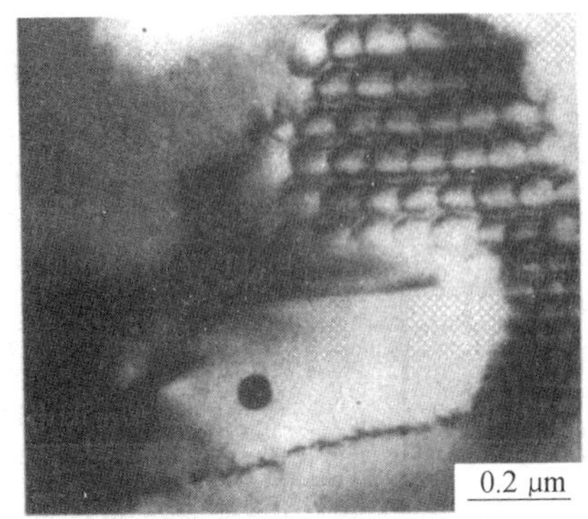

(b)Al_2O_3

图2.14　陶瓷中的网状位错照片

4. 晶体异质生长

图2.15(a)为MIL-125@ZIF-8异质晶体的TEM照片,ZIF-8晶体在方形MIL-125晶体的4个角生长。图2.15(b)显示了相应的选定区域电子衍射(SAED)花样,可将MIL-125的侧面指定为{100}平面,将角侧指定为{110}平面。不存在ZIF-8衍射点的原因可能是ZIF材料的晶体结构很容易损坏,在电子束照射下转变为非晶结构。TEM照片显示了在方形MIL-125主体上ZIF-8只能在4个角形成核,而不是在侧面或顶表面,这表明MIL-125中只有{110}表面是ZIF-8生长的成核点。

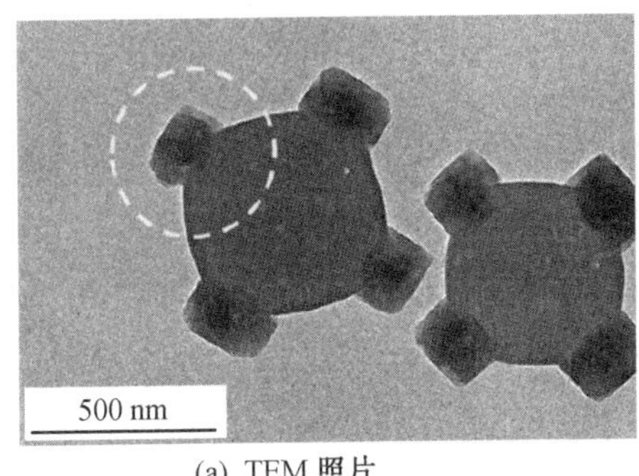

(a) TEM照片

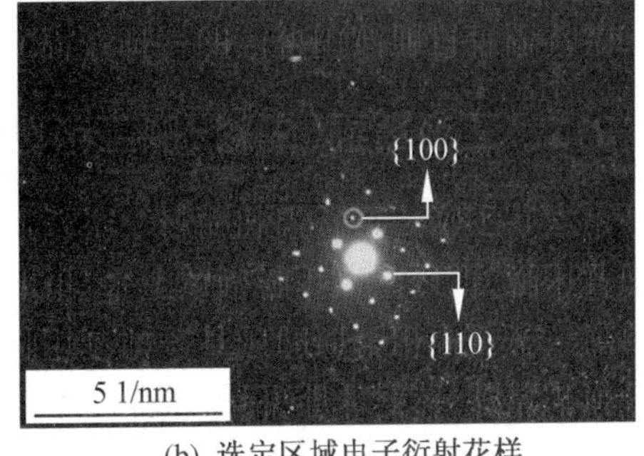

(b) 选定区域电子衍射花样

图2.15　MIL-125@ZIF-8的TEM照片和选定区域电子衍射花样

2.4.2　透射电子显微镜在纳米材料中的应用

图2.16为时效初期在立方c-ZrO_2基体上析出正方t-ZrO_2的明场像与衍射斑点及(112)斑点的暗场像,此时析出物细小弥散且与基体共格。图2.17和图2.18为该材料时效后期析出物的明场像及衍射斑点和暗场像,可以看出此时析出相已粗化,变成透镜状并有内孪晶。此时,析出相与基体仍有严格的位向关系。

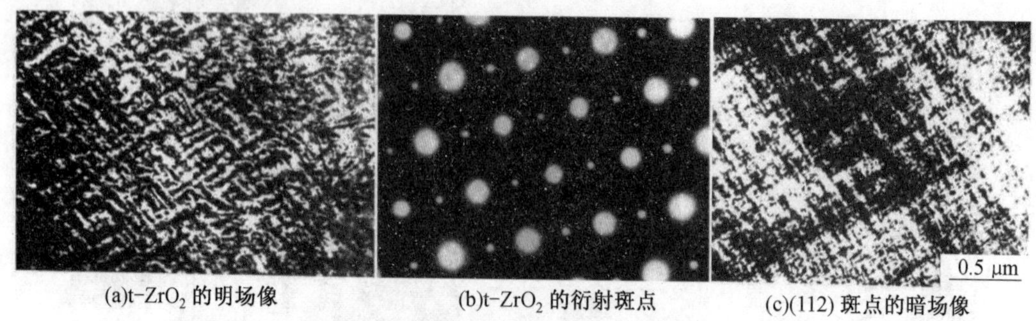

(a)t-ZrO_2 的明场像　(b)t-ZrO_2 的衍射斑点　(c)(112) 斑点的暗场像

图 2.16　t-ZrO_2 的明场像与衍射斑点及(112)斑点的暗场像

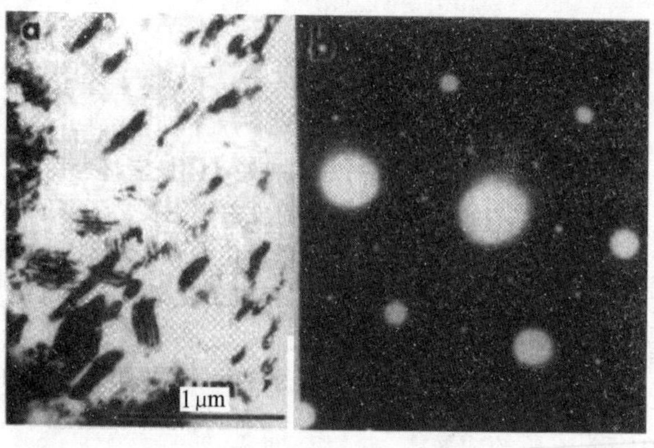

图 2.17　时效后期 t-ZrO_2 析出相明场像及衍射斑点

图 2.18　时效后期 t-ZrO_2 析出相暗场像

2.4.3　透射电子显微镜在高分子材料研究中的应用

高分子材料的形态结构和性能之间有着密切的关系，为了深入理解高分子材料的组织结构特性以便更好地使用高分子材料，必须研究它们的形态和结构。透射电子显微镜的出现和不断完善，尤其是近年来电子显微分析技术的迅速发展，给高分子材料科学及其工程技术突飞猛进地发展提供了强有力的分析手段。

通过适当的物理或化学方法，将塑料与质量分数为 5% ~20% 的橡胶相结合，使塑料的脆性从根本上得以改善，这是塑料工业中常使用的一种很重要的制得塑料合金的手段。最早进入工业化生产的这类增韧塑料是高抗冲聚苯乙烯(HIPS)，其主要成分是聚苯乙烯与橡胶-苯乙烯的接枝共聚物。人们发现：未交联的丁苯橡胶的苯乙烯溶液，橡胶质量分数为 8% 左右，在苯乙烯单体转化率低于 30% 的聚合初期采用带有剪切搅拌的聚合条件，能使材料的抗冲击性、抗张强度都得到明显提高。样品超薄切片经透射电子显微镜观察(图 2.19)发现，HIPS 的显微结构中，橡胶相既不是以连续的网状形式也不是以单纯的粒子形式存在，而是呈蜂窝状结构分散于聚苯乙烯的基体中。这种结构的形成可能是由于聚合初期的剪切搅拌，使交联橡胶的连续相在聚苯乙烯的体积分数达到一定程度时发生了相反转，分散相中又保留了橡胶包裹聚苯乙烯微粒的蜂窝结构。这样，聚苯乙烯基体提供了较好的刚性；蜂窝状结构不仅使橡胶粒子的体积分数增大，还使粒子具有一定的韧性;两相界面上由于橡胶与苯乙烯接枝共聚物的形成,使界面的结合性较好,从而大大地改善了综合的力学性能。

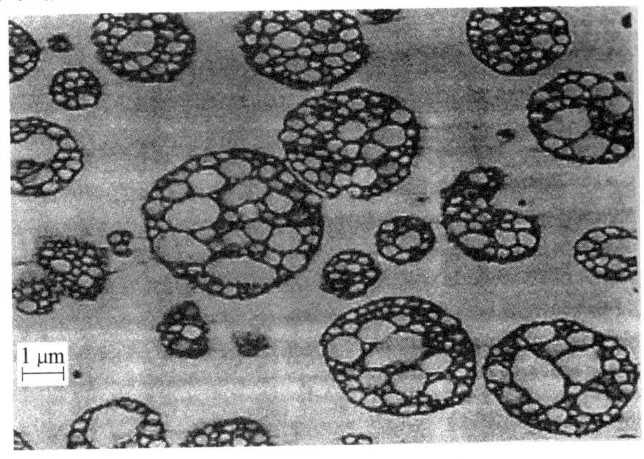

图 2.19　高抗冲聚苯乙烯(HIPS)超薄切片的 TEM 照片

图 2.19 为高抗冲聚苯乙烯(HIPS)超薄切片的 TEM 照片,TEM 技术在高分子材料微观形态研究、界面控制、断裂机制、增韧机理等研究中发挥着重要作用。随着高分子材料科学的迅速发展,对检测技术水平的要求日益提高,可以预测电子显微镜将以其拥有的优势进一步发挥它的作用。

2.5　高分辨透射电子显微镜简介与应用

高分辨透射电子显微像是利用物镜后焦面上的数束衍射波干涉而形成的相位衬度。因此,衍射花样对高分辨电子显微像有决定性的影响。除了二维晶体结构像(原子尺度)之外,一般高分辨图像(二维晶格像)的衬度(黑点或白点)不能与样品的原子结构(原子列)形成一一对应关系。但是,高分辨电子显微方法仍然是直接观察材料微观结构的最有效的实验技术之一,可用来分析晶体、准晶体、非晶体、空位、位错、层错、孪晶、晶界、相界、畴界、表面等。

根据衍射条件和试样厚度的不同,高分辨像可以大致分为晶格条纹像、一维结构像、二维晶格像(单胞尺寸像)、二维结构像(原子尺度上的晶体结构像)以及特殊的高分辨像等。下面介绍高分辨像的成像条件与特征。

1. 晶格条纹像

(1) 成像条件。

一般的衍衬像或质厚衬度像采用物镜光栅只选择在衍射花样上的透射束(对应明场像)或某一衍射束(对应暗场像)成像。如果使用较大的物镜光栅,在物镜的后焦面上,同时让透射束和某一衍射束(非晶样品对应其“晕”的环上一部分)这两支波相干成像,能够得到一维方向上强度呈周期性变化的条纹花样,从而形成了晶格条纹像。

晶格条纹像可以在不同样品厚度和聚焦条件下获得,不必设定特别的衍射条件,拍摄较容易,是高分辨像分析与观察中最容易的一种。但是,正是由于成像时衍射条件的不确定性,使得拍摄的条纹像与晶体结构的对应性方面存在困难,几乎无法判断晶格条纹像上的暗区域是否对应着晶体中的某原子面。

(2)晶格条纹像的特征与用途。

结合图2.20和图2.21展示的几种典型晶格条纹像,分别说明其图片中所包含的信息及衬度特点。图2.20是软磁材料FINEMET的非晶样品,经550 ℃、1 h热处理后结晶状态(程度)的高分辨晶格条纹像,其左下方为该试样的电子衍射花样。根据衍射花样和图示的衬度分布状况分析,样品中的大部分非晶组分已经转化为微小的晶体,尚有少量的非晶成分存在(存在宽化的德拜环)。高分辨晶格条纹像揭示了该颗粒必然是晶体,并且显示了该颗粒的形态特征。需要重申两点,一点是已经显示高分辨晶格条纹像的晶粒,由于彼此之间满足衍射条件程度的不同,所以产生的晶格条纹有的清晰,有的模糊;另一点是,还有一些已经结晶的颗粒因所处位向的不利而没有显示其应有的衬度(看不见条纹),只形成“单调衬度”。图2.21显示的是用HIP(热等静压)方法烧结制备的Si_3N_4-SiC陶瓷中Si_3N_4晶界结合状态(照片是用400 kV高分辨电镜拍摄的)。从图2.21中可以看到,两个Si_3N_4晶粒的交接界面上和其三叉晶界上都有一定量的非晶成分存在。另外,就界面上已显示的非晶区域而言,不难看出非晶的衬度较均匀,没有其他杂质存在,相邻晶粒是通过非晶薄层而直接结合的。图中展示的两个主要晶粒都恰能显示其各自的晶格条纹像,这种成像条件并不太容易获得。

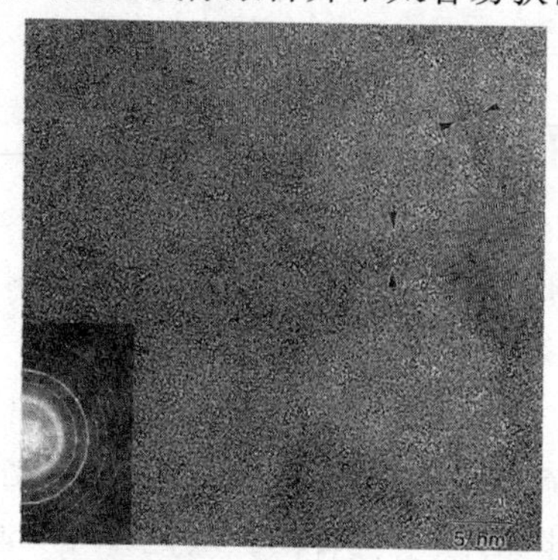

图2.20　样品中非晶组分和小晶粒形态分布

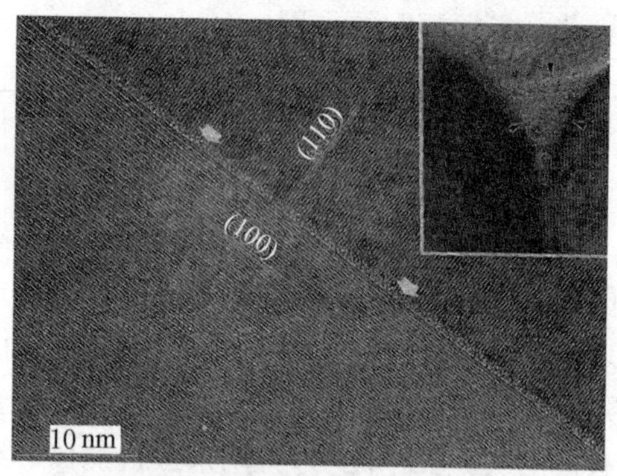

图2.21　Si_3N_4的平直晶界与三叉晶界

2. 一维结构像

①成像条件

通过试样的双倾操作,使电子束仅与晶体中的某一晶面族发生衍射作用,形成如图2.22所示的衍射花样。

②图像特征

衍射斑点相对于原点强度分布是对称的。

图2.22　Bi系超导氧化物的一维结构像(400 kV)

3. 二维晶格像

(1)成像条件。

当入射电子束沿平行于样品某一晶带轴入射时,能够得到衍射斑点及其强度都关于原点对称的电子衍射花样。此时透射束(原点)附近的衍射波携带了晶体单胞的特征(晶面指数),在透射波与附近衍射波(常选两束)相干成像所生成的二维图像中,能够观察到显示单胞的二维晶格像。该像只含单胞尺寸的信息,而不含有原子尺寸(单胞内的原子排列)的信息,称其为“晶格像”。

(2)图像特征。

二维晶格像只利用了少数的几条衍射波,在各种样品厚度或散焦条件下观察到,即使在偏离 Scherzer 聚焦情况下也能进行分析。因此,大部分学术论文中发表的高分辨电子显微像几乎都是这种晶格像。需要特别注意的是,二维晶格像拍摄条件要求较宽松,较容易获得规则排列的明(或暗)的斑点。但是,很难从这种图像上直接确定或判断其“明亮的点”是对应于原子位置,还是对应于没有原子的空白处,因为亮度随着离焦量的改变或样品厚度的变化而变化。计算机模拟结果表明,图像上的黑白衬度可能会有(数次)反转。要确定其明亮的点是否对应原子的位置,必须根据拍摄条件,辅助以计算机模拟花样与之比较。

(3)用途。

二维晶格像的最大用途就是直接观察晶体内的缺陷。图2.23是电子束沿 SiC 的[110]晶带轴入射而获得的晶格像,参与干涉的三支光束为000、002、$\bar{1}10$。图2.22中箭头所示的是孪晶界,s为层错的位置,b-c、d-e展示的为位错,连线 f-g-h-i-j-k-l是一个倾斜晶界。

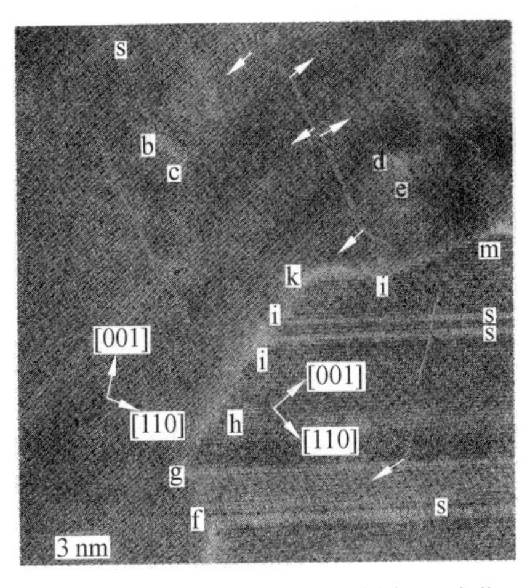

图2.23 化学气相沉积法制备的碳化硅的二维晶格像(200 kV)

总之,透射电镜用于样品形貌和相应选区电子衍射观察,高分辨电子显微像观察,应用扫描模式进行样品表面形貌分析、微衍射及相干电子衍射观察;配合 STEM-HAADF 探头进行 Z-衬度像分析;配合特征 X 射线能谱仪(EDS)进行纳米尺度成分分析;配合能量过滤像系统(GIF)观察纳米尺度元素分布图;配合电子能量损失谱系统(EELS)进行电子能量损失谱分析。

习 题

1. 为什么透射电镜的样品要求非常薄,而扫描电镜无此要求?
2. 明暗场操作如何实现,有何作用?
3. 如何区分单晶样品、多晶样品和非晶态样品的电子衍射花样?

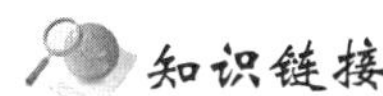

知识链接

透射电子显微镜的发展

1932—1933年,德国的电气工程师诺尔和物理学家鲁斯卡等,成功研制出了世界上第一台透射电子显微镜。恩斯特·鲁斯卡(Ernst August Friedrich Ruska)也因此获得

1986 年的诺贝尔物理学奖。恩斯特·鲁斯卡生于海德堡，其弟弟赫尔穆特·鲁斯卡（Helmut Ruska）是德国医生，也是研制电子显微镜的先驱之一。

鲁斯卡在海德堡读完中学后，1925 年起在慕尼黑工业大学学习电子学，1927 年转到柏林工业大学，1933 年完成论文《关于电子显微镜的磁性镜头》（*Über ein magnetisches Objektiv für das Elektronenmikroskop*）并获得博士头衔。由于电子显微镜的商业化开发不是大学研究所的任务，研究所的仪器也无法达到这个要求，鲁斯卡开始在电子光学的工业界寻求新的发展。他于 1933—1937 年在柏林电视机股份公司（Berliner Fernseh AG）的研发部门工作，负责电视机接收发送管和带二级放大器的光电池的开发。在此期间，他同博多·冯·博里斯（Bodo von Borries）开始试探性地开发高分辨率的电子显微镜。1936 年底—1937 年初，他们在西门子公司的电子显微镜工业研发工作实现了这一目标，在柏林设立了电子显微镜实验室，并于 1939 年研发出了第一台能够批量生产的“西门子-超显微镜”。

在研发“西门子-超显微镜”的同时，他和弟弟及其同事开始了它的应用，尤其是在医学和生物学领域。为了使得它能够迅速地在各个领域使用，他们建议西门子公司建立一所电子显微镜研究所，1940 年建成后直至 1944 年底，这个研究所共发表了约 200 篇不同专业领域的文章。

二战后，鲁斯卡为西门子公司重建了在柏林的电子光学实验室，使得 1949 年起西门子公司重新开始生产电子显微镜，有超过 1 200 家的各国研究所使用他们的产品。除此之外，鲁斯卡开始更多地在科学研究所工作，以加深对电子显微镜的物理学研究。1947 年 8 月—1948 年 12 月，鲁斯卡在德国科学学会医学和生物学研究所工作，1949 年 1 月起接手马克斯·普朗克协会弗里茨·哈伯研究所（Fritz-Haber-Institut）的电子显微镜部门，直至 1974 年底退休。这个部门在 1957 年成为独立的电子显微镜研究所，并以鲁斯卡的名字命名，

1944 年鲁斯卡在柏林工业大学获得大学任教资格，1949 年成为柏林自由大学的教授，1959 年起在柏林工业大学任教，教授电子光学基础和电子显微镜技术。直至 1971 年，发表科学文章超过 100 篇。

第 3 章　X 射线光电子能谱

3.1　简　　介

X 射线光电子能谱(XPS)技术起始于一百多年前原子物理发展的早期,光电效应发现之后。1954 年,瑞典 K. Sieghahn 用 X-ray 激发光电子谱,寻找研究原子轨道的有效方法。光电子能谱中有“化学位移”现象,为辨认原子所处化学环境提供依据。1962 年,英国伦敦帝国学院的 D. W. Turner 用真空紫外光源激发而产生紫外光电子能谱(UPS),由于真空紫外光的能量小于 X-ray,所以 UPS 更适合于研究价电子状态。

X 射线光电子能谱法是一种表面分析方法,提供的是样品表面的元素含量与形态,而不是样品整体的成分,其信息深度为 3 ~5 nm。如果利用离子作为剥离手段,利用 XPS 作为分析方法,则可以实现对样品的深度分析。固体样品中除氢、氦之外的所有元素都可以进行 XPS 分析。X 射线激发出来的光电子,根据光电子能量可以标识出是从哪个元素的哪个轨道激发出来的电子,定性的标记工作可以由计算机来进行。由于各种各样的干扰因素的存在,例如荷电效应导致的结合能偏移、X 射线激发的俄歇电子峰等,因此分析结果时需要注意。

XPS 谱图中峰的高低表示这种能量的电子数目的多少,即相应元素含量的多少。由此,进行元素的半定量分析。各元素的光电子激发效率差别很大,这种定量结果会有很大误差。特别强调的是,XPS 提供的半定量结果是表面 3 ~5 nm 的成分,而不是样品整体的成分。在进行表面分析的同时,如果配合 Ar 离子枪的剥离,XPS 能谱仪还可以进行深度分析。依靠离子束剥离进行深度分析,X 射线的束斑面积要小于离子束的束斑面积,此时最好使用小束斑 X 光源。

元素所处化学环境不同,其结合能也会存在微小差别,依靠这种微小差别(化学位移),可以确定元素所处的状态。由于化学位移值很小,而且标准数据较少,所以给化学形态的分析带来很大困难,因此需要用标准样品进行对比测试。

本章主要介绍 XPS 技术、能谱分析的基本原理,并对其仪器构造进行了简单介绍,同时重点列举了一些能谱分析实例、最新的研究动态及其在各领域中的广泛应用。

3.2　XPS 系统组成

随着电子能谱应用的不断发展,电子能谱仪的结构和性能在不断地改进和完善,并且趋于多用型的组合设计电子能谱仪。XPS 系统一般由超高真空系统、X 射线光源、分析器系统、数据系统及其他附件组成,仪器结构图如图 3.1 所示。

1. 超高真空系统(UHV)

超高真空系统是进行现代表面分析及研究的主要部分。谱仪的光源、进样室、分析室及探测器等都安装在超高真空中,通常超高真空系统真空室由不锈钢材料制成,真空度优于 1×10^{-8} MPa。

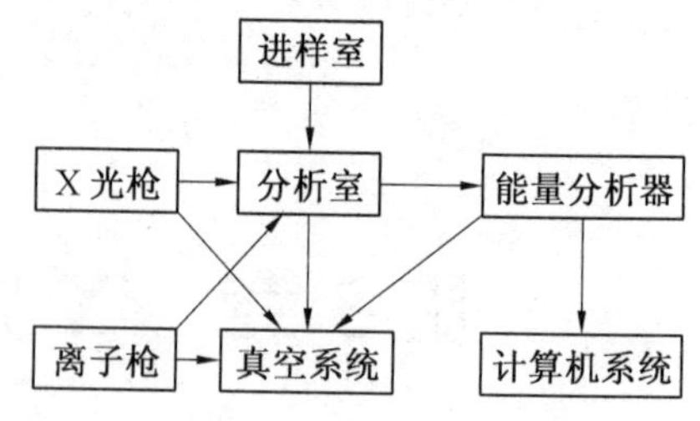

图 3.1　X 射线光电子能谱仪结构图

2. X 射线光源

常规 X 射线光源是用来产生 X 射线的装置。X 射线源主要由灯丝阳极靶及滤窗组成,常用的有 Mg/Al 双阳极 X 射线光源,其产生的 X 射线特征辐射有:

MgKα: $h\nu=1\ 253.6$ eV, $\Delta E=0.7$ eV

AlKα: $h\nu=1\ 486.6$ eV, $\Delta E=0.85$ eV

3. 分析器系统

分析器系统由电子透镜系统、能量分析器和电子检测器组成。能量分析器用于在满足一定能量分辨率、角分辨率和灵敏度的要求下,析出某能量范围的电子,测量样品表面出射的电子能量分布,它是电子能谱仪的核心部件。分辨能力、灵敏度和传输性能是分析器的 3 个主要指标,常用的静电偏转型分析器有球面偏转分析器(CHA)和筒镜分析器(CMA)两种。

4. 数据系统

电子能谱分析涉及大量复杂的数据采集储存分析和处理数据系统。由在线实时计算机和相应软件组成。在线实时计算机可对谱仪进行直接控制,并对实验数据进行实时采集和处理。实验数据可由数据分析系统进行一定的数学和统计处理,并结合能谱数据库对检测样品进行定性和定量分析。分析知识常用的数学处理方法有谱线平滑、扣背底、扣卫星峰、微分积分、准确测定电子谱线的峰位、半高宽、峰高度或峰面积(强度),以及谱峰的解重叠(Peak Fitting)和退卷积谱图的比较和差谱等。现代的电子能谱仪操作的各个方面大都在计算机的控制下完成,样品定位系统的计算机控制允许多样品无照料自动运行,当代的软件程序包含广泛的数据分析能力,复杂的峰型可在数秒内拟合出来。

5. 其他附件

现代的电子能谱一般都要求在谱仪的超高真空室内能对样品进行特定的处理和制备,可添加到 XPS 能谱仪上的附件类型几乎是常见的附件,包括 Ar 离子枪、电子枪、气体 Doser 四极杆质谱仪、样品加热和冷却装置(最高可加热到 700 ℃,用液氮可冷却到 −120 ℃)以及样品蒸镀装置等,可提供对样品的原位溅射、清洁溅射、蒸发升华、淀积断裂、刮削和热处理等手段。为给定系统选择附件取决于计划在此系统上的应用需要。在多数情况下,XPS 能谱仪是多功能表面分析系统的一部分,它可有一个或多个附加技术(如 AES、ISS、SIMS、LEED、EELS 等)安装在同一真空室中。离子枪主要用于样品表面的清洁和深度刻蚀,常用的有气体放电式离子枪。如 VG 生产的型号 AG61,属差分抽气式离子枪,其离子束可做二维扫描,以使刻蚀更加均匀,主要用于进行深度剖析的俄歇分析,也可用于表面清洁。

3.3　XPS 的基本原理

3.3.1　XPS 的物理基础

用单色光源(X 射线、紫外、电子束)照射样品,使其原子或分子的电子受激而发射出来,测量这些电子的能量分布,从中获得所需信息。根据激发样品的光源不同可分为 XPS(X-ray)、UPS-(UVPS)、AES 等。广义地讲,凡是测量电子能量分布的研究方法都可称其为电子能谱法。

1. 光电效应

光电效应:一定量的入射光子同样品中的原子相互作用,单个光子把它的全部能量转移给原子中某壳层上一个受束缚的电子,该电子把一部分能量用于克服结合能,余下的能量作为它的动能而发射出去成为光电子,即

$$A+h\nu \longrightarrow A^{+*}+e^-$$

式中,A 为原子或分子;$h\nu$ 为光子能量。

2. 电离过程和弛豫过程

(1)电离过程——一次过程(Primary Process)。

任何有足够能量的辐射或粒子,当与样品原子、分子或固体碰撞时,原则上都能引起电离或激发过程,但光子分子及电子、分子之间的作用有很大的不同,电离过程是电子能谱学和表面分析技术中的主要过程之一。

光电离:

$$E_k=h\nu-E_B$$

式中,E_k 为动能;E_B 为结合能。

直接电离是一步过程,虽然光电离过程也是一个电子跃迁过程,但它有别于一般电子的吸收和发射过程,它不需遵守一定的选择定则,任何轨道上的电子都会被电离。

(2)弛豫过程——二次过程(Secondary Process)。

由电离过程产生的终态离子(A^{+*})是不稳定的,处于高激发态会自发发生弛豫(退激发)而变为稳定状态,这一弛豫过程分为辐射弛豫和非辐射弛豫两种,如图 3.2(b)(c)所示。

①荧光过程(辐射弛豫):处于高能级上的电子向电离产生的内层电子空穴跃迁,将多余能量以光子形式放出,即

$$A^{+*}\longrightarrow A^{+*}+h\nu'\text{(特征射线)}$$

②俄歇过程(非辐射弛豫):

$$A^{+*}\longrightarrow A^{++*}+e^-\text{(分立能量-Auger)}$$

俄歇电子能量并不依赖于激发源的能量和类型。

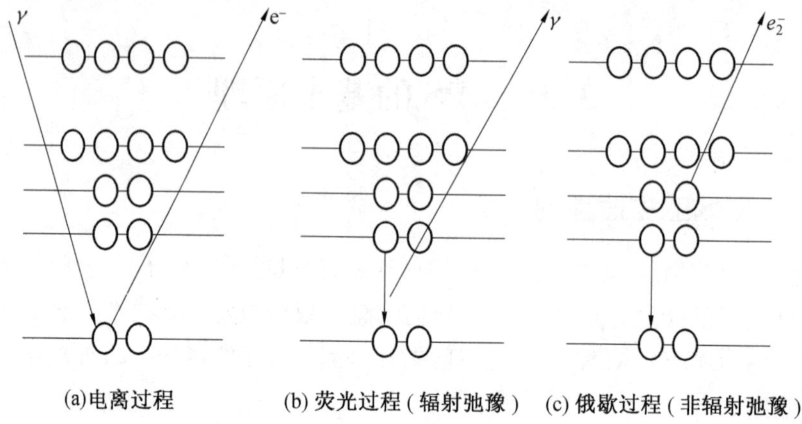

图 3.2 弛豫过程示意图

3.3.2 结合能与化学位移

1. 初态效应

初态是指光电发射之前原子的基态,若原子的初态能量发生变化,例如与其他原子化学成键,则此原子中的电子结合能 E_B 就会改变,E_B 的变化 ΔE_B 称为化学位移。原子所处化学环境不同能够引起内壳层电子结合能变化,在谱图上显示为谱峰的位移,这种现象即为化学位移。

某原子所处化学环境不同有两方面的含义:①与其他相结合的元素种类和数量不同;②原子具有不同的化学价态。

在初级近似下元素的所有芯能级 E_B 具有相同的化学位移,即

$$\Delta E_B = -\Delta \varepsilon_k$$

式中,ε_k 为光子动能。

通常认为初态效应是造成化学位移的原因,所以随着元素形式氧化态的增加,从元素中出射的光电子的 E_B 也会增加,这假设像弛豫这样的终态效应对不同的氧化态有相似的大小,对大多数样品而言,仅以初态效应项表示 ΔE_B 是足够的。

光电子能谱法的基础是爱因斯坦光电子定律,如图 3.3 所示。

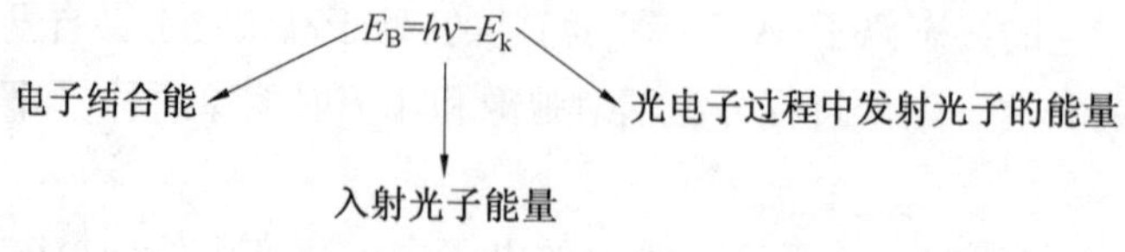

图 3.3 爱因斯坦光电子定律

$h\nu$ 已知,E_k 可由静电式或磁场式谱仪测定,可求出 E_B,得到电子与原子间的结合能。由于周期表中各元素的电子层结构不同,每个元素可以用它的电子结合能来表征,对于同一能级,不同元素具有不同的电子结合能。根据光电子能谱峰线的位置,可鉴定某样品中某种元素的存在,获得某化合物元素组成的信息。

2. 结合能位移

一个原子的内壳层电子的结合能受核内电荷和核外电荷分布的影响。因此，任何引起电荷分布发生变化的因素，都有可能使原子内壳层电子的结合能产生变化。光电子结合能位移是指在电子能谱中可见的光电子谱峰位移，由化学位移和物理位移组合而成，其中化学位移有如下经验规律：

①同一周期内，主族元素原子的内层结合能位移 ΔE_B 将随化合价的升高呈线性增加，而过渡金属元素的化学位移随化合价的变化出现相反规律。

②分子中某原子的内层电子结合能位移 ΔE_B 同和它相结合的原子电负性之和有一定的线性关系。

3. 终态效应

由结合能的定义式 $E_B = E_f(n-1) - E_i(n)$ 可知，在光电发射过程中，由于终态的不同，所以电子结合能的数值差别，电子结合能与体系的终态密切相关，这种由电离过程中引起的各种激发产生的不同体系终态对电子结合能的影响称为终态效应。弛豫便是一种终态效应，事实上，电离过程中除了弛豫现象外，还会出现诸如多重分裂电子的震激和震离等激发状态，这些复杂现象的出现同体系的电子结构密切相关，它们在 XPS 谱图上表现为除正常光电子主峰外还会出现若干伴峰，使得谱图变得复杂，解释谱图时应由此判断各种可能的相互作用，以获得体系的结构信息。下面介绍 XPS 常用的基本概念：

(1)弛豫效应。

在光电离过程中，由于体系电子结构重新调整弛豫作用，使得 XPS 谱线向低结合能方向移动，XPS 谱中的主峰(光电子峰)相当于绝热结合能的位置(对应于离子基态)。由于弛豫能的存在，使得光电子主峰的位置降低了(即如果不存在弛豫过程，主峰应位于 $-\varepsilon_k$ 的位置)，弛豫能越大，相应引起的卫星伴峰也就应更强更多，所以 XPS 中的伴峰是弛豫过程释放的弛豫能的产物。

(2)多重分裂(静电分裂)。

一个多电子体系内存在着复杂的相互作用，包括原子核和电子的库仑作用，各电子间的排斥作用，轨道角动量之间、自旋角动量之间的作用以及轨道角动量和自旋角动量之间的耦合作用等。因此，一旦从基态体系激出一个电子，上述各种相互作用将受到不同程度的扰动，使体系出现各种可能的激发状态。

当原子或自由离子的价层拥有未配对的自旋电子时，即当体系的总角动量 J 不为零时，那么光致电离所形成的内层空位便与同价轨道未配对自旋电子发生耦合，使体系出现不止一个终态。相应于每个终态在 XPS 谱图上将有一条谱线对应，这就是多重分裂，分裂间隔正比于$(2S+1)$，这里 S 为价壳层中未成对电子的总自旋。内层芯电子电离后产生的两个分裂峰面积比应为

$$\frac{I(S+\frac{1}{2})}{I(S-\frac{1}{2})}=\frac{S+1}{S}$$

式中，I 为峰面积。

【例 3.1】 稀土金属 4f 轨道上有未成对电子,存在的 4s 能级表现有强的分裂,过渡金属 3d 轨道上有未成对电子,存在的 3s 能级表现有强的分裂,因此利用 s 能级的多重分裂现象可以研究分子中未成对电子的存在情况。

(3)多电子激发。

样品受 X 射线辐照时产生多重电离的几率很低,但却存在多电子激发过程每吸收一个光子出现多电子激发过程的现象,总几率可高达 20%,最可能发生的是两电子过程,其几率大致是三电子过程的 10 倍。在光电发射中由于内壳层形成空位原子,中心电位发生突然变化,将引起价壳层电子的跃迁。这里有两种可能:①价层电子跃迁到更高能级的束缚态,此过程为电子的震激(Shake Up);②价层电子跃迁到非束缚的连续状态,成为自由电子,此过程为电子的震离(Shake Off)。震激和震离的特点:它们均属单极激发和电离电子激发过程,只有主量子数改变跃迁时发生,即 $ns \rightarrow n's$, $np \rightarrow n'p$,电子的角量子数和自旋量子数均不变,因此有 $\Delta J = \Delta L = \Delta S = 0$。无论是震激还是震离,均消耗能量,使最初形成的光电子动能下降。通常震激谱比较弱,只有用高分辨的 XPS 谱仪才能测出,震离信号极弱而被淹没于背底之中,一般很难测出。由于电子的震激和震离均是在光电发射过程中出现的,本质上也是一种弛豫过程,所以对震激谱的研究可获得原子或分子内弛豫信息,同时,震激谱的结构还受到原子化学环境的影响,对研究分子结构很有价值。震激特征普遍存在于与顺磁物质关联的过渡金属氧化物中。

【例 3.2】 用通常的结合能位移或俄歇参数来鉴别 Cu/CuO/Cu_2O 系列化合物是困难的,但这 3 种化合物中 Cu 的 $2p_{3/2}$ 和 $2p_{1/2}$ 电子谱线的震激伴峰却明显不同。其中 Cu 和 Cu_2O 没有 $2p_{3/2}$ 谱线的震激伴峰,而 CuO 却有明显的震激伴峰,如图 3.4 所示。

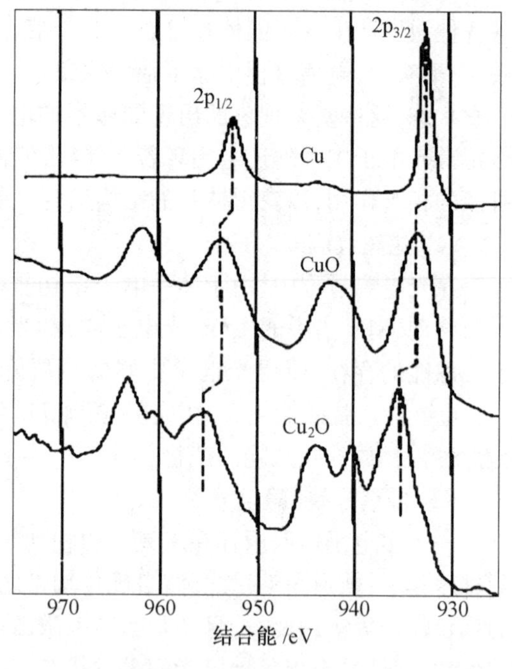

图 3.4 Cu/CuO/Cu_2O 系列化合物的 $2p_{3/2}$ 和 $2p_{1/2}$ 的震激伴峰

3.3.3 XPS 谱的一般特性

在 XPS 谱图中可观察到几种类型的谱峰,一部分是基本的、能观察到的,另一部分依赖于样品的物理和化学性质。

1. 光电子谱线化学位移(Photoelectron Line Chemical Shifts and Separations)

一定元素的芯电子结合能会随原子的化学态(氧化态晶格位和分子环境等)发生变化(典型值可达几个 eV),即化学位移。化学位移的信息是元素状态分析与相关的结构分析的主要依据。

除惰性气体元素与少数位移较小的元素外,大部分元素的单质态氧化态与还原态之间都有明显的化学位移。如 C 1s TiC(281.7 eV)、石墨(284.3 eV)、CO_2(297.5 eV),因而 XPS 常被用来测定氧化态,与用核磁共振分析非等效 C 和非等效 H 一样,XPS 光电子线的位移还非常普遍地用来区别分子中非等效位置的原子。在有机化合物的结构分析上较 NMR 更优越的是,可分析除 H、He 以外的全周期表元素。

内层电子结合能的化学位移反映了原子上电荷密度的变化,有机分子中各原子的电荷密度受有机反应历程中各种效应的影响,因而利用内层电子的光电子线位移可以研究有机反应中的取代效应、配位效应、相邻基团效应、共轭效应、混合价效应和屏蔽效应等的影响。有机分子的基团位移法更直接地根据化学位移给出分子结构。通过光电子线的化学位移,可进行表面物理化学吸附、金属氧化膜聚合物表面改性、电极过程和产物摩擦学、催化剂与催化动力学方面的各种化学状态与结构分析化学态的分析,主要依赖谱线能量的精确测定。对绝缘样品应进行精确的静电荷电校正。

【例 3.3】　图 3.5 为 Ag 纳米粒子的表面组成 XPS 图,分别出现了对应 Ag 纳米粒子的强的 Ag 3d 峰。

化学位移信息是官能团化学环境和氧化态分析中非常有力的工具。

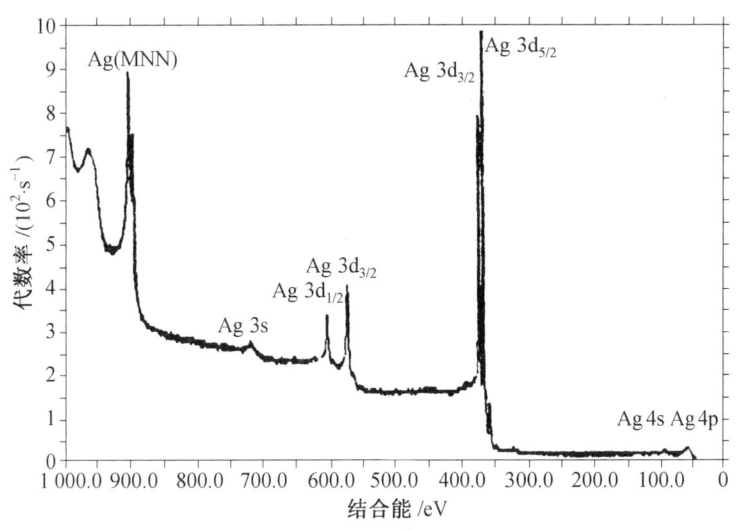

图 3.5　Ag 纳米粒子的表面组成 XPS 图

2. 俄歇谱线化学位移和俄歇参数(Auger line chemical shift and Auger parameters)

俄歇参数用能量 100～3 000 eV 的 X 射线激发,绝大部分元素除有光电子发射外,还可发射出俄歇电子,因此 XPS 谱中常伴随着 AES 谱。C. D. Wagner 于 1972 年系统地研究了 XPS 中的俄歇谱,发现用最尖锐的俄歇线动能减去最强的 XPS 光电子线动能所得到的俄歇参数与静电无关,只与化合物本身有关,所以俄歇参数不仅避免了荷电干扰,还有化合物的表征作用。他还发现俄歇谱线所表现的化学位移常比 XPS 光电子谱线表现的化学位移大,俄歇参数联合了两种谱线的化学位移,成为鉴别元素化学态的有力工具。

3. 震激谱线(Shake-up Lines)

震激现象频繁地出现在过渡元素、稀土元素和锕系元素的顺磁化合物的 XPS 谱图中,因此常通过震激效应的存在与否来鉴别顺磁态化合物,C 1s 震激谱线存在与否与不饱和有机化合物结构相关。

4. 多重分裂(Multiplet Splitting)

多重分裂普遍发生于过渡元素及其化合物中,其裂分的距离往往是对元素的化学状态的表征。根据谱线是否劈裂,裂分的距离大小,再结合谱线能量的位移和峰形的变化,能准确地确定元素的化学状态。由于裂分距离与荷电无关,绝缘样品分析中的耦合效应被震激效应掩盖和干扰,所以在化学状态分析时,从谱线裂分所获得的信息必须与其他信息相结合才能做出可靠的判断。

5. 俄歇线形(Auger Line Shape)

价层俄歇线如 KVV、LVV、LMV 等,它们的外形与一定的化学状态有着内在的联系。对于大部分元素光电子线有较大的化学位移,用 XPS 进行价态分析对化合物分子或晶格点阵中同种元素的非等效原子的分析都是很有成效的,这在很大程度上可以取代 IR 和 NMR。对于光电子线化学位移不明显的元素、过渡元素、稀土元素等则可以借助俄歇参数震激效应、多重分裂效应、谱线的形态等对其化学状态进行分析,这些方法常常在光电子线位移不大的情况下有效。

3.4 样品的制备

3.4.1 清洁表面

一般情况下,合适的表面处理必须由实验来确定。表面清洁经常比随后进行的实验本身更耗时。除在样品的保存和传输过程中尽量避免污染外,在进入真空室前可对某些样品进行化学刻蚀、机械抛光或电化学抛光清洗处理,以除去样品表面的污染及氧化变质层或保护层样品。进入真空室后,通常有下列几种清洁表面制备方法:①超高真空中原位解离断裂脆性材料,尤其是半导体,可沿着一定的晶向解离,产生几个平方毫米面积的光滑表面,这种技术制备出的表面清洁度基本上和体内的一样好,但它只限于一些材料的一定表面取向,如 Si、Ge、GaAs、GaP 等离子晶体;②稀有气体离子溅射对样品的清洁处理通常采用 Ar^+ 溅射和加热退火(消除溅射引起的晶格损伤)的方法,注意离子溅射可引起一些化合物的分解和元素化学价态的改变,对一些不能进行离子溅射处理的样品,可采用真空刮削或高温蒸发等方法进行清洁处理;③高温蒸发主要用于难熔金属和陶瓷。真空制膜除直接从外部装样外,还可以在样品制备室中采用真空溅射或蒸发淀积的方法把样品制成薄膜后进行分析。

3.4.2 对试样的要求和注意事项

由于电子能谱测量需要在超高真空中,测量从样品表面射出光电子或俄歇电子,所以对检测的试样有一定的要求,即样品在超高真空下必须稳定、无腐蚀性、无磁性、无挥发性且为固态样品(片状、块状或粉末)。另外在样品的保存和传送过程中,应尽量避免样品表面被污染,在任何时候对都应尽量少地接触和处理分析样品的表面。

3.5　XPS 的功能

常规 XPS 只能对十几平方毫米的大面积样品进行分析,提供大面积内平均信息,而且所用的激发源为非单色化 X 光,得到的 XPS 谱能量分辨不够好。随着电子能谱仪器制造技术的发展以及对分析技术的需求不断提高,近年来迅速发展起来的高灵敏度单色化 XPS(Mono XPS)、小面积 XPS 或小束斑 XPS(SAXPS,也称为 Selected Area XPS 即选区 XPS)和成像 XPS(iXPS)备受关注。这些新分析功能在制造水平、性能和功能上都是一般常规 XPS 谱仪无法相比的,是常规 XPS 分析的拓展。单色 SAXPS(Mono SAXPS)可提供高能量分辨率、高信背比、选定分析微区(目前可达到约 15 μm)内 XPS 信号。iXPS 提供指定分析区域内元素及其化学态分布的信息图像(即化学像)。虽然这些微分析功能目前在空间分辨率仅达到微米量级,远不及显微 AES 的分辨率,但由于 XPS 分析的突出优点以及性能的不断改善,这些功能已广泛应用于材料、薄膜、催化剂、微电子等领域的微分析中,扩大了 XPS 应用。这 3 个新功能(Mono XPS,SAXPS,iXPS)被认为是 X 光电子能谱仪未来的发展方向。

3.5.1　单色化 XPS(Mono XPS)和小面积 XPS(SAXPS)

新型 SAXPS 典型技术参数为:最佳空间分辨为 15 μm;最大分析区域为 400 μm;最佳能量分辨为 0.147 eV。

在 SAXPS 分析镀锌不锈钢板时,光学显微图像显示其表面明暗分布不均匀(图3.6)。用 SAXPS 分别对亮区和暗区进行分析,结果表明亮区 Zn 含量明显高于暗区,而碳含量低于暗区。以上结果表明不锈钢板表面的亮颗粒为析出的 Zn 颗粒。这为分析不锈钢板表面的锈蚀提供依据。以往这类工作只能由扫描俄歇电子能谱来完成。

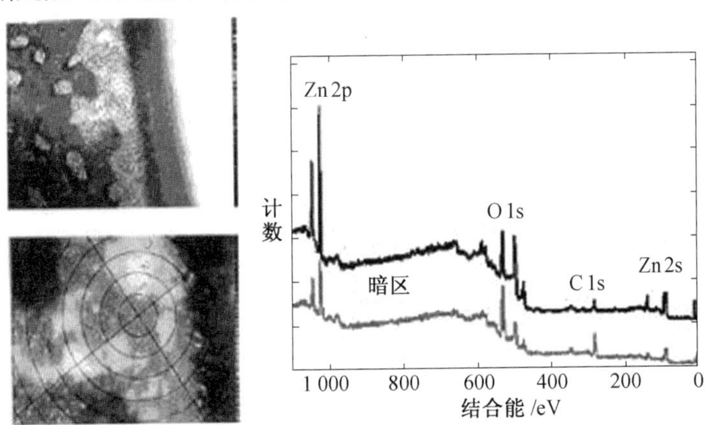

图 3.6　镀锌不锈钢表面的定位图像(十字标示线中心为分析区中心)和不同选区 SAXPS 谱(谱图中的上、下谱线分别为左边试样表面图像中亮区和暗区的结果)

3.5.2 SAXPS 深度剖析

由于 SAXPS 分析束斑小,SAXPS 像 AES 深度剖析一样配备离子枪刻蚀,很容易进行 SAXPS 深度剖析。与 AES 深度剖析相比,虽然定点 AES 的空间分辨率高于 SAXPS,但是 SAXPS 深度剖析更能有效直观地监测元素价态的变化,且能分析绝缘体样品,从这两个方面来说,SAXPS 深度剖析优于 AES 深度剖析。常规 XPS 的深度剖析由于分析面积大,要求离子刻蚀面积更大,致使离子刻蚀速度慢,因此效率低,很难得到快速、准确的高深度分辨剖析结果。

(1)结构破坏性深度剖析($d_i \gg \lambda$)。

与 Ar^+ 溅射刻蚀表面技术相结合。

(2)非结构破坏性深度剖析($d \sim \lambda$)。

①改变 $h\nu$ 以改变有效的 λ_i。

②若可能,尽量用 E_B 相差大的峰对应不同的 λ_i。

③改变接收角 θ 以改变 $\lambda_i \cos\theta$。

④Tougaard 深度剖析法。

3.5.3 成像 XPS(iXPS)

成像 XPS(iXPS)主要有 3 种,即平行成像法、X 射线束扫描法(包括移动样品台实现 X 光扫描)和光电子扫描法,每种成像方法都有其优缺点。平行成像法不像后两种方法需要逐点扫描,而是一种快速照相式的多点同时成像法,其优点是速度快、信噪比高。平行成像法 iXPS 分析面积和空间分辨率主要决定于成像透镜,目前最佳空间分辨率可达 1 μm。与扫描俄歇成像(SAM)类似,iXPS 能提供样品表面元素分布图像及元素化学态像等。iXPS 不仅能分析导体和半导体,还能分析绝缘体。另外,XPS 二次电子背景远小于 AES,因而 iXPS 信噪比高。

3.5.4 XPS 线扫描分析

XPS 线扫描分析可以分析沿样品任一方向的元素或元素价态分布。技术上采用聚焦 X 光沿指定直线扫描样品上感兴趣的分析区域,同时收集 XPS 信号,得到某信号沿扫描线一维分布谱。也可以从 iXPS 图中,方便地重构出线扫描谱。

3.6 XPS 的应用与实例解析

精确测定原子轨道内层电子的结合能及在不同化学环境中的位移。结合能表征原子的种类,其化学位移则表明原子或分子在晶体中所处结构状态,所以 XPS 可用于固体成分分析(可以测出晶体化合物中金属元素所处的价态)和化学结构的测定。XPS 是最适于研究内层电子的光电子能谱,利用单色的 X 光照射样品,具有一定能量的入射光子同样品原子相互作用激发出光电子后测其结合能,了解元素的氧化数,同时对其物质组成成分进行分析。

通常认为初态效应是造成化学位移的原因，所以随着元素形式氧化态的增加，从元素中出射的光电子的 E_B 也会增加，假设像弛豫的终态效应对不同的氧化态有相似的大小。对大多数样品而言，ΔE_B 仅以初态效应项表示是足够的。

【例 3.4】 纯金属铝原子 Al^0（零价），其 2p 轨道电子结合能为 72.7 eV，当它与氧化合成 Al_2O_3 后，铝为正三价 Al^{3+}，这时 2p 轨道电子结合能为 74.7 eV，增大了 2 eV。

【例 3.5】 硫随其形式氧化态从 -2（Na_2S）到 +6（Na_2SO_4）价的价态升高，S 1s 轨道的结合能 E_B 增加近 8 eV。除少数元素（如 Cu、Ag 等）芯电子结合能位移较小，在 XPS 谱图上不太明显外，一般元素化学位移在 XPS 谱图上均有可分辨的谱峰。

【例 3.6】 三氟醋酸乙酯中 C 1s 轨道电子结合能位移如图 3.7 所示。聚合物中碳 C 1s轨道电子结合能大小顺序为

$$C—C<C—O<C=O<O—C=O<O—(C=O)—O$$

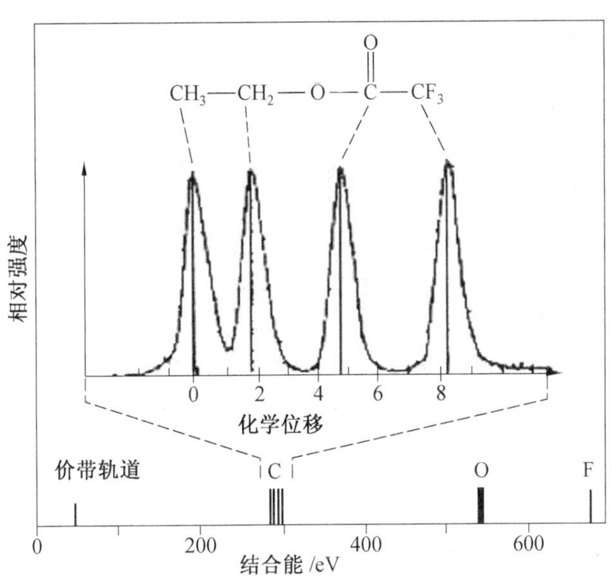

图 3.7　C 1s 轨道电子结合能位移

这与初态效应是一致的，由于随氧原子与碳原子成键数目的增加，碳将变得更加正荷电，导致 C 1s 结合能 E_B 的增加。

3.6.1　定性分析

尽管 X 射线可穿透样品很深，但只有样品近表面一薄层发射出的光电子可逃逸出来，电子的逃逸深度和非弹性散射自由程为同一数量级范围，从致密材料（如金属的约 1 nm）到许多有机材料（如聚合物的约 5 nm），因此对固体材料表面存在的元素极为敏感，这一基本特征再加上非结构破坏性测试能力，可获得化学信息的能力、使得 XPS 成为表面分析的极有力工具。

XPS 谱能提供材料表面丰富的物理化学信息，所以它在凝聚态物理学电子结构的基本研究、薄膜分析、半导体研究和表面迁移研究、分子吸附和脱附研究、化学研究、化学态分析、电子结构和化学键分子结构研究、异相催化腐蚀和钝化研究、分子生物学、材料科

学、环境生态学等学科领域都有广泛应用。它可提供的信息有样品的组分化学态、表面吸附、表面态、表面价电子结构、原子和分子的化学结构、化学键合情况等。

(1)元素组成鉴别。

用X射线光电子能谱进行元素鉴别是通过测定谱中不同元素芯光电子峰的结合能直接进行的。元素定性分析的主要依据是组成元素的光电子线和俄歇线的特征能量值具有唯一性。

(2)化学态分析。

XPS主要通过测定内层电子能级谱的化学位移,推知原子结合状态和电子分布状态。

3.6.2 有机化合物和聚合物(polymer)分析

有机化合物与聚合物主要由C、O、N、S和其他一些金属元素组成的各种官能团构成,因此,需要对这些官能团进行定性和定量的分析。

1. C 1s 结合能

对C元素来讲,与自身成键(C—C)或与H成键(C—H)时,C 1s电子的结合能约为285 eV(常作为结合能参考),当用O原子置换掉H原子后,对每一C—O键均可引起C 1s电子有(1.5±0.2) eV的化学位移,C—O—X中X(除$X=NO_2$外)的次级影响一般较小(±0.4 eV),$X=NO_2$可产生0.9 eV的附加位移。

卤族元素诱导向高结合能的位移可分为初级取代效应(即直接接在C原子上)和次级取代效应(在近邻C原子上),卤族元素诱导的取代效应见表3.1。

表3.1 卤族元素诱导的取代效应

卤　素	初级位移/eV	次级位移/eV
F	2.9	0.7
Cl	1.5	0.3
Br	1.0	<0.2

2. O 1s 结合能

O 1s结合能对绝大多数功能团来讲都在531~535 eV的约2 eV的窄范围内,极端情况可在羧基(Carboxyl)和碳酸盐基(Carbonate Group)中观察到其单键氧具有较高的结合能。

3. N 1s 结合能

许多常见的含氮官能团中N 1s电子结合能均在399~401 eV的窄范围内,这些包括—CN、$—NH_2$、—OCONH—、$—CONH_2$氧化的含氮官能团,具有较高的N 1s结合能$—ONO_2$(约408 eV)、$—NO_2$(约407 eV)、—ONO(约405 eV)。

4. S 2p 结合能

硫对C 1s结合能的初级效应是非常小的(约0.4 eV),然而S 2p电子结合能均在一合理的范围,如R—S—R(约164 eV)、$R—SO_2—R$(约167.5 eV)、$R—SO_3H$(约169 eV)。

3.6.3　无机材料分析

XPS 适用于金属合金、半导体氧化物、陶瓷、无机化合物和配合物等无机材料分析。下面以金属合金为例说明。

【例 3.7】　青铜文物光电子能谱分析。利用 XPS 对春秋时期镀锡青铜器镀锡层的防腐机理进行分析后发现，正是由于少量微晶态的 SnO_2 及非晶态的 SiO_2 填充在致密的 δ 相缺陷微孔隙中，从而阻止了外界侵蚀因素透过锈蚀层对青铜基体的进一步腐蚀。国外也有人利用 XPS 技术对比分析了罗马和伊特鲁里亚这两个不同埋藏环境出土青铜器的表面微观化学成分差异。他们发现，不同地点和不同时期出土的文物在结构和成分方面都存在一些差别。因此，采用 XPS 对金沙青铜器锈层表面分别进行全扫描和窄扫描，分析了样品表面元素和物质组成，试图探索金沙青铜器表面的化学腐蚀过程及其机理，并进一步讨论青铜样品表面各种元素在腐蚀过程中的作用以及青铜腐蚀与环境之间的关系。

在铜条残片和方孔型器残片夹层的锈层膜中，都有锈蚀产物 SnO_2 存在，这实际上是一种具有锡石结构但部分锡原子被铜原子取代了的物质。这种 SnO_2 是以超微晶颗粒存在，其化学性质特别稳定，可以阻止外界侵蚀因素透过锈蚀层对青铜基体的进一步腐蚀。

3.6.4　表面和界面电子结构的研究

表面和界面是杂质富集区在表面和界面处的电子态的特性，是现代表面科学研究的重要课题。实际表面由于表面态的存在，能带在近表面发生弯曲，表面能带弯曲对逸出功或电子亲和势影响较大。用 XPS 可测量表面能带弯曲，测量方法是对比清洁表面和杂质覆盖表面 XPS 芯能级电子能谱图，随着覆盖度 θ 的变化，光电子特征峰发生移动，移动的能量值等于表面能带弯曲量。

【例 3.8】　图 3.8 为 N_2、NO 及 O_2 的 XPS 谱。对于 O_2 分子，由于在 $2\pi^*$ 上具有两个未成对电子，当 O 1s 轨道被电离后，O 1s 谱发生分裂，其分裂间隔是 1.1 eV。而对于 N_2 分子，由于在 $2\pi^*$ 轨道上不存在未成对电子，因此，其 N 1s 谱不出现分裂。而在 NO 中，由于在 $2\pi^*$ 轨道上存在不成对电子，因此，会产生 1s 谱的分裂。从实验结果可见，出现分裂的是 N 1s 谱，而不是 O 1s 谱，分裂间隔是 1.5 eV。该结果表明在 NO 化合物中，未成对电子是分布在 N 的周围而不是 O 的周围。可以计算出多重分裂峰的面积比，对于 NO 为 2 : 1，对于 O_2 为 3 : 1，与实验结果相符。

图 3.9 是 N-TiO_2 粉体的 XPS N 1s 能谱，从图中可以看出，N 1s 共存在 401 eV，400 eV和 396 eV 3 类吸收峰。其中 396 eV 归属为 Ti-N 键的吸收峰，一般称为 β-N，是 N 元素取代了晶格氧所成，是 N/TiO_2 响应可见光的主要归属；400 eV 的宽峰为化学吸附 γ-N_2的吸收峰；部分文献认为 401 eV 归属于 NO，Asahi 等人认为 $TiO_{2-x}N_x$ 的可见光活性与 396 eV 处的 N 的峰面积直接相关，起初随着 N 含量的增多活性增强，但是含量过高时活性反而下降，认为是高掺杂量改变了 $TiO_{2-x}N_x$ 晶型的缘故。根据图中 N 1s 的 XPS 谱计算得所制备的 N/TiO_2 含有原子数百分数为 0.94% 的 N 元素。

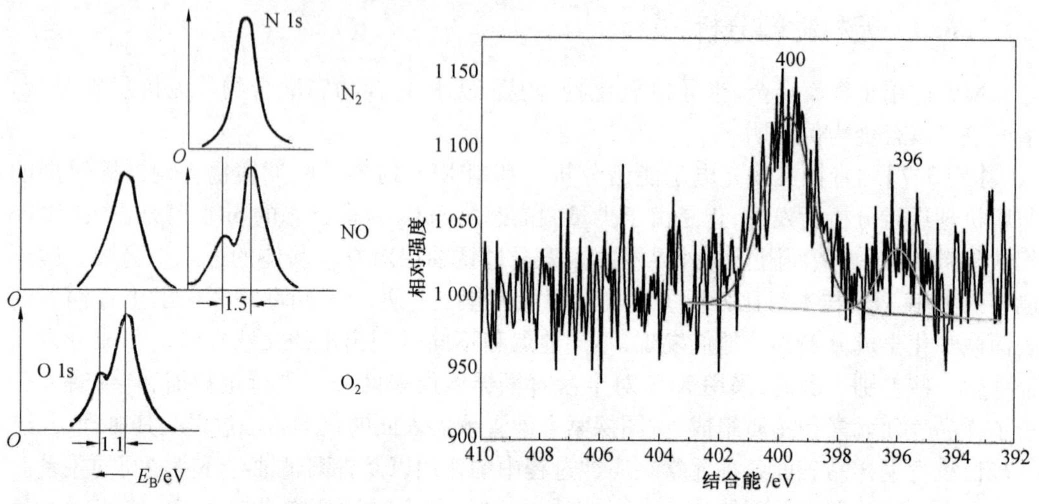

图 3.8　N_2、NO 及 O_2 的 XPS 谱　　　　图 3.9　N-TiO_2 粉体的 XPS N 1s 能谱

3.6.5　能带结构的测量

用角分辨紫外光电子能谱(ARUPS)可以同时测量光电子的动能 E 和波矢 k,可以测定样品的能带结构 $E(ki)$。InSb(001)清洁表面的角分辨光电子能谱(图 3.10)垂直表面检测光电子,光子能量范围 $h\nu = 11.83 \sim 40.82$ eV,自同步辐射源取 $h\nu_0 = 5.6$ eV。

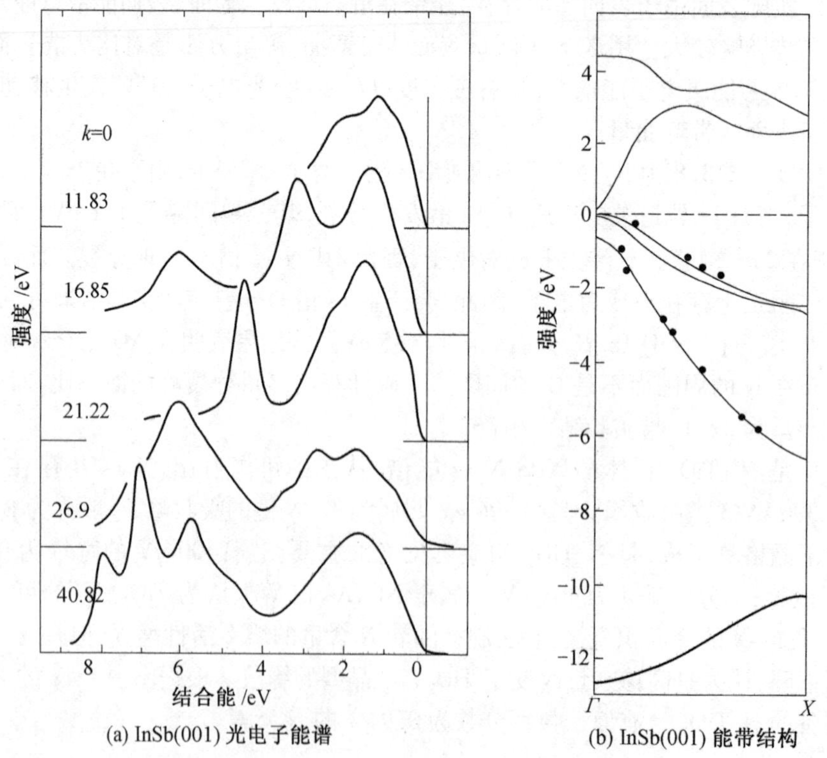

(a) InSb(001) 光电子能谱　　　　(b) InSb(001) 能带结构

图 3.10　InSb(001)清洁表面的角分辨光电子能谱

XPS 价带谱反映了固体价带结构的信息，若 XPS 价带谱与固体的能带结构有关，可以提供固体材料的电子结构信息。若 XPS 价带谱不能直接反映能带结构，则必须经过复杂的理论处理和计算。因此，在 XPS 价带谱的研究中，一般采用 XPS 价带谱结构的比较进行研究。

【例 3.9】　在石墨、碳纳米管和 C_{60} 分子的价带谱上都有 3 个基本峰(图 3.11)。这 3 个峰均由共轭键产生。在 C_{60} 分子中，由于键的共轭度较小，其 3 个分裂峰的强度较强。而在碳纳米管和石墨中，由于共轭度较大，特征结构不明显。在 C_{60} 分子的价带谱上还存在其他 3 个分裂峰，是由 C_{60} 分子中的键所形成的。由此可见，从价带谱上也可以获得材料电子结构的信息。

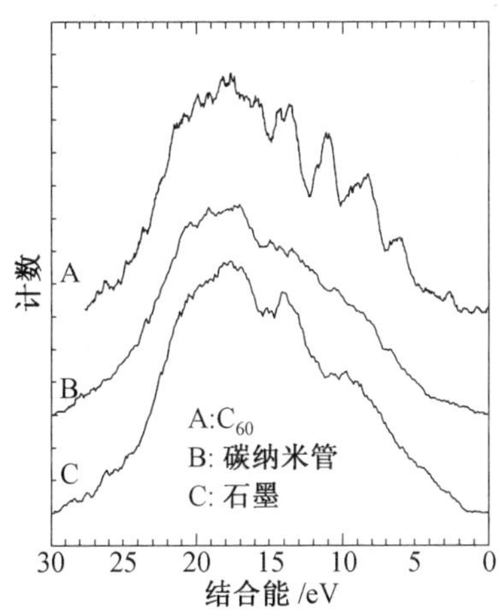

图 3.11　石墨、碳纳米管和 C_{60} 分子的价带谱

3.6.6　吸附和催化研究

由于催化剂的催化性质主要依赖于表面活性，XPS 是评价它的最好方法之一，XPS 能够提供催化活性等有价值的信息。

【例 3.10】　通过 XPS 测试研究 MIL-101-NH_2 与吸附的金属离子之间的可能相互作用，探索重金属吸附的可能机理。图 3.12 显示了吸附前后 MIL-101-NH_2 的 XPS 全谱全范围 XPS 光谱，显然，在 Fe^{3+}、Cu^{2+} 和 Pb^{2+} 吸附后成功检测到两个新的 Fe 2p、Cu 2p3 和 Pb 4f 峰，表明 Fe^{3+}、Cu^{2+} 和 Pb^{2+} 已被 MIL-101-NH_2 吸附。在吸附前后 N 1s 的 XPS 高分辨率光谱中，MIL-101-NH_2 的 N 1s 光谱在 399.5 eV 和 398.5 eV 的结合能分别归属于酰胺(1：—N—C)和胺(2：-NH_2)中的氮。在 Fe^{3+}、Cu^{2+} 和 Pb^{2+} 吸附后，在两个峰(分别为 1 和 2)处观察到显着位移，这可能是由于胺基与金属离子之间的螯合，MIL-101-NH_2 表面胺基提供的许多螯合结合位点有利于 Fe^{3+}、Cu^{2+} 和 Pb^{2+} 的吸附。

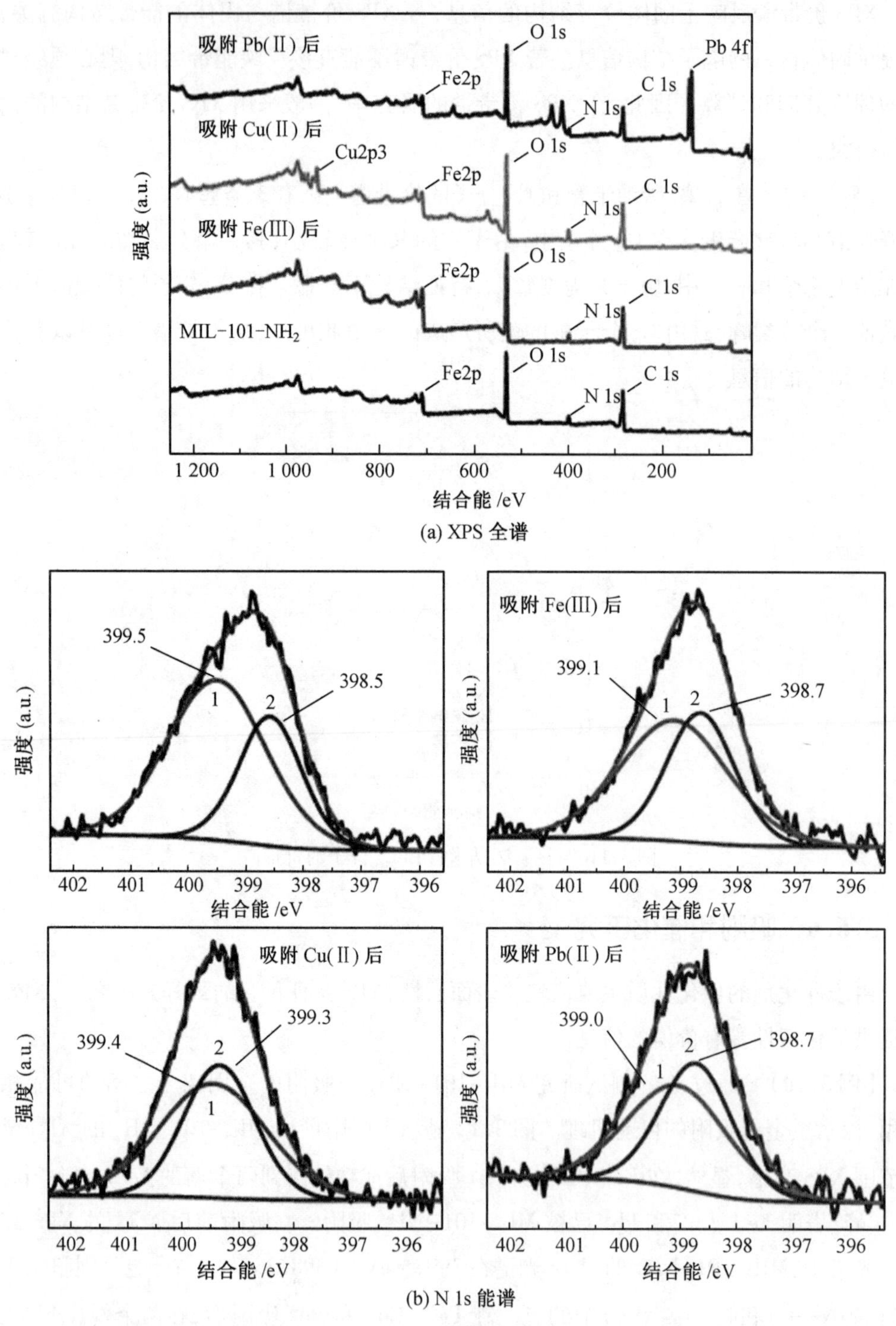

(a) XPS 全谱

(b) N 1s 能谱

图 3.12 吸附前后 MIL-101-NH_2 的全范围 XPS 光谱

【例 3.11】 XPS 分析表明 Pd 催化剂的催化活性与 Pd 的化学状态有关。图 3.13 为 Pd 的价带谱。从图 3.13 可以看出，反应器上、中、下部失活催化剂的 Pd（结合能为

336.291 eV)光电子峰强度依次增加,但均低于新鲜催化剂。说明失活的 Pd/C 催化剂表面 Pd 含量均比新鲜催化剂有所下降,其下降的程度按上部、中部、下部依次递减,即上部催化剂表面 Pd 含量降低最多,比新鲜催化剂降低了近 60%,所以上部催化剂的活性最差。

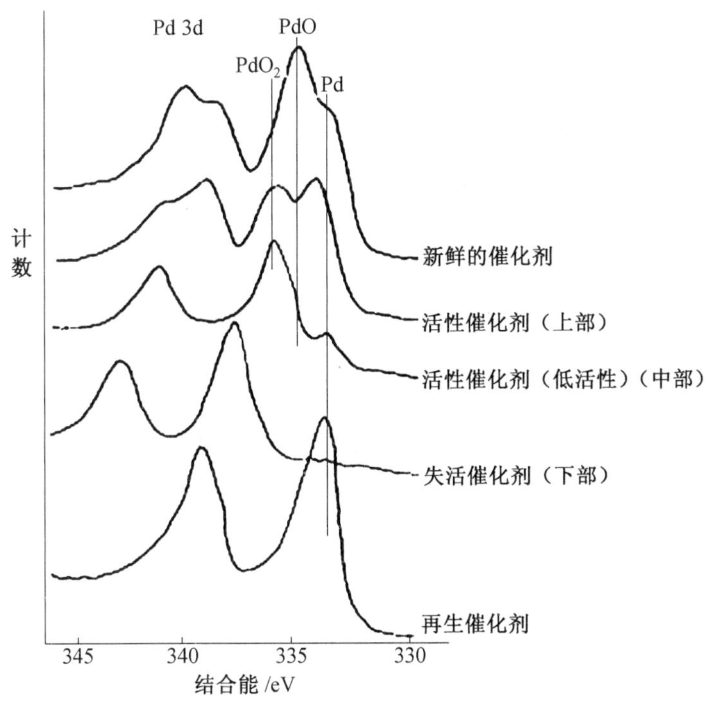

图 3.13　Pd 的价带谱

3.6.7　定量分析

在表面分析研究中,不仅需要定性地确定试样的元素种类及其化学状态,而且还希望能测得它们的含量,并对谱线强度做出定量解释。XPS 定量分析的关键是把所观测到的信号强度转变成元素的含量,即将谱峰面积转变成相应元素的含量。这里我们定义谱峰所属面积为谱线强度。

表面科学工作者已经提出一些实用的 XPS 定量方法和一些理论模型,可以概括为标样法、元素灵敏度因子法和一级原理模型标样法。其中 XPS 定量分析多采用元素灵敏度因子法,该方法利用特定元素谱线强度作为参考标准,测得其他元素相对谱线强度,求得各元素的相对含量。

【例 3.12】　用 XPS 法精确测量硅片上超薄氧化硅的厚度。超薄层(厚度小于 10 nm)的精确测量是当前厚度分析中的前沿课题和分析难点。硅片表面超薄(厚度为 0.13 ~8 nm)氧化硅厚度的 XPS 测量方法,即根据 XPS 测得的元素硅和氧化硅的 Si 2p 谱线强度,使用较简单的厚度分析公式计算

$$d=L\cos\theta\ln(1+R_{\mathrm{expt}}/R_0) \tag{3.1}$$

式中,d 为氧化物的厚度;L 为 Si 2p 光电子在氧化物中的衰减长度;R_{expt}是实验测得的氧

化硅和元素硅的 Si 2p 峰强度比；R_0 是纯氧化硅和纯元素硅体材料的 Si 2p 峰强度比；θ 是光电子发射角，定义为光电子发射方向与样品平面垂线的夹角。为简化计算，Seah 等人又提出一个比较简单的计算公式：

$$d_{oxide}=L_{SiO_2}\cos\theta\ln\left[1+\frac{I_{SiO_2}+0.75I_{Si_2O_3}+0.5I_{SiO}+0.25I_{Si_2O}}{R_0(I_{Si}+0.75I_{Si_2O}+0.5I_{SiO}+0.25I_{Si_2O_3})}\right] \tag{3.2}$$

用式(3.2)来计算氧化硅层厚度时不用考虑中间氧化物的 R 和 L，因而比较简单，但得到的结果与用公式(3.1)的结果几乎相同。

图 3.14 为硅片及其表面氧化硅的 Si 2p 谱线分峰图，由分峰后得到的元素 Si 和各种氧化硅的 Si 2p 峰强度 $I_{Si\ 2p\frac{3}{2}}$、$I_{Si\ 2p\frac{1}{2}}$、I_{Si_2O}、I_{SiO}、$I_{Si_2O_3}$ 和 I_{SiO_2} 计算式计算氧化硅层的厚度。

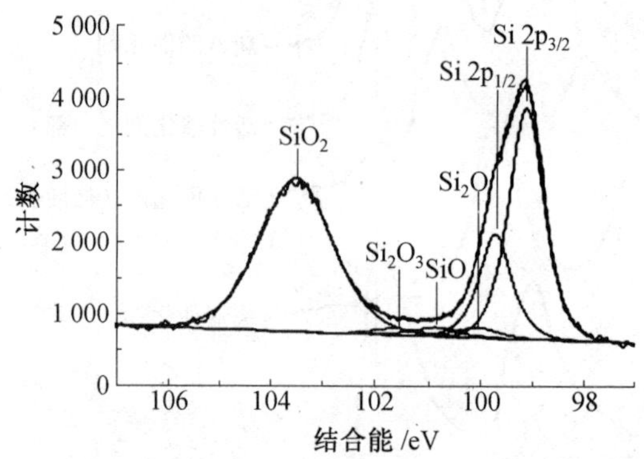

图 3.14 硅片及其表面氧化硅的 Si 2p 谱线分峰图

XPS 技术从 1960 年末商品化以来，已从物理学家的实验发展为广泛应用的实用表面分析工具。XPS 的优点是其样品处理的简单性和适应性，以及高信息量。XPS 的最大特色在于能获取丰富的化学信息，对样品表面的损伤最轻微，定量分析较好。表面的最基本 XPS 分析可提供表面存在的所有元素(除 H 和 He 外)的定性和定量信息，此方法更高级的应用是可产生关于表面的化学组成和形态的更详细信息，因而 XPS 被认为是一种可利用的最强力分析工具。

习 题

1. 通过对 XPS 谱图的分析主要可以得到哪些重要信息？
2. XPS 用于催化研究时，可以得出哪些重要信息？
3. 什么是化学位移？XPS 谱图是如何表示的？
4. 简述电离过程与弛豫过程。

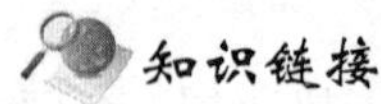

X 射线的发现

1895 年 1 月 8 日，当伦琴(Wilhelm Röntgen)在研究“阴极射线”时，为了防止紫外线和可见光的影响，以及防止管内的可见光线漏出管外，用黑硬纸板把放电管严密地套封起来。在接通电源后，他意外地发现不远处一块涂有钡铂氰化物的屏上发出了荧光。但放电管是被包在黑纸板内的，不可能有光或阴极射线从里面射出。房间是暗室，无一点亮光，屏上出现的荧光又来自何处呢？伦琴切断电源，屏上的荧光就消失了，一接上电源，荧光就出现，这使伦琴大惑不解。伦琴把不远处的荧光板翻转，把没有涂上钡铂氰化物的一面朝向放电管，放电管接通电源后，屏上仍然有荧光，把屏移得稍远一些，屏上的荧光并不消失。这个新奇现象使伦琴确信，从放电管中发出的肯定不是阴极射线，因为勒纳德(Lenard Philipp)和他本人都已经通过实验证实，阴极射线只能在空气中行进几厘米，绝不可能到达 1 m 外的荧光屏处。此外，阴极射线也不具备穿透玻璃管的能力。伦琴继续进行他的观察。他在荧光屏与管子之间放上几样东西，竟然发现这几样东西如同透明的物体。他又把自己的手伸到管子前面，屏上居然出现了他的手骨形象，这更令伦琴大吃一惊。他确信，他已经发现了一种新射线！但伦琴的性格稳重踏实，在没有对新发现进行最后确证之前，他是不会外泄消息的。此后的 6 个星期，伦琴把自己关在实验室里，仔细研究新射线的方方面面。比如他发现新射线可以穿透千页的书、2 ~ 3 cm 厚的木板、15 mm 厚的铝板，只有铅等少数物质对这种射线有较强的吸收能力。1895 年 12 月 22 日，伦琴夫人来到实验室，伦琴就请她把手放在用黑纸包严的照相底片上，用这种新奇的射线拍下了伦琴夫人的手骨像，连手指上的结婚戒指都非常清晰。这是科技史上十分有历史意义的一张照片。由于一时还不清楚这种新射线的本质，伦琴就把它称为“X 射线”。

第 4 章　俄歇电子能谱

4.1　简　　介

俄歇过程是法国科学家比埃尔·俄歇(Pierre Auger)于 1925 年最先发现的。俄歇为研究 X 射线的光电效应,使用 X 射线照射威尔逊云雾室中的惰性气体(如氩气、氙气等),通过出射的光电子轨迹的长度来确定光电子的能量时,意外地发现了俄歇过程和俄歇电子。1953 年,人们开始研究俄歇电子能谱,直到 1967 年采用了微分方式,才开始出现了商业化的俄歇电子能谱仪,并发展成为一种研究固体表面成分的分析技术。俄歇电子能谱(AES)可以分析除氢、氦以外的所有元素。近年来,俄歇电子能谱在理论上和实验技术上都取得了进一步的发展。俄歇电子能谱的应用领域已从传统的金属和合金,扩展到迅速发展的纳米薄膜技术和微电子技术领域,并大力推动了这些新兴学科的发展。

俄歇电子能谱(AES)具有很高的表面灵敏度,其检测极限约为 10^{-3} 原子单层,其采样深度为 1 ~2 nm,因此适合对表面元素进行定性和定量分析,与 XPS 一样也可用于研究表面元素化学价态。它还具有很强的深度分析和界面分析能力,故常用来进行薄膜材料的深度剖析和界面分析。此外,AES 还可以用来进行微区分析,由于电子束束斑非常小,具有很高的空间分辨率,可以进行扫描和微区元素的选点分析、线扫描分析和面分布分析。因此,AES 在材料、机械、微电子,尤其是纳米薄膜材料领域,具有广泛的应用。

近年来,AES 仪在以下 6 个方面取得了一些新的进展:

①通过采用细聚焦强光源,采用场发射电子源等手段,进一步提高了空间分辨率。此时的工作电压低、束斑细(≤20 nm)、束流强。

②由于正电子与样品的作用不同于负电子与样品的作用,故开发正电子源,可供分析时选用。

③发展新型能量分析器,发展俄歇化学成像。

④开发多通道电子倍增器等新型电子检测器,以提高仪器接收信息的灵敏度和速度。

⑤推动软件开发与应用,一方面可使谱图更加清晰,另一方面还可直接给出对样品定性和定量的分析结果,以及元素和化学态图像。

⑥发展新方法新理论,如表面扩展能量损失精细结构、Auger 电子衍射(AED)等,以提高定量准确度和指导对化学态的鉴别。

4.2　系统组成

俄歇电子能谱仪的仪器结构比较复杂。图 4.1 为俄歇电子能谱仪的结构图。由图 4.1 可见,AES 仪主要由超高真空系统、电子枪(电子束源)、离子枪(离子源)、快速进样室、能量分析器计算机系统等组成。

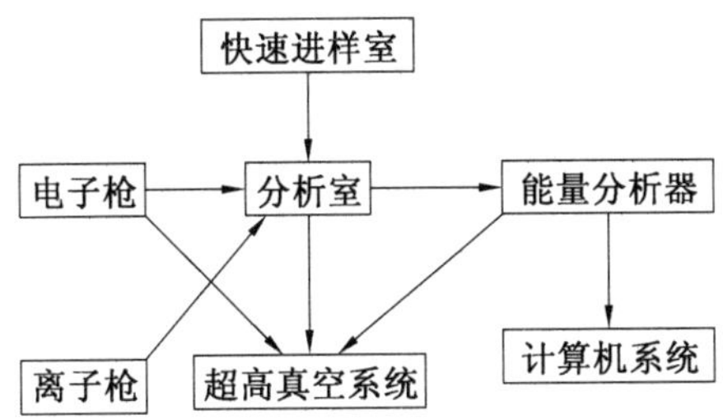

图 4.1　俄歇电子能谱仪结构图

4.2.1　超高真空系统

在 AES 仪中必须采用超高真空系统,首先,AES 是用于表面分析的技术,如果分析室的真空度很差,在很短的时间内试样的清洁表面就可以被真空中的残余气体分子所覆盖;其次,由于俄歇电子的信号和能量都非常弱,如果真空度较差,很容易与真空小的残余气体分子发生碰撞而损失能量,导致最后不能到达检测器。在 AES 仪中,一般采用三级真空泵系统,为了使分析室的真空度达到 3×10^{-8} Pa。前级泵一般采用旋转机械泵或分子筛吸附泵,极限真空度能达到 10^{-2} Pa;采用油扩散泵或分子泵,可获得高真空,极限真空度能达到 10^{-8} Pa;而采用溅射离子泵和钛升华泵,可获得超高真空,极限真空度能达到 10^{-9} Pa。这几种真空泵的性能各有优缺点,可以根据各自的需要进行组合。现在的新型俄歇电子能谱仪普遍采用的是机械泵-分子泵-溅射离子泵-钛升华泵系列,这样可以防止清洁的超高真空分析室被扩散泵油污染。

4.2.2　电子束源

在普通的 AES 仪中,一般采用六硼化铼灯丝的电子束源。电子枪可分为固定式电子枪和扫描式电子枪两种。扫描式电子枪适合于 AES 的微区分析。现在新一代谱仪较多地采用场发射电子枪,它具有空间分辨率高、束流密度大的优点,但缺点是价格贵、维护起来很复杂。

4.2.3　离子源

在 AES 中,配备离子源的目的是对样品表面进行清洁或对样品表面进行定量剥离。在 AES 仪中,常采用 Ar 离子源。Ar 离子源可分为固定式和扫描式。固定式 Ar 离子源由于不能进行扫描剥离,对样品表面刻蚀的均匀性较差,仅用作表面清洁。而扫描式 Ar 离子源则适用于进行深度分析。

4.2.4 快速进样室

AES 仪多配备有快速进样室,这样可以在不破坏分析室超高真空的情况下进行快速进样。快速进样室的体积很小,以便能在 5 ~ 10 min 内达到 10^{-3} Pa 的高真空度。有一些谱仪,把快速进样室设计成样品预处理室,可以同时对样品进行加热、蒸镀和刻蚀等操作。

4.2.5 能量分析器

X 射线光电子的能量分析器有半球型和筒镜型两种类型。半球型能量分析器由于对光电子的传输效率高和能量分辨率好等特点,多用于 XPS 谱仪上;而 AES 仪上主要采用筒镜型能量分析器,原因是它对俄歇电子的传输效率高。对于一些多功能电子能谱仪,以 XPS 为主的采用半球型能量分析器,以俄歇为主的则采用筒镜型能量分析器。

4.2.6 计算机系统

对于 AES 仪的数据采集和控制是十分复杂的,目前商用谱仪一般用计算机系统来控制谱仪和采集数据。由于 AES 数据的复杂性,谱图的计算机处理也是一个重要的部分,如元素的自动标识、半定量计算、谱峰的拟合等。

4.3 工作基本原理

前面介绍过,俄歇为研究 X 射线的光电效应,用 X 射线照射在威尔逊云雾室中的惰性气体(如氩气、氙气等),并用摄得光电子轨迹的长度来确定光电子的能量关系:

$$E_k = h\upsilon - E_b$$

式中,E_k 为光电子动能;$h\upsilon$ 为 X 射线能量;E_b 为被照射气体原子的电子结合能。

在 X 射线路径上,除了较长的光电子轨迹,在起始点还有一些短小的轨迹分支。根据轨迹的性质,可以判别这也是原子内部发射的电子轨迹,但是这些短而粗的分支轨迹长度却不随 X 射线的能量 $h\upsilon$ 而改变。由式 $E_k = h\upsilon - E_b$ 可以判断,它们不是光电子,但是当把威尔逊云雾室中的气体换用其他气体时,分支长度则会随着发生变化,这表明分支的出现与气体原子内部性质有关。除了以 X 射线形式向外辐射能量外,还可以通过原子内部的转换过程把能量交给较外层的另一个电子,使它克服结合能而向外发射。这种过程称为非辐射的退激发过程,后来就被称为俄歇过程。向外发射的电子被称为俄歇电子。由于俄歇电子的能量是由有关原子能级决定的,因而不随入射 X 射线的能量而变化。不同原子的能级情况是不同的,所以更换气体时,分支长度会变化。多支分叉现象可以用多次过程解释,这就可以完全解释上述实验现象。

虽然俄歇过程是在 X 射线激发惰性气体时发现的,但它反映的却是原子内部的退激发规律,与原子激发状态的形成原因无关。实验证明,除了光子以外,入射电子、离子、质子均可以使原子的芯能级产生空穴,形成激发态,因而都可伴随发生俄歇过程。

AES 是通过测定俄歇电子的能量从而获得固体表面组成等信息的技术。设用某种方法使原子的一个内层电子电离,则在原子内层就会出现一个空位:

①如果一个能量较高电子态的电子填充此空位，同时发出特征 X 射线，就是一个辐射跃迁过程。例如，初态空位在 K 能级，L_3 上一个电子填充 K 空位，发出的 X 射线就是 $K_{\alpha1}$ 线；L_2 上的一个电子填充 K 空位，发出的就是 $K_{\alpha2}$ 线。

②如果一个电子填充此初态空位，同时另一电子脱离原子发射出去，则是一种无辐射的跃迁过程，称为俄歇过程或俄歇效应。发射出去的电子，就是俄歇电子。例如，初态空位在 K 能级，一个 L_3 上的电子充填 K 空位，同时一个 L_1 上的电子发射出去，这就是 KL_3L_1 俄歇跃迁，如图 4.2 所示。其中，第一个字母 K 代表初态空位所在的能级；第二个字母 L_3 代表那个能级上的电子来充填初态空位；第三个字母 L_1 表示那个能级上的电子作为俄歇电子发射出去。一般用 $W_iX_pY_q$ 表示任意一种俄歇跃迁，这里 W_i、X_p 和 Y_q 代表 X 射线能级符号。

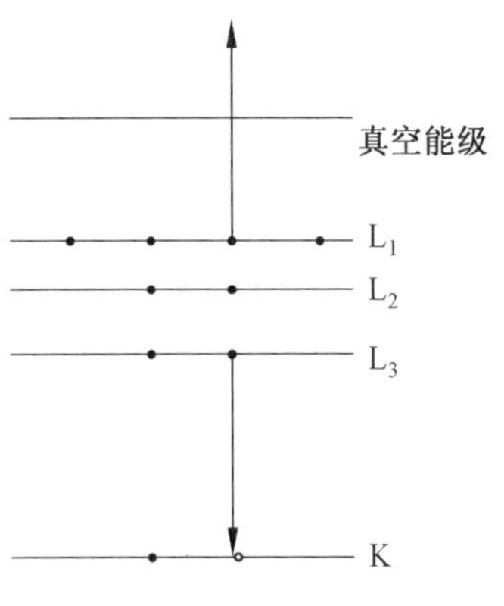

图 4.2　KL_3L_1 俄歇跃迁

前述俄歇过程按两步进行：第一步，一个电子填充初态空位，产生 X 射线；第二步，此 X 射线的能量使另一电子发射出去成为俄歇电子。其实，这样的看法与实际是不符的，例如 KL_1L_1 俄歇跃迁实际上是存在的，但按这种"两步"过程，却不可能存在，因为 L_1 电子填充 K 空位而发出 X 射线是违反产生 X 射线的选择定则（$\Delta l=\pm1$，$\Delta j=0$、±1）的。

实际上，KLL 俄歇过程总共包括 6 种俄歇跃迁：KL_1L_1、KL_1L_2、KL_1L_3、KL_2L_2、KL_2L_3 和 KL_3L_3，并且它们都可能发生，在俄歇谱上表现为 6 根谱线。KL_1L_3 和 KL_3L_1 跃迁的初态相同，都是 K 能级上有一空位；它们的终态也相同，都是在 L_1 和 L_3 能级上各有一空位，因此它们是同一俄歇跃迁。由于它们粒子的全同性，这两种俄歇跃迁是不可区分的。

除此之外，俄歇跃迁还有 C-K 跃迁和超 C-K 跃迁。理论上讲，这两种俄歇跃迁只适用于原子序数高的原子，对低原子序数或中原子序数的原子讨论的结果是不正确的。例如，对于 KLL 系列，按上面讨论应该有 6 种俄歇跃迁，在俄歇谱图上，相应地应有 6 根谱线。但是用高分辨率的谱仪观察时，发现对于低原子序数的原子，只有 5 根线，而对于中原子序数的原子，却有 9 根线。对于表面分析技术来说，这个问题的实用意义并不大。一般来说，表面分析是利用主要的俄歇峰进行分析的，不需要把每一个小峰都研究清楚。况且，商品 AES 仪的分辨率也不够高，不能把每个小峰分辨出来。

在实用的 AES 仪中，具有初态空位的电离原子是用电子束轰击产生的，初级电子束能量 E_p 往往取 3 keV（在扫描俄歇中，E_p 会高到 5 keV 甚至 10 keV），用来进行表面分析的俄歇电子能量为 0～2 000 eV。通常 KLL 俄歇电子是用来分析原子序数低的原子。

当用光或电子轰击固体表面时，都能产生俄歇效应。俄歇电子在固体中运行时也要经历频繁的非弹性散射，仅仅是表面几层原子所产生的俄歇电子能逸出固体表面，这些电子的能量为 10～500 eV，它们的平均自由程很短，为 0.5～2 nm，因此俄歇电子能谱只能考察固体的表面层。AES 一般都用电子束作为辐射源，电子束可以聚焦、扫描，因此 AES 可以做表面微区分析，并且可以从荧光屏上直接获得俄歇元素像。一些元素的俄歇电子能谱如图 4.3 所示。在近代，它是被用来考察固体表面的重要工具，并广泛应用于各种材料分析以及催化、吸附、腐蚀、磨损等方面的研究。

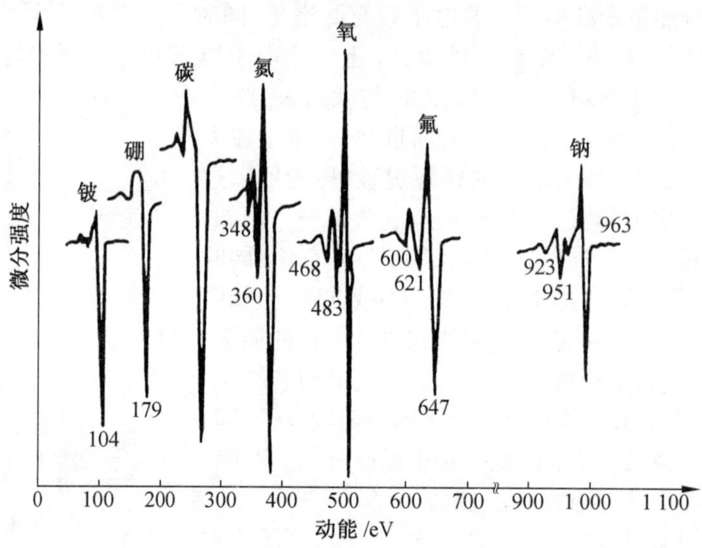

图 4.3　一些元素的俄歇电子能谱

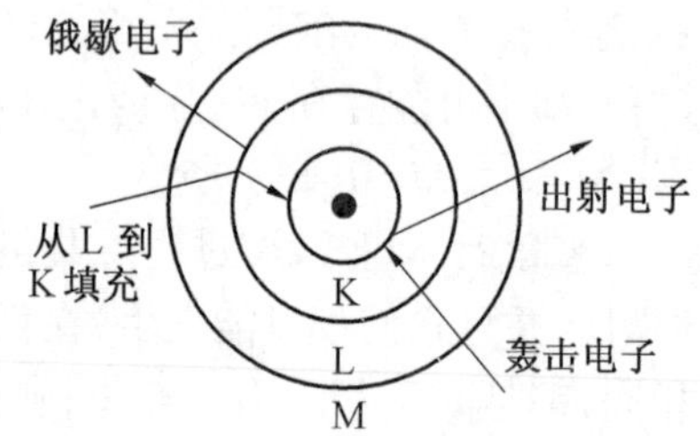

图 4.4　俄歇电子的跃迁过程

综上所述,俄歇电子能谱的原理其实是比较复杂的,因为它涉及原子轨道上 3 个电子的跃迁过程。当 X 射线或电子束激发出原子内层电子后,在原子的内层轨道上产一个空穴,形成了激发态正离子。在该激发态离子的退激发过程中,外层轨道的电子可以向该空穴跃迁并释放出能量,而这种释放出的能量又激发了同一轨道层或更外层轨道的电子,使其电离并逃离样品表面。俄歇电子的跃迁过程如图 4.4 所示。

在激发出俄歇电子的过程中,一般采用较高能量的电子束作为激发源。在常规分析时,为了减少电子束对样品的损伤,电子束的加速电压一般采用 3 kV 或 5 kV,在进行高空间分辨率微区分析时,也常用 10 kV 以上的加速电压。由于俄歇电子的能量仅与原子本身的轨道能级有关,与入射电子的能量无关,因而对于特定的元素及特定的俄歇跃迁过程,其俄歇电子的能量是独特的。于是根据俄歇电子的动能来定性分析样品表面物质的元素种类。该定性分析方法可以适用于除氢、氦以外的所有元素。因为每个元素会有多个俄歇峰,所以定性分析的准确度很高。因此,AES 技术适用于对除氢、氦以外的所有元素进行一次全分析,适合于对未知样品的定性鉴定。

4.4　样品的制备

AES 仪对分析样品有特定的要求,在通常情况下只能分析固体样品,并且还不能是绝缘体样品。原则上,粉体样品不能进行俄歇电子能谱分析。一般情况下,待分析的样品都需要经过一定的预处理,主要包括样品大小、挥发性样品、表面污染样品和带有微弱磁性的样品等的处理。

4.4.1　固态样品

为了获得清洁的固态表面,常用的方法有以下几种:

1. 机械方法

机械方法是清洁固态表面最基本的方法,是指用砂纸磨擦或刀刃刮削去除表面污物。机械方法的缺点是:用砂纸磨擦时会使表面发热而产生氧化物、氮化物;刮削时甚至可能改变固体表面的成分,如合金材料在刮削过程中,比较柔软的材料会产生蠕动而掩盖比较硬的材料。有时研磨还用来制作粉末状样品的新鲜表面,但也要注意防止样品发热而产生氧化物和氮化物的情况。所以,除非污染非常严重,否则一般不采用机械方法。

2. 超高真空中解理晶体

在超高真空中对晶体解理是获得清洁解理面的非常好的办法,目前被广泛地采用。因为晶体沿晶面方向的机械强度最弱,在拉力或剪切力的作用下很容易沿晶面破裂。相对地说,半导体单晶比较容易解理,而金属单晶则需要先冷却到液氮温度(77 K),然后才能敲断样品。

3. 清洗、加热和真空排气

由于有些样品曾暴露于大气中,表面会受到污染。实验前,一般应用有关溶剂将不易挥发的物质清洗干净,并置于真空室内经过长时间的排气以清除易挥发物质。有时对样品进行加热也能帮助排除某些污染,必要时得采用真空闪蒸(Flash Evaporation)来除去表面层。但清洗过程中有时也会引进杂质,有时还会使样品性质发生变化。单靠加热有时也难以奏效,因为加热使体内杂质不断向表面扩散,这时宜采用离子刻蚀技术(即离子溅射)。

4. 离子溅射

离子溅射(或称离子刻蚀)适用于元素单质或其他组分不因离子轰击而变化的物体去除表面的污染。为了除去有机物受到的污染,有时采用氧离子,但绝大多数情况下都采用惰性气体离子。表面玷污物在大多数情况下是碳。清除碳的方法是在 7×10^{-3} Pa 下,将 Ar^{+}加速到 1 ~5 keV,轰击表面几秒到几十分钟,就能有效地达到目的。

除此之外,还应该注意的是,在实验过程中也可能造成对样品的污染。例如,抽气时操作步骤错误、样品预处理不充分和工作室本身不干净等原因都可能放出气体污染样品表面。特别要指出的是,样品表面在受到电子束的照射后也会发生变化。杂质淀积的来源也很多,如用充硅油的超高真空扩散泵抽气,则在电子束轰击的样品局部表面会发生硅化合物的淀积。另外,构成工作室的橡皮圈和不锈钢也是碳污染的一种来源。综上所述,在防止样品污染时首先应注意真空系统的操作,其次对于不同的物质要采用不同的处理方法。

4.4.2　粉末样品

对于需要分析的粉末状样品,一般采用如下方法:

①把粉末样品撒到用聚酯薄膜为基底的胶带上,有一些有机膜能被用于 10^{-7} Pa 的真空室内。

②把粉末置于两块铟箔之中,施加压力后再分开,粉末就附于铟箔上。由于铟很软,而且铟在常温下饱和蒸汽压低,所以这种方法是很成功的,需要注意的是不能使铟的表面裸露出来。

③用某些金属来支撑粉末体。

④把粉末压制成片状。

⑤用重力沉淀法来制备一个均匀的粉末薄层,但在排气过程中要格外小心,以防止空气骤然放出而毁坏粉层。

4.5　测试方法

4.5.1　定性分析的测试方法

表面元素的定性分析是一种最常规的分析方法,也是俄歇电子能谱最早的应用之一。普遍利用 AES 仪的宽扫描程序,收集 20 ~ 1 700 eV 动能区域的俄歇谱。为了提高谱图的信噪比,一般采用微分谱来进行定性鉴定。大部分元素的俄歇峰都集中在 20 ~ 1 200 eV 范围内,而有些元素则需利用高能端的俄歇峰来辅助进行定性分析。另外,在分析 AES 谱图时,还必须考虑荷电位移问题。金属和半导体样品一般不会荷电,故不用校准。但对于绝缘体薄膜样品,有时必须进行校准,以 C(KLL)峰的俄歇动能为 278.0 eV 作为基准,在判断是否有元素存在时,应用其所有的次强峰进行佐证,否则,应考虑是否为其他元素的干扰峰。

4.5.2　半定量分析的测试方法

由于从样品表面出射的俄歇电子的强度与样品中该原子的浓度有线性关系,因此可以利用这一特征进行元素的半定量分析。因为俄歇电子的强度不仅与原子的多少有关,还与样品表面的光洁度、元素存在的化学状态、俄歇电子的逃逸深度以及仪器的状态有关。因此,AES 技术一般只能提供元素的相对含量,不能给出所分析元素的绝对含量。而元素的灵敏度因子不仅与元素种类有关,还与元素在样品中的存在状态及仪器的状态有关,所以 AES 不是一种很好的定量分析方法。它给出的仅是一种半定量的分析结果,即相对含量而不是绝对含量。另外,AES 提供的定量数据是以原子数百分数表示的,而不是平常所使用的质量百分数,这种比例关系可以通过下列公式换算:

$$c_i^{\mathrm{WT}} = \frac{c_i A_i}{\sum_{i=1}^{i=n} c_i A_i}$$

式中,c_i^{WT} 是第 i 种元素的质量分数;c_i 是第 i 种元素的 XPS 摩尔分数;A_i 是第 i 种元素的相对原子质量。

需要注意的是,AES 的采样深度与材料性质和光电子的能量有关,也与样品表面与分析器的角度有关,因为不仅各元素的灵敏度因子是不同的,而且 AES 谱仪对不同能量的俄歇电子的传输效率也是不同的,并会随谱仪污染程度而改变。AES 仅提供表面 1 ~ 3 nm 厚的表面层信息,其表示的组成不能反映体相成分。样品表面的 C、O 污染以及吸附物的存在,也会对定量分析的结果造成一定误差。

4.5.3 化学价态分析的测试方法

表面元素的化学价态分析是 AES 分析的另一个重要功能,但一直未能获得广泛应用的原因是谱图解析困难和能量分辨率低。近年来,随着计算机科学技术的发展,采用积分谱和抠背底处理,使得谱图的解析变得越来越容易。并且在把 AES 谱的化学位移分析应用在薄膜材料的研究上,已经取得了很好的效果。除了化学位移的变化,俄歇电子能谱还有线形的变化,故 AES 的线形分析也常被用来分析元素化学价态。

4.5.4 元素沿深度方向的分布分析的测试方法

深度分析是 AES 最有用的分析功能,一般采用 Ar 离子剥离样品表面的方法。原理是:先用 Ar 离子把一定厚度的表面层溅射掉,再用 AES 分析剥离后的表面元素含量,以获得元素在样品中沿深度方向的分布。但是该方法具有一定的破坏性,因为它会引起表面晶格的损伤、择优溅射和表面原子混合等现象。解决方法是提高剥离速度、缩短剥离时间,这样就可以适当地避免以上效应。为了获得较好的深度分析结果,一般选用交替式溅射方式,并尽可能地降低每次溅射间隔的时间。另外要求离子束/电子枪束的直径比大于 10 倍,以避免离子束的溅射坑效应。

4.5.5 微区分析的测试方法

AES 分析的另一个重要功能是微区分析,这是它在微电子器件研究中最常用的功能,也是纳米材料研究的主要手段,可以分为选点分析、线扫描分析和面扫描分析。

1. 选点分析的测试方法

由于 AES 分析采用电子束作为激发源,故其束斑面积可以聚焦到非常小。原则上,AES 选点分析的空间分辨率可以达到束斑面积大小,所以能在很微小的区域内进行选点分析,当然也可以在一个大面积的宏观空间范围内进行选点分析。微区范围内的选点分析可以通过计算机控制电子束的扫描,在样品表面的吸收电流像图或二次电流像图上锁定待分析点。对于在大范围内的选点分析,一般采取移动样品的方法,使待分析区和电子束重叠,它的优点是可以在很大的空间范围内对样品点进行分析。利用计算机软件选点,可以同时对多点进行表面定性分析、表面成分分析、化学价态分析和深度分析。这是一种非常有效的微探针分析方法。

2. 线扫描分析的测试方法

在科学研究中,除了需要了解元素在不同位置的存在状况,有时还需要了解一些元素沿某一方向的分布情况,这时就要用到俄歇线扫描分析。这种分析方法常应用于表面扩散和界面分析等方面。线扫描分析可以在微观和宏观的范围(1 ~6 000 μm)内进行。

3. 面扫描分析的测试方法

AES 的面扫描分析也可称为俄歇电子能谱的元素分布的图像分析。它可以把某元素在某一区域内的分布以图像的方式表示出来,就像电镜照片一样。只不过电镜照片提供的是样品表面的形貌像,而俄歇电子能谱提供的是元素的分布像。结合俄歇化学位移分析,还可以获得特定化学价态元素的化学分布像。俄歇电子能谱的面扫描分析适合于微型材料和技术的研究,也适合表面扩散等领域的研究。由于该分析方法耗时非常长,一般很少在常规分析中使用。

4.6 AES 分析方法与应用实例

4.6.1 定性分析

定性分析步骤如下:

①首先分析最强的峰,利用“主要俄歇电子能量图”可以把对应于此峰的可能元素减少到 2 ~3 种。然后通过这几种可能元素的标准谱的对比分析,确定究竟是什么元素的峰。考虑到可能存在化学位移,测得的峰的能量与标准谱上峰的能量相差几个电子伏特可以忽略不计,所以这种定性分析只用来进行元素的识别。

②确定元素后,利用标准谱图,标明属于此元素的所有峰。

③继续反复按此步骤去识别更弱的峰。含量少的元素,只有其主峰可以在被分析的谱图上被观察到。

④如果还有峰未确定,则它们可能是一次电子损失了一定能量背射出来形成的能量损失峰。可以改变一次束能量,观察峰是否移动,跟着移动的就不是俄歇峰。

通常采用上述步骤可以很快地进行元素识别。有时由于微量杂质的主峰与含量多的元素的次要峰重叠,以至微量杂质的主峰被“淹没”而使此微量杂质不能被检测出来,但这种情况一般不会发生。

图 4.5 所示为金刚石表面 Ti 薄膜的俄歇定性分析谱,电子枪的加速电压为3 kV。AES 谱图的横坐标是俄歇电子动能,纵坐标为俄歇电子计数的一次微分。图中 C KLL 表示碳原子的 K 层轨道的一个电子被激发,在退激发过程中,L 层轨道的一个电子填充到 K 轨道,同时激发出 L 层上的另一个电子,这个电子就被标记为 C KLL 的俄歇电子。由于俄歇跃迁过程涉及多个能级,可以同时激发出多种俄歇电子,因此在 AES 谱图上可以发现 Ti LMM 俄歇跃迁有两个峰。由于大部分元素都可以激发出多组光电子峰,因此非常有利于元素的定性标定。排除能量相近峰的干扰,如 N KLL 俄歇峰的动能为379 eV,与 Ti LMM俄歇峰的动能很接近,但 N KLL 仅有一个峰,而 Ti LMM 有两个峰。因此俄歇电子能谱可以很容易地区分 N 元素和 Ti 元素。由于相近原子序数元素激发出的俄歇电子的动能有较大的差异,因此相邻元素间的干扰作用很小。

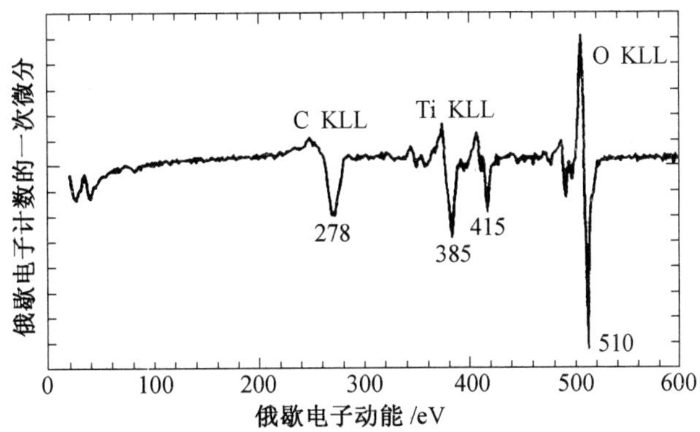

图 4.5　金刚石表面 Ti 薄膜的俄歇定性分析谱

4.6.2　定量分析的方法

1. 纯元素标样法

以纯元素 i 作标样，在相同条件下，测量试样中 i 元素的俄歇信号强度 $I_{i,WXY}$ 及标样的同一俄歇峰强度 $I_{i,WXY}^{std}$。所取俄歇峰一般为主峰，要注意样品表面清洁可靠。

假定试样与标样的 B_i、R 和 $\lambda_{i,WXY}$ 相同，并设试样与标样 i 元素的 WXY 俄歇峰形状相同，因而 $T_{i,WXY}$ 也相同。在试样"表面区域"单位体积原子数等于试样"表面区域"单位体积各种元素的原子数情况下，有

$$C_i = \frac{n_i}{\sum in_j} = \frac{n_i}{n_i^{std}} = \frac{I_{i,WXY}}{I_{i,WXY}^{std}}$$

式中，n_i 为单位体积原子数（原子密度）。

如果试样中有 m 种不同元素，就需要 m 种纯元素标样，在相同条件下共进行 $(m+1)$ 次测量，通常这种方法是不实用的，因为它比较麻烦。不过，实用的方法是建立在这种方法的基础之上的。

2. 相对灵敏度因子法

如果标样只有一种纯 Ag 标样，取其主峰（能量为 351 eV 的 MNN 峰）作为比较的标准，在相同的条件下，测量 $I_{i,WXY}$ 和 $I_{Ag,351}^{std}$。这时的问题是如何据此确定试样表面 i 元素的含量。

如果事先做过这样一次测量：在相同条件下，用纯 i 元素标样与纯 Ag 标样进行比较，测得 $I_{i,WXY}^{std}$ 和 $I_{Ag,351}^{std}$，得出 $S_i = \frac{I_{i,WXY}^{std}}{I_{Ag,351}^{std}}$，那么就可以确定试样表面 i 元素的含量了。这里的 S_i 称为 i 元素的"相对灵敏度因子"。

3. 成分相近的多元素标样法

成分相近的多元素标样法的特点是：标样的成分与试样成分相近，而且标样中各元素的原子浓度 C_i^{std} 又是已知的。如果在相同条件下测量试样与标样，很明显，试样中各元素的原子浓度为

$$C_i = C_i^{std} \frac{I_{i,WXY}}{I_{i,WXY}^{std}}$$

式中，$I_{i,WXY}$ 和 $I_{i,WXY}^{std}$ 是同一种俄歇峰的强度，一般是 i 元素的主峰。

4.6.3 应用实例

俄歇电子能谱在物理、化学、材料科学以及微电子学等方面均有着重要的应用,可以用来研究固体表面的能带结构、态密度等,也可用于研究表面的物理化学性质的变化,如表面吸附、脱附以及表面化学反应。在材料科学领域,俄歇电子能谱主要应用于纯度的检测、材料组分的确定和薄膜材料的生长等。

利用高分辨俄歇能谱仪研究的高纯 Fe-0.2% P-2% Cr-C 合金晶界俄歇电子能谱如图4.6 所示,图4.6(a)和4.6(c)分别为 w(C)= 0.02% 的合金和 w(C)= 0.15% 的合金的晶界非碳化物处俄歇谱,图4.6(b)和4.6(d)分别为相应合金碳化物处的俄歇谱。由图4.6(a)和4.6(c)可以看出,两种合金的晶界都存在明显的磷元素和碳元素俄歇峰,但均未检测到其他元素的俄歇峰,表明两种合金仅存在磷偏析与碳偏析。由俄歇峰可定量测定偏析元素的晶界浓度。

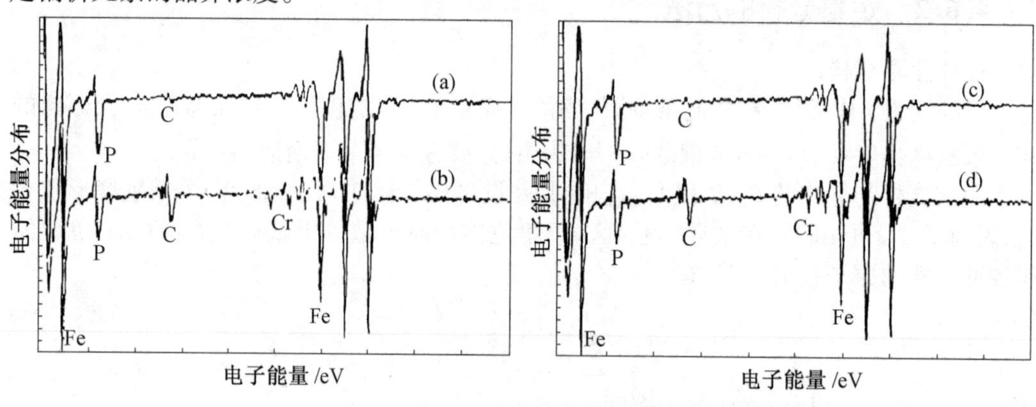

图4.6　两种合金晶界俄歇电子能谱

Sialon 陶瓷是在氮化硅陶瓷的基础上发展起来的又一类高性能陶瓷,图 4.7 是某种掺 Dy 的 α-Sialon 陶瓷晶粒和晶间相的俄歇电子能谱,对晶粒间的俄歇分析表明其至少有 4 种不同的固溶体(图 4.7(a)、(b)),Si(LVV,KLL)峰位分别在 82 ~ 84 eV、1 612 ~ 1 614 eV;Al(LOO,KLL)峰位也向低能端漂移,分别在 56 ~ 58 eV、1 387 ~ 1 389 eV。晶间相的俄歇分析指出其至少有 3 种化学成分(图 4.7(c)),其差别在于 Dy 峰依次降低,O/N 峰高比也有所不同;Al 峰在 3 种谱线中几乎都看不到,因此晶间相内缺 Al;Si 的峰位与晶相谱线相接近;92 eV 处的小峰是 Dy 的次峰,其出现与否与 Dy 的含量有关,Dy 含量增高则出现。

将在不同条件下进行钝化的金属 $OCr_{18}Ni_{12}Mo_2Ti$ 进行 AES 表征,$OCr_{18}Ni_{12}Mo_2Ti$ 合金钝化膜的俄歇电子能谱如图 4.8 所示。由图 4.8 可以看出,Ni、Mo、Ti 元素的谱峰相对比较弱,说明这几种元素没有在钝化膜中富集。Mo 的高能量谱峰(221 eV)在上述图中都没有出现,图(a)、(b)与图(c)对照可以认为在 180 ~ 190 eV 的谱峰是 Cl 元素谱(181 eV)和 Mo 元素低能量谱峰(186 eV)的重叠(因为 a 样品的钝化介质中不含 Cl^-,故(a)图中不应该有 Cl 元素谱峰出现)。由此可知 b、c 样品的钝化膜中均含有一定量的 Cl 元素,但在充氧介质中形成的膜中含量很少,而在除氧介质中形成的膜中 Cl 元素的含量明显很多。

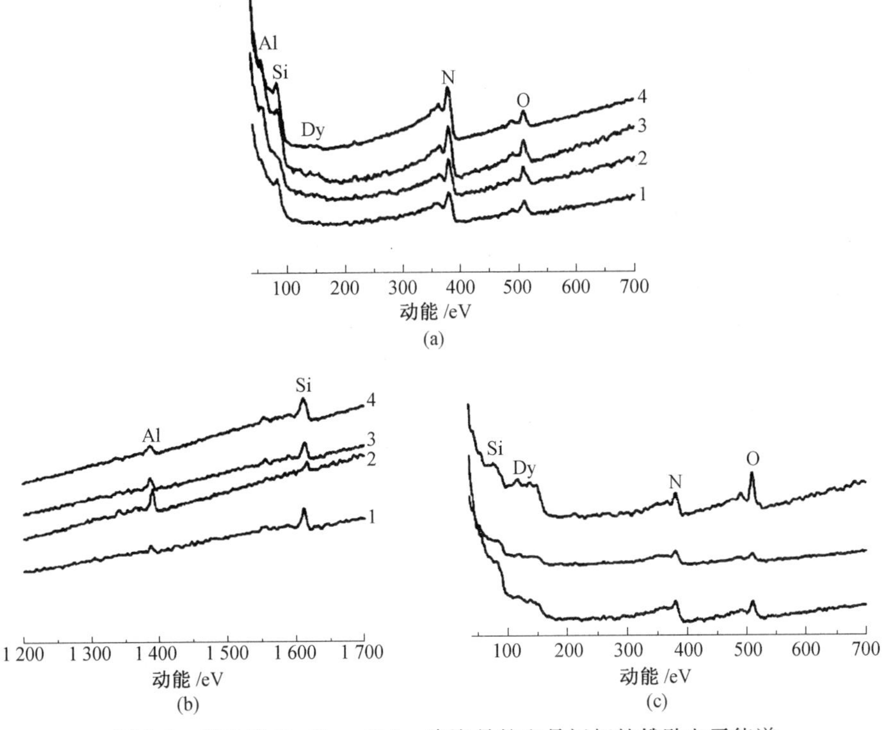

图 4.7　某种掺 Dy 的 α-Sialon 陶瓷晶粒和晶间相的俄歇电子能谱

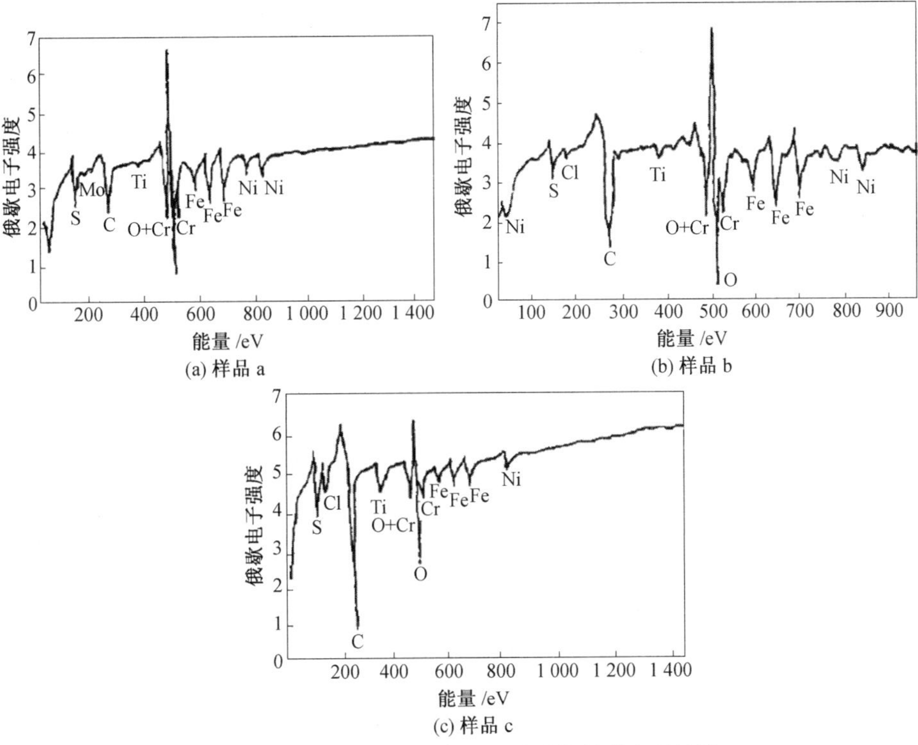

图 4.8　$OCr_{18}Ni_{12}Mo_2Ti$ 合金钝化膜的俄歇电子能谱

AES 还被用于研究熔体反应中表面组成的变化。氧化镁基材上的硅熔体的谱图显示系统中存在第三种成分。在图 4.9 中,给出了三个谱图,分别取自样品的三个不同位置。第一个位置为纯 MgO 衬底,Mg LVV 俄歇信号出现在 34 eV,最大信号出现在 56 eV。这些信号与氧结合的镁有关。472 eV、489 eV 和 510 eV 处的三个信号可以归属为氧的 KVV 俄歇跃迁信号。第二谱图是在硅滴在基板上运动期间被硅滴润湿的区域中拍摄的,此处 Mg LVV 信号位置与纯 MgO 基板相似,但强度较低。此外,还在 82 eV 获得了 O 结合的 Si LVV 跃迁信号。293 eV 处的信号可归因于 Ca LMM 跃迁,其作为微量元素存在于 MgO 基板中。在 MgO 衬底和 Si 液滴的覆盖区域中获取第三个谱图。Mg (LVV),Si (LVV)和 O (KVV)的跃迁强度均较小,但仍然存在。游离 Si 的 LVV 跃迁信号出现在 98 eV,谱图中同样出现了 Ca (LVV)跃迁的信号。此外,该频谱还显示了 179 eV 处的 B KVV 俄歇跃迁信号,硼元素可能来自于加热器或样品架,由于该信号不是定期发生的,因此形成原因可能是样品架的污染。

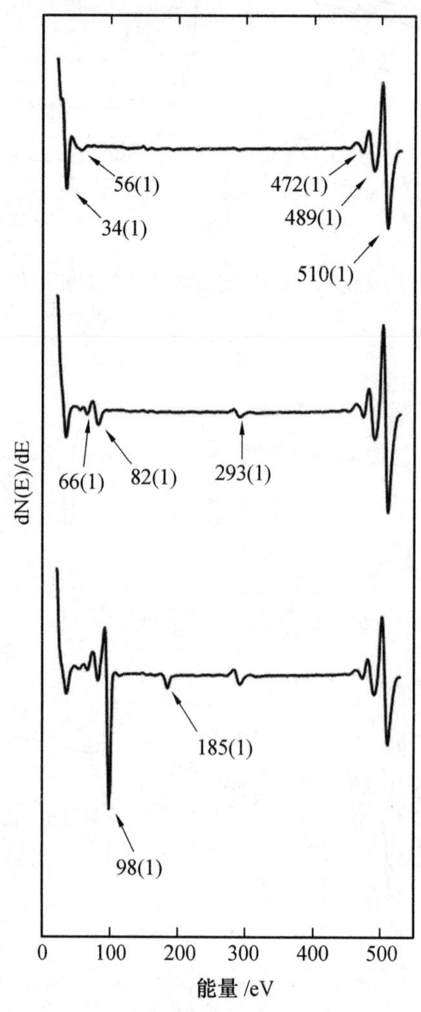

图 4.9 Si/MgO 系统的高温 AES 光谱,由上至下依次为在远离 Si 滴的 MgO 样品、在先前被硅滴润湿的区域和液滴与基材重叠区域的光谱

习　题

1. 当电子束照射到样品表面时,将有带着该样品特征的俄歇电子从样品表面发射出来时,从俄歇电子可以得到哪些信息？有哪些应用?

2. 俄歇电子能谱作为一种重要的材料成分分析技术,最大的特点是什么?

3. 简述俄歇电子的产生过程。

4. 如何定性分析俄歇电子能谱?

第5章 拉曼光谱

5.1 简　　介

1928年,印度物理学家C. V. Raman在研究液体苯散射光谱的实验中发现一种现象,并指出,当单色光定向地通过透明物质时,会有一些光受到散射。散射光的光谱含有一些弱的光,其波长与原本光的波长相差一个恒定的数量。这种单色光被介质分子散射后频率发生改变的现象,称为并合散射效应,并表明这种现象进光的非弹性散射引起的,并于1930年获得了诺贝尔物理奖。人们为了纪念他,把这种现象称作拉曼散射。

随着20世纪60年代激光技术的迅速发展,从1970年左右开始激光被作为拉曼光谱的光源,使得拉曼光谱效应较弱的缺陷得到了改善,从而打开了拉曼光谱应用研究的新局面。在有机结构分析中,拉曼光谱与红外光谱是相互补充的。电荷分布对称的键(如C—C、C═C、C≡C、N═N、S—S等)的红外吸收很弱,但是拉曼散射却很强,而且拉曼光谱的振动谱带的叠加效应较小,谱带清晰,对整个分子的骨架振动特征较明显。一般光谱只能得到频率和强度两个参数,而拉曼光谱还可以测定分子的另一个重要参数——退偏比(当电磁辐射与一系统相互作用时,偏振态常发生变化,这种现象称为退偏,而将偏振器在垂直入射方向时测定的散射光强度与偏振器在平行入射光方向测得的散射光强度的比值定义为退偏比),使拉曼光谱在测定分子结构的对称性及晶体结构方面有重要意义,这在结构分析中是非常有用的。

随着拉曼光谱在分子光谱学中越来越活跃,拉曼光谱技术中信息丰富、制样简单、水的干扰小等独特的优点也得到了很大的提高,到目前为止主要有以下几种重要的拉曼光谱分析技术:①单道检测的拉曼光谱分析技术;②以CCD为代表的多通道探测器用于拉曼光谱的检测仪的分析技术;③采用傅立叶变换技术的FT-Raman光谱分析技术;④共振拉曼光谱定量分析技术;⑤表面增强拉曼效应分析技术;⑥近红外激发傅立叶变换拉曼光谱技术。

目前,拉曼光谱广泛应用于化学、材料、半导体物理、生命科学、环境科学、医学等各个领域,是一种重要的测试分析方法和手段。随着科技的进步,拉曼光谱在有机物结构的分析、离聚物的分析、无机体系的研究、生物高分子结构,特别是在高分子材料的研究中的作用日趋重要。拉曼光谱可以通过不同物质的特征光谱进行定性分析。

5.2 系统组成

拉曼光谱仪的基本组成包括光源、样品室、单色器和检测记录系统4个部分,基本组成如图 5.1 所示,只是在光源和样品室方面拉曼光谱仪有特殊的要求。

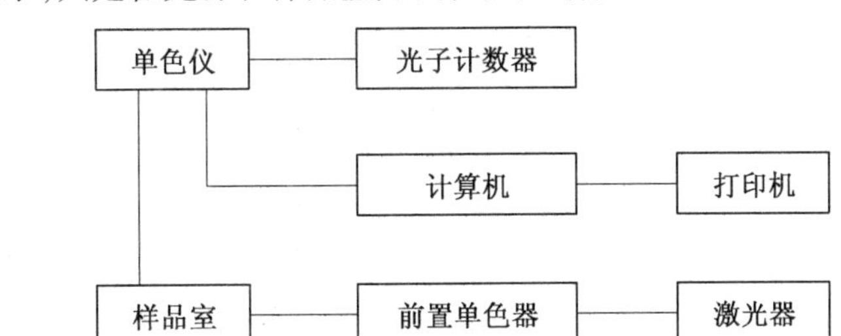

图 5.1　拉曼光谱仪的基本组成

5.2.1　光源

进行拉曼散射实验首先应确定光源的波长,由于拉曼散射光的强度仅约为荧光的万分之一,所以拉曼散射常会被较强的荧光隐藏从而观测不到,因此,拉曼散射应选择在荧光较弱的波长附近的激光作为光源,这样才能产生足够强的拉曼散射信号。早期的光源是汞弧灯,汞弧灯能发出 7 条较强的辐射线,在拉曼光谱中常用的波长是 435.8 nm。但是汞弧灯的散射角大,单色性比较差,对于拉曼效应来说,仍然太弱。近年来,随着激光技术的发展,激光成为拉曼散射的一个很理想的光源。激光与普通光源相比具有几个突出的特点:①激光具有极好的单色性;②激光几乎是一束平行光,发散角极小,具有极好的方向性;③由于激光具有极好的方向性,因此激光的能量集中在一个很窄的范围内,是一种非常强的光源。拉曼散射实验室常用的激光器的发射波长见表 5.1。

表 5.1　拉曼散射实验室常用激光器的发射波长

激光器	发射波长/nm	激光器	发射波长/nm
Ar 激光器	361.1	Kr 激光器	476.2
	353.8		482.5
	457.9		520.8
	465.8		530.9
	472.7		568.2
	476.5		647.1
	488.0		676.5
	496.5	He-Ne 激光器	632.8
	501.7	He-Cd 激光器	441.6
	514.5	Ti-蓝宝石激光器	730～850
二氧化碳激光器	10 600	XeBr 准分子激光器	282
XeCl 准分子激光器	308	XeF 准分子激光器	351

原子气体激光器包括各种惰性气体激光器和各种金属蒸汽激光器，其中氦氖激光器是国内最常用的激光器，也是研究最为成熟的激光器。分子气体激光器中最为重要的是二氧化碳激光器，其最大的特点就是输出功率很高，近年来又成功地研制出在一定范围内可以调谐的二氧化碳激光器，使得它的用途更加广泛。准分子（准分子是指那些在基态不稳定、易解离，而在受激状态稳定的分子）激光器的迅速发展，使得其在拉曼光谱仪中的应用越来越广泛。准分子激光器的特点主要是输出功率高，且激发波长范围很宽，从红外一直覆盖到紫外区域。固体激光器主要有红宝石激光器、掺钕的钇铝石榴石激光器、掺钕的玻璃激光器等。目前，研究比较成熟、应用最普遍的一类可调谐激光器是染料激光器。

5.2.2 外光路系统和样品室

外光路系统包括在激光器以后、单色器以前的一系列光路，为了分离所需的激光波长，最大限度地吸收拉曼散射光，通常采用多重反射装置。

样品室主要有两个功能：①样品室装有聚焦透镜，使激光聚焦在样品上，产生拉曼散射；②样品室又装有收集透镜，收集由样品产生的拉曼散射光，并使其聚焦在双单色仪的入射狭缝上。常用的样品池有液体池、气体池和毛细管。微量样品可以采用不同直径的毛细管，常量样品可以用液体池、气体池和压片样品架等。常量固体粉末样品（粗大颗粒需研磨成粉）放入烧瓶、试剂瓶等常规样品池，对于易潮解的样品，放入样品池应封闭。微量固体样品可溶于一定的溶剂中，装入毛细管中进行测试。样品池还可以根据实验的特殊需要设计成恒温样品池、高温样品池和低温样品池等。例如，对于熔融盐，由于测试温度较高，有时往往要达到几百甚至是上千摄氏度，因此必须在高温样品池进行拉曼测试。

5.2.3 单色器

要在强的瑞利散射的存在下能观察到有较小位移的拉曼线，要求单色器的分辨率必须高，而双单色器正好可以达到这个效果，并且能减弱杂散光，因此拉曼光谱一般采用全息光栅的双单色器。使用这种全息光栅的双单色器能够得到较理想的拉曼光谱图。

5.2.4 检测记录系统

拉曼光谱检测的是可见光，可以采用与可见紫外光谱相同的信噪比很高的光电倍增管或阵列检测器等作为检测器。样品产生的拉曼散射光，经光电倍增管处理后，光信号转变成电信号，但此时的电信号仍然很弱，一般在 $10^{-9} \sim 10^{-10}$ A，需要进一步放大处理。目前放大的方法基本上有 4 种：直流放大、锁相放大、噪音电压检测、电子脉冲计数。电信号经放大后，就可以由记录系统记录下清晰的拉曼光谱图。

5.3 工作原理

分子可以看成是带负电荷的电子和带正电荷的核的集合体。拉曼散射是分子对光子的一种非弹性散射效应。当高频率的单色激光束打到分子时，它和电子发生较强烈的作用,使分子发生极化,产生一种以入射频率向所有方向散射的光,即散射光的频率和入射光的频率相等,这种散射是分子对光子的弹性散射,只有分子和光子间的碰撞为弹性碰撞,没有能量交换时,才会出现这种散射,这种散射称为瑞利(Rayleigh)散射。另一部分散射光的频率和入射光的频率不相等,这种散射称为拉曼散射。拉曼散射的概率极小,其强度是入射光的 $10^{-8} \sim 10^{-6}$,失去或得到的能量相当于分子的振动能级的能量。当散射光的能量小于激发光的能量时,得到拉曼散射的斯托克斯(Stokes)线,也称为红伴线;当散射光的能量大于激发光的能量时,得到拉曼散射的反斯托克斯(Anti-Stokes)线,也称为紫伴线,如图 5.2 所示。散射光与入射光的频率的差值称为拉曼位移。拉曼位移的大小与分子的跃迁能级差相同,因此对于同一分子能级,斯托克斯线与反斯托克斯线的拉曼位移是相等的,但是在正常情况下,大多数分子处于基态,测量得到的斯托克斯线强度比反斯托克斯线强得多。因此,在一般拉曼光谱图上通常只有斯托克斯线,即主要采用斯托克斯线研究拉曼位移。

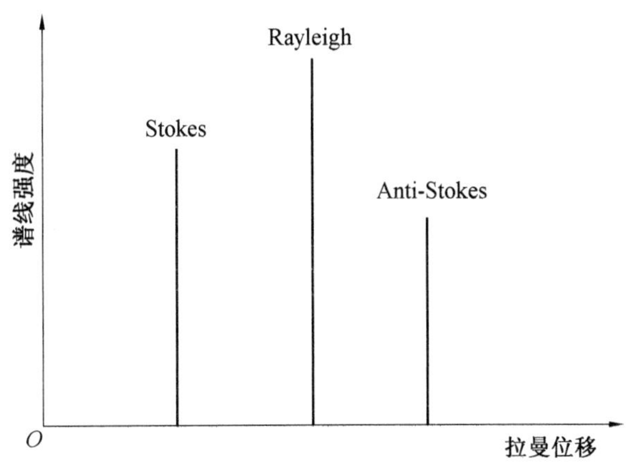

图 5.2　拉曼散射

在很多情况下,拉曼频率位移正好相当于红外吸收光谱(红外吸收光谱将在第 9 章中介绍),因此红外测量能够得到的信息同样也出现在拉曼光谱中,红外光谱解析中的定性三要素(吸收频率、强度和峰形)也同样适用于拉曼光谱的解析。拉曼散射光谱也同红外吸收光谱一样,遵循一定的光谱选律。在拉曼光谱中,分子振动要产生位移要服从一定的选择定则,只有分子极化度发生变化的分子振动才具有拉曼活性,产生拉曼散射。分子的某一振动是红外活性还是拉曼活性是由光谱的选择定则决定的,即若在某一振动中分子的偶极矩发生变化是红外活性的,反之是红外非活性的;若在某一振动中分子的极化率发生变化,则是拉曼活性的,反之就是拉曼非活性;若在某一振动分子的极化率和偶极矩均发生变化,则既是拉曼活性也是红外活性的,反之则是拉曼和红外非活性的。

由于这两种光谱的分析机理不同,所提供的信息上也是有差异的,一般来说,拉曼光谱与红外光谱相比有以下特点:

①拉曼光谱是一个散射过程,任何形状、尺寸的样品只要能被激光照射,均可用拉曼光谱测试,故拉曼光谱可以测试到极微量的样品。

②同种原子的非极性键(如 S — S—C、C═C、N═N、C ≡ C)产生的拉曼谱带比较强,

随着可变形电子数目的增加,从单键、双键到三键的谱带强度依次增加。

③一般强极性基团如极性基团 C═O 在红外光谱中是强谱带,而在拉曼光谱中是弱谱带。

④C—N、C═S、S—H 的伸缩振动在红外光谱的谱带中强度可变,在拉曼光谱中却是强谱带。

⑤环状化合物的对称伸缩振动常常是最强的拉曼谱带。

⑥X═Y═Z 这类键的对称伸缩振动在拉曼光谱中是强谱带,而在红外光谱中是弱谱带,反之非对称伸缩振动在拉曼光谱中是弱谱带,而在红外光谱中是强谱带。

⑦C—O 键和 C—C 键的力常数或键的强度差别不大,而羟基的质量仅比甲基的质量多两个单位,因此烷烃和醇的拉曼光谱是相似的,O—H 的拉曼谱带比 C—H 的拉曼谱带稍弱。

虽然拉曼光谱在结构分析和定性分析中有自己的优点,但是拉曼光谱用于分析也有以下几点不足:①不同振动峰重叠和拉曼散射强度容易受光学系统参数等因素的影响;②由于荧光的强度远远强于拉曼散射,因此荧光现象对拉曼光谱分析存在很大的干扰;③由于拉曼散射的强度比较低,因此任何一物质的引入都会给被测体体系带来某种程度的污染,也就引入了一些误差的可能性,会对分析的结果产生一定的影响。

5.4 样品的制备

拉曼光谱可以测试气体、液体、晶体、非晶体,不同样品的测试方法不同,所采用的照射方法也不同,需根据所要测试的试样状态、照射方法进行样品制备。拉曼样品的制备方法较红外简单,气体样品可以采用多路反射气槽测定;液体样品可以装入毛细管中测定,也可以装入试样池内进行测试;单晶、固体粉末样品可以直接装入玻璃管内测试,也可以配制成水溶液测试,因为水的拉曼光谱较弱,干扰小。

制备试样时的注意事项:

①由于拉曼散射光非常弱,仅约为荧光的万分之一,因此要采用非常纯净的样品,即使含有很少的荧光性杂质也很难测量。样品如果含有微量杂质,在测量红外吸收光谱时仅会出现杂峰,但对拉曼散射的测量则有很大影响。

②若测试溶液样品,则无色溶液试样的质量分数应为 5% ~10% 。

③采用毛细管法测试需要的试样量较少,采用旋转试样池法或喷雾流动法测样需要的样品量较多。

5.5 测试方法

拉曼光谱的测试方法有很多种,包括气体、固体、液体试样系统,显微镜式微小范围的测量,望远镜式长距离的测量及二维测量装置等。试样无论何种状态、温度如何均可以进行拉曼散射的测量,试样照射部分决定拉曼光谱的好坏。

5.5.1　试样照射方法

(1)毛细管法。

该种方法所需试样的量比较少,大约 10 μL,测试时将熔点测量用的毛细管横向放置,激光从下面照射,收集水平方向的散射光。

(2)调节双凹面镜法。

该方法同样是激光从下面照射,水平方向收集散射光。其方法是调节两个凹面镜,其中一个凹面镜调节至沿原光路返回至试样上,调节另一个凹面镜使向后散射的光再返回到散射点上。

(3)圆筒形试样管法。

该种方法适用于需要调整温度等情况下使用,需要试样量为 30 μL 左右。

(4)旋转试样池法。

为了防止激光连续照射有色样品而导致变质的现象发生,需要将平底试样池安装在可以旋转的电机上进行旋转,激光紧靠试样池壁入射。这种方法需要的样品量比较多,大约 300 μL。

(5)喷雾流动法。

当激发光移向紫外范围时,试样有时会在试样池中发生烧结,难以洗脱,为防止这种现象发生,可以将液体试样通过喷嘴向空间喷雾进行测量。

(6)透射法。

该方法可以用于测试固体样品,将研磨成粉末的固体样品用载玻片夹住,固定在三棱镜上,依然是激光从下面照射,收集水平方向的散射光。这种样品厚度一般为 0.1 ~0.5 mm。

(7)反射法。

该种方法用于测量不易透光的有色固体。晶体的生物分子需在饱和蒸汽中使晶体贴玻璃壁进行测量。

(8)旋转板法。

有色样品采用喷雾流动法和透射法容易发生变质,这时应把试样和溴化钾粉末混合,边旋转边用反射法进行测量。

5.5.2　试样照射时的注意事项

①一束直径为 0.1 mm 左右的激发光沿着光路到达检测器的散射光的波长为 2 ~ 3 mm,应将散射光有效聚光,将不必要的光挡掉可以增强拉曼光。

②由于较强的激光可以使试样发生光化学反应或因发热而变质,因此在设计试样照射部分时必须考虑这些因素。

5.5.3　测量注意事项

①在拉曼光谱仪中,光源采用激光光源,激光的亮度非常高,为保护眼睛,在进行调整光路操作时,应把光源调到最小后,戴保护镜操作。池底的玻璃壁上反射的激光也会射到眼睛,因此在拉曼光谱的测试中,注意一定不要把眼睛直接对着光源。

②激光窗口及镜子一定要保持清洁,否则会降低激光强度。

③测试室的光线应比较暗,防止杂光进入分光器。

④在 100 cm^{-1} 以下进行扫描时,要调整狭缝宽度,需要注意的是不要将散射光调至瑞利散射区域,因为瑞利散射光的能量非常强,这种强光照射到检测器有可能把检测器烧坏。

5.6 分析方法与应用实例

拉曼光谱结果的分析主要是对拉曼光谱谱图的解析,拉曼光谱与红外光谱互补,可以用于有机化合物的结构鉴定,是结构分析的一种重要手段。在拉曼光谱中,谱带的频率与功能之间的关系与红外光谱基本一致,只是有些官能团的振动在红外光谱中很弱甚至不出现,而在拉曼光谱中可能是强带,另一些官能团在红外光谱中能观测到,在拉曼光谱很弱甚至不出现,这是由于二者的选律不同。有机化合物中常见官能团的拉曼光谱的特征谱带见表 5.2。

表 5.2 有机化合物中基团的拉曼特征谱带

振动	频率范围/cm^{-1}	振动	频率范围/cm^{-1}
ν(O—H)	3 650 ~ 3 000(w)	ν(C═S)	1 250 ~ 1 000(s)
ν(N—H)	3 500 ~ 3 300(m)	ν(C—C)芳香类	1 600 ~ 1 580(s ~ m)
ν(≡C—H)	3 300(w)		1 500,1 450(m ~ w)
ν(═C—H)	3 100 ~ 3 000(s)	ν(C—C)酯环和脂肪链	1 300 ~ 600(s ~ m)
ν(—C—H)	3 000 ~ 2 800(s)	ν_{as}(C—O—C)	1 150 ~ 1 060(w)
ν(—S—H)	2 600 ~ 2 550(s)	ν_{as}(C—O—C)	970 ~ 800(s ~ w)
ν(C≡N)	2 255 ~ 2 220(m ~ s)	ν_{as}(Si—O—Si)	1 110 ~ 1 000(w)
ν(C≡C)	2 250 ~ 2 100(vs)	ν_{as}(Si—O—Si)	550 ~ 450(vs)
ν(C═O)	1 820 ~ 1 680(s ~ w)	ν(O—O)	900 ~ 845(s)
ν(C═C)	1 900 ~ 1 500(vs ~ m)	ν(S—S)	550 ~ 430(s)
ν(C═N)	1 680 ~ 1 610(s)	ν(Se—Se)	330 ~ 290(s)
$\delta(CH_2)$,$\delta_a(CH_3)$	1 470 ~ 1 400(m)	ν(C(芳香的)—S)	1 100 ~ 1 080(s)
$\delta_a(CH_3)$	1 380(m ~ w)	ν(C(脂肪的)—S)	790 ~ 630(s)
ν(N═N)脂肪取代	1 580 ~ 1 550(m)	ν(C—F)	1 400 ~ 1 000(s)
ν(N═N)芳香取代	1 440 ~ 1 410(m)	ν(C—Cl)	800 ~ 550(s)
ν_{as}((C—)NO_2)	1 590 ~ 1 530(m)	ν(C—Br)	700 ~ 500(s)
ν_s((C—)NO_2)	1 380 ~ 1 340(vs)	ν(C—I)	660 ~ 480(s)
ν_{as}((C—)SO_2)	1 350 ~ 1 310(w)	ν(C—Si)	1 300 ~ 1 200(s)
ν_s((C—)SO_2)	1 160 ~ 1 120(s)	ν(C—Sn)	600 ~ 450(s)
ν((—C)SO—C)	1 070 ~ 1 020(m)	ν(C—Hg)	570 ~ 510(vs)
分子晶格中的晶格振动	200 ~ 20(vs ~ w)	ν(C—Pb)	480 ~ 420(s)

注:δ 为弯曲振动,ν_s 为对称伸缩振动,ν_{as}为反对称伸缩振动;vs 表示很强,s 表示强,m 表示中等,w 表示弱

拉曼光谱的分析方法不需要对样品进行前处理,也没有样品的制备过程,避免了一些误差的发生,并且在分析过程中具有操作简便、测定时间短、灵敏度高等优点。下面通过一些实例对拉曼光谱的分析做进一步说明。

5.6.1 拉曼光谱在有机化学中的应用

图5.3所示为环己烷的拉曼光谱图,按照表5.2中的有机基团的拉曼特征谱带,可以推测出,在环己烷的拉曼光谱中,2 938 cm^{-1}和2 853 cm^{-1}为亚甲基的不对称和对称伸缩振动吸收峰,且对称伸缩振动强于不对称伸缩振动吸收峰;1 446 cm^{-1}为亚甲基的变形振动吸收峰,但是较弱;803 cm^{-1}的强峰为环的振动吸收峰,如果与红外吸收光谱比较可以发现,这些吸收峰在红外光谱中是非特征的。

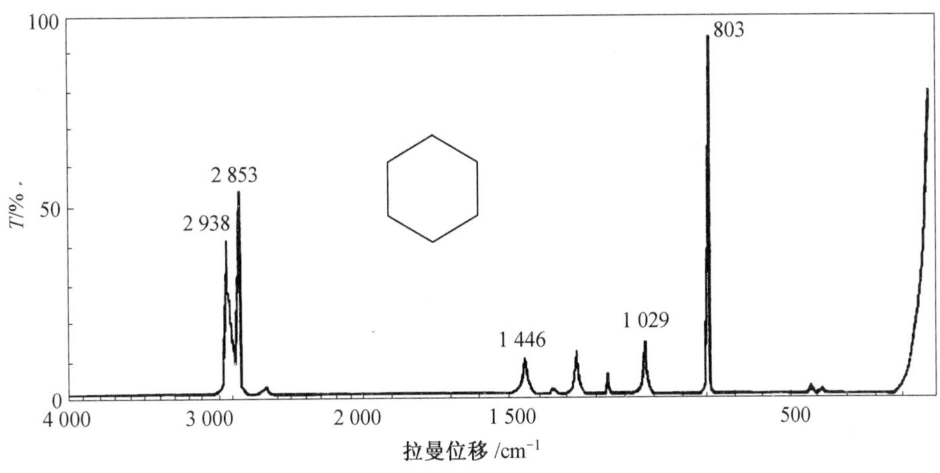

图5.3 环己烷的拉曼光谱图

图5.4所示为乙苯的拉曼光谱图,根据有机基团的特征谱带可以推出,3 066 cm^{-1}为芳环的不饱和C—H的伸缩振动,2 935 cm^{-1}为饱和C—H的伸缩振动,1 607 cm^{-1}为芳环

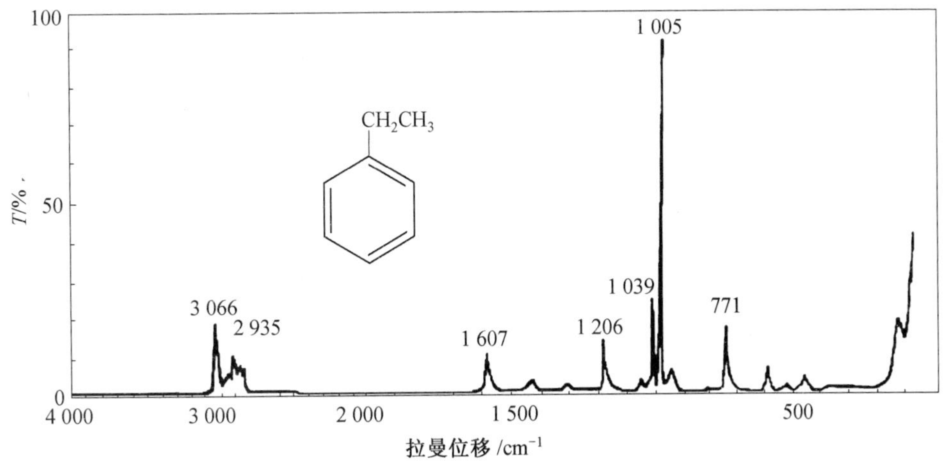

图5.4 乙苯的拉曼光谱图

骨架 C═C 的伸缩振动,1 206 cm^{-1}为芳环内 C—H 的变形振动,1 039 cm^{-1}是面内 C—H 的变形振动的单取代特征谱带(1 030 ~ 1 015 cm^{-1}),1 005 cm^{-1}为三角形的环振动,特征性很强,771 cm^{-1}为环的变形振动(825 ~ 675 cm^{-1})。

图 5.5 所示为丙烯酸甲酯的拉曼光谱图,根据有机基团的特征谱带可以推出,3 041 cm^{-1}为烯丙基的不饱和 C—H 的伸缩振动,2 998 cm^{-1}为甲基饱和的 C—H 伸缩振动,1 728 cm^{-1}为 C ═O 的伸缩振动,1 636 cm^{-1}为 C ═C 的伸缩振动。

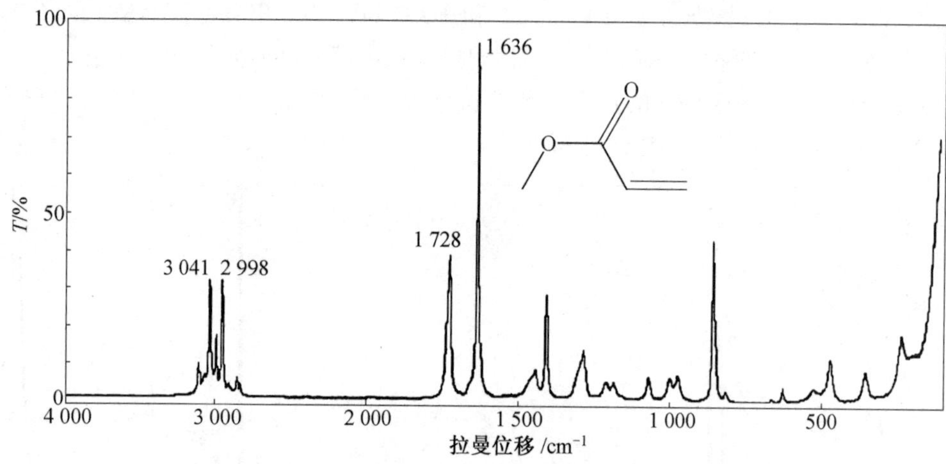

图 5.5 丙烯酸甲酯的拉曼光谱图

图 5.6 所示为环己醇的拉曼光谱图,根据有机基团的特征谱带可以推出,3 400 cm^{-1}附近为 O—H 的伸缩振动,由于这段谱峰比较宽而且很弱,因此常常被忽略,2 940 cm^{-1}为亚甲基的反对称伸缩振动,2 856 cm^{-1}为亚甲基的对称伸缩振动,强度高于反对称伸缩振动,1 443 cm^{-1}为亚甲基的剪式振动,1 269 cm^{-1}为亚甲基的扭曲振动,1 027 cm^{-1}为 C—C 的伸缩振动,793 cm^{-1}为环的振动,特征性很强。

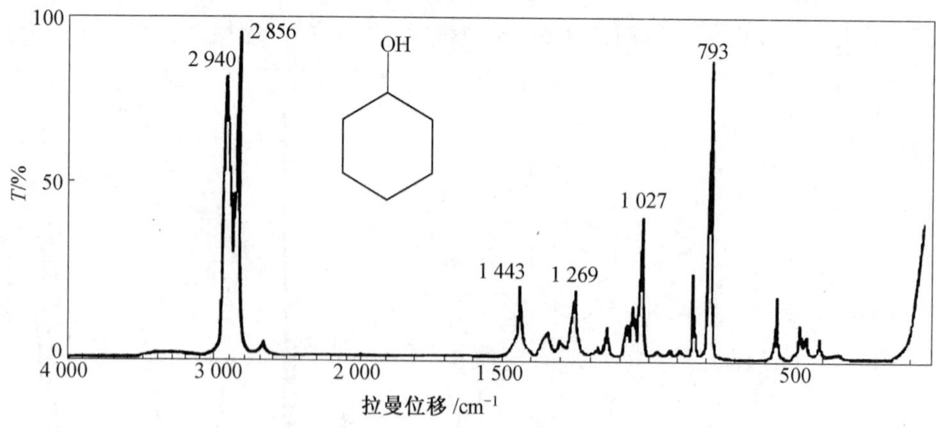

图 5.6 环己醇的拉曼光谱图

图 5.7 所示为天然石墨、氧化石墨烯(GO)和还原的 GO 的拉曼光谱图。天然石墨的拉曼光谱显示出一个显着的 G 峰,这是 1 581 cm^{-1}处的唯一特征峰,与 E_{2g}模式的一阶散

射相对应。在 GO 的拉曼光谱中，G 谱带变宽并移至 1 594 cm^{-1}。另外，在 1 363 cm^{-1}处出现 D 带，表明平面内 sp^2 域的尺寸减小，可能是由于广泛的氧化所致。还原 GO 的拉曼光谱也包含 G 和 D 波段(分别在 1 584 cm^{-1}和 1 352 cm^{-1}处)。但是，与 GO 相比，D/G 强度比有所增加。这种变化表明，剥落的 GO 还原后，sp^2 结构域的平均大小会减少，并且可以解释是否创建了新的石墨结构域，其大小小于还原前 GO 中存在的石墨域，但数量更多。

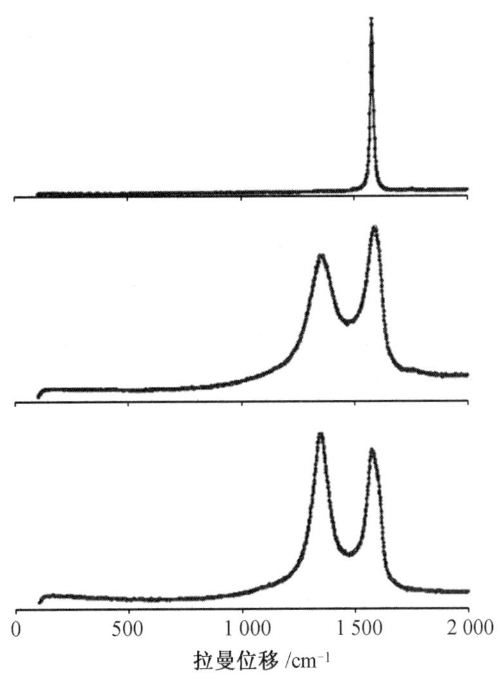

图 5.7　天然石墨（上）、GO（中）和还原的 GO（下）的拉曼光谱

5.6.2　拉曼光谱在无机化学中的应用

拉曼光谱在无机化学领域中越来越重要，特别是在催化剂、玻璃、无机晶体和半导体方面的应用。

拉曼光谱的一个重要研究领域就是催化剂的研究，通过拉曼光谱的分析，可以给催化剂的组成、表面状态和催化剂活性等情况提供信息。

图 5.8 所示为加氢精制催化剂磷钼杂多酸的浸渍液的拉曼光谱图，943 cm^{-1}的谱带为 2 ∶ 5 酸（$Na_6P_2Mo_5O_{23}\cdot 13H_2O$）的特征谱带，973 cm^{-1} 和 830 cm^{-1} 的谱带为 18-Ni($Na_6P_2Mo_{17}NiO_{62}\cdot 24H_2O$)的特征谱带，因此从其拉曼光谱中可以初步推测出含有 2 ∶ 5 酸和 18-Ni。拉曼光谱可以了解制备条件变化而对催化剂结构的影响，用以指导合成性能优良的催化剂。

拉曼光谱的特点是对催化剂表面的吸附十分敏感，因此，拉曼光谱也常常用于对吸附物种的检测，以确定催化过程中催化剂表面的吸附物，从而推断催化机理。

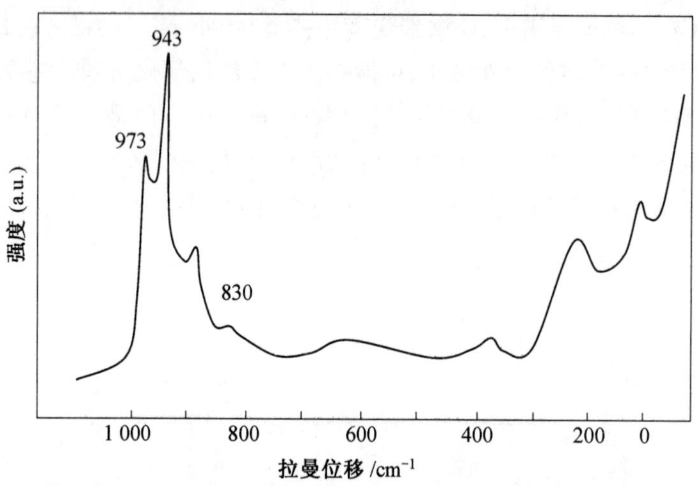

图 5.8 催化剂 Mo-Ni-P/H_2O 浸渍液的拉曼光谱图

玻璃是一种很传统的材料，目前，通过在玻璃中加入各种添加剂，赋予玻璃以新的特性，扩大了玻璃的应用范围。通过拉曼光谱研究可以了解玻璃的结构与性质的关系，用于指导玻璃的生产。但是由于玻璃的短程有序、键强和对称性与晶体不同，造成拉曼光谱谱带变宽，但是通过与结构已知的化合物的拉曼光谱比较仍然可以获得玻璃的重要信息。

图 5.9 是 $Na_2O-B_2O_3$ 玻璃和 Na_2O-SiO_2 玻璃的拉曼光谱图，在图 5.9(a)中 785 cm^{-1}、950 cm^{-1}、500 cm^{-1}和 660 cm^{-1}处的谱带表示 $20Na_2O \cdot 80B_2O_3$ 玻璃中存在四硼酸盐基团，当氧化硼玻璃加入 Na_2O 后，引起硼玻璃中三配位的硼一部分转变成四配位的硼，从而引起玻璃中一些物理性质的变化。但是以同样数量的 Na_2O 引入石英玻璃后，使硅氧键部分断裂，形成非氧桥键的硅氧四面体，产生 540 cm^{-1}、980 cm^{-1}和1 095 cm^{-1}处的拉曼位移。添加剂对玻璃的影响很大，通过加入添加剂可以改变玻璃的性质，或者得到具有特殊性能的玻璃，这些可以通过拉曼光谱测试出来。

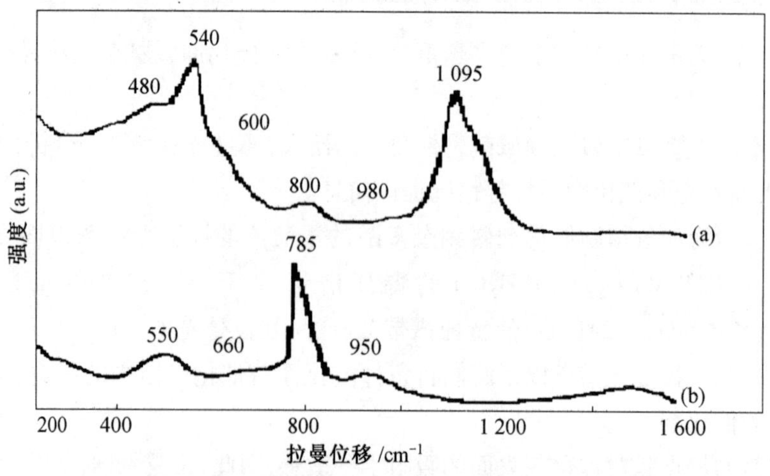

图 5.9 $Na_2O-B_2O_3$ 玻璃和 Na_2O-SiO_2 玻璃的拉曼光谱图

无机晶体也是一种应用广泛的新型材料，部分无机晶体具有更优良的压电、光电及特殊的非线性光学性质，在激光技术领域、红外探测元件等诸多方面也发挥着作用，通过拉曼光谱检测识别晶体中的各个振动模式，可以研究这些晶体的性质、结构。拉曼光谱对晶体、各种离子、基团的对称性变化十分敏感，因此也可以利用拉曼光谱研究一些无热效应。

近年来随着纳秒、皮秒激光器的出现以及其他光谱技术的不断发展，拉曼光谱的应用范围得到拓宽。拉曼光谱学的研究领域除了有机化学、无机化学、医学生物等领域外，还出现了新兴的热门领域，如用时间分辨拉曼光谱学研究分子微观动力学，拉曼技术在考古中的应用等。随着光、机、电等领域科学技术的进一步发展，激光拉曼光谱仪将会在科学研究和实际生产中扮演越来越重要的角色。

习　题

1. 拉曼光谱技术有何优越性？
2. 在拉曼光谱测量过程中应注意哪些问题？
3. 拉曼光谱测量的样品制备需注意哪些问题？
4. 瑞利散射与拉曼散射的区别是什么？

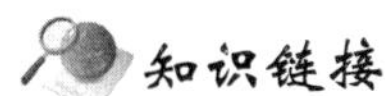

拉曼光谱的发现

1930 年，印度科学家拉曼（Chandrasekhara Venkata Raman，1888—1970）因发现了拉曼光谱而获得诺贝尔奖，从而成为首位获得诺贝尔奖的亚洲科学家。

1921 年夏，在地中海航行的“纳昆达”号客轮上，一位印度学者在甲板上用简便的光学仪器对海面进行观测。他对海水的深蓝色着了迷，一心要探究海水颜色的来源。这位学者正是大名鼎鼎的科学家拉曼。他在航海途中通过实验观察和分析，发现海水光谱的最大值比天空光谱的最大值更偏蓝。可见，海水的颜色并非由天空颜色所引起，而是海水本身的一种性质。拉曼认为这起因于水分子对光的散射！拉曼决定进一步探究此现象的理论和规律。受美国 A. H. 康普顿发现“X 射线经物质散射后波长变长的现象”的启发，1928 年 2 月 28 日下午，拉曼采用单色光为光源做了一个具有判决意义的实验：他从目测分光镜看散射光，发现在蓝光和绿光的区域里有两根以上的尖锐亮线。每一条入射谱线都有相应的变散射线。这一新发现的现象被人们称为拉曼效应。拉曼发现反常散射的消息迅速传遍世界，引起了强烈反响。科学界对他的发现给予很高的评价。1930 年瑞典皇家科学院将诺贝尔物理学奖授予了拉曼，以表彰他研究了光的散射和发现了以他的名字命名的这一定律。

拉曼光谱技术作为一种强有力的分子结构分析手段，具有信息丰富、制样简单、水的干扰小等独特优点，并在化学研究、生物大分子研究、中草药成分研究、材料检测、宝石鉴定、文物研究、毒品快速检测等领域得到广泛应用，为社会发展和进步做出了巨大贡献。

第 6 章　扫描隧道电子显微镜

6.1　简　介

20 世纪 80 年代之前，人们对微观结构的认识主要通过光学或电子透镜成像来观测。但光学显微镜受光波波长的限制，分辨率一般仅能达到微米级；而以透射成像方式工作的电子显微镜受到 Abbe 极限的限制，其分辨率的极限为所采用光波波长的 1/2。所以传统的光学和电子显微镜的分辨率很难达到纳米级，直至 1982 年，G. Binning 和 H. Rohrer 在 IBM 苏黎世实验室发明的扫描隧道显微镜（Scanning Tunneling Microscope，STM）的出现。STM 是扫描探针显微镜（SPM）家族中的第一位成员。G. Binning 和 H. Rohrer 也因此于 1986 年与发明电子显微镜的 E. Rusks 共同获得了诺贝尔物理学奖。

2007 年 11 月 1 日，*Nature* 上发表了 Cornell 物理学家 Keith Schwab 和来自 Cornell 及 Boston 大学的同事通过用全新的方法使用现有技术，使得扫描隧道显微镜（STM）的速度至少提高 100 倍的研究成果。理论上 STM 能以电子隧穿的速度收集数据——频率达到 1 gHz，但传统的 STM 受到能量容量限制，只能达到 1 kHz。Schwab 等人通过外加一个无线电波源，并利用简单网络向 STM 传送，就能探测隧道结处的阻抗，从而探测探针和样品表面间的距离，这是基于波被反射回源的特征。这一被称为反射计的技术用于高频波传导的标准电缆，其速度不会受到电缆电容的影响而减慢，利用该新技术速度提高 100 ~ 1 000 倍。它还为原子分辨率的测温计提供了技术条件，此外，该技术还可用于测量距离小于原子尺度30 000 倍区域的运动。

STM 具有原子级的空间分辨率，可以分辨出单个原子，是一种无损伤表面分析技术。目前，其平行于表面的 x、y 轴分辨率小于 0.1 nm，垂直于表面方向上 z 轴的分辨率达 0.01 nm。它可再现样品表面三维形貌，观察缺陷、表面吸附体形态与位置；配合扫描隧道谱（STS）可以得到有关表面电子结构的信息，例如，表面不同层次的态密度、表面电子阱、电荷密度波、表面势垒的变化和能隙结构等。STM 要求分析样品具有导电性，广泛应用于金属材料和半导体材料的研究领域。STM 具有许多优点：可以在大气、真空、溶液、惰性气体，甚至反应气体等各种环境中使用；以分子级、纳米级的空间分辨率显示样品或剖面形貌；在纳米尺度上对样品表面的物理、化学性质成像和分析；工作温度可以从液氦温度到几百摄氏度。

6.2　系统组成

扫描隧道显微镜（STM）由探头、样品台、基座、定位扫描系统和电子成像系统 5 部分组成，如图 6.1 所示。

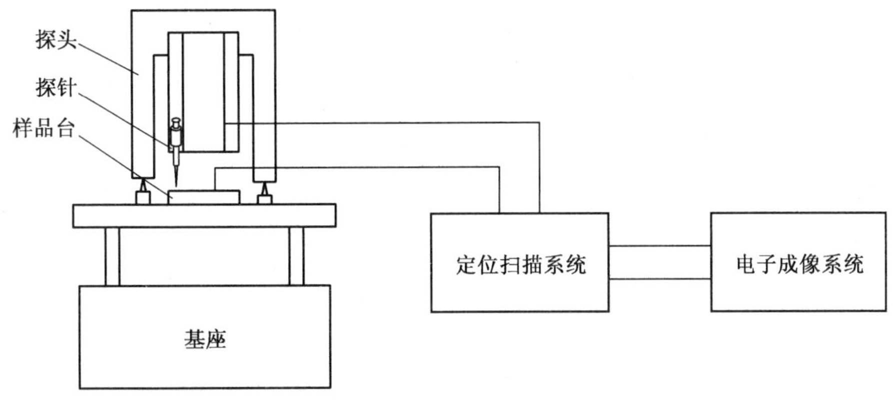

图 6.1　扫描隧道显微镜的系统组成示意图

6.2.1　探头

探头用来装配尖端为原子尺度的极细的探针，通过压电陶瓷扫描器控制探针在样品表面进行扫描。扫描隧道显微镜的探针材料目前主要采用钨、铂、金、钼、铼、钽等金属以及铂铱、铂钌等合金。如果采用机械法（磨制、切削、断裂）制备探针，通常选择直径为0.25 mm的 Pt/Ir 合金为佳；如果采用电化学方法制备探针，通常选择直径为 0.28 mm 的钨丝为佳。

6.2.2　样品台

样品台用来承载样品，可利用步进电机粗调样品和探针之间的位置。

6.2.3　基座

基座应保证显微镜与各种可能的振动隔绝，如空气中的声波、人走动时的振动等，以满足扫描隧道显微镜的减震要求。

6.2.4　定位扫描系统

定位扫描系统为压电陶瓷扫描器和步进电机提供指令，可精确调整探针与样品之间的相对位置。

6.2.5　电子成像系统

电子成像系统利用探针的电流或位置进行成像处理。

6.3　基本原理

扫描隧道显微镜的工作原理是基于探针针尖与样品在纳米间隔时的量子隧道效应和三维扫描。经典力学中，当势垒的高度大于粒子的能量时，粒子是无法越过势垒的。但在微观粒子世界中，如电子、质子和中子，粒子具有波动性，根据量子力学原理，能量为 E 的电子在势场 $U(z)$ 中的运动满足薛定谔方程。即

$$\frac{\hbar^2 \times d^2}{2mdz^2}\psi(z)+U(z)\psi(z)=E\psi(z) \tag{6.1}$$

式中,$\Psi(z)$为描述电子状态的波函数;m为电子的质量。

在$E<U(z)$的经典禁戒区域,式(6.1)有下列解:

$$\psi(z)=\psi(0)\mathrm{e}^{-\kappa z} \tag{6.2}$$

$$\kappa=\frac{\sqrt{2m(U-E)}}{\hbar} \tag{6.3}$$

式中,κ为衰减系数,描述电子在$z>0$方向的衰减状态。此时电子穿过势垒出现在势垒的另一侧的概率并不为零,这种现象称为隧道效应。当观测对象是大量电子时,存在部分电子越过势垒,摆脱束缚跃迁到表面,形成表面电子云。当探针针尖与样品表面非常近时($d<1$ nm),探针尖端的电子云与样品表面的电子云会产生交叠,这时,如果在探针的样品之间加一偏置电压,电子便在电势的作用下定向移动,从而产生隧道电流。

隧道电流I和探针与样品间距d的关系为

$$I\propto V_{\mathrm{b}}\exp(-A\Phi^{\frac{1}{2}}d) \tag{6.4}$$

式中,V_{b}为探针与样品的电压;A为常数,在真空条件下$A\approx 1$;平均功函数$\Phi\approx\frac{1}{2}(\Phi_1+\Phi_2)$,$\Phi_1$和$\Phi_2$分别为针尖和样品的功函数。

从上式可以看出,隧道电流是间距的指数函数,当d减小0.1 nm时,I将增加一个量级。这种指数关系使隧道电流对样品的微观表面起伏特别敏感,赋予STM很高的灵敏度。

扫描隧道显微镜有两种扫描模式,如图6.2所示,恒定电流模式(constant-current mode,CCM)和恒定高度模式(constant-height mode,CHM)。在恒定电流模式下,利用反馈

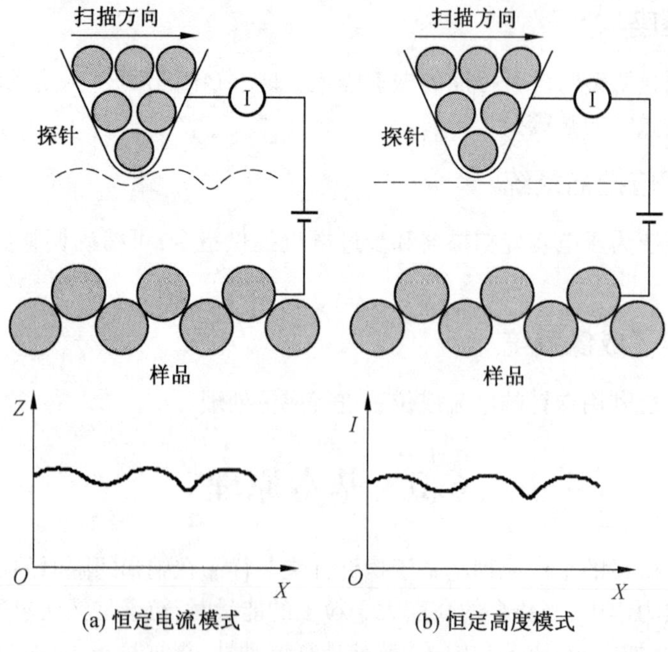

图6.2 STM工作模式

线路控制隧道电流恒定，用压电陶瓷材料控制针尖在样品表面上的扫描，则探针在样品表面垂直起伏变化就反映出样品的表面形貌。恒定电流模式较恒定高度模式应用更为广泛。在恒定高度模式下，针尖在样品上方的垂直高度固定，在水平面上运行，隧道电流随样品表面形貌而变化，汇集成数据组，进而转化成形貌图像。由于受到探针与样品间设定距离（$d<1$ nm）的限制，因此，恒高模式的应用受到一定的限制。

6.4　测试方法

为了获得高分辨率的STM图像，探针的针尖必须极细，甚至顶端只能有一个原子，并且在严格的防震条件下，以极高的精度在样品表面定位和移动扫描。

6.4.1　减震系统

扫描隧道显微镜工作时，对于减震的要求是十分苛刻的。其垂直于样品表面的Z轴分辨率为0.01 nm，针尖与样品间隙小于1 nm，外界震动干扰有可能使间隙增大而脱离隧道电流状态，或无法探测到有用的样品表面信号。

通常采用多级减震系统，包括钢板（或大理石）和橡胶圆柱叠加组成的防震组合，这种组合的固有阻尼一般是临界阻尼的十分之几甚至是百分之几，可以降低大幅度冲击震动所产生的影响，以满足扫描隧道显微镜仪器的减震要求。

6.4.2　工作参数的设置

扫描隧道显微镜的电子反馈系统最主要的是模拟反馈功能。开始实验时，利用控制软件让针尖靠近样品表面，当检测到的反馈电流达到设定值时，便停止靠近。针尖与样品之间的偏压由计算机数模转换通道给出，在扫描时通过X、Y、Z偏压控制压电陶瓷3个方向的伸缩，进而控制针尖的扫描。电子学控制系统中的一些工作参数，如隧道电流、针尖偏压、反馈速度等，均因样品而异。在实际扫描过程中，这些参数的设置是可以改变的。一般在计算机软件中可以设置和调节这些数值，也可以直接通过电子学控制机箱上的旋钮进行调节。

选择恒定电流工作模式时，隧道电流大小取决于被观察样品的表面形态及STM扫描范围，工作参数的设置应注意以下两点：

①对于表面起伏较大的样品或进行大范围扫描时，一般选用较小的隧道电流（小于0.5 nA），此时针尖与样品之间的间距较大。

②对于表面较光滑平坦的样品或进行小范围扫描时，可选择较大的隧道电流（0.5～2 nA），即针尖与样品之间的间距较小。特别是对于金属样品表面的STM观测。在保证金属样品表面不被严重氧化污染的前提下，为了观察材料的内部组织结构，观察前必须对样品表面进行化学侵蚀。侵蚀后样品表面存在较大的高低起伏，因而，隧道电流应控制小于1 nA。此外，为了在避免扫描过程中，由于针尖的升降无法同步于样品表面高度的突然变化，而导致针尖与样品表面相撞，观察时应尽量采用较低的扫描速率。

除被测样品表面形态外，样品的导电性也直接影响扫描隧道显微镜的工作参数设定。

当被测材料的导电性较差时,隧道电流一般较小。例如,对Si表面进行STM观测时,由于Si属于半导体,工作时的隧道电流只需控制在0.5 nA左右即可,相当于对导体进行原子尺度观察时所选的隧道电流。

6.4.3 探针的制备

由STM的工作原理可知,扫描探针针尖所起的作用是很重要的,理想的情况是在针尖尖端恰有一个原子存在。如果针尖突向样品表面的顶点只有一个稳定的原子,由于次尖端原子与样品表面间隔至少为一个原子半径(约0.05 nm),这样次尖端原子与样品表面的作用就会比最尖端原子与样品表面的作用小很多,从而可以忽略,尖端隧道电流就会很稳定,就能获得原子级分辨率的图像。

一般制备探针首先要根据实验的要求选择合适的探针材料,并采用适当的制备方法(制备的探针曲率半径和纵横比要小,机械、物理、化学性能稳定而且耐用,制备方法简便且重现性好),以得到所需的探针。

制备探针的方法较多,机械法(磨制、切削、断裂等)简便快速,但具有偶然性,且易出现毛刺导致产生多针尖,从而出现多重信号。现场控制(在真空下设置较大隧道间距和偏压;或者在反馈电压上叠加一高频交流电压;或者通过较长时间的现场扫描)或撞击法,使探针尖端生成一小针尖,也是一种比较简便的方法。

电化学腐蚀/抛光法是较广范采用的方法。该方法是利用金属丝在气-液-固界面腐蚀的较快速度而“成颈(necked-in)”,直到腐蚀至最后一个原子形成针尖。实际上,由于“颈”下部重力的作用并不能腐蚀最后一个原子,当“颈”部应力小于下部重力时,颈部被拉断形成针尖,这时针尖仍继续腐蚀而变钝,直到切断电源或离开液面。所以关键是如何减小弹性形变影响和如何准确控制腐蚀的终点,简单的方法是观察物理化学现象或监测电流突变来控制终点,较准确的办法是设计一自动控制电路或计算机自动控制来控制腐蚀终点。

6.5 应用实例

6.5.1 表面结构的观察

表面原子结构的确定是表面科学的奠基石,扫描隧道显微镜的原子级分辨率为各种表面结构的观测提供了可能。扫描隧道显微镜也被广泛应用于生命科学中,早在1983年,人们就在真空条件下获得了第一幅DNA的STM图像。

白春礼等人首次在大气下利用STM技术测定烷基取代铜酞菁分子($CuPcOC_8$)和卟啉分子(TTPP)的二维结构(图6.3)。其中,$CuPcOC_8$分子物理吸附在石墨表面形成了两种对称性完全不同的畴区,一种是酞菁核周围有16条相互交叉的烷基链构成的畴区,具有四重轴对称,并将其归因于相对弱的分子/基底相互作用导致的结果;另一种是具有六重轴对称的畴区,其刚性核周围的烷基链数目难以通过STM图像来确定,是烷基链与基底晶格相匹配的结果。TTPP分子在石墨表面形成有序的条垅状结构,分子排成阵列,刚性核之间被烷基链隔开,改变烷基链的长度就可以调节卟啉列间的宽度。

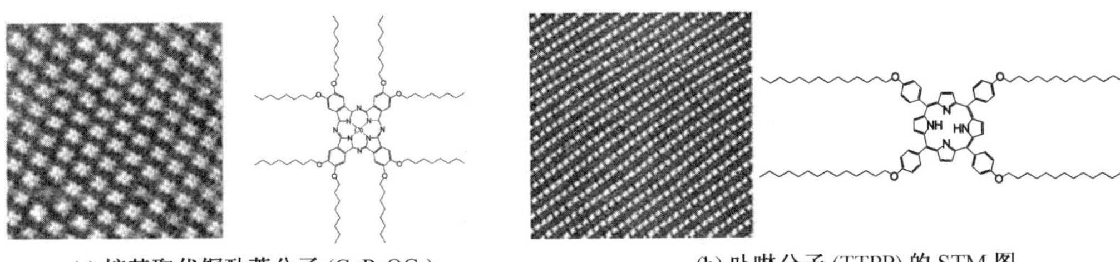

(a) 烷基取代铜酞菁分子 ($CuPcOC_8$)　　(b) 卟啉分子 (TTPP) 的 STM 图

图 6.3　STM 技术测定烷基取代铜酞菁分子和卟啉分子的二维结构图像

6.5.2　液/固界面物理吸附

在大气下，固体表面物理吸附有机分子的扫描隧道研究始于 20 世纪 80 年代末，Foster和 Frommer 等人首先报道了利用 STM 观察到液晶分子(8CB)在石墨表面上的高度有序排列，高分辨图像能够提供足够的细节来识别分子结构中的芳基、烷基和腈基，同时观察到分子堆积和取向。一般情况下，用于液/固界面 STM 成像的溶剂应具有较低的饱和蒸气压且是非极性的，常用的是 1-辛苯。对基底的要求则是基底的表面要达到原子级平坦，多数情况下使用的是高定向裂解石墨(HOPG)。对于吸附物分子结构的要求是分子取代有合适长度的烷基链来增强分子与基底的相互作用，或者自身能够形成氢键或配键网络来增强分子间相互作用。

Zhongcheng Mu 等人研究了喹吖啶酮核 1、3、8、10 位置取代 4 个甲基样品($TmQA-C_{16}$，结构式如图 6.4 所示)，在液/固界面上的排列情况以及甲基的空间位阻作用对二维组装体结构的影响。

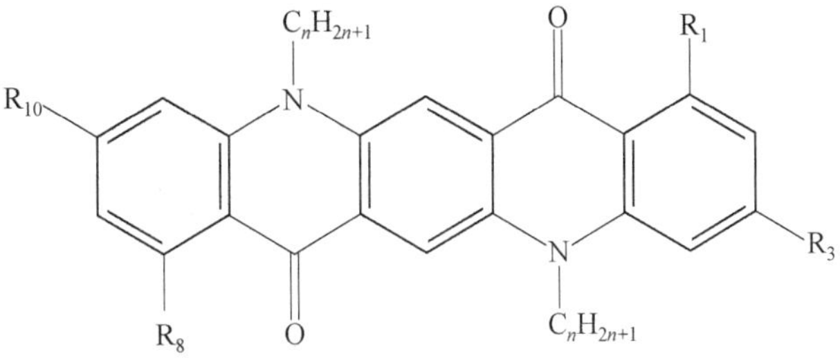

C_nH_{2n+1}　O　R_1

R_{10}　N　R_3

R_8　O　C_nH_{2n+1}

图 6.4　化合物 $TmQA-C_{16}(R_1, R_3, R_8, R_{10} = —CH_3, n = 16)$

将实验样品 $TmQA-C_{16}$溶于辛苯中(色谱纯，Aldrich)，制成近饱和溶液。取 2 μL 样品溶液滴于新解离的高定向裂解石墨表面，然后进行 STM 成像。实验使用商业化的扫描隧道显微镜(Digital Instrument Co.，Santa Barbara，CA)，在室温大气环境中进行。使用机械剪切的 Pt/Ir 丝(90/10)作针尖，所有的图像均以恒电流模式记录。用图像拉平(Flattening)来处理基底的倾斜和扫描线假象，低噪音滤波(Low-pass)用来消除 STM 图像中的扫描噪音。

图 6.5 给出了 $TmQA-C_{16}$物理吸附在溶液-石墨界面的 STM 图像。从大范围 STM 图像(图 6.5(a))观察到，$TmQA-C_{16}$在石墨表面上自发形成了条带结构，并存在不规则的较其他条带明亮的条带。这些亮条带并不贯穿同一条带的始终，而是时而出现，时而消失。如图 6.5(a)中箭头所示，同时还可以观察到不规则的孔洞，即裸露的石墨基底。图 6.5(b)是该化合物的小范围 STM 图像，可以清楚地观察到每一分子核的取向，而烷基链

却不能被解析。一些刚性核以锯齿形排列,从而构成了图像中的暗条带区域;而那些分子核取向相同且相邻的条带则构成了图像中的亮条带区域。这些结构特征表明该分子的烷基链还不够长,分子与基底的相互作用还不能平衡掉甲基所带来的空阻影响,因此在液-固界面上形成了不稳定的单层膜。

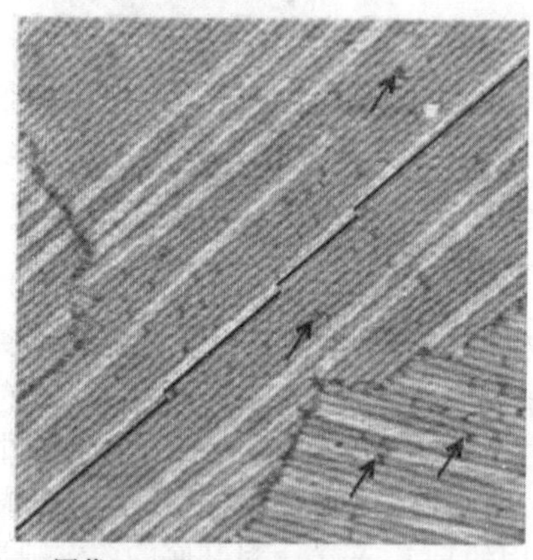

(a) 大范围 STM 图像 (101.8 nm×101.8 nm, U=-1.025 V, I=100.0 pA)

(b) 小范围 STM 图像 (23.39 nm×23.39 nm, U=-1.000 V, I=50.0 pA).

图 6.5 TmQA-C_{16}物理吸附在溶液-石墨界面的 STM 图像

6.5.3 表面手性现象的 STM 研究

表面手性现象研究是与表面物理、表面化学、结构化学、立体化学等学科密切相关,在基础和应用研究方面均具意义的重要领域。近年来,利用 STM 等现代分析手段,该领域的研究取得了显著进展。

对手性分子的识别是研究表面手性现象的前提条件。Lopinski 等人最早用 STM 实现了单个分子手性的识别。Si(100)表面存在由未饱和的 Si 悬键形成的二聚体,2-丁烯的烯键能够与重构的 Si(100)-(2×1)表面的 Si 二聚体发生反应。由于吸附及反应过程中的立体化学控制,反式 2-丁烯能够生成两种手性的对映异构体。在 STM 图像中(图 6.6),R,R 型异构体与硅表面的二聚体成 30°,而 S,S 型与二聚体的夹角为-30°,即它们在表面上成镜像关系。与之相反,顺式 2-丁烯的反应产物与二聚体平行,表现为非手性。这一结果同时也验证了烯键与硅表面的[2+2]反应原理。

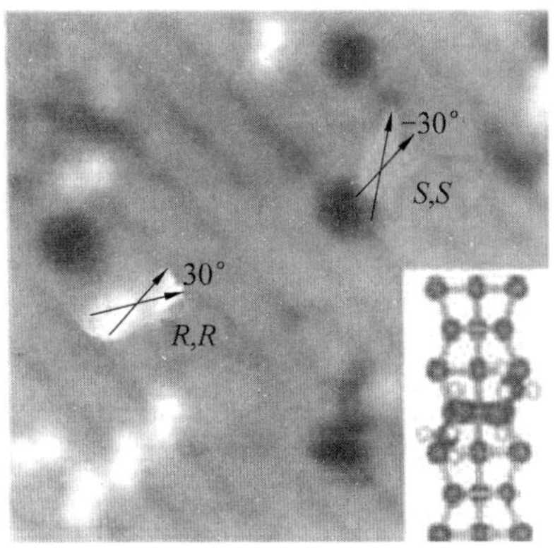

(a) 反式 2- 丁烯在 Si(100)-2×1 表面反应后的 STM 图像

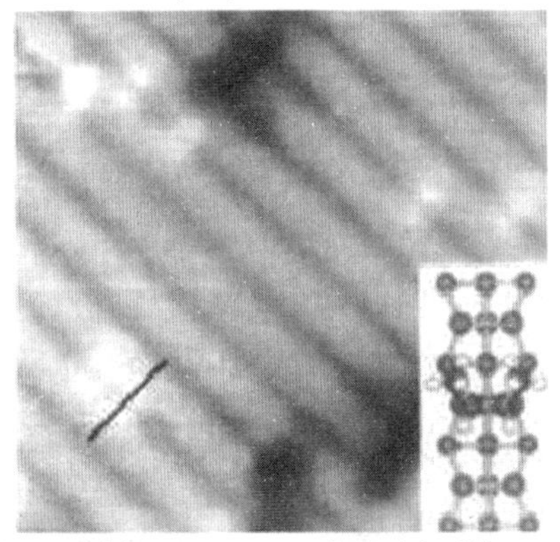
(b) 顺式 2- 丁烯在 Si(100)-2×1 表面反应后的 STM 图像

图 6.6　手性的对映异构体的 STM 图像

在进行 STM 成像时，不同官能团因具有特定的电子结构、尺寸以及空间构型而具有不同的反差，通过对具有不同反差的基团的归属就可能达到识别分子手性的目的。Fang 等人利用了两个标识基团—COOH 和—Br，成功地确定了吸附在石墨表面的 2-溴-十六酸的两个对映异构体的绝对手性。在 2-溴-十六酸中，连接在手性碳原子上的 4 个基团分别为：暗的羧基基团、亮的溴原子、烷基链和氢原子。分子在固液界面组装时，通过头部羧基基团的氢键相互作用和溴原子间存在的非键弱作用，形成二维有序的组装结构。如图 6.7 所示，通过连在手性碳上呈现为亮点的—Br、暗点的—COOH 以及线形的烷基链可辨别出分子的绝对手性。

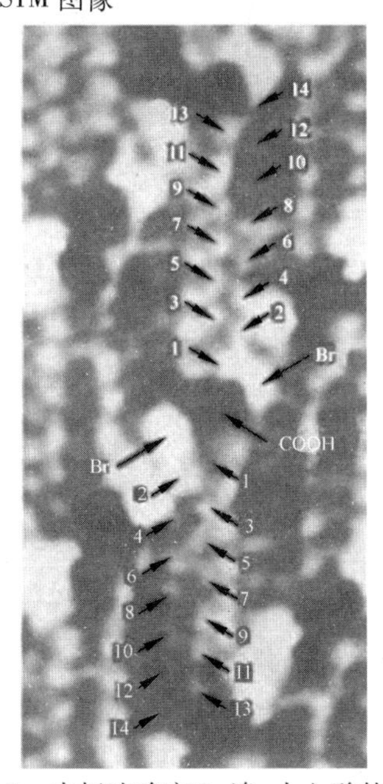

图 6.7　内标法确定 2-溴-十六酸的手性

6.5.4 电化学扫描隧道显微镜技术(ECSTM)

电化学扫描隧道显微镜技术综合了电化学技术与 STM 技术的优势,可以在恒电位条件现场观察电极反应过程,进一步拓宽和开创了 STM 的应用范围,使人们可以在更常见、更普遍的有机或无机溶液环境中研究各种表面现象及过程。Sonnenfeld 和 Hansma 首次将 STM 用于研究电解质溶液中的固体表面,他们在溶液中得到的高度取向裂解石墨(HOPG)的 STM 图像立即在电化学界引起了巨大的反响。将 STM 用于研究带电的固-液界面的结构及其性质,是电化学科学在过去十几年中所取得的最重要的成果之一。

阴离子吸附是发生在电化学界面的一种重要过程,具有原子分辨的现场 ECSTM 研究吸附物种的吸附区间、取向及与基底表面结构的对应关系等,对深入认识电化学双电层结构具有重要意义。金是(111)面可发生重构的唯一的金属。在用氢焰对其表面的退火处理过程中,Au(111)面发生$\sqrt{3\times22}$重构(热诱导),在纯硫酸溶液中一定电位区间内可保持稳定的重构表面。但当电位正移时,由于硫酸根离子的吸附,将发生重构的消除,即重构表面回复到 Au(111)面的(1×1)结构,同时排挤出剩余原子形成具有原子高度的金原子岛,如图 6.8 所示。若此时电位负移,则将再次出现电位诱导下的$\sqrt{3\times22}$重构。

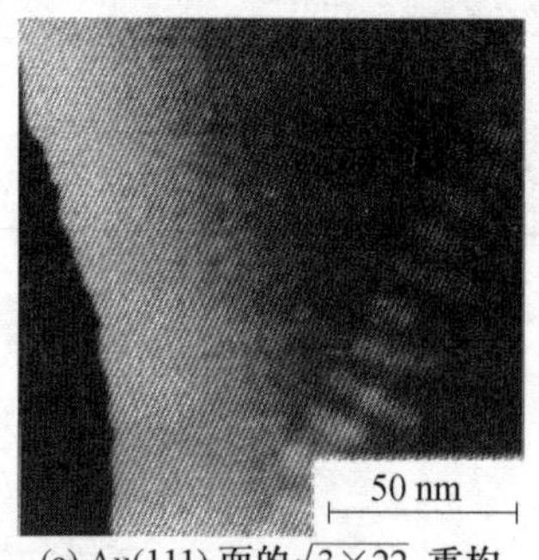

(a) Au(111) 面的$\sqrt{3\times22}$ 重构

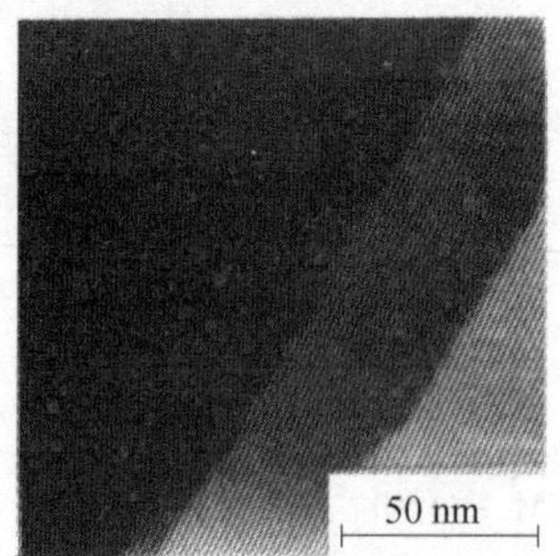

(b) Au(111) 面的 (1×1) 非重构

图 6.8 Au(111)面的$\sqrt{3\times22}$ 重构和 Au(111)面的(1×1)非重构表面的 ECSTM 图

SO_4^{2-} 在 Au(111)等晶面上的吸附是较早开展的研究体系,但由于体系的复杂性,长期以来解释上存在诸如 SO_4^{2-} 吸附结构与吸附量、是 HSO_4^- 的吸附还是 SO_4^{2-} 与水的共吸附、水又是以何种取向吸附的等分歧。最新结果表明,在 0~0.75 V 内,电极表面具有稳定的 Au(111)-(1×1)结构,但当电极处于 0.79 V 正的电位时,由于 SO_4^{2-} 在表面吸附具有高度有序性,可观察到 SO_4^{2-} 在表面上的吸附。图 6.9 给出了 SO_4^{2-} 在 0.79 V 下吸附的 ECSTM 图,根据在 SO_4^{2-} 有序吸附之前观察到的 Au(111)基底的

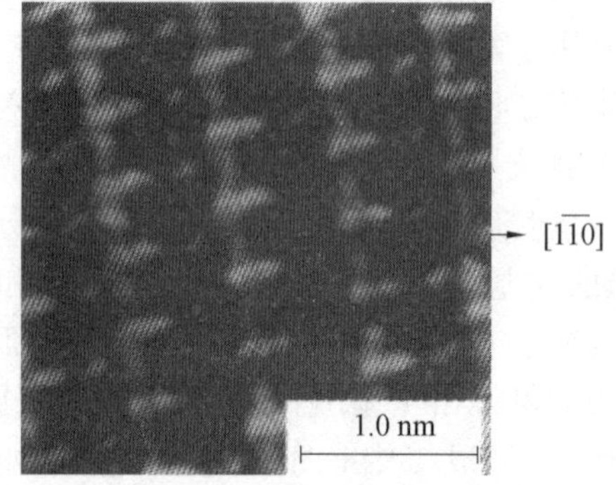

图 6.9 SO_4^{2-} 在 Au(111)表面吸附的 ECSTM 图

排列,可以确定其[110]方向。图中暗点来自于 Au 基底原子,这套暗点构成($\sqrt{3}\times\sqrt{7}$)晶格,图中相互垂直最亮点和次亮点为 SO_4^{2-} 吸附所在的位置,具有($\sqrt{3}\times\sqrt{7}$)的结构。图中尚存在第三亮点,可能来自于 H_2O 或 H_3O^+ 的共吸附。根据 Au(111)基底的取向,SO_4^{2-} 应吸附在 Au(111)的桥位或多位上。由于吸附亮点的不对称性,除了由于水的共吸附引起外,不能排除 SO_4^{2-} 是以其四面体结构的一个棱的方向吸附到表面的可能性。

Ryan 等人利用电化学 STM 技术获得了铁表面阳极钝化膜的原子分辨率的 STM 图像。由图 6.10 可以清楚地看出,铁上所形成的钝化膜表现为长程有序的晶体结构,而在此之前,人们一直认为铁的表面膜结构是完全无序的或疏松多孔的。

(a) 铁表面钝化膜的高分辨 STM 图像

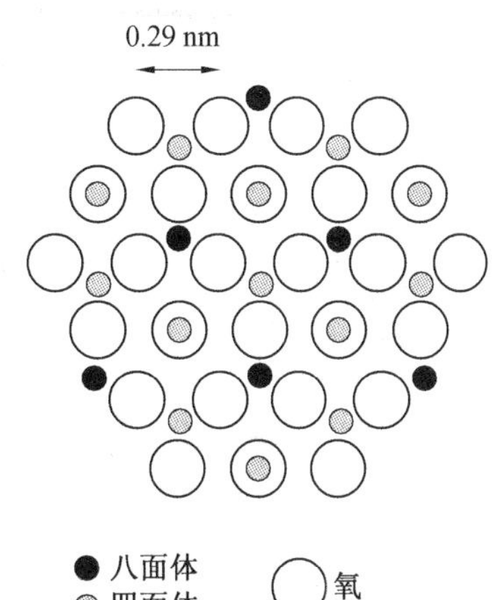

(b) 铁表面 Fe_2O_3 晶态钝化膜的反尖晶石结构模型

图 6.10 铁表面的高分辨 STM 图像和结构模型

6.5.5 单原子操作

STM 的针尖不仅可以成像,还可以用于操纵表面上的原子或分子。利用 STM 进行原子表面修饰和单原子操纵具有十分广泛的应用前景。

1990 年,美国 IBM Almaden 研究中心 Eigler 研究小组使用工作在超高真空和液氦温度(4.2 K)条件下的 STM,成功地移动了吸附在 Ni(110)表面上的惰性气体 Xe 原子,并用 35 个 Xe 原子排列成“IBM”3 个字样,开创了用 STM 进行单原子操纵的先例。在 Xe 原子移动操纵过程中,只需将 STM 针尖下移并尽量地接近表面上的 Xe 原子,Xe 原子与针尖顶部原子之间形成的范德华力和由于“电子云”重叠产生化学键力,使 Xe 原子吸附在针尖上并将随针尖一起移动。1993 年,Eigler 等人用同样的方法进一步将吸附在 Cu(111)表面上 48 个 Fe 原子逐个移动并排列成一圆形量子栅栏,如图 6.11(a)所示。这个圆形量子栅栏的直径只有 14.26 nm。而且,由于金属表面的自由电子被局域在栅栏内,从而形成了电子云密度分布的驻波形态。这是人类首次用原子组成具有特定功能的人工结构,它的科学意义无疑是十分重大的。与此同时,他们还在 Cu(111)表面上成功地用 101 个 Fe 原子写下“原子”两个迄今为止最小的汉字,如图 6.11(b)所示。

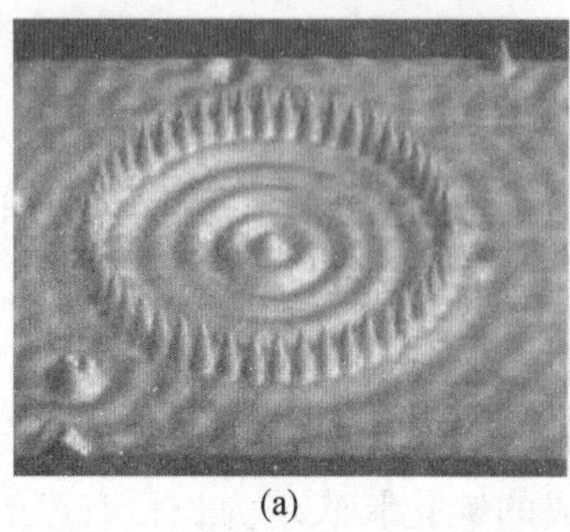
(a)

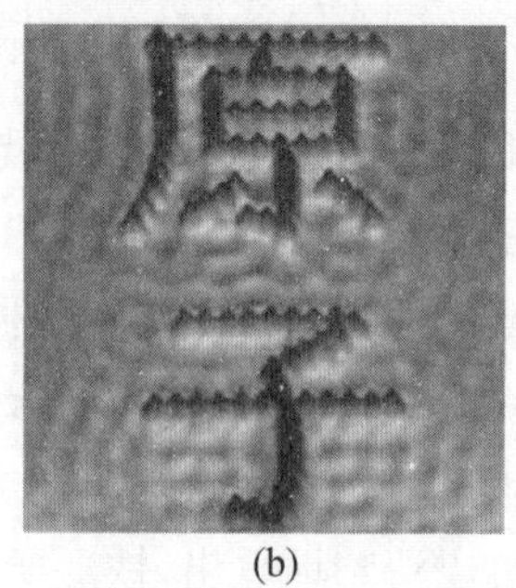

(b)

图 6.11 低温(4.2 K)条件下,用 STM 移动吸附在 Cu(111)表面上的 Fe 原子

通过在扫描隧道显微镜中使用定向电场,可以局部控制液/固界面上的表面聚合/解聚。2019 年,Steven De Feyter 等人通过反转 STM 尖端和导电固体衬底之间存在的电场方向,实现了在分子水平上监测自组装分子网络(SAMN)和共价有机框架(COF)之间的可逆转化。

1,3,5-三(4-联苯硼酸)苯 (TBPBA)溶液 (5×10^{-5} M)在室温下沉积在高度取向的热解石墨(HOPG)表面上,其产生两种类型的自组装相 A 和 A′。主导相 A(图 6.12)是密排的,由三角形特征组成。每个三角形可以归因于单个 TBPBA 分子,因为该特征的两个亮臂 (图 6.12(a)中 L)之间的端到端距离测量为 2.1±0.2 nm,与两个相邻硼原子之间的距离的计算值对应 (2.1 nm)。A 相的组装主要通过苯基之间的范德华相互作用和弱 B—O…H 相互作用来稳定。在相同条件下,表面上还存在另一个自组装相 A′,为三角形 TBPBA 分子的另一种堆积方式 (图 6.13)。

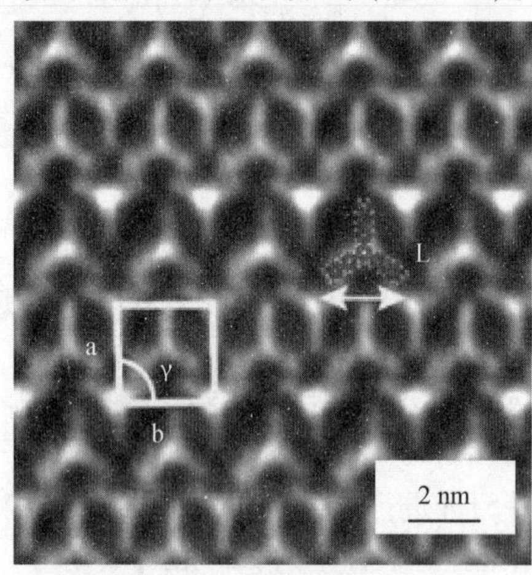

(a) 1- 辛酸 /HOPG 界面上自组装相 A 的高分辨率 STM 图像

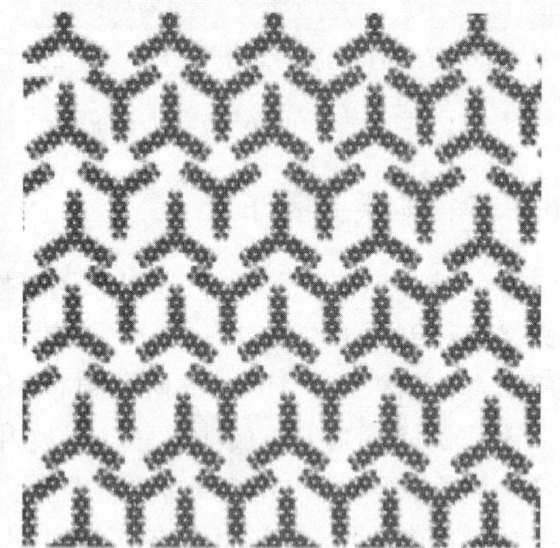
(b) 提出的 A 相结构模型

图 6.12 A 相的结构测试图及理论模拟图

值得注意的是,当使用正样品偏差的 STM 监测表面时,观察到非共价相(A,A′),通过将样品偏压的极性从正翻转为负,并连续扫描相同区域,在表面上会出现规则的多孔相 B (图 6.14)。B 相显示了六边形网络,其晶胞矢量为 2.3±0.1 nm,与由 TBPBA 共价键合形成的三元环的 2.35 nm 尺寸非常吻合。因此,证实了环硼氧烷连接的 COFs-1 的形成。sCOFs-1 腔内的线性或弯曲特征表示 1-辛酸的共吸附。

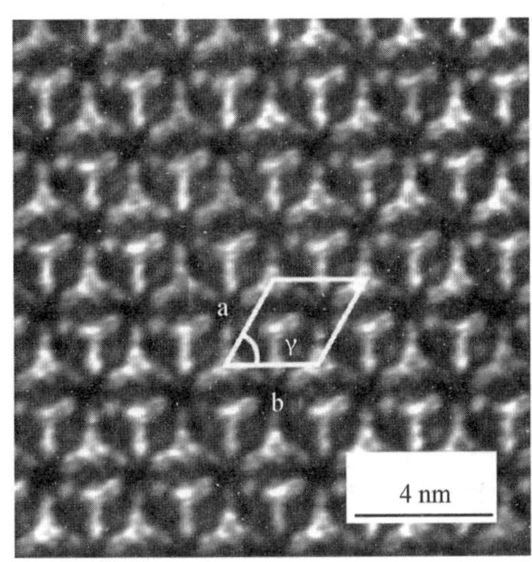

(a) 1- 辛酸 /HOPG 界面上自组装相 A' 的高分辨率 STM 图像

(b) 提出的 A' 相结构模型

图 6.13　A′相的结构测试图及理论模型图

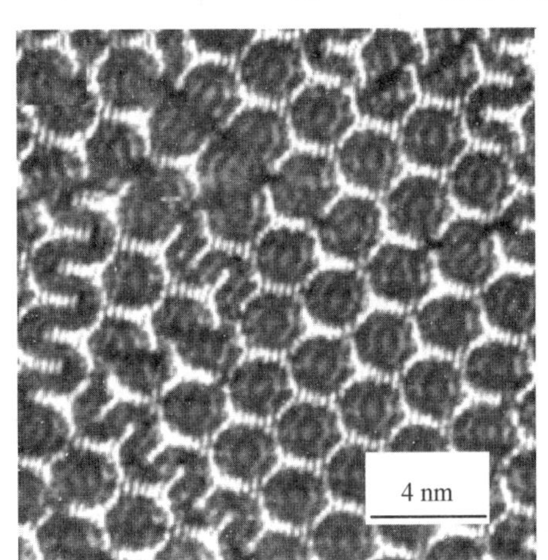

(a) 1- 辛酸 /HOPG 界面上自组装相 B 的高分辨率 STM 图像

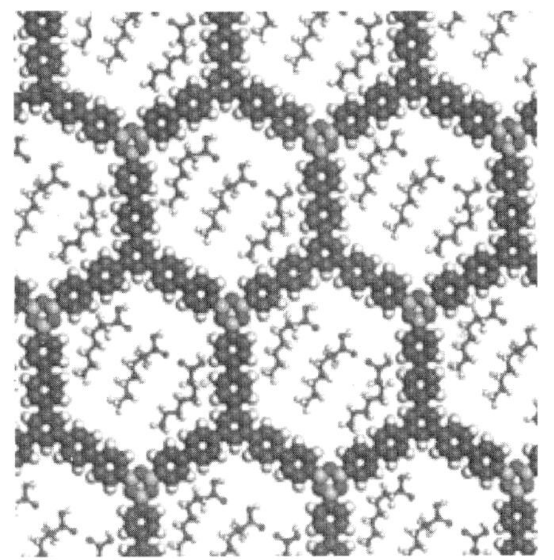

(b) 提出的 B 相结构模型

图 6.14　B 相的结构测试图及理论模型图

习　　题

1. 何为隧道效应？
2. STM 的工作原理。
3. 简述 STM 的两种工作模式。

知识链接

扫描隧道电子显微镜的发明

1982 年，格尔德·宾宁（Gerd Binning）和海因里希·罗雷尔（Heinrich Rohrer）在 IBM

位于瑞士苏黎世的苏黎世实验室发明了世界上第一台具有原子分辨率的扫描隧道显微镜,利用探针尖端和物质表面原子间的隧道电流随间距变化的性质来探测表面的结构,获得了实空间的原子级分辨图像。这一发明使显微科学达到了一个新的境界,并对物理、化学、生物、材料等领域的研究产生了巨大的推动作用。为此格尔德·宾宁和海因里希·罗雷尔于 1986 年被授予诺贝尔物理学奖。

1987 年 9 月,中国科学院院士白春礼谢绝了美国同行的极力挽留,带着自行购买的一些国内尚无法生产的 STM 所用关键元器件,回到阔别两年的祖国。回国的当天,他就投入了研制扫描隧道显微镜的紧张工作,仅用 4 个多月的时间,就成功研制了我国第一台由计算机控制、有数据分析和图像处理系统的数字化扫描隧道显微镜 CSTM-9000。

这套自行研制的扫描隧道显微镜设备造价低廉,国外同类产品需要 9 万美元,而 CSTM-9000 全套设备仅需十余万人民币。

该仪器由扫描隧道显微镜探头、减震系统、电子控制机箱和计算机系统组成,其横向分辨率为 0.1 nm,垂直分辨率为 0.01 nm。这台仪器当时达到了国际先进水平。CSTM-9000 的研制成功,获 1990 年国家科技进步二等奖。更为重要的是,它使我国当时在探索物质表界面研究领域迈入了世界先进水平的行列,同时也开拓和促进了多个学科领域尤其是纳米科技的研究和发展。

第7章 原子力显微镜

7.1 简　　介

扫描隧道显微镜(STM)的局限性是显而易见的(参见第6章介绍),根据隧道电流效应,STM的研究样品必须具有导电性,是导体或半导体;对于绝缘材料,则需要预先在样品表面镀一层导电物质,这无疑会破坏或改变样品的原有形貌。针对STM的不足之处,一种新型扫描探针显微镜(SPM)应运而生——原子力显微镜(Atomic Force Microscope,AFM)。1986年,Binnig、Quate等人在STM的基础上发明了原子力显微镜。AFM是通过测量样品表面原子与微型力敏元件的极微弱原子间作用力,控制原子间力恒定等工作模式,扫描得到样品表面结构,达到接近原子分辨水平。正是因为AFM工作时不需要探测隧道电流,它才可以用于观测包括绝缘体在内的各种材料表面结构,其应用范围无疑比STM更加广阔。

AFM可用于各种类型的试样,尤其是STM不能分析的非导体。而且,AFM实验也可以在大气、超高真空、溶液以及反应性气氛等各种环境中进行,可以预料AFM在表面科学、材料科学、生命科学等领域中有着广阔的应用前景。除了可以研究各种材料的表面结构外,AFM还可以研究材料的硬度、弹性、塑性等力学性能以及表面微区摩擦性质;也可以用于操纵单分子、原子,进行纳米尺度的结构加工和超高密度信息存储等。

7.2 AFM的系统组成

AFM一般由镜体、扫描驱动和数据采集系统、计算机工作站3部分构成,如图7.1所示。AFM工作时,将样品置于样品台(sample stage),并由柱形压电管(cylindrical pizeo-electric tube)精确地调控和记录样品与悬臂(cantilever)上的探针之间在X、Y、Z 3个方向上的相对位置。将从激光二极管(laser diode)中发出的激光束聚焦到AFM悬臂背面,并反射到分段光电二极管检测器上(photodetector),通过预放大系统(Pre-Amp)将信号放大后,再由检测系统根据上、下段光电二极管输出的信号差来灵敏地检测悬臂的形变量。计算机工作站将压电管所记录的样品与AFM探针间在X、Y方向上相对位置变化的信号与分段光电二极管检测器检得的悬臂在Z方向上相应变形信号相结合,便可获得样品的表面结构图像。

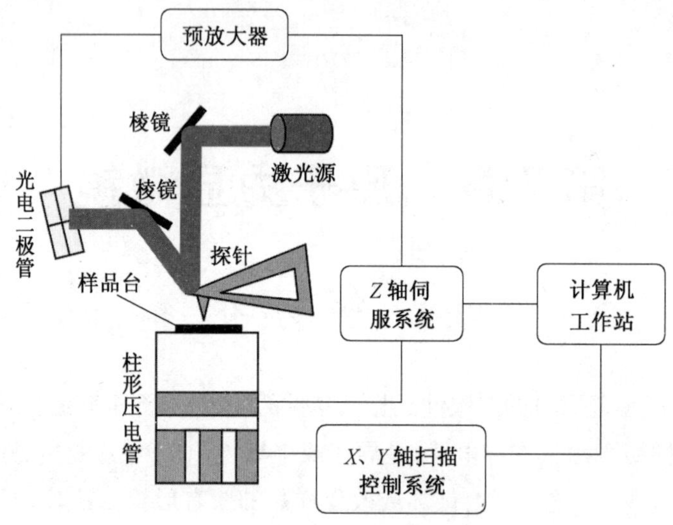

图 7.1 AFM 系统组成示意图

7.3 基本原理

AFM 的工作原理建立在探针针尖的原子与样品表面原子在足够接近时存在相互作用力的基础上。形貌表征和相互作用力的测定是最常用也是最重要的两种功能。下面将分别介绍这两种功能的工作原理。

7.3.1 探针与样品间的作用力

AFM 的探针被装在一个很小的弹力臂的端头上,当微探针在 Z 轴逼近样品表面时,探针针尖的原子与样品原子之间将产生一定的作用力,即原子力,原子力的大小为10^{-8} ~ 10^{-12} N。原子力与两者的间距呈一定的对应关系,这种关系可以由原子力-距离曲线来表征,如图 7.2 所示,根据受力不同而划分成 3 个区域:接触区域、非接触区域以及间歇接触区域。

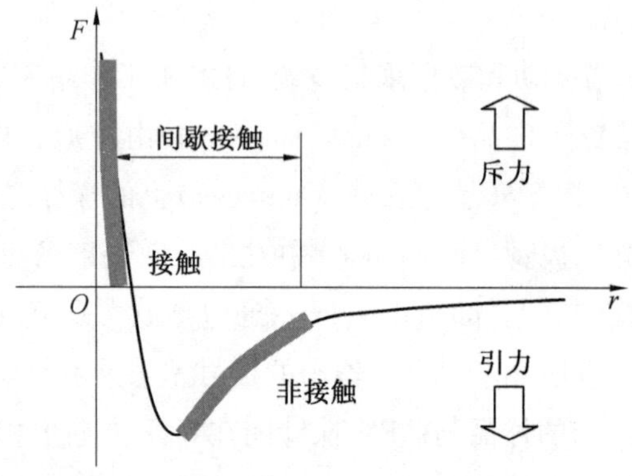

图 7.2 原子力(F)-间距(r)曲线

当间隙过大时,不存在相互作用力;在间隙逐渐减小的过程中,出现引力,主要有范德瓦尔斯力、毛细作用力、磁力和静电力,引力随着间隙减小而增大;继续减小间隙,探针针尖和样品原子外围电子将出现斥力,主要有键结力和静电相互排斥力。斥力随距离减小的增速比引力快得多,在间隙足够小时,总体表现为排斥力。

7.3.2　形貌表征原理

AFM 针尖装在一个一端固定的弹性微悬臂上,在压电扫描管控制下,探针针尖在 Z 轴方向上向样品表面接近,并在 X 轴和 Y 轴方向对样品表面进行光栅式扫描。原子力虽然很微弱,但当针尖与样品表面轻轻接触时,针尖与样品表面原子之间的相互作用力(既可能是引力,也可能是排斥)就足以推动极为灵敏的微悬臂,并使之偏转一定的角度。也就是说,微悬臂的形变可作为样品-针尖相互作用力的直接度量。通过将激光束照射到微悬臂上,再反射到超灵敏光电检测器,检测器不同象限接收到的激光强度差值同微悬臂的形变量会形成一定比例关系,可以对该弹性形变进行定量并产生可检测的电压差。反馈系统根据电压差的变化不断调整针尖或样品 Z 轴方向的位置,保持微悬臂的形变量不变,即保持针尖-样品间作用力恒定不变,这样针尖就会随样品表面的起伏上下移动,通过光电探测系统在计算机上便可得到样品表面形貌的信息。这种检测方式被称为"恒力"模式(constant force mode),是使用最广泛的扫描方式。

也可以使用"恒高"模式来获得图像,也就是在水平方向的扫描过程中,不使用反馈回路,仅保持针尖与样品之间的距离恒定,通过测量微悬臂 Z 轴方向的形变量来成像。由于不使用反馈回路,该模式可以采用更高的扫描速度,但是对于表面起伏比较大的样品不适用,因而通常适用于分子级别成像。

7.3.3　相互作用力测定原理

AFM 除了具有高分辨三维成像的功能,另一个非常突出的特点是对分子间相互作用力大小的表征。

通过控制扫描管在 X 和 Y 轴方向不加电压,仅在 Z 轴施加电压,促使微悬臂在该方向发生往复运动,记录一个运动全程周期内微悬臂的形变情况,从而获得力曲线,如图 7.3 所示。r 表示针尖与样品间 Z 方向的位移,F 表示针尖与样品间相互作用力的大小,表征微悬臂的形变程度;虚线代表力曲线扫描过程中扫描管不断逼近样品,实线代表扫描管远离样品;箭头指示力曲线进行的方向。从图 7.3 可以看到,在 a 点,样品逐渐靠近针尖,两者无接触,微悬臂没有发生形变。当针尖再接近样品表面时,由于吸引力的作用,针尖可能突然跳跃式地同样品接触,如 b 点,微悬臂发生正方向偏转,并继续到达最大偏转位置。在 c 点,压电管开始反向收缩,微悬臂正方向偏转量逐渐减小。当针尖所受的力与针尖和样品之间的相互作用力平衡以后,压电管继续反向收缩,微悬臂开始反向偏转。由于针尖同样品表面接触过程中有可能形成黏附或化学键,当微悬臂继续被提起一段距离后,黏附被打破而针尖跳离样品表面,到达 d 点,样品和微悬臂均归回原位。

在 d 点时,即微悬臂从样品表面跳离时,微悬臂偏折量的形变 Δz 可以用来计算出黏附力或其他分子间相互作用力(F)的大小。根据微悬臂的弹性系数 k 和函数式 $F=$

$k \cdot \Delta z$,利用仪器软件可直接计算出有关相互作用力的大小。商用微悬臂具有的弹性系数一般为0.004~1.85 N/m,针尖曲率半径大约为30 nm。使用这类针尖,目前已经获得了许多晶体的原子分辨率图像。

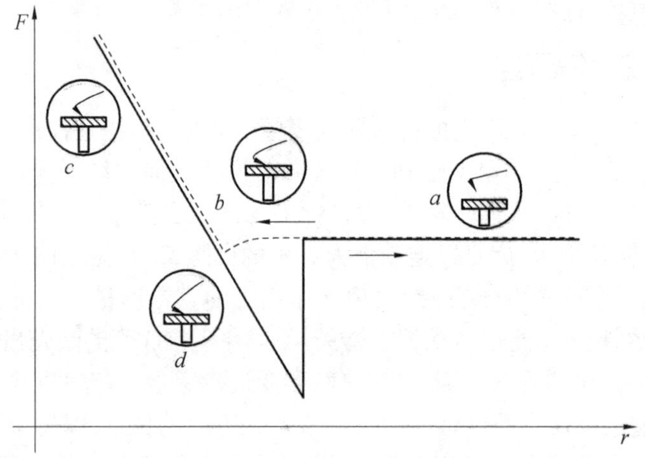

图7.3 AFM力曲线及其原理示意图

力体积成像(force-volumeimaging or force mapping)模式是基于力测定原理发展起来的,在专用软件控制下对样品选定范围进行逐点力测定,并以图像中相应像素点的明暗程度表示作用力的大小,从而直观地反映出样品表面的整体特征,避免了单点力测定的一些局限性。然而,由于力测定位点的增加,扫描速度受到了一定影响。

7.4 原子力显微镜的成像模式

AFM有多种成像模式,如接触模式(Contact Mode)、轻敲模式(AC Mode or Tapping Mode)、非接触模式(Non-Contact Mode)、横向力扫描模式(Lateral Force Mode,LFM)、电流敏感扫描模式(Current Sensing Atomic Force Microscope,CSAFM)、磁力模式(Magnetic Force Microscope,MFM)和静电力模式(Electrostatic Force Microscope,EFM)等。总的来说都是AFM不同扫描模式的拓展,区别在于采用不同的扫描探针,利用探针与样品之间不同的作用模式,以及工作在不同的接触区域来获取信息。下面分别介绍接触模式、非接触模式和轻敲模式3种最常用的成像模式。

7.4.1 接触式成像模式(Contact Mode)

在扫描器引导探针扫过样品的过程中,当针尖与样品间的间距小于0.03 nm时,原子间力为排斥力,此时认为两者基本上是紧密接触的,这种模式称为接触模式(Contact Mode),也称为斥力模式接触模式,如图7.4所示。在这种工作模式下,针尖和与之相连的悬臂受范德瓦尔斯力和毛细力两种力的作用,二者的合力构成接触力。

接触模式下,针尖原子与样品表面原子的电子云发生重叠,排斥力将平衡几乎所有可能使两个原子接近的力。微悬臂将弯曲使针尖原子无法再接近样品表面原子。运用这种模式可以测量的原子间近程相互斥力是互相接触的原子的电子间存在的库仑排斥力，其大小通常为 $10^{-8}\sim10^{-11}$ N。

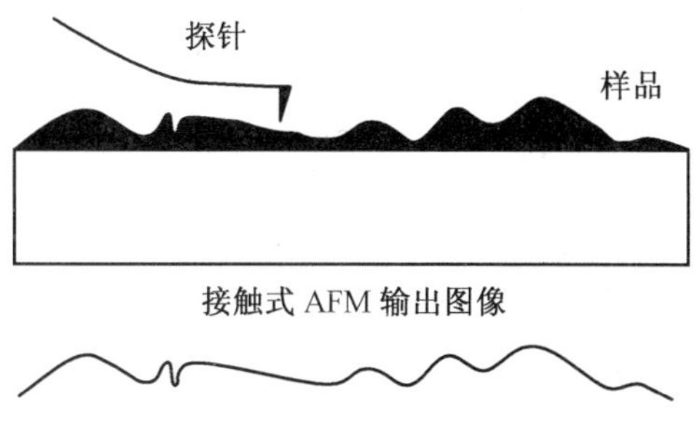

图 7.4　含水滴表面的接触式 AFM

AFM 检测到悬臂的偏转后，则可工作在恒高或恒力模式下获取形貌图像或图形文件。在恒高模式，扫描器的高度是固定的，悬臂的偏转变化直接转换成形貌数组。在恒力模式下，悬臂偏转被输入到反馈电路，控制扫描器上下运动，以维持针尖和样品原子的相互作用力恒定。在此过程中，扫描器的运动被转换成图像或图形文件。

通常情况下，接触模式都可以产生稳定的、高分辨率的图像。但是这种模式不适用于研究生物大分子、低弹性模量样品以及容易移动和变形的样品。另外，在大气环境中，大多数样品表面都吸附有覆盖层，如凝聚水蒸气或其他有机污染物，一般有几纳米厚。当扫描探针接触这个吸附层时，由于毛细作用的存在，针尖和样品之间有较大的黏附力，横向扫描时施加在样品上的额外作用力可能会造成样品表面的损伤，而这种黏附力的存在会增大针尖与样品的接触面积，降低成像的分辨率。

7.4.2　非接触式成像模式（Non-Contact Mode）

非接触模式下，如图 7.5 所示，针尖始终保持在样品上方 5 ~ 20 nm 的高度上，这个距离对应于图 7.2 原子力-间距曲线中的非接触区域，此时针尖与样品之间的原子间的相互作用力为引力。针尖检测的是范德华吸引力和静电力等长程力，对样品没有破坏作用。通常微悬臂以小于 10 nm 的振幅在样品表面吸附的液质薄层上方振动，不断接近样品表面时，由于受到递增的力梯度作用，使得微悬臂的有效的共振频率减小，因此在给定共振频率处，微悬臂的振幅将减小很多。振幅的变化量对应于力梯度量，因此，振幅的变化量对应于针尖-样品间距。反馈系统通过该共振频率控制针尖与样品间的距离保持不变，就可以得到样品的表面形貌图像。

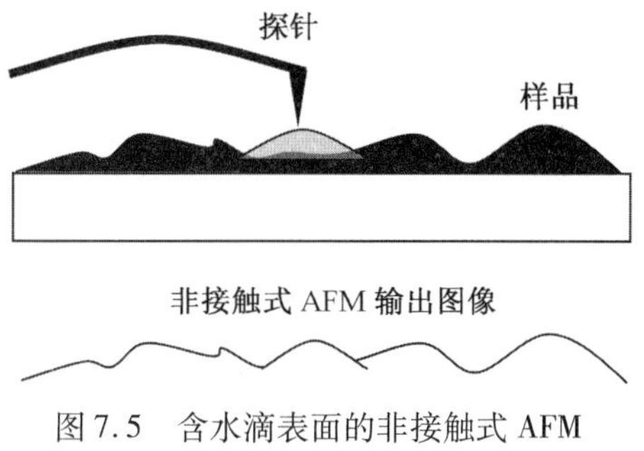

图 7.5　含水滴表面的非接触式 AFM

与间歇接触模式和接触模式相比,非接触模式是一种理想的方法,因为在测量样品形貌过程中,针尖和样品不接触或略有接触。在非接触区间,针尖和样品之间的力是很小的,一般只有 10^{-12} N,这对于研究软体或弹性样品是非常有利的。此外,扫描过程中针尖与样品距离较大始终不接触,减少了针尖和样品的污染或损伤。但其分辨率低,不适于在液体样品中成像。

7.4.3 轻敲式成像模式

轻敲模式是上述两种模式之间的扫描方式。扫描时,在共振频率附近以更大的振幅(>20 nm)驱动微悬臂,使得针尖与样品间断地接触。当针尖没有接触到表面时,微悬臂以一定的大振幅振动,如图 7.6(a)所示。当针尖接近表面直至轻轻接触表面时,振幅将减小,如图 7.6(b)所示,而当针尖反向远离时,振幅又恢复到原值。反馈系统通过检测该振幅来不断调整针尖-样品距离进而控制微悬臂的振幅,使得作用在样品上的力保持恒定。不同于接触、非接触模式的是,轻敲模式由于针尖同样品接触,分辨率几乎与接触模式一样好;又因为接触非常短暂,剪切力引起的样品破坏几乎不存在。轻敲模式不仅适合于分析柔软、黏性和脆性的样品,也适合在液体中成像。

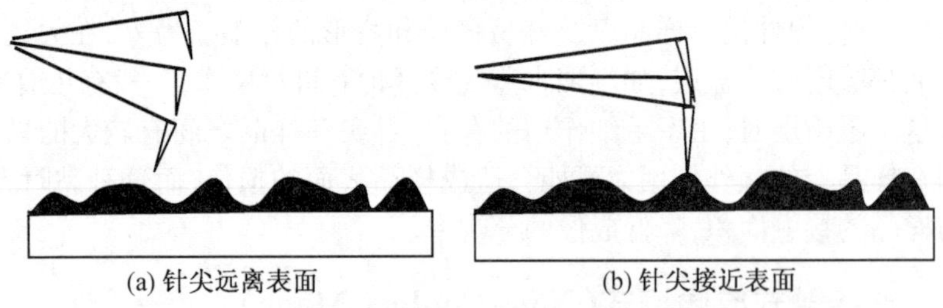

图 7.6 轻敲模式 AFM

获得高分辨率、高质量的图像的关键在于针尖同样品表面轻微接触,又不破坏样品表面。在 AFM 对那些易损伤(柔软、黏性和脆性)而且与基底黏合松散的样品研究中,轻敲模式成像技术发展是至关重要的,可以进行高分辨率表面分析。更值得一提的是,轻敲模式克服了摩擦、黏附、静电力有关问题,解决了困扰常规 AFM 扫描方式的困难。轻敲模式极大地扩展了 AFM 技术在新材料表面的应用领域。除了实现小作用力的成像以外,轻敲模式另一个重要的应用就是相位成像技术(Phase Imaging)。通过测定扫描过程中微悬臂的振荡相位和压电陶瓷驱动信号的振荡相位之间的差值来研究材料的力学性质和样品表面的不同性质。相位成像技术可以用来研究样品的表面摩擦、材料的黏弹性和黏附性质等。

在轻敲模式中,有两种驱动微悬臂振动的方式:一种是间接振动法,微悬臂的振动是由扫描头上的压电陶瓷产生的高频声波来驱动,这种方法称为声学驱动模式(AAC);另外一种是直接振动法,微悬臂的振动是直接激发的,并不需要其他部件驱动,这要通过装在微悬臂附近的一个磁线圈产生的交流磁场来驱动具有磁性的微悬臂,这种方法称为磁力驱动模式(MAC)。MAC 模式可以获得更为单纯的微悬臂响应,而不会激发出 AAC 模式通常所固有的背景噪声,尤其是工作在液体内时这种优势更为明显。

7.5　原子力显微镜测试的关键技术

7.5.1　AFM 探针

探针一般由氮化硅等无机材料制备而成,包括一端固定的微悬臂和固定在微悬臂另一端的针尖。探针的性能直接决定了 AFM 的分辨率,为了能够准确地反映出样品表面与针尖之间微弱的相互作用力的变化,得到真实的样品表面形貌,微悬臂的设计通常要求满足下述条件:具有较低的力学弹性常数 k,根据 $F=k\cdot\Delta z$ 可知,k 值越小,能检测到的 F 越小,即灵敏度越高;较高的力学共振频率;高的横向刚性,保证针尖与样品表面的摩擦不会使它发生弯曲;带有能够通过光学、电容或隧道电流检测针尖动态位移的反射面或电极。

7.5.2　基底

AFM 基底的选择范围很大,包括金、石墨、二氧化硅、云母片、玻璃片和某些生物膜等表面。基底的选择主要考虑其在为研究对象提供纳米级平整的支撑面的同时,还要具有良好的化学稳定性,便于清洗和修饰,然而对不同的研究对象选择标准也不尽相同。例如,在生物样品的研究中通常使用新解离的云母片,它非常平整、干净还可进行硅烷化等表面功能修饰。而在细胞样品的研究中,盖玻片通常用作细胞贴壁培养的基底,因为细胞相对于生物大分子,其体积较大。因此,对基底的平整度要求便可相应降低,然而细胞与基底之间是否具有强的黏附则成为关键。

7.5.3　成像环境

按照不同实验的要求,AFM 可在气氛或液体环境下对生物样品进行表征与研究。在气氛中成像时,对制样的要求较低,操作简便,但不利于生物样品维持其正常的生理状态。在液体中及近生理条件下对生物样品的形态结构进行成像研究,得到的信息更加真实丰富,但样品的固定比较困难,特别是对生物大分子而言。配有温度控制箱的 AFM 还能够为一些原位实验提供灵活可控的温度环境。

7.6　应用实例

AFM 的应用领域很广,可对导体、半导体和绝缘体材料进行研究,如金属、陶瓷、半导体材料;能对物理材料、化学材料进行测量,如矿物、纸张、涂料、无机物、有机高分子等;能对生物样品进行测量,如植物、动物、细菌的组织、细胞、细胞器、生物大分子等;可对表面软硬不同的样品进行测量,如金刚石、牙齿骨骼、皮肤组织、凝胶、肿瘤细胞等;也可对不同状态的物质进行测量,如薄膜、颗粒物质、液晶态物质等。

7.6.1　在化学材料研究中的应用

AFM 可以用于研究金属和半导体的表面形貌、表面重构、表面电子态及动态过程,超导体表面结构和电子态层状材料中的电荷密度等。从理论上讲,金属的表面结构可由晶体结构推断出,但实际上金属表面很复杂。衍射分析方法已经表明,在许多情况下,表面形成超晶体结构,即表面重构,可使表面自由能达到最小值。借助 AFM 可以方便得到某些金属、半导体的重构图像。例如,对 Si(111)表面的 7×7 重构研究表面科学中提出过多种理论和实验技术,而采用 AFM 与 STM 相结合技术可获得硅活性表面 Si(111)-7×7 的原子级分辨率图像。AFM 已经获得了包括绝缘体和导体在内的许多不同材料的原子级分辨率图像。

刘兆政等人研究了 Al 靶中加入不同含量的稀土钇(Y)对 CrAlTiN 薄膜硬度的影响,并应用原子力显微镜(AFM)对薄膜样品进行分析。图 7.7 为 CrAlTiN 原子力显微镜图片,由图可知,纯 Al 靶制备的试样表面与 w(Y)= 0.26% 的 Al 靶制备的试样表面颗粒大小相差不大,如图 7.7(a)、(b)所示;进一步提高 Al 靶中稀土 Y 含量,薄膜表面的颗粒细化比较明显,如图 7.7(c)、(d)所示。当用纯的 Al 靶材制备 CrAlTiN 薄膜时,薄膜表面的颗粒尺寸最大;当 Al 靶中稀土 w(Y)增加到 1.48% 时,CrAlTiN 薄膜表面的颗粒最小。由原子力显微镜可以发现,薄膜表面的柱状晶露头大小,随着稀土 Y 在 Al 靶中含量的增高而降低,稀土 Y 对薄膜的晶粒产生了细化作用。

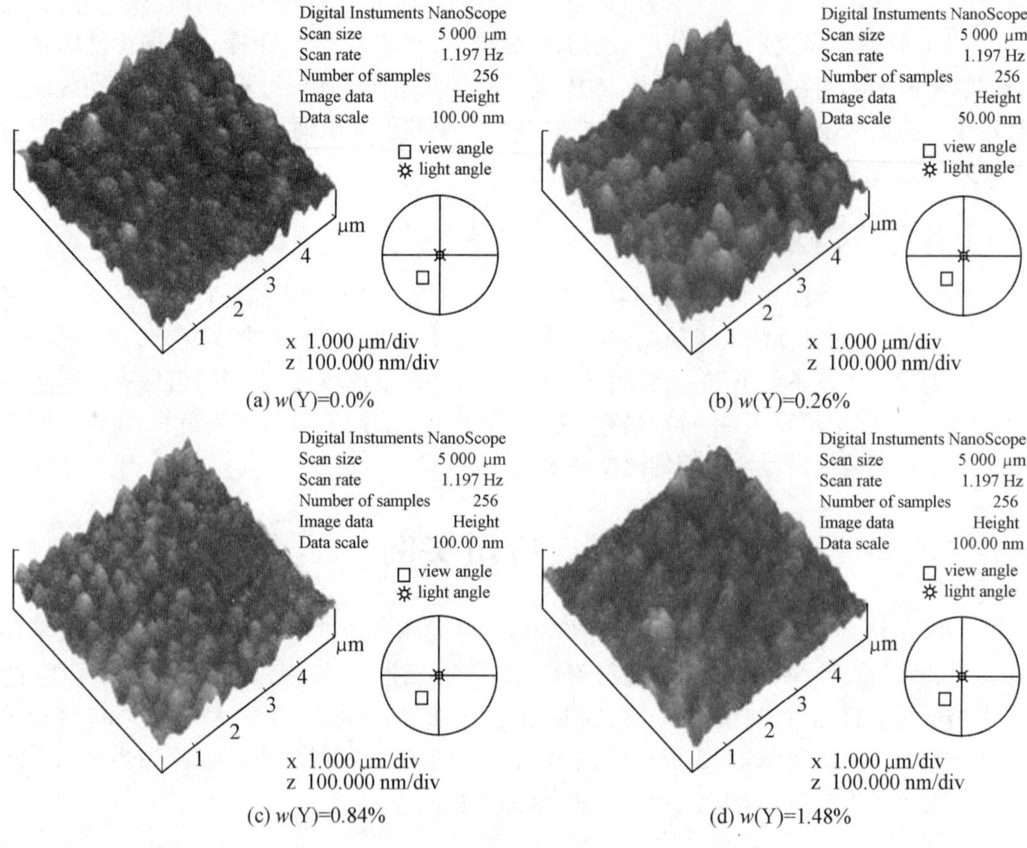

(a) w(Y)=0.0%　(b) w(Y)=0.26%　(c) w(Y)=0.84%　(d) w(Y)=1.48%

图 7.7　CrAlTiN 原子力显微镜图

张冬仙等人利用卧式 AFM 测试研究纳米陶瓷材料。与传统的脆性陶瓷不同,纳米陶瓷材料会显现出独特的柔韧性,甚至能够弯曲 180°。由于纳米陶瓷材料兼具柔韧性好、硬度高、抗腐蚀强、耐高温等优良特性,工业界公认它将是未来汽车和飞机的发动机及火箭和飞船等航天器的理想材料,目前已得到较广泛的应用。图 7.8 所示为卧式 AFM 扫描获得的纳米陶瓷材料表面形貌图像,扫描范围均为 4 μm×4 μm。由图 7.8(a)可知,纳米陶瓷的表面结构很致密,颗粒度小。经较长时间研磨抛光后,表面变得稍微平整一些,并留下了几道十分微小的研磨痕迹(图 7.8(b))。这些充分说明纳米陶瓷所具有的高硬度和高强度特性,虽经长时间抛光,也没有对其表面造成较明显的磨损。为了进一步考察纳米陶瓷的柔韧性,用尖端十分微小的倒金字塔状金刚石在其表面大力刻压,然后用 AFM 扫描得到了刻压后的表面图像,如图 7.8(c)所示。从图中可知,纳米陶瓷表面仅留下一个小小的方形凹坑,并在凹坑的一角留下一小段裂纹,说明纳米陶瓷已同时具备相当好的柔韧性,因为对于普通陶瓷而言,大力刻压必定导致陶瓷表面乃至整块陶瓷的碎裂。

(a) 未经抛光处理的表面　(b) 经抛光处理后的表面　(c) 刻压后的表面

图 7.8　纳米陶瓷材料表面形貌的 AFM 图像(4 μm×4 μm)

汪尔康等人采用湿化学方法在石墨烯纳米片上生长高质量三维 Pt/Pd 双金属纳米枝晶并通过 AFM 来表征。图 7.9(a)显示了聚(N-乙烯基-2-吡咯烷酮)(PVP)功能化的石墨烯纳米片的典型原子力显微镜图像,可以观察到云母基底被许多高纯度的纳米片覆盖,纳米片的平均厚度约为 2 nm。在后续步骤中,使用 PVP 功能化的石墨烯纳米片负载 Pd 纳米粒子(NP),得到石墨烯/Pd NP 杂化物。图 7.9(b)显示所得杂化物的表面比原始

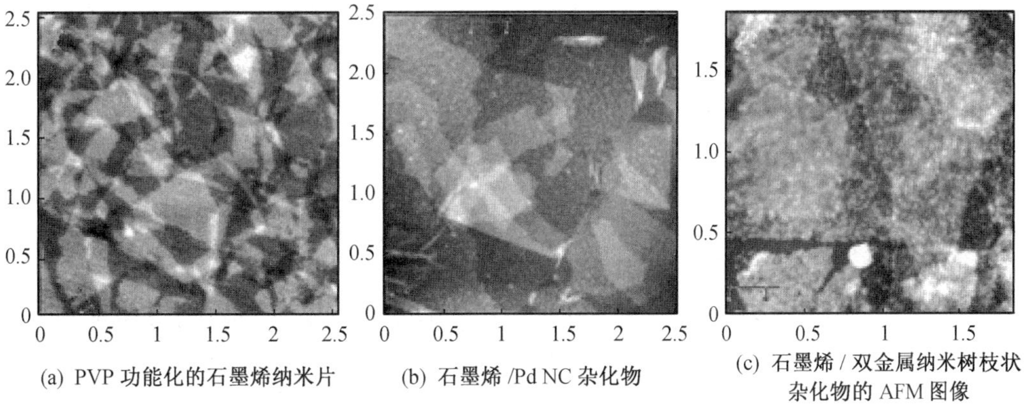

(a) PVP 功能化的石墨烯纳米片　(b) 石墨烯/Pd NC 杂化物　(c) 石墨烯/双金属纳米树枝状杂化物的 AFM 图像

图 7.9　石墨烯纳米片生长 Pt/Pd 双金属纳米支晶的 AFM 图像(单位:μm)

石墨烯纳米片更粗糙，表明 Pd NPs 容易吸附在石墨烯纳米片的表面。最后，将石墨烯纳米片上负载的单晶 Pd NCs 用作种子，以引导水溶液中 K_2PtCl_4 的还原产物 Pt 的生长。图 7.9(c)显示所获得的杂化物表面比石墨烯/Pd NPs 杂化物更粗糙，表明 Pt 已生长到表面。

7.6.2 在电化学中的应用

现场 STM 在电化学中应用广泛，但存在法拉第电流等干扰。而 AFM 在水或电解质溶液等电化学环境下可以稳定工作，因此化学工作者努力将 AFM 应用于现场电化学。1991 年，Manne 等人使用第一个现场电化学原子力显微镜(ECAFM)实验并获得成功。目前，AFM 已成功应用于现场电化学研究，这些研究主要有 3 个方向：界面结构的表征、界面动态学和化学材料及结构，如观察和研究单晶、多晶局部表面结构、表面缺陷和表面重构、表面吸附物种的形态和结构、金属电极的氧化还原过程、金属或半导体的表面电腐蚀过程、有机分子的电聚合及电极表面上的沉积等。

利用电化学 AFM、Manne 等人研究了 Cu 在 Au 上欠电位淀积问题，研究结果如图 7.10 所示。如图 7.10(a)所示，Au(111)面上 Cu 吸附层的结构由电解液的性质决定。在$Cu(ClO_4)_2$溶液中，Cu 吸附层成为密堆积，相对于 Au 的第一层结构有 30°±10°的转动。在图 7.10(c)中，Au(111)面上 Cu 吸附层成$(\sqrt{3}\times\sqrt{3})R30°$结构。

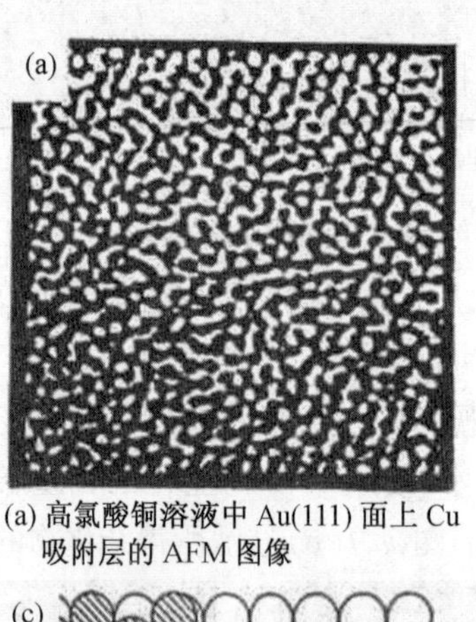

(a) 高氯酸铜溶液中 Au(111) 面上 Cu 吸附层的 AFM 图像

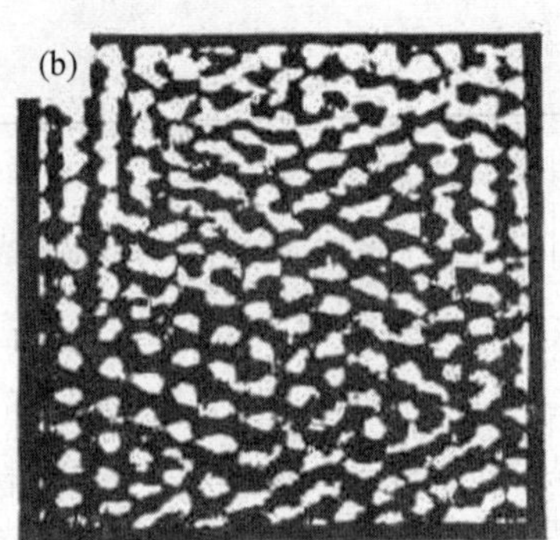

(c) 硫酸铜溶液中 Au(111) 面上 Cu 吸附层的 AFM 图像

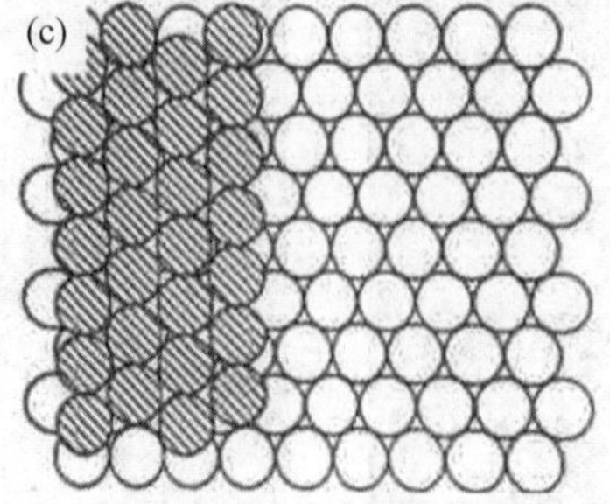

(b)Cu 吸附层的非公度结构示意图

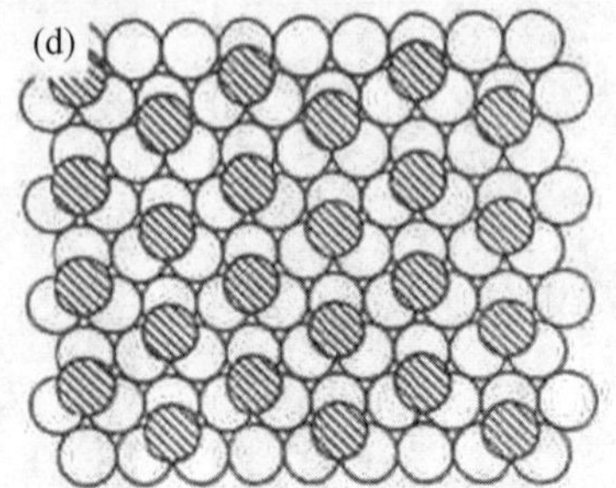

(d) 图 (c) 的结构示意图 (空心圆代表最外层的 Au 原子，带阴影的圆代表 Cu 吸附原子)

图 7.10 不同电解液中 Au(111)面上 Cu 吸附层的 AFM 像

7.6.3 在高分子领域中的应用

AFM在高分子领域中的应用,已由最初的聚合物表面几何形貌的观测,发展到深入高分子的纳米级结构和表面性能等新领域,并提出了许多新概念和新方法。对高分子聚合物样品的观测,AFM可达纳米级分辨率,能得到真实空间的表面形貌三维图像,同时可以用于研究表面结构动态过程。如Park等人用AFM对聚甲基丙烯酸丁酯(PBMA)的成膜过程做了研究。LB膜(Langmuir-Blodgett Film)是一种分子有序排列的有机超薄膜,是近年来国内外研究的热点之一。与STM相比,AFM更适合多种材料LB膜的研究,是研究单分子膜相变和LB膜畴区结构的理想工具,它可以直接观测到分子膜中分子的排列结构、取向及分子链的空间构象,可以方便获得实空间中分子膜在固体载体表面上形成状况的三维形貌图像,可以实时地观察分子膜的衰变、聚合、相变、晶畴形成等动态过程。

许小晶等人采用AFM研究了转移到疏水石英基片上的二棕榈酰磷酯酰胆碱(DPPC)与不同浓度聚合物单体分子甲基丙烯酸甲酯(MMA)的混合物所形成的单层LB膜及其缺陷的微结构,并研究了沉积压对缺陷的影响。图7.11为表面压为5.0 mN/m时,单层DPPC/MMA(MMA∶DPPC=1∶2,即MMA的摩尔含量为33%)混合LB膜畴区的接触式AFM图像,扫描范围为10 μm×10 μm。

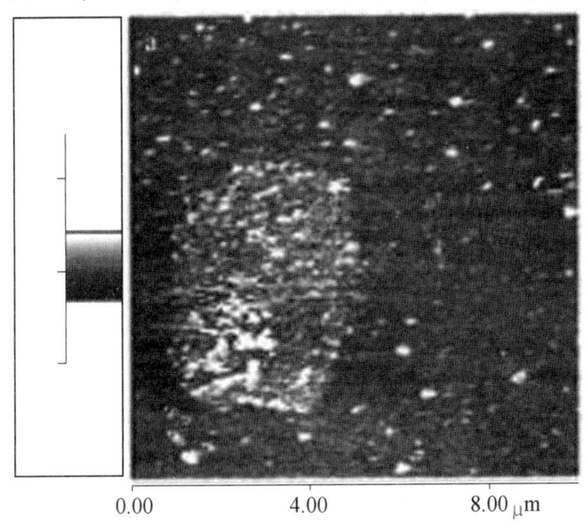

图7.11 表面压为5.0 mN/m时,单层DPPC/MMA混合LB膜畴区的接触式AFM图像

如图7.12所示,生成直径为3~4 μm的圆形液态凝聚相(LC)畴区,LC畴区主要为DPPC与MMA的混合物,同时还分布着一些由聚合的MMA分子(即聚合物PMMA)形成的“小岛”。圆形岛状的DPPC液态凝聚相(LC)与液态扩张相(LE)共存,由于LC相和LE相的性质差异而形成圆形LC/LE边界。LC畴区在AFM图像中看起来比较亮,这是因为LC畴区与LE畴区之间结构不同,LC畴区比周围的LE畴区高度更高或者硬度更大。由于膜的不同状态可以加速或延缓AFM针尖的抖动,所以相图就反映了样品硬度的变化或者针尖与样品表面的交互作用。在LC畴区内,DPPC分子排列紧密,分子与基片

的倾斜角度也比 LE 大,因此在 LC 畴区的分子平均高度大于 LE 相内的分子高度,即 LC 畴区与 AFM 针尖的作用力比 LE 相的强,因此 LC 畴区在 AFM 图像中看起来比较亮。

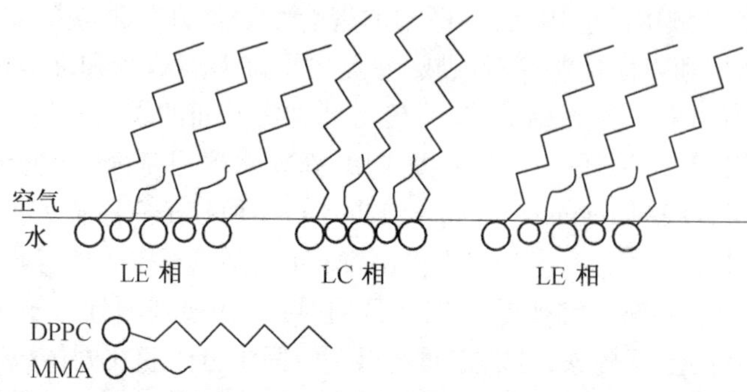

图 7.12 混合 DPPC/MMA 膜中的 LC 畴区和 LE 畴区分子排列示意图

图 7.13 所示为 4 种梯形高分子薄膜表面的 AFM 形貌图,4 幅图中均显示出有序的连续的高分子区域。图 7.13(a)为聚苯基梯形高分子薄膜的表面形貌,梯形高分子链沿第二象限有序排列,单个梯形高分子链的宽度为(0.99±0.04) nm,图中的亮点为(0.73±0.06) nm,是两个苯环的尺寸。初步推测是两个梯形高分子有序排列后,端基苯环密堆积的结果。图 7.13(b)为聚乙烯基梯形高分子薄膜的表面形貌,图中的亮带为单条梯形高分子的形态,亮带的宽度为(0.48±0.03) nm。图 7.13(c)为聚苯丙烯基梯形高分子薄

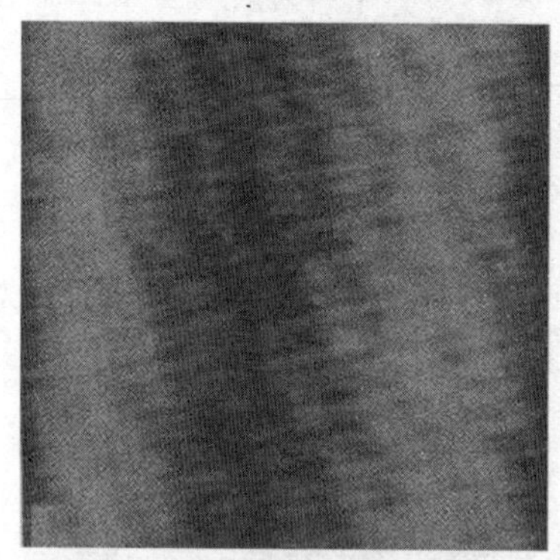

(a) 聚苯基梯形高分子 (8 nm×8 nm)

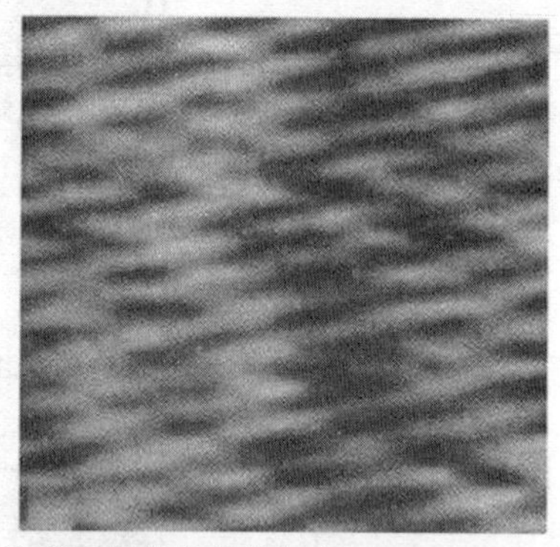

(b) 聚乙烯基梯形高分子 (6.2 nm×6.2 nm)

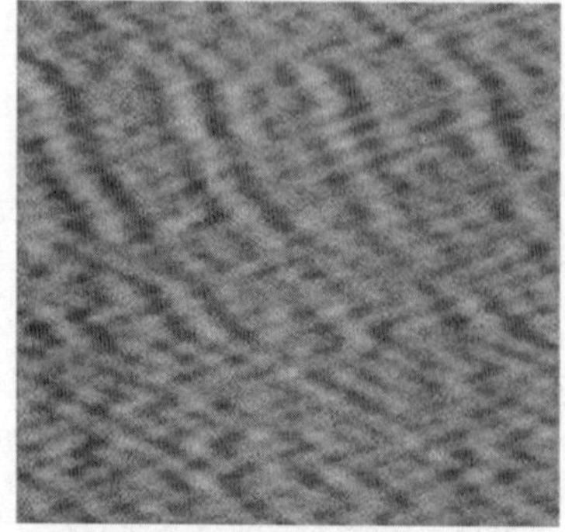

(c) 聚苯丙烯基梯形高分子 (6 nm×6 nm)

(d) 1,4-苯桥基聚乙烯基梯形高分子 (5 nm×5 nm)

图 7.13 单层梯形高分子膜的 AFM 图

膜表面的 AFM 形貌图，图中的高分子链沿第二象限有序排列，两个亮点与中间的较暗区域构成了聚丙烯基梯形高分子链上的特征重复单元，经测量，重复单元尺寸为(0.88±0.06) nm，链间距为(0.83±0.07) nm。可以看出，以上3种梯形高分子的主链骨架相同，只是与主链骨架相连的侧基不同，它们的微观结构明显不同。图7.13(d)为1,4-苯桥基聚乙烯基梯形高分子薄膜的表面形貌。梯形高分子链上的亮点尺寸为0.27 nm，与苯环的实验数据相似，两个较小的亮点镶嵌在苯环的两侧，初步认为这种较小的亮点可能是侧基乙烯官能团上的碳原子与主链骨架上硅原子的集合，该梯形高分子链上重复单元的平均尺寸为(0.87±0.03) nm。以上实验结果表明，4种梯形高分子表面的微观结构明显不同。

习　题

1. AFM 的工作原理。
2. 简述 AFM 与 STM 的区别。

知识链接

原子力显微镜的发明

原子力显微镜的发明者是斯坦福大学的卡尔文·奎特(Calvin F. Quate)教授。Calvin于1923年12月7日出生在内华达州的贝克，早年骑马、放羊，并在附近的山区探险。他于1944年在犹他大学获得电子工程学士学位，1950年在斯坦福大学获得电子工程博士学位。毕业后，Calvin加入了贝尔实验室，并很快成为部门主管，从事利用电子束进行微波放大的研究。1959年，他转到桑迪亚公司(现在的桑迪亚国家实验室)，并被任命为副总裁和研究主任。1961年，Calvin加入了斯坦福大学的教师队伍，并在那里度过了他职业生涯的余生。

在斯坦福大学，Calvin转换了研究方向，开始在新兴的微波声学领域工作，将兆赫兹(MHz)和千兆赫兹(GHz)频率的声波用于新型的信号处理装置。在做这项工作时，他有一个关键的认识，即在千兆赫兹频率的水中，声音的波长可以比光的波长短。唯一的问题是，如此高频率的声波是极易衰减的。为了尽量减少穿过水的路径，Calvin和他的研究生们开发了微小的声学透镜，可以将声波聚焦到衍射限制的亚微米大小的光斑。自此，扫描声学显微镜诞生了，同时激发了Calvin对显微镜成像的持久热情。

在59岁的时候，Calvin得知了扫描隧道显微镜(STM)，这极大地改变了他的研究方向。据Calvin说，1982年他在飞往伦敦领取著名的兰克光电子学奖的飞机上，在*Physics Today*上看到了IBM苏黎世实验室利用电子隧道形成黄金上的原子阶梯的地形图的工作。接受奖项后，Calvin改变了他的旅行行程，去参观了IBM实验室，在那里他见到了未来的诺贝尔奖获得者——物理学家Gerd Binnig和Heinrich Rohrer。虽然STM的结果在当时是相当初级的，但Calvin看到了这项技术的潜力，回到斯坦福后，他召开了他的学生记得的为数不多的小组会议之一，并宣布STM将成为该小组研究的新方向。Calvin的学生在美国建造了第一台STM，并很快得到了漂亮的原子分辨率图像。

1985 年,当 Binnig 和物理学家 Christoph Gerber 在 Calvin 的实验室里休假时,纳米级成像的下一个巨大飞跃出现了。Binnig 提出,STM 对导电样品的限制可以通过测量悬臂弹簧上尖锐尖端的微小位移来克服。Christoph Gerber 和 Binnig 在 Calvin 的实验室里建立了第一个工作原型,使用一个钻石尖端粘在一块金箔上,作为悬臂。虽然第一次测量相当粗糙,但他们的论文被大胆地命名为“原子力显微镜”,成为 *Physical Review Letters* 有史以来引用率最高的论文之一。

Calvin 意识到,AFM 进步的关键是改进悬臂。在接下来的几年里,他的学生设计了无数的悬臂,最终使原子分辨率得以实现。AFM 已经成为纳米科学中最重要和最通用的工具之一,现在甚至超过了 STM 的空间分辨率。力学检测概念的扩展导致了在分子成像、化学传感、摩擦学、光刻以及磁、电、光领域的敏感测量方面的重要应用。

Calvin 教授的学生,韩国的朴尚一博士(Dr. Sangil Park)在读博期间参与了世界首台原子力显微镜的研发工作,并在 1988 年创办了 Park Scientific Instruments 公司(PSI),致力于显微技术的发展。1997 年,朴尚一博士回到韩国,创立 PSIA 公司,即为后来的 Park 原子力显微镜公司,随着规模的不断发展壮大,该公司陆续在美国、日本、新加坡、中国等地设立分公司。Park 公司在 AFM 技术发展中发挥着举足轻重的作用,制造和销售了具有全自动化软件且使用方便的高精度原子力显微镜。截至 2021 年 4 月 20 日,Park 股票估值超过了一兆(万亿)韩元。

第8章　X射线衍射分析

8.1　简　　介

1895年,德国物理学家伦琴(W. C. Röntgen)在研究阴极射线时发现了一种射线,这种射线用肉眼看不见,具有很强的穿透力,使荧光物质发光、气体电离、照相底片感光,并且对生物细胞具有一定的杀伤作用。由于当时不能确定其为粒子流或粒子波,故称其为X射线,后来人们把种射线称为伦琴射线。在X射线发现后的第二年,被医学部门所采用作为检查人体伤病的工具,工业部门则采用它来检查金属铸体裂缝位置等。

X射线多晶衍射(或称X射线粉末衍射)是由德国科学家德拜(Debye)和谢乐(Scherrer)在1916年首先提出的。1917年,美国人科学家哈尔(Hull)也独立提出了这一方法,从此开始利用多晶样品进行晶体结构研究。多晶体衍射的样品面很宽,可以是粉末或各种形式的多晶聚集体。

在20世纪60年代,四圆衍射仪的成功设计使得单晶结构测定工作进入了一个新阶段。与此同时,采用聚焦原理设计了多晶X射线衍射仪,增加衍射光束的强度,使有较强的X射线进入探测器中。为了进一步增加衍射光束强度,提高衍射仪功率,又设计了旋转阳极靶X射线衍射仪。由于衍射仪中测角仪的直径比粉末照相机的直径大很多,因此准确度较高,衍射线的分辨能力也较强。照相法也在不断改进,在多晶领域研究方面也在日新月异的发展。在物相定量分析方面,20世纪70年代后期设计了无标法;在用多晶衍射法测定晶体结构方面,应用分析法和电子计算机工具,可以对低级晶系(例如正交晶系、单斜晶系和三斜晶系)进行指标化;借助模型法推出试用结构,根据结构振幅数据和晶体的对称性,求出原子在晶胞中位置,测定多晶物质的晶体结构和分子结构。

它除用来测定晶体结构外,还广泛用于研究多晶聚集体的结构,包括测定其构相组成、微观应力、晶粒大小及分布和晶粒择优取向等。它已成为科学技术和产业中的一种重要的研究和表征手段,普遍应用于物理、化学、化工、药物、材料、环境、冶金、矿产和地质等领域。

8.2　系统组成

产生X射线的仪器称为X射线仪,主要部件包括X射线管、高压变压器及电压、电流调节稳定系统等部分。X射线仪发射X射线的基本过程是:自耦变压器将220 V交流电调压后通过高压变压器升压,再经整流器整流得到高压直流电,以负高压形式施加于X射线管热阴极;由热阴极炽热灯丝发出的热电子在此高电压作用下,以极快的速度撞向阳极，从而产生X射线。

8.2.1 衍射仪的构造

衍射仪的几何结构与圆筒形粉末照相机有些方面是相似的，但原理上也有不同。粉末照相法是用底片同时记录各 θ 角的衍射线，而衍射仪法是使用计数管来逐个记录各 θ 角的衍射线的。衍射仪是按一种特殊的聚焦法原理设计出来的。当衍射仪处于工作状态时，X射线源焦点、试样表面（即衍射仪中心轴线位置）及计数管前狭缝这三者同处于一聚焦圆上。当试样台和计数管以 $\theta:2\theta$ 关系旋转时，这一聚焦圆的半径随 θ 角的变化也不断变化，以保证三者始终处于同一聚焦圆上。

8.2.2 X射线管

X射线管是X射线衍射仪中最重要的组成部分。它属于热电子二极管，有密封式和转靶式两种。密封式X射线管的最大功率不超过2.5 kW，视靶材料的不同而异；而转靶式是为获得高强度的X射线而设计的，一般功率在10 kW以上。图8.1所示是密封式X射线管的结构示意图。X射线管工作时阴极接负高压，阳极接地。灯丝附近装有控制栅，使灯丝发出的热电子在电场的作用下聚焦轰击到靶面上。阳极靶面上受电子束轰击的焦点便成为X射线源，向四周发射X射线。在阳极一端的金属管壁上一般开有4个射线出射窗口，实验利用的X射线就从这些窗口得到。

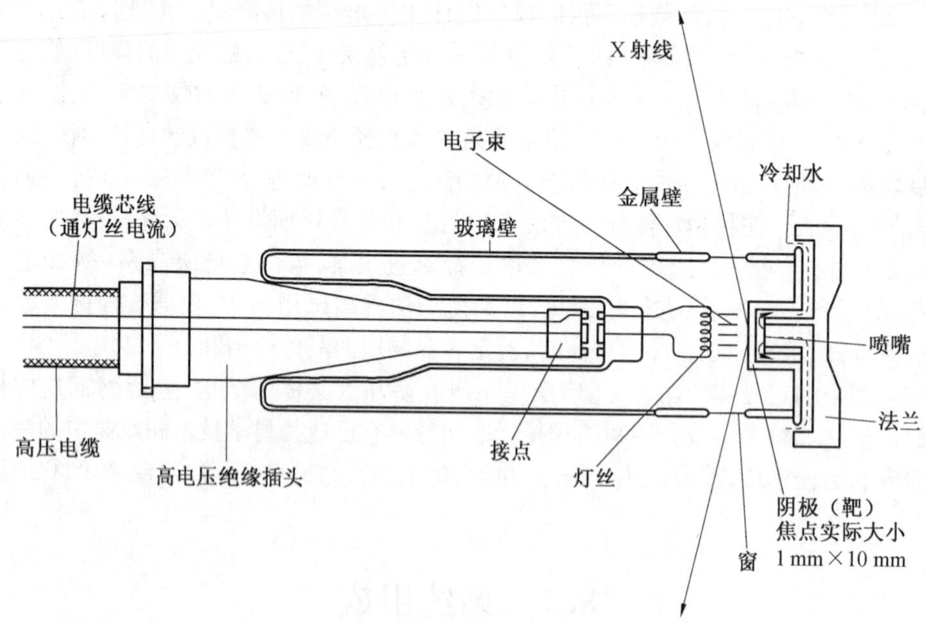

图8.1 密封式X射线管的结构示意图

另外，测角仪是衍射仪上最精密的机械部件，用来精确测量衍射角。测角仪的中央是样品台，样品台上有一个作为放置样品时使样品平面定位的基准面，用以保证样品平面与样品台转轴重合。

8.3　工作原理

8.3.1　X 射线衍射原理

X 射线与物质相互作用时发生散射作用，主要是 X 射线与电子相互作用的结果。物质中的核外电子可分为外层原子核弱束缚和内层原子核强束缚的电子两大类，当 X 射线光子与不同的核外电子作用后，将会产生不同的散射效应。X 射线光子与外层弱束缚电子作用后，这些电子将偏离原运行方向，同时携带光子的一部分能量成为反冲电子，入射的 X 光子损失部分能量，造成在空间各个方向的 X 射线光子的波长不同，位相也存在不确定的关系，因此是一种非相干散射。而当 X 射线与内层电子相互作用后却可以产生相干增强的衍射，具体的机制包括下面 4 个方面。

1. 电子对 X 射线的弹性散射

X 射线光子与内层强束缚电子作用后产生弹性散射，其机制如下：电子受 X 射线电磁波的交变电场作用将在其平衡位置附近产生受迫振动，而且振动频率与入射 X 射线相同（也可以理解为 X 射线与束缚较紧的内层电子碰撞，光子将能量全部传递给电子），根据经典电磁理论，一个加速的带电粒子可向四周发射电磁波，所以上述受迫振动的电子本身已经成为一个新的电磁波源，向各方向辐射称为散射波的电磁波。由于受迫振动的频率与入射波一致，因此发射出的散射电磁波频率和波长也和入射波相同，即散射是一种弹性散射，没有能量损失。

2. 原子对 X 射线的散射

我们知道，每个原子含有数个电子，所以每个原子对 X 射线的散射是多个电子共同作用的结果。理论研究表明，一个原子对入射波的散射相当于 $f(\sin\theta/\lambda)$ 个独立电子处在原子中心的散射，即可以将原子中的电子简化为集中在原子中心，只是其电子数不再是 Z，而是 $f(\sin\theta/\lambda)$。

3. 晶体对 X 射线的相干衍射

当电磁波照射到晶体中时被晶体内的原子散射，散射的波好像是从原子中心发出的一样，即从每一个原子中心发出一个圆球面波。由于原子在晶体中是周期排列的，使得在某些方向的散射波的位相差等于波长的整数倍，散射波之间干涉加强，形成相干散射，从而出现衍射现象。相干散射波虽然只占入射能量的极小部分，但由于它的相干特性而成为 X 射线衍射分析的基础。

4. X 射线小角散射

X 射线小角散射是出现于原光束附近的相干散射现象。产生这种散射效应的根本原因是物质内部一至数百纳米范围内的电子浓度的起伏。分析不同类型的小角散射花样所得信息可分为两类：长周期结构信息和微细颗粒（或孔）的尺度信息。

（1）长周期结构信息。

长周期结构多见于具有较大晶胞的高分子物质以及其他形成层状结构的物质。其特点是较大的散射基元在空间分布上呈一维、二维或三维的长周期性。所以诸散射波的干涉会给出分立的衍射花样,这同晶体的布拉格衍射和不完整晶体的漫散射相似,只不过长周期导致了衍射花样出现在极低的角度。因此,又称小角衍射。测定分析衍射花样的位置和强度分布,可以得到有关结构周期、层厚和结晶取向等方面的信息。

(2)微颗粒系信息。

微颗粒系涉及范围比较广,如超细粉末、胶体、生物大分子以及各种材料中所形成的位错、GP 区、超微孔、沉淀析出相等。它们与周围介质的电子浓度在不同程度上存在着差异,在空间的分布一般处于随机状态,即在同一体系中散射体的大小、形状通常也是不相同的。因此,它们的散射既不同于晶体,也不同于液体或气体。

为了减少原光束对小角散射花样的干扰,需要很好的准直系统。常见的有针孔准直、四狭缝和克拉特基(Kratky)准直系统。记录小角散射有两种方法:照相法可以得到比较完整和直观的小角散射花样,有利于定性观察;而计数器法是沿测量圆做连续扫描或定点测量,得到沿赤道线的散射强度分布,便于数据处理。高强度 X 射线源和位敏探测器相结合,可实现动态小角散射分析。

X 射线小角散射在材料科学上有重要应用:主要是测定平衡固溶体中原子偏聚的情况;研究过饱和固溶体中沉淀析出相的形状、大小与母相的取向关系;测定超细粉末或超微孔体系的尺寸分布和比表面积;分析非晶态合金的结构弛豫过程;研究固溶体的亚稳分解相变机制;分析非晶态合金和玻璃中的分相;高聚物长周期点阵、片晶结构、取向关系、晶态-非晶态过渡区厚度和玻璃化温度的测定以及在形变热处理过程中它们的变化;在非真空条件下,测定生物大分子的形状、大小和结构,乃至分析研究它们变化的动力学过程。

8.3.2 X 射线衍射

1. 衍射方向与布拉格方程

衍射方向是从几何学的角度讨论衍射线在空间的分布规律。一束具有确定的波长和入射方位的入射线,与一个特定的晶体相互作用,其衍射束在空间方位上应该如何分布?布拉格方程从数学的角度,而厄瓦尔德图解以作图的方式,回答了以上问题,二者是等效的。

由于晶体结构的周期性,可将晶体视为由许多相互平行且晶面间距相等的原子面组成,即认为晶体是由晶面指数为(hkl)的晶面堆垛而成,晶面之间距离为 d_{hkl},设一束平行的入射波(波长 λ)以 θ 角照射到(hkl)的原子面上,各原子面产生反射,如图 8.2 所示。

图 8.3 中 PA 和 QA'分别为照射到相邻两个平行原子面的入射线,它们的"反射线"分别为 AP'和 $A'Q'$,则光程差为

$$\delta = QA'Q' - PAP' = SA' + A'T = 2d\sin\theta$$

只有光程差为波长 λ 的整数倍时,相邻晶面的"反射波"才能干涉加强形成衍射线,所以产生衍射的条件为

$$2d\sin\theta = n\lambda$$

这就是著名的布拉格公式,其中,$n=0,1,2,3,\cdots\cdots$称为衍射级数,对于确定的晶面和入射电子波长,n 越大,衍射角越大;θ 角称为布拉格角或半衍射角,而入射线与衍射线的交角

2θ 称为衍射角。

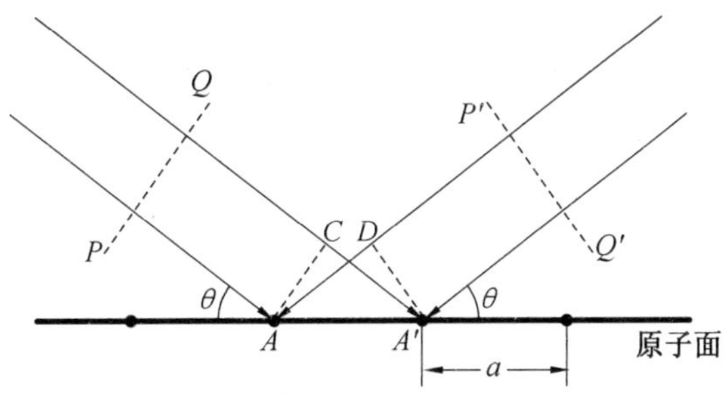

图 8.2　一个晶面的反射

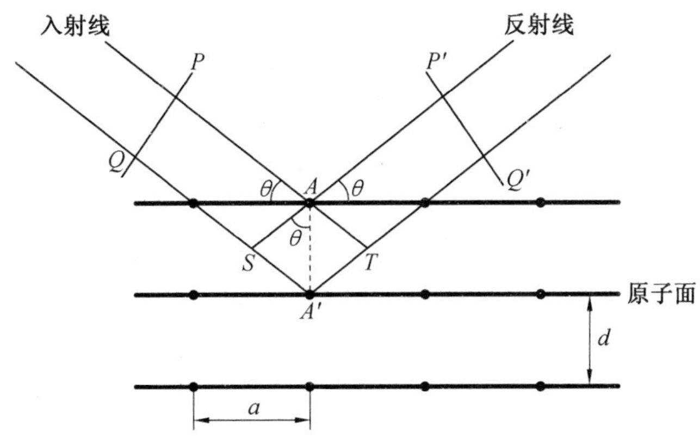

图 8.3　相邻晶面的反射

如果将各晶系的晶面间距方程代入布拉格方程，不同晶系的晶体或者同一晶系而晶胞大小不同的晶体，其各种晶面对应衍射线的方向(θ)是不同的，并由此导致了衍射花样的不同，即衍射花样反映了晶体结构中晶胞大小及形状的变化。

2. 衍射波的强度理论

衍射强度理论包括运动学理论和动力学理论，前者只考虑入射波的一次散射，后者考虑入射波的多次散射。此处仅介绍有关衍射强度运动学理论的内容。X 射线与电子波在与原子作用时的相干散射的机制略有不同，二者衍射强度的理论却大致相同。

衍射强度涉及因素较多，问题比较复杂。一般从基元散射，即单电子对入射波的(相干)散射强度开始，逐步进行处理。

(1)单电子的散射强度。

在各种入射波中，只有 X 射线的衍射是由电子的相干散射引起的。汤姆逊首先用经典电动力学方法研究相干散射现象，发现强度为 I_0 的偏振光照射在一个电子上时，沿空间某方向的散射波的强度为

$$I_e = \frac{e^4}{m^2 c^2 R^2} \sin^2 \varphi I_0$$

式中，e、m 为电子的电荷与质量；c 为光速；R 为散射线上任意点(观测点)与电子的距离；φ 为散射线方向与 E_0 的夹角。

在对一些材料进行的衍射分析工作中,通常采用非偏振入射光(其光矢量 E_0 在垂直于传播方向的固定平面内指向任意方向),通常将其分解为互相垂直的两束偏振光,于是只要求解出两束偏振光与电子相互作用后,在散射方向上的散射波强度即可。经过推导可知

$$I_e=\frac{e^4}{m^2c^4R^2}\frac{I_0(1+\cos^2 2\theta)}{2}$$

对于一束非偏振入射波,电子散射在各个方向的强度不同,散射波的强度值取决于 $\frac{(1+\cos^2 2\theta)}{2}$,即非偏振入射波受电子散射,产生的散射波被偏振化了,故称 $\frac{(1+\cos^2 2\theta)}{2}$ 为偏振因子或极化因子。入射波照射晶体时,也可使原子中荷电的质子受迫振动从而产生质子散射,但质子质量远大于电子质量,所以质子散射可忽略不计。

(2)晶胞散射强度。

物质中一个晶胞对入射波的散射是晶胞内各原子散射波合成的结果。描述晶胞某个晶面的衍射波强度的参量称为结构因子(F_{hkl}),它是以电子散射能力为单位,反映单胞内原子种类、各种原子的个数和原子的排列对不同晶面(hkl)散射能力的贡献的参量。

$$F_{hkl}=\frac{\text{一个晶胞中所有原子散射波的合成波振幅}}{\text{一个电子散射波振幅}}=\frac{E_b}{E_e}$$

由于原子在晶胞中的位置不同,会造成某些晶面的结构因子为零,使与之相关的衍射线消失,这种现象称为系统消光。上面讨论的布拉格方程是产生衍射的必要条件,但并不是所有满足布拉格方程的情况都能够产生衍射。产生衍射的充分条件是:结构因子不为零。将结构因子公式具体应用到不同的结构中,可以看到不同的结构中,结构因子为零的晶面是不同的,因此消光规律也不相同。

(3)影响衍射强度的其他因素。

在实际的衍射强度分析中,还存在等同晶面组数目、温度、物质吸收等影响因素,因此需要在衍射强度公式中引入相应的修正因子。

①多重性因子。

晶体中晶面间距相等的晶面(组)称为等同晶面(组)。晶体中各(hkl)面的等同晶面(组)的数目称为各自的多重性因子(P_{hkl})。由布拉格方程可知,P_{hkl} 值越大,即参与(hkl)衍射的等同晶面数越多,则对(hkl)衍射强度的贡献越大。一般将多重性因子 P_{hkl} 直接乘以强度公式以表达等同晶面(组)数目对衍射强度的影响。

②吸收因子。

样品对 X 射线的吸收会造成衍射强度的衰减,使实测值与计算值不符,为了修正这一影响,在强度公式中引入吸收因子 $A(\theta)$。设无吸收时,$A(\theta)=1$。吸收越多,则 $A(\theta)$ 越小,意味着衍射强度衰减程度越大。吸收因子与试样的形状、大小、组成以及衍射角有关。

③温度因子。

在实际测试中,晶体中的原子始终围绕其平衡位置振动,振动幅度随温度的升高而加大。当振幅与原子间距相比不可忽略时,原子热振动使晶体点阵原子排列的周期性受到破坏,从而使衍射强度减弱。为修正实验温度给衍射强度带来的影响,通常在强度公式中引入以指数形式表示的温度因子 e^{-2M},其中 M 为一个与原子偏离其平衡位置的均方位移

有关的常数,即

$$M=\pi^2 u^{-2}\frac{\sin^2\theta}{\lambda^2}$$

其中均方位移(u)与晶体所处的温度有关,所以温度因子是一个与晶体所处温度及衍射角有关的因数。

8.3.3　X 射线测试原理

采用单色 X 射线(一般用 Kα 线)入射到块状或粉末状的多晶体试样的衍射方法称为粉末法。多晶体试样对 X 射线的衍射实际上相当于一个单晶体绕空间做任意旋转时对 X 射线衍射的情况。由于试样中小晶粒的数目极多,且无规则分布,因此总有某些小晶粒,其(hkl)晶面与入射 X 射线的方位角 θ_{hkl} 正好满足布拉格条件,从而产生衍射作用。粉末法的试样可以固定不动,也可以绕一定的方向旋转、回摆或往返平移,以增加晶面与入射线间符合布拉格角的几率。

粉末法的应用很广,主要用来研究多晶材料、物相鉴定(定性及定量相分析)、测定晶体的点阵常数和晶粒的大小等。粉末法可以分为照相法和衍射仪法。照相法又根据试样与底片的相对位置分为德拜-谢乐法、平板底片法和聚焦法等。以下详细介绍照相法中的德拜-谢乐法以及衍射仪法。

1. 德拜-谢乐法

德拜-谢乐法底片安装在圆筒形相机的内表面上,试样安装在圆筒的轴上。聚焦法是将底片、试样和 X 射线源(或经聚焦后的会聚点)全部安排在同一圆筒的表面上。平板底片法则是将平板状底片与入射 X 射线束垂直,并安装在距试样任意合适的距离上。德拜-谢乐法的原理如下:

①在粉末柱中有上亿个结构相同的小晶粒,同时它们的取向可以是任意方向,所以某种面网所产生的衍射线,在原来 X 射线束周围形成了连续的衍射圆锥,而对应的圆锥顶角为 $4\theta_{hkl}$。

②在晶体中有很多组面网,而每组面网有不同的 d 值,因此满足布拉格方程式的所有面网所产生的衍射线形成了一系列的圆锥,而这些圆锥的顶角为不同的 $4\theta_{hkl}$。

③因为底片是围绕粉末柱环形安装的,所以在底片上衍射线表现为一对对对称的弧线(在 $\theta=45°$ 时为直线),每对弧线间的距离 S 为 $4\theta_{hkl}$ 所张的弧度,即 $S=R4\theta_{hkl}$。

图 8.4 为德拜-谢乐法示意图,入射单色 X 射线垂直于安置在中心旋转轴试样台上的粉末柱试样,长条照相底片环绕圆筒形相机内壁安装。拍照完毕后冲洗出来的就是图 8.4(b)所示的德拜照片。

2. 衍射仪法

单色 X 射线照射多晶体或粉末试样的衍射方法在陶瓷材料等多晶体的研究中应用广泛。多晶体试样一般由大量小单晶体聚合而成,它们以完全杂乱无章的方式聚合起来,称为无择优取向的多晶体。在倒易空间中,一个倒结点将演变成一个倒易球面,很多不同的晶面就对应于倒易空间中很多同心的倒易球面。若用照相底片来记录衍射图,则称为粉末照相法,简称粉末法;若用计数管来记录衍射图,则称为衍射仪法。

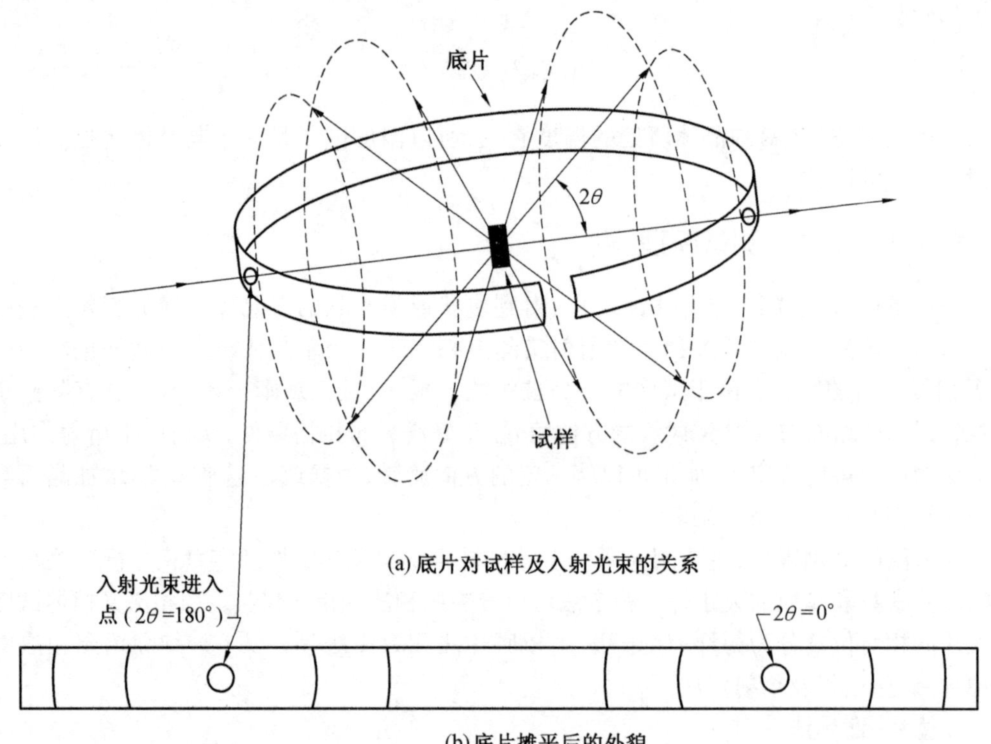

图 8.4　德拜-谢乐法示意图

综上所述,德拜-谢乐法的缺点是:在做物相定量分析、晶粒大小测定和内应力测定时,需要测量衍射线的强度、线形和峰的半高宽对于记录在照相底片上的衍射线要利用测微光度计来做此测定,这是很麻烦的,也比较困难,现在普遍的测试是利用衍射仪作强度和线形的测定。虽然衍射仪设备复杂、成本较高,需要专门工作人员维护及检修,但是衍射仪的应用已经比较普遍,成为物相分析的主要手段之一。

8.4　样品的制备

对于样品的准备工作,必须有足够的重视。常常由于急于要看到衍射图,或舍不得花必要的功夫而马虎地准备样品,实验数据带来显著的误差甚至无法解释,造成混乱。

准备衍射仪用的样品试片一般包括两个步骤:①需把样品研磨成适合衍射实验用的粉末;②把样品粉末制成有一个十分平整平面的试片。整个过程以及之后安装试片、记录衍射谱图的整个过程,都不允许样品的组成及其物理化学性质有所变化。确保采样的代表性和样品成分的可靠性,衍射数据才有意义。

8.4.1　对样品粉末粒度的要求

任何一种粉末衍射技术都要求样品是十分细小的粉末颗粒,使试样在受光照的体积中有足够多数目的晶粒,才能满足获得正确的粉末衍射图谱数据的条件,即试样受光照体积中晶粒的取向是完全随机的。保证用衍射仪法获得的衍射强度值有很好的重现性。

此外,将样品制成很细的粉末颗粒,有利于抑制由于晶癖带来的择优取向;在定量解析多相样品的衍射强度时,可以忽略消光和微吸收效应对衍射强度的影响。所以,在精确测定衍射强度的工作中(例如相定量测定)十分强调样品的颗粒度问题。

对于衍射仪以及聚焦照相法,实验时试样实际上是不动的。即使使用样品旋转器,由于只能使样品在自身的平面内旋转,不能很有效地增加样品中晶粒取向的随机性,因此,衍射仪对样品粉末颗粒尺寸的要求比粉末照相法的要求高得多,有时甚至那些可以通过 360 目(38 μm)粉末颗粒都不能符合要求。对于高吸收的或者颗粒基本是单个晶体颗粒的样品,其颗粒大小要求更为严格。例如,石英粉末的颗粒大小至少小于 5 μm,同一样品不同样片强度测量的平均偏差才能达到 1%,颗粒大小若在 10 μm 以内,则误差为2% ~ 3%。但是若样品本身已处于微晶状态,则为了能制得平滑粉末样面,样品粉末能通过 300 目便足够了。

对于不同吸收性质的粉末,颗粒度可以认为"足够细"的尺寸要求是各不相同的,因为样品受到 X 射线照射的有效体积和可以忽视样品中微吸收效应的颗粒上限都取决于样品的吸收性质。Brindley 对此做过详细的分析,他在衍射分析中对粉末的颗粒度按 μ_D 值进行分级(μ 为物质的线吸收系数,D 为晶体的平均直径)。

细颗粒:$\mu_D<0.01$。

中等颗粒:$0.01<\mu_D<0.1$。

粗颗粒:$0.1<\mu_D<1$。

十分粗:$\mu_D>1$。

在 Brindley 的分级中,"细"表示大多数颗粒周围的吸收性质是均匀的,其差异可以忽略(微吸收效应可以忽略);对中等以上的颗粒,则需要考虑"微吸收效应";而"十分粗"的样品,衍射实际上只局限在表面一层的晶粒,此时,粉末照片开始出现不连续的点状线,"粉末吸收效应"等概念失去意义。

当晶粒尺寸小于 100 nm 时,衍射仪就可察觉衍射线的宽化(对于粉末照相法,需晶粒小于 20 ~ 30 nm 才能观察到宽化)。所以,要测量到良好的衍射线,晶粒也不宜过细,对于粉末衍射仪,适宜的晶粒大小应在 0.1 ~ 10 μm 的数量级范围内。

8.4.2　关于样品试片平面的准备

粉末衍射仪要求样品试片的表面是十分平整的平面。试片装上样品台后其平面必须能与衍射仪轴重合,与聚焦圆相切。试片表面与真正平面的偏离(表面形状不规则、不平整、凸出或凹下、很毛糙等)会引起衍射线的宽化、位移以及使强度产生复杂的变化,对光学厚度小的(即吸收大的)样品其影响更为严重。但是,制取平整表面的过程常常容易引起择优取向,而择优取向的存在会严重地影响衍射线强度的正确测量。实际实验中,当要求准确测量强度时,一般首先考虑如何避免择优取向的产生而不是追求平整度。

通常采用的制作衍射仪试片的方法都很难避免在试片平面中导致表层晶粒有某种程度的择优取向。多数晶体是各向异性的,把它们的粉末压入样品框窗孔中很容易引起择优取向,尤其对那些容易解理成棒状、鳞片状小晶粒的样品,例如云母、黄色氧化铅、β-铝等,对于这类样品,采用普通的压入法制作试片,衍射强度测量的重现性很差,甚至会得到相对强度大小次序颠倒过来的衍射图谱。克服择优取向没有通用的方法,根据实际情况可以采用以下几种:使样品粉末尽可能的细,装样时用筛子筛入,先用小抹刀刀口剁实并尽可能轻压等;把样品粉末筛落在倾斜放置的粘有胶的平面上通常也能减少择优取向,但是得到的样品表面较粗糙;或者通过加入各向同性物质(如 MgO、CaF_2 等)与样品混合均匀,混入物还能起到内标的作用。但是,对于一些具有明显各向异性的晶体样品,采用上述方法仍不可避免一定程度的择优取向;而且对于具有十分细小晶粒的金属样品,采用形变的方法(碾、压等)把样品制成平板使用时也常常会导致择优取向的织构,需要考虑适当的退火处理。

然而,如果为了研究样品的某一特征衍射,择优取向却是十分有用的,此时,制样将力求使晶粒高度取向,以得到某一晶面的最大强度,例如在黏土矿物的鉴定与研究中,001 衍射具有特别的价值,故它们的 X 射线衍射分析常在样品晶粒的定向集合体上进行,需要制作所谓“定向试片”。

8.4.3 关于样品试片的厚度

样品对 X 射线透明度的影响,跟样品表面对衍射仪轴的偏离所产生的影响类似,会引起衍射峰的位移和不对称的宽化,此误差使衍射峰位移向较低的角度,特别是对线吸收系数 μ 值小的样品,在低角度区域引起的位移 $\Delta(2\theta)$ 会很显著。

如果要求准确测量 2θ 或要求提高仪器分辨率能力,应该使用薄层粉末样品。通常仪器所附的制作样品的样品框的厚度(1.5 ~2 mm)对于所有样品的要求均已足够了。

8.4.4 制备几乎无择优取向样品试片

制备几乎无择优取向样品试片采用喷雾法和塑合法。喷雾法是指把粉末筛到一只玻璃烧杯里,待杯底盖满一薄层粉末后,把塑料胶喷成雾珠落在粉末上,这样,塑料雾珠便会把粉末颗粒敛集成微细的团粒,待干燥后,把这些细团粒自烧杯扫出,分离出细于 115 目的团粒用于制作试片,试片的制作类似上述的涂片法,把制得的细团粒撒在一张涂有胶黏剂的载片上,待胶干后,倾去多余的颗粒。用喷雾法制得的粉末细团粒也可以用常规的压片法制成试片,或者直接把样品粉末喷落在倾斜放置的涂了胶黏剂的载片上,得到的试片也能大大地克服择优取向,粉末取向的无序度要比常规的涂片法好得多。塑合法是指把样品粉末和可溶性硬塑料混合,用适当的溶剂溶解后,使其干固,然后再磨碎成粉,所得粉末可按常规的压片法或涂片法制成试片。

8.5 分析方法

8.5.1 定性分析

1. 定性分析原理

我们知道,X 射线衍射线的位置决定于晶胞参数,而衍射线的相对强度则决定于晶格内原子的种类、数目及排列方式。每种晶态物质都有其特有的晶体结构,因而 X 射线在某种晶体上的衍射必然反映出带有晶体特征的特定的衍射花样。由于光具有不同光源互不干扰的特性，所以对于含有 n 种物质的混合物或含有 n 相的多相物质，各个相的各自衍射花样互不干扰而是机械地叠加，即当材料中包含多种晶态物质，它们的衍射谱同时出现，不互相干涉，只是简单叠加。于是在衍射谱图中发现和某种结晶物质相同的衍射花样，就可以断定试样中包含这种结晶物质，因为在自然界中没有衍射谱图完全一样的物质。

2. PDF 卡片

衍射花样可以表明物相中元素的化学结合态，通过拍摄全部晶体的衍射花样，可以得到各晶体的标准衍射花样。在进行定性分析时，只要把试样的衍射花样与标准的衍射花样相对比，从中选出相同者就可以确定该物质。为了方便进行比较和鉴别，1969 年，由粉末衍射标准联合委员会负责出版了 PDF（The Powder Diffraction File）粉末衍射卡，1978 年，与国际衍射资料中心（ICCD）联合出版，1992 年以后卡片统由 ICCD 出版。

图 8.5 为 PDF 卡片示意图，主要包括以下 10 个区域。

<table>
<tr><td></td><td>⑩</td><td></td><td></td><td></td><td></td><td colspan="6"></td></tr>
<tr><td>①</td><td>d</td><td>1a</td><td>1b</td><td>1c</td><td>1d</td><td colspan="3">⑦</td><td colspan="3">⑧</td></tr>
<tr><td>②</td><td>I/I_1</td><td>2a</td><td>2b</td><td>2c</td><td>2d</td><td colspan="6"></td></tr>
<tr><td>③</td><td colspan="5">Rad　λ　Filter　Dia
Cut off　I/I_1　dCorr.abs?
Ref</td><td>d/nm</td><td>I/I_1</td><td>hkl</td><td>d/nm</td><td>I/I_1</td><td>hkl</td></tr>
<tr><td>④</td><td colspan="5">Sys
a_0　b_0　c_0　A　C
α　β　γ　Z
Ref</td><td colspan="6" rowspan="3">⑨</td></tr>
<tr><td>⑤</td><td colspan="5">$\varepsilon\alpha$　$n\infty\beta$　$\varepsilon\gamma$　Sign
2V　D　mp　Color
Ref</td></tr>
<tr><td>⑥</td><td colspan="5"></td></tr>
</table>

图 8.5　PDF 卡片示意图

①1a、1b、1c 分别列出透射区衍射图中最强、次强、再次强三强线的面间距，1d 是试样的最大面间距。

②2a、2b、2c、2d 分别列出上述各线条以最强线强度（I_1）为 100 时的相对强度 I/I_1。

③衍射时的实验条件。

④物质的晶体学数据。

⑤光学和物理性质数据。

⑥有关资料和数据，包括试样来源、制备方式。

⑦物质的化学式及英文名称。

⑧物质矿物学名称或通用名称，有机物为结构式。

⑨面间距、相对强度及密勒指数。

⑩卡片序号。

3. 索引

一般使用的索引主要有 3 种编排格式:哈那瓦特(Hanawalt)数字索引、芬克(Fink)数字索引和字顺(Alphabetical)索引。如果被测样品的化学成分完全未知,宜采用数字索引;如果已知被测样品的主要化学成分,宜用字顺索引。

4. 定性分析的方法

数字索引的分析步骤如下:

①摄待测试样的衍射谱:粉末试样的粒度以 10 ~40 μm 为宜。

②测定衍射线对应的面间距 d 及相对强度 I/I_1:由衍射仪测得的谱线的峰位(2θ)一般按峰顶的部位确定,再据 2θ 及光源的波长求出对应的面间距 d 值。随后取扣除背底蜂高的线强度,测算相对强度(以最强线强度作为 100),将数据依 d 值从大到小列表。

③以试样衍射谱中第一、第二强线为依据查 Hanawalt 索引。在包含第一强线的大组中,找到第二强线的条目,将此条中的 d 值与试样衍射谱对照,如不符合,则说明这两条衍射线不同于同一相(多相系统的情况),再取试样衍射谱中的第三强线作为第二强线检索,可找到某种物质的 d 值与衍射谱符合。

④按索引给出的卡片号取出卡片,对照全谱,确定出一相物质。

⑤将剩余线条中最强线的强度作为 100,重新估算剩余线条的相对强度,取三强线并按前述方法查对比 Hanawalt 索引,得出对应的第二相物质。

⑥如果试样谱线与卡片完全符合,则定性完成。

8.5.2　定量分析

1. 定量分析原理

从衍射线强度理论可知,多相混合物中某一相的衍射强度,随该相的相对含量的增加而增加。但由于试样的吸收等因素的影响,一般某相的衍射线强度与其相对含量并不成线性的正比关系,而是曲线关系。

如果我们用实验测量或理论分析等方法确定了该关系曲线,就可从实验测得的强度算出该相的含量,这是定量分析的理论依据。虽然照相法和衍射仪法都可用来进行定量分析,但因用衍射仪法测量衍射强度比照相法方便简单、速度快、精确度高,而且现在衍射仪的普及率已经很高,因此定量相分析的工作基本上都用衍射仪法进行。定量分析的基本公式

$$I_j = BC_j \frac{\omega_j/\rho_j}{\sum_{j=1}^{n} (\mu_m)_j \omega_j} \text{ 或 } I_j = BC_j \frac{\omega_j/\rho_j}{\mu_m}$$

式中,B 为常数;C_j 为强度因子。

该公式直接把第 j 相的某根衍射线强度与该相的质量百分数 ω_j 联系起来了。

2. 直接对比法

这种方法只适用于待测试样中各相的晶体结构为已知的情况,此时与 j 相的某衍射线有关的常数 C_j 可直接由公式算出来。假设试样中有 n 相,则可选取一个包含各个相的衍射线的较小角度区域,测定此区域中每个相的一条衍射线强度,共得到 n 个强度值,分

属于 n 个相,然后定出这 n 条衍射线的衍射指数和衍射角,算出它们的 C_j,于是可列出下列方程组:

$$I_1 = BC_1 \frac{v_1}{\mu},\quad I_2 = BC_2 \frac{v_2}{\mu},\quad I_3 = BC_3 \frac{v_3}{\mu},\cdots,I_n = BC_n \frac{v_n}{\mu},\quad v_1+v_2+v_3+\cdots+v_n = 1$$

这个方程组有 $(n+1)$ 个方程,而其中未知数为 $v_1,v_2,v_3,\cdots,v_n$ 和 μ,也是 $(n+1)$ 个,因此可解。这种方法应用于两相系统时特别简便,有

$$I_1 = BC_1 \frac{v_1}{\mu},\quad I_2 = BC_2 \frac{v_2}{\mu},\quad v_1+v_2 = 1$$

解得

$$v_1 = \frac{I_1 C_2}{I_1 C_2 + I_2 C_1},\quad v_2 = \frac{I_2 C_1}{I_1 C_2 + I_2 C_1}$$

3. 外标法

外标法是用对比试样中待测的第 j 相的某条衍射线和纯 j 相(外标物质)的同一条衍射线的强度来获得第 j 相含量的方法,原则上它只能应用于两相系统。

设试样中所含两相的质量吸收系数分别为 $(\mu_m)_1$ 和 $(\mu_m)_2$,则有

$$\mu_m = (\mu_m)_1\omega_1 + (\mu_m)_2\omega_2$$

根据上式,所以有

$$I_1 = BC_1 \frac{\dfrac{\omega_1}{\rho_1}}{(\mu_m)_1\omega_1 + (\mu_m)_2\omega_2}$$

因为 $\omega_1+\omega_2=1$,故

$$I_1 = BC_1 \frac{\dfrac{\omega_1}{\rho_1}}{\omega_1[(\mu_m)_1 - (\mu_m)_2] + (\mu_m)_2}$$

若以 $(I_1)_0$ 表示纯的第 I 相物质 $(\omega_2=0,\omega_1=1)$ 的某衍射线的强度,则有

$$(I_1)_0 = BC \frac{\dfrac{1}{\rho}}{(\mu_m)_1}$$

于是

$$\frac{I_1}{(I_1)_0} = \frac{\omega_1\ (\mu_m)_1}{\omega_1[(\mu_m)_1 - (\mu_m)_2] + (\mu_m)_2}$$

由此可见,在两相系统中若各相的质量吸收系数已知,则只要在相同实验条件下测定待测试样中某一相的某根衍射线强度 I_1(一般选择最强线来测量),然后再测出该相的纯物质的同一根衍射线强度 $(I_1)_0$,就可以算出该相的质量分数 ω_1。但 $I_1/(I_1)_0$ 一般无线性正比关系,而呈曲线关系,这是由样品的基体吸收效应所造成的。但若系统中两相的质量吸收系数相同(例如两相相同的同素异构体时),则 $I_1/(I_1)_0=\omega_1$,这时该相的含量 ω_1 与 $I_1/(I_1)_0$ 呈线性正比关系。

4. 内标法

当试样中所含物相数 $n>2$，而且各相的质量吸收系数又不相同时，常需往试样中加入某种标准物质(称为内标物质)来帮助分析，这种方法统称为内标法。

设试样中有 n 个相，它们的质量为 $W_1, W_2, \cdots, W_n$，总质量 $W=\sum_{1}^{n} W_i$，在试样中加入标准物质作为第 s 个相，它的质量为 W_s。如果以 ω_j 表示待测的第 j 相在原试样中的质量百分数，又以 ω_j' 表示它在混入标准物质后的试样中的质量百分数，而用 ω_s 表示标准物质在它混入后的试样中的质量百分数，则

$$\omega_j'=\frac{W_j}{W+W_s}=\frac{W_j}{W}\left(1-\frac{W_s}{W+W_s}\right)=\omega_j(1-\omega_s)$$

得

$$\frac{I_j}{I_s}=\frac{C_j\omega_j'\rho_s}{C_s\omega_s\rho_j}=\frac{C_j}{C_s}\frac{(1-\omega_s)\rho_s}{\omega_s\rho_j}\omega_j$$

由于在配制试样时，可以控制质量 W 和加入的内标物质的质量 W_s，使得 ω_s 保持常数，于是可以写为 $\frac{I_j}{I_s}=C\omega_j$，其中 $C=\frac{C_j}{C_s}\frac{(1-\omega_s)\rho_s}{\omega_s\rho_j}$ 为常数。该式即为内标法的基本公式，它说明待测的第 j 相的某一衍射线强度与标准物质的某衍射线强度之比是该相在原试样中的质量百分数 ω_j 的直线函数。

图 8.6 是用萤石作为内标物质，测定工业粉尘中石英含量的定标曲线，萤石的质量百分数 ω_s 取为 0.2，$I_{石英}$ 是从石英的晶面间距等于 0.334 nm 的衍射线测得的强度，而 $I_{萤石}$ 是从萤石的晶面间距为 0.316 nm 的衍射线测得的强度。

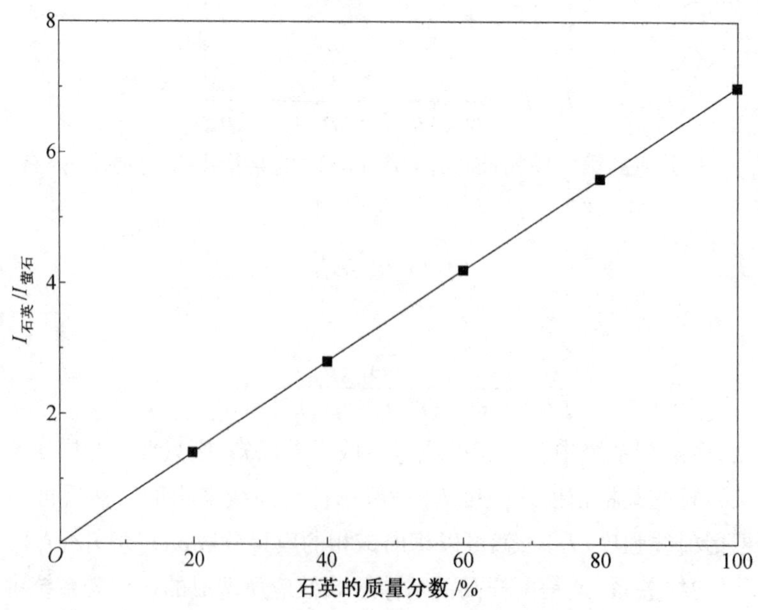

图 8.6 内标法石英定标曲线

8.6　应用实例

8.6.1　Mg_2Ni 合金材料的 XRD 谱图分析

图 8.7 是球磨时间分别为 2 h、6 h、18 h 及 54 h 时样品的 XRD 谱图。结合 PDF 卡片数据对实验样品的 XRD 图谱进行分析。从图 8.7 可以看出，球磨 2 h 后样品的衍射峰峰形比较尖锐，略有展宽，主相为 fcc 相金属 Ni，其次为原始六方相金属 Mg；球磨6 h后样品的 XRD 衍射图与球磨仅 2 h 的样品 XRD 衍射图非常相似，主峰的峰位、峰形与图(a)中各峰相比均未发生明显改变，主相仍为金属 Ni、其次为金属 Mg，图(a)、(b)中均未发现有 Mg_2Ni 的特征峰出现，说明无 Mg_2Ni 生成；球磨 18 h 后，其 XRD 谱图较图(a)和图(b)有较大的改变，主相仍为金属 Ni，但其特征峰强度已明显降低，金属 Mg 相几乎已消失，在低角度范围内有展宽的峰出现，分析表明这是属于 Mg_2Ni 的特征峰，其特征峰的宽化是晶粒的细化及内应力的增加造成的；球磨 54 h 后，由图 8.7(d)可以看出，图中几乎完全是 Mg_2Ni 的衍射峰，其强度与图 8.7(c)相比显著增强，这说明经过 54 h 的球磨后主要产物为 Mg_2Ni，特征峰峰形明显展宽，这是晶粒尺寸降低及内应力增加所导致。

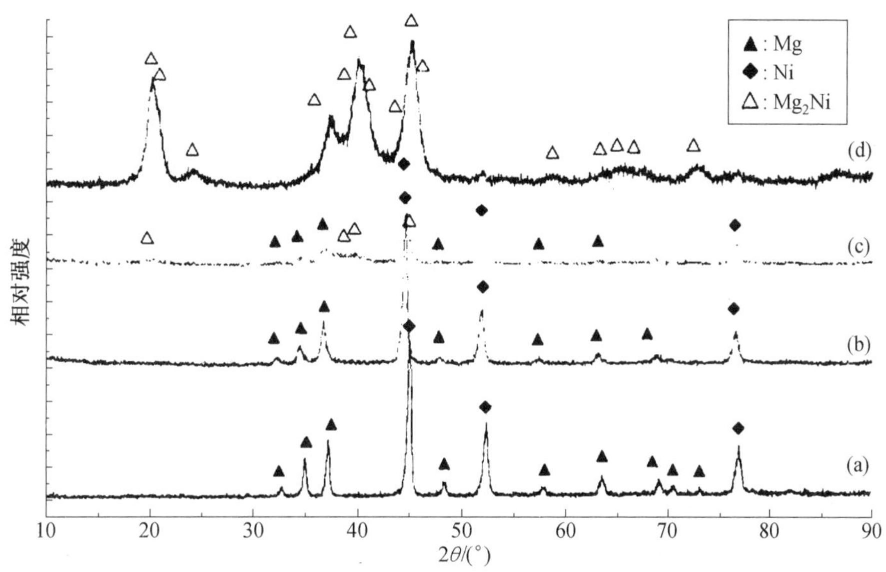

图 8.7　球磨时间分别为 2 h、6 h、18 h 及 54 h 时样品的 XRD 谱图

(a)2 h；(b)6 h；(c)18 h；(d)54 h

8.6.2　介孔碳/二氧化钛复合材料的 XRD 谱图分析

图 8.8 是不同焙烧温度下的一种介孔碳/二氧化钛复合材料的小角和大角 X 射线衍射图。从图 8.8(a)中看到，在不同的焙烧温度下，复合材料在 $2\theta=1.05°$ 附近均出现了衍射峰，表明材料具有一定的介观有序度，而且焙烧温度对晶胞参数的影响不大。但是衍射峰的强度不高，且以肩峰的形式出现，同时在更高的角度也很难观察到其他的衍射峰，故

认为这在很大程度上是由二氧化钛部分填充孔道造成的。从大角 XRD 图 8.8(b)中可以看到,3 个样品均出现了多个衍射峰,表明了较高的结晶度。通过对峰的归属后发现,600 ℃下焙烧的样品中二氧化钛基本以锐钛矿的形式存在,几乎观察不到金红石相的衍射。随着温度升高至 700 ℃,出现了两个不同晶相共存的现象,其中以锐钛矿相为主要的晶相。进一步升高焙烧温度至 750 ℃后,两个晶相的衍射强度接近,显示材料中锐钛矿和金红石所占的比例相当。

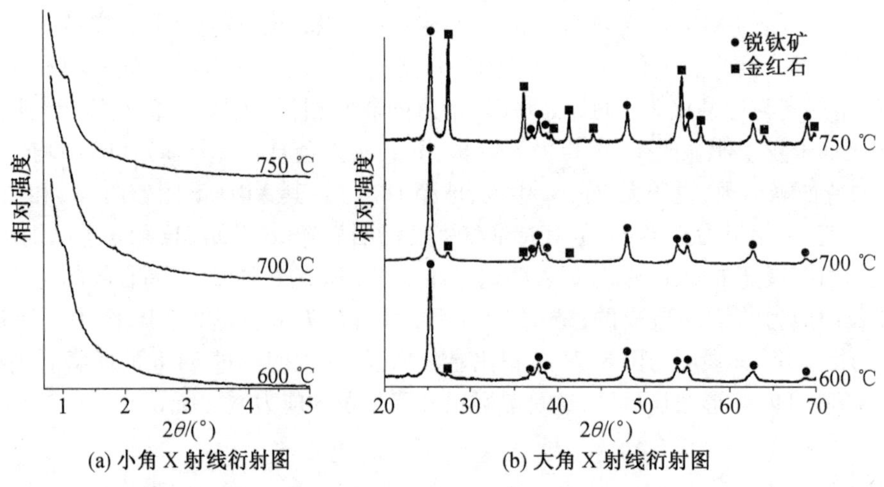

图 8.8　不同焙烧温度下样品的小角和大角 X 射线衍射图

8.6.3　石墨烯材料的 XRD 谱图分析

XRD 分析被用来表征不同氧化程度的合成氧化石墨烯(GO)的结晶性质和相纯度。石墨的 XRD 图谱在 $2\theta=26.3°$处显示出衍射峰,对应于约 0.34 nm 的层间距。所有样品的 XRD 图谱均显示在图 8.9 中,这些谱图清楚地表明,随着氧化水平的升高,在 $2\theta=26.3°$处的峰强度开始降低,最后在较高的氧化水平时消失。同时,我们还可以观察到在较低的衍射角处出现一个新峰的现象,随着 GO 衍射图样的氧化程度的增加,该峰开始增长。合成样品的 XRD 图谱显示,氧化的每个阶段 GO 的结晶度都有明显变化。在使用 1 g 的 $KMnO_4$ 降低石墨的氧化水平时,我们可以看到在 S-1 的 XRD 图谱中峰展宽约 $2\theta=26.15°$。峰展宽效应是由于轻度氧化而在石墨晶格的 AB 堆叠顺序中发生的晶格畸变。石墨的轻度氧化引起的峰展宽效果与 Jeong 等人的实验结果非常吻合。氧化量的增加(2 g的 $KMnO_4$)导致以下变化,如样品 S-2 的 XRD 所示,即 $2\theta=26.15°$时的石墨峰变窄,并且在 $2\theta=13.3°$处形成一个新的宽峰,强度比石墨峰低。这些变化来自于氧化石墨的异质性,氧化石墨既包含来自石墨的 sp^2 域,也包含来自氧化石墨的 sp^3 域。到目前为止,样品具有更多的石墨结构域和更少的氧化结构域。

当 $KMnO_4$ 的浓度增加到 3 g 时,S-3 的 X 射线衍射图表明,在 $2\theta=11.74°$处的峰强度变高,并且由于石墨引起的峰消失。观察到的 S-3 的层间间隔对为 0.74 nm。随着氧化含量的进一步增加,样品 S-4,S-5 和 S-6 的 XRD 图仅包含由于 GO 在 $2\theta=10.91°$, 10.52°和 10.12°处引起的衍射峰,层间间距约为分别为 0.81、0.84 和 0.89 nm。XRD 分析表明,样品 S-1 和 S-2 包含更多的石墨域,即氧化石墨,样品 S-3,S-4,S-5 和 S-6 的层间距在 0.74 nm 和 0.89 nm 之间对应于 GO。GO 样品的 XRD 结果与文献中的已发表的报告非常吻合。GO 样品的层间间距增加表明,不同含量的含氧基团附着在石墨晶格上。除层间间距增加外,GO 样品的 XRD 图谱未发生任何重大变化。

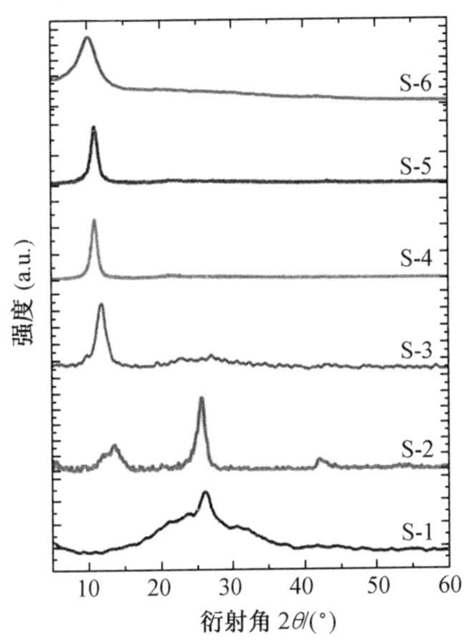

图 8.9　不同氧化程度的 GO 的 X 射线衍射图

8.7　单晶 X 射线衍射分析

8.7.1　简介

我们知道,自然界中的物质都有固态、液态和气态三态,而固态的物质又可以分为晶态与非晶态。在非晶态物质中,内部原子或分子的排列没有周期性,而且都没有固定的多面体外形和固定的熔点,如玻璃、松香、明胶等。而在晶态物质中,内部原子或分子的排列具有周期性,并且具有固定的熔点,例如氯化钠。晶体是一种内部原子成周期性重复排列的固体物质。由于晶体内部原子的空间排列具有周期性,可以把晶体内周期性重复出现的原子抽象成一个点,这样晶体就可以被看成是空间点阵。如果整块固体为一个空间点阵所贯穿,则称为单晶体,简称单晶。

单晶 X 射线衍射主要被用来测定晶体结构。所谓单晶衍射 X 射线是将一束平行的单色 X 射线投射到一颗小单晶上,由于 X 射线和单晶发生相互作用,会在空间偏离入射的某些方向上产生衍射射线,于是不同的晶体结构具有不同的衍射方向和强度。而衍射方向和衍射强度中蕴含着丰富的结构信息,因而由它们可以演绎出产生衍射的单晶的原来结构。一般从衍射方向可以得到晶胞参数等与晶体周期性有关的各项参数,而由衍射强度则可获得晶体对称性、原子在晶胞中的位置和分布、原子的热运动等有关信息。

8.7.2 系统组成

单晶 X 射线衍射技术是利用单晶体对 X 射线的衍射效应来测定晶体结构的实验方法。依照强度记录方式的不同,可分为照相法和衍射仪法两类。早期的时候,人们研究单晶结构主要采用的是各种照相方法。如劳埃照相法、转动照相法、回摆照相法、韦森堡照相法等,但它们的效率相对比较低,对于一个复杂的晶体结构往往需要很长一段时间去收集衍射数据。直到 1970 年,出现了第一台四圆单晶衍射仪,实现了 X 射线衍射实验技术自动化的第一个重要飞跃。四圆衍射仪中的四圆是指晶体和计数器借以调节方位的 4 个圆(图 8.9),分别称为 υ 圆、χ 圆、ω 圆和 2θ 圆。υ 圆是指安装晶体的测角头转动的圆;χ 圆是支撑测角头的垂直圆,测角头可在此圆上运动;ω 圆是使 χ 圆绕垂直轴转动的圆;2θ 圆与 ω 圆共轴,计数器绕着这个轴转动。这 4 个圆中,ω 圆、υ 圆和 χ 圆用于调节晶体的取向,使某一指定的晶面满足衍射条件,同时调节 2θ 圆,使衍射线进入计数器中。通常,四圆单晶衍射仪配用电子计算机自动控制和记录,可以精确测定晶格参数,并将衍射点的强度数据依次自动收集,简化了实验过程,而且大大提高了数据的精确度。

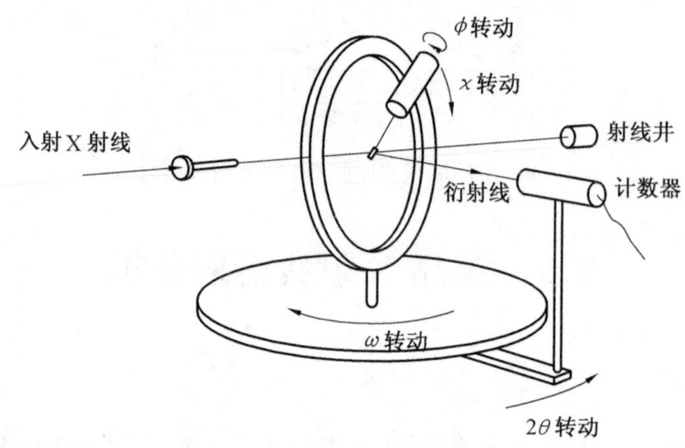

图 8.9 四圆单晶衍射仪示意图

虽然四圆单晶衍射仪推动了 X 射线衍射实验技术的发展,但对于复杂的晶体结构以及生物大分子结构的测定,往往就无能为力了。随着测试技术的发展,现在广泛采用的是配备了 CCD 或 IP 探测器的 X 射线衍射仪,大幅度提高收集衍射点的效率和准确性,成为单晶测试的主流仪器。

8.7.3 晶体结构

晶体是由原子或原子团在三维空间中规则地重复排列组成的固体。作为基本单元的原子或原子团称为结构基元,简称基元。为了反映晶体中原子排列的周期性,我们以一个点代表一个基元,这样的点称为阵点,阵点在三维空间的周期性分布形成无限的阵列,称为空间点阵,简称点阵。任一阵点的周围环境都是完全相同的,也就是说点阵具有平移不变性。在点阵中每个阵点处安置一个基元,就形成晶体结构。所以晶体结构可表示为:

点阵+结构基元=晶体结构

根据点阵的性质，把分布在同一直线上的点阵称为直线点阵或单维点阵；分布在同一平面中的点阵称为平面点阵或二维点阵：分布在三维空间的点阵称为空间点阵或三维点阵。为了直观，这里采用简化的二维点阵来说明。图8.10中每个三角形代表一个分子，每个结构单元为一个三角形，可以抽象为一个点阵点，从而形成一个点阵。

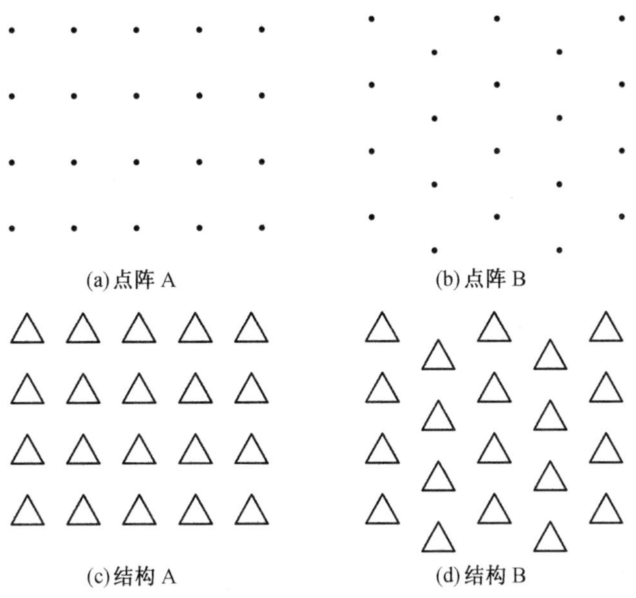

图8.10　点阵与结构图

在研究单晶的过程中，必须要区分两个关系：①晶体结构和点阵，晶体结构是物质实体（原子或原子团）的周期性排列，而点阵是代表这些实体的几何点的周期性排列；②阵点和原子，阵点是代表作为基元的原子或原子团的几何点，它本身不是基元中的任一原子。阵点与基元一一对应，但它们的相对位置是任意确定的。阵点不一定与基元中任一原子重合，也不一定与基元的重心重合。

我们可以选择3个互相不平行的单位向量 $\boldsymbol{a}$、$\boldsymbol{b}$ 和 $\boldsymbol{c}$ 来描述点阵点在空间的平移，用它们可以画出一个六面体单位，称为点阵单位。相应的按照晶体结构的周期性所划分的六面体单位就称为晶胞（cell），如图8.11所示。3个单位向量的长度 a、b 和 c 以及它们之间的夹角 α、β 和 γ 就称为晶胞参数（unit cell parameters）。其中，α 是 $\boldsymbol{b}$ 和 $\boldsymbol{c}$ 的夹角，β 是 $\boldsymbol{a}$ 和 $\boldsymbol{c}$ 的夹角，γ 是 $\boldsymbol{a}$ 和 $\boldsymbol{b}$ 的夹角。点阵中任意点可以用向量 $\boldsymbol{r}$ 来表示：

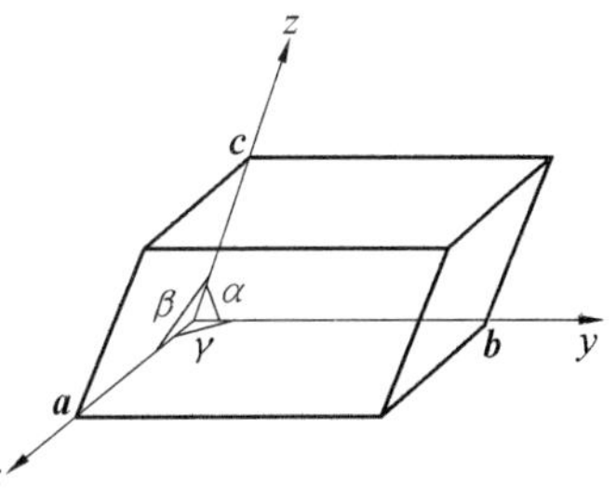

图8.11　晶胞及其参数

$$\boldsymbol{r}=n_1\boldsymbol{a}+n_2\boldsymbol{b}+n_3\boldsymbol{c}$$

式中，n_1、n_2 和 n_3 为整数。点阵是抽象的数学概念，其原点可以任意选定。需要注意的是，晶体学上的坐标均采用右手定则，即食指代表 x 轴，中指代表 y 轴，大拇指代表 z 轴。

根据晶体结构的对称性的特征对称元素，把晶体划分为7个晶系。晶体所属的晶系由是否有特征元素决定，晶体对称性由低到高的顺序见表8.1。

表8.1 晶系的划分

晶 系	特征对称元素	晶胞参数限制	点 群
三斜(Triclinic)	无	无	$1,\bar{1}$
单斜(Monoclinic)	1个2次对称轴或1个对称面	$\alpha=\gamma=90°$	2,m,2/m
正交(Orthorhombic)	2个互相垂直的对称面或3个互相垂直的2次轴	$\alpha=\beta=\gamma=90°$	222,mm2,mmm
四方(Tetragonal)	1个4次对称轴	$a=b$ $\alpha=\beta=\gamma=90°$	$4,\bar{4}$,4/m,422,4mm,$\bar{4}$2m,4/mmm
三方(Trigonal)	1个3次对称轴	$a=b$ $\alpha=\beta=90°$ $\gamma=120°$ (六方坐标系)	$3,\bar{3}$,32,3m,$\bar{3}$m
		$a=b=c$ $\alpha=\beta=\gamma$ (三方坐标系)	
六方(Hexagonal)	1个6次对称轴	$a=b$ $\alpha=\beta=90°$ $\gamma=120°$	$6,\bar{6}$,6/m,622,6mm,$\bar{6}$2m,6/mmm
立方(Cubic)	4个按立方体对角线取向的3次对称轴	$a=b=c$ $\alpha=\beta=\gamma=90°$	23, m$\bar{3}$, 432, $\bar{4}$3m, m$\bar{3}$m

8.7.4 单晶样品选择

样品要求:测试样品必须为单晶。选择晶体时要注意所选晶体表面光洁,颜色和透明度一致。不附着小晶体,没有缺损重叠、裂缝等缺陷。晶体长、宽、高的尺寸均为0.1～0.4 mm,即晶体对角线长度不超过0.5 mm。

培养单晶后挑选优质单晶,将它正确安装在测角仪上,并进行对心操作。优质单晶一般是在近于理想的情况下成核和生长的,其内部原子排列比较紧密、整齐,缺陷少。在显微镜下观察呈现透明、光亮状态,晶棱、晶面平整而呈一定的外形对称。对于非理想晶体,由于衍射强度与参加衍射的晶体的体积成正比,重原子衍射能力强,所以含重原子的晶体尺寸可适当小一些;有机化合物和蛋白质晶体参与衍射的大多是碳、氮、氧、氢等原子,散射能力弱,因此晶体需要大一些。由于整颗晶体都要暴露在X射线下,而一般X射线束的尺寸在0.5 mm左右,因此晶体各方面的线度一般在0.5 mm以下,光源的强度越强,相应的晶体就可越小。因为X射线通过晶体时会发生吸收现象,用于结构分析的单晶最好各个方向有近于相等的线度,外形各方向线度相差很大的晶体必须进行适当的切割。在显微镜下挑好晶体后,一般要视晶体是否稳定,将晶体用胶水粘在玻璃丝的顶端或封在薄壁的硼玻璃毛细管中,如图8.12所示。也可在外面涂一层胶水保护,然后固定在测角头的轴心上,按衍射方法的要求,将测角头安装在衍射仪或照相机上,并进行适当的调整。

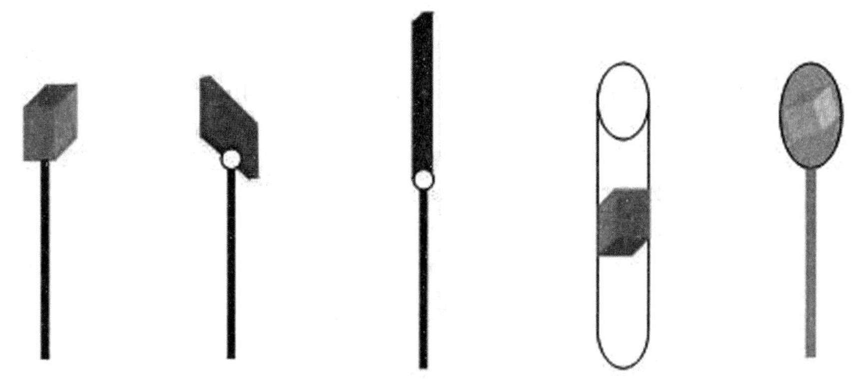

图 8.12　单晶的正确安置方法

8.7.5　分析方法

单晶 X 射线衍射结构分析方法,是基于单晶体与 X 射线所产生的衍射作用的研究所形成的一种系统的晶体结构分析方法。它的任务是解释晶体结构。所谓晶体结构是指原子在晶体中的排列分布,确定晶体所属的晶系、晶体的晶胞参数(a、b、c、α、β、γ)、空间群、晶胞内各个原子的位置及其相应的温度因子(各向同性温度因子或各向异性温度因子)。用这些参数还可以进一步求得晶胞体积 V、一个晶胞内所含的化学式量数 Z(如化学式是分子式时则为晶胞内的分子数)、晶胞密度、成键与非键原子间的距离、键角、分子的立体结构、原子间的二面角、分子的相对和绝对构型等。

用 X 射线衍射法测定晶体结构的工作开始于 1912 年。经过物理学家、数学家及化学家的共同努力,发展到现在,该法已能在分子、原子水平上提供完整而准确的物质结构信息,而成为结构测定中最具权威性的方法,该法能够测定出组成晶体的原子或离子的空间排列情况,从而了解晶体和分子中原子的化学结合方式、分子的立体构型、构象、电荷分布、原子在平衡位置附近的热振动情况以及精确的键长、键角和扭角等结构数据。

单晶 X 射线结构分析主要包括样品制备、衍射强度数据收集、确定对称性晶系、点群、空间群等、结构测定、结构参数修正等过程,其中,分子模型的建立是一个关键环节。

8.8　应用实例

8.8.1　Ga(2,2′-bipy)(HPO_4)(H_2PO_4)的单晶结构分析

如图 8.13 所示,Ga(2,2′-bipy)(HPO_4)(H_2PO_4)的非对称结构单元图中含有 23 个晶体学完全独立的非氢原子,其中 1 个 Ga、2 个 P 和 8 个 O 原子属于骨架,10 个 C 原子和 2 个 N 原子属于 1,10-phen 配体分子。Ga(1)为六配位,与邻近的 2 个 P 原子共角相连(Ga-O:1.956(1)和 2.001(1)Å);与来自 1,10-phen 配体分子的 2 个 N 原子配位(Ga-N:2.083(1)和 2.094(1)Å);键合 2 个端 O 原子(Ga-O:1.893(1)和 1.896(1)Å)。P(1)通过 P-O-Ga 与 2 个邻近的 Ga 原子连接(P-O:1.956(1)和 1.896(1)Å);另外键合

2 个端-OH(P-OH:1.555(1)和 1.557(1)Å);P(2)与邻近的 2 个 Ga 原子共角相连(P-O:1.893(2)和 2.001(2)Å);键合 1 个端-OH(P-OH:1.575(1)Å)和 1 个端 O 原子(P-O:1.510(1)Å)。P-O-Ga 键角范围为 135.79(9) ~152.20(10)°。

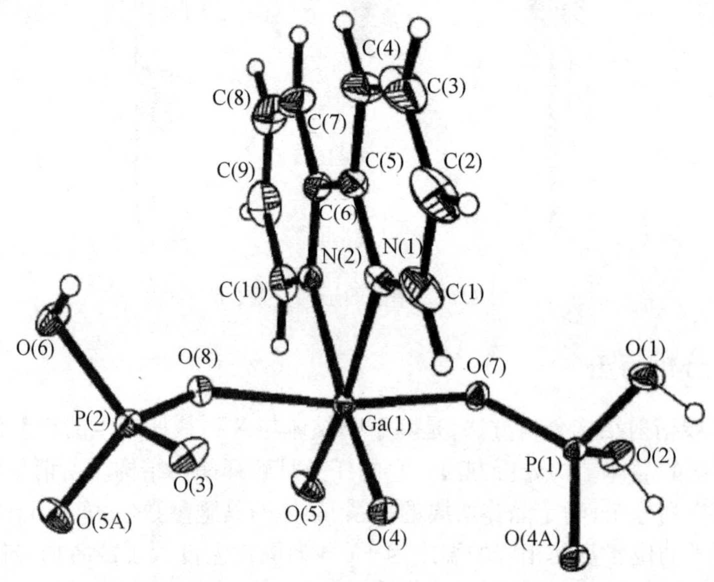

图 8.13 Ga(2,2'-bipy)(HPO_4)(H_2PO_4)的基本结构单元图

图 8.14 为该化合物的一维无机-有机杂化链,由 GaO_4N_2 八面体、HPO_4 和 H_2PO_4 四面体交替连接而成,它含有 Ga_2(2,2'-bipy)$_2$(HPO_4)(H_2PO_4)组成的 4-元环,呈现锯齿形状,形成以 GaO_4N_2 八面体为顶点的 CSC(corner-sharing-corner)链。

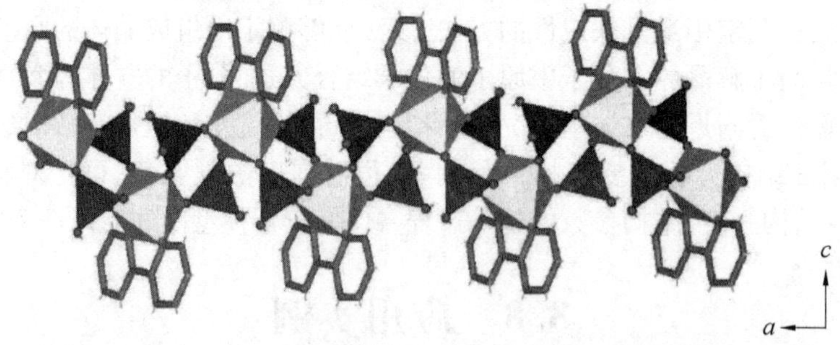

图 8.14 Ga(2,2'-bipy)(HPO_4)(H_2PO_4)沿[010]方向的多面体堆积图

8.8.2 (1,10-phen)$Ga_2(HPO_4)_2F_2(H_2O)$的单晶结构分析

如图 8.15 所示,(1,10-phen)$Ga_2(HPO_4)_2F_2(H_2O)$的非对称结构单元含有 29 个非氢原子,其中包括晶体学独立的 2 个 Ga 原子,2 个 P 原子,2 个 F 原子,9 个 O 原子和属于配体的 2 个 N 原子、12 个 C 原子。所有的 Ga 原子处于六配位环境。Ga(1)分别与来自 1,10-phen 的 2 个 N 原子配位(Ga-N 键长分别为 2.088(4)Å 和 2.123(4)Å),邻近 P 原子的 4 个 Ga—O—P 桥 O 原子连接,Ga—O 键长和 O—Ga—O 键角分别在 1.917(3) ~ 1.994(3)Å和 88.95(11)° ~ 173.57(12)°之间。Ga(2)与邻近的 P 原子形成 2 个

Ga—O—P 键,邻近的 Ga 原子形成 2 个 Ga—F_b—Ga 键,连接 1 个端基 Ga—Ft 键以及 1 个键长较长端基水 Ga—OH_2,Ga—O 键长分别为 1.884(3)和 1.897(3)Å,Ga—F_b键长为 1.941(2)和 1.968(2)Å,Ga—Ft 键长为 1.879(2)Å,Ga—OH_2 键长为 2025(3)Å,O—Ga—O 键角在 84.23(13)°~178.70(13)°之间,O—Ga—F 键角在85.57(12)~165.98(11)°之间,F—Ga—F 键角在 75.82(11)°~165.06(10)°之间,这与文献报道的情况相符。P(1)和 P(2)均处于四配位环境,它们与邻近的 Ga 原子形成 3 个 P—O—Ga 键和 1 个键长较长端羟基 P—OH,P—O 的键长和 O—P—O 键角分别在 1.505(3)~1.534(3)Å和 104.53(16)°~114.12(16)°之间,P—OH 的键长均为 1.580(3)Å。

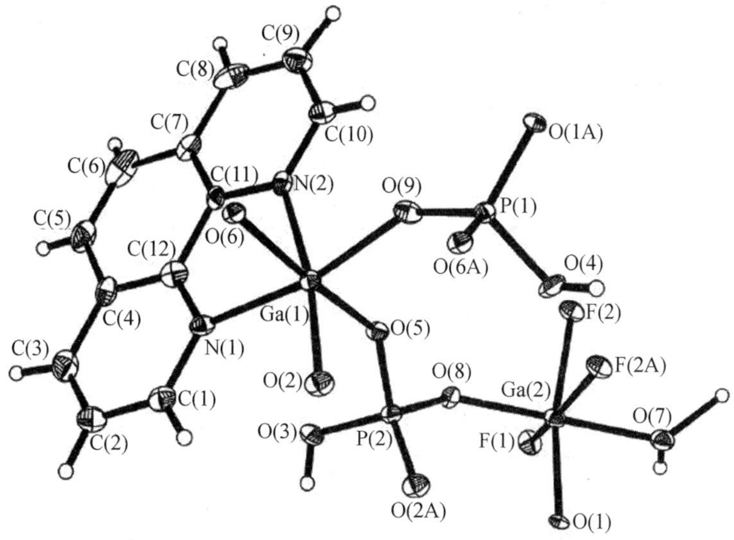

图 8.15　(1,10-phen)$Ga_2(HPO_4)_2F_2(H_2O)$的基本结构单元图

无机层是由四元环组成的 Ga(1)-P(1,2)-O 一维链与 $Ga(2)_2F_4(H_2O)_2$ 二聚体通过共用桥 O 原子构成的具有 4-、10-元环的层状结构,如图 8.16 所示。

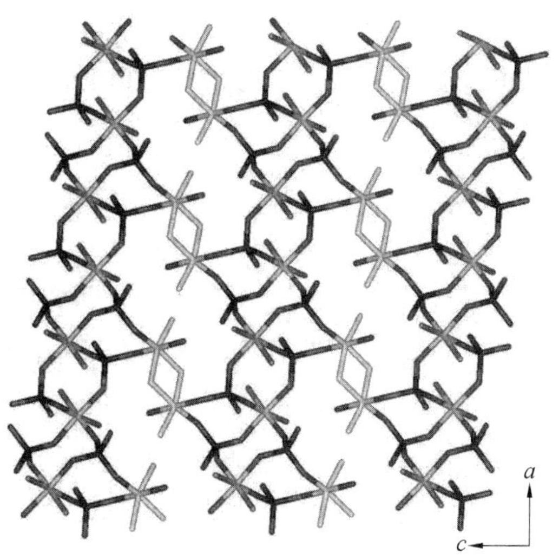

图 8.16　(1,10-phen)$Ga_2(HPO_4)_2F_2(H_2O)$在 *ac* 平面的层状棍状图

8.8.3 $C_3N_2H_{12}Ga_3(OH)_2(PO_4)_3 \cdot H_2O$ 的单晶结构分析

$C_3N_2H_{12}Ga_3(OH)_2(PO_4)_3 \cdot H_2O$ 的三维开放骨架结构由 Ga_3P_3 六聚体结构单元共顶点连接而成。1 个 Ga 八面体通过桥羟基—OH 分别与 2 个 Ga 三角双锥共顶点连接，3 个 PO_4 四面体帽在该 Ga_3 三聚体上形成 Ga_3P_3 六聚体，如图 8.17 所示。

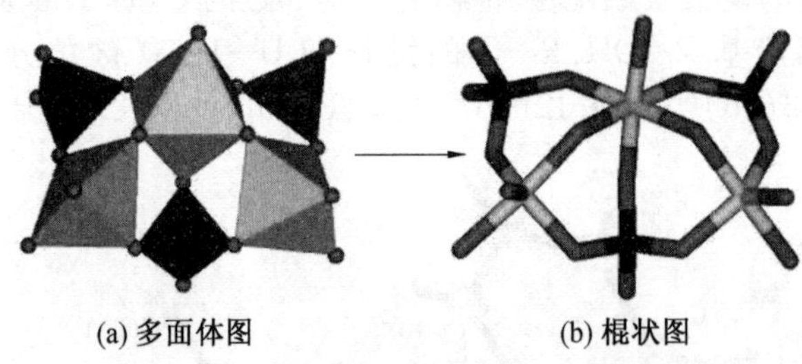

(a) 多面体图　　(b) 棍状图

图 8.17　Ga_3P_3 六聚体的多面体图和棍状图

Ga_3P_3 六聚体结构单元通过共顶点方式连接成含有 10-元环孔道的三维无机骨架，如图 8.18 所示。双质子化的 1,3-丙二胺分子填充于 10-元环孔道内，并且与骨架的 O 原子之间形成氢键作用，起到稳定骨架和平衡电荷的作用。

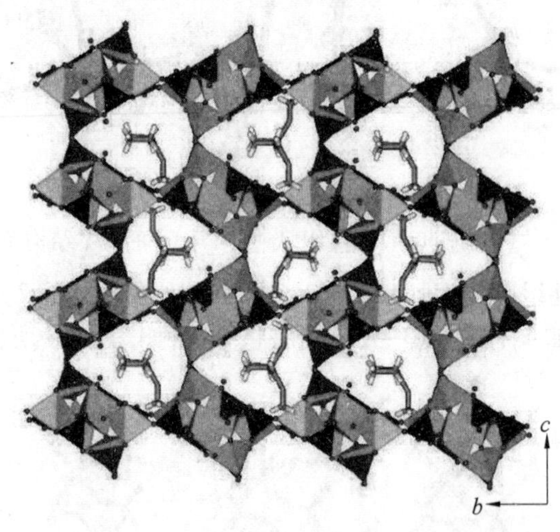

图 8.18　$C_3N_2H_{12}Ga_3(OH)_2(PO_4)_3 \cdot H_2O$ 的三维多面体图

8.8.4 $Ga_5P_6O_{26}H_2 \cdot (C_3N_2H_{12})_2 \cdot H_3O$ 的单晶结构分析

$Ga_5P_6O_{26}H_2 \cdot (C_3N_2H_{12})_2 \cdot H_3O$ 的 3-D 阴离子骨架由九聚体结构单元组成的无机层与 HPO_4 四面体构筑，如图 8.19(a) 所示。4 个 PO_4 四面体，2 个 GaO_4 四面体，2 个 GaO_5 三角双锥和 1 个中心 GaO_6 八面体组成了九聚体结构单元 $Ga_5(PO_4)_4O_6$，其结构为：1 个中心 GaO_6 八面体与 2 个 GaO_5 三角双锥共角连接形成三聚体 Ga_3O_{14}，4 个 PO_4 四面体帽在三聚体上，2 个 GaO_4 四面体桥连 4 个 PO_4 四面体形成一个 GaO_6 八面体为中心的 4-元环。这个九聚体结构单元与 MIL-1 的结构基元 $Ga_5(PO_4)_4O_4F_2$ 类似，所不同的是它的中心三聚体由桥 F 原子连接。九聚体结构单元 $Ga_5(PO_4)_4O_6$ 沿[001]方向共顶点连接成含有 8-元环的无机层结构,它的连接方式与 MIL-1 不同(图 8.19(b)),一系列的无机层由 HPO_4 四面体支撑以 AAAA 堆积方式形成含有 10-元环孔道新的 3-D 开放骨架(图 8.19(c))。

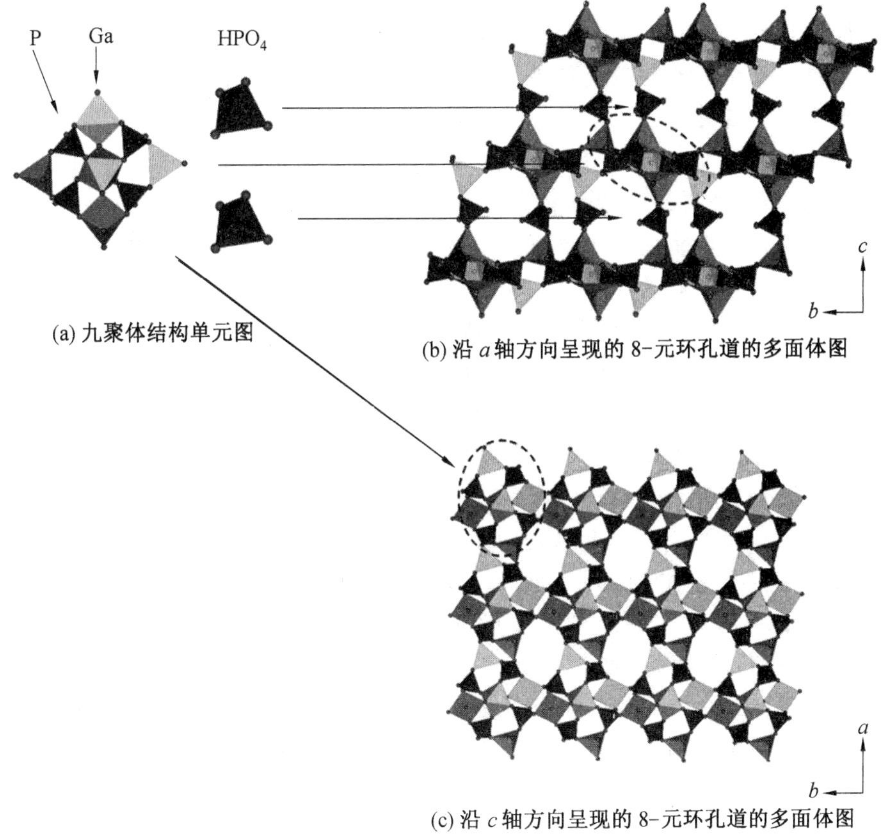

图 8.19　$Ga_5P_6O_{26}H_2 \cdot (C_3N_2H_{12})_2 \cdot H_3O$ 的多面体结构图

总之,X 射线衍射法不仅可以定性分析无机化合物和高分子化合物的结构,而且能够定量分析化合物的组成。单晶 X 射线衍射可以确定物质的结构和组成原子的空间位置,成为目前权威的结构分析手段之一,但单晶 X 射线衍射还不能准确确定物质中原子的微环境,例如不能区分 PO_4、HPO_4 和 H_2PO_4 基团,还需要核磁共振波谱、红外光谱、拉曼光谱等多种分析手段来完整确定一个未知化合物的结构。

习　　题

1. X 射线衍射原理。
2. X 射线衍射强度的影响因素有哪些?
3. 单晶 X 射线衍射的样品选择。

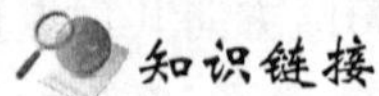

X射线衍射现象的发现

在伦琴发现X射线后,1912年德国物理学家劳厄(M. von Laue)提出了一个重要的科学预见:晶体可以作为X射线的空间衍射光栅,即当一束X射线通过晶体时将发生衍射,衍射波叠加的结果使射线的强度在某些方向上加强,在其他方向上减弱。该预见开启了X射线衍射学的林荫大道。

劳厄,1879年10月5日生于科布伦茨附近的普法芬多夫,其在青少年时期就显示出对自然科学的兴趣,并得到父母和中学教师的支持。在斯特拉斯堡中学时,一位数学教师把亥姆霍兹的通俗科学讲演集介绍给他,使他得知当时科学发展的主要动向。他还和两位同学一起在一位热心的教师家里做过当时刚被W. K. 伦琴发现的X射线实验。

中学毕业后,劳厄先后就读于斯特拉斯堡、格丁根、慕尼黑和柏林几所大学,听过希尔伯特、普朗克等大师的课。1904年他在普朗克指导下以《平行平面板上的干涉现象的理论》为题完成了博士论文,随后留校做普朗克的助教。1909年劳厄到慕尼黑大学任教。那时索末菲的讲课和讨论班吸引了许多年轻的物理学家来到慕尼黑,讨论的主题都与当时物理学在理论和实验方面的新概念和新发现有关,关于X射线的本性的各种看法也是主题之一。劳厄认为X射线是电磁波,他同一位博士研究生厄瓦尔德交谈时,产生了用X射线照射晶体用以研究固体结构的想法。他设想X射线是极短的电磁波,而晶体又是原子(离子)的有规则的三维排列,只要X射线的波长和晶体中原子(离子)的间距具有相同的数量级,那么当用X射线照射晶体时就应该能观察到干涉现象。在劳厄的鼓励下,索末菲的助教弗里德里奇和伦琴的博士研究生克尼平在1912年4月开始了这项试验。他们把一个垂直于晶轴切割的平行晶片放在X射线源和照相底片之间,果然在照相底片上显示出有规则的斑点群。劳厄的设想被证实了,一举解决了X射线的本性问题,而且初步揭露了晶体的微观结构。爱因斯坦曾称此实验为“物理学最美的实验”。劳厄随后从光的三维衍射理论出发,以几何观点完成了X射线在晶体中的衍射理论,成功地解释了实验结果。由于他忽略了晶体中原子(离子)的热运动,这个理论还只是近似的。到1931年,劳厄终于完成了X射线的“动力学理论”。劳厄的这项工作为在实验上证实电子的波动性奠定了基础,为此后的物理学发展作出了贡献。由于发现X射线在晶体中的衍射现象,劳厄获得了1914年的诺贝尔物理学奖。

第9章　红外吸收光谱

9.1　简　　介

红外吸收光谱法(Infrared Absorption Spectrometry)也称为红外分光光度法(Infrared Spectrophotometry),它是以研究物质分子对红外辐射的吸收特性而建立起来的一种定性、定量的分析方法。红外辐射是1800年William Herschel在实验中发现的,但是由于红外线的检测比较困难,因此直到20世纪初才较系统地研究了几百种有机和无机化合物的红外吸收光谱。特别是1905年Coblentz发表的128种有机和无机化合物的红外吸收光谱,引起了许多光谱学家的极大兴趣,以此作为一个新起点,确定了某些吸收谱带与分子基团之间存在着相互关系。至此,红外光谱在化学上的价值开始逐渐被人们重视。1947年,世界上的第一台实用的双光束自动记录红外分光光度计在美国投入使用后,化学家们把红外光谱作为分析工具。到了20世纪50年代,在化学领域已经开展了大量的红外光谱研究工作,积累了丰富的资料,收集了大量纯物质的标准红外光谱图,现在红外光谱法已经成为有机结构分析中最成熟和最主要的测试手段之一。

红外线是一种人眼看不到的辐射线,红外光谱在可见光区和微波光区之间,即波数在13 000~10 cm^{-1}之间的电磁辐射。通常将红外区划分成3个区:13 000~4 000 cm^{-1}为近红外区,4 000~400 cm^{-1}为中红外区,400~10 cm^{-1}为远红外区。一般所说的红外光谱就是指中红外区的红外光谱。

红外光谱仪的发展大致经历了3个阶段:以棱镜为散射元件的第一代红外光谱仪使红外分析技术进入了实用阶段,但由于棱镜材料存在折射率随温度发生变化且分辨率低等缺点,这种仪器现已经被淘汰;第二代红外光谱仪是20世纪60年代发展起来的以光栅为散射元件的光栅型仪器,但光栅型仪器存在光谱质量差、扫描速度慢、联用技术难实现等缺点,目前大多数生产厂家已停止生产光栅型仪器;20世纪70年代以后发展起来的傅里叶变换红外光谱仪(Fourier Transform Infrared Spectrometer,FTIR)是第三代红外光谱仪,这种红外光谱仪无分光系统,一次扫描即可得到全谱。FTIR扫描速度快,可用于检测不同样品,且分辨率高,测定光谱范围宽,大大扩展了红外光谱法的应用领域。

本章主要从中红外和近红外光谱技术进行材料方面的分析测试阐述。红外光谱法不仅能进行定性和定量分析,而且从分子的特征吸收可以鉴定化合物和分子结构;近红外光谱分析可以用于与含氢基团有关的各种分析,而且测定样品不需要预处理,因此应用范围极为广泛,可以用于众多的产业和一些学科与技术中。

9.2 系统组成

目前,使用的中红外光谱仪器主要有色散型红外光谱仪和 Fourier 变换红外光谱仪两大类型。近红外光谱仪器的基本结构与一般光谱仪器一样,都是由光源系统、分光系统、样品室、检测器、控制和数据处理系统及记录显示系统组成。按照分光系统,近红外光谱仪可分为 4 类:滤光片型近红外光谱仪、色散型近红外光谱仪、干涉型近红外光谱仪和声光可调型近红外光谱仪。色散型红外光谱仪存在能量受到限制、扫描速度慢、与其他仪器联用困难等缺点,因此色散型红外光谱仪在许多方面已经不能满足需要。Fourier 变换红外光谱仪基于干涉调频分光,不用狭缝,具有许多优点:扫描速度快,测量时间短,可在 1 s 内获得红外光谱;灵敏度高,检出限可达 10^{-9} ~ 10^{-12} g;分辨本领高,波数精度可达 0.01 cm^{-1};光谱范围广,可研究整个红外区的光谱;测定精度高,重复性可达 0.1%,而杂散光小于 0.01%。

Fourier 变换红外光谱仪没有色散元件,是由光源(硅碳棒、高压汞灯等)、干涉仪、试样插入、检测器、计算机和记录仪等部件组成,如图 9.1 所示。

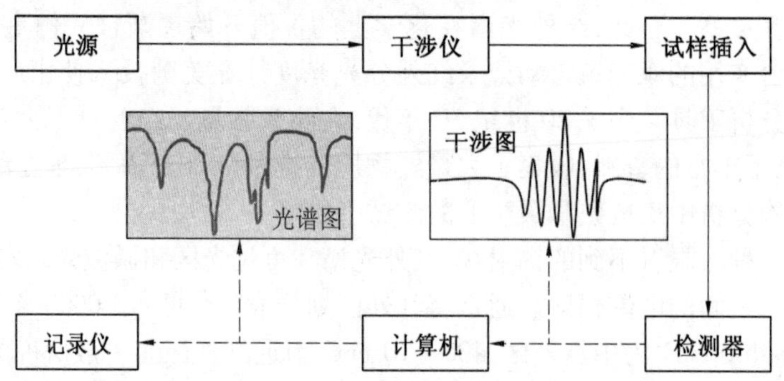

图 9.1　Fourier 变换红外光谱仪的基本结构示意图

其中 Fourier 变换红外光谱仪的核心部分是 Michelson 干涉仪。在傅里叶变换红外光谱测量中,在干涉光束中放置能够吸收红外辐射的试样,样品吸收了某一频率的红外辐射后,得到复杂的干涉图,通过计算机对该干涉图进行傅里叶变换,得到常见的以波长或波数为函数的光谱图。

9.3 基本原理

物质分子是在不断运动的,分子本身的运动很复杂,分子运动可以分为分子的平动、转动、振动和分子价电子相对于原子核的运动。平动只是温度的函数,由于分子在平动时不会发生偶极矩变化,不会因分子的平动而产生光谱。转动能级间的间隔最小(ΔE<0.5 eV),其能级跃迁仅需远红外或微波照射即可,因此,分子的转动区在远红外区。而振动能级间的间隔较大(ΔE=0.05 ~ 1.0 eV),产生振动能级的跃迁需要吸收较短波长的光,因此,振动光谱出现在中红外区,在振动跃迁的过程中往往伴随有转动跃迁的

发生,因此,中红外区的光谱是分子的振动和转动联合吸收引起的,也常常称为分子的振-转光谱。分子中电子能级间的间隔更大($\Delta E = 1 \sim 20$ eV),光谱出现在可见、紫外或是波长更短的光谱区。

分子必须满足两个条件才能吸收红外辐射,一是分子振动或是转动时必须有瞬间的偶极矩变化,分子吸收红外辐射的强度与吸收跃迁的几率有关,只有跃迁几率不等于零的跃迁才称为允许跃迁,分子振动时偶极矩发生瞬间变化称为该分子具有红外活性;二是分子的振动频率与红外辐射的频率相同时才能发生红外辐射吸收。分子内的原子在其平衡位置上处于不断的振动状态,对于非极性双原子分子(如 N_2、O_2、H_2 等),分子的振动不能引起偶极矩的变化,因此不产生红外吸收。

除了对称分子外,几乎所有的有机化合物和许多的无机化合物都有相应的红外吸收光谱,其特征性很强,具有不同结构的化合物具有不同的红外光谱,其吸收峰与分子中各基团的振动相对应。因此,利用红外吸收光谱可以确定化学基团,鉴定未知物的结构。

9.3.1　双原子分子的振-转跃迁

双原子分子可以看成是用弹簧连接起来的两个不同质量的小球,可视为简谐振动,其振动频率符合胡克定律,通过一系列的计算可以得到用于计算双原子分子的振动频率的公式

$$\bar{\nu} = 1\ 302\sqrt{\frac{K}{\mu}} \tag{9.1}$$

式中,K 为力常数(键强度,$\mathrm{N \cdot cm^{-1}}$);μ 为折合质量。

常见原子对的力常数及折合质量见表 9.1。

表 9.1　常见原子对的力常数及折合质量

原子对	$K/(\mathrm{N \cdot cm^{-1}})$	μ(以氢原子为单位)
C—C	4.5	6
C═C	9.6	6
C≡C	15.6	6
C—O	5.0	6.85
C═O	12.1	6.85
C—H	5.1	0.923
O—H	7.7	0.941
C—N	5.8	6.16
N—H	6.4	0.933

由式(9.1)可以看出,基团频率与力常数的$\frac{1}{2}$次方成正比,与折合质量的$\frac{1}{2}$次方成反比。对于质量相近的基团,力常数随三键、双键和单键顺序递减,其振动频率也相应递减,三键为2 500 ~ 2 000 $\mathrm{cm^{-1}}$,双键为 1 800 ~ 1 600 $\mathrm{cm^{-1}}$,单键为 1 500 ~ 700 $\mathrm{cm^{-1}}$。对于同一基团,由于改变键长需要的能量较高,其力常数较变形振动大,因此伸缩振动频率要大于变形振动频率。

9.3.2　多原子分子的振动

多原子分子由于组成原子数目增多,组成分子的键或基团和空间结构的不同,使得多原子分子有多种振动方式,不仅有伸缩振动,还有键角发生变化的弯曲振动,但是可以把它们的振动分解成许多简单的基本振动,即简正振动。分子中任何复杂振动都可以看成是这些简正振动的线性组合。

一般将振动形式分为两类:伸缩振动和弯曲振动。伸缩振动可以分为对称伸缩振动(ν_s)和不对称伸缩振动(ν_{as}),对于同一基团来说,不对称伸缩振动的频率要稍高于对称伸缩振动。弯曲振动是指基团键角发生周期变化而键长不变的振动。弯曲振动又可分为面内弯曲和面外弯曲振动,面内弯曲振动可分为面内剪式振动(δ)和面内摇摆振动(ρ),面外弯曲振动又分为面外摇摆振动(ω)和面外扭曲振动(τ)。图 9.2 是三原子分子的基本振动方式。

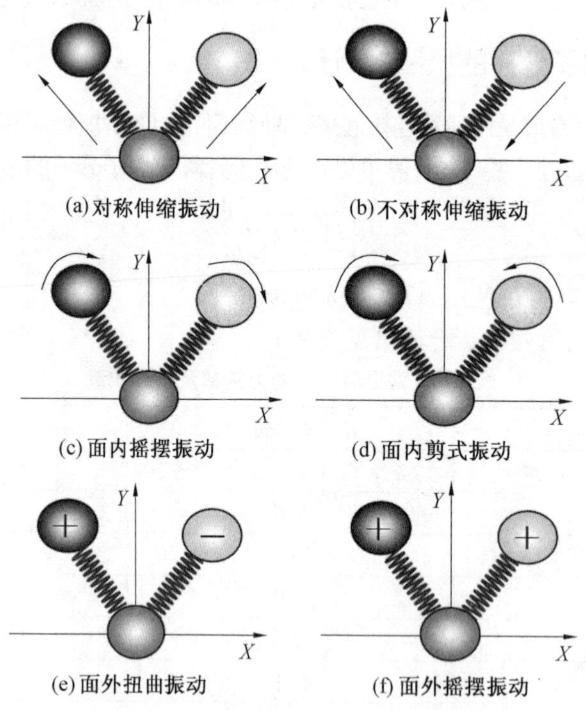

图 9.2　三原子分子的基本振动方式

(+,−分别表示运动方向垂直纸面向里和向外)

9.3.3　基团频率与特征吸收峰

物质的红外光谱反映了分子的结构,谱图中的各个吸收峰与分子中各基团的振动相对应。在红外光谱中,每种红外活性的振动都产生一个吸收峰,所以情况十分复杂。

1. 基团频率区

由于分子中的 X—H、C═X、C≡X 伸缩振动频率高,受分子其他部分振动影响小,在 4 000 ~ 1 350 cm^{-1} 区域内基团吸收频率较为稳定,因此上述区域称为基团频率区,利用这一区域的特征吸收带可以推断化合物中可能存在的官能团。

基团频率区又可细分为以下 3 个区域：

①X—H 的伸缩振动区，在 4 000 ~ 2 500 cm^{-1} 区域内。X 可以是 C、O、N 和 S 等原子。C—H 键的伸缩振动可以分为饱和碳氢（CH_3、CH_2、CH）振动和不饱和碳氢（=CH）振动两种。饱和碳氢的伸缩振动出现在 3 000 ~ 2 800 cm^{-1} 的范围内，并且是强吸收峰，取代基对它们的影响很小。通过该区域的强吸收带可以判断化合物中是否存在饱和的碳氢基团。如甲基的不对称伸缩振动和对称伸缩振动分别在 2 960 cm^{-1} 和 2 876 cm^{-1} 附近产生吸收峰；亚甲基的不对称伸缩振动和对称伸缩振动分别在 2 930 cm^{-1} 和 2 850 cm^{-1} 附近产生吸收峰；次甲基的伸缩振动在 2 890 cm^{-1} 附近有吸收，但是强度较弱。不饱和碳氢键的伸缩振动在 3 000 cm^{-1} 以上产生吸收，通过该区可以判断化合物中不饱和碳氢键的存在与否。

O—H 键的伸缩振动在 3 200 ~ 3 100 cm^{-1} 范围内产生吸收，谱带很强，是判断醇类、酚类和有机酸类是否存在的重要依据。脂肪胺和酰胺的 N—H 伸缩振动在 3 500 ~ 3 100 cm^{-1} 范围内有吸收，谱带比羟基的伸缩振动尖锐，但强度相对弱一些，因此，N—H 键的伸缩振动可能被羟基的伸缩振动所掩盖。而这部分的伸缩振动受氢键的影响也比较大，氢键的存在会使伸缩振动峰向低波数方向移动。

②三键和累积双键区，在 2 500 ~ 1 900 cm^{-1} 区域内。炔烃的 C ≡ C 键的伸缩振动在 2 260 ~ 2 140 cm^{-1} 范围内产生吸收；C ≡ N 键的伸缩振动一般情况下在 2 260 ~ 2 240 cm^{-1} 范围内产生吸收，但当与不饱和键共轭时，该峰位移动到 2 230 ~ 2 220 cm^{-1} 附近。由于只有少数官能团在此区域产生吸收峰，因此应用红外光谱法可以确定化合物中是否存在氰基。

③双键伸缩振动区，在 1 900 ~ 1 200 cm^{-1} 区域内。C=O 伸缩振动在 1 900 ~ 1 650 cm^{-1} 范围内产生吸收，且是强谱带。酸酐和酰亚胺中的羰基吸收带由于振动耦合呈现双峰，烯烃的 C=C 伸缩振动在 1 680 ~ 1 620 cm^{-1} 范围内产生吸收，一般比较弱。单核芳烃的碳碳双键振动在 1 600 cm^{-1} 和 1 680 cm^{-1} 附近产生双峰，有时分裂成 4 个峰，也是芳环骨架结构的特征谱带，可以确定有无芳环的存在。

2. 指纹区

在 1 300 ~ 600 cm^{-1} 区域中，除单键的伸缩振动外，还有变形振动的复杂光区，当分子结构稍有不同时，该区的吸收就有细微的差别，就像每个人的指纹都不同一样，因此称为指纹区。凡是具有不同结构的两个化合物，一定不会有相同的指纹特征，但是某些同系物和光学异构体的指纹特征可能相似，而且不同的制样条件也可能引起指纹区吸收光谱的变化。指纹区可分为下面两个波段：

①1 300 ~ 900 cm^{-1} 这一区域包括 C—O、C—N、C—F、C—P、C—S、P—O、Si—O 等键的伸缩振动，C=S、S=O、P=O 等双键的伸缩振动吸收以及一些变形振动吸收频率区。其中甲基对称变形振动大约在 1 380 cm^{-1} 附近产生吸收峰，对判断甲基的存在非常有利。C—O 的伸缩振动在 1 300 ~ 1 000 cm^{-1} 范围内产生吸收峰，是该区域最强的吸收谱带，比较容易识别。

②900 ~ 400 cm^{-1} 这一区域是一些重原子伸缩振动和一些变形振动的吸收频率区，例如，可以指示 $+CH_2+_n$ 的存在。实验证明，当 $n \geqq 4$ 时，—CH_2—的平面摇摆振动吸收出现在 722 cm^{-1}；随着 n 的减小，逐渐移向高波数。此区域内的吸收峰，还可以鉴别烯烃的取代程度和构型提供信息。例如，烯烃为 $RCH=CH_2$ 结构时，在 990 cm^{-1} 和 910 cm^{-1} 出现两

个强峰;为RC═CRH结构时,其顺、反异构分别在690 cm^{-1}和970 cm^{-1}出现吸收。此外,利用本区域中苯环的C—H面外变形振动吸收峰和2 000 ~ 1 667 cm^{-1}区域苯的倍频或组合频吸收峰,可以共同配合来确定苯环的取代类型。

常见官能团的特征频率数据见表9.2。

表9.2 常见官能团的特征频率

化合物	基 团	波数范围/cm^{-1}
烷 烃	C—H	2 975 ~ 2 800
	$—CH_2$	约1 465,720
	$—CH_3$	1 385 ~ 1370
烯 烃	═CH	3 100 ~ 3 010
	C═C	1 690 ~ 1 630(孤立),1 640 ~ 1 610(共轭)
	C—H	约990和910(—CH═),970(反式),890(C═CH),700(顺式),815(三取代)
炔 烃	≡C—H	3 300,650 ~ 600
	C≡C	2 150
芳香烃	═C—H	3 020 ~ 3 000
	C═C(骨架)	约1 600和约1 500
	C—H	770 ~ 730和715 ~ 685(单取代,δ环),770 ~ 7 355(邻位二取代),约880,780和6 905(间位二取代,δ环),850 ~ 800(对位二取代)
醇	O—H	约3 650或3 400 ~ 3 300(氢键)
	C—O	1 260 ~ 1 000
醚	C—O—C	1 300 ~ 1 000(脂肪),1 250 ~ 1 120(芳香)
醛	O═C—H	约2 820和约2 720
	O═C	约1 725
酮	O═C	约1 715
	C—C	1 300 ~ 1 100
酸	O—H	3 400 ~ 2 400(ν),1 440 ~ 1 400(δ),950 ~ 900
	O═C	1 760或1 710(氢键)
	C—O	1 320 ~ 1 210
酯	O═C	1 750 ~ 1 735
	C—O—C	1 260 ~ 1 230,1 210 ~ 1 160
酰卤	O═C	1 810 ~ 1 775
	C—Cl	730 ~ 550
酸酐	O═C	1 830 ~ 1 800和1 775 ~ 1 740
	C—O	1 300 ~ 900

续表 9.2

化合物	基　团	波数范围/cm^{-1}
胺	N—H	3 500 ~ 3 300(ν),1 640 ~ 1 500(δ),约 800(δ)
	C—N	1 200 ~ 1 025(烷基碳),1 360 ~ 1 250(芳基碳)
卤代烃	C—F	1 400 ~ 1 000
	C—Cl	785 ~ 540
	C—Br	650 ~ 510
	C—I	600 ~ 485
氰基化合物	C≡N	2 260 ~ 2 210(R—C≡N)
硫氰化合物	C≡N	2 175 ~ 2 140(—S—C≡N)
硝基化合物	脂肪族—NO_2	1 600 ~ 1 530(ν_{as} N═O),1 390 ~ 1 300(ν_s N═O)
	芳香族—NO_2	1 550 ~ 1 490(ν_{as} N═O),1 355 ~ 1 315(ν_s N═O)
亚硝基化合物	N═O	1 600 ~ 1 500
硝酸酯($RONO_2$)	N═O	1 650 ~ 1 500(ν_{as}),1 300 ~ 1 250(ν_s)
亚硝酸酯(RONO)	N═O	1 680 ~ 1 610(ν_s)
	N—O	815 ~ 750(ν_s)
巯基化合物	S—H	约 2 550
亚砜	S═O	1 070 ~ 1 030
砜	S═O	1 350 ~ 1 300(ν_{as}),1 160 ~ 1 120(ν_s)
磺酸酯 RSO_2OR	S═O	1 370 ~ 1 335(ν_{as}),1 200 ~ 1 170(ν_s)
	S—O	1 000 ~ 750
硫酸酯 $ROSO_2OR$	S═O	1 415 ~ 1 380(ν_{as}),1 200 ~ 1 185(ν_s)
磺酸	S═O	1 350 ~ 1 342(ν_{as}),1 165 ~ 1 150(ν_s)
磺酸盐	S═O	约 1 175(ν_{as}),约 1 050(ν_s)
膦(R_2P—H)	P—H	2 320 ~ 2 270(ν),1 090 ~ 810(δ)
磷化合物	P═O	1 210 ~ 1 140
异氰酸酯	—N═C═O	2 275 ~ 2 250(ν_{as}),1 400 ~ 1 350(ν_s)
异硫氰酸酯	—N═C═S	约 2 125
亚胺(R_2═NR)	—N═C—	1 690 ~ 1 640
烯酮	C═C═O	约 2 150(ν_{as}),约 1 120(ν_s)
丙二烯	C═C═C	2 100 ~ 1 950(ν_{as}),约 1 070(ν_s)
硫酮	—C═S	1 200 ~ 1 050

注:δ 表示变形振动;ν 表示伸缩振动;β 表示面内弯曲振动;ν_s 表示对称振动;ν_{as}表示不对称振动

基团频率主要由基团中原子的质量及原子间的化学键力常数决定，但是分子内部的结构和外部环境的改变对基团频率也有一定的影响，因此同样的基团在不同的分子和不同的环境中基团频率都会有一个较大的范围。影响基团频率位移的因素大致可分为内部因素和外部因素。

影响基团频率的内部因素主要有电子效应（包含诱导效应、共轭效应和中介效应）、氢键影响、振动耦合和费米共振，还有结构因素方面的空间效应和环的张力等。影响基团频率的外部因素有分子间的氢键作用、浓度效应、温度效应、试样的状态、制样方法和溶剂的极性等。

9.3.4 有机化合物的近红外光谱特征

在近红外光谱区产生吸收的官能团主要是含氢基团，包括 C—H（甲基、亚甲基、甲氧基、羧基、芳基等）、羟基 O—H、巯基 S—H、氨基 N—H（伯胺、仲胺、叔胺和铵盐）等。合频近红外谱带位于 2 000 ~ 2 500 nm 处，一级倍频位于 1 400 ~ 1 800 nm 处，二级倍频位于 900 ~ 1 200 nm 处，三级和四级或更高级倍频则位于 780 ~ 900 nm 处。虽然，近红外光谱分析被称为“黑匣子”分析技术，但是，掌握有机物近红外谱带的归属依然很有用。

9.4 样品的制备

要获得一张高质量的红外光谱图，除了仪器本身的因素外，试样的制备是关键的问题，如果试样处理不当，就不可能获得满意的红外光谱图，因此试样的制备在整个测定中占有重要的地位。用于红外检测的样品可以是气体样品、纯液体或溶液样品和固体样品。

（1）气体试样的制备。

气体试样一般都灌注于玻璃气槽内进行测定，直径为 40 mm，长为 100 ~ 500 mm，气体样品池如图 9.3 所示。它的两端黏合有能透红外光的窗片。窗片的材质一般是 NaCl 或 KBr。进样时，一般先把气槽抽成真空，然后再灌注试样。

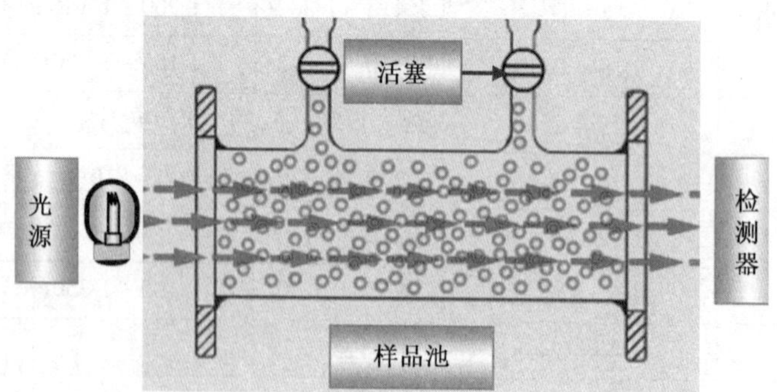

图 9.3 红外气体槽

（2）液体样品的制备。

液体池的透光面通常是用 NaCl 或 KBr 等晶体做成（盐片窗是水溶性的，故不能测定水溶液）。常用的液体池有 3 种，即厚度一定的密封固定池、厚度可调的可拆池以及可连续改变厚度的密封可变池。通常根据不同的情况，选用不同的试样池。液体或溶液样品可注入吸收池内测定。

液体试样的制备有液膜法和溶液法等。液膜法是在可拆池两窗之间，滴上 1 ~ 2 滴液体试样，使之形成一层薄的液膜。液膜厚度可借助于池架上的固紧螺丝作微小调节。该法操作简便，适用对高沸点及不易清洗的试样进行定性分析。溶液法是将液体（或固体）试样溶在适当的红外溶剂中，如 CS_2、CCl_4、$CHCl_3$ 等，然后注入固定池中进行测定。该法特别适于定量分析。此外，它还能用于红外吸收很强、用液膜法不能得到满意谱图的液体试样的定性分析。在采用溶液法时，必须特别注意红外溶剂的选择。要求溶剂在较宽的范围内无吸收，试样的吸收带尽量不被溶剂吸收带干扰。此外，还要考虑溶剂对试样吸收带的影响。

（3）固体样品的制备。

除前面介绍的溶液法外，固体样品的制备还有粉末法、调糊法、压片法、薄膜法、发射法等，其中尤以调糊法、压片法和薄膜法最为常用。压片法是分析固体试样应用最广的方法。通常按照固体样品和 KBr 为 1∶100 的比例共同研磨，在模具中用 $(5 \sim 10) \times 10^7$ Pa 压力的油压机压成透明的片后，再置于光路进行测定。由于 KBr 在 4 000 ~ 400 cm^{-1} 光区不产生吸收，因此可以绘制全波段光谱图。除用 KBr 压片外，也可用 KI、KCl 等压片。调糊法操作简单，就是把试样研细，滴入几滴悬浮剂，继续研磨成糊状，然后用可拆池测定。常用的悬浮剂是液体石蜡油，它可减小散射损失，并且自身吸收带简单，但不适于用来研究与石蜡油结构相似的饱和烷烃。薄膜法主要用于高分子化合物的测定。通常将试样热压成膜或将试样溶解在沸点低、易挥发的溶剂中，然后倒在玻璃板上，待溶剂挥发后成膜后，再用红外灯加热干燥进一步除去残留的溶剂。制成的膜直接插入光路即可进行测定。

近红外光谱区的信息是分子振动频率（中红外谱区的信息）的合频和倍频，摩尔吸光系数小，一般较中红外基频吸收低 1 ~ 3 个数量级，近红外可以直接穿透样品，因此样品不需要像中红外或其他分析技术那样溶解、萃取等一系列预处理过程。近红外分析中制样引起的误差分析可占总误差的 60% ~ 70%，样品的制备就是把样品转化成近红外分析所能用的形式。制样时如果需要粉碎样品，对于颗粒大的样品可进行预先粉碎一次。粉碎后的样品混合均匀与否也是制样过程中的重要一步。不论何种样品在粉碎过程中都会出现分层现象，所以分析之前必须充分混匀，尤其是对粒度很小的样品。另外，液体和糊状物分层现象也很严重，所以在分析之前也要充分混合均匀。样品混匀后即可以进行近红外光谱的测量。

9.5　分析方法与应用实例

9.5.1　分析方法

利用红外吸收光谱法进行定性分析，是如今有机定性分析中应用最广泛的方法之一。利用红外光谱定性分析有很多优点，如特征性高，不受试样相态、熔点、沸点和蒸汽压的限制，所需样品量少且分析时间短等。定性分析中最主要的工作是进行谱图的解析，红外光谱的一般解析步骤如下：

①了解了样品的来源及制备方法等一些信息后，计算给出化学式化合物的不饱和度，

其计算方法如下：

$$U=1+n_4+\frac{n_3-n_1}{2}$$

式中，n_1、n_3 和 n_4 分别代表含有一价、三价和四价原子的数目。

②将整个红外光谱划分成特征官能团区（4 000～1 333 cm^{-1}）和指纹区（1 333～667 cm^{-1}），由高频区至低频区依次检查吸收峰存在的情况，找出相应化合物所属的可能类别和所含的主要官能团。

③将官能团区划分为3个波段进行检查：首先是4 000～2 500 cm^{-1}区，该区域的吸收峰表征有氢原子的官能团（伸缩振动）存在，如羟基（3 700～3 200 cm^{-1}）、羧基（3 600～2 500 cm^{-1}）、氨基（3 500～3 300 cm^{-1}）等。为了确证这些基团的存在，还要查证是否存在相应基团的相关吸收峰。其次是2 500～2 000 cm^{-1}区，该区域吸收峰的出现，反映了含三键的化合物（如—C≡C—、C≡N的存在）以及X—H（X为S、Si、P、B等）基团的存在，在该区域内的峰一般是中等强度或弱峰。再次是2 000～1 333 cm^{-1}区，这一区域的吸收，反映了含有双键的化合物，如酸酐、酰、卤、酯、醛、酮、羧酸、酰胺、醌和羧酸离子中的羰基的伸缩振动吸收峰大致按照这里所排的次序，由高到低，依次出现在1 870～1 600 cm^{-1}区，而且都是强峰。碳碳双键、碳氮双键和氮氧双键也在此区域也产生吸收，但频率偏低，一般在1 650 cm^{-1}以下。苯环在此区域的两个特征峰出现在约1 600 cm^{-1}和约1 500 cm^{-1}处，可以作为苯环存在与否的标志。在1 650～1 550 cm^{-1}区还包括氨基的变形振动峰。

④将指纹区再分为两个波区进行分析，首先是1 333～900 cm^{-1}区，该区域包括C—O、C—N、C—P、C—P、C—Si、P—O、Si—O等单键的伸缩振动吸收和C═S、S═O、P═O等键的伸缩振动吸收以及$HC(CH_3)_2$、$—CHRC═CH_2$和—CHR═CHR′（反式）骨架或变形振动吸收。其次是在900～667 cm^{-1}区，这一区域的吸收可以指示$\leftarrow CH_2 \rightarrow_n$的存在，反映了双键的取代程度、构型（顺式或反式）、苯环上取代基的位置以及是否含氯或溴等。

⑤在确定了化合物的类型和可能含有的官能团后，可以按类查表9.2，并遵照前面所介绍的影响特征频率移动的规则及相关峰，或查阅其他类书籍。

⑥按照以上步骤确定了化合物的可能结构以后，再与标准图谱或与标样在同样条件下测定的红外光谱对照，同时结合核磁共振、质谱、紫外光谱以及元素分析等结果做出最后的结论。

9.5.2 解析红外光谱注意事项

解析红外光谱应注意以下问题：

①通过官能团的频率谱带，可以确定可能存在的官能团，通过指纹区确定精细结构。谱图中吸收峰的强度需要注意，但有些弱峰、肩峰的存在也不可忽略。

②有机化合物仅需谱图中10%～20%的谱带信息提供的信息做出判断，不需要对每个谱带做出解释。

③通过某些特殊区域没有吸收带可以排除某些基团的存在（但处于对称位置的双键或三键伸缩振动往往也不显吸收峰），但是，吸收峰的存在并不能确定某基团的存在，应该考虑杂质的干扰。

④取代基的电子效应会引起基团频率的变化。

⑤注意同一样品采用不同的制样技术会得到不同的谱图。

⑥样品中的杂质及介质中的水分对谱带有干扰，在 3 350 ~ 1 640 cm^{-1}处出现的吸收峰很可能就是样品中水分子引起的，因此需要对样品进行纯化后测定。

⑦红外光谱是测定化合物结构的，对映异构体具有相同的光谱，因此不能用红外光谱来鉴定这类异构体。

⑧在一个光谱图中的所有吸收峰并不能全部指出其归属，因为有些峰是分子作为一个整体的特征吸收，而有些峰则是某些峰的倍频或组频，另外还有些峰是多个基团振动吸收的叠加。

⑨在 4 000 ~ 650 cm^{-1}区只显少数几个宽吸收的谱图，大多数为无机化合物的谱图。

⑩高聚物的光谱比单体的光谱吸收峰的数目少，峰宽且钝，强度也较低，且相对分子质量不同的相同聚合物红外光谱无明显差异。

⑪解析光谱图时辨认峰的位置固然重要，但是峰的强度对结构的确定也能提供有用的信息，有时注意分子中两个特征峰相对强度的变化能为确认复杂基团的存在提供线索。

下面举例说明红外图谱的解析过程。

9.5.3　红外光谱在有机化合物中的应用

【例 9.1】　有一个化合物的分子式是 C_8H_{18}，其红外光谱如图 9.4 所示，试推断其结构。

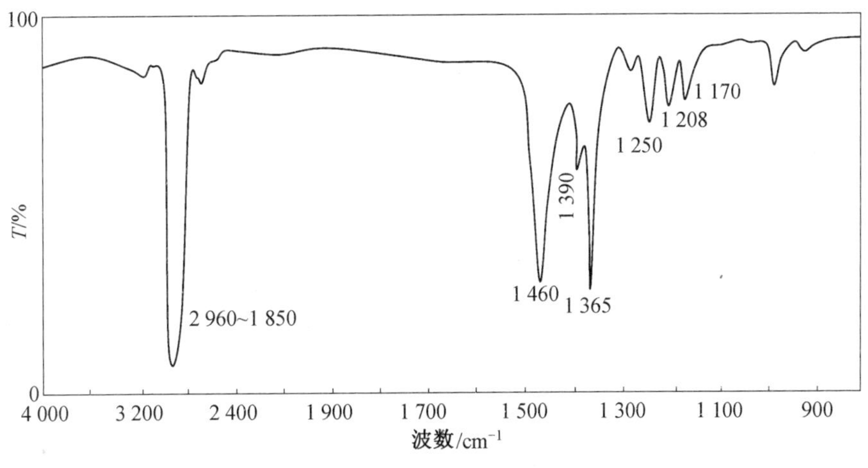

图 9.4　C_8H_{18}的红外光谱图

解析　①不饱和度 $U=1+8+\frac{1}{2}\times(-18)=0$，为链烷烃类；②2 960 ~ 2 850 cm^{-1}为典型的饱和烃吸收带，它由甲基和亚甲基的伸缩振动产生；③1 460 cm^{-1}是甲基和亚甲基变形振动产生的吸收带，在 1 390 cm^{-1}、1 365 cm^{-1}的吸收峰是甲基变形振动 1 380 cm^{-1}的分裂峰，其中 1 365 cm^{-1}的强度约为 1 390 cm^{-1}的 2 倍，因此分子中存在叔丁基；④1 250 cm^{-1}、1 208 cm^{-1}处的吸收峰进一步表明分子中存在叔丁基。而 1 170 cm^{-1}处的吸收峰表明分子中还存在异丙基；⑤780 ~ 720 cm^{-1} 无吸收峰，表明分子中无亚甲基或最多只有一个亚甲基。综上述推断，该化合物结构应为

$$H_3C—\underset{CH_3}{\overset{CH_3}{C}}—CH_2—\underset{CH_3}{\overset{CH_3}{C}}—CH_3$$

，并与标准谱图对比相符。

【例 9.2】 有一未知物是有嗅味的无色液体，经元素分析确定它含有 C、H、N、S 元素组成，其红外光谱如图 9.5 所示，试确定其结构。

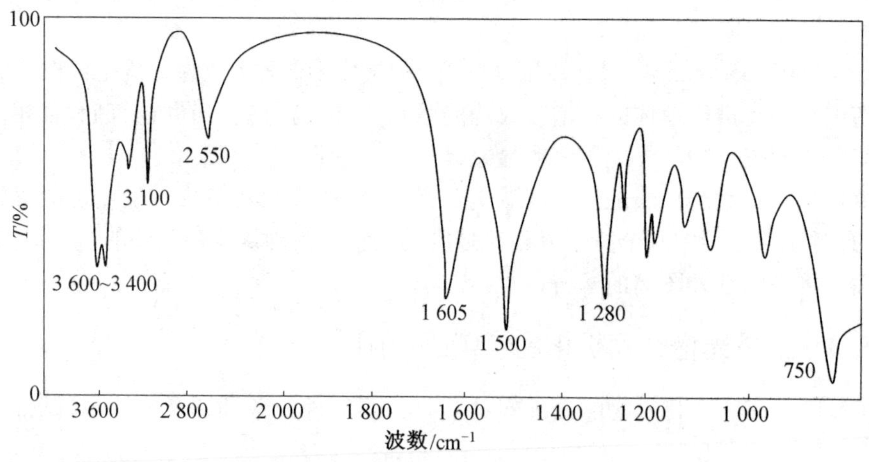

图 9.5 未知物的红外光谱图(一)

解析 ①样品的光谱中无羰基的伸缩振动吸收峰，3 600 ~ 3 400 cm^{-1} 可能是 N—H 或 O—H 的吸收，由元素分析表明不含氧元素，因此是 N—H 的吸收，由于它是双峰，故应该是伯胺；②1 605 cm^{-1} 和 1 500 cm^{-1} 是芳环 C—C 的特征吸收，3 100 cm^{-1} 是 Ar —H 的伸缩振动吸收，750 cm^{-1} 是邻取代苯的特征吸收；1 280 cm^{-1} 是伯芳胺的 C—N 振动吸收；③2 550 cm^{-1} 是 X—H 的特征伸缩振动吸收，由元素分析可知，有 S 元素的存在，因此分子中有 S—H 基存在；④因为约 2 900 cm^{-1}、2 800 cm^{-1}、1 470 cm^{-1}、1 380 cm^{-1} 均无吸收峰，故分子中无—CH_3、—CH_2 的存在。由以上推断可以确定，—SH、—NH_2 是直接与苯环相连，并邻位相接，故该化合物的结构为 （苯环）—SH，—NH_2 。

【例 9.3】 有一未知物，分子式为 C_8H_{16}，其红外光谱如图 9.6 所示，试推导其结构。

解析 ①分子式为 C_8H_{16}，确定化合物的不饱和度 $U=1+8+\frac{1}{2}(-16)=1$，该化合物可能含有烯键或成环；②3 000 ~ 2 800 cm^{-1} 为饱和碳氢键的伸缩振动吸收峰，1 460 cm^{-1} 为饱和碳氢的弯曲振动吸收峰，3 100 cm^{-1} 为烯氢的伸缩振动吸收峰，1 650 cm^{-1} 为烯键伸缩振动吸收峰；910 cm^{-1}、990 cm^{-1} 的强吸收带为单取代端烯烯氢的面外弯曲振动吸收峰。综合以上分析，化合物的结构为 1-辛烯，与标准谱图对比相符。

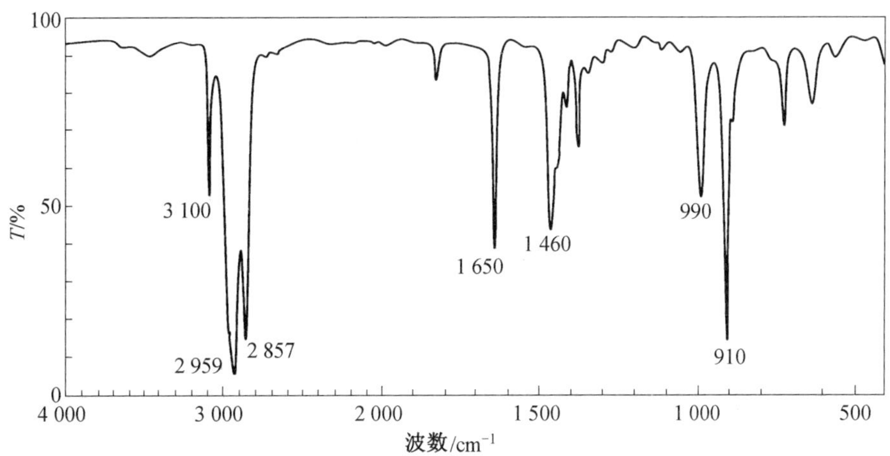

图 9.6　未知化合物的红外光谱图(二)

【例 9.4】 有一未知物,分子式为 C_7H_5OCl,其红外光谱如图 9.7 所示,试推导其结构。

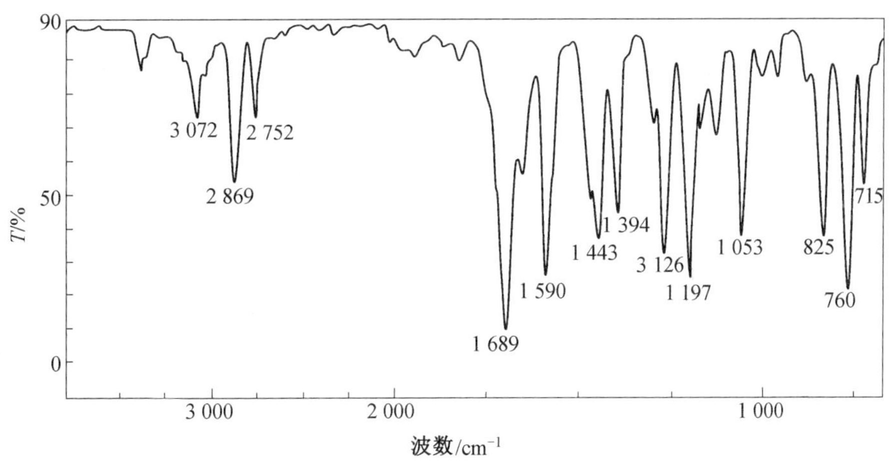

图 9.7　未知化合物的红外光谱图(三)

解析　①分子式为 C_7H_5OCl,确定化合物的不饱和度 $U=1+7+\frac{1}{2}\times(-5-1)=5$,该化合物可能含有苯环;②3 072 cm^{-1} 为芳氢键的伸缩振动吸收峰,1 590 cm^{-1}、1 443 cm^{-1} 为苯环骨架振动吸收峰,760 cm^{-1} 为苯环上相邻 4 个氢的面外弯曲振动,表明苯环是邻位取代;1 698 cm^{-1} 为共轭的羰基伸缩振动吸收峰;2 869 cm^{-1}、2 752cm^{-1} 为醛氢的费米共振吸收峰。综合以上分析,化合物的结构为 2-氯苯甲醛,与标准谱图对比相符。

【例 9.5】 有一未知物的分子式为 $C_{14}H_{10}$,其红外光谱如图 9.8 所示,试推导其结构。

解析　①分子式为 $C_{14}H_{10}$,确定化合物的不饱和度 $U=1+14+\frac{1}{2}\times(-10)=10$,该化合物可能含有苯环,且可能含有两个苯环;②3 050 cm^{-1} 为芳氢键的伸缩振动吸收峰,

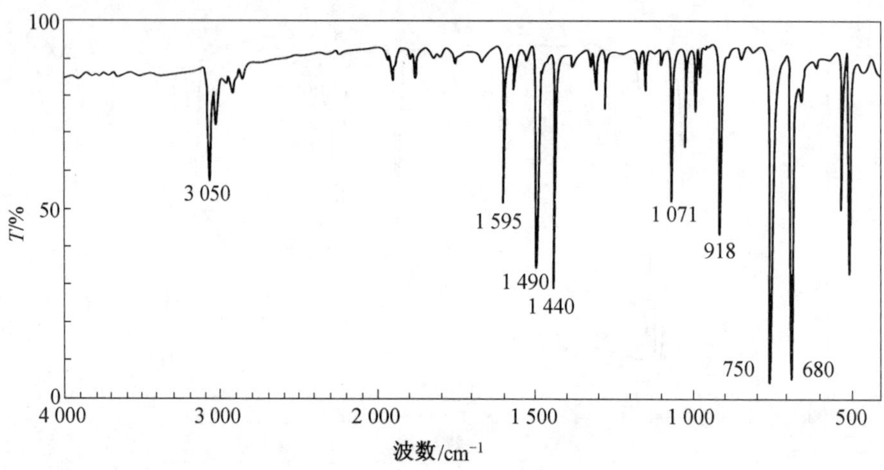

图 9.8 未知化合物的红外光谱图(四)

1 595 cm^{-1}、1 490 cm^{-1}、1 440 cm^{-1}为苯环骨架振动吸收峰,750 cm^{-1}为苯环上相邻 5 个氢的面外弯曲振动,表明苯环是单取代。综合以上分析,判断化合物有两个单取代的苯环,整个谱图比较简单,所以有可能是对称结构,从分子式中两个单取代苯环,剩余两个碳,除去苯环的 8 个不饱和度,剩余两个不饱和度,推测剩余的两个碳可能为一个炔键,因为炔键完全对称,伸缩振动为红外非活性,因此没有炔键峰。因此推断该化合物的结构为二苯基乙炔,与标准谱图对比相符。

【例 9.6】 有一未知物,分子式为 C_3H_3N,其红外光谱如图 9.9 所示,试推导其结构。

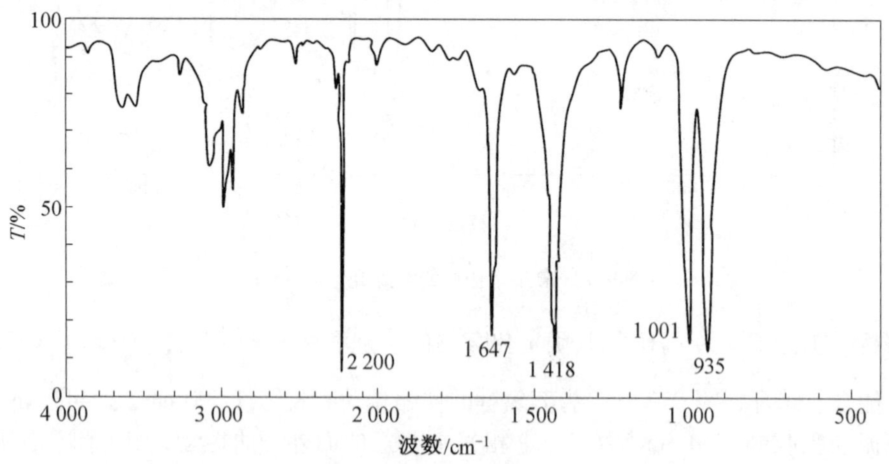

图 9.9 未知化合物的红外光谱图(五)

解析 ①分子式为 C_3H_3N,确定化合物的不饱和度 $U=1+3+\frac{1}{2}\times(1-3)=3$,该化合物可能含有 3 个双键,或是一个三键一个双键,或是含有两个双键的环等;②1 647 cm^{-1}为烯键的伸缩振动吸收峰;935 cm^{-1}、990 cm^{-1}为烯氢的弯曲振动吸收峰;1 418cm^{-1}为亚甲基的弯曲振动吸收峰,无 1 378 cm^{-1}峰说明化合物中可能不含有甲基;2 200 cm^{-1}为三键伸缩振动吸收峰，除去一个端烯、一个亚甲基，从分子式可知不可能是炔键，因此该峰为腈基的伸缩振动吸收峰。综合以上分析，推断该化合物为丙烯腈，与标准谱图对比相符。

【例 9.7】　有一未知化合物，分子式为 $C_{10}H_{10}O$，其核磁共振光谱含有三个质子甲基的单峰，试推导其结构。

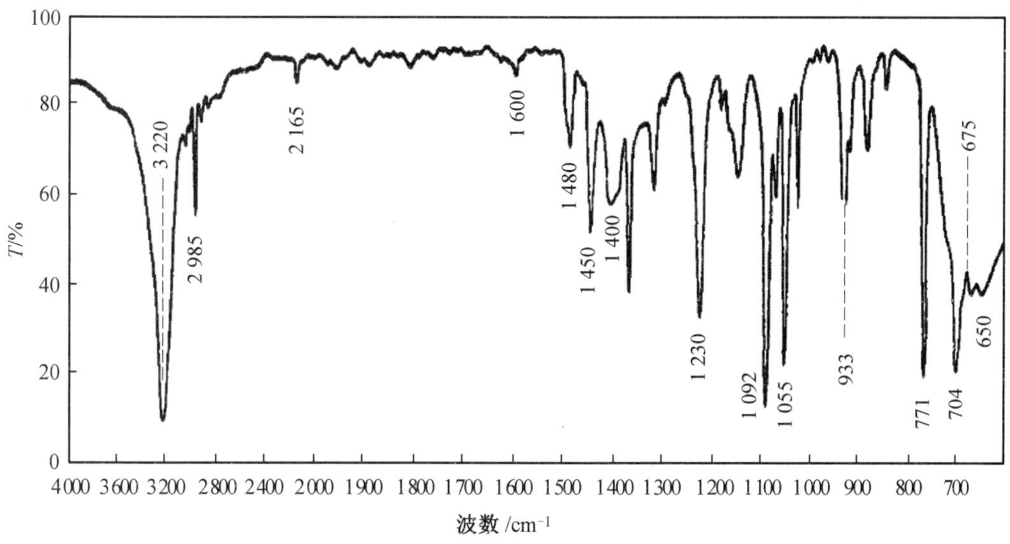

图 9.10　未知化合物的红外光谱图(六)

解析　①化合物的不饱和度为 $(2\times10+2-10)/2=6$；②3 220 cm^{-1} 处的吸收峰对应于炔烃 C—H 伸缩振动与缔合的 O—H，2 985 cm^{-1}，1 450 cm^{-1} 处的吸收峰分别为甲基的 C—H 伸缩振动与变形振动，存在孤立的甲基，即 $C—CH_3$；③C≡C 伸缩振动出现在 2 165 cm^{-1}，吸收带非常弱；④1 600 cm^{-1} 与 1 480 cm^{-1} 吸收带很明显，说明有苯环结构，具有 4 个不饱和度；⑤1 400 cm^{-1} 为缔合 OH 的面内弯曲振动吸收峰；⑥1 092 cm^{-1} 为叔羟基 C—O 的伸缩振动；⑦771 cm^{-1}，704 cm^{-1} 为单取代苯环峰；⑧675 cm^{-1} 或 650 cm^{-1} 为≡C—H 的弯曲振动，其倍频在 1 250 cm^{-1} 附近。故该化合物结构为：

OH
|
C_6H_5—C—C≡CH
|
CH_3

9.5.4　红外光谱在无机化合物中的应用

无机化合物的红外光谱比较简单，无机化合物晶体的晶格振动谱带一般低于 400 cm^{-1}，因此在中红外范围内只产生少数几个峰，它们来自于无机化合物阴离子基团的伸缩振动和变形振动，常见的无机离子的红外光谱吸收带的数据见表 9.3。

表 9.3 常见的无机离子的红外光谱吸收带

无机离子	红外谱带/cm^{-1}
CO_3^{2-}	1 450 ~ 1 350(强),880 ~ 860(中)
HCO_3^-	2 600 ~ 2 400(弱),1 000(中),850(中),700(中),650(中)
SO_3^{2-}	1 000 ~ 900(强),700 ~ 625(极强)
SO_4^{2-}	1 150 ~ 1 050(强),650 ~ 575(中)
ClO_3^-	10 00 ~ 900(中强),650 ~ 600(强)
ClO_4^-	1 150 ~ 1050(强),650 ~ 600(强)
NO_2^-	1 380 ~ 1 320(弱),1 250 ~ 1 230(极强),840 ~ 800(弱)
NO_3^-	1 380 ~ 1 350(极强),840 ~ 815(中)
NH_4^+	3 300 ~ 3 030(极强),1 430 ~ 1 390(强)
PO_4^{3-},HPO_4^{2-},$H_2PO_4^-$	1 100 ~ 1 000(强)
CN^-,SCN^-,OCN^-	2 200 ~ 2 000(强)
SiO_3^{2-}	1 000 ~ 900(强)
CrO_4^{2-}	900 ~ 750(中强)
CrO_7^{2-}	900 ~ 820(中),750 ~ 700(中)
MnO_4^{2-}	925 ~ 875(强)

9.5.5 近红外光谱的应用

表 9.4 是 Kelly 等人归纳的 C—H 官能团的振动频率,目前对于各个吸收频率的归属已经肯定,但对于各吸收频率所属的振动形式尚不能确定。

表 9.4 C—H 键在近红外光谱区域的特征吸收谱带 单位:nm

	甲 基	亚甲基	烯 烃	芳 烃
组合频	2 250 ~ 2 360	2 290 ~ 2 450	2 120 ~ 2 140	2 150,2 460
一级倍频	1 695,1 705	1 725,1 765	1 620 ~ 1 640	1 680
组合频	1 360,1 435	1 395,1 415	1 340	1 420 ~ 1 450
二级倍频	1 150,1 190	1 210	1 080 ~ 1 140	1 145
组合频	1 015	1 053	1 040	—
三级倍频	913	934	—	875
四级倍频	745	762	—	—

【例 9.7】 图 9.10 为正己烷的近红外光谱图。亚甲基的吸收谱带最强,包括对称和不对称两种振动模式。亚甲基 C—H 的不对称伸缩振动基频在 3 406 ~ 3 429 nm,一级倍频在 1 737.1 ~ 1 886.0 nm,二级倍频在 1 169.4 ~ 1 314.5 nm,三级倍频在 885.6 ~ 1 028.7 nm。亚甲基的对称伸缩振动基频在 3 493 ~ 3 517 nm,一级倍频在 1 781.4 ~ 1 934.4 nm,二级倍频在 1 199.3 ~ 1 348.2 nm,三级倍频在 908.2 ~ 1 055.1 nm。亚甲基的剪切对称弯曲振动基频在 6 826 ~ 6 920 nm,一级倍频在 3 481.3 ~ 3 806.0 nm,二级倍

频在 2 343.6 ~ 2 652.7 nm，三级倍频在 1 774.8 ~ 2 076.0 nm。亚甲基的面内弯曲振动基频 7 634 ~ 7 752 nm，一级倍频在 3 893.3 ~ 4 198.7，二级倍频在 2 621.0 ~ 2 971.6 nm，三级倍频在 1 984.8 ~ 2 325.6。亚甲基的耦合摆动基频在 7 692 ~ 10 000 nm，一级倍频在 3 922.9 ~ 5 500 nm，二级倍频在 2 640.9 ~ 3 833.3 nm，三级倍频在 1 999.9 ~ 3 000 nm。

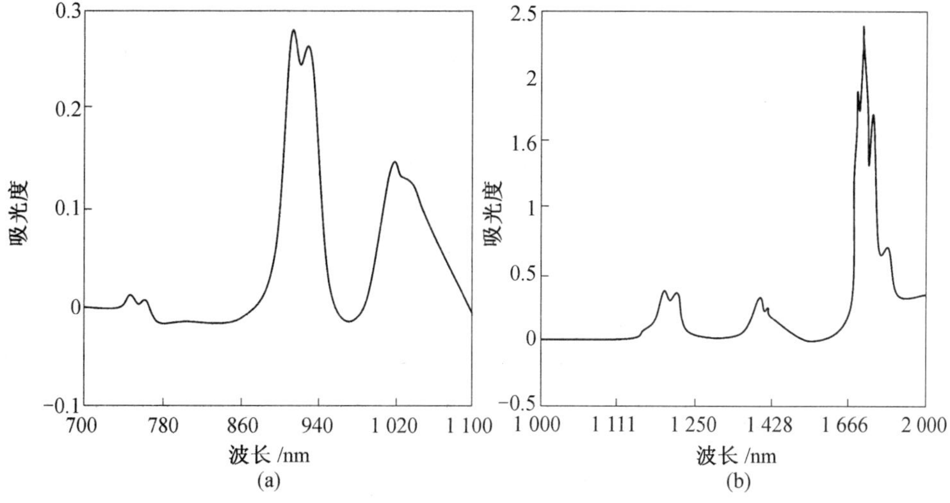

图 9.10　正己烷的近红外光谱图

【例 9.8】　图 9.11 为苯的近红外光谱图。芳烃有多种振动方式，有碳氢键的伸缩振动、面内弯曲、面外弯曲振动和碳碳键的环伸缩与环弯曲振动。芳烃 C—H 的伸缩振动基频在 3 226 ~ 3 333 nm，一级倍频在 1 645.3 ~ 1 833.2 nm，二级倍频在 1 107.6 ~ 1 277.7 nm，三级倍频在 838.8 ~ 999.9 nm。芳环 C—C 的伸缩振动基频在 6 250 nm，一级倍频在 3 187.5 ~ 3 437.5 nm，二级倍频在 2 145.8 ~ 2 395.8 nm，三级倍频在 1 625.0 ~ 1 875.0 nm。芳烃 C—H 的弯曲振动产生了一系列组合频，其位置在 5 000 ~ 5 882 nm、25 550 ~ 3 235 nm、1 716 ~ 2 255 nm、13 300 ~ 1 765 nm。

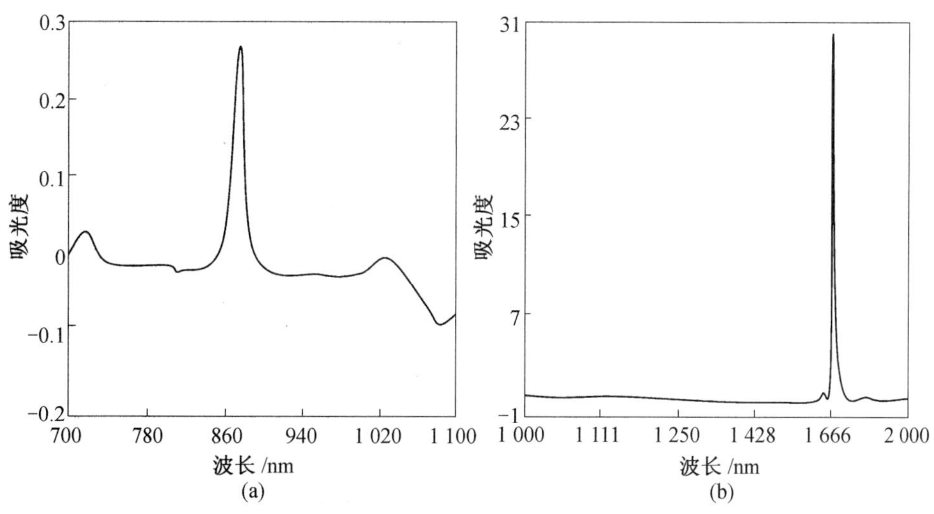

图 9.11　苯的近红外光谱图

习　题

1. 根据红外光谱推导出分子式 C_5H_{14} 的结构(图 9.12)。

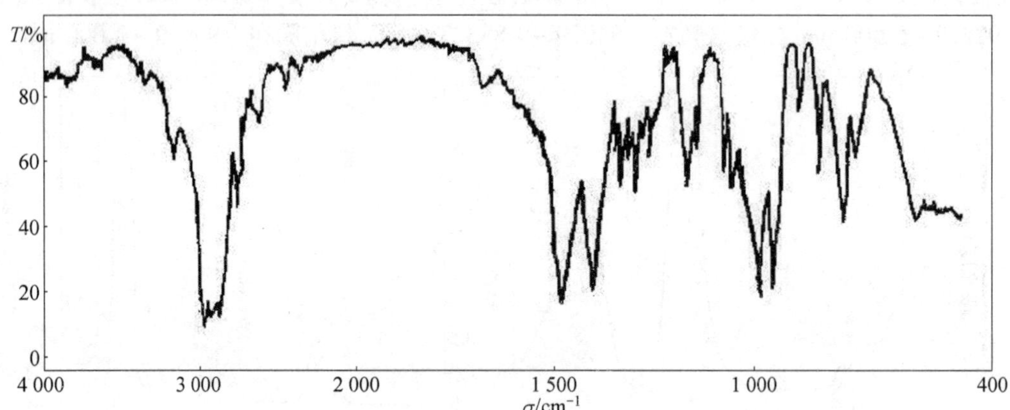

图 9.12　习题 1 图

2. 根据红外光谱推导出分子式为 C_9H_{12} 的液态烃的分子结构(图 9.13)。

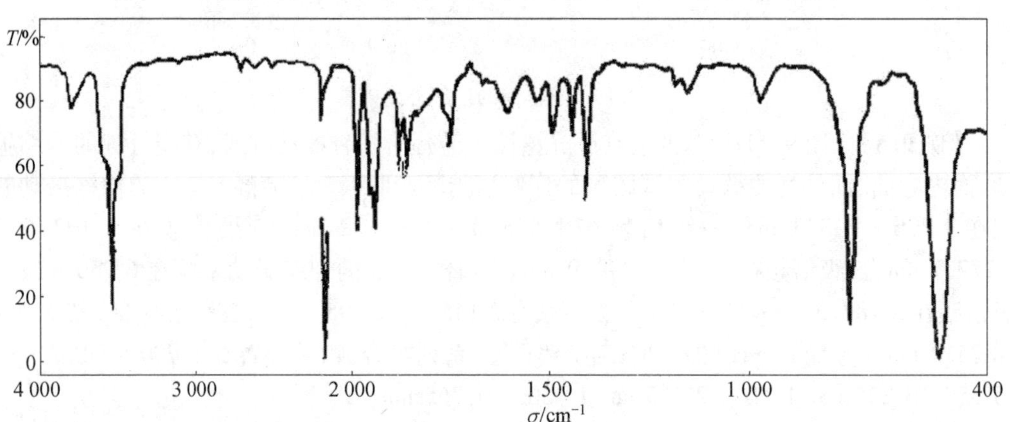

图 9.13　习题 2 图

3. 根据红外光谱试推导出 $C_8H_{14}O_3$ 的结构(图 9.14)。

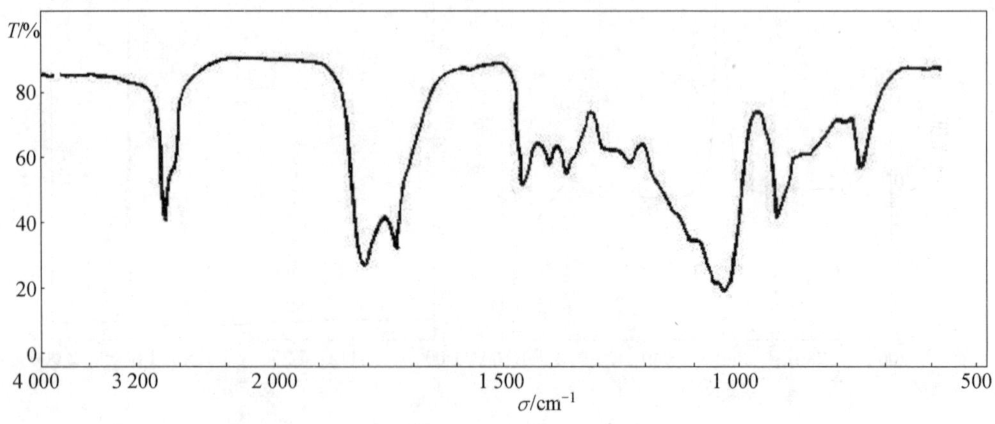

图 9.14　习题 3 图

4. 根据红外光谱推导出 $C_6H_{15}N$ 的结构(图 9.15)。

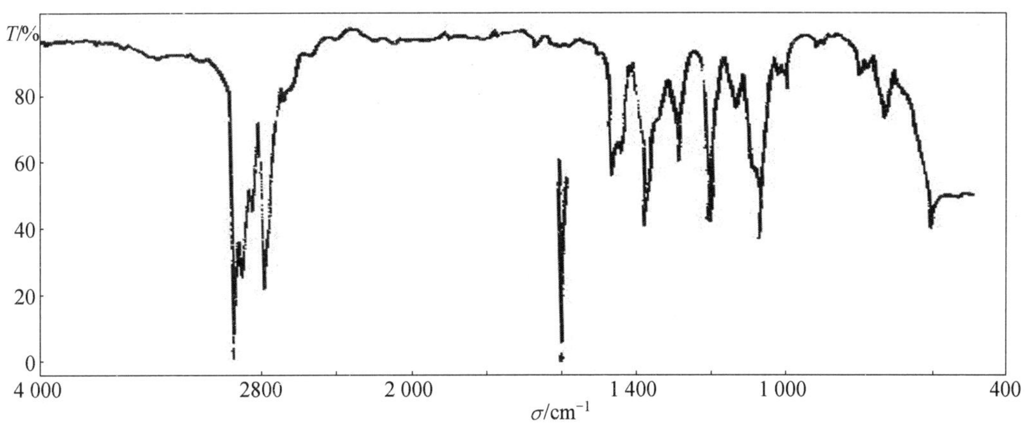

图 9.15　习题 4 图

5. 根据红外光谱推导出 C_8H_8 的结构(图 9.16)。

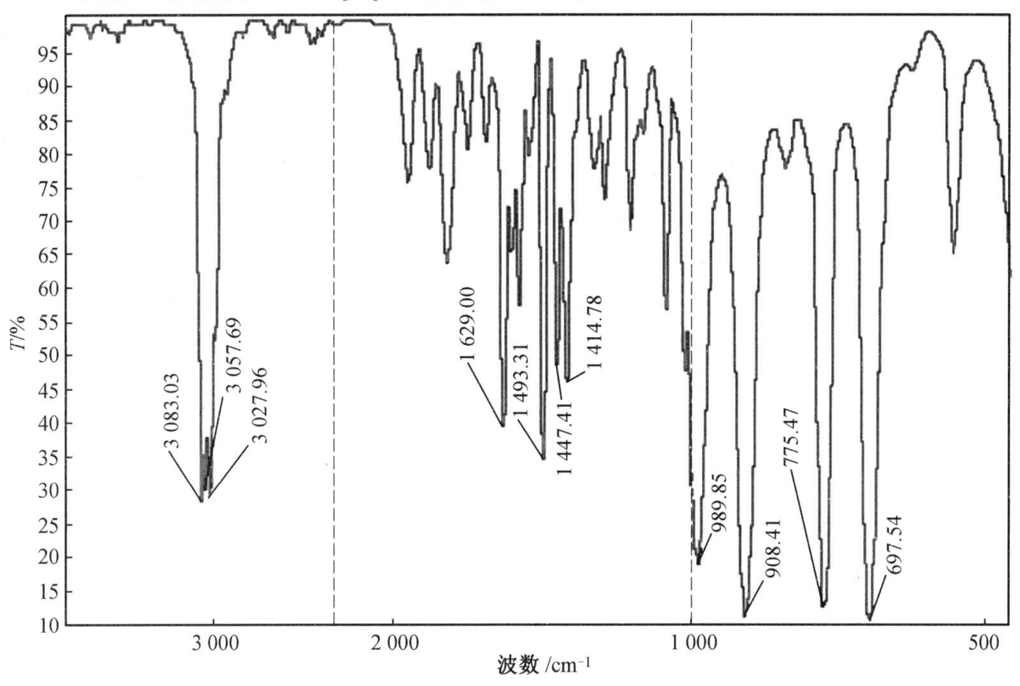

图 9.16　习题 5 图

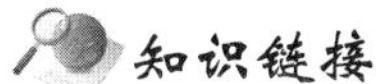

知识链接

红外线的发现

1666 年,伟大的科学家牛顿在太阳光透过玻璃三棱镜的实验中发现,白色的阳光竟然是由红、橙、黄、绿、蓝、靛、紫七种颜色的单色光组成的,这就是物理学中著名的“光的色散实验”。牛顿对光学研究的贡献很多,他在光的直线传播、光的折散和反射、透镜的成像、颜色的理论等许多方面的研究成就已成为人类知识宝库中最重要的一部分。但是牛顿本人以及与他同时代的科学家都是把注意力集中于千姿百态的各种光学现象上或者是无休止的光的本性的争论上，唯独无人关心太阳的光。可以说在光学的发展史上，很长的一段时间内太阳的光是科学的弃儿。

1738 年，一个叫威廉·赫歇尔(W. Herschel)的孩子在英国出生了，他的职业是牧师，但却对太阳光情有独钟。为此他专门买了一块很大的玻璃三棱镜放在自己的桌子上，不时欣赏太阳光透过它形成的七色彩带。1800 年的一天早晨，年过花甲的 Herschel 看着美丽的色彩带，忽然像小孩一样好奇地问自己："阳光带有热量，可是组成太阳光的七种单色光中，哪一种带的热量最多呢?"他的这一看似简单的问题在当时谁也不知道答案，于是 Herschel 便开始思考这个问题，试图找出正确的答案。几天以后，Herschel 便找到了解决这一问题的方法。他想，太阳光透过三棱镜分成七种单色光，如果知道了每种光的温度，不就知道它们之中谁带的热量多吗？接着，Herschel 在自己房中的墙面贴上一张白纸作为光屏，并让经过三棱镜的七色光带照在纸屏上。然后，Herschel 在每一条光带的位置挂了一支温度计。他怕自己的观察不够全面，又在红光带和紫光带外各挂了一支温度计。做好这一切之后，记录下每支温度计开始的读数，然后就在桌子旁的椅子上坐下来开始观察。温度计的水银柱缓慢地上升，Herschel 耐心地等待。大约过了半个小时，所有温度计的读数不再变了。Herschel 发现绿光区的温度上升了 3 ℃，紫光区的温度上升了 2 ℃，紫光区外的那支温度计的读数几乎没有变化。然而令他吃惊的是，红光区外的那支温度计的读数竟上升了 7 ℃。他发现了这一奇特的现象之后，立即重复这一实验。多次的实验结果都是相同的：红光区外的那支温度计的读数上升得最多。经过详细地分析之后，Herschel认为阳光的光谱实际上比被人们看到的七种单色光更宽，在红光带外一定还有某种人眼看不见的光线，而且这种光线携带的热量最多。后来科学界把这种看不见的光线命名为红外线，而 Herschel 也因为发现了它而留名科学史册。

第 10 章　紫外-可见分光光度法和紫外漫反射光谱

10.1　简　　介

紫外-可见分光光度法(ultraviolet and visible spectrophotometry, UV-Vis)是利用物质的分子吸收 200 ~ 800 nm 光谱区的辐射来进行分析测定的方法。紫外-可见吸收光谱产生于价电子和分子轨道上的电子在电子能级间的跃迁,广泛用于有机和无机化合物的定性和定量测定。紫外漫反射光谱广泛应用于研究催化剂表面过渡金属离子及其配合物的结构、氧化状态、配位对称性等。

10.2　紫外-可见分光光度计系统组成

紫外-可见分光光度计所使用的波长范围是 180 ~ 1 000 nm,其中,180 ~ 380 nm 是近紫外光区,380 ~ 1 000 nm 是可见光区。紫外-可见分光光度计主要有单光束分光光度计、双光束分光光度计和双波长分光光度计,它们都是由光源室(light source)、单色器(monchromator)、样品室(absoryption cell)、检测器(detector)和信号显示系统(signal indicating system)5 部分组成的。

1. 光源室(light source)

紫外-可见分光光度计选用连续光源,要求光源具有足够的输出功率和稳定性,并且辐射的能量随波长的变化尽量小。

在近紫外光区,常用氢灯和氘灯,它们在 160 ~ 375 nm 范围内产生连续光源。氘灯的灯管内充有氢的同位素氘,它是紫外光区应用最广泛的一种光源,其光谱分布与氢灯类似,但光强度比相同功率的氢灯要大 3 ~ 5 倍。

在可见光区,常用钨灯和碘灯,它们在 340 ~ 2 500 nm 产生连续光谱。这类光源的辐射能量与施加的外加电压有关,发射系数对电压变化很敏感,能量输出在可见光区和工作电压成 4 次方。因此,为获得稳定光源,必须备有稳压装置,严格控制灯丝的工作电压。

2. 单色器(monchromator)

单色器的功能是将光源辐射的复合光依波长顺序色散,从中分离得到需要宽度的谱带。如图 10.1 所示,单色器由入射狭缝、准直镜、色散元件、聚焦透镜和出口狭缝组成。入射狭缝在决定单色器的性能上起重要作用,狭缝宽度的大小直接影响光谱通带的宽度;准直镜的作用是将光变成平行光;色散元件的作用是使各种不同波长平行光产生不同的偏转角度。光从入射狭缝进入,经准直镜变成平行光后投射到色散元件,再经与准直镜相同的聚光镜将色散后的平行光聚焦于出口狭缝上，形成按波长排列的光谱。通过转动色散元件的方位可在出口狭缝得到所需波长的光谱。

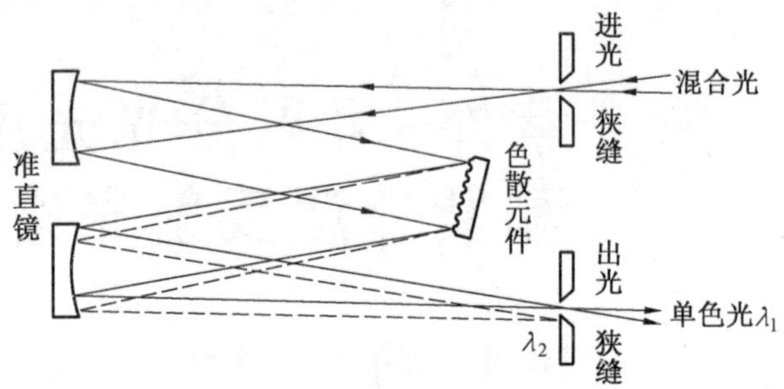

图 10.1　单色器光路示意图($\lambda_2>\lambda_1$)

在单色器中，最重要的是能起到分光作用的色散元件，主要有棱镜和光栅。

棱镜是由于不同波长的光的不同折射率，因此可将复合光色散成依次从长波到短波的连续光谱。玻璃棱镜用在可见光区，石英棱镜用于紫外光区、可见光区和近红外光区。光栅是在高度抛光的表面上刻出大量平行、等距离的槽。射到每一条槽上的光被衍射或散开成一定的角度，在其中的某些方向产生干涉作用，使不同波长的光有不同方向，出现各级明暗条纹，形成光栅的各级衍射光谱。光栅色散后的光谱是由紫到红、各谱线间距离相等、均匀分布的连续光谱。单色器的性能直接影响光谱通带的宽度，从而影响测定的灵敏度、选择性以及校正曲线的线性关系。

3. 样品室(absorption cell)

样品室的设计应能放置各种类型、不同光程吸收池和相应的池架附件，如恒温、低温、反射、荧光测定附件及长形池、流动池和微型池等。盛放试样的吸收池由光透明材料制成。石英池适用于紫外及可见光区，对近红外光区(波长在 3 μm 以内)也是透明的；玻璃池只能用于可见光区。为了减少反射损失，吸收池的光学面必须完全垂直于光束方向。吸收池两光面易损蚀，应注意保护。

4. 检测器(detector)

检测器用于检测光信号，测量单色光经过样品室前后光强度的变化。对检测器的要求是灵敏度高、响应时间短、响应的线性范围窄、噪声水平低且稳定性好。紫外-可见分光光度计常用的检测器有光电池、光电管、光电倍增管和光电二极管阵列等，较常用的是光电倍增管。

5. 信号显示系统(signal indicating system)

信号显示器是将检测器输出的信号放大并显示出来的装置。常用的装置有电表指示、图表指示和数字显示等。目前，许多紫外-可见分光光度计都配置了工作站和激光打印机，测定信号的记录、处理、显示、打印和其他操作都可以通过工作站的计算机软件系统进行控制。

6. 积分球附件

利用积分球附件可以测定悬浮液、乳浊液以及固体样品。积分球的光路图如图 10.2 所示，它是一个球形反射器，用对各个波长光的反射性能都比较好的白色 MgO 作涂层，当入射光通过含有悬浮粒子的试液时,积分球能使散射光在球内经多次反射而最后都进入检测器。利用积分球还可测量不透明固体样品、半透明样品(如塑料、薄膜)和生物样品的紫外-可见漫反射光谱。

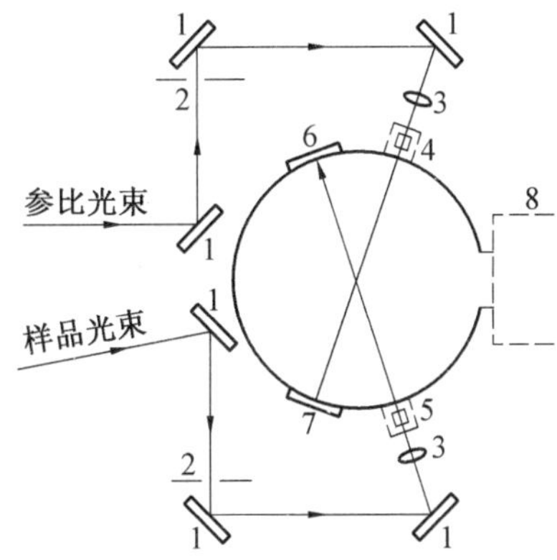

图 10.2　积分球的光路图

1—平面镜;2—隙缝;3—透镜;4—参比池;5—样品池;
6—反射样品;7—白色 MgO 参比标准;8—检测器

10.3　紫外-可见分光光度法的基本原理

分子内部除具有电子相对于原子核的运动能量 $E_{电子}$外,还包括分子内原子在平衡位置附近的相对振动能量 $E_{振动}$及分子本身围绕重心的转动能量 $E_{转动}$。这 3 种运动的能量是量子化的,并对应有一定的能级。若不考虑各运动形式之间的相互作用,可近似地认为分子的能量 $E_{分子}$为

$$E_{分子}=E_{电子}+E_{振动}+E_{转动}$$

当分子由较低能级 E 跃迁至较高能级 E'时,所需吸收的辐射能量 $\Delta E_{分子}$为

$$\begin{aligned}\Delta E_{分子}&=E'-E=(E'_{电子}-E_{电子})+(E'_{振动}-E_{振动})+(E'_{转动}-E_{转动})\\&=\Delta E_{电子}+\Delta E_{振动}+\Delta E_{转动}\end{aligned}$$

分子中,电子能级间的能量差 $\Delta E_{电子}$一般为 1 ~20 eV,振动能级间的能量差 $\Delta E_{振动}$为 0.05 ~1 eV,转动能级间的能量差 $\Delta E_{转动}$通常小于 0.05 eV。若以能量与电子能级间的能量差 $\Delta E_{电子}$相当的紫外光或可见光照射分子,则必然引起伴有转动能级与振动能级变化的电子能级间的跃迁,相应的光谱称为紫外-可见吸收光谱。

10.3.1　紫外-可见吸收光谱的基本概念

1. 生色团(Chromophores 或 Chromophoric groups)

能使分子在紫外-可见光区产生吸收的基团称为生色团。有机化合物中常见的羰基、硝基、共轭双键与三键、芳环等都是典型的生色团。它们的共同特点是:含有 π 键,能发生 $\pi\rightarrow\pi^*$跃迁或 $n\rightarrow\pi^*$跃迁。表 10.1 列出了某些孤立生色团的紫外-可见吸收光谱数据。

表 10.1 某些孤立生色团的电子吸收光谱数据

生色团	实例	λ_{max}/nm	ε_{max}	跃迁类型	状态
链烯键 $>C=C<$	$H_2C=CH_2$	165	10 000	$\pi\to\pi^*$	气态
炔键 $-C\equiv C-$	$HC\equiv CH$	173	6 000	$\pi\to\pi^*$	气态
羰基 $>C=O$	$H_3C-C(H)=O$	289 182	12.5 10 000	$n\to\pi^*$ $n\to\sigma^*$	气态
	$H_3C-C(=O)-CH_3$	274 195	13.6 9 000	$n\to\pi^*$ $n\to\sigma^*$	气态
		275 190	22 1 000	$n\to\pi^*$ $n\to\sigma^*$	环己烷作溶剂
羧基 $-C(=O)-OH$	$H_3C-C(=O)-OH$	204	41	$n\to\pi^*$	乙醇作溶剂
酰胺基 $-C(=O)-NH_2$	$H_3C-C(=O)-NH_2$	205	160	$n\to\pi^*$	甲醇作溶剂
		214	60	$n\to\pi^*$	水作溶剂
酰氯 $-C(=O)-Cl$	$H_3C-C(=O)-Cl$	240	34	$n\to\pi^*$	正庚烷作溶剂
酯	$H_3C-C(=O)-OC_2H_5$	204	60	$n\to\pi^*$	水作溶剂
硝基 $-NO_2$	CH_3NO_2	279 202	15.8 4 400	$n\to\pi^*$ $\pi\to\pi^*$	正己烷作溶剂
偶氮基 $-N=N-$	$H_3CN=NCH_3$	343	25	$n\to\pi^*$	乙醇作溶剂
		339	5	$n\to\pi^*$	水作溶剂
亚胺基 $-C=NR$ N	$C_2H_5-C(H)=NC_2H_5$	238	200	$n\to\pi^*$	异辛烷作溶剂
氧硫基 S=O	亚砜	210	1 500	$n\to\pi^*$	乙醇作溶剂
苯环	苯	254 203.5	205 7 400	$\pi\to\pi^*$	水作溶剂
	甲苯	261 206.5	225 7 000		

2. 红移和蓝移

在有机化合物中，常常因取代基的变更或溶剂的改变，使其吸收带的最大吸收波长 λ_{max} 发生移动。向长波方向移动称为红移，向短波方向移动称为蓝移。

3. 吸收带

同类电子跃迁引起的吸收峰称为吸收带。根据电子跃迁类型不同，可将吸收带分成以下 4 种类型：

①R 带。

R 带是生色团（如 $\gt C{=}O$ 、$—NO_2$ 、—N═N— ）的 $n \to \pi^*$ 跃迁引起的吸收带。R 带的吸收强度很弱（$\varepsilon_{max}<100$），λ_{max} 一般在 270 nm 以上。当溶剂极性增大时，λ_{max} 发生蓝移。如甲醛蒸气的 $\lambda_{max}=290$ nm，$\varepsilon_{max}=10$，丙酮在正已烷中，$\lambda_{max}=279$ nm，$\varepsilon_{max}=15$，均为 $n \to \pi^*$ 跃迁引起的弱吸收带，属 R 带。

②K 带。

由于分子中共轭体系的 $\pi \to \pi^*$ 跃迁引起的吸收带称为 K 带。K 带的 ε_{max} 很大（>10 000），吸收峰的 λ_{max} 处在近紫外区低端，常随溶剂极性增强而红移。

③B 带。

B 带是芳香族和杂芳香族化合物的特征谱带，是由封闭共轭体系（芳环）的 $\pi \to \pi^*$ 跃迁引起的弱吸收带。在 230 ~ 270 nm 呈一宽峰，且具有精细结构，$\lambda_{max}=255$ nm，$\varepsilon_{max}=220$，属弱吸收。B 带的精细结构随溶剂极性增强而减弱甚至消失。

④E 带。

E 带也是芳香族化合物的特征谱带。E 带包括 E_1 带和 E_2 带，二者可分别看成是由苯环中乙烯键、共轭乙烯键的 $\pi \to \pi^*$ 跃迁引起的。E_1 带、E_2 带分别处于 184 nm、204 nm。E_2 带也称 K 带。

4. 助色团

助色团是指带有孤对电子的基团，如—OH、—OR、—NHR、—SH、—Cl、—Br、—I 等，它们本身不能吸收大于 200 nm 的光，但是当它们与生色团相连时，会使其吸收带的最大吸收波长 λ_{max} 发生移动，并且增加其吸收强度（表 10.2）。

表 10.2　某些助色团对生色团苯环吸收带的影响

化合物	E_2 带		B 带	
	λ_{max}/nm	ε_{max}	λ_{max}/nm	ε_{max}
	203	7 400	255	220
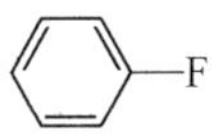 —F	204	8 000	254	900
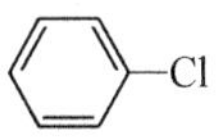 —Cl	210	7 400	264	190

续表 10.2

化合物	E_2 带		B 带	
	λ_{max}/nm	ε_{max}	λ_{max}/nm	ε_{max}
C_6H_5—Br	210	7 900	261	192
C_6H_5—OH	211	6 200	270	1 450
C_6H_5—SH	236	8 000	271	630
C_6H_5—NH_2	230	8 600	280	1 430

10.3.2 有机化合物的紫外–可见吸收光谱

有机化合物的分子结构以及分子轨道上的电子性质决定了各自特有的紫外–可见光谱。根据分子轨道理论,分子轨道有成键轨道、非键轨道和反键轨道。分子中的价电子发生电子能级跃迁占据分子轨道时所需的能量次序是:反键轨道>非键轨道>成键轨道,所以电子总是先填充能量低的成键轨道。与紫外–可见吸收光谱有关的外层电子有形成单键的 σ 电子、形成双键的 π 电子以及氧、氮、硫和卤素等杂原子上未成键的 n 电子(孤对电子)。当受到光致激发时,处于较低能级的电子将跃迁至较高能级,可能产生的跃迁有 $\sigma\rightarrow\sigma^*$、$\sigma\rightarrow\pi^*$、$\pi\rightarrow\sigma^*$、$\pi\rightarrow\pi^*$、$n\rightarrow\sigma^*$ 和 $n\rightarrow\pi^*$ 等 6 种形式,如图 10.3 所示。

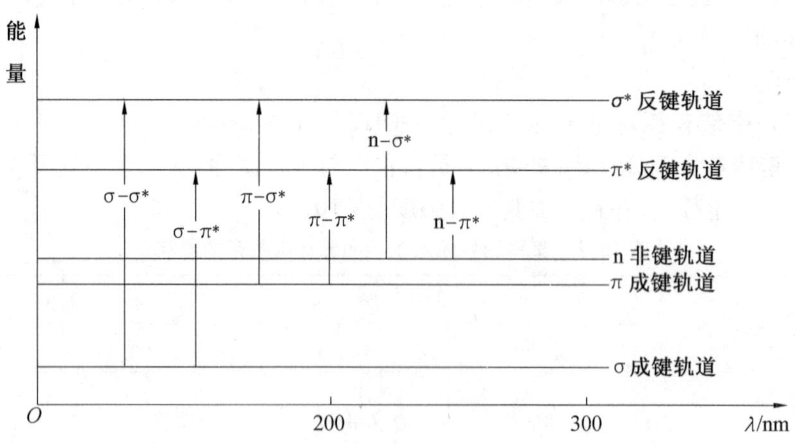

图 10.3 有机化合物分子中电子跃迁示意图

其中 $\sigma\rightarrow\sigma^*$、$\sigma\rightarrow\pi^*$ 和 $\pi\rightarrow\sigma^*$ 跃迁需要的能量大,吸收的光波长小于 200 nm,一般在 150 nm 附近的真空紫外区。由于空气对远紫外区的光有吸收,且该波长已经超出了紫外分光光度计的工作范围,所以对它的紫外光谱研究得较少。

1. 饱和有机化合物

开链烷烃和环烷烃分子中只有 C—C 键和 C—H 键，只能发生 $\sigma \to \sigma^*$ 跃迁，其最大吸收波长 λ_{max}<200 nm，落在真空紫外区。

如果对于含有杂原子的饱和烃，即氢原子被氧、氮、卤素等原子或基团所取代，由于这些原子中含有 n 电子，存在着 $\sigma \to \sigma^*$ 和 $n \to \sigma^*$ 两种跃迁。$n \to \sigma^*$ 跃迁的吸收峰值有的在 200 nm 附近，但大多数仍出现在小于 200 nm 的区域内，$n \to \sigma^*$ 跃迁的摩尔吸光系数 ε 一般为 100 ~ 3 000 ($L \cdot mol^{-1} \cdot cm^{-1}$)。表 10.3 给出了一些饱和烃及其衍生物吸收光谱数据。

表 10.3　某些饱和烃及其衍生物吸收光谱数据

化合物	λ_{max}/nm	ε_{max}	跃迁类型	溶　剂
甲烷	125	10 000	$\sigma \to \sigma^*$	气态
乙烷	135	10 000	$\sigma \to \sigma^*$	气态
甲醇	183.5 174.2	150 356	$n \to \sigma^*$ $n \to \sigma^*$	正己烷
乙醇	181.5 174	320 670	$n \to \sigma^*$ $n \to \sigma^*$	正己烷
乙醚	188 171	1 995 3 981	$n \to \sigma^*$ $n \to \sigma^*$	气态
甲胺	173 215	2 200 600	$n \to \sigma^*$ $n \to \sigma^*$	气态
二乙胺	195	2 800	$n \to \sigma^*$	正己烷
三甲胺	199	3 950	$n \to \sigma^*$	正己烷
甲硫醇	195	1 400	$n \to \sigma^*$	乙醇
1-己硫醇	224	126	$n \to \sigma^*$	环己烷
甲硫醚	210 229(肩峰)	1 020 140	$n \to \sigma^*$ $n \to \sigma^*$	乙醇
二甲二硫	195 253	400 290	$n \to \sigma^*$ $n \to \sigma^*$	乙醇
氯仿	173	200	$n \to \sigma^*$	正己烷
溴丙烷	208	300	$n \to \sigma^*$	正己烷
碘甲烷	259	400	$n \to \sigma^*$	正己烷
二溴甲烷	220.5 198	1 050 970	$n \to \sigma^*$ $\sigma \to \sigma^*$	正己烷
二碘甲烷	291.9 250.9	1 270 600	$n \to \sigma^*$ $\sigma \to \sigma^*$	正己烷

2. 不饱和脂肪烃有机化合物

(1)简单不饱和烃。

烯烃和炔烃类简单不饱和烃,只含有孤立双键的烯烃除了$\sigma \to \sigma^*$跃迁外,还存在$\pi \to \sigma^*$和$\pi \to \pi^*$跃迁。$\pi \to \pi^*$跃迁吸收的能量最低,出现两个吸收带,强吸收带$\lambda_{max}=160 \sim 200$ nm,位于真空紫外区;弱吸收带$\lambda_{max}>200$ nm,进入近紫外区。孤立的双键上如果连有烷基等助色团,烯烃的$\pi \to \pi^*$跃迁会发生红移,取代基越多,红移程度越大。表10.4给出了一些简单不饱和烃的紫外吸收数据。

表 10.4 简单不饱和化合物 $\pi \to \pi^*$ 跃迁的紫外吸收

化合物	λ_{max}/nm	ε_{max}	化合物	λ_{max}/nm	ε_{max}
$CH_2═CH_2$	165	15 000	$CH_2═CHSCH_3$	228	8 000
$CH_2═CHCl$	185	10 000	$(CH_3)_2C═C(CH_3)_2$	196	11 500
$CH_2═CHOCl$	190	10 000	$CH≡CH$	173	6 000

(2)羰基化合物。

羰基化合物包括醛、酮、脂肪酸及其衍生物、酰氯、酰胺等。这类化合物含有孤立羰基,存在$\sigma \to \sigma^*$、$\sigma \to \pi^*$、$\pi \to \sigma^*$、$\pi \to \pi^*$、$n \to \sigma^*$和$n \to \pi^*$跃迁。

饱和醛、酮的特征谱带是由$n \to \pi^*$跃迁(R带)在$\lambda_{max}=270 \sim 300$ nm处产生的弱吸收带($\varepsilon_{max}=10 \sim 50$);其$n \to \sigma^*$跃迁吸收位置$\lambda_{max}=170 \sim 190$ nm($\varepsilon=10^3 \sim 10^5$);但$\pi \to \pi^*$跃迁$\lambda_{max}<150$ nm。

饱和脂肪酸及其衍生物由于含有助色团(—OH、—Cl、—Br、—OR、—NR_2、—SH等)直接与羰基碳原子相连,助色团上的n电子与羰基双键的π电子会产生n-π共轭效应,这时虽然n轨道的势能不变,但是成键π轨道势能的提高比反键π^*轨道能量的提高大,使$\pi \to \pi^*$跃迁所需能量ΔE变小,发生红移;$n \to \pi^*$跃迁所需能量ΔE变大,发生蓝移。所以羧酸及其衍生物中羰基的吸收谱带与醛、酮有很大不同,如图10.4所示。

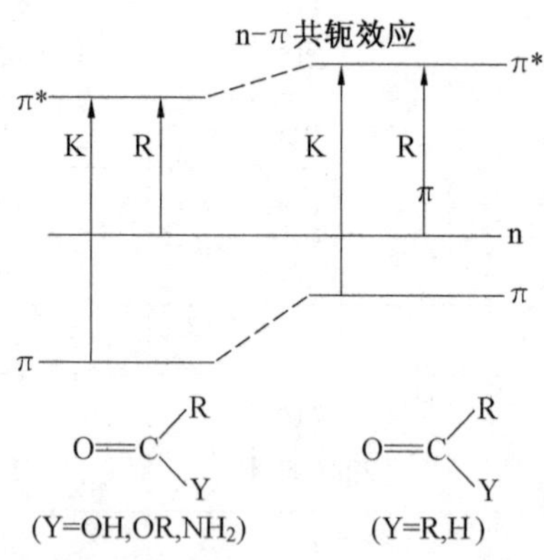

图 10.4 饱和脂肪酸及其衍生物分子轨道能级示意图

不饱和醛、酮含有羰基C═O和C═C生色团,若它们被两个以上单键隔开,则和孤立多烯类似,实际观测到吸收光谱是两个生色团的"加和"。但对于C═O和C═C共轭的α,β-不饱和醛、酮,由于π-π共轭效应形成离域π分子轨道,乙烯键的$\pi \to \pi^*$跃迁能量ΔE变小,其K带将由单独羰基的$\lambda_{max}=165$ nm红移到$\lambda_{max}=210 \sim 250$ nm;而R带将由单独羰基的$\lambda_{max}=270 \sim 290$ nm红移到$\lambda_{max}=310 \sim 330$ nm。当共轭双键数增多时,$\pi \to \pi^*$跃迁吸收带K带红移时会掩盖弱的$n \to \pi^*$跃迁吸收带(R带)。表10.5给出了一些羰基化合物的紫外-可见吸收光谱数据。

表 10.5　某些羰基化合物的紫外-可见吸收光谱数据

化合物	R 带($n\to\pi^*$)		溶剂
	λ_{max}/nm	ε_{max}	
丙酮	279	13	异辛烷
乙醛	290	12.5	气态
甲基乙基酮	279	16	异辛烷
2-戊酮	278	15	正己烷
环戊酮	299	20	正己烷
环己酮	285	14	正己烷
丙醛	292	21	异辛烷
异丁醛	290	16	正己烷
乙酸	204	41	乙醇
乙酸乙酯	207	69	石油醚
乙酰胺	205	160	甲醇
乙酰氯	235	53	正己烷
乙酸酐	225	47	异辛烷

(3)芳香族化合物。

芳香族化合物一般都有 E_1 带、E_2 带和 B 带 3 个吸收峰。图 10.5 为苯的紫外-可见吸收光谱。E_1 带是出现在 184 nm 附近的强吸收带，E_2 带是出现在 204 nm 附近的中等强度吸收带，B 带是出现在 256 nm 附近具有精细结构的弱吸收带。

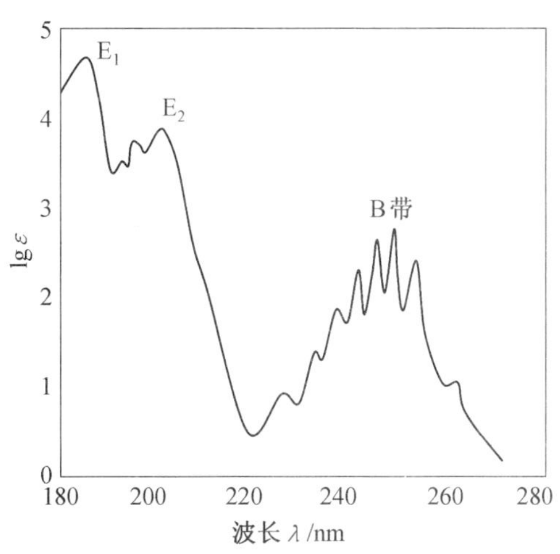

图 10.5　苯的紫外-可见吸收光谱

3 个吸收带中，最重要的是近紫外光区的 E_2 带和具有精细结构的 B 带。B 带在苯及其衍生物中的强度不变，是苯环的特征吸收带，但在极性溶剂中其精细结构不明显甚至消失。

10.3.3 无机化合物的紫外-可见光谱

1. 电荷转移光谱

分子中如同时具有电子给予体和电子接受体，在外来辐射激发下，吸收紫外光或可见光，产生电荷转移光谱(charge-transfer spectrum)。电荷转移光谱的最大特点是摩尔吸光系数 ε 大，一般 $\varepsilon_{max}>10^4(L \cdot mol^{-1} \cdot cm^{-1})$，可用此类光谱进行定量分析。

许多无机配合物能产生电荷转移光谱，一般来说，金属离子(M)是电子接受体，配体(L)是电子给予体。电子的跃迁可表示为

$$M^{n+}-L^{b-}\xrightarrow{h\nu}M^{(n-1)+}-L^{(b-1)-}$$

一些具有 d^{10} 电子结构的过渡元素形成的卤化物及硫化物，如 AgBr、PbI_2、HgS 等，由于电荷转移而产生颜色。

2. 配位体场吸收光谱

配位体场吸收光谱(ligand field absorption spectrum)是指过渡金属离子与配位体所形成的配合物在外来辐射作用下，吸收紫外或可见光而得到相应的吸收光谱。配位体场吸收光谱是由 d→d 电子跃迁或 f→f 电子跃迁产生的。

d→d 电子跃迁是由于 d 电子层未填满的第一、二过渡金属离子的 d 电子，在配体场影响下分裂出的不同能量的 d 轨道之间的跃迁产生。其吸收带在可见光区，强度较弱，$\varepsilon_{max}=0.1\sim100\ (L \cdot mol^{-1} \cdot cm^{-1})$。

f→f 电子跃迁是由镧系和锕系元素的 4f 和 5f 电子跃迁产生，其吸收带在紫外-可见光区。因 f 轨道被已填满的外层轨道屏蔽，不易受到溶剂和配位体的影响，所以吸收带较窄。

10.3.4 影响紫外-可见吸收光谱的因素

各种因素对紫外-可见吸收光谱的影响表现为谱带位移、吸收强度的变化、谱带精细结构的出现或消失。

1. 共轭效应

共轭体系中电子离域到多个原子之间，使分子的最高占据轨道能量升高，最低未占据空轨道能量降低，导致 $\pi\rightarrow\pi^*$ 跃迁的能量降低，同时跃迁几率也增大，即 ε_{max} 增大。对紫外-可见吸收光谱的影响表现为谱带的红移。

2. 立体化学效应

立体化学效应是指空间位阻、构象、跨环共轭等因素导致吸收光谱的红移或蓝移，并常伴随有增色或减色效应。取代基越大，分子共平面性越差，会导致紫外-可见吸收光谱谱带蓝移、吸收强度变弱。

3. 溶剂效应

随着溶剂极性的增大，谱带的 λ_{max} 发生红移或蓝移的现象称溶剂效应。一般情况下，溶剂极性增大时，使 K 带($\pi\rightarrow\pi^*$ 吸收带)发生红移，而使 R 带($n\rightarrow\pi^*$ 吸收带)发生较大的蓝移。不同溶剂极性对异丙叉丙酮 $H_3CCOC{=}C(CH_3)_2$ 影响如图 10.6 所示。溶剂极性增大时，由 $\pi\rightarrow\pi^*$ 跃迁引起的 K 带红移，$n\rightarrow\pi^*$ 跃迁引起的 R 带蓝移(表 10.6)。

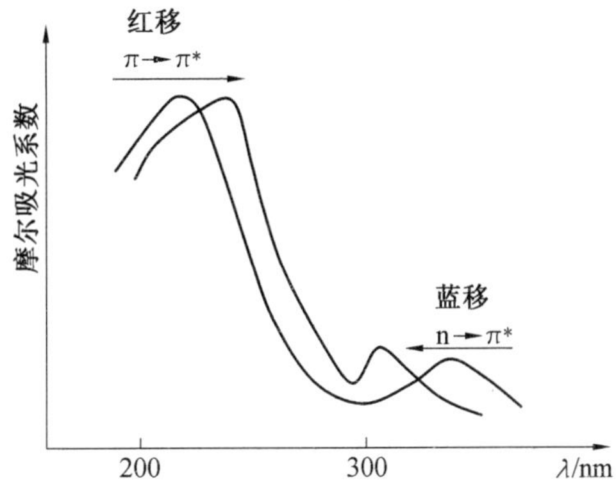

图 10.6　溶剂极性增加时异丙叉丙酮的紫外-可见吸收光谱溶剂位移

表 10.6　溶剂极性对异丙叉丙酮的 K 带、R 带的影响

溶　剂	K 带（$\pi\rightarrow\pi^*$）		R 带（$n\rightarrow\pi^*$）	
	λ_{max}/nm	ε_{max}	λ_{max}/nm	ε_{max}
正己烷	229.5	12 600	327	40
乙醚	230	12 600	326	40
乙醇	237	12 600	325	90
氯仿	237.6	—	315	—
甲醇	238	10 700	312	55
水	245	10 000	305	60

另外，溶剂极性增大时，芳烃的吸收光谱中 B 吸收带的精细结构将会减弱，甚至消失（图 10.7）。其原因是吸收光谱中环状共轭体系的 $\pi\rightarrow\pi^*$ 跃迁叠加了分子的振动和转动光谱而呈锯齿状精细结构。当分子处在蒸气状态时，分子之间相互作用很小，分子的振动和转动将吸收微小的能量而使 B 吸收带的吸收峰发生波动，呈锯齿状精细结构。当物质在烃类非极性溶剂中时，由于溶质分子和溶剂分子之间的碰撞，使部分振动能和转动能因

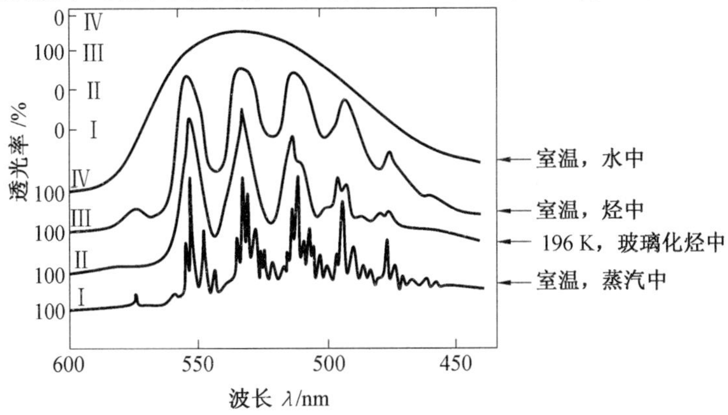

图 10.7　温度、溶剂极性对四氮苯电子光谱的影响

碰撞而损失，因此使精细结构简单化。如果是在极性溶剂中，由于溶质和溶剂的分子之间发生强烈作用，使分子的振动和转动受到限制，精细结构完全消失。

10.3.5 Lambert-Beer 定律

朗伯-比耳定律（Lambert-Beer 定律）：当一束平行单色光通过单一均匀的、非散射的吸光物质溶液时，溶液的吸光度与溶液浓度和液层厚度的乘积成正比。朗伯-比耳定律是分光光度分析法定量的基本依据，其数学表达式为

$$A = \lg \frac{I_0}{I} = abc$$

式中，a 为吸光系数，在一定条件下为一常数；吸光度 A 为无因次量；b 为液层厚度，cm；若浓度 c 的单位为 $g \cdot L^{-1}$，则 a 的单位为 $L \cdot g^{-1} \cdot cm^{-1}$；若浓度单位取 $mol^{-1} \cdot L^{-1}$，则此时的吸光系数称为摩尔吸光系数，并改用 ε 来表示，其单位为 $L \cdot mol^{-1} \cdot cm^{-1}$。此时朗伯 · 比耳定律可表示为

$$A = \varepsilon bc$$

ε 在数值上等于 1（$mol \cdot L^{-1}$）的吸光物质在 1 cm 长的吸收光程中的吸光度，是吸光物质吸光能力大小的量度。ε 反映吸光物质对光的吸收能力，也反映定量测定的灵敏度。ε 值越大，说明该物质在某特定条件的吸收能力越强，测定的灵敏度越高。它是描述物质紫外可见吸收光谱的主要特征，也是物质定性分析的重要依据。

10.4 紫外-可见分光光度计的测试技术

10.4.1 试样的制备

紫外-可见分光光度测定的通常是溶液，因此，需要选用合适的溶剂将待测样品溶解。溶剂的选择原则有：溶剂不与试样被测组分发生化学反应；试样在溶剂中的溶解性能良好；在测定波段溶剂本身无明显吸收；被测组分在溶剂中具有良好的吸收峰形；溶剂挥发性小、不易燃、低毒等。紫外-可见分光光度测定常用的溶剂见表 10.7。

表 10.7 紫外-可见分光光度法常用的溶剂*

溶剂	λ/nm	溶剂	λ/nm	溶剂	λ/nm	溶剂	λ/nm
水	200	异丙醇	210	乙酸	250	苯	280
正己烷	200	环己烷	210	乙酸戊酯	250	石油醚	297
正庚烷	200	甘油	230	甲酸	255	吡啶	305
甲醇	210	氯仿	245	乙酸乙酯	255	丙酮	330
乙醇	210	二氯乙烷	245	四氯化碳	265		

注：* 指溶剂的吸光度为 1 时，短波端的临界波长

10.4.2　测量波长的选择

根据待测组分的吸收光谱,选择最强吸收带的最大吸收波长 λ_{max} 为入射波长进行测量,以得到最大的测量灵敏度。如果有干扰物质共存时,根据“干扰最小,吸收最大”的原则选择入射光。此时,测量的灵敏度可能降低,但能有效减少或消除共存物质的干扰,提高测量的准确度。

10.4.3　狭缝宽度的选择

狭缝宽度直接影响测定的灵敏度和校正曲线的线性范围。狭缝宽度增大,入射光的单色性降低,在一定范围内会使灵敏度下降,并且校正曲线的线性变差,以致偏离朗伯-比尔定律。但狭缝宽度也不能太小,使入射光强度太弱,不利于测定。一般不减少吸光度时的最大狭缝宽度就是应该选择的最合适的宽度。

10.4.4　反应条件的选择

在可见区进行分光光度测定时,在无机组分中,很少直接利用金属离子本身的颜色进行光度分析,因为它们的吸光系数都很小。常常选择合适的显色剂将被测组分转变为有色化合物,然后进行测定。选择显色剂的一般原则是:显色反应的灵敏度高;显色剂的选择性好;显色时颜色变化鲜明;生成的有色化合物稳定性好以及化合物的组成恒定等。

另外,还需要选定最佳的显色反应条件,以保证被测组分最有效地转变为适于测定的有色化合物。影响显色反应的因素有:

1. 酸度

溶液的酸度对显色反应有重要影响:影响有机弱酸显色剂的络合反应;酸度过低,高价金属离子容易水解生成沉淀;影响某些显色剂的颜色变化;以及影响被测离子存在的状态等。显色反应的最宜酸度范围需要通过实验来确定。实验方法是:测定某一固定浓度的试液的吸光度随溶液酸度的变化,并以吸光度对溶液的 pH 值作图,曲线的平直部分所对应的 pH 值区间就是最适宜的酸度范围。

2. 显色剂的用量

过量的显色剂可使显色反应趋于完全,但是,显色剂浓度过大,可能改变有色化合物的组成,使化合物的颜色发生变化。因此,显色剂的加入量必须通过实验来确定。实验方法是:测定溶液的吸光度随显色剂浓度的变化曲线,可以在对应于吸光度恒定的显色剂浓度区间内确定显色剂的加入量。

3. 显色时间

各种显色反应的反应速度各不相同,因此,需要的显色时间也不同。并且生成的有色化合物的颜色稳定性也不同,放置时间过长,有的就会逐渐褪色或变色。因此,显色反应后必须在适当时间内测定吸光度,合适的显色时间应由实验确定。

4. 反应温度

显色反应一般在室温下进行,有的反应在室温下进行较慢,需要加热才能迅速完成,有的反应在较高温度下进行时,生成的有色化合物会发生分解。因此,需要根据反应性质选择合适的反应温度。

5. 溶剂的影响

选择合适的有机溶剂能提高显色反应的灵敏度,有的还会影响所生成的络合物的溶解度和组成。需要通过实验来确定选择哪一种溶剂。

10.4.5 参比溶液的选择

参比溶液的作用是在测量试样溶液的吸光度时,将透射比调节为100%,以消除溶液中的其他成分以及吸收池和溶剂对反射和吸收所带来的误差。

1. 溶剂参比

试样溶液的组成较为简单,共存的其他组分很少且对测定波长的光几乎没有吸收时,采用溶剂作为参比溶液。

2. 试样参比

若试样基体在测量波长有吸收,而与显色剂不起显色反应时,可按与显色反应相同的条件处理,只是不加显色剂。这样的参比溶液适用于试样中有较多共存组分,加入的显色剂用量不大,且显色剂在测量波长无吸收的情况。

3. 平行操作溶液参比

用不含被测组分的试样,在相同条件下与被测试样同样进行处理,由此得到平行操作的参比溶液。

10.4.6 试样中共存离子的干扰及消除方法

共存离子有颜色,或能与显色剂、加入的其他试剂反应生成有色化合物时,会使测量结果偏高,当共存离子与显色剂或被测组分反应,使显色剂或被测组分的浓度减少,就会妨碍显色反应的完成,使测量结果偏低。在测量条件下,若共存离子发生沉淀,也会影响吸光度的测定。

消除干扰离子的影响,最常用的方法有:加入合适的掩蔽剂;改变干扰离子的价态;选择合适的显色条件,如控制酸度,以避免干扰离子的影响;选择不受干扰的测定波长;利用参比溶液抵消干扰;或预先采用萃取、离子交换、柱层析等方法,使被测组分与干扰离子分离。

10.5 紫外-可见吸收分光光度法的应用

10.5.1 定性分析

紫外-可见分光光度法可用于有机化合物的鉴定、结构推断和纯度检验。但由于紫外-可见光谱较为简单,光谱信息少,特征性不强,而且不少简单官能团在近紫外及可见光区没有吸收或吸收很弱,因此,这种方法的应用有较大的局限性。

一般有以下两种定性方法：

1. 比较吸收光谱曲线

在相同测量条件下，测定未知物的吸收光谱与所推断化合物的标准物的吸收光谱直接比较。如果吸收光谱的形状，包括吸收光谱的 λ_{max}、λ_{min}、吸收峰位置、数目、拐点以及 ε_{max} 完全一致，则可初步认为是同一种化合物。

2. 计算不饱和有机化学物 λ_{max} 的经验规则

当采用物理和化学方法判断某化合物的几种可能结构时，用经验规则计算最大吸收波长 λ_{max}，然后与实测值进行比较，然后确认物质的结构。常用的经验规则是伍德沃提出的计算共轭二烯、多烯烃及共轭烯酮类化合物 $\pi \rightarrow \pi^*$ 跃迁最大吸收波长的伍德沃规则，见表 10.8 和表 10.9。计算时，首先从母体得到一个最大吸收的基数，然后对连接在母体 π 电子体系上的不同取代基以及其他结构因素加以修正。

表 10.8　计算二烯或多烯烃的最大吸收波长

生色团	λ/nm
母体是异环的二烯或无环多烯烃类	
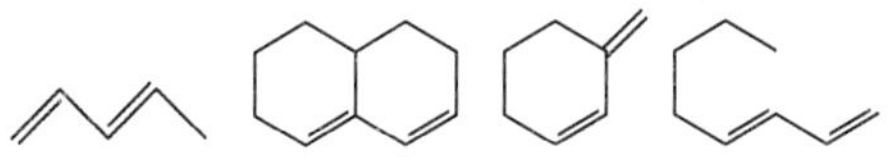	基数　214
母体是同环的二烯烃或这种类型的多烯烃	
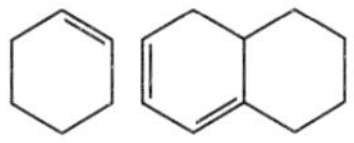	基数　253
(当两种情况的二烯烃体系同时存在时，选用基数为 253 nm)	
助色团	**修正值/nm**
增加一个共轭双键	30
环外双键	5
每个烷基取代基	5
—O—乙酰基	0
—OR	6
—SR	30
—Cl，—Br	5
$—NR_2$	60

表 10.9 计算不饱和羰基化合物 $\pi\to\pi^*$ 的最大吸收波长

$\overset{\delta}{—C}=\overset{\gamma}{C}—\overset{\beta}{C}=\overset{\alpha}{C}—\underset{\substack{\vert\\ X}}{C}=O$		λ/nm
α,β-不饱和羰基化合物母体(无环、六节环或较大的环酮)		215
α、β键在五节环内		-13
醛		-6
当 X 为 OH 或 OR 时		-22
每增加一个共轭双键		30
同环二烯化合物		39
环外双键		5
每个取代烷基		
α		10
β		12
γ(或更高)		18
—OH		
α		35
β		30
γ(或更高)		50
—OAc	α、β、γ、δ 或更高	6
—OR		
α		35
β		30
γ		17
δ(或更高)		31
—SR	β	85
—Cl		
α		15
β		12
—Br		
α		25
β		30
—NR_2	β	95
溶剂校正		
乙醇、甲醇		0
氯仿		1
二氧六环		5
乙醚		7
正己烷、环己烷		11
水		-8

10.5.2　结构分析

1. 推测化合物所含的官能团

某化合物在紫外-可见光区无吸收峰,则它可能不含双键或环状共轭体系,它可能是饱和有机化合物。如果在 200 ~ 250 nm 有强吸收峰,则可能是含有两个双键的共轭体系;在 260 ~ 350 nm 有强吸收峰,则至少有 3 ~ 5 个共轭生色团和助色团。如果在 270 ~ 350 nm区域内有很弱的吸收峰,并且无其他强吸收峰时,则化合物含有带 n 电子的未共轭的生色团,弱峰由 $n \to \pi^*$ 跃迁引起。如在 260 nm 附近有吸收且有一定的精细结构,则可能有芳香环结构。

2. 判别有机化合物的同分异构体

乙酰乙酸乙酯的互变异构体:

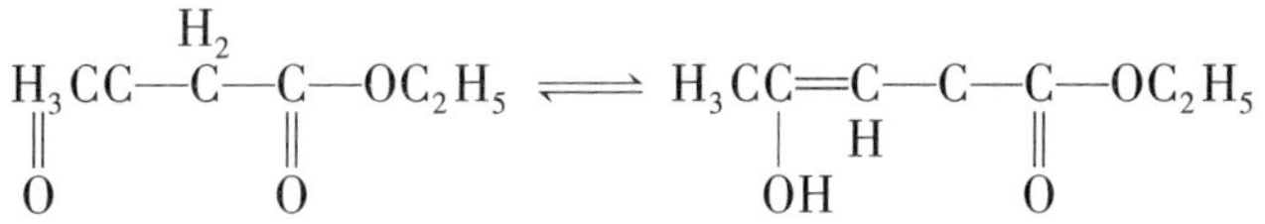

$$H_3C\underset{\underset{O}{\|}}{C}-\overset{H_2}{C}-\underset{\underset{O}{\|}}{C}-OC_2H_5 \rightleftharpoons H_3C\underset{\underset{OH}{|}}{C}=\underset{H}{C}-C-\underset{\underset{O}{\|}}{C}-OC_2H_5$$

酮式　　　　烯醇式

酮式没有共轭双键,在 206 nm 处有吸收;而烯醇式存在共轭双键,在 245 nm 处有强吸收。因此,根据吸收光谱可以判断它们存在与否。

1,2-二苯乙烯顺式和反式异构体(图 10.8)的判断:由于顺反异构体的 λ_{max} 及 ε 不同,可用紫外-可见光谱判断顺式或反式构型。

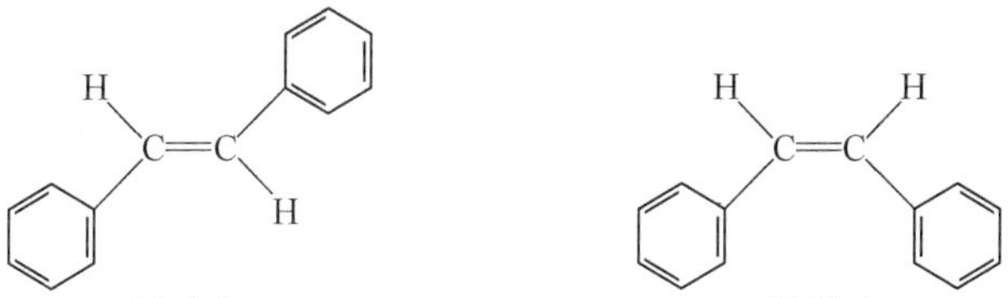

(a)反式　(λ_{max} = 295 nm, $\varepsilon = 2.7\times10^4$ ($L \cdot mol^{-1} \cdot cm^{-1}$))

(b)顺式　(λ_{max} = 280 nm, $\varepsilon = 1.4\times10^4$ ($L \cdot mol^{-1} \cdot cm^{-1}$))

图 10.8　1,2-二苯乙烯顺式和反式异构体

10.5.3　定量分析

紫外-可见分光光度法用于定量分析的依据是朗伯-比耳定律,物质在一定波长处的吸光度与它的浓度呈线性关系,故通过测定溶液对一定波长入射光的吸光度,便可求得溶液的浓度和含量。

1. 单组分物质的定量分析

(1)比较法。

在相同条件下配制样品溶液和标准溶液,在 λ_{max}处测得标准溶液的吸光度 A_s 和样品溶液吸光度 A_x,进行比较,则样品溶液中被测组分的浓度 c_x 为

$$c_x = c_s \cdot A_x / A_s$$

使用比较法时,所选择标准溶液的浓度尽量与样品溶液的浓度接近,以降低溶液基底差异所引起的误差。

(2)标准曲线法。

首先配制一系列已知浓度的标准溶液,在 λ_{max} 处分别测得标准溶液的吸光度,作 $\lambda_{max}-c$ 的标准曲线。在完全相同的条件下测出试液的吸光度,并从曲线上求得相应的试液的浓度。

2. 多组分物质的定量分析

根据吸光度加和性原理,对于两种或两种以上吸光组分的混合物的定量分析,可不需分离而直接测定。

(1)吸收光谱不重叠。

当混合物中组分的吸收峰相互不予干扰时,如图 10.9 所示,可按单组分的测定方法测定。在 λ_1 处 B 无吸收,在 λ_2 处 A 无吸收,所以可分别在 λ_1 及 λ_2 处测定组分 A 和 B 的浓度,直接应用朗伯-比耳定律计算待测组分含量。

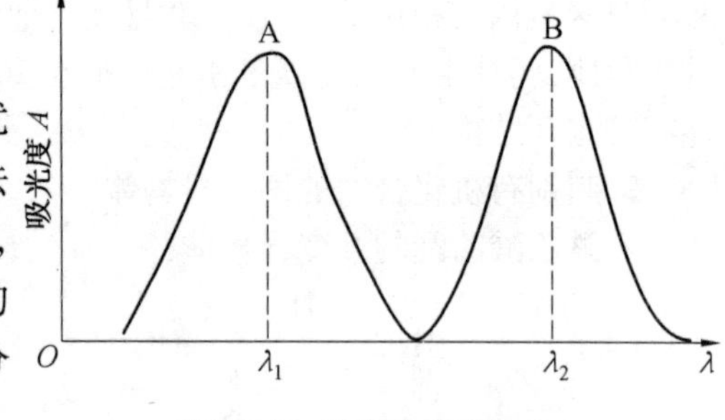

图 10.9 吸收光谱不重叠

(2)吸收光谱单向重叠。

如图 10.10(a)所示,在 λ_1 处测定组分 a、组分 b 对其有干扰,在 λ_2 处测定组分 b、组分 a 对测量无干扰,因此可先在 λ_2 处测定组分 b 的吸光度 $A_{\lambda_2}^{b}$。

$$A_{\lambda_2}^{b}=\varepsilon_{\lambda_2}^{b}\cdot c^{b}\cdot L$$

式中,$\varepsilon_{\lambda_2}^{b}$为组分 b 在 λ_2 处的摩尔吸收系数,可由组分 b 的标准溶液求得。得到 b 组分浓度 c^{b} 后,再在 λ_1 处测定组分 a 和组分 b 的吸光度,根据下式计算处 a 组分的浓度 c^{a}:

$$A_{\lambda_1}^{a+b}=A_{\lambda_1}^{a}+A_{\lambda_1}^{b}=\varepsilon_{\lambda_1}^{a}\cdot c^{a}\cdot L+\varepsilon_{\lambda_1}^{b}\cdot c^{b}\cdot L$$

(3)吸光度双向重叠。

如图 10.10(b)所示,同样由吸光度加和性原则,在 λ_1 和 λ_2 处分别测得总的吸光度 $A_{\lambda_1}^{a+b}$ 和 $A_{\lambda_2}^{a+b}$,根据下列方程组计算出组分 a 和 b 的含量:

$$A_{\lambda_1}^{a+b}=A_{\lambda_1}^{a}+A_{\lambda_1}^{b}=\varepsilon_{\lambda_1}^{a}\cdot c^{a}\cdot L+\varepsilon_{\lambda_1}^{b}\cdot c^{b}\cdot L$$
$$A_{\lambda_2}^{a+b}=A_{\lambda_2}^{a}+A_{\lambda_2}^{b}=\varepsilon_{\lambda_2}^{a}\cdot c^{a}\cdot L+\varepsilon_{\lambda_2}^{b}\cdot c^{b}\cdot L$$

显然,有 n 个组分的混合物可联立 n 个方程组,便可求得各自组分的含量。在备有计算机的仪器中可由计算机完成数据处理并给出测定结果。

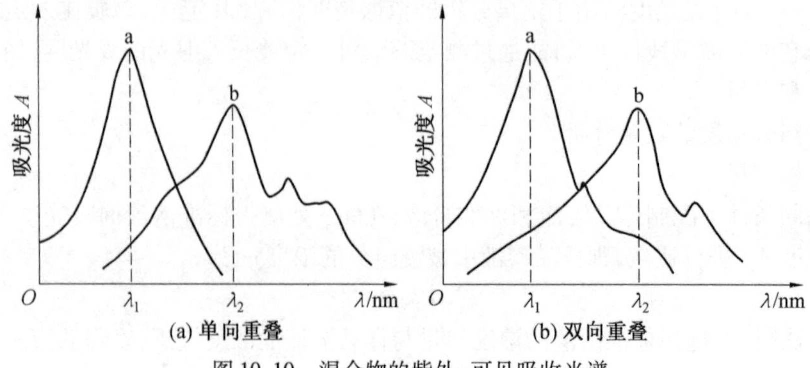

图 10.10 混合物的紫外-可见吸收光谱

3. 用双波长分光光度法进行定量分析

光谱相互重叠的多组分混合物，还可用双波长法测定，且能提高测定灵敏度和准确度。在测定组分 a 和 b 的混合样品时，一般采用作图法确定参比波长和测定波长，如图 10.11 所示。

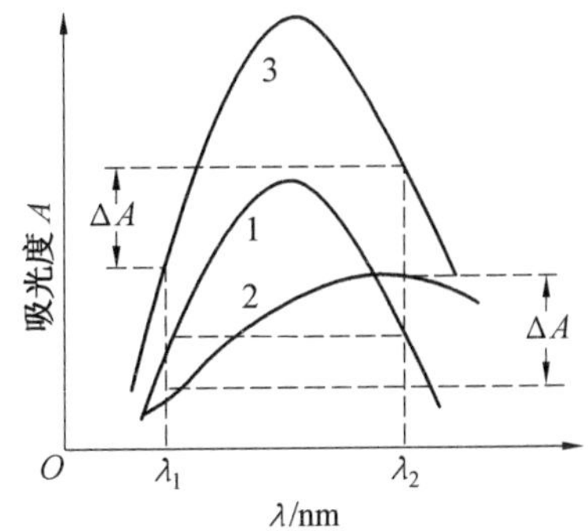

图 10.11　双波长法测定示意图
（1—组分 a 的吸收曲线；2—组分 b 的吸收曲线；3—组分 a 和 b 混合后的吸收曲线）

选组分 b 的最大吸收波长 λ_2 为测定波长，而参比波长的选择，应考虑能消除干扰物质的吸收，即使组分 a 在 λ_2 处的吸光度等于它在 λ_1 处的吸光度，即 $A_{\lambda_1}^{a}=A_{\lambda_2}^{a}$。根据吸光度加和性原则，混合物在 λ_1 和 λ_2 处的吸光度分别为

$$A_{\lambda_1}^{a+b}=A_{\lambda_1}^{a}+A_{\lambda_1}^{b},\quad A_{\lambda_2}^{a+b}=A_{\lambda_2}^{a}+A_{\lambda_2}^{b}$$

由双波长分光光度计测得 ΔA 为

$$\Delta A=A_{\lambda_2}^{a+b}-A_{\lambda_1}^{a+b}=A_{\lambda_2}^{a}-A_{\lambda_1}^{b}+A_{\lambda_2}^{b}-A_{\lambda_1}^{a}=A_{\lambda_2}^{b}-A_{\lambda_1}^{b}$$

$$\Delta A=(\varepsilon_{\lambda_2}^{b}-\varepsilon_{\lambda_1}^{b})\cdot c^{b}\cdot L$$

摩尔吸收系数 $\varepsilon_{\lambda_1}^{b}$、$\varepsilon_{\lambda_2}^{b}$ 可由组分 b 的标准溶液在 λ_1 和 λ_2 处测得的吸光度求得，由上式求得组分 b 的浓度。同理，也可以测得组分 a 的浓度。

双波长法还可用于测定混浊样品、吸光度相差很小而干扰又多的样品及颜色较深的样品，测定的准确度和灵敏度都较高。

4. 示差分光光度法

一般的分光光度法，只适于测定微量组分，当待测组分含量高时，吸光度超出了准确测量的读数范围，相对误差就比较大。示差分光光度法则可以弥补这一缺点。

示差分光光度法是采用浓度与试样含量接近的已知浓度的标准溶液作为参比溶液，来测量未知试样的吸光度 A 值，根据测得的吸光度计算试样的含量。如果标准溶液浓度为 c_s，待测试样浓度为 c_x，而且 $c_x>c_s$。根据朗伯-比尔定律：

$$A_x=\varepsilon\cdot c_x\cdot L,\quad A_s=\varepsilon\cdot c_s\cdot L$$

$$A=\Delta A=A_x-A_s=\varepsilon\cdot(c_x-c_s)\cdot L=\varepsilon\cdot\Delta c\cdot L$$

测定时先用比试样浓度稍小的标准溶液，加入各种试剂后作为参比，调节其透射比为 100%，即吸光度为零，然后测量试样溶液的吸光度。这时的吸光度实际上是两者之差 ΔA，它与两者浓度差 Δc 成正比，且处在正常的读数范围，如图 10.12 所示。

以 ΔA 与 Δc 作校准曲线，根据测得的 ΔA 查得相应的 Δc，则 $c_x=c_s+\Delta c$。

由于用已知浓度的标准溶液作参比，如果该参比溶液的透射比为 10%，现调至 100%，就意味着将仪器透射比标尺扩展了 10 倍。如待测试液的透射比原是 5%，用示差光度法测量时将是 50%。另一方面，在示差光度法中即使 Δc 很小，如果测量误差为 dc，固然 dc/Δc 会相当大，但最后测定结果的相对误差是 $\dfrac{dc}{\Delta c+c_s}$，c_s 是相当大而且非常准确的，所以测定结果的准确度仍然将很高。

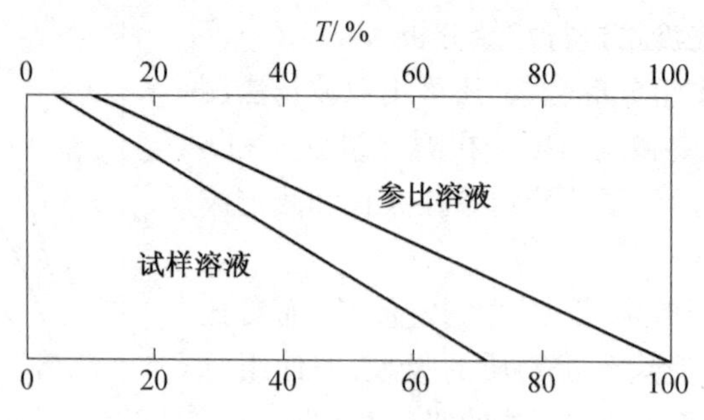

图 10.12　示差分光光度法测定原理示意图

10.5.4　配合物组成的测定

紫外-可见分光光度法可用来研究配合物的组成,常用摩尔比法和连续变化法。其中摩尔比法是固定一种组分如金属离子 M 的浓度,改变配位剂 R 的浓度,得到一系列 c_R/c_M 不同的溶液,以相应的试剂空白作参比溶液,分别测定其吸光度。以吸光度 A 为纵坐标,c_R/c_M 为横坐标作图。当配位剂量少时,金属离子没有完全被配位。随着配位剂的增加,生成的配合物不断增多,A 也随之增加。当金属离子全部被配位剂配位后,再增加配位剂,其吸光度亦不会增加了,如图 10.13 所示。利用外推法可得一交叉点 D,D 点所对应的浓度比值就是配合物的配位比。对于解离度小的配合物,这种方法简单快速,可以得到满意的结果。

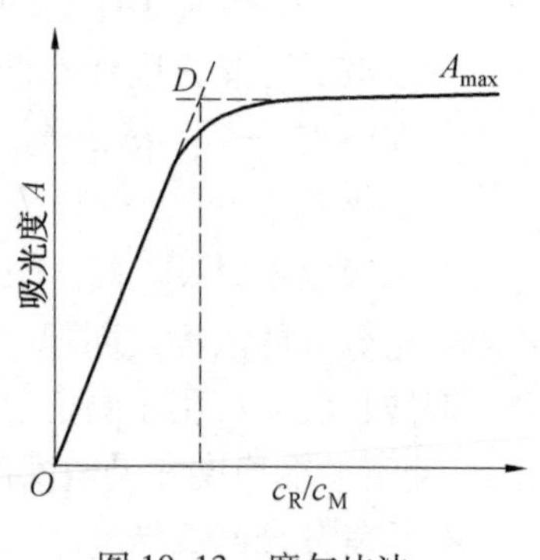

图 10.13　摩尔比法

10.5.5　薄膜的禁带宽度计算

当光波照射到媒质的界面时,在界面上除了光的反射外,还有光的透射,规定透射系数 T 为透射能流密度和入射能流密度之比。由于能量守恒,在界面上透射系数和反射系数满足下式:

$$T=1-R$$

式中,R 是反射率。

当强度为 I_0 的光垂直透过厚度为 d 的媒质,在两个界面处都发生反射和透射,界面上反射系数为 R,媒质的吸收系数为 α。显然,第一个界面上的反射系光为 RI_0,透入媒质的光为 $(1-R)I_0$,到达第二个界面的光是 $(1-R)I_0\exp(-\alpha d)$,最后透过第二个界面的光强度等于 $(1-R)^2I_0\exp(-\alpha d)$。根据定义,透射系数为

$$T=\frac{\text{透射光强度}}{\text{入射光强度}}=(1-R)^2\mathrm{e}^{-\alpha d}$$

这就是光波透过厚度为 d 的样品时,透射系数和反射系数的关系。

当一定波长的光照射半导体材料时,电子吸收足够的能量,从价带跃迁入导带,电子从低能级跃迁到能量较高的能级。在晶体中,与原子能级相当的是一个由很多能级组成,

实际上是连续的能带，因而光吸收表现为连续的吸收带。对于本征吸收，发生本征吸收的条件是，光子的能量必须等于或大于禁带宽度 E_g，即

$$h\nu \geqslant h\nu_0 = E_g$$

当频率低于 ν_0，或是波长大于 R_0 时，不可能产生本征吸收，吸收系数迅速下降。由上式可以算出本征吸收长波限的公式为

$$\lambda_0 = \frac{1.24}{E_g}$$

式中，E_g 单位 eV；λ_0 单位为 μm。

还可以判断吸收峰漂移情况以及所测材料（薄膜）的光学带隙 E_g。吸收系数为

$$\alpha = -\frac{1}{d}\ln\left[\frac{T}{(1-R)^2}\right]$$

式中，d 为薄膜的厚度；T 为对应波长的透射率。

再由吸收系数和光子能量关系：

$$(\alpha h\nu)^2 = A\ (h\nu - E_g)^m$$

式中，A 为带宽系数；m 取决于电子的能带结构，$m=1$ 为直接跃迁，$m=4$ 为间接跃迁。就可以计算出薄膜的光学禁带宽度 E_g。

Z. Q. Xu 等人研究了掺 Al 对 ZnO 薄膜光学性能的影响，对掺 Al 的 ZnO 薄膜的透射谱进行了研究。试验中利用 SHIMADZU 公司的 UV-2550 型双光束分光光度计测量薄膜的透射谱。

图 10.14 为不同掺 Al 浓度下的 ZnO 薄膜的透射谱随入射光波长变化的特性曲线。由图可见，薄膜在可见光范围内具有高透过性，其平均透过率大于 80%，当入射波长小于 370 nm 后，透过率急剧下降，形成陡峭的吸收边，随着掺 Al 浓度的增加，吸收边呈现向短波长方向移动的趋势。薄膜的光学能带隙计算公式为

$$(\alpha h\nu)^2 = A\ (h\nu - E_g)^m$$

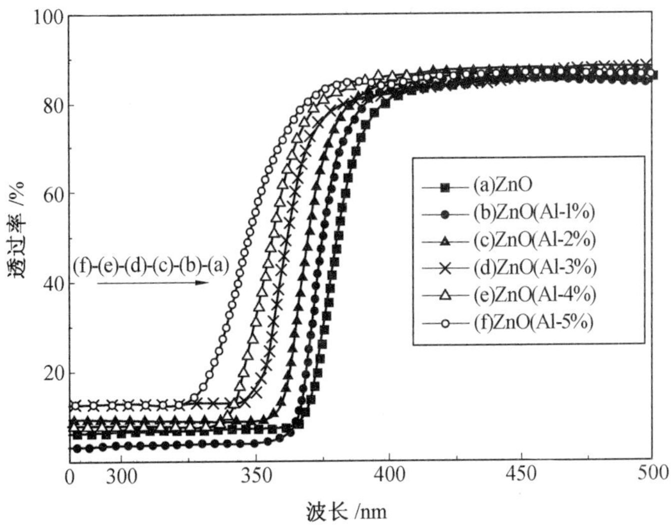

图 10.14　不同掺 Al 浓度的 ZnO 薄膜的透射光谱

ZnO 属于直接带隙半导体材料，m 取值为 1。α 为光学吸收因子，可通过公式 $\alpha=-(1/d)\ln[T/(1-R)^2]$ 得到。

通过光吸收因子 α，光学能带隙 E_g 可以通过线性拟合 $(\alpha h\nu)^2$ 与 $h\nu$ 曲线上的 $\alpha=0$ 点得到。

图 10.15 显示了不同掺 Al 浓度下的 ZnO 薄膜的 $(\alpha h\nu)^2$ 和 $h\nu$ 的曲线。从图 10.15 可以看到，薄膜的光学能带隙随着掺 Al 浓度的升高而展宽，从没掺杂时的 3.36 eV 增加到掺杂后的3.58 eV。说明通过 Al 掺杂确实可以使 ZnO 薄膜的光学能带隙连续可调。

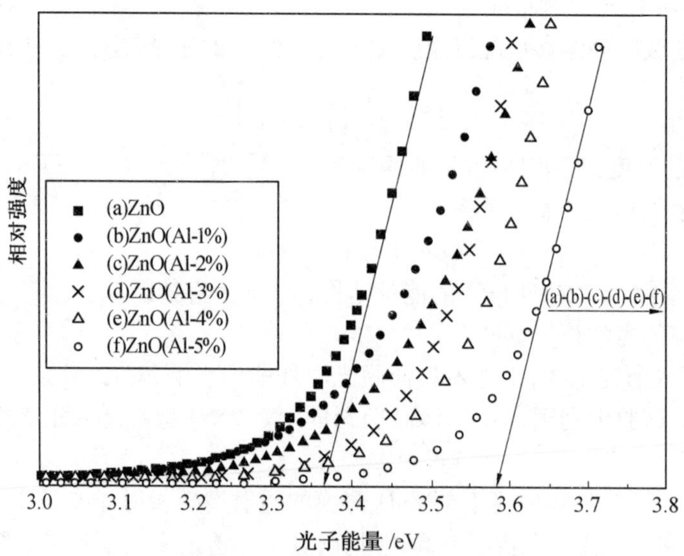

图 10.15 不同掺 Al 浓度的 ZnO 薄膜的光学能带隙

10.6 紫外-可见漫反射光谱

紫外-可见漫反射光谱(DRS UV-Vis)主要用于研究催化剂表面过渡金属离子及其配合物的结构、氧化状态、配位对称性等。对于催化剂而言，存在电荷转移光谱和 d→d 跃迁产生的配位体场吸收光谱。但当一束平行单色光入射到粒子上时，光被粒子散射的性质是极其复杂的。目前，描述在这种介质中吸收和散射现象的唯象理论，提出了一个关联式，可由所测固体中的漫反射得到固体的吸收谱，这就是 Kubelka-Munk(KM)理论。Kubelka-Munk 关系式如下：

$$\frac{K}{S}=\frac{(1-R_\infty)^2}{2R_\infty}=F(R_\infty)$$

式中，R_∞ 为反射度，即由无限厚的样品发射出(扩散反射出)的光通量与入射光通量之比，即透射量为零；常数 K 和 S 为表征入射光在样品中由于吸收和散射造成的损失；$F(R_\infty)$ 为 Kubelka-Munk 发射函数。

Kubelka-Munk 关系式也可以改写成：

$$\lg F(R_\infty)=\lg K-\lg S$$

因此,如果 S 与波数基本无关,则散射的影响只是使谱线沿纵轴位移。这种情况下漫反射法得到的是固体的真正吸收谱。严格说来,是 KM 发射函数 $F(R_\infty)$ 代表真正吸收谱。此函数必须由实验测出的反射率 R_∞ 导出,但这是在要求定量数据时才需要。因为 $F(R_\infty)$ 中的极值相应于 R_∞ 的极值,如只对吸收带的位置感兴趣,测得 R_∞ 就够了。

测定反射率常以非吸收性标准物(如 MgO 或 $BaSO_4$)为参比物,所测样品的反射率 R'_∞ 为

$$R'_\infty = \frac{R_\infty(\text{样品})}{R_\infty(\text{参比})}$$

文献中的谱图常用 R'_∞ 表示。

10.7　紫外-可见漫反射光谱在催化剂研究中的应用

应用紫外-可见分光光度计的积分球附件,就可以收集漫反射光并将之投射到检测器上,得到漫反射光谱。影响漫反射的因素包括偶然的镜面反射、颗粒大小、样品压实的程度等。因此,需要小心制备样品。理想的颗粒大小为 0.1 ~1 μm,而且不应过于压实。实际发现样品厚度约为 3 mm 时,足以达到导出 KM 式所要求的无限厚条件。吸收性能强的样品可能需要用一种非吸收性组分如 Al_2O_3、MgO 或 $BaSO_4$ 来稀释。

10.7.1　催化剂表面相组成的研究

二氧化锆一般以单斜、四方、立方 3 种相存在。XRD 是研究催化剂物相的重要研究手段,但由于 ZrO_2 的四方晶相与立方晶相的特征衍射峰相近,要准确对其晶相进行分析,应该结合其他手段。詹瑛瑛等人结合 XRD 结果,利用紫外-可见漫反射光谱考察了 ZrO_2 的相组成。

图 10.16 给出了含不同量 Al_2O_3 的系列 ZrO_2 载体经 500 ℃焙烧后的 DRS 谱图。从图中可见,所有的样品在 200 ~250 nm 处为宽峰,值得注意的是样品 a(ZrO_2-500)除了在 214 nm 左右有一吸收峰外,在 228 nm 处有一明显的肩峰,我们认为这可能是由于催化剂表面存在两种不同晶相引起谱带明显分裂造成的。

图 10.17 给出了 500 ℃、800 ℃焙烧的 ZrO_2 载体及载铂后样品的 DRS 谱图。由图可见,未引入 Al_2O_3 的 3 个样品在 214 nm、228 nm 处可以看到两个肩峰,其中 500 ℃焙烧的 ZrO_2 在 228 nm 处与 214 nm 处的漫反射率(FR)比值最小,铂化后的样品 a 比值最大,而 800 ℃焙烧的样品 c 的比值居中。比较 DRS 与 XRD 结果,由于催化剂表面与体相在制备还原过程中相转化的趋势一致,将图 10.16、图 10.17 谱图中 228 nm 左右的肩峰出现与单斜相联系。该肩峰的出现可能是由于单斜型二氧化锆中 Zr 与 O 分别以平面三角形和四面体方式配位,键长分别为 207 nm 和 221 nm,产生振动偶合而引起 O→Zr 荷移峰的加宽。表面与体相存在区别的原因可能是由于在 Pt/ZrO_2-500 体系中表面存在着较多的缺位,Pt 进入四方相 ZrO_2 的缺陷位,导致晶格畸变,而部分转化为单斜相,出现能级的分裂使得铂化的样品的 DRS 谱在 228 nm 的吸收峰较为明显,且这一效应大于焙烧温度升高所引起的表面四方相向单斜相转化。

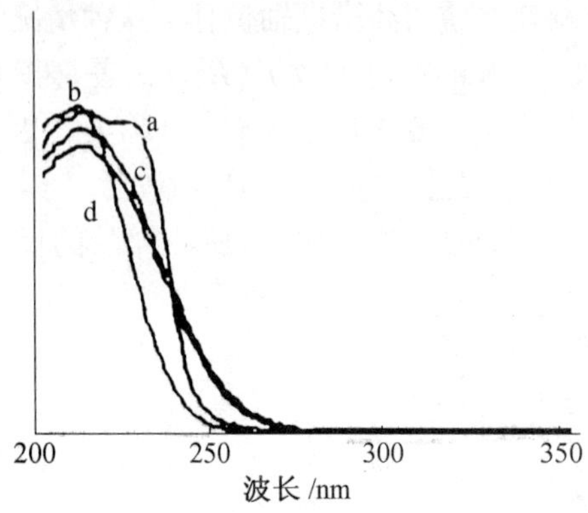

图 10.16 不同量 Al_2O_3 的 ZrO_2 的 DRS UV-Vis 谱图

a:ZrO_2-500;b:ZA_5-500;c:ZA_{10}-500;d:ZA_{15}-500

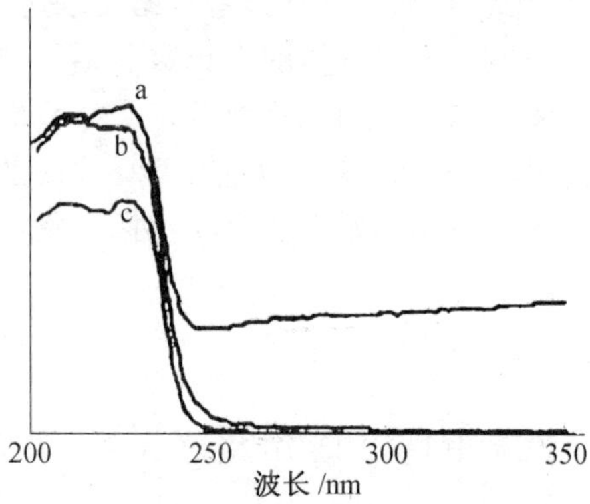

图 10.17 不同温度焙烧及载铂后的 ZrO_2

a:Pt/ ZrO_2-500;b:ZrO_2-500;c:ZrO_2-800

10.7.2 Zn_2SnO_4 的晶化过程

Zn_2SnO_4(ZTO)作为一种重要的功能材料，具有电子迁移率高、电导率高、吸附性能好等优点，近年来，已有多篇文献报道了其在传感器件、电极材料及光电催化等方面的研究。忻睦迪等人采用水热合成法，通过对不同晶化时间的样品进行紫外-可见漫反射吸收光谱和拉曼光谱的表征，考察了 ZTO 的晶化过程，并分析了晶化前后其样品的微观结构。

图 10.18 给出了不同晶化时间样品的 UV-Vis 漫反射吸收光谱。由图可知，前驱物 $ZnSn(OH)_6$ 的吸收光谱主要集中在 390 nm 附近，而 ZTO 水热样品的吸收光集中在 340 nm 左右。同时，运用直接带隙半导体材料的计算公式为

$$(ah\upsilon)^2=A(h\upsilon-E_g)$$

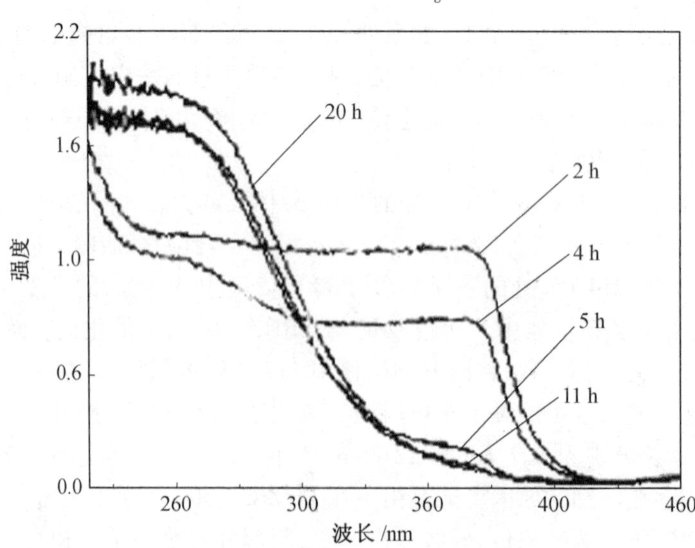

图 10.18 不同水热晶化时间 ZTO 的 DRS UV-Vis 谱图

式中，a 为吸收系数；h 为普朗克常数；v 为光子频率；E_g 为带隙值。由此可得，20 h 水热处理晶化 ZTO 的样品的带隙值为 3.72 eV，比体相 ZTO 样品的带隙值大 0.12 V，发生明显的蓝移。这很可能是由于水热法合成的样品颗粒小，材料粒子的尺寸效引起的。

10.7.3　Co-MCM-41 介孔分子筛的 UV-Vis 漫反射光谱分析

过渡金属杂原子分子筛的合成与应用研究，为 21 世纪清洁化学的发展提供了可行途径。骨架中引入金属离子，可以使改性后的 MCM-41 分子筛具有优异的活性，能用于酸碱催化或氧化还原催化等过程。近年来关于 Co-MCM-41 介孔分子筛的合成、表征、应用已有一些报道。李亚男等人将过渡金属 Co 引入 MCM-41，并通过相关的表征手段对其进行了详细研究。

图 10.19 是 Co-MCM-41 分子筛的 DRS UV-Vis 谱图。处于 T_d 场中的高自旋 Co(Ⅱ)基态电子能级与第一激发态能级间的 d→d 电子跃迁 $^4A_2(4F) \rightarrow {}^4T_1(4P1)$ 分布在 500～650 nm 范围内，因动态 Jahn-Teller 效应完全解除 $^4T_1(4P)$ 简并态，谱带分裂为500～520 nm、520～590 nm 和 590～640 nm 三重峰。T_d 场中高自旋 Co(Ⅲ)的基态为 ^5E，在紫外-可见区的电子能级跃迁因自旋禁阻而很难发生，但荷移跃迁在 300～420 nm 范围则较强。Co-MCM-41只在 520 nm、595 nm、645 nm 处有峰，这些吸收峰归因于四面体配位的 Co^{2+} 的 $^4A_2(F) \rightarrow {}^4T_1(P)$ 跃迁。表明 Co-MCM-41 只含有四面体配位的 Co(Ⅱ)，没发现 300 nm、400 nm 峰，说明不存在 Co(Ⅲ)和负载在 MCM-41 表面的 CoO_x。这就说明合成 Co-MCM-41分子筛时所用原料 Co(Ⅱ)在焙烧过程中并没有被空气氧化成 Co(Ⅲ)，Co-MCM-41分子筛中只含四面体配位的 Co(Ⅱ)也证明 Co 掺杂进了分子筛骨架。

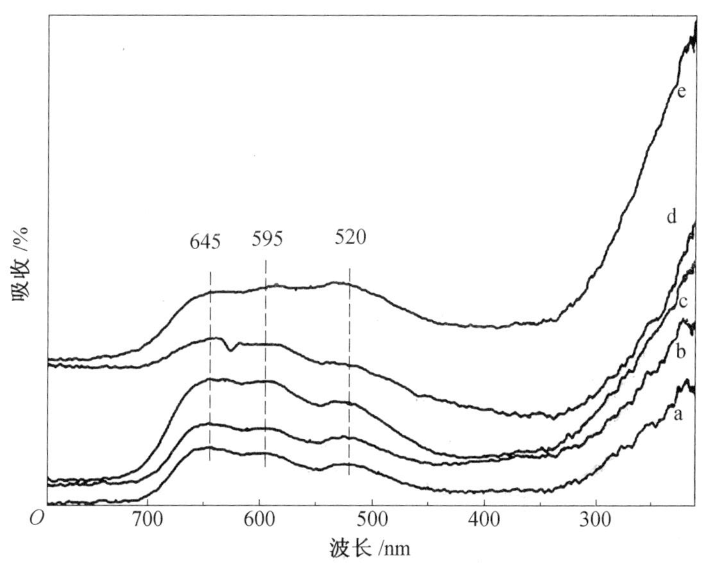

图 10.19　Co-MCM-41 分子筛的 DRS UV-Vis 谱图

10.7.4　V_2O_5 催化剂的 UV-Vis 漫反射光谱分析

M. J. G. Fait 等人设计了一个 36 通道平行固定床反应器系统，并使用 DRS 分析 V_2O_5

催化丙烷氧化脱氢(ODP)反应。图 10.20 为在三个不同的反应堆中测量的 V_2O_5 的 DRS 谱图。纵坐标 $F(R)$ 为 Kubelka-Munk 值,根据以下公式计算得出。

$$F(R)=\frac{(1-R)^2}{2R}$$

R 为反射率。它们的谱图特征是在 360 (B360) 和 470 nm (B470) 处有两个不同的吸收带。频带 B360 和 B470 均被标识为电荷转移(CT)频带。由于 $V^{5+}(3d^0)$ 的电子构型,无法观察到 d-d 电子跃迁。带 B470 是八面体配位钒的特征带,其能量受中心离子环境中配体数量的影响。频带 B360 被标识为四面体或近似正方形的金字塔配位 V^{5+}。B470 的边缘在大约 530 nm,对应于 O 2p 的价带和 V 3d 的导带之间的能隙,并导致 V_2O_5 变为橙色。

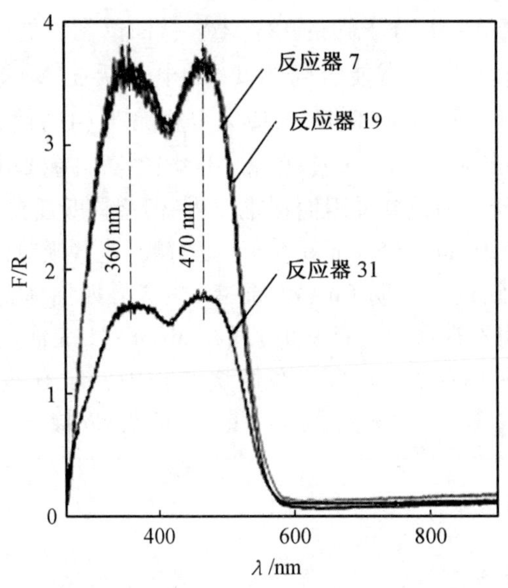

图 10.20　在三个不同的反应器中,室温下 V_2O_5 的 DRS 光谱

三个不同反应器中 V_2O_5 的 DRS 谱中 B360 和 B470 谱带的绝对位置非常精确地匹配,而它们的强度却不同。差异可能是由于以下实验不足导致的:①主要是相对于反应堆轴线对光纤尖端进行机械调整;②石英反应堆的光学不规则性;③凸面反应堆外壁的散射现象;④反应堆中的差异填充和堆积密度。因此,反应器之间的绝对强度不具有可比性。但是,当重复测量同一反应器而不移动 DRS 探针时,DRS 光谱中的强度和谱带位置相同。

习　题

1. 影响漫反射光谱的因素通常有哪些?
2. 紫外漫反射在分析测试中可应用在哪些领域?
3. 影响紫外-可见吸收光谱的因素有哪些?
4. 为什么紫外光谱不是线状光谱?

第11章　分子荧光光谱法

11.1　简　　介

分子荧光现象最早可以追溯到16世纪70年代，当时有人在阳光下观察到菲律宾紫檀木切片的黄色水溶液呈现极为可爱的天蓝色。19世纪50年代，斯托克斯（Stokes）用分光计观察奎宁和叶绿素溶液时，发现它们所发出的光的波长比入射光的波长稍长，由此判明这种现象是由于这些物质吸收了光能并重新发出不同波长的光线，而不是由于光的漫射作用引起的，并把这种光称为荧光。20世纪50年代前，使用滤片式荧光计只能测量荧光的总光度值。1955年制成第一台荧光光度计。20世纪60年代开始了真实荧光光谱、荧光效率和荧光寿命的测量。20世纪70年代引进了计算机技术、电视技术、激光技术、显微镜技术，荧光分析法在仪器、方法、试剂等方面的发展都非常迅速。20世纪80年代，荧光分光光度计大多配有微型计算机-数据处理器，能对荧光光度值进行积分、微分、除法、减法和平均等运算。

荧光分析发展至今，已被广泛应用于工业、农业、医药、卫生、司法鉴定和科学研究各个领域中。用荧光分析鉴定和测定的无机物、有机物、生物物质、药物的数量与日俱增。荧光分析法越来越成为分析化学工作者所要掌握的一种重要分析方法。近些年来，荧光分析法被用作高效液相色谱、毛细管电泳的高灵敏度检测器并且激光诱导荧光分析法在高灵敏度的生物大分子的分析方面受到广泛关注。

分子荧光法的最主要优点之一是具有很高的检出能力，其检出限一般比紫外可见吸收法低2~4个数量级。此外荧光分析法还有选择性高、重现性好、方法简单、试样用量少等优点。但是由于许多物质本身不会产生荧光，使这种分析法的应用受到了限制。此外，对于荧光的产生和化合物结构的关系，尚需人们更加深入地研究。

11.2　分子荧光光谱仪的组成

荧光光谱仪由光源、激发单色器、样品池、发射单色器、检测器及记录系统等组成。荧光分光光度计可分为单光束与双光束两种。在单光束荧光分光光度计中，光源发出的光经激发单色器单色化的光只有一束，照射在样品池上，样品发出的荧光经过发射单色器色散后照射在光电倍增管上，然后用光度表进行测量。双光束荧光分光光度计经过激发单色器色散的单色光由旋转镜分为两束，在不同瞬间分别将光会聚于样品池和参比池上。样品溶液和参比溶液发出的荧光进入发射单色器，然后照射在检测器上，如图11.1所示。

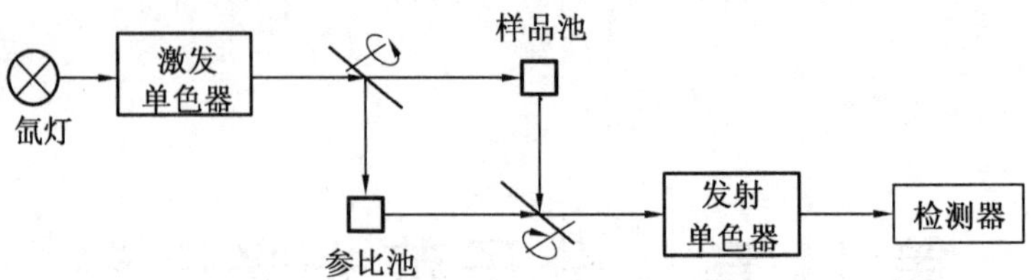

图 11.1 双光束荧光分光光度计示意图

11.2.1 光源

荧光分光光度计多采用氙灯和高压汞灯作为光源,因它具有从短波紫外线到近红外线的基本上连续的光谱,以及性能稳定、寿命长等优点。近年来激光荧光分析应用日益广泛,荧光分光光度计采用激光器作为光源,有氮激光器、氩离子激光器、可调谐染料激光器和半导体激光器等。它可提高荧光测量灵敏度。

11.2.2 单色器

单色器是从复合光色散出窄波带宽度光束的装置,由狭缝、镜子和色散元件组成。色散元件包括棱镜和光栅。荧光分光光度计有两个单色器:激发单色器和发射单色器。绘制三维荧光光谱(图 11.2)时则采用正交多色器,多色器指单色器去掉出射狭缝,正交指两个多色器的入射狭缝互成空间垂直。

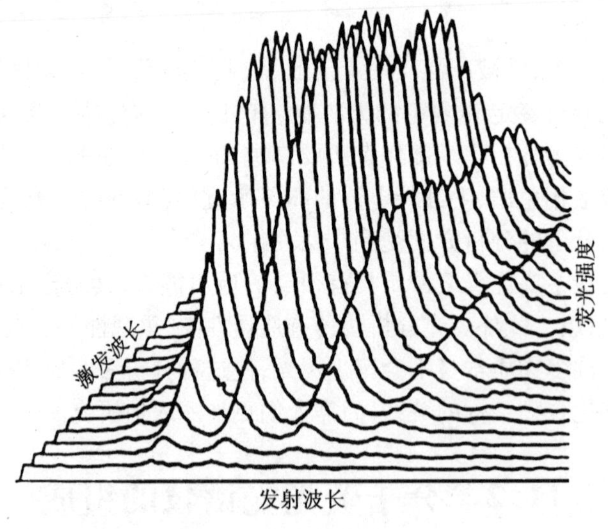

图 11.2 三维荧光光谱

11.2.3 样品池

样品池通常用石英或合成石英制成,玻璃容器因会吸收波长 323 nm 以下的射线,不适用于 323 nm 以下的荧光分析。对于溶液试样的荧光分析,光源、试样容器和探测器通常排成直角形,对于不透明的固体试样,则排成锐角形。

11.2.4　检测器

通常采用光电倍增管作为检测器，灵敏度较高。三维荧光技术则用硅靶增强光导摄像管作检测器。

11.3　分子荧光光谱仪工作基本原理

11.3.1　荧光及磷光的产生

大多数分子在室温时均处在电子基态的最低振动能级，当物质分子吸收了与它所具有的特征频率相一致的光子时，由原来的能级跃迁至第一电子激发态或第二电子激发态中各个不同振动能级（图 11.3 中 a 区、b 区）。其后，大多数分子常迅速降落至第一电子激发态的最低振动能级，在这一过程中它们和周围的同类分子或其他分子撞击而消耗了能量，因而不发射光（图 11.3 中 c 区）。分子在第一电子激发态的最低振动能级停留约 10^{-9} s 之后，直接下降至电子基态的各个不同振动能级，此时以光的形式释放出多余的能量，所发生的光即是荧光（图 11.3 中 d 区）。某些荧光物质分子在降落到第一电子激发态的最低振动能级后，通过另一次无辐射跃迁降落至亚稳的三重线态，又受到热激活作用再回到第一电子激发态的各个振动能级，最后由第一电子激发态的最低振动能级降落至电子基态而发出荧光。这种荧光因受激发光至发生荧光的时间较长，故称为迟滞荧光（图 11.3 中 e 区、g 区、h 区）。某些物质的分子在被激发至较高的能级并跃迁降落至第一电子激发态的最低振动能级之后，并不继续直接降落至基态，它们通过另一次无辐射跃迁至一个中间的亚稳能态——三重线态。这些分子在三重线态稍停留后，再发出辐射而下降至基态各振动能级，所发出的辐射即为磷光。因自三重线态降落至基态时给出的能量小些，所以磷光的波长比荧光的波长稍长些。

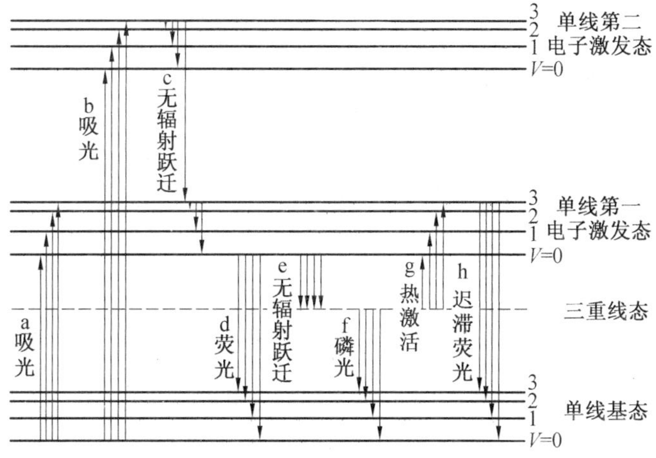

图 11.3　吸收光谱和荧光光谱能级跃迁示意图

11.3.2 荧光光谱

1. 激发光谱

通过测量荧光(或磷光)体的发光通量(即强度)随激发光波长的变化而获得的光谱，称为激发光谱。激发光谱的具体测绘方法是，通过扫描激发单色器，使不同波长的入射光照射激发荧光(磷光)体，发出的荧光(磷光)通过固定波长的发射单色器而照射到检测器上，检测其荧光(磷光)强度，最后通过记录仪记录光强度对激发光波长的关系曲线，即为激发光谱。通过激发光谱，选择最佳激发波长——发射荧光(磷光)强度最大的激发光波长，常用 λ_{ex} 表示。

2. 发射光谱

通过测量荧光(或磷光)体的发光通量(强度)随发射光波长的变化而获得的光谱，称为发射光谱(也称荧光光谱或磷光光谱)。其测绘方法是，固定激发光的波长，扫描发射光的波长，记录发射光强度对发射光波长的关系曲线，即为发射光谱。通过发射光谱选择最佳的发射波长——发射荧光(磷光)强度最大的发射波长，常用 λ_{em} 表示。磷光发射波长比荧光发射波长长，图 11.4 为萘的激发光谱、荧光光谱和磷光光谱。

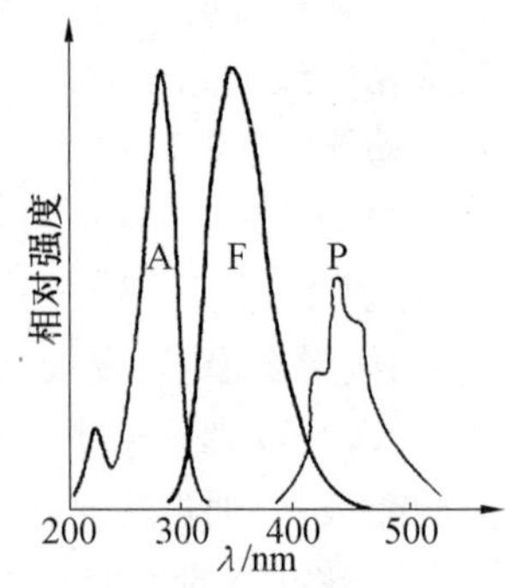

图 11.4 萘的激发光谱、荧光光谱和磷光光谱

A:激发光谱;F:荧光光谱;P:磷光光谱

3. 荧光激发光谱和发射光谱的特征

(1)斯托克斯位移。

在溶液荧光光谱中，所观察到的荧光发射波长总是大于激发波长，$\lambda_{em}>\lambda_{ex}$。Stokes 于 1852 年首次发现这种波长位移现象，故称 Stokes 位移。

斯托克斯位移说明了在激发与发射之间存在着一定的能量损失。激发态分子由于振动弛豫及内部转移的无辐射跃迁而迅速衰变到 S_1 电子激发态的最低振动能级，这是产生其位移的主要原因；其次，荧光发射时，激发态的分子跃迁到基态的各振动能级，此时，不同振动能级也发生振动弛豫至最低振动能级，也造成能量的损失；第三，溶剂效应和激发态分子可能发生的某些反应，也会加大斯托克斯位移。

(2)荧光发射光谱的形状与激发波长无关。

由于荧光发射是激发态的分子由第一激发单重态的最低振动能级跃迁回基态的各振动能级所产生的，所以不管激发光的能量多大，能把电子激发到哪种激发态，都将经过迅速的振动弛豫及内部转移跃迁至第一激发单重态的最低能级，然后发射荧光。因此除了少数特殊情况，如 S_1 与 S_2 的能级间隔比一般分子大及可能受溶液性质影响的物质外，荧光光谱只有一个发射带，且发射光谱的形状与激发波长无关。

(3)荧光激发光谱的形状与发射波长无关。

由于在稀溶液中,荧光发射的效率(称为量子产率)与激发光的波长无关,因此用不同发射波长绘制激发光谱时,激发光谱的形状不变,只是发射强度不同而已。

(4)荧光激发光谱与吸收光谱的形状相近似。

荧光发射光谱与吸收光谱成镜像关系的分子只有对光有吸收,才会被激发,所以,从理论上说,某化合物的荧光激发光谱的形状,应与它的吸收光谱的形状完全相同。然而实际并非如此,由于存在着测量仪器的因素或测量环境的某些影响,使得绝大多数情况下,"表观"激发光谱与吸收光谱两者的形状有所差别。只有在校正仪器因素后,两者才非常近似,而如果也校正了环境因素后,两者的形状才相同。

如果把某种物质的荧光发射光谱和它的吸收光谱相比较,便会发现两者之间存在着"镜像对称"关系。如图 11.5 所示,荧光光谱的吸收光谱和发射光谱的形状相似,却是呈镜像对称关系。

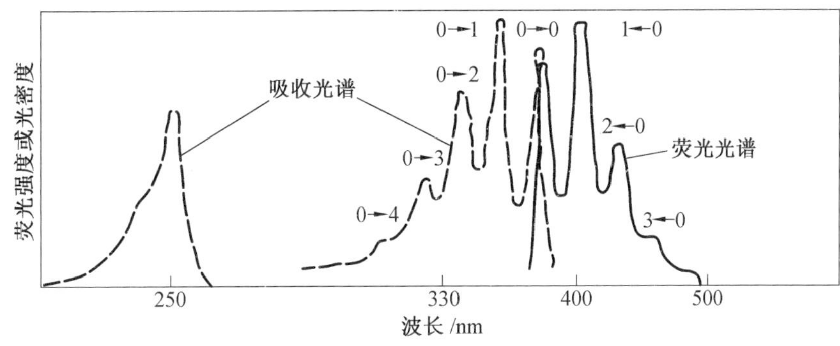

图 11.5　蒽的乙醇溶液的荧光光谱和吸收光谱

荧光光谱的产生可以概括为以下 4 个步骤:

①处于基态最低振动能级的一个物质分子受到紫外线的照射吸收了和它具有的特征频率相一致的光线,跃迁到第一电子激发态的各个振动能级。

②被激发到第一激发态的各个振动能级的分子,通过无辐射跃迁,降落到第一电子激发态的最低振动能级。

③降落到第一激发态的最低振动能级的分子,继续降落到基态的各个不同振动能级,同时发射出相应的光量子,这就是荧光。

④到达基态的各个不同振动能级的分子,再通过无辐射跃迁最后回到基态的最低振动能级。

产生荧光的第一个必要条件是该物质的分子必须具有能吸收激发光的结构;第二个条件是该分子必须具有一定程度的荧光效率,许多会吸光的物质并不一定会产生荧光,就是由于它们的吸光分子的荧光效率不高,而将所吸收的能量消耗于与溶剂分子或其他溶质分子之间的相互碰撞,因此,无法发出荧光。所谓荧光效率是荧光物质吸光后所发射的荧光量子数与吸收的激发光的量子数的比值。某些化合物的荧光效率见表 11.1。

表 11.1 某些化合物的荧光效率

化合物	溶　剂	荧光效率
荧光素	水,pH=7	0.65
荧光素	0.1 mol/L 氢氧化钠	0.92
曙红	0.1 mol/L 氢氧化钠	0.19
罗丹明 B	乙醇	0.97
1-氨基-萘-8,6,8-磺酸盐	水	0.15
1-二甲胺基-萘-4-磺酸盐	水	0.48
1-二甲胺基-萘-5-磺酸盐	水	0.53
1-二甲胺基-萘-7-磺酸盐	水	0.75
1-二甲胺基-萘-8-磺酸盐	水	0.03
9-氨基吖啶	水	0.98
蒽	己烷	0.31
蒽	乙醇	0.30
核黄素	水,pH=7	0.26
乙酸铀酰	水	0.04
芴	乙醇	0.54
菲	乙醇	0.10
萘	乙醇	0.12
水杨酸钠	水	0.28
邻甲苯磺酸钠	水	0.05
酚	水	0.22
吲哚	水	0.45
叶绿素	苯	0.32

11.3.3 荧光强度的影响因素

1. 分子结构与荧光强度的关系

一般具有强荧光的分子都具有大的共轭 π 键结构、供电子取代基、刚性的平面结构等,这有利于荧光的发射。因此,分子中至少具有一个芳环或具有多个共轭双键的有机化合物才容易发射荧光,而饱和的或只有孤立双键的化合物,不呈现显著的荧光。结构对分子荧光的影响主要表现在以下几个方面:

(1)跃迁类型。

经验表明,大多数荧光化合物都是由 $\pi\to\pi^*$ 或 $n\to\pi^*$ 跃迁所致的激发态去活后,发生 $\pi^*\to\pi$ 或 $\pi^*\to n$ 跃迁所产生的。其中 $\pi^*\to\pi$ 跃迁的量子率高,这是由于 $\pi\to\pi^*$ 跃迁

的摩尔吸光系数比 $n\to\pi^*$ 跃迁大 100～1 000 倍，跃迁的寿命（$10^{-7}\sim10^{-9}$s）又比 $n\to\pi^*$ 跃迁寿命（$10^{-5}\sim10^{-7}$s）短，因此，跃迁的摩尔吸光系数大。其次，系间跃迁速率常数小，有利于发射荧光。

（2）共轭效应。

含有 $\pi\to\pi^*$ 跃迁能级的芳香族化合物的荧光最强，最有用。含脂肪族和脂环族羰基结构的化合物也会发射荧光，但这类化合物的数量比芳香族少。稠环化合物一般会产生荧光。

最简单的杂环化合物，如吡啶、呋喃、噻吩、吡咯等不产生荧光。但当苯环被稠化至杂环核上时，吸收峰的摩尔吸光系数增加，因此，像噻吩、吲哚等化合物也会产生荧光。

由表 11.2～11.4 可以得出，任何有利于提高 π 电子共轭度的结构改变，都将提高荧光效率，或使荧光波长向长波方向移动。

表 11.2　对苯基化作用对荧光的影响（在环己烷中）

化合物	荧光效率	平均波长/nm
苯	0.07	283
联苯	0.18	316
对联三苯	0.93	342
对联四苯	0.89	366
蒽	0.36	402
9-苯基蒽	0.49	419

表 11.3　间苯基化作用对荧光的影响（在环己烷中）

化合物	荧光效率	平均波长/nm
苯	0.07	283
联苯	0.18	316
1,2,3-三苯基苯	0.27	355

表 11.4　乙烯化作用对荧光的影响

化合物	荧光效率	平均波长/nm
联苯	0.18	316
4-乙烯基联苯	0.61	333
蒽	0.36	402
9-乙烯基蒽	0.76	432

（3）取代基效应。

苯环上的取代基会引起最大吸收波长的位移及相应荧光峰的改变。通常给电子基团如—NH_2、—OH、—OCH_3、—$NHCH_3$、—$N(CH_3)_2$ 等，使荧光增强，吸电子基团如—Cl、—Br、—I、—$NHCOCH_3$、—NO_2、—COOH 等，使荧光减弱。表 11.5 列出了烷基取代对荧光效率和平均波长的影响。可以看出，苯的烷基化会提高荧光效率，并使荧光光谱向长波方向移动。

表 11.5 烷基取代对荧光效率和平均波长的影响

化合物	荧光效率	平均波长/nm
苯	0.07	283
甲苯	0.17	285
乙苯	0.18	286
丙苯	0.14	285
异丁苯	0.14	285

(4)结构刚性效应。

实验表明,具有刚性结构的分子容易发生荧光。如荧光素呈平面构型,其结构具有刚性,它是荧光物质,在 0.01 mol/L NaOH 溶液中,荧光素的量子效率为 0.92,而酚酞分子由于不易保持平面构型,故不是荧光物质。又如芴,由于其分子中存在成桥的亚甲基,使刚性增加,从而有强的荧光,其量子效率接近于 1,而联苯在同样条件下的荧光量子效率仅为 0.20。同理,偶氮苯不发荧光,而杂氮菲则发荧光。若荧光染料吸附在固体表面上,由于固体表面提供的附加刚性,也会使荧光增强。此外,分子的这种平面刚性结构效应对许多金属配合物的荧光发射也有影响。如 8-羟基喹啉本身的荧光强度远比其锌配合物低,利用这种性质可进行痕量金属离子的测定。

2. 荧光的量子效率

荧光量子效率(Φ),也称为量子产率,是发荧光的分子数与总的激发态分子数之比。由荧光去激发过程可以看出,物质吸收光被激发后,既有发射荧光返回基态的可能,也有无辐射跃迁回到基态的可能。对于强的荧光物质而言,如荧光素分子,荧光发射将是主要的,对于低荧光物质而言,则无辐射过程占主导。因此,荧光量子效率与荧光发射过程的速率及无辐射过程的速率有关。即

$$\Phi=\frac{K_f}{K_f+\Sigma K_i} \tag{11.1}$$

式中,K_f 是荧光发射过程的速度常数;ΣK_i 是系间跨越和外转换等有关无辐射跃迁过程的速率常数的总和。一般而言,K_f 主要取决于分子的化学结构,而 ΣK_i 主要取决于化学环境。

化学结构能使体系的 K_f 升高,K_i 降低,从而可使体系的荧光增强;反之,则使体系的荧光减弱。

3. 环境因素

荧光分子所处的溶液环境对其荧光发射有直接影响,因此适当地选取实验条件有利于提高荧光分析的灵敏度和选择性。溶液环境对荧光发射的影响因素主要有以下几个方面:

(1)溶剂效应。

溶剂对荧光光谱的影响主要是由于溶液的介电常数和折射率等因素的作用,这称为一般溶剂效应,这种效应是普遍存在的。另一种溶剂作用是由于荧光分子与溶剂分子形

成氢键，从而影响荧光强度，这种溶剂效应称为特殊溶剂效应。一般地，增大溶剂的极性，由于 $\pi\to\pi^*$ 跃迁的能量减小，从而使荧光光谱向长波方向移动，即红移。图11.6是2-苯胺-6-萘磺酸在不同溶剂中的荧光光谱。由此可以看出，从乙腈到水，随极性增大，该分子的荧光光谱逐渐红移。

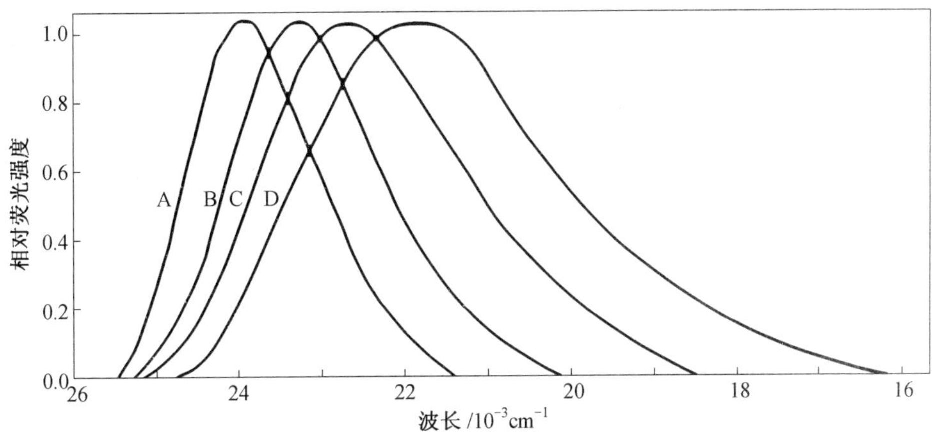

图11.6　2-苯胺-6-萘磺酸的荧光发射光谱

A—乙腈；B—乙二醇；C—质量分数为30%的乙醇；D—水

(2)温度的影响。

一般地，随温度降低，溶液中荧光物质的量子效率和荧光强度将增大，并伴随光谱的蓝移。但温度升高时，荧光量子效率下降。这是由于当温度降低时，介质的黏度增大，溶剂的弛豫作用大大减小。而温度升高时，碰撞频率增加，使外转换的去激发概率增加。因此，选择低温条件下进行荧光检测将有利于提高分析的灵敏度。

(3)pH的影响。

对于含有酸性或碱性基团的荧光物质而言，溶液的pH将对这类物质的荧光强度产生较大的影响。如在 $pH=5\sim12$ 的溶液中，苯胺以分子形式存在，产生蓝色荧光；当 $pH<5$ 时，它以苯胺阳离子形式存在，而当 $pH>12$ 时，它又以阴离子形式存在，二者均无荧光。因此在荧光测量中往往需要控制溶液的pH。

溶液的pH也影响金属配合物的荧光性质。例如，Ga^{3+} 与邻、邻二羟基偶氮苯在 $pH=3\sim4$ 的溶液中形成1∶1配合物，该配合物发荧光；而在 $pH=6\sim7$ 的溶液中形成不发荧光的1∶2配合物。

(4)荧光猝灭。

荧光分子与溶剂或其他溶质分子之间相互作用，使荧光强度减弱的作用称为荧光猝灭。能引起荧光强度降低的物质称为猝灭剂。荧光猝灭包括动态猝灭和静态猝灭。动态猝灭是被激发的荧光分子与猝灭剂发生碰撞，从而使荧光分子以无辐射形式跃迁回到基态而使荧光猝灭。静态猝灭是荧光分子与猝灭剂形成不发荧光的基态配合物从而使荧光猝灭。氧是最常见的碰撞猝灭剂，因此在较严格的荧光实验中，一般需要除氧。利用荧光的这两种猝灭作用可以检测猝灭剂的浓度。

除了上述两种猝灭过程外，当荧光物质的浓度较大时，会产生激发态的荧光分子与基态的荧光分子碰撞从而使荧光猝灭,这种猝灭现象称为自猝灭。因此,在荧光测量中,荧光物质的浓度不应太高。

另外,当溶液中存在能与荧光分子发生能量转移的物质时,有时也使体系的荧光强度下降。

(5)内滤作用。

当溶液中存在能吸收荧光物质的激发能量或发射光的物质时,也会使体系的荧光减弱,这种现象称为内滤作用。

如果荧光物质的荧光发射光谱与该物质的吸收光谱有重叠,当浓度较大时,部分基态分子将吸收体系发射的荧光,从而使荧光强度降低,这种自吸现象也是一种内滤作用。

11.3.4 荧光光谱定量分析原理

1. 荧光定量分析

对于低浓度溶液而言,一定激发和发射波长条件下测得的荧光强度 I_f 可表示为

$$I_f = 2.303\Phi_f I_0 \varepsilon bc$$

式中,Φ_f 为荧光量子产率;I_0 为激发光强度;ε 为发光物质的摩尔吸光系数;b 为样品池厚度;c 为发光物质的浓度。只要发光物质的浓度不太大($\varepsilon bc<0.05$),在一定条件下,其荧光强度与其浓度成正比,这是荧光分析的定量基础。而在高浓度阶段,荧光强度随浓度增加反而降低,溶液浓度过大时,Φ_f 会降低,荧光减弱,会出现浓度猝灭。

(1)单组分的直接测定和间接测定。

在荧光测定时,可以采用直接测定和间接测定方法来测定单组分荧光被测物质的浓度。

若被测物质本身发生荧光,则可以通过测量其荧光强度来测定该物质的浓度。大多数的无机化合物和有机化合物,它们不产生荧光或者产生的荧光量子率很低,因此不能直接测定。此时可采用间接测定的方法,一种间接测定方法是利用化学反应使非荧光物质转变为能用于测定的荧光物质;第二种间接测定方法是荧光猝灭法,若被测物质是非荧光物质,但它具有使荧光化合物的荧光猝灭作用,此时可测量荧光化合物荧光强度的降低来测定该荧光物质的浓度,例如对氟、硫、铁、银、钴和镍等元素的测定。

(2)多组分的荧光测定。

利用荧光物质本身具有荧光激发光谱和发射光谱,实验时可选择任一波长来进行多组分的荧光测定。

若二组分的荧光光谱峰不重叠,可选用不同的发射波长来测定各组分的荧光强度;若二组分的荧光光谱峰相近,甚至重叠,而激发光谱有明显差别,这时可选用不同的激发波长来进行测定。

任何荧光分子都具有两种特征的光谱,即激发光谱和发射光谱。

2. 荧光光谱的常见类型

(1)二维荧光光谱。

在通常的荧光分析中所获得的光谱为荧光的激发光谱和发射光谱,是二维荧光光谱,如图 11.7 所示。可以通过同步扫描技术来绘制光谱图,即在同时扫描激发和发射单色器

波长的条件下，绘制光谱图，所得到的荧光强度-激发波长（或发射波长）曲线为同步荧光光谱。测定同步荧光光谱有 3 种方法：①固定波长扫描法，是在扫描过程中，固定激发波长和发射波长的差值，即 $\Delta\lambda=\lambda_{em}-\lambda_{ex}=$ 常数；②固定能量同步扫描荧光法，是使发射单色器与激发单色器之间保持一个恒定的波数差；③可变波长同步扫描荧光法，是使两单色器在扫描过程中以不同的速率同时进行扫描，即波长可变。

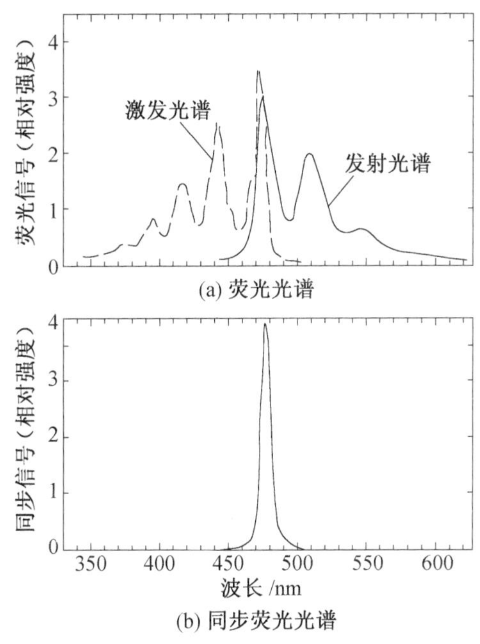

图 11.7　并四苯的二维萤光光谱和同步荧光光谱图

同步扫描荧光光谱法的特点是：①使光谱简化；②使谱带窄化；③减小光谱的重叠现象；④减小散射光的影响。图 11.7(b) 是并四苯的同步荧光光谱图。从图 11.7(b) 可以看出同步荧光光谱峰。这种光谱简化，提高了分析测定的选择性，避免了其他谱带所引起的干扰。但对光谱学的研究不利，因为它损失了其他光谱带所含的信息。

(2) 三维荧光光谱。

三维荧光光谱是 20 世纪 80 年代发展起来的一种新的荧光技术，是以荧光强度为激发波长和发射波长的函数得到的光谱图，也称总发光光谱和等离子光谱等。三维荧光光谱可用三维投影图（图 11.8(a)）和等高线光谱图（又称指纹图）（图 11.8(b)）两种形式表示。三维投影图是一种表示比较直观的三维立体投影图，能够反映特征峰的位置、高度及其他一些荧光特性。等高线光谱是通过记录不同激发波长处的荧光光谱，将荧光强度相等的各点连接起来，在 $\lambda_{em}-\lambda_{ex}$ 构成的平面上显示一系列等强度线组成的同心圆。

三维荧光图谱具有“指纹图”的特征，不同性质的样品，其三维荧光光谱的各特征参量存在明显的差异，而同源样品，其参量又存在着较大程度的共性。三维荧光谱图全面展示了样品的所有荧光信息，体现了样品成分和组成方面的细微特征。由于该方法是在较宽的激发波长范围内对样品进行全方位的扫描，所以它在选择性、灵敏度以及所获得的信息量等诸多方面均远远超过常规的荧光测试技术。

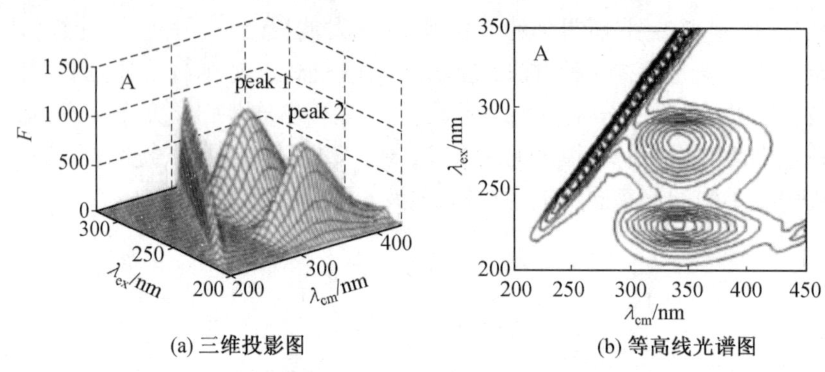

(a) 三维投影图 (b) 等高线光谱图

图 11.8 三维荧光光谱图形

11.4 样品测试分析

物质的荧光分析方法可归纳成两种类型,一类是直接分析方法,另一类是间接分析法。有机化合物的直接荧光分析方法,就是根据有机化合物在合适的溶剂中产生的荧光直接进行检测的一种方法。此类方法简便易行,对有些在溶剂中能产生荧光的化合物,其检测灵敏度可达0.01 mg/L。但是可用荧光直接分析方法测定的物质种类有限,常见的一些可以采用直接荧光分析方法的有机化合物见表 11.6。

表 11.6 一些有机化合物的直接荧光分析方法

化合物	溶剂	pH	λ_{ex}/nm	λ_{em}/nm	灵敏度/10^{-6}
苊	正戊烷	/	291	341	<0.01
吖啶	三氟乙酸	/	358	475	<0.01
烯丙基吗啡	水	1	285	355	>0.1
对氨基苯甲酸	水	8	295	345	0.01 ~ 0.1
氨基嘌呤	水	7	280 370	460	0.01 ~ 0.1
1-氨基芘	三氟乙酸	/	330 342	415	<0.01
对氨基水杨酸	水	11	300	405	<0.01
异戊巴比妥	水	14	265	410	0.01 ~ 0.1
苯胺	水	7	280 291	344 361	0.01 ~ 0.1
蒽	正戊烷	/	420	430	<0.01
邻氨基苯甲酸	水	2.7	355	422	<0.01
抗霉素 A	水	8	350	420	0.01 ~ 0.1
吖吲哚	水	10	290 299	317 347	<0.01
偶氮鸟嘌呤	水	7	285	405	>0.1

续表 11.6

化合物	溶剂	pH	λ_{ex}/nm	λ_{em}/nm	灵敏度/10^{-6}
苯并蒽酮	三氟乙酸	/	370 420	550	<0.01
苯并吖啶	三氟乙酸	/	290 380	480	<0.01
苯并蒽	正戊烷	/	284	382	<0.01
苯甲酸	质量分数为70%硫酸	/	285	385	<0.01
苯并芘	正戊烷	/	329	389	<0.01
苯并喹啉	三氟乙酸	/	280	425	<0.01
二苯并蒽	正戊烷	/	280	381	<0.01
二苯并芘	正戊烷	/	370	401	<0.01
联苯	水	7	270	318	>0.1
1,4-二苯基丁二烯	正戊烷	/	328	370	<0.01
肾上腺素	水	7	285	325	>0.1
萤蒽	正戊烷	/	354	464	<0.01
芴	正戊烷	/	300	321	<0.01
龙胆酸	水	7	315	440	0.01~0.1
吲哚乙酸	水	8	295	345	0.01~0.1
吲哚	水	7	269 315	350	0.01~0.1
甲萘醌	乙醇	/	335	480	0.01~0.1
2-甲基菲	正戊烷	/	257	357	<0.01
1-甲基芘	正戊烷	/	336	394	<0.01
吗啡	水	7	285	350	>0.1
菲	正戊烷	/	252	362	0.01~0.1
苯二芘	水	1	270	305	0.01~0.1
芘	正戊烷	/	330	382	<0.01
奎宁	水	1	250 350	450	<0.01
水杨酸	水	10	310	400	<0.01
利血平	水	1	300	375	<0.01
链霉素	水	13	366	445	0.01~0.1
对联三苯	正戊烷	/	284	338	<0.01
三苯并芘	正戊烷	/	384	448	<0.01
维生素 A	正丁醇	/	340	490	0.01~0.1
三亚苯	正戊烷	/	288	357	0.01~0.1

而许多本身不产生荧光的化合物,经与合适的试剂反应,能生成可产生荧光的化合物,由此建立的分析方法,即为间接的荧光分析方法。

11.4.1 水溶液中物质的荧光测定

1. 无机离子的测定

无机化合物中，会发生荧光的纯粹化合物为数不多。第八族元素、过渡元素和稀土元素的顺磁性原子会发生线状荧光光谱。碱金属及碱土金属的卤化物，如氯化钠和氟化钙，会产生紫外荧光。其他一些无机化合物，由于有痕量活化剂的杂质存在，虽然也有荧光，但在荧光分析中的应用不大。因此，无机离子的测定多采用间接分析方法。

用荧光分析方法测定溶液中的无机离子，一般有下列3种类型：

①将无机离子溶液加入适当的无机试剂(如盐酸、氢溴酸等)中，直接检测离子的化学荧光，见表11.7。

表11.7 用无机试剂分析无机离子的结果

离子名称	试剂	灵敏度/10^{-6}
砷	铈(Ⅳ) 盐酸或氢溴酸	7.5 0.15
铋	盐酸或氢溴酸	0.002
草酸根	铈(Ⅳ)	8.8
铈	盐酸 高氯酸	1.0 0.1
亚铁离子	铈(Ⅳ)	5.6
碘离子	铈(Ⅳ)	0.6
锇	铀氧基	2.0
铅	铈(Ⅳ) 盐酸 氢溴酸或氯化钾	0.5 0.1 0.01
硒	盐酸或氢溴酸	0.06
锝	盐酸	0.02

②无机离子与一种无荧光的有机配位体化合，生成一种高荧光的金属络合物。

以铝(Ⅲ)与3-羟基-2萘甲酸为例，其反应式如下：

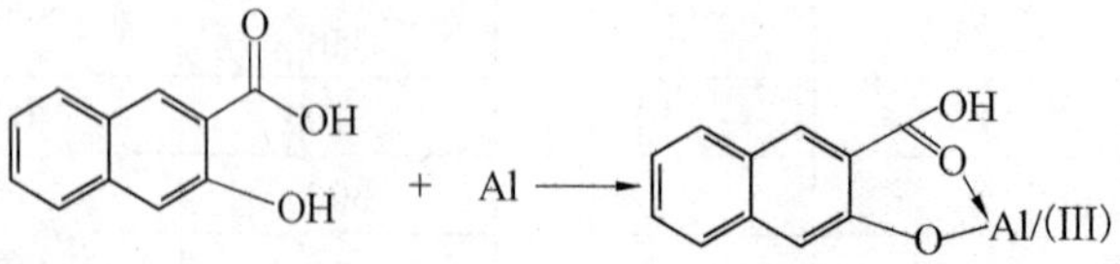

(无荧光)　　(天蓝色荧光)

再以锌的测定为例，其反应式如下：

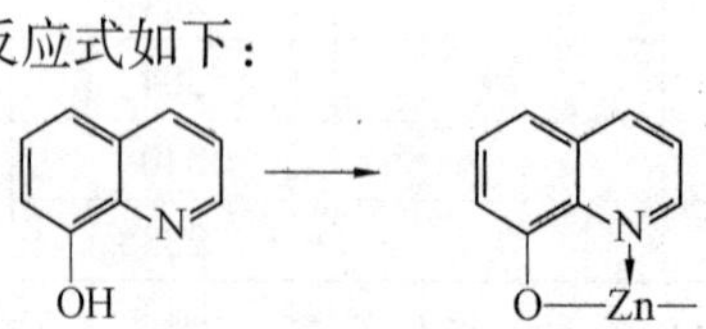

(不发荧光)　　(发黄绿荧光)

这种类型是无机物荧光分析法中最常用的一种，用这种方法来测定的金属离子已超过 60 多种。金属离子与有机配体所形成的络合物的发光能力，与金属离子以及有机配体结构上的特性有很大关系。金属离子的影响，主要是氧化态和原子序数。具有逆磁性结构的金属离子将会形成强发光的络合物，而顺磁性的金属离子则不能。对于与同一种有机试剂形成络合物的不同金属离子来说，其原子序数越大，相对荧光强度越小，吸收峰和发射峰也都越往长波方向移动。例如，锂、钠、钾、铷、铯碱金属，它们的荧光分析方法很少，所报道的几种荧光分析法都属于与有机配位体络合，生成在紫外光照射下会产生荧光的络合物。以锂的测试为例：

在弱碱性的乙醇溶液中，锂离子与试剂形成络合物，在紫外光照射下发生强绿色荧光。测定时首先配制一种试剂，使它含 0.1% 8-羟基喹啉，0.12% 氢氧化钾和 0.08% 醋酸钠。然后将样品溶液（含锂量不超过 20 μg），用 0.4% 氢氧化钠溶液中和（用刚果红作指示剂），然后再过量一滴。再加入 0.5 mL 试剂，用乙醇稀释至 25 mL。用 5 mL 氯仿萃取，将萃取液做荧光分析，激发波长 $\lambda_{ex}=365$ nm，发射波长 $\lambda_{em}=540$ nm。

此法测定锂的质量浓度范围为 0.5 ~ 2.4 mg/L。但要注意溶液中如果有水存在，荧光强度将显著降低，因此，所有器皿必须烘干，并在使用前用乙醇漂洗。镁和锌离子对本法有严重干扰，但可用加入 NaF 来加以掩蔽。

③间接测定离子熄灭配位体荧光的量，或者能使配位体释放，然后与合适试剂反应生成荧光产物。

这种类型的分析方法，又可以分成两种。一种是有机配位体本身是会发荧光的化合物，它与无机离子络合后，配位体原有的荧光强度减弱。测定荧光减弱的程度，即可间接测定出离子的浓度。例如，2,3-萘三氮杂茂的水溶液在紫外光照射下会发生强烈的紫色荧光。它的激发波长和发射波长分别为 $\lambda_{ex}=362$ nm 和 $\lambda_{em}=406$ nm。溶液的荧光强度随着银离子含量的增大而减弱。根据这一原理，可以定量测定银，检测灵敏度可达0.025 ~ 0.1 μg/mL。

另一种是加入无机离子后，能使有机配位体释放，然后再与合适试剂反应生成能发生荧光的络合物。例如，用 8-羟基喹啉-5-磺酸与钯的络合物来检测氰根，其反应如下：

$$\underset{\text{无荧光物}}{\text{Pd-8-HQ-5-S}}\xrightarrow{CN^-}\text{8-HQ-5-S}+Pd(CN)_6^{4-}\xrightarrow{Mg^{2+}}\text{荧光螯合物}$$

在这个反应中，8-羟基喹啉-5-磺酸钾和二价钯离子所组成的络合物，在碱性溶液中，在紫外光照射下并不发生荧光，但在氰化物存在时，氰根离子从该化合物中夺取钯离子以组成 $Pd(CN)_6^{4-}$ 络离子，而定量释放出 8-羟基喹啉-5-磺酸钾。这时若加入 Mg^{2+}，它将与 8-羟基喹啉-5-磺酸钾组成会发生荧光的镁络合物。由镁络合物的荧光强度可以间接求出氰根的含量，检测范围为 0.1 ~ 0.8 μg/mL。

无机化合物的荧光分析法，除了上述 3 种类型外，还有催化荧光法。即某些反应产物虽能发生荧光，但反应进行缓慢，荧光微弱难以测定。在微量金属离子的催化作用下，反应将迅速进行，可由在给定时间内所测定的一个强度来测出该金属离子的浓度。相反地，有些微量金属离子的存在,将促使一个物质转化为非荧光物质或阻止荧光物质的生成,从而导致溶液荧光的熄灭,从在给定时间内荧光强度的降低程度也可以测定金属离子的浓度。这类荧光分析法的例子不多,只有铜、铍、铁、钴、锇及过氧化氢的测定,但方法的灵敏度高。

11.4.2 水溶液中有机物的测定

1. 直接测定方法

以水中痕量的1-萘酚、2-萘酚的直接测定为例,测定时将1-萘酚、2-萘酚用无水乙醇溶解后用亚沸蒸馏水稀释成1 mg/mL储备液避光贮存,用时将标准溶液稀释至所需浓度。将不同配比的1-萘酚、2-萘酚混合液于暗处静置10 min后,移入1 cm石英比色皿,以二次蒸馏水作参比,以$\lambda_{ex}=328$ nm为激发波长,$\lambda_{em}=364$ nm为发射波长测量体系的荧光强度,再以$\lambda_{ex}=308$ nm为激发波长,$\lambda_{em}=477$ nm为发射波长测量体系的荧光强度。根据上述两个荧光强度,代入公式即可计算得到水样实际的萘酚含量。荧光分光光度计仪器参数:激发通带10 nm,发射通带10 nm,波长测量精度0.5 nm。1-萘酚和2-萘酚的荧光光谱图如图11.9所示。

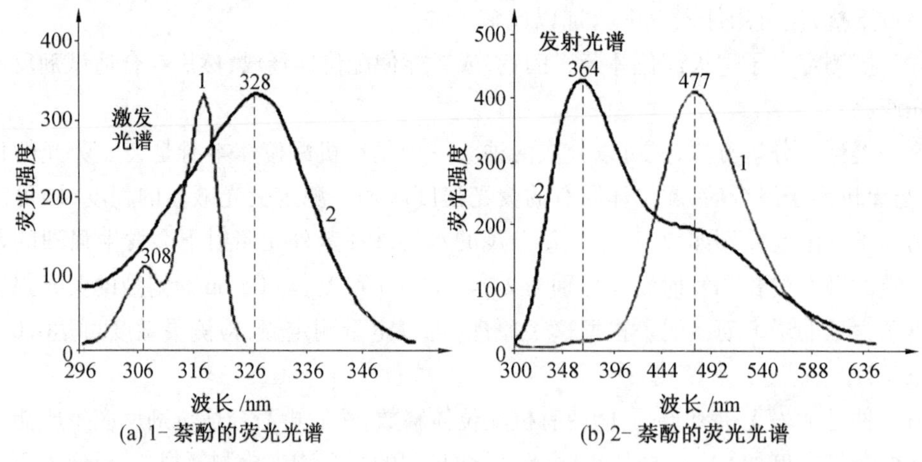

图11.9 1-萘酚和2-萘酚的荧光光谱

1-萘酚和2-萘酚激发波长和发射波长波峰分别为$\lambda_{ex}/\lambda_{em}=308/477$ nm和$\lambda_{ex}/\lambda_{em}=328/364$ nm。根据图11.9中两种萘酚发射光谱可知在2-萘酚的最大发射波长364 nm处1-萘酚对2-萘酚的荧光值影响不大,而在1-萘酚的最大发射波长477 nm处2-萘酚对1-萘酚的荧光值影响较大。故在364 nm处测得浓度值受到了1-萘酚较小的影响,但是荧光强度值也是两种酚共同作用的结果;同样477 nm处的读数实际上也是两种萘酚共同用的结果,据此确立了两种萘酚的定量分析方法。

多环芳烃具有高的荧光量子效率,根据这一特性,可利用荧光方法对其进行检测。以菲、蒽、苊及荧蒽的荧光直接测定为例。因这4种多环芳烃在水中的溶解度非常低,为了适当增加其溶解量,在配制水溶液时,采用先配制高浓度的无水乙醇储备液,再通过中间工作溶液逐级稀释至标准系列溶液。将配置好的菲、蒽、芘及荧蒽标准系列溶液依次放在荧光分光光度计的样品架上，菲、蒽、芘的 λ_{ex} 和 λ_{em} 范围分别设定在 240～400 nm 和300～600 nm，荧蒽的 λ_{ex} 和 λ_{em} 范围分别设定在 220～400 nm 和 300～600 nm，采样间隔 2.0 nm，扫描速度为 12 000 nm/min，狭缝宽度为 5.0 nm，得到这 4 种多环芳烃的等高线图，如图 11.10 所示。图中横坐标为发射波长 λ_{em}，纵坐标为激发波长 λ_{ex}，等高线表示荧光强度，图中左上方线型带为水的 Rayleigh 散射区，右下方线型带为水的二级 Rayleigh 散射区。

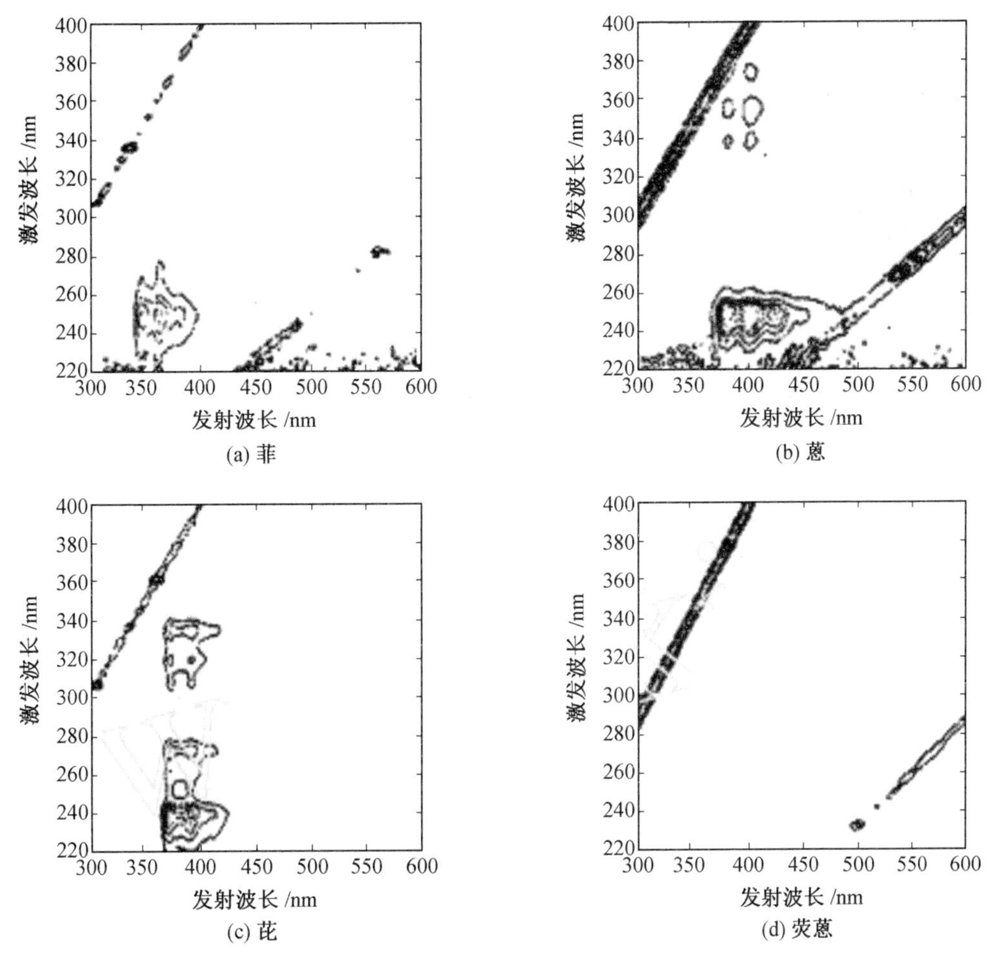

图 11.10　菲、蒽、芘和荧蒽的原始三维荧光光谱图

鉴于 Rayleigh 散射效应在原始三维荧光光谱中出现的位置相对固定，可以采取在出现散射的位置将信号置零的方法，去除 Rayleigh 散射的影响。图 11.11 为扣除溶剂水后 4 种多环芳烃的三维荧光光谱图。

菲有 3 个比较强的荧光发光区域，分别位于 $\lambda_{ex}/\lambda_{em}$ = 250/346 nm、255/346 nm、250/380 nm，荧光强度的主峰出现在 $\lambda_{ex}/\lambda_{em}$ = 255/346 nm 附近。蒽有 3 个比较强的荧光发光区域，分别位于 $\lambda_{ex}/\lambda_{em}$ = 250/380 nm、$\lambda_{ex}/\lambda_{em}$ = 250/402 nm、$\lambda_{ex}/\lambda_{em}$ = 250/424 nm，荧光强

度的主峰出现在 $\lambda_{ex}/\lambda_{em}=250/402$ nm 附近;芘有多个荧光发光区域,其中有两个较强的荧光发光区域,位于 $\lambda_{ex}/\lambda_{em}=240/372$ nm、$\lambda_{ex}/\lambda_{em}=240/392$ nm,荧光强度的主峰出现在 $\lambda_{ex}/\lambda_{em}=240/372$ nm;荧蒽有两个较强的荧光发光区域,其中一个发光区域与 Rayleigh 散射有部分重叠,选择完整的荧光强度的主峰为 $\lambda_{ex}/\lambda_{em}=286/462$ nm。

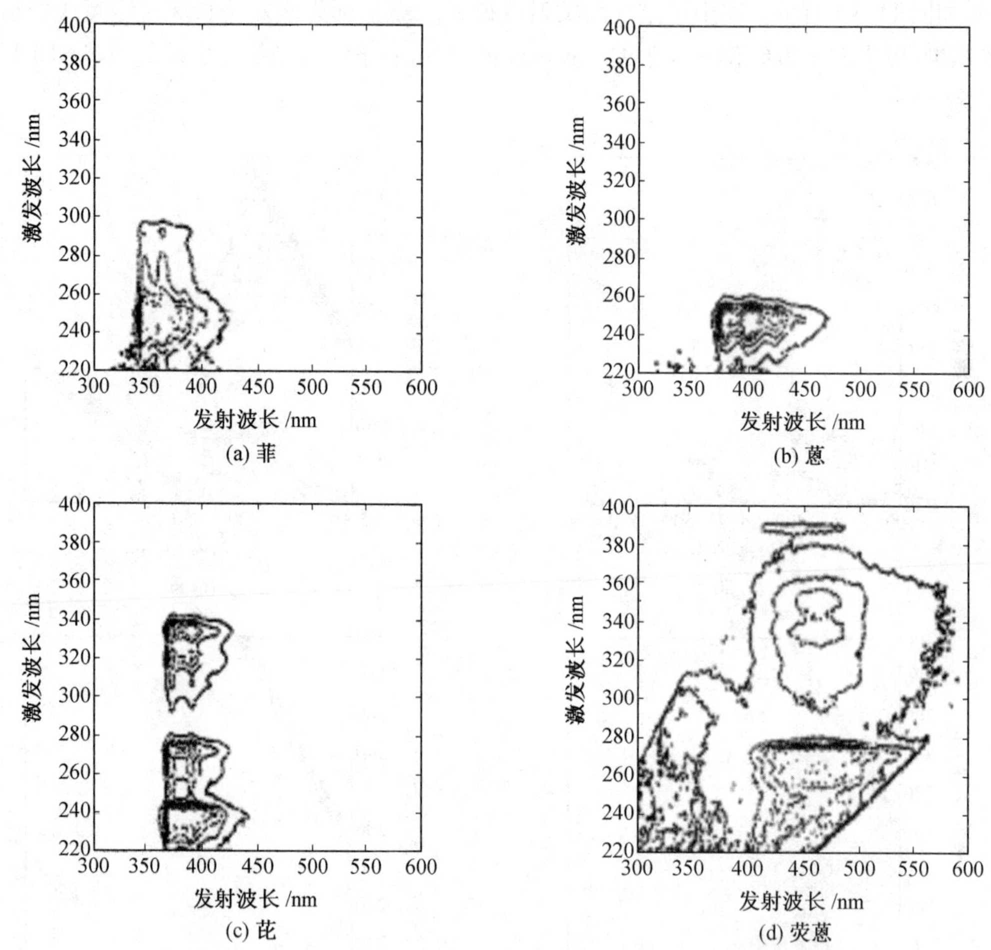

图 11.11 扣除溶剂水后菲、蒽、芘和荧蒽的三维荧光光谱图

为了更加清楚地看出上述 4 种物质的发光情况,图 11.12 给出了各种物质的二维荧光光谱图。

从图 11.12 不但能够清楚地看到菲、蒽、芘和荧蒽 4 种物质的最大激发和发射波长,而且该图还反映了溶液荧光光谱的一个特征斯托克斯位移,即溶液荧光光谱中的荧光波长总是大于激发光的波长,因为荧光物质的激发态分子由于内转化和振动松弛过程迅速衰变到 S_1 电子态的最低振动能级。斯托克斯位移现象的存在说明了在激发态与发射态之间存在着一定的能量损失。由图 11.12 可知,菲、蒽、芘和荧蒽溶液的斯托克斯位移 $\Delta\lambda$ 分别为 114 nm、152 nm、132 nm、176 nm。

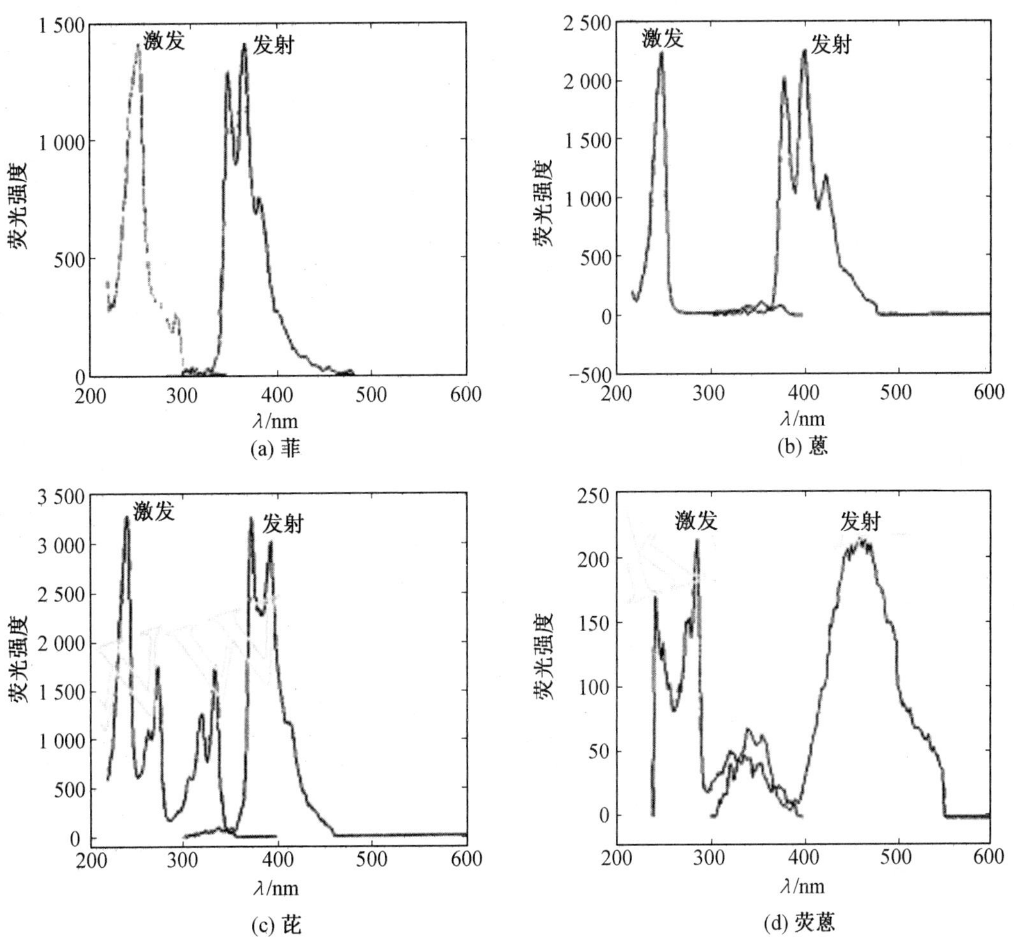

图 11.12　菲、蒽、芘和荧蒽的荧光激发-发射光谱图

2. 间接测定方法

以氨基酸的测定为例,利用氨基酸与乙酰丙酮和甲醛反应生成绿色荧光物质,测定氨基酸的含量,$\lambda_{ex}=405$ nm。其反应式如下:

$$CH_3COCH_2COCH_3 + HCHO + NH_2CH(R)COOH + CH_3COCH_2COCH_3 \longrightarrow$$ (产物:环上带 H_3COC、$COCH_3$ 及两个 CH_3 取代基)

冯守华等人利用组氨酸(His)与聚集诱导发射(AIE)配体的竞争配位作用,使无荧光的金属有机框架材料(Co-ETTB, H_8ETTB =4′,4‴,4′′′′′′,4′′′′′′′′-(乙烯-1,1,2,2-四基)四([1,1′-联苯]-3,5-二羧酸))的 AIE 配体释放因此产生荧光发射。图 11.13 为在室温下测量的含有各种浓度 His 的 Co-ETTB 悬浮液的荧光响应。在 His 添加到悬浮液

中后,Co-ETTB 显示出强烈而迅速的绿色荧光,可在数秒内获得。随着 His 浓度的增加,荧光强度逐渐增加。另外,在计量曲线中,发射峰的荧光强度与 His 的浓度之间存在近似线性关系(R^2=0.99)。通过公式 $3\sigma/k$(σ 是空白试验的标准偏差,k 是计量曲线的斜率)计算得出的检出限约为 11 μm。相比于其余多种氨基酸物质,只有 His 能使 Co-ETTB 表现出强烈而明显的绿色荧光发射,这意味着 Co-ETTB 对 His 具有很高的选择性。

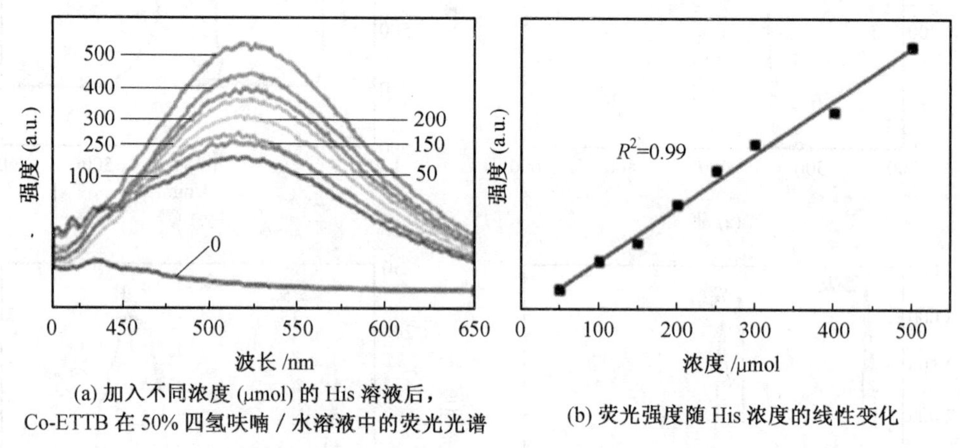

(a) 加入不同浓度 (μmol) 的 His 溶液后,Co-ETTB 在 50% 四氢呋喃 / 水溶液中的荧光光谱

(b) 荧光强度随 His 浓度的线性变化

图 11.13 Co-ETTB 检测 His 荧光谱图与拟合曲线

11.4.3 固体样品的直接测定

1. 粉体压膜的荧光分析法

以掺锰铝酸镁透明陶瓷的荧光分析为例,测定过程为:将压膜所需粉料(所用粉料必须是高纯度且粒度均匀的粉体。粉体的水分含量应在 0.2% 以内)单向压制预成型素坯后封装在抽真空的塑料膜中,放入液压机中进行冷等静压,最高压力为 250 MPa,未保压。冷等静压成型中易产生缺陷,因此冷等静压后的素坯要进行分选,将合格的产品放入真空烧结炉中进行预烧结,烧结温度为 1 750 ℃,烧结时间为 2 h,真空度为 1×10^{-3} Pa。将部分样品再放入热等静压炉中进行烧结(1 650 ℃,200 MPa,2 h)。烧结后,陶瓷部件的工艺过程还并未完成,还需进一步加工,即对烧结好的镁铝尖晶石透明陶瓷进行抛光。

测试时仪器参数设置如下:发射狭缝为 10 nm;激发狭缝为 10 nm;发射滤光片分别为无、290 nm、350 nm、390 nm、430 nm,通过计算机选择;扫描速度为 180 nm/min;响应时间 2 s, 测定时利用 450 nm 和 310 nm 的光来激发。

当激发光波长为 310 nm 时,在 520 nm 和 750 nm 附近分别观察到一峰和一宽包,其强度随着掺杂浓度的增加而增强,如图 11.14 所示,这两个峰为陶瓷膜的发射峰。

当激发光波长为 450 nm 时,即由锰引起的吸收峰处,可以观察到在 520 nm 附近有一很强的发射峰,如图 11.15 所示,其强度随着掺杂浓度的增加而增强。

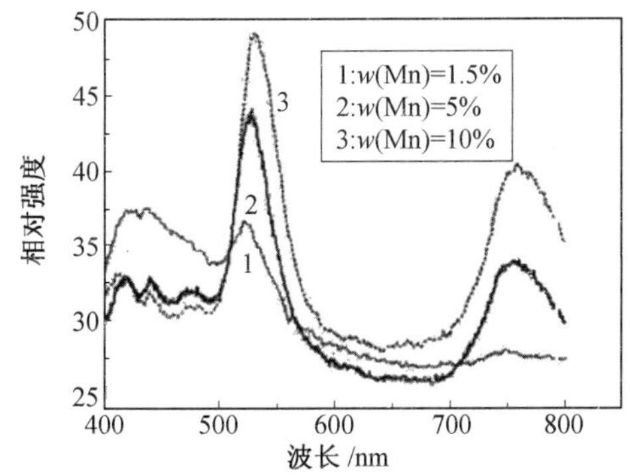

图 11.14　不同掺杂浓度的样品的发射谱（激发波长为 310 nm）

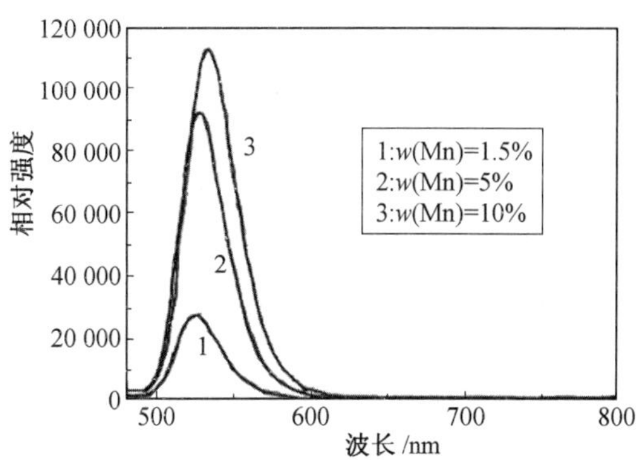

图 11.15　不同掺杂浓度的样品的发射谱（激发波长为 450 nm）

2. 旋涂成膜的荧光分析法

利用旋涂技术在普通载玻璃片(25 mm×25 mm)上制备了一定厚度的薄膜样品,随后将得到的薄膜样品放在紫外灯下照射 1 h,再在不同温度下热处理 1 h,得到不同掺杂量的 Ag/SiO_2(n(Ag)/n(Si)= 0.01、0.02、0.05、0.08)复合薄膜样品。旋涂技术制备的薄膜样品的均匀性非常好,绝大部分纳米颗粒的尺寸都在 10～20 nm,有部分纳米粒子的尺寸在 50 nm 左右,有少量的颗粒尺寸达到了 100 nm 以上。

测定的光源为 Xe 灯,狭缝宽度为 10 nm,功率为 30 W,激发波长为 365 nm,测定结果如图 11.16 所示。

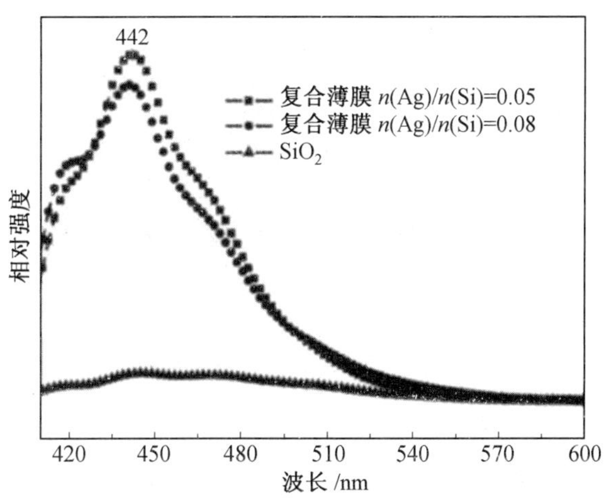

图 11.16　薄膜样品的荧光光谱图

在 365 nm 波长的光激发下,复合薄膜样品在 442 nm 波长处发出很强的光,发光强度和能量与粒子的形状及尺寸等因素有关,发光强度随着纳米银粒子平均直径的减小而增大,表明银粒子的可见光发射与量子限域效应有关。当纳米银晶粒的粒度变大时,量子限域效应明显减弱,发光强度降低。

11.4.4 三维荧光光谱分析技术

1. 发光材料的三维荧光光谱分析

稀土离子掺杂的玻璃在照明、显示、光存储以及光通讯等方面有巨大的应用前景，测定时将 Eu^{3+} 掺杂到铋碲酸盐玻璃中并通过三维荧光光谱观察掺杂后的玻璃的发光情况。

测定时稀土氧化物 Eu_2O_3 占玻璃基质质量分数的0.5%。三维荧光光谱激发波长范围为350～550 nm，发射扫描范围为400～720 nm，激发波长扫描间隔为5 nm。

Eu^{3+} 掺杂铋碲酸盐玻璃的三维荧光光谱如图11.17所示。由图可以直观地观察到 Eu^{3+} 的蓝光、绿光和红光多通道跃迁发射的受激发情况。在可见光谱区，红光发射的有效激发波长范围为390～400 nm、460～470 nm 和530～540 nm 3个区域，绿光发射的有效激发波长范围为390～400 nm 和460～470 nm 两个区域，蓝光发射的有效激发波长范围为390～400 nm。三维光谱显示，罕见的铕离子 $^5D_3$、$^5D_2$、$^5D_1$ 向下能级跃迁的蓝光和绿光多通道发射在较宽的激发范围内均可被有效地观察和记录到。

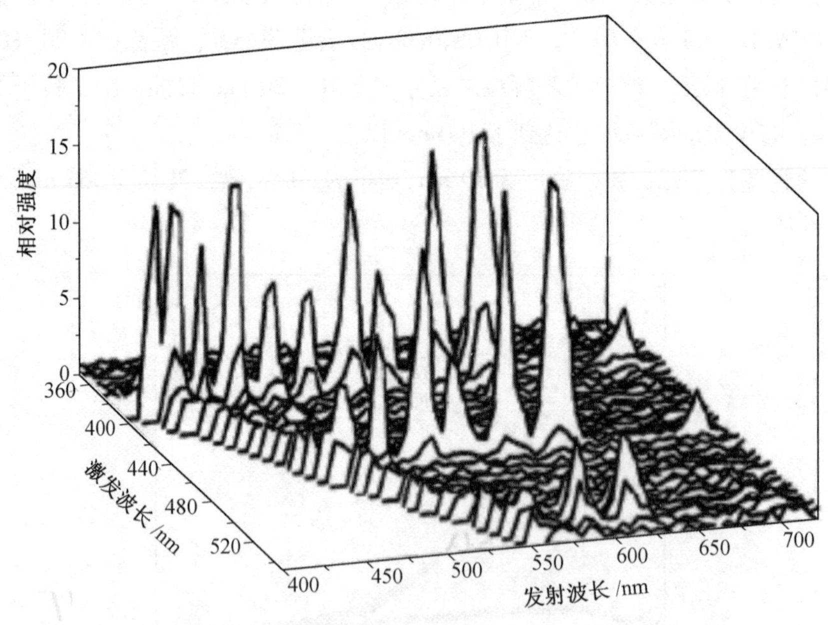

图11.17 Eu^{3+} 掺杂铋碲酸盐玻璃的三维荧光光谱

麝香草酚在分析方法研究中常被使用，它的浓度可以通过荧光分析方法直接测定。测定方法为：准确称取麝香草酚20 mg 于100 mL 容量瓶中，加5 mL 无水乙醇溶解样品，用二次蒸馏水定容，浓度为 8.164×10^{-4} mol·L^{-1}；在 λ_{ex} = 277 nm，λ_{em} = 250～800 nm 范围内扫描麝香草酚（浓度为1 173 μmol·L^{-1}）的荧光发射光谱，结果如图11.18所示。发现在280～400 nm 和570～690 nm 范围内出现了两个荧光峰，且在 λ_{em} = 600.4 nm 处荧光峰强度稍强，因此主要以570～690 nm 范围内荧光强度的变化进行定量。

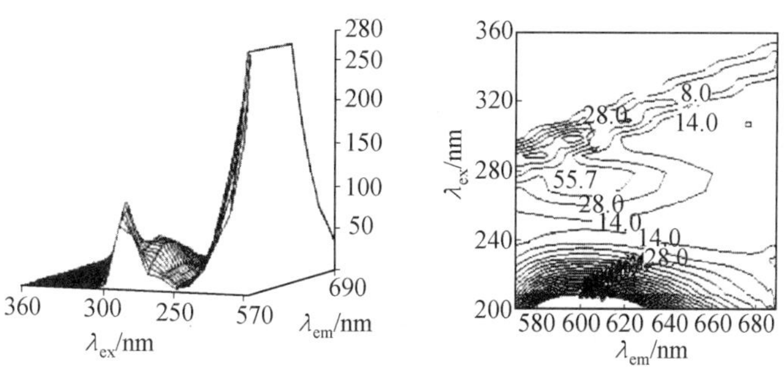

图 11.18　麝香草酚的三维荧光光谱图

2. 利用三维荧光光谱判识物质结构

三维荧光图谱具有“指纹图”的特征，它能提供完整的光谱信息，可以作为光谱指纹技术用于环境检测。以三维荧光技术判识油气属性为例，将野外采集的土壤、岩石样品放在阴凉通风处自然风干，样品经破碎后过 80 目筛分，称取样品若干用石油醚（60 ~ 90 ℃馏分）溶解和冷提取，石油醚需经严格去芳烃处理，使其荧光强度 $F_{320}<0.2$（λ_{ex} = 265 nm），将所得溶液或萃取液进行三维荧光分析。以激发波长 λ_{ex} = 200 ~ 300 nm、发射波长 λ_{em} = 300 ~ 500 nm、波长间隔为 4 nm 的条件下进行三维扫描测定。在样品的分析测试过程中，样品浓度必须控制在荧光分析的线性范围中，以防止荧光淬灭，这是获取样品荧光三维指纹图的关键，也是保证指纹图唯一的必要条件。其测定的结果如图 11.19 所示。

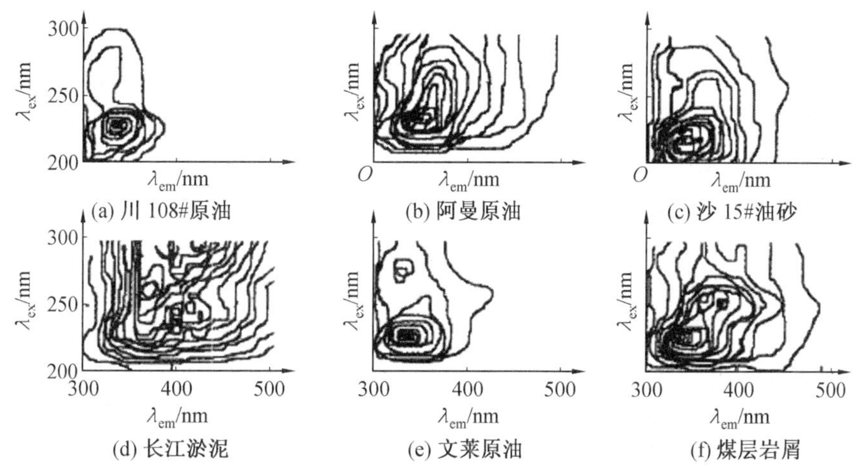

图 11.19　不同性质汽油的三维荧光指纹图

不同性质的样品，它的三维荧光光谱的各特征参量存在明显的差异，而同源样品，其参量又存在着较大程度的共性，三维荧光光谱对油气属性具有较好的指示作用。

利用三维荧光指纹光谱技术，对于水中的溶解性有机物可以进行分类，根据同种类型荧光团在不同来源时会在荧光图谱中表现出位于不同位置及不同的荧光强度，可以用来示踪溶解性有机物的不同来源。另外，荧光指纹技术灵敏度高，反应时间快，是一种实时示踪溶解性有机物的分析手段，可以为水源水质保护中污染突发事件的污染源示踪提供依据。

习　题

1. 荧光光谱法的特点是什么?

2. 荧光与磷光的根本区别是什么?

3. 分子共轭 π 键大,则荧光发射强,荧光发射峰向________波方向移动;给电子取代基将________(“加强”或“减弱”);吸电子取代基将使荧光强度________(“加强”或“减弱”)。

4. 造成荧光猝灭的原因有哪些?

5. 如何进行多组分荧光测定?

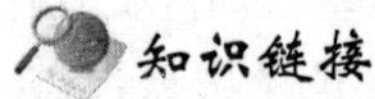
知识链接

斯托克斯简介

1575 年,西班牙内科医生和植物学家莫纳德斯(N. Monardes)第一次记录了荧光现象,随后一些科学家陆续观察并描述了荧光现象,但对于荧光的解释却没有进展。直到 1852 年,斯托克斯(George Gabriel Stokes)在研究奎宁和叶绿素的荧光时,发现荧光波长要大于入射光波长,从而提出了荧光是发射光的概念。随后他还根据矿物“萤石”提出了“荧光”这一概念。此外,斯托克斯还在 1864 年提出了将荧光作为分析手段,为后人的研究提供了指引。

斯托克斯在 1819 年 8 月 13 日生于爱尔兰的一个小镇,是六兄妹中最小的一个,从小就非常有教养。他的父亲是一个有学识的人,注重拓宽孩子们的知识面,如教他们学习拉丁语等等。1832 年,斯托克斯进入都柏林学校学习。学习期间,他的父亲因病去世,他只能寄居在叔叔家中,而不能像别的孩子那样寄宿,因为家庭已负担不起他的生活开支。

1835 年,16 岁的斯托克斯来到英格兰,在布里斯托尔学院求学。1837—1841 年,他在彭布罗克(Pembroke)学院学习,毕业时,因在数学方面优异的成绩获得了史密斯奖学金(他是获得此奖学金的第一人)。此后,他在别人的指导下着手流体动力学方面的研究工作。1842 年到 1843 年期间,斯托克斯发表了题为“不可压缩流体运动”的论文。使他成为一名数学家的最重要的转折点也许是 1846 年他所作的“关于流体动力学的研究”的报告。1849 年,斯托克斯被聘任为剑桥大学的数学教授,同时获得剑桥大学卢卡斯数学教授席位(Lucasian Chair of Mathematics),并任卢卡斯教授长达 50 年,1851 年当选英国皇家学会会员,1854 年被推选到英国皇家学会工作,1852 年获皇家学会朗福德(Rumford)奖。1854 年至 1885 年,他一直担任英国皇家学会的秘书。此期间的 1857 年他和一位天文学家的女儿结婚。1886 年至 1890 年他当选为英国皇家学会的主席,同时在 1886 年当选为维多利亚学院的院长直至 1903 年死去。斯托克斯为继牛顿之后任卢卡斯数学教授席位、皇家学会书记、皇家学会会长这三项职务的第二个人。

斯托克斯的研究是建立在剑桥大学前一辈科学家的研究成果之上的,对他有重要影响的科学家包括拉格朗日、拉普拉斯、傅立叶、泊松和柯西等人。

斯托克斯在对光学和流体动力学进行研究时，推导出了在曲线积分中最有名的被后人称之为“斯托克斯公式”的定理。直至现代，此定理在数学、物理学等方面都有着重要而深刻的影响。

第 12 章　X 射线荧光光谱

12.1　简　　介

1985 年，德国物理学家伦琴（Rontgen W. C）发现 X 射线，也称为伦琴射线。1986 年，法国物理学家乔治（Georges S）发现 X 射线荧光。20 世纪 40 年代末，弗利德曼（Friedman H）和伯克斯（Briks L S）研究出第一台商品 X 射线荧光光谱仪。自此，X 射线荧光光谱仪分析（XRF）进入蓬勃发展的阶段。

我国的 X 射线光谱分析起步于 20 世纪 50 年代末，中国科学院长春应用化学研究所等单位先后从前苏联引进 X 射线光谱仪，60 年代初，马光祖、北京大学的李安模等人着手进行我国第一台原级 X 射线光谱仪的研制。以后国内相关研究院所从欧洲、日本等国家和地区引进商品 X 射线光谱仪，并进行了大量的技术开发和应用研究工作。陈远盘等我国老一代科学家从难于分离的元素如铌、钽、锆、铪，铀、钍等的分析工作开始，对该领域从理论到应用进行了更全面的研究和实践。

20 世纪 80 年代是我国 X 射线荧光光谱分析研究非常活跃并取得长足进步的年代，除了对理论的探究，在轻元素分析、基体校正软件的开发、与国外的交流等方面都取得了很大的成绩，最重要的是涌现了一支至今还活跃在此领域的学术专家、科研骨干和应用队伍，他们为 X 射线荧光分析技术在我国的普及、提高和后继人员的培养做出了极大的贡献。

现在，X 射线荧光光谱分析的应用十分广泛，已成为各种材料的主量、次量和痕量组分高精度、高自动化的分析技术，是目前材料化学元素分析方法中发展最快、应用领域最广、最常用的分析方法之一，并在常规生产中很大程度上取代了传统的湿法化学分析。X 射线荧光分析在地质、矿探、钢铁、生物科学、生命科学、环境科学、电子、微电子、考古、博物、艺术等领域得到了广泛的应用。除了波长色散荧光分析，能量色散、全反射荧光分析、偏振激发、同步辐射激发、微束 X 射线、质子激发、质子探针等也在我国得到了广泛的重视。X 射线荧光光谱仪也由单一的波长色散 X 射线荧光光谱仪发展成拥有波长色散、能量色散、全反射、同步反射、质子 X 射线荧光光谱仪和 X 射线微荧光分析仪等一个大家族。

12.2　X 射线荧光光谱系统组成

X 射线荧光光谱仪按对来自样品的分析元素特征谱线色散的方式和功能构造来区分，大致可分为波长色散（WD）、能量色散（ED）和全反射型（TR）。

波长色散型光谱仪具有分辨率好、灵敏度高等优点,使用比较广泛。本章主要介绍波长色散型 X 射线荧光光谱仪。

波长色散型 X 射线荧光光谱仪主要由光源(X 光管)、滤波片、入射准直器、分光晶体、出射准直器、探测器和测角仪等主要部件组成,如图 12.1 所示。

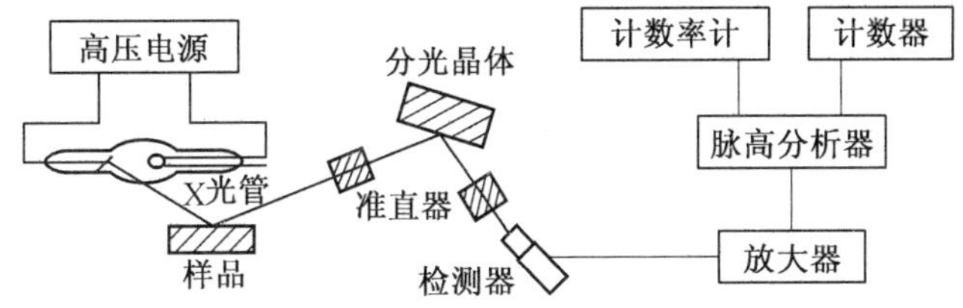

图 12.1　波长色散型 X 射线荧光光谱仪的组成示意图

12.2.1　光源

激发样品的光源主要是具有各种功率的 X 射线管。当施加给 X 射线管的电压达到某一高度值,X 射线管发射的一次 X 射线的能量足以激发样品所含元素原子的内层电子,被逐出的电子为光电子,同时轨道上形成空穴,使原子恢复到稳定的低能态,同时辐射出具有该元素特征的二次射线,也就是特征荧光 X 射线。其能量等于两轨道电子壳层的能量差。元素特征荧光 X 射线的产生如图 12.2 所示。位于某壳层的电子被激发就称为某系激发,产生的 X 射线辐射称为某系谱线。例如,一次 X 射线逐出 K 层电子,外层跃迁产生的荧光 X 射线为 K 系线,逐出 L 层电子,外层向 L 层跃迁的为 L 系线,以此类推。特征谱线线系中某条谱线是指外层、次外层等电子填充空穴,就在对应谱线下方注希腊字母 $\alpha,\beta,\gamma,\cdots\cdots$ 例如,L 层向 K 层跃迁为 K_α,M 层向 K 层跃迁为 K_β。

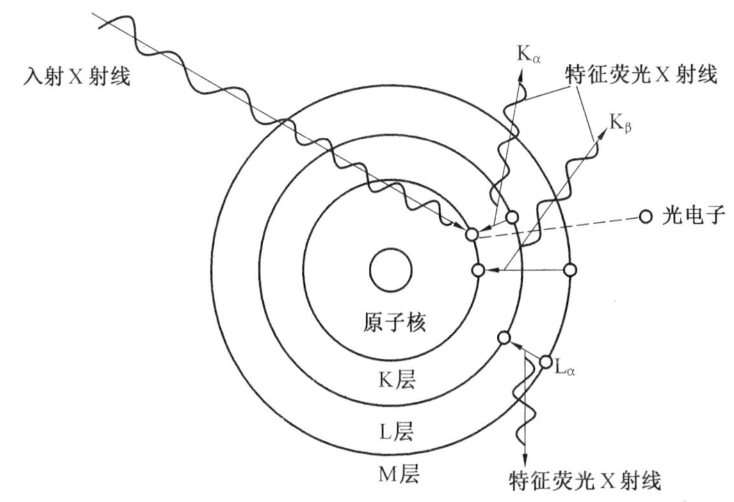

图 12.2　元素特征荧光 X 射线的产生

可使内层电子形成空穴的激发方式主要有带电粒子激发、电磁辐射激发、内转换现象和核衰变等。目前商用 X 射线荧光光谱仪中,最常用的激发方式是电磁辐射激发。电磁辐射激发源主要用 X 射线管产生的初级 X 射线谱。X 射线管本质上是一个在高电压下工作的二极管,包括一个发射电子的阴极和一个收集电子的阳极(即靶材),密封在高真空的玻璃或陶瓷外壳内。发射电子的阴极可以是热发射或场致电子发射,热阴极 X 射线管是根据热电子发射的原理制成的。

12.2.2 初级滤光片

滤光片是一种能选择性地吸收某波长或波带的金属薄膜,能强烈吸收波长短于其吸收限的 X 射线辐射干扰。滤光片可吸收靶线也能吸收连续谱线的散射线,所以能够消除或减弱干扰分析线的靶材特征线、杂质线、连续谱线的散射背景等引起的干扰,提高分析的灵敏度。例如,在使用 Cr 阳极靶 X 射线管分析 Cr、Mn 等元素时,可在 X 射线管与样品之间加 Ti 滤光片(K_{abs}=0.249 7 nm),Ti 滤光片能够很好吸收 CrK_α(0.229 1 nm)和 CrK_β(0.208 5 nm),从而消除 Cr 元素的特征谱线对待测元素的干扰。

12.2.3 准直器

准直器又称索拉狭缝,它是由间隔平行的金属箔片组成。准直器的作用是滤掉发散的 X 射线,使来自样品的 X 射线成为基本平行的光束,还能剔除来自样品之外的无用的散射线,保证入射的初级 X 射线沿准直器通道照射到样品上和激发出来的荧光 X 射线沿通道照射到分光晶体上。当准直器的遮挡效果不够时,在准直器上还要加通道面罩,以提高光谱仪的分辨率,特别是降低长波处谱线拖尾现象。

12.2.4 分光晶体

在波长色散光谱仪中,分光晶体是核心部件。分光晶体是将待测元素的特征 X 射线分散开,不同的波长将散射在不同的角度。探测器接收到不同 2θ 角度的荧光光谱从而进行元素分析,如图 12.3 所示。

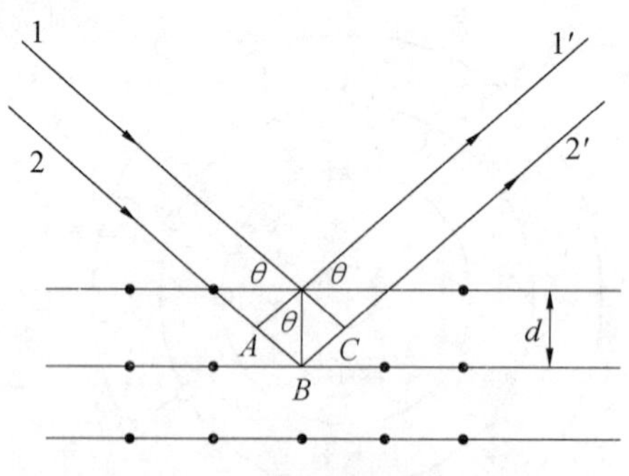

图 12.3 分光晶体的分光原理

为了获得最佳的分析结果,晶体的选择非常重要。晶体的选择的原则是:①分辨率好,以利于减少谱线干扰;②衍射强度高;③衍射后所得特征谱线的峰背比要大;④最好不产生高次衍射线;⑤晶体受温度、湿度影响要小。依据上述原则选择晶体,所选晶体的 $2d$ 值(d 为晶面间距)必须大于待分析元素的波长。此外,还要考虑 X 射线谱仪的结构。X 射线荧光光谱仪配备晶体最多可达 8 ~ 10 块,以满足从 Be 到 U 的元素测定,在测定超轻元素如 B 或 Be 时,均选择专用晶体。表 12.1 是一些常用晶体的 $2d$ 值及使用范围。

表 12.1　常用晶体的 $2d$ 值及适用范围

晶体	$2d$ 值	适用范围	
		K 系线	L 系线
LiF(200)	0.180	Te–Ni	U–Hf
LiF(220)	0.285	Te–V	U–La
LiF(420)	0.403	Te–K	U–In
Ge(Ⅲ)	0.653	Cl–P	Cd–Zr
InSb(Ⅲ)	0.748	Si	Nb–Sr
PE(002)	0.874	Cl–Al	Cd–Br
PX_1	5.02	Mg–O	
PX_2	12.0	B 和 C	
PX_3	20.0	B	
PX_4	12.0	C–(N,O)	
PX_5	11.0	N	
PX_6	30.0	Be	
TIAP(100)	2.575	Mg–O	
OVO55	5.5	Mg,Na 和 F	
OVO100	10.0	C 和 O	
OVO160	16.0	B 和 C	

12.2.5　探测器

探测器是将 X 射线荧光光量子转变为一定形状和数量的电脉冲,表征 X 射线荧光的能量和强度。它实际上是一个能量–电量的传感器,即将 X 射线的能量转变为电信号,通常用电脉冲的数目表征入射 X 射线光子的数目,幅度表征入射光子的能量。波长色散谱仪常用的探测器有 3 种:流气式正比计数管、封闭式正比计数管和闪烁计数管。

12.2.6　测角仪

测角仪是测量分光晶体散开的荧光 X 射线的衍射角 2θ,所以是 X 射线光谱仪的核心部件。20 世纪末,大多数仪器采用了无齿轮莫尔条纹测角仪,不用传统的齿轮机械运动,仅用微机控制两个直流马达,直接带动晶体和探测器的运动。用角度测量装置来精确确定角度,转动速度可达 80°/s,其精度达到±0.000 2°。飞利浦公司推出了由光学定位传感器控制定位的测角仪(DOPS),其精度可控制在 0.000 1°,最大扫描速度已达到 40°/s。

12.3 X 射线荧光光谱定性和定量分析的基本原理

X 射线荧光光谱的分析包括定性分析、半定量分析和定量分析。通常的元素分析范围是 O^6 ~ U^{92},可检测元素周期表上绝大部分的元素。

12.3.1 X 射线荧光光谱定性分析和半定量分析

1. X 射线谱

X 射线管发出的 X 射线,是由不同波长的射线所组成。X 射线谱是由连续谱和特征谱组成,连续谱也称连续 X 射线或白色 X 射线,特征谱也称特征 X 射线或标识 X 射线。所谓特征或标识是因为谱线的波长取决于对应的元素,它们的强度随波长的变化而变化并由管电压决定即莫塞莱定理,如图 12.4 所示。从图中可知,当管电压升高时,各种波长的 X 射线强度都随之增高,短波限和最高强度的位置则同时向短波长的方向位移。短波限的出现,是因为当能量为 eV 的电子与靶相撞时,一个电子的能量全部转化为 X 射线的能量,产生最短波长的 X 射线。即高速运动的电子速度减为零,产生能量为 $h\nu$ 的光子,所以有

$$eV = h\nu = \frac{hc}{\lambda} \tag{12.1}$$

式中,h 为普朗克常数;c 为光速;e 为电子电荷;V 为电压。

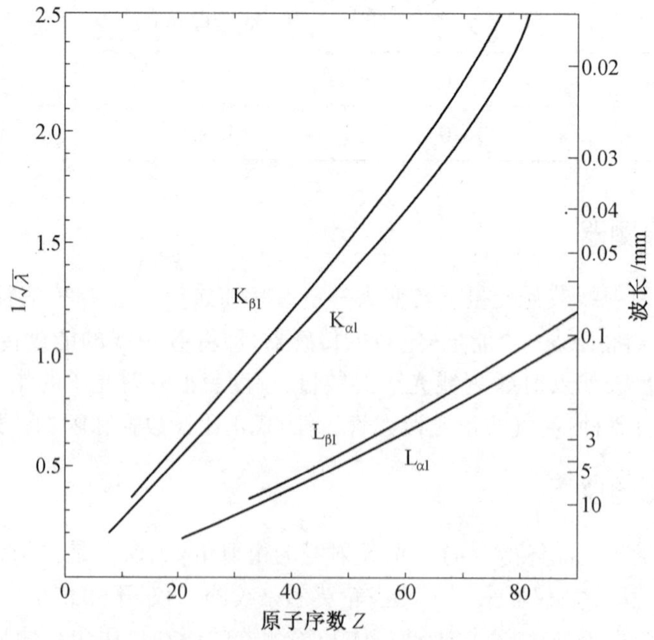

图 12.4 X 射线光谱线的莫塞莱定律

从式(12.2)可以看出,X 射线谱中短波限与 X 射线管的电压有关。

(1)连续谱。

图 12.4 显示连续谱有以下特征:

①连续谱的总强度为

$$I_{\text{连续}} = AiZV^m \tag{12.2}$$

式中,A 为比例系数;Z 为靶的原子序数;m 为常数(约等于 2);i 为管电流;V 为管电压。由此式可以看出,当需要强度较大的连续 X 射线时,应采用原子序数较大的重金属靶、较大的 X 射线管电流或较高的 X 射线管电压。

②连续 X 射线谱中,短波限只与 X 射线管电压有关,而与靶的材料无关。即 X 射线管电压相同,不同靶元素的 X 射线管所辐射的最强 X 射线光量子的能量是一样的。

③连续 X 射线谱中短波限及强度曲线的最大值都随管电压的增高向短波方向移动。连续 X 射线谱曲线及短波限移动的原因在于:管电压升高后,电子的动能变大,因此转化为 X 光光量子的能量也变大,即波长变短。另外,由于管电压的升高,其相应每秒所产生的 X 光光量子的平均能量都同时增加,所以强度曲线上升并向左移。

(2)特征谱。

当原子内层轨道电子被高速运动电子撞击时,原子处于激发态,外层电子进入撞击电子的空位,激发态原子恢复到低能态,这时以光子形式辐射出能量(此能量是两个能级的能量差),这就是特征 X 射线辐射。

原子受激发后可能发生的电子跃迁,必须遵守量子力学中的选择定则,即主量子数 $\Delta n \neq 0$,角量子数 $\Delta l = \pm 1$,内量子数(角量子数和自旋量子数的向量和)$\Delta j = \pm 1$ 或 0。

原子序数为 Z 的元素其特征谱线波长的一般表达式由莫塞莱(Moseley)定律给出:

$$\frac{1}{\lambda} = K\,(Z-\sigma)^2 \tag{12.3}$$

式中,λ 为波长;Z 为原子序数;K 为随谱系而变的常数;σ 为屏蔽常数。莫塞莱定律是 X 射线荧光光谱定性分析的基本依据。

样品元素产生的特征 X 射线波长 l,与其原子序数 Z 具有一一对应关系,可由图 12.4 中 $K_{\alpha 1}$ 谱线的波长与原子序数之间的线性关系证明。

如果选择了一定的分光晶体,根据布拉格定律 $2d\sin\theta = nl$,则元素波长和 2θ 对应,若结合公式(12.3),则得到原子序数与衍射角 θ 的关系式,Z 正比于 $\sin\theta$ 倒数的平方根:

$$Z = \left(\frac{n}{2kd\sin\theta}\right)^{1/2} + \sigma \tag{12.4}$$

所以,当晶体确定以后,元素和其衍射角的关系也很容易确定,解析 $2\theta-I$(角度-强度)谱图就能辨别和确认样品中的未知元素。

X 射线荧光光谱由内层电子跃迁产生,其特征谱线相对外层电子跃迁的原子吸收谱线要少得多,但仍然存在谱线重叠。如相邻元素的 K_α 与 K_β 谱线之间,高原子序数元素的 L 或 M 系谱线之间以及它们与低原子序数元素 K 系谱线之间都可能出现重叠。因此,定性分析工作就是根据扫描谱线,排除重叠干扰,确定样品材料含有哪些元素。

对于大概知道元素的样品,要分析试样中某个特定元素,只需选择合适的测定条件,并对该元素的主要谱线进行定性扫描,从所得到的扫描谱图即可确认是否存在该元素。如要对未知样品中所有的元素进行定性分析,则需用不同的测试条件(包括不同的 X 射线光管的电压、滤光片、狭缝、晶体和探测器)和扫描条件(包括扫描的 2θ 角范围、速度和步长等),对所有元素进行扫描。然后根据 X 射线特征谱线波长及对应 2θ 角表,对谱图中的谱峰逐个进行定性判别。因为元素主要谱线出现的疏密程度不同,确定扫描条件时,要考虑到在不同 2θ 角度范围内。这样扫描结果将更有针对性地显示元素范围。X 射线特征谱线波长及 2θ 角的对应关系见表 12.2。

表 12.2 X 射线特征谱线波长及 2θ 角对照表

晶体 LiF_{200}				($2d$-0.402 67) nm		
2θ	原子序数	元素	谱线	级数	波长/nm	能量/keV
57.42	84	Po	$L_{\beta6}$	2	0.096 72	12.76
57.46	60	Nd	$L_{\gamma5}$	1	0.193 55	6.38
57.47	90	Tb	$L_{\alpha2}$	2	0.096 79	12.75
57.48	59	Pr	$L_{\gamma8}$	1	0.193 62	6.37
57.52	26	Fe	K_{α}	1	0.193 73	6.37
57.55	82	Pb	$L_{\beta3}$	2	0.096 91	12.73
57.68	44	Ru	$K_{\alpha2}$	3	0.064 74	19.06
57.81	62	Sm	$L_{\beta6}$	1	0.194 64	6.34
57.87	47	Ag	$K_{\beta2}$	4	0.048 70	25.34
57.87	77	Ir	$L_{\gamma8}$	2	0.097 41	12.67

对谱图进行定性分析一般先从强度大的谱峰识别起,根据所用分光晶体、谱峰 2θ 角和 X 射线特征谱线波长及对应之 2θ 角表,假设其为某元素的某条特征谱线(如使用 LiF_{200} 晶体并在 $2\theta=57.52°$ 时出现谱峰,则可假设为 Fe 的 K_{α} 线);然后再参考元素的其他谱线。确认的同时还可以参考同一元素不同谱线之间的相对强度比,依此进行下一个强度最大的谱峰的识别。

进行谱图定性分析工作前,应该先将 X 光管靶材元素的特征谱线标出,避免靶材特征峰的干扰。也可以用特定的过滤片除去 X 光管的靶线,以免待测样品中含有与靶材相同的元素时无法确认。例如,使用 0.3 mm 的黄铜过滤片可除去 Rh 靶的 K 系谱线;用 0.3 mm的金属铝过滤片可除去 Cr 靶的 K 系谱线。

对于未知且元素组成较为复杂的试样,图谱的分析较为困难,因为扫描图谱中往往会出现较多峰线,峰线重叠的可能性也很大。出现这种情况时,一定要仔细分析,不仅要考虑元素峰的强度比规律,还要运用激发电位和其他物理化学知识进行识别。

现代 X 射线荧光光谱商用仪器通常都带有分析软件,这些软件充分考虑了上述因素,可以给出较为准确的定性分析结果。但是,任何仪器都有局限性。当分析复杂样品或含某些特殊元素时,往往还需要分析者根据 X 射线荧光光谱知识进行判别确定。

现代 X 射线荧光光谱商用仪器带有的分析软件不仅是单纯的定性分析软件,而且也能进行半定量分析,这些软件在给出样品所含元素的同时,也能给出它们的相对含量。这些软件的分析工作是基于衍射强度与物质浓度关系的理论计算和标样修正的结果,因此,分析工作耗时短,效率高,大多数情况下可对材料分析给出令人满意的结论。

12.3.2　X 射线荧光光谱定量分析

在 X 射线荧光光谱中,样品中元素的衍射峰强度与其在样品中的含量成正比关系,即样品中的元素的含量越高,衍射峰强度越强。但是两者之间并不是简单的线性关系。

X 射线荧光光谱的定量分析是通过将测得的荧光 X 射线强度转换为浓度实现的,在转换过程中受 4 种因素的影响,即

$$C_i = K_i I_i M_i S_i \tag{12.5}$$

式中,C 为待测元素的浓度;下标 i 是待测元素;K 为仪器校正因子;M 是基体效应,即元素间吸收增强效应;S 为样品的物理化学态,如试样的均匀性、厚度、表面结构及元素的化学态;I 为测得的待测元素 X 射线的荧光强度。

K 与 X 射线荧光光谱仪的仪器因子有关,即与 X 射线荧光光谱仪的 X 射线管的初级 X 射线谱分布、入射角、出射角、准直器、色散元件和探测器有关。

待测元素特征 X 射线荧光强度 I 的获得,需要正确选择谱线和测量参数,如 X 射线管管压、管流、过滤片、准直器、色散方法和探测器等,并正确扣除背景和谱线干扰,有时还需进行死时间校正。I_i 与 C_i 之间的换算关系可以简单表述为:真实浓度=表观浓度×校正因子。表观浓度 $C_{i,u}$ 可从未知样的净强度 $I_{i,u}$ 与标准样品的净强度 $I_{i,s}$ 及其浓度 $C_{i,s}$ 之间的关系得到

$$C_{i,u} = \frac{I_{i,u}}{I_{i,s}} C_{i,s} \tag{12.6}$$

方程式右边可看成未知样的净强度 $I_{i,u}$ 乘以灵敏度因子 $C_{i,s}/I_{i,s}$,灵敏度因子也可由净强度 $I_{i,s}$ 和浓度 $C_{i,s}$ 之间作图所得的曲线斜率求得。

基体效应是指样品的化学组成和物理化学状态的变化对分析元素的特征 X 射线所造成的影响,大致分为元素间吸收增强效应和物理化学效应两类。吸收效应包括两部分,一是指基体元素对来自 X 射线管入射到试样的初级 X 射线的吸收,二是指基体元素对来自样品的荧光 X 射线的吸收。增强效应是指分析元素的特征谱线除了受来自 X 射线管的一次 X 射线的激发外,还受基体元素特征谱线的激发,使分析线的荧光强度增强,这种现象的发生一般以共存元素特征谱线的波长在分析谱线吸收限的高能量侧为条件。元素间的增强效应是可以预测的,并且可以通过基本参数法或影响系数法进行校正。物理效应主要表现在测试粉末样品时颗粒度、不均匀性及表面结构的影响,如果全部颗粒具有相同的或可以认为是相同的化学成分时,方可以认为是均匀的,否则就是不均匀的。化学效应是指元素的化学状态(价态、配位和键性等)差异对谱峰位、谱形和强度的变化所产生的影响。

基本参数法、理论影响系数法是常用的两种基体校正法,已广泛应用于实际试样的分析,能满足大多数情况下的日常分析要求。

基本参数法是应用考虑了吸收增强效应的荧光 X 射线理论强度公式计算理论强度，该公式使用了一些基本物理常数和参数。然后把计算得到的理论强度和实际测量强度比较，在二者满足一定精度要求的情况下，将强度转换成样品分析元素的含量。应用基本参数法的条件为：①元素均匀分布在样品中；②元素荧光 X 射线的发生率和其含量成正比，受共存元素吸收、激发增强的影响，使用各类物理常数进行计算；③测量强度应为扣除背景、谱线重叠和晶体荧光等的净强度。其特点是：可用与样品相似的标准样，也可用非相似的标准样（如纯金属或熔融物）作标准样品；只需少量的标准样即可对浓度范围变化很大的试样进行分析。一般来说，在标准数目大致相同的情况下，基本参数法分析未知样结果的准确性优于理论影响系数法。除基本参数法和理论影响系数法外，经验系数法也是一种常用的理论计算方法。经验系数法和理论影响系数法的区别在于经验系数法是依据一组标准样品，根据所给出的组分参考值和测得的强度，使用线性或非线性回归的方法求得影响系数。经验系数法的适用性，在很大程度上受标准样品的形态、化学组成及含量范围的限制，在很多情况下它是根据不同的分析对象而建立相应的数学模式。多年来，学术界对影响系数法的经验特性和理论性看法存在着差异。其实在实际测定过程中，应该根据特定对象，而选用理论的或经验的影响系数，或选用两者的结合方法。因此，基本参数法和理论影响系数法虽已在基体校正中起主导地位，但经验系数法仍然是有用的。

X 射线荧光光谱定量分析除可以通过理论计算方法获得，还可以通过实验修正法进行，实验修正法是 X 射线荧光光谱定量分析最早使用的定量分析方法，现在也广泛应用于常规分析。实验修正法是以实验曲线进行定量测定为特征。通常使用标准试样的强度作为参考比照进行强度校正，如外标法、内标法，也有以散射强度和其他强度为参照进行修正的方法。实验修正法的弱点是常常需要标样，而标样的获取通常是十分困难的。因此，人们希望准确的无标样定量分析方法。目前，无标样定量分析方法已经取得了巨大进步，但还不够完善。对于复杂样品、个别元素，无标样定量分析还不能给出满意的分析结果。

12.4 X 射线荧光光谱分析的样品制备

样品制备在 X 射线荧光光谱的分析中占有相当重要的地位，有时甚至起决定性作用，合适的制样方法不仅能减少误差，还能改善分析精度和测定下限 。

X 射线荧光法实际上是一个表面分析方法，激发只发生在试样的浅表面，因此必须注意分析面相对于整个样品是否有代表性。此外，样品的平均粒度和粒度分布是否有变化，样品中是否存在不均匀的多孔状态等都要注意。样品制备过程由于经过多步骤操作，还必须防止样品的损失和玷污。

样品状态一般有固体状样品、粉末样品和液体样品等。

12.4.1 固体样品的测试方法

1. 块状样品

许多材料如金属、矿物、陶瓷、岩石、炉料炉渣、玻璃、橡胶塑料等常常呈大块状，从中切取样片，经过研磨和抛光后即可作为块状样品进行 X 射线荧光光谱分析。

X 射线荧光光谱分析对样品表面要求较高，表面粗糙度不能大，一般小于 30 μm。所以对金属材料，表面要上磨床磨光或进行抛光处理；岩石、矿物等金属表面要进行研磨处理。

金属表面抛光法与金属样品种类、所测元素有关，常见金属的表面抛光法见表 12.3。

表 12.3　几种典型金属样品的表面刨光法

样品类别	机械磨光	化学或电化学抛光
钢铁	磨床或砂带磨(80 号刚玉)	60% $HClO_4$，电解抛光
铜合金	车削(要求达到粗糙度≤10 μm)	$1.7H_3PO_4 : H_2O=7 : 3$，电解抛光
铝合金	车削(要求达到粗糙度≤10 μm)	60% $HClO_4$: 95% $C_2H_5OH=2 : 8$，电解抛光

金属抛光后应立即测量，以防止金属表面氧化或污染，并要求金属不能出现多孔、偏析的状态。

对岩石、矿物类的样品研磨抛光常用的磨料是刚玉 Al_2O_3、金刚砂 SiC、氧化铬 Cr_2O_3、氧化镁 MgO 等。应注意研磨不同类型试样时，前一种试样研磨的磨料会给下一个试样带来污染，如可能最好固定对试样的磨料，避免试样间交叉污染。

2. 粉末样品

(1)压片法。

许多天然无机材料和人工合成材料的初始状态就是粉末；另外绝大多数固体材料可以通过粉碎、研磨等方法制备成粉末。粉末样品制备 X 射线荧光光谱分析试样是采用压片法。粉末压片法的制样步骤大体为：干燥和焙烧、混合、研磨和压片。

干燥的目的是除去吸附水，提高制样的精度。如果样品中含有 1% 以上的吸附水时，样品需在 105 ~ 110 ℃烘箱烘干 1 h。

焙烧过程可除去结晶水和碳酸根，也可改变矿物的结构，如将黏土类矿(高岭土、含石英砂陶土和膨润土)在 1 200 ℃时焙烧，均可转换为莫来石，从而克服矿物效应对分析结果的影响。应注意，若样品中存在还原性物质，在空气中焙烧会引起氧化。

研磨可降低或消除样品的不均匀效应，通常把粉末研磨到 250 目，甚至更细。分析线的波长越长，粉末的粒度效应就越显著。当分析线的波长大于 2.0×10^{-10} m，特别是大于 2.5×10^{-10} m 时，一般要求粒度达到 325 目或 400 目以下，这就需要在机械研磨机或玛瑙乳钵中研磨至很细。

对于纳米级粉末，研磨还可以消除或减轻团聚现象。研磨时容器的选择非常重要，尤其对于痕量元素的分析，因为料钵的材质可能引起待测样品的污染，如用碳化钨料钵，Co 的污染严重，样中低于 0.05% 的 Co 通常无法测定。常见的几种料钵的化学组成及物理性能见表 12.4。

在研磨样品的过程中，加入助磨剂有助于提高研磨效率。如水泥生料在粉碎时，可用硬脂酸或三乙醇胺混合研磨，振动研磨 3 ~ 3.5 min 即可达到要求，并且有利于料钵清洗。

若试样本身的黏性较小，在研磨前，按一定比例称取样品和黏结剂，混合后，振动研磨，常用的粉末样品黏结剂及配方见表12.5。

表12.4 料钵的化学组成及物理性能

材料	化学组成（质量分数）	耐磨性	密度/（$g \cdot cm^{-3}$）	莫氏硬度	对料钵有影响的化学试剂	抗压性/（$N \cdot mm^{-1}$）
玛瑙	$w(SiO_2)>99.91\%$，$w(Al_2O_3+Na_2O)=0.02\%$，尚含有Fe、K、Ca、Mn的氧化物各约0.01%	耐磨性为硬质瓷的200倍	2.65	7	氢氟酸	抗压11 000 断裂21 000
氧化锆	$ZrO_2/HfO_2(99.91\%)$	耐磨性为热压烧结刚玉的10倍	5.7	8.5	硫酸和氢氟酸	抗压18 500 抗拉2 400
硬质金属碳化钨	$w(WC)=93.5\%$，$w(Co)\approx 6\%$，$w(Ti)=0.5\%$，$w(Ta)=0.5\%$，$w(Fe)=0.3\%$	耐磨性约为玛瑙的200倍	14.75	8.5	硝酸和高氯酸	抗压54 000 断裂17 000
热压烧结刚玉	$w(Al_2O_3)=99.7\%$，$w(MgO)+w(SiO_2)+w(Fe_2O_3)=0.3\%$	耐磨性好	4.0	9.0	浓酸	抗压4 000 抗拉320

表12.5 常用的粉末样品黏结剂及配方

黏结剂	配方	黏结剂	配方
微晶纤维素	5 g样品+2 g黏结剂	硼酸	5 g样品+2 g黏结剂
低压聚乙烯	5 g样品+2 g黏结剂	硬脂酸	10 g样品+0.5 g黏结剂
石蜡	15 g样品+1 g黏结剂		

除固体黏结剂，还可用液体黏结剂，如聚乙烯醇（PVA）、甲苯、聚乙烯吡咯烷酮（PVP）和甲基纤维素（MC）混合溶于乙醇和水中。

将制备好的粉末，小心地放入模具中，用压机在一定压力下压制成片。压机有手动、半自动之分，半自动的可自动选择压力和保持压力的时间，既省力又容易保证压制样片的条件一致。为便于保存和防止压制的试样片边缘损坏，可使用铝杯、钢环或塑料环。若试样量少或黏结性不好，则可用钢模压制带盒的压块试样。其制备过程是先用小的压柱（铜合金不易生锈）在内套筒中将试样压成块，然后取出内套筒和小的活塞；倒入一些黏结剂，如淀粉、低压聚乙烯或微晶纤维等，确保样块的四周和上底均已填充所用黏结剂，然后用大的活塞，再用压机加压，并保持预定的压力和时间，最后可得到压块试样。

以土壤中的主次量元素分析为例，测定过程为：首先将样品研磨，筛分，选取粒径小于

74 μm(200 目)的样品压片,压片之前在 105 ℃烘干 2 h。冷却后称取 4.00 g 试样于模具中,压样模具由耐压合金钢制作而成,用低压聚乙烯镶边(也可用铝杯或塑料环),在 30 t 压力下,压制成样品面直径为 32 mm 的圆片,若样片不能及时测定,应放于干燥器内保存,防止吸潮和污染。操作时,只能拿样片的边缘,以避免测量面的污染。采用波长色散 X 射线荧光光谱仪,铑钯端窗 X 射线管(功率 3 kW),真空(<16 Pa)光路,视野光栅 Φ30 mm,各元素的测量条件见表 12.6。

表 12.6　分析元素测量条件

元素谱线	分光晶体	探测器	准直器/μm	PHA 范围	2θ(°)/时间(s)	2θ(BG)(°)/时间(s)		重叠干扰元素
						BG1	BG2	
Na—$K_α$	TAP	F-PC	450	100～320	55.10/20	22.700/10	27.500/10	
Mg—$K_α$	TAP	F-PC	450	100～320	45.20/20	20.090/10	22.550/10	Ca
Al—$K_α$	PET	F-PC	450	100～350	144.830/10			
Si—$K_α$	PET	F-PC	450	100～350	109.135/10			
P—$K_α$	Ge	F-PC	450	70～300	141.150/20	139.500/5		
S—$K_α$	Ge	F-PC	450	130～300	110.840/20	113.000/5		
K—$K_α$	LiF200	F-PC	450	100～320	136.620/10	140.000/5		
Ca—$K_α$	LiF200	F-PC	450	100～330	113.090/10	110.000/5		
Ti—$K_α$	LiF200	SC	450	100～300	86.120/20			Ba
V—$K_α$	LiF200	SC	450	100～300	76.900/20	78.100/10		Ti,Ba
Cr—$K_α$	LiF200	F-PC	450	100～300	69.250/40	70.700/10		V
Mn—$K_α$	LiF200	SC	150	90～340	62.940/20			Cr
Fe—$K_α$	LiF200	SC	450	80～350	57.495/10			Mn
Co—$K_α$	LiF200	SC	450	100～300	52.750/40	53.900/10		Fe
Ni—$K_α$	LiF200	F-PC	150	80～300	48.640/40	49.800/10		Rb,Y,Co
Cu—$K_α$	LiF200	SC	450	100～300	45.000/20	46.900/10		Zr,Sr,Ni
Zn—$K_α$	LiF200	SC	450	100～300	41.750/40	42.400/10		Zr
Rb—$K_α$	LiF200	SC	150	100～300	26.600/40	25.800/10		
Sr—$K_α$	LiF200	SC	450	100～300	25.120/20	25.800/10		
Y—$K_α$	LiF200	SC	450	100～300	23.780/20	24.500/10		Rb
Zr—$K_α$	LiF200	SC	150	100～300	22.520/40	24.500/10		Sr
Nb—$K_α$	LiF200	SC	150	100～300	21.380/40	24.500/10		Y
Ba—$L_α$	LiF200	SC	450	100～300	87.130/20	89.000/10		Ti
Rh—$K_α$C	LiF200	SC	450	100～300	18.430/10			
CB	LiF200	SC	450	100～300	53.900/20			

通过这种方法，能够同时测定土壤中的 Na、Mg、Al、Si、P、S、K、Ca、Ti、V、Cr、Mn、Fe、Co、Ni、Cu、Zn、Rb、Sr、Y、Zr、Nb、Ba 等 23 种元素。也有文献报道称，采用 X 射线荧光（XRF）法，可同时测定土壤中 42 种主次量元素。但是在测定 S 元素时，要注意空气中 S 对样品的污染，在制样时应尽量避免使用 H_2SO_4 等化学试剂，要尽先测定如 S、Cl、C 等易受污染的元素。此外，Si 和 Al 元素的样品粒度影响较大，选择基体校正项 Si 和 Al 时，应选择强度校正，以避免相互重叠校正带来的误差。

高碳铬铁合金的传统分析方法是采用化学分析。化学分析高碳铬铁合金周期长（约 8 h），操作麻烦。而利用 X 射线荧光分析仪，30 min 内即可完成，操作也很简单。高碳铬铁的测定也可采用粉末压饼法。测定时首先将高碳铬铁样品粉碎，然后称取已粉碎加工过（0.154 ~ 0.160 mm）的 50 g 高碳铬铁样品，放入研钵中，加 0.5 g 淀粉，研磨 5 min。放入压片机中，用 343 kN 压力保压 1 min，制得分析用试样。将试样在 105 ℃烘干 1 h，放在干燥器皿中，避光保存。

注意事项：试样粒度应在 0.063 ~ 0.080 mm（粒度的控制可根据研磨时间的长短确定，粒度的确定可用不同规格的筛子筛选），粒度过粗或过细会造成结果出现偏差。

测定时的仪器条件为铑靶端窗式 X 射线管，管电压为 40 kV，电流为 25 mA，P10 气体流量为 25 mL/min。仪器工作条件见表 12.7。

表 12.7 仪器工作条件

分析元素	分光晶体	探测器	光路	衰减	PHA 范围
Si	RX_4	FPC	真空	OUT	50 ~ 400
P	Ge	SPC	真空	OUT	50 ~ 400
Cr	LiF1	SPC	真空	IN	50 ~ 400

测定的结果见表 12.8。

表 12.8 准确度实验结果

试样编号	数据来源	w(Cr)%	w(Si)%	w(P)%
1#	仪器值	61.76	3.49	0.030
	化学值	61.62	3.42	0.032
2#	仪器值	64.45	3.13	0.026
	化学值	64.61	3.09	0.025
3#	仪器值	62.32	2.35	0.034
	化学值	62.53	2.40	0.031
4#	仪器值	59.30	1.97	0.028
	化学值	59.26	2.01	0.030
5#	仪器值	63.71	2.88	0.021
	化学值	63.52	2.83	0.023

由此可见,采用 X 射线荧光光谱法测定高碳铬铁中的 Cr、Si、P 等元素,所得的分析结果准确度、精密度也能够符合要求。

此种方法还可用于食品分析领域,Galina V. Pashkova 使用 X 射线荧光光谱对多种国家的奶制品(奶粉,牛奶,羊奶等)元素组成进行了分析。通过冷冻干燥的方法将液体奶制品制成粉末。之后在 2 ~8 t 的压力下将粉末压成直径 40 mm,重 4 g 的片状样品并通过 XRF 分析其中的矿物质(Na,Mg,P,S,Cl,K 和 Ca)和微量元素(Mn,Fe,Ni,Cu,Zn,Rb,Sr 和 Br)含量。奶粉 A-11 (国际原子能机构)作为标准参考材料用于对比测试结果的准确性。结果如表 12.9 所示,多种矿物质与微量元素的测定结果均接近认证值。

表 12.9　A-11 牛奶中元素的 XRF 分析数据与认证值对比

元素	测量值/($mg \cdot kg^{-1}$)	认证值/($mg \cdot kg^{-1}$)
Na	4 210±39	4 420±750
Mg	1 074±27	1 100±190
P	9 732±187	9 100±640
S	3 265±44	*a*
Cl	9 634±177	9 080±3 270
K	17 065±246	17 170±2 500
Ca	12 430±158	12 900±2 050
Mn	<0.6	0.257±0.006
Fe	4.6±0.7	3.65±1.76
Ni	0.73±0.16	–*a*
Cu	<0.7	0.378±0.031
Zn	37.7±0.28	38.9±7.3
Br	17.0±0.26	*a*
Rb	32.8±0.30	30.8±10.3
Sr	4.0±0.24	*a*

[a] 未认证

(2)熔融法。

有些岩石、矿物类样品的组成不均匀,即使通过研磨也不能达到均匀的混合,只有通过熔融形成玻璃体,方能消除矿物效应和颗粒度效应。

熔融步骤首先是通过实验确定熔剂与试样的比例,这一比例应是视样品和分析要求而定,常用的是 10 ∶ 1,有时也可低到 5 ∶ 1 甚至 2 ∶ 1;对难熔融的矿物来说,这一比例可以提高到 25 ∶ 1,当然,这对超轻元素和痕量元素的测定是不利的。含有有机物的样品应在熔融前于 450 ℃以上预氧化,使有机物分解。

在元素周期表中可形成玻璃的元素有硼、硅、锗、砷、锑、氧、硫和硒等,前 6 个元素可形成酸性玻璃,其他元素则可形成普通玻璃。目前常用的熔剂多为锂、钠的硼酸盐,它们与样品在高温条件下熔融,熔融温度随试样种类和熔剂的不同而变,其原则是保证试样完全分解,形成熔融体,通常熔融温度为1 050 ~1 200 ℃。

对于硫化物、金属、碳化物、氮化物、铁合金之类的试样,必须在熔融前对试样碱性成分预氧化,氧化剂有 NH_4NO_3、$LiNO_3$、KNO_3、BaO_2 和 CeO_2。要根据试样性质并通过实验选择氧化剂,所加量要保证试样氧化完全,使之在熔融过程中不损坏坩埚。

样品熔融后关键的一步是浇铸。浇铸前,熔融体必须预先加入 NH_4I、LiBr、CsI 等脱模剂以利于脱模,也有助于将坩埚中熔融物全部倒入模具中。这些试剂可与熔剂一起加入,若选用 LiBr 或 CsI 每次仅需加 30 mg 即可;选用 NH_4I 加的多一些,因为 NH_4I 在熔融时会挥发。浇铸前熔融体不允许含气泡,模具要预加热,其温度接近于1 000 ℃左右,熔融物倒入模具后,将含熔融体的模具用压缩空气冷却其底部,使之逐渐冷却至室温。模具表面应保持平整、清洁。若玻璃片表面不平,需用砂纸磨平并抛光。如果制备标样,应保持试样与标样表面光洁度尽可能一致。用熔融法合成标样简单,又经济实惠。标准样品熔融块的配制方法为:直接用与分析样品组成相似的标准样品与熔剂熔融制成玻璃片或用纯氧化物直接配制。

样品的熔融常在坩埚中进行,因此,坩埚的材料选择很重要。坩埚及其模具的材料主要是5% Au-95% Pt,其优点是熔融物粘在坩埚壁上的现象远比用纯 Pt 坩埚效果好,熔剂不会浸润坩埚壁,熔融物可方便地从坩埚中倒出和脱模。但是在使用5% Au-95% Pt 坩埚时要注意,有些元素(如 As、Pb、Sn、Sb、Zn、Bi、P、S、Si、C 等)可与 Pt 形成低熔点合金或共晶混合物,造成对坩埚的损害。另外,Ag、Cu、Ni 等元素也容易与 Pt 形成合金。因此,熔融这类试样,要注意选择熔剂和氧化剂。加热坩埚时也要注意,若用燃气喷灯熔融,坩埚外壁切忌放在还原焰上,以免 Pt 与 C 形成碳化物;用炉子熔融,坩埚不能放在 SiC 片或皿上,SiC 在高温状态下对坩埚损害很大。试样中存在硫时决不能使用含 Rh 的坩埚。

熔融法的优点是:①消除了矿物效应和粒度效应,因为熔融过程中的化学反应把存在于样品中的多相体系全部转化为均一的单相的玻璃体;②当样品和熔剂混合稀释后,会大大降低基体效应,因为共存元素的相对比例减少,吸收-增强效应也随之降低;③可以在样品熔融前加入内标或重吸收剂以减少或补偿基体效应;④可按需要用纯氧化物等纯试剂人工合成制备适当的标准样品以适应各类样品的分析需要,并能得到较宽的校准曲线范围;⑤制得的试样和制备曲线的校准样可以保存较长时间。

熔融法的缺点是:①样品经高倍稀释和散射本底的增强,使得测试分析线的净强度下降,给轻元素和低含量的元素分析带来困难;②熔融法制备样品费时费事;③熔融法对坩埚有腐蚀,坩埚的元素也可能污染样品。

以耐火材料采用熔融法测定其中主次量元素的分析为例,测定过程为:称取0.450 0 g试样加入预先盛有4.500 0 g $Li_2B_4O_7$(作熔剂)、0.400 0 g $NaNO_3$(作氧化剂)的坩埚(95%铂金+5%黄金)中,混匀,滴加3滴 LiBr(40%),将样品按照表12.9中的熔融条件及参数于融熔炉中熔融,取出后,冷却,倒出玻璃融片,采用X射线荧光光谱仪测定。测定参数见表12.10,测量条件见表12.11。其测定结果见表12.12。

表 12.10　熔融条件及参数

参　数	设定值
熔融温度	1 100 ℃
预熔时间	3 min
上举时间	30 s
摆平时间	30 s
往复次数	10 次

表 12.11　元素测量条件

通道	分析线	分光晶体	准直器宽 /μm	探测器	管电压 /kV	管电流 /mA	滤光片	2θ 角 /(°)	背景角度	PHD1	PHD2
Al	K_α	PE002	300 μm	Flow	50	50	无	145.08	-4.68	25	75
Si	K_α	PE002	300 μm	Flow	50	50	无	109.22	-3.37	27	73
Fe	K_α	LiF200	300 μm	Flow	50	50	无	57.53	-1.31	14	65
Ca	K_α	LiF200	300 μm	Flow	50	50	无	113.10	1.95	33	63
Mg	K_α	PX1	300 μm	Sci	50	50	无	28.77	2.93	24	76
Ti	K_α	LiF200	300 μm	Duplux	50	50	无	86.17	-1.30	15	71
S	K_α	Ge111	300 μm	Flow	50	50	无	110.65	-2.56	31	72

表 12.12　XRF 玻璃融片分析数据与标准值对比

样品名称	方法	$w(Al_2O_3)/\%$	$w(SiO_2)/\%$	$w(Fe_2O_3)/\%$	$w(CaO)/\%$	$w(MgO)/\%$	$w(TiO_2)/\%$
镁砂 6741	标准值	1.32	3.69	1.22	1.32	92.23	0.077
	XRF	1.35	3.42	1.34	1.25	93.08	0.08
黏土 414	标准值	24.79	59.13	2.50	0.45	0.76	1.04
	XRF	24.85	59.70	2.49	0.50	0.86	1.02
矾土 6475	标准值	91.57	1.46	1.54			5.01
	XRF	91.29	1.67	1.34			5.01

根据表 12.12 中的分析结果可以看出，样品经高温熔融后，基本消除了粒度效应的影响，降低了基体效应的影响，分析结果准确可靠。

传统的化学法对锰矿中元素的含量进行分析所用时间长、操作繁杂，特别是对其中的钙和镁的测定需要进行两次萃取，误差很大。而用 X 射线荧光光谱测定锰矿中元素的含量则方便、快捷。采用熔融法制样，可对锰矿中 Mn、Fe、Si、Al、Ti、Ca、Mg、Na、K、P、Ba、Cu、Zn、Ni 14 种主次量组分进行测定，能够得到满意的结果。测定时采用混合熔剂 $m(Li_2B_4O_7):m(LiBO_2):m(LiF)=4.5:1:0.4$ 与样品按照质量比为 10 : 1 比例混熔。由于锰矿吸水性很强又含有结晶水，在用熔融法制样时，便产生大量气泡，且很难赶尽。经多次试验，在到达熔融温度、熔样机开始摇动后，立刻加入 40 mg NH_4I 粉末，使坩埚内的熔融物流动性变好，在熔样机摇摆时，能露出坩埚的底部，便于驱赶气泡。称取已在 110 ℃烘干 2 h 的样品 0.250 0 g、混合熔剂 5.000 g 和 1.000 g NH_4NO_3，放于铂金(95% Pt+5% Au)坩埚中搅拌均匀，置于熔样机上，在 700 ℃加热 5 min，还原物充分氧化，以保护铂金坩埚免受腐蚀。然后升温至 1 150 ℃，熔融及摇动 6 min，在摇动开始后加入 40 mg NH_4I，熔融物立刻变稀，便于混匀和赶尽气泡，熔融物在坩埚中自动成形，冷却后自动剥离。制备好的熔融片贴上标签待测。测定结果与标准值比较见表 12.13。

表 12.13 测定结果与标准值比较

组分(质量分数)	标准值	测定值
MnO	20.32±0.06	20.33
Fe_2O_3	2.96±0.04	2.98
SiO_2	15.82±0.08	16.01
Al_2O_3	2.49±0.04	2.52
TiO_2	0.15±0.01	0.15
CaO	19.78±0.08	19.80
MgO	3.82±0.04	3.70
Na_2O	0.04±0.003	0.04
K_2O	0.70±0.02	0.70
P_2O_5	0.14±0.005	0.14
BaO	0.15±0.01	0.15
CuO	0.017 5±0.001	0.018
ZnO	0.024 9±0.001	0.025 8
NiO	0.063 8±0.002	0.066 0

用某一锰矿标样重复熔融制备 12 个熔融片，进行测量，再将其中的一个熔片重复测量 12 次，检验仪器的精密度，相对标准偏差小于 3%。

12.4.2 液体样品的制备方法

X 射线荧光光谱也可用于液体样品的分析，尤其对于不均匀不规则的金属、陶瓷等样品或某些标样难以制备的样品，采用液体样品更为简便有效。

液体样品的优点是：

①由于液体样品是均匀的，因此不存在矿物和颗粒度效应。

②基于溶剂的稀释，样品和标准的组成接近溶剂的组成，而溶剂主要由轻元素组成，吸收-增强效应变得非常小，基体效应基本上可以不考虑。

③标准溶液很容易配制，可直接放在液体样杯中予以测定。

④对于含量很少的微量或痕量元素，制备液体样品可以通过分离、富集的方法，将样品转移到滤纸片、Mylar 膜或聚四氟乙烯基片上进行分析。

液体样品的缺点是:

①不如使用原样分析来得方便,且分析速度慢。

②液体样品散射背景高,使检测限变差,对于含量很低的轻元素的直接测定变得困难。

③液体在辐射时受热可能使元素间产生化学反应或产生气泡而使X射线强度发生变化。

④样品和标准样品不能长期保存。随着放置时间,可能由于吸附或沉淀等原因使溶液的浓度发生变化。

⑤分离和富集的方法相对比较耗时,有时会造成玷污或元素损失。

1.微量和痕量元素分析的样品制备

对于微量和痕量元素的分析测定,首先要对样品进行浓缩,也称为富集。将待测元素从基体中分离出来,消除基体效应,提高检测限。富集法广泛用于地质、冶金、石化、土壤、水样、环保和生物等领域。常用的富集技术有物理浓缩法和化学浓缩法。

(1)物理富集法。

蒸发和冷冻是物理富集技术中常用的方法。

对于水这类液体样品,可将试样放在加盖的容器中,用红外辐射或其他温和的加热方法,使水分蒸发,然后将残渣与某种选定基体如纤维素混合制成样片,该方法的缺点是可造成污染。也可将这些液体样品或以其他方式获得的液体试样滴在一定面积的滤纸片(或Mylar膜、聚四氟乙烯基片)上,然后在红外辐射下烘干,即可用于测定。这一方法的优点是不存在基体效应,很少的液体如零点几毫升就可用于测试,因此可与蒸发、化学富集方法结合起来使用,富集效果十分显著。但在使用滤纸片捕集样品时要注意,层析效应是影响样品均匀性的重要因素。当溶液滴在滤纸中心上,后一滴溶液会溶解在前一滴溶液,向边缘扩散,为防止这种无限制扩散,常在滤纸边上加一圈高纯石蜡。

对于有机物可采用灰化法将其含有的一些元素进行浓缩。其原理是有机物与氧原子作用时发生一系列反应而使分子断裂分解。易挥发的低分子化合物以气体形式放出,这类分解可在25~30 ℃低温下进行,灰化经过平衡,无炭化过程,样品成为无色灰分。这种灰化法可使样品中Se、As、Sb、Cd、P等易挥发性元素定量回收,有时即使低温灰化,Se和Br依然挥发而损失,Cd则部分损失。

(2)化学富集。

化学富集法有沉淀-共沉淀法、电沉淀法、电沉积法、离子交换、液-液萃取法、螯合-固定法和色层法等。沉淀或共沉淀法是采用适当沉淀剂,利用沉淀或共沉淀作用,将被测元素从基体中分离出来达到富集的目的,操作中又常常把富集后的样品沉淀或吸附在滤膜或薄膜表面最后进行测量。离子交换法是用离子交换树脂等富集溶液中各元素离子,这种方法可以获得较高的富集倍数。溶剂萃取法是使溶液中各金属离子与有机试剂反应,将有机溶剂层萃取分离出来。螯合物沉淀法是使溶液中的各金属阳离子与螯合物试剂反应后沉淀,再过滤分离,常用的螯合剂有DDTC(铜试剂)、PAN(1-(2-吡啶偶氮)-2-萘酚)、8-羟基喹啉,其特点是均可与近20种元素产生螯合物沉淀。

习　题

一、选择题。

(1)下列(　　)跃迁类型最有利于荧光的发射。

A. $\pi\rightarrow\pi^*$　　B. $n\rightarrow\pi^*$　　C. $\sigma\rightarrow\sigma^*$　　D. $n\rightarrow\sigma^*$

(2)下列(　　)在苯中的荧光效率最大。

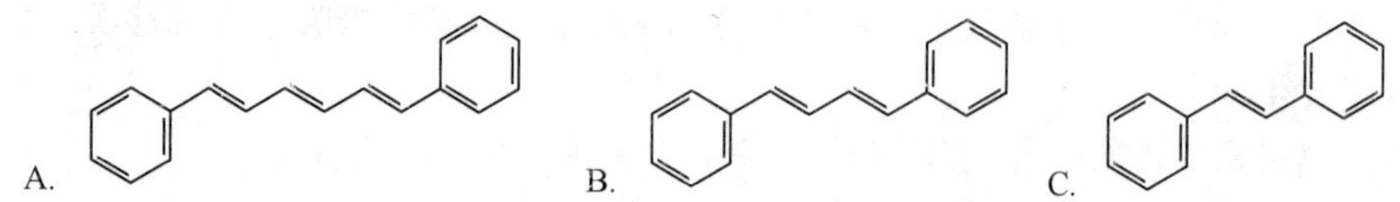

(3)8-羟基喹啉-5-磺酸的水溶液和甲醇溶液相比,其荧光光谱将(　　)。

A. 红移　　B. 不变　　C. 蓝移　　D. 无法预测

二、简答题。

1. 比较酚酞和荧光素哪一种的荧光量子产率高?为什么?

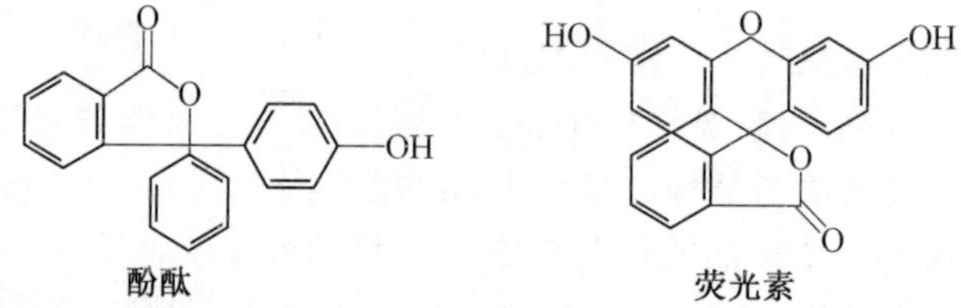

2. 羟基苯甲酸的邻位、间位和对位3种异构体,哪种荧光强度最大?

3. X射线连续谱与特征谱是如何产生的?

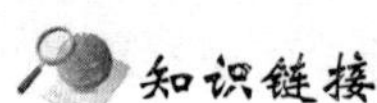

X射线荧光光谱仪的发展

1895年伦琴发现X射线后,科学家便对其展开了广泛的研究。1909年,英国物理学家查尔斯·格洛弗·巴克拉发现了从样本中辐射出来的X射线与样品原子量之间的联系;4年之后,即1913年,同样来自英国的物理学家亨利·莫斯莱发现了一系列元素的标识谱线(特征谱线)与该元素的原子序数存在一定的关系。这些发现都为人们后期根据原子序数而不是根据原子量大小提炼元素周期表奠定了基础,同样也为人们建立起第一个X射线荧光光谱仪(XRF)打下了坚实的理论基础。直到1948年,弗里德曼(Herbert Friedman)和伯克斯(Laverne Stanfield Birks)建立起世界上第一台X射线荧光光谱仪,这为后续光谱仪的商业化使用开辟了道路。

我国XRF分析技术的建立始于20世纪50年代末,直至20世纪80年代初主要用于科研院所和地质实验室,从事地质和材料中稀土、锆铪和铌钽等元素的分析。现已成为建材、冶金、石油化工、无机非金属材料、有机材料等工业领域分析质量控制的首选仪器之一,并在环境分析、司法取证、文物分析、生物样品和活体分析等领域获得广泛的应用。

20世纪80年代初我国学者开始从事基体校正等方面应用的基础研究,虽起步较晚,但在一次、二次、三次荧光 X 射线强度理论方程的推导、原级谱测定、基体校正及定量分析程序的编制等方面取得了世人瞩目的成果。从 20 世纪 90 年代中期起，我国学者相继开展化学计量学在 XRF 研究中的应用、X 光透镜的研制与 μ-XRF 光谱仪的研制、现场 XRF 分析技术、同步辐射 X 射线荧光（SRXRF）等领域的研究，并均有重要贡献，为 XRF 学术界所认可。

经过几代人的努力，在仪器制造方面，能量色散 X 射线荧光（EDXRF）谱仪已在国内外市场占据重要份额，低功率的波散 X 射线荧光（WDXRF）谱仪也已批量生产。2001 年江苏天瑞公司研制出并批量生产的功率 400 W 的 EDXRF 和 WDXRF 谱仪合为一体的仪器，表明我国仪器厂商已从仿制走向创新之路。国内生产的 XRF 制样设备和用作 WDXRF 谱仪的水冷恒温装置，无论在种类上还是在质量方面均已满足常规分析需要。

第 13 章　核磁共振波谱法

13.1　简　　介

核磁共振也称 NMR(Nuclear Magnetic Resonance)。1930 年,物理学家 Rabi 发现在磁场中的原子核会沿磁场方向呈正向或反向有序平行排列,而施加无线电波之后,原子核的自旋方向发生翻转,从而创造了分子束核磁共振法。由于这项研究是人类关于原子核与磁场以及外加射频场相互作用的最早认识,Rabi 于 1944 年获得了诺贝尔物理学奖。

1945 ~ 1946 年两位美国科学家 Purcell 和 Bloch 各自独立地发现了原子核吸收射频场能量的现象,这是人们最初对核磁共振现象的认识。为此他们两人获得了 1952 年度诺贝尔物理学奖。近年来,Ernest 发展了多维核磁共振理论与技术,分别荣获 1944 年、1952 年、1991 年诺贝尔奖。1949 ~ 1950 年,Knight、Proctor 和虞福春等人发现了化学位移与原子核间的耦合现象,已经受到化学界的重视。

被人们发现之后,核磁共振现象很快就产生了实际用途,化学家利用分子结构对氢原子周围磁场产生的影响,发展出了核磁共振谱,用于解析分子结构。随着时间的推移,核磁共振谱技术不断发展,从最初的一维氢谱发展到^{13}C 谱、二维核磁共振谱等高级谱图,核磁共振技术解析分子结构的能力也越来越强。进入 1990 年以后,人们甚至发展出了依靠核磁共振信息确定蛋白质分子三级结构的技术,使得溶液相蛋白质分子结构的精确测定成为可能。

由此可见,NMR 的研究与应用早已远远超出核物理学范畴,广泛应用于有机、无机、金属有机、药物、生物等化合物分子的结构分析。也广泛应用于跟踪化学反应、化学交换、分子内部运动等动态过程,进而了解这些过程的机理。NMR 波谱法是一种无需破坏试样的分析方法,虽然灵敏度不高,仍可从中获取分子结构的大量信息,此外、还可得到化学键、热力学参数和反应动力学机理方面的信息,也可做定性、定量分析,用于产品质量的科学判定。数十年来,不仅液体核磁共振波谱法及谱仪取得了极其迅速的进展,而且还发展了用于固态材料的结构分析的固体高分辨核磁共振技术,以及已成为医学临床诊断重要手段的核磁成像技术。

13.2　核磁共振系统组成

现代核磁共振谱仪一般是超导脉冲核磁共振谱仪。图 13.1 为超导 PFT NMR 谱仪的结构示意图。

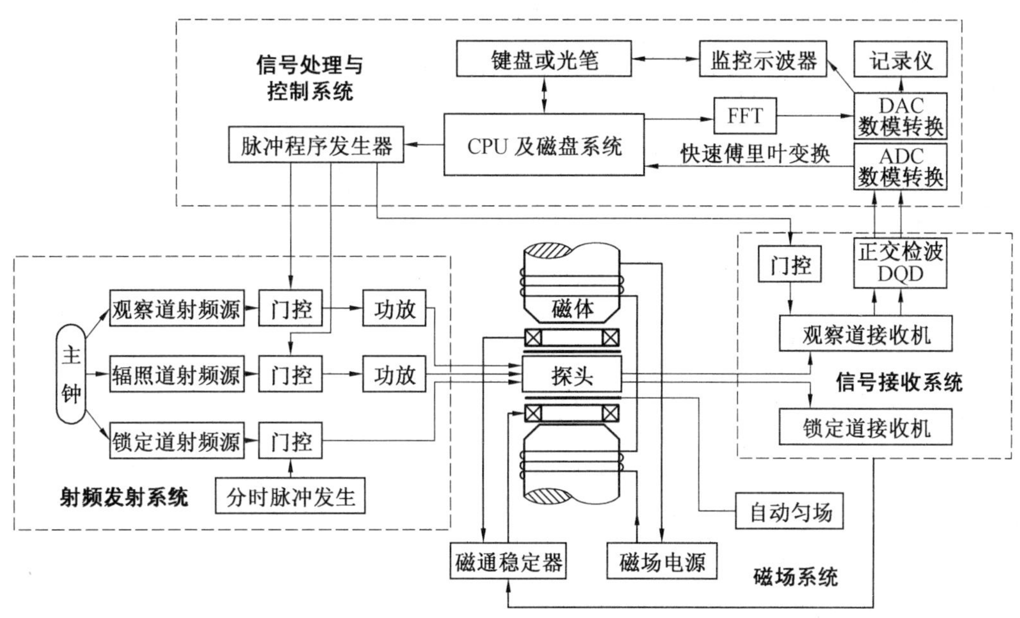

图 13.1　超导 PFT NMR 谱仪结构示意图

13.2.1　磁场系统

磁场系统是用来产生一个强、稳、匀的静磁场，而观测化学位移微小差异的共振信息。2.3T 以下的强磁场通常用电磁铁或永久磁体来产生，而更高的磁场则需采用超导体，指用 NbTi 或 Nb_3Sb 合金带材嵌入铜材内，绕成螺线管形线圈，置于内壳含液氦、外壳含液氮的杜瓦瓶里，构成超导磁体。为了克服线圈因长度有限而给样品空间带来磁场的不均匀性的影响，还设置了若干组低温与室温匀场线圈，以提供自旋系统一定强度的稳定性与均匀性都佳的固定磁场。频率高于 100 MHz 的核磁谱仪磁场均由超导磁体产生。

13.2.2　射频发射系统

射频发射系统是将一个稳定的、已知频率的“主钟”（石英晶体振荡器）产生的电磁波，经频率综合器精确地合成出欲观测核（如 ^{1}H、^{13}C、^{31}P 等）、被辐照核（如 ^{1}H，供消除对观测核的耦合作用，以便简化谱图之用等）及锁定核（如 ^{2}D、^{7}Li 等供稳定谱仪自身的磁场强度之用）的 3 个通道所需频率的射频源。射频源所发出的射频场经过受到脉冲程序控制的发射门，产生相应的射频脉冲，再经过功率放大能发射很强功率的多种射频脉冲，最终输送到探头部分绕在试样套管上的发射线圈上。所有射频信号均由同一晶振经频率综合器产生，故有很高的频率稳定度及时基相关性。数字化的 NMR 波谱仪包括全数字式频率和相位发生器、数字化信号程序、数字锁定和磁场调整系统以及数字滤波技术等。它具有能消除基线畸变、提高数字分辨率和没有谱线折叠等优点。

13.2.3　探头

探头固定在磁极间隙中间，是整个仪器的关键部分，它是一插入式整体组合件，可依据测试需要更换。常见的探头有氢选择探头、四核探头、宽带探头、碳/氢双频探头、反式探头、固体宽谱和魔角高分辨探头和带有梯度线圈的探头等，它是发射射频和收集信号的部件，可根据不同核进行最佳匹配调整。这些组件和插件中除了有放置样品管的支架及驱使样品旋转的系统外，还装有向样品发射射频场的发射线圈和用于接收共振信号的接收线圈，实际上常采用单一线圈分时间先后兼作射频的发射和接收之用。对于不同的核种所施加的射频波可经过波段选择及调谐来实现。线圈中央插入装有试样的样品管，样品管外套上转子，在压缩空气的驱使下使样品管旋转起来。它的主要作用是消除垂直于样品管轴向的平面内的磁场的不均匀性，也可用以控制样品的温度。固体探头需要配置功率更强的射频装置。

13.2.4 信号处理与控制系统

信号处理与控制系统是利用键盘或光笔操作（利用光笔点亮监控显示屏上的字符）系统来控制协调各系统有条不紊地工作。由计算机指挥脉冲程序发生器，控制射频的发射与信号的接收等。计算机及相应软件指令对数字化了的信息进行各种数据处理：

①对离散的 FID 信号进行时域累加。

②做一些窗口函数，如指数函数、梯形函数等数学加权处理等，以便改善分辨率和信噪比。

③对所得到的频域的谱图数据做相位的校正，峰面积的积分，获取各谱峰所含被测核相对数目的信息。

并随时将处理的信号显示在监控屏上，由记录仪输出记录谱图与有关数据和参数，将原始信息或处理的结果连同参数贮存在磁盘等外存中。此外，为提高仪器的使用效率，常设有前后台（FG/BG）系统，前台可直接用于当时被测试样的累加测量，后台则可同时对已获得的 NMR 信息进行数据处理。计算机通过程序软件控制谱仪实现采样、处理数据及绘图，也可通过程序软件实现谱模拟与复杂谱图解析，或与其他微机相连，提高谱仪的工作效率。

13.3 基本原理

原子核是由质子和中子组成的，带正电荷，具有一定质量，还具有自旋现象，因此它们均存在固有磁矩。核自旋运动固有特性用核的自旋量子数 I 来描述，不同核素具有不同的 I 值。

①质量数和质子数均为偶数的原子核，自旋量子数为 0。

②质量数为奇数的原子核，自旋量子数为半整数。

③质量数为偶数，质子数为奇数的原子核，自旋量子数为整数。

对于 $I \neq 0$ 的核，即被分析试样放在静磁场 B_0 中，再施加一频率为 υ（通常在射频区）的电磁辐射 B，其能量 $h\upsilon$ 恰好与试样中欲分析的指定核素的相邻磁能级的能量间隔 ΔE 相等。核体系将会吸收电磁辐射，产生能级跃迁，此即核磁共振现象。而且只有相邻能级间的跃迁才是允许的，即 $\Delta M_I = \pm 1$，因此，每种核素的共振只有一个数值。

到现在为止，只有自旋量子数等于 1/2 的原子核，其核磁共振信号才能够被人们利用，通常所用的原子核有^{1}H、^{11}B、^{13}C、^{17}O、^{19}F 和^{31}P。由于原子核带电荷，当原子核自旋时，会由自旋产生一个磁矩，它的方向与原子核的自旋方向相同，大小与原子核的自旋角动量成正比。将原子核置于外加磁场中，若原子核磁矩与外加磁场方向不同，则原子核磁矩会绕外磁场方向旋转，这一现象类似陀螺在旋转过程中转动轴的摆动，称为进动。进动具有能量也具有一定的频率。原子核进动的频率由外加磁场的强度和原子核本身的性质决定，也就是说，对于某一特定原子，在一定强度的外加磁场中，其原子核自旋运动的频率是固定不变的。原子核发生进动的能量与磁场、原子核磁矩以及磁矩与磁场的夹角相关，根据量子力学原理，原子核磁矩与外加磁场之间的夹角并不是连续分布的，而是由原子核的磁量子数决定的，原子核磁矩的方向只能在这些磁量子数之间跳跃，而不能平滑的变化，这样就形成了一系列的能级。当原子核在外加磁场中接受其他来源的能量输入后，就会发生能级跃迁，也就是原子核磁矩与外加磁场的夹角会发生变化。这种能级跃迁是获取核磁共振信号的基础。

13.3.1　基本概念

1. 恒定磁场 B_0

(1)核磁矩在恒定外磁场中的位能与 Zeeman 能级。

因为自旋量子数为 I 的原子核，在外磁场中只能取 $2I+1$ 个不同的方向，这称为空间取向量子化。如果约定外磁场的方向为 z 方向，则核磁矩在 z 轴上的投影为

$$\mu_z=\gamma p_z=\gamma hm$$

式中，m 为核的磁量子数，$m=I,(I-1),(I-2),\cdots,-I$。

由于核磁矩在外磁场有不同取向，所以它与外磁场的相互作用能也不同，这种相互作用能称为核磁矩位能。其表达式为

$$E=-\mu B_0=-\mu_z B_0=-\gamma mhB_0$$

规定垂直于磁场的磁矩位能为零，则磁矩在磁场方向的投影 $\mu_z>0$ 的位能为负，$\mu_z<0$ 的位能为正。在外磁场的作用下，使原来原子核简并的能级分裂成$(2I+1)$个能级，这些能级称为 Zeeman 能级，相邻两能级之间差 $\Delta E=\gamma hB_0$。恒定磁场 B_0 磁场强度的单位为特斯拉(T)。

(2)热平衡状态时核自旋在各能级上的布居数(即粒子数)。

当自旋系统处于热平衡时，核自旋在各个能级上的布居数服从 Boltzmann 分布。第 i 个能级上的布居数 P_i 为

$$P_i=\frac{\exp\left(-\frac{E_i}{KT}\right)}{\sum_{i=1}^{n}\exp\left(-\frac{E_i}{KT}\right)}$$

式中，n 是能级总数；E_i 是第 i 个能级的能量值；K 为 Boltzmann 常数；T 为绝对温度。在恒定外磁场 B_0 中，只考虑自旋系统与 Zeeman 能级的相互作用能，则第 i 个能级上的布居数为

$$P_i = \frac{\exp\left(\frac{h\gamma m_i B_0}{KT}\right)}{\sum_{i=1}^{2i+1}\exp\left(\frac{h\gamma m_i B_0}{KT}\right)}$$

平衡时,低能态的粒子数总是多于高能态的粒子数。对 $I=1/2$ 的单自旋系统,两能级上的布居数之差为

$$\Delta P = P_1 - P_2 = \frac{h\gamma B_0}{2KT}$$

式中,P_1 和 P_2 为较低和较高能级的粒子数。

(3)自旋系统的宏观磁化强度。

由于核磁共振测量的是样品的宏观磁化行为,于是定义单位样品体积内的核磁矩 $\boldsymbol{\mu}$ 的矢量和为核的磁化矢量 $\boldsymbol{M}$,即

$$\boldsymbol{M} = \sum_{i=1}^{N}\boldsymbol{\mu}_i$$

M 也称为磁化强度,用它来描述原子核系统被磁化的程度。

在有外加磁场 B_0 的作用下,热平衡时,核磁矩取向服从 Boltzmann 分布,沿磁场方向的核磁矩数目大于反方向的核磁矩数,它们的矢量和不等于零,呈现了一定大小的宏观磁矩 M。而处于于热平衡态的自旋系统,其磁化强度 M 在考虑了 Boltzmann 分布后可求得

$$M = \frac{NI(I+1)r^2h^2B_0}{3KT} = \beta C_1 B_0$$

此式称为 Curie 磁化公式。式中,C_1 为 Curie 系数,$C_1 = \frac{NI(I+1)r^2h}{3}$;$\beta$ 为倒逆温度,$\beta = \frac{h}{KT}$。

2. 化学位移(δ)

实际上,在不同化学基团中,同种核素的共振频率也是略有不相同的。因为核外化学环境不同,电子云分布不同,对核的屏蔽作用不同,核实际所感受到的外加的静磁感应强度不同,因此共振频率也就不同。

$$v = \frac{1}{2\pi}\gamma B_0(1-\sigma) \text{或} \omega = \gamma B_0(1-\sigma)$$

式中,σ 是屏蔽常数,由于 σ 综合了核外电子、化合物分子内部各基团以及近邻分子所产生的屏蔽的效应,虽然不同化学环境的 σ 的差别甚微,但却是核磁共振方法作为结构分析的最重要的信息之一。

根据上式还可知,同一化学环境的核在不同磁感应强度下,共振频率是不同的,因此用频率来表示同一共振峰是很不方便的。为了统一起见,采用一个无量纲的相对差值——化学位移(δ)来表示。而化学位移值是很小的,所以通常将它扩大 10^6 倍。化学位移定义为

$$\delta = \frac{\upsilon_{\text{试}} - \upsilon_{\text{标}}}{\upsilon_{\text{标}}} \times 10^6 \approx \frac{\upsilon_{\text{试}} - \upsilon_{\text{标}}}{\upsilon_0} \times 10^6$$

式中,$\upsilon_{\text{标}}$ 是某公认的标准物中指定核的共振频率;$\upsilon_{\text{试}}$ 是被测试样中该核的共振频率;υ_0 是仪器公称频率。由于 $\upsilon_{\text{标}}$ 与 υ_0 相差很小,因此分母中 $\upsilon_{\text{标}}$ 可近似用 υ_0 代替。

3. 旋磁比(gyromagnetic ratio)γ

处于静磁场 B_0 具有磁矩的原子核,受到角频率为 ω_0 的射频场的辐照,当满足 $\omega_0=\gamma B_0$ 的条件时,该原子核会吸收射频波,使磁化强度发生变化,则称发生了核磁共振。这时的 ω_0 称为共振角频率,γ 为旋磁比。旋磁比是核磁矩 μ_n 与角动量 P 之比,即

$$\gamma=\mu_n/P$$

γ 的符号是由原子核的朗德因子 g_n 决定的[$\gamma-(e/2m_pc)g_n$],其值由实验测定。对每一种原子核,γ 为常数。γ 可正可负,所以 γ 实际上是反映原子核内部禀性的一个物理量。

$\omega_0=\gamma B_0$ 是核磁共振最基本的关系式。做核磁共振测试要求样品的原子核有自旋($I\neq0$),也就是有磁矩。对 $I=1/2$ 的核,例 ^1H、^{13}C、^{19}F、^{31}P 等,其核电荷分布呈球对称,研究得比较多,也比较早。对 $I>1/2$ 的核,其核电荷分布偏离球对称,称为四极核,例 ^2H、^{14}N、^{27}Al 及 ^{11}B,因灵敏度与分辨率等原因,测量不如 $I=1/2$ 的核那么方便。

4. 饱和与弛豫

如果体系吸收了足够强的射频场 B_1 的辐射能,使得相邻能级上的粒子数相等,这时体系不再呈现净吸收而测不到核磁共振信号,称为饱和。NMR 信号之所以能维持是靠弛豫。弛豫是高能态的核以非辐射方式释放出能量,转变成低能态的核,最后恢复到原始热平衡态的过程。弛豫分为纵向弛豫与横向弛豫。纵向弛豫是高能态核的能量以热的形式传递给周围环境,如固体晶格、周围液体分子、溶剂分子等,也称自旋-晶格弛豫,用该过程的半衰期 T_1 来表征。横向弛豫是体系自旋状态的交换过程,也称自旋-自旋弛豫,以 T_2 来表征,饱和与弛豫是核磁共振中较重要的现象。在脉冲傅里叶变换实验的参数设定时是必须考虑的。

核自旋和晶格间发生能量交换的 T_1 弛豫是通过分子运动产生的随机涨落局部磁场 B_{loc}和核自旋之间的相互作用来实现的,所以弛豫过程的特性由分子运动的特性来决定。分子运动包含着很宽的频谱,其中在 $\omega=\omega_0$ 处对弛豫作用最有效。

在研究弛豫时,相关时间 τ_c 是一个很重要的物理量,当 $\omega_0\tau_c>1$ 时,T_1 随 τ_c 增长,而 T_2 继续减小,因此对黏性样品或固体样品 τ_c 很大,T_1 很长而 T_2 很短。

(1)自旋-晶格弛豫。

由上述可知,不管是什么样的运动形式,只要当某种起伏的局域场的频率和核自旋的 Larmor 频率在同一数量级时,发生相互作用,它就能使核和环境发生能量交换,导致 T_1 弛豫。

(2)自旋-自旋弛豫。

自旋-自旋的弛豫即横向弛豫,是垂直于静磁场方向的 xy 平面上磁化强度的衰减过程。在由于快速分子运动引起的极端窄化的情况下,例如液体中,$\tau_c\ll1/\omega_0$,$T_1\approx T_2$,在这个范围内,T_1、T_2 给出的是相同的信息。当 $T_1\neq T_2$ 时,T_2 就能提供新的信息。而在固体中,T_1 和 T_2 通常不同。液体中的 FID 信号是一个随时间做指数衰减的信号,实际上是在 xy 平面上的横向磁化矢量衰减过程,显然又是这个指数衰减过程的时间常数。这时对 Lorentz 线型而言,因为大部分液体具有 Lorentz 线型,而固体通常具有近似于 Gauss 型的线型。

对 Lorentz 线型有

$$g(t)=\frac{1}{\pi}\exp(-\delta t)\ t\geqslant 0$$

式中,δ 为半高半线宽。

半高宽为

$$\Delta\nu=2\delta_0$$

弛豫时间 T_2 定义为

$$T_2=\frac{1}{2}G_{\max}(\upsilon)=\frac{1}{2}2\delta\frac{1}{\delta^2}=\frac{1}{\delta}=\frac{2}{\Delta\upsilon}$$

这里 $g(t)$ 与 $G(\nu)$ 为 Fourier 变换对,所以 $\Delta\nu=\frac{2}{T_2}$。

如果用 Hz 为单位表示谱峰的半高宽,则有 $\Delta\nu=\frac{1}{\pi T_2}$。

应注意,由线宽估算的 T_2,常常包含了磁场不均匀性的影响,这时的 T_2 为

$$\frac{1}{T_2}=\frac{1}{T_2'}+\frac{1}{T_2''}$$

式中,T_2'是核的自旋-自旋弛豫时间;T_2''是由磁场不均匀性引起的磁化强度的横向衰减。

对 Gauss 线型有

$$g(t)=\frac{1}{\pi}\exp\left(-\left(\sqrt{\frac{M_2}{2}}\right)^2 t^2\right)$$

式中,M_2 为二次矩,其定义是:

$$M_2=\int(\omega-\omega_0)^2G(\omega)\mathrm{d}\omega$$

对 Gauss 线型定义的 T_2 为 $g(t)$ 衰减至 $g(0)$ 的$\frac{1}{e}$倍所需的时间。

所以

$$T_2=\frac{\sqrt{2}}{\sqrt{M_2}},\quad \Delta\nu=\frac{3.34}{T_2}$$

13.3.2 脉冲 Furier 变换核磁共振(PFT NMR)的基本原理

1. 脉冲强度的选择

在射频矩形脉冲激发的频谱宽度中,各频率的振幅是不相等的,在实际的 PFT NMR 实验中,真正起作用的是从载频算起的一个很小的频率范围,而且认为在这范围内振幅基本相等。

2. 脉冲宽度的选择

在 PFT NMR 里,旋转坐标里磁化矢量的扳倒角 θ_0 与射频脉冲宽度 t_p 及射频场强度 B_1 的关系为

$$\theta_0=t_p\gamma B_1$$

故

$$t_p=\theta_0/\gamma B_1$$

通常需要固定射频场的强度 B_1，通过调节脉宽 t_p 来满足实验对强射频脉冲条件的要求，所以 $t_p \ll \frac{\theta_0}{2\pi F}$，当 $\theta_o = \frac{\pi}{2}$ 时，$t_p \ll \frac{\frac{\pi}{2}}{2\pi F} = \frac{1}{4F}$，即脉冲宽度 t_p 必须比 4 倍谱宽 F 的倒数小得多。所以在 PFT NMR 实验中，需要短而强的射频脉冲。而当 $\theta_0 = \frac{\pi}{2}$，也就是这种宽度的射频脉冲把磁化强度 M_0（在旋转坐标里）从 z 轴转到 y' 轴，通常称这个脉冲为 90°脉冲，同理，当 M_0 从 z 轴转到 $-z$ 轴时，称为 180°脉冲。

3. 最佳扳倒角的选择

Ernst 深入探讨了脉冲扳倒角 θ_0、样品的弛豫时间 T_1 和两次采样的重复时间 D_1 之间的关系，并最后求出了实验时的最佳脉冲扳倒角：

$$\theta_{0OPT}: \cos\ \theta_{0OPT} = \exp(-D_1/T_1)$$

这个角度也称为 Ernst 角。

但是具体实验中，往往不知道 T_1，有时体系中还可能有不同 T_1 的核，有人对 D_1/T_1 取不同值时，相对信噪比与扳转角的依赖关系做了仔细研究，发现最佳点的变化相当平稳。通常在做多次累加实验时，取扳倒角为 30°～45°，效果较好。

13.3.3　磁化矢量在磁场里的运动方程——Bloch 方程

Bloch 方程是描述磁化强度与磁场相互作用的耦合的微分方程。因为 NMR 检测的是样品的磁化强度在线圈中的磁通量发生变化而产生的电动势，所以在 NMR 中讨论磁化强度在磁场中的运动的 Bloch 方程具有非常重要的意义。其形式为

$$dM/dT = rM \times B + R \times (M - M_0)$$

其中，T_1、T_2 分别为纵向和横向弛豫时间常数，它们组成弛豫矩阵 R。求解 Bloch 方程是非常困难的，只有某些特定条件下才能解析，这里不做介绍。

13.3.4　固体核磁共振（Solid-state NMR，SSNMR）

由于液体样品中分子的快速运动平均掉了化学位移各向异性、偶极-偶极相互作用等对 NMR 谱线的展宽，因此可以得到高分辨的谱图。而在静态固体样品中，这些自旋相互作用的存在使得固体 NMR 的线宽远大于液体 NMR 的线宽，导致图谱分辨率极低以至于无法区分各种信号。要改善固体核磁共振的分辨率，就必须消除或削弱这些相互作用对谱线造成的增宽。因此，如何消除各种相互作用的影响以改善分辨率和信噪比一直是 SSNMR 发展的一个重要方向。随着魔角旋转、大功率去耦、多脉冲去耦、双旋转和动态角旋转方法的发展和应用，大部分的相互作用都可以得到消除或削弱，高分辨的固体核磁共振已经得以研究。

1. 魔角旋转（Magic Angle Spinning，MAS）

魔角旋转方法首先是由 Andrew 和 Lowe 提出的，现在已成为固体 NMR 中最重要和运用最广泛的技术。这种方法是使样品绕与外磁场成 54.7°角的轴快速旋转，以消除或削弱固体中各种相互作用的影响。当两个核之间的矢量与静态磁场方向成 $\theta = 54.7°$ 角（称

为魔角)时,异核偶极耦合 Hamiltonian 方程中的($3\cos^2\theta-1$)项等于零。这种角度依赖关系也同样适用于轴对称的化学位移各向异性(chemical-shift anisotropy,CSA),此情况下 θ 是 CSA 椭球体的长轴与静态磁场之间的夹角。

由于化学位移各向异性是非均匀增宽,只要魔角转速 ω_R 满足慢旋转条件,即满足 $\Delta<\omega_R<|H_{CS}|$ 时(其中 $|H_{CS}|$ 为化学位移各向异性增宽;Δ 为残余增宽,即系统中残存的较小的均匀增宽),就可以获得高分辨谱。当 ω_R 小于化学位移各向异性增宽时,会出现旋转边带,边带的包络线和化学位移各向异性静态谱相似。

$$P_2(\cos\theta)=\frac{1}{2}(3\cos^2\theta-1)$$

$$P_4(\cos\theta)=\frac{1}{8}(35\cos^4\theta-30\cos^2\theta+3)$$

偶极-偶极相互作用增宽是均匀增宽,魔角转速 ω_R 必须满足快旋转条件,即满足 $\omega_R\gg|H_D|_{max}$ 时,才能获得高分辨谱。由于样品与外磁场所成角度 θ_r 不可能使二阶四极频移表达式中 $P_2(\cos\theta_r)$ 和 $P_4(\cos\theta_r)$ 两个乘子同时为零,因此魔角旋转不能完全消除而只能部分消除二阶四极相互作用各向异性。

2. 半整数四极核方法

半整数四极核是 NMR 研究的重要对象。在所有的 NMR 可观测核中,约有 2/3 为半整数四极核,例如 ^{11}B、^{17}O、^{23}Na、^{27}Al、$^{69/71}Ga$ 等。不同于自旋 1/2 核,半整数四极核要受到四极相互作用的影响,因此观测半整数四极核的核磁共振信号在于如何有效地消除二阶四极相互作用对中心跃迁的影响。随着 NMR 技术的飞速发展,目前已有多项技术可应用于四极核的研究中。

(1)变角旋转、双旋转和动态变角旋转。

魔角旋转能有效地压制化学位移各向异性和偶极-偶极相互作用,但对于二阶四极相互作用并不是最有效的。理论和实验证实,有其他的旋转角度更能有效地缩窄线宽。

①变角旋转(Variable Angle Spinning,VAS)。

理论研究证实,在 $\theta_r\leqslant30°$ 时,谱宽受不对称因子(η)影响非常明显;在 $\theta_r=43.5°$ 时,谱宽完全不受 η 影响;在 $60°<\theta_r<70°$ 时,可以获得最窄的二阶四极线型,线宽约为 θ_r 等于魔角时的 1/2,在此范围以内,线型对 θ_r 的变化不敏感,因此降低了实验中设定角度的难度。此方法的缺陷为:①不可能完全消除二阶四极作用;②θ_r 偏离魔角后,旋转对其他相互作用的压制被削弱,因此不适合应用于具有其他较强相互作用的体系。

②双旋转(Double Orientation Rotation,DOR)。

单独的 θ_r 无法使二阶四极频移表达式中的两个乘子 $P_2(\cos\theta_r)$ 和 $P_4(\cos\theta_r)$ 同时为零。Pines 等人提出了采用内外双转子分别绕不同转轴旋转的方法,选择 β_1 和 β_2 满足 $P_2(\cos\beta_1)=0(\beta_1=54.7°)$ 和 $P_4(\cos\beta_2)=0(\beta_2=30.56°$ 或 $70.15°)$,同时使这两项为零,称为双旋转方法。理论上 DOR 可以完全消除二阶四极相互作用,但在实践中 DOR 应用得并不多,这是因为在机械上实现稳定而高速的双转子旋转是非常困难的。

③动态变角旋转(Dynamic Angle Spinning,DAS)。

动态变角旋转是一种二维实验,也是改善四极核的分辨率的方法。在 t_1 期间里样品

围绕 θ_1 角旋转，在 t_2 期间又将旋转轴改变到 θ_2 角。一般选取 θ_1 和 θ_2 分别等于 37.38°和 79.19°。在 t_2 期间的某些时刻，二阶四极作用被平均掉。同 DOR 方法一样，DAS 对探头的设计有很高的要求。DAS 方法要求转子在保持稳定旋转的同时，旋转轴能够快速准确地反复改变。

(2)多量子魔角旋转(Multiple-Quantum MAS，MQMAS)。

1995 年，Frydman 等人提出了多量子魔角旋转方法，利用多量子相干和单量子相干受二阶四极作用的影响不一样，巧妙地实现了四极展宽的重聚，从而得到了半整数四极核的各向同性高分辨谱。不同于 DAS 和 DOR 对谱仪和探头的特殊要求，MQMAS 只需要使用常规的 MAS 探头，极大地拓展了该方法的应用范围，并得到迅速发展。

MQMAS 实验的基本思路是，一方面在 MAS 条件下部分平均掉二阶四极作用，另一方面用脉冲激发半整数四极核的多量子相干，通过相位循环选择所需，经过 t_1 时间的演化后再施加脉冲转化为可观察的单量子相干信号，然后在 t_2 期间采样。对自由感应衰减(free induction decay，FID)信号进行两次傅立叶变换得到二维谱图，其中 F_1 维是各向同性高分辨的，完全消除了二阶四极线型。

MQMAS 可与 CP、异核相关、REDOR 等技术结合产生新的脉冲序列，能够获得更加丰富的谱学信息。MQMAS 方法为方便地获得半整数四极核的高分辨谱开辟了一片新的领域，是固体核磁共振领域近 20 年来最重要的成就之一。

在二脉冲多量子的基础上又发展了多种多量子方法，如 z-filter MQMAS 和 RIACT MQMAS 等。前者采用了对称的相干转移路径，改善了谱图线型，后者使用自旋锁定照射取代硬脉冲，获得了更加均匀的激发效果，有利于定量研究。目前，z-filter MQMAS 是常用的多量子方法。

13.4　样品的制备

13.4.1　对磁场的要求

要进行核磁共振实验，必须要有一个均匀的磁场，如果磁场不均匀，所测得的谱不但信号的分辨率下降，而且还会出现峰形的畸变。均匀的磁场是指在样品的每一几何位置上都应该有同样的磁场强度 B_0。而不同探头中的无线电元件、控温装置的热电偶及探头支撑体本身的介电性质都会改变磁力线的分布，破坏原来的均匀场。更换样品，甚至同一样品取出后重新放入也会对磁场的均匀性产生影响。所以在每次实验之前都要仔细地调整磁场的分布，使之达到尽可能的均匀，这个过程就称为匀场。

现代 NMR 仪器在紧靠磁体的内壁腔上装有数十组匀场线圈，分别控制着 20 多个方向的磁场梯度。经过小心地匀场，可以在使用特定的探头时为所测样品找到最合适的一组匀场电流值，使得信号的峰最窄、分辨率最高而且峰形最对称。匀场优劣的指示一般为溶剂中氘代物的 ^2H 信号的锁场电平。场越均匀，锁场电平越高，反之亦然。但锁场功率不要设得太高，否则会发生饱和现象，使锁场电平大起大落剧烈波动。

13.4.2 对样品的要求

要求做结构测试的样品是纯净的单一组分。作高分辨谱的液体样品应为对选定的溶液有适当的溶解度且不与溶剂发生化学反应的物质(专做反应者除外)。配好的试样溶液应有较好的流动性(高聚物及胶体除外)。试样溶液中应没有悬浮的固体颗粒,特别不能有铁磁性杂质,配好的试样溶液应有足够的体积。样品的溶液应有较低的黏度,否则会降低谱峰的分辨率,样品的净用量能保证必要的灵敏度,但样品量也不能放得太多,否则会使谱峰变宽。另外要注意的是 NMR 实验对样品的几何尺寸有一定的要求,即样品的长度一般以 3.5 ~4 cm 为宜,因为线圈的高度一般为 1.2 ~1.8 cm。

13.4.3 制样

(1)液体样品。

采用适当浓度的样品溶液或液体样品,含内标或外标,样品溶液中不应有不溶物及气泡。参比物在谱图中的峰高不宜太强;对需做精密测试(如测定弛豫时间)的样品,按需要可用“循环冷冻法”除氧。

(2)固体样品。

除特殊情况外,固体 NMR 均为粉末样品,要求颗粒尽量小(至少小于 100 目,以避免各向异性体块磁化率的影响)。魔角旋转(以 Φ7 mm 转子为例)一般需 0.3 mL(压紧)样品,质量为 200 mg ~1 g。固体宽谱一般需 30 mg ~1 g 样品(视样品相对分子质量大小及被测核特性而异)。

13.5 测试方法

想要得到具有高分辨度的分子内部结构信息的谱图,一般采用液态样品。凡固体样品须先在合适的溶剂中配成溶液,浓度尽量浓一些,以减少测量时间,但不宜过于黏稠。凡液态样品,为减少分子间的相互作用而导致谱线加宽要求其具有较好的流动性,常需用惰性溶剂稀释。合适的溶剂应黏度小,对试样溶解性能好,不与样品发生化学反应或缔合,且其谱峰不与样品峰发生重叠。CCl_4 是做 ^1H 谱时常用的溶剂,因为它没有 ^1H 信号峰,而且价格便宜,但测试时应采用外锁方式。在做精细测量时应用内锁方式,这时试样配制时务必用氘代溶剂。常用的氘代溶剂有 $CDCl_3$、D_2O,其次是 $(CD_3)_2CO$、$(CD_3)_2SO$、C_6D_6、C_5D_5N 等,氘代溶剂价格较贵,分子中含氘代越多,则越贵。在使用氘代溶剂时应注意其氘代纯度,一般含氘代试剂 99.5% 以上,即使这样,在 ^1H 谱中仍会出现残存的 ^1H 的信号,并可粗略地作为化学位移的相对标准。选用氘代溶剂,还有另一重要原因,是为了避免溶剂信号过强而干扰测量。

不同溶剂由于其极性、溶剂化作用、氢键的形成等具有不同的溶剂效应。例如,苯作溶剂时,因其各向异性的屏蔽现象,常引起高场位移,而当用丙酮、二甲亚砜等溶剂时,因易形成分子间氢键,导致试样的低场位移。CF_3COOH 是极强的极性溶剂,它对含多羧基的化合物易引起脱水反应。需要注意的是,要观察位于高场的甲基、亚甲基等基团,应尽量避免用丙酮、乙醇、二甲亚砜等。对含芳香族质子的样品应尽量避免用氯仿及芳香族化合物的溶剂。

样品溶液中不应含有未溶的固体微粒、灰尘或顺磁性杂质，否则，会导致谱线变宽，甚至失去应有的精细结构。为此，样品应在测试前预过滤，除去杂质。必要时，应通氮气除去溶解在试样中的顺磁性的氧气。

13.5.1　取样

在做 NMR 前，需要用标准样品对仪器的分辨率和灵敏度进行测定。当仪器正常时，才可开始实验，步骤包括采样、数据处理及作图 3 步。

1. 取样定理及主要的采样参数

按照取样定理，任一个正弦函数，在一个周期内必须至少取两个点才能正确描述它，这称为 Nyquist 定理。

FT NMR 实验数据是在时间域采样，然后通过数字化过程把 FID 信号变换成一种适当的格式，贮存在数据系统的内存里，便于以后进一步操作。数字化过程是指：以离散点的方式对 FID 做信号采样，这些离散点称为 Dwell 时间（D_W）的固定采样间隔，也就是说以固定的频率 $f=\dfrac{1}{D_W}$ 来进行采样。据采样定理，采样的速率和所测的频率范围（SW）直接相关：

$$D_W=\frac{1}{f}=\frac{1}{2SW}$$

也就是说覆盖全部测量范围的谱宽 SW 所需的信号采样频率必须是谱宽的 2 倍，故有 $f=2SW$。采样时间 A_Q 是按所选的谱宽（Spectral Width）SW 和所选的采样点数 N，由谱仪自动计算的。

$$A_Q=D_W\times N=\frac{N}{2SW}$$

为以后快速 Fourier 变换的需要，通常点数 N 取 1 k（=1 024 字节）、2 k、4 k、8 k 或 128、256、512（字节）等值。

在 NMR 波谱学里，一个给定的信号的分辨率 R 定义为谱线半高宽，它与磁场的均匀度有关，当然也与样品的类型及制备有关。它表示波谱仪能把相距很近的峰区分开来的能力。对洛仑兹线型通常认为 FID 信号衰减的时间主要由 T_2 决定，这里 T_2 由磁场的不均匀性与核自旋系统的本征特性即自旋-自旋弛豫时间决定：

$$\frac{1}{T_2}=\frac{1}{T_2'}+\frac{1}{T_2''}$$

式中，T_2 为横向弛豫时间；T_2' 为弛豫时间的一阶导数；T_2'' 为弛豫时间的二阶导数。

T_2'' 由磁场的不均匀性引起。在频率域 NMR 信号的分辨率 R 与时域里 T_2' 有一定关系：

$$R=\frac{1}{\pi T_2}$$

而与数据系统有关的分辨率 A 与采样时间 A_Q 成反比 $A=\dfrac{1}{A_Q}$，故有 $A=\dfrac{2SW}{N}$。

由此可知,数据系统的分辨率相应于谱宽 SW 除以采样点数 N 值的一半,也就是在谱里实部的数据点(每一谱由相等的实部与虚部数据点组成)。所以为了呈现固有分辨率为 R 的 NMR 信号,在不使信号折叠的前提下,减小谱宽 SW,增加采样点数 N,可提高数据系统的分辨率。

为了精确地描述 FID 衰减时间的高分辨谱线,采样时间 A_Q 应至少为 $2T_2$:$A_Q>2T_2$,$2T_2$ 相应于 FID 幅度减小到约 14%。

对具有短的 T_2 弛豫时间的宽谱线而言,相应有较快衰减的 FID,数据系统的分辨率 A 通常优于信号固有的分辨率 R。这时,实验的灵敏度可以通过数字滤波来加以改进。将所存的 FID 信号乘上一个指数函数,这样可以减少在 FID 尾部的噪声分量,但是会伴随着使谱线加宽。只要适当选择所乘的指数函数,可以使增宽的谱线仍然小于信号的固有线宽。

一个代表高分辨谱线的 FID 信号具有很长的衰减时间,在这期间噪声信号也占据了 FID 信号的很大部分。这时不可能用一个简单的指数相乘来获得灵敏度与分辨率同时最佳化,但可乘上一 Gauss 函数,适当地选择参数,可使灵敏度和分辨率同时改善。

2. Fourier 变换谱的相移

把 FID 信号进行 Fourier 变换后产生的两个谱,彼此相位差 90°,每一谱含原始数据点的一半,称为实部和虚部。相应于吸收和色散信号,有很多因素导致了信号相位偏离理想情况。引起相位改变的主要原因是谱仪的相移、滤波器的影响、激励脉冲和开始采样之间的延迟及在内存里数据点的位移。谱仪发射机和接收机系统引入的相移在整个谱采集过程中保持为常数,在测量范围内影响全部信号,这称为零级相移,不同样品管和不同浓度的样品会改变样品的电磁特性,能导致零级相移程度的改变。其他的影响因素例如滤波、延迟时间和数据点位移产生了一级相移,这与频率有关。在记谱过程中,这种相移会按线性增加,处在不同频率的信号会具有不同相移。所以在 FID 信号经 Fourier 变换以后,要进行零级与一级相位校正,来获得满意的吸收信号。在最后作图前,常常还需要做基线校正。记 ^{1}H 谱时,对谱图需作积分。

13.5.2 液体高分辨率 ^{1}H NMR 谱实验步骤

①用氘代试剂(例如 $CDCl_3$)配制样品溶液、插入相应的探头。

②用标准样品 $CHCl_3$ 检测谱仪的分辨率。用标准样品 EB 检测谱仪的灵敏度。确认仪器处于正常工作状态。

③探头调谐,让调谐与匹配处于最佳状态。

④换入被测样品,建立氘锁、匀场(先是样品不旋转,然后样品旋转,转速约为 20 Hz),匀场具体步骤按谱仪说明书操作。

⑤调用脉冲程序。

⑥建立采样参数:包括质子的共振频率、谱宽、累加次数、两次采样之间的重复时间($5T_1$)、采样点数、脉冲扳倒角的大小、脉冲功率等,有时还要设定频率偏置。频率偏置是指谱仪工作时所选的载波频率,视所用的氘代试剂的不同而稍有不同。实验时,让所选的谱宽范围落在所选用的氘代溶剂相应的核的共振频率的两侧。

⑦先用仪器规定的指令显示一次扫描的结果,可视需要改变参数。然后正式采样。

⑧把所得的 FID 信号用文件名存盘,做 Fourier 变换。

⑨做零级及一级相位校正。

⑩做基线校正。

⑪选定化学位移的参考峰,选定检测的最小峰。

⑫作图,作积分图。

13.5.3　液体高分辨率 ^{13}C NMR 谱及去耦实验步骤

1. ^{13}C 耦合谱

①用氘代试剂配制样品溶液。

②用标样检测仪器的分辨率和灵敏度,确认仪器处在正常的工作状态后,换入被测样品。

③调谐探头,先调 ^{13}C 通道,然后调 ^{1}H 通道。

④氘锁,匀场(转速为 10 ~ 15 次/s)。

⑤调用脉冲程序。

⑥建立采样参数:包括 ^{13}C 的共振频率、谱宽、累加次数,两次采样之间的重复时间(一般选 30° ~ 45°角,故重复时间可取 3 s 左右),采样点数、脉冲板倒角的大小、脉冲功率等。

⑦采样(可先用相应指令做预采样,适当调整采样参数)。

⑧FID 信号存盘。

⑨设窗函数 $LB=3$,做 Fourier 变换。

⑩相位校正,基线校正,定化学位移参考,定最小峰,作图。

2. 做去耦谱

先应记录该样品的 ^{1}H 谱,以确定去耦器的频率偏置,去耦器偏置应设置在 ^{1}H 谱范围的中央,这样在同一时间可以对所有的质子去耦。可以用同一探头里的 ^{1}H 去耦线圈来记 ^{1}H 谱。调用脉冲程序,按仪器说明书的要求设定去耦器的功率。其余同前,得去耦 ^{13}C 谱。

3. 做门控去耦谱——有 NOE 的耦合谱

调脉冲程序,两次采样之间的重复时间必须大于或等于 $5T_1$。

4. 做反门控去耦谱——没有 NOE 的去耦谱

调用脉冲程序,两次采样之间的重复时间必须大于或等于 $5T_1$。

13.5.4　固体高分辨 ^{13}C CP/MAS 实验步骤

1. 设置硬件连线(按仪器说明书)

2. 用标样金刚烷调 Hartmann-Hahn 条件

(1)建立 MAS(魔角旋转)。

①把粉末样品均匀放入转子,适当压实,盖紧帽子。

②选择在谱仪机柜上的状态开关,使之处于正确的状态。

③开启相应按钮,让样品转子随气流进入磁体中探头相应位置。

④设定转速:用键调节转速。建议以 1 000 Hz 为步进,逐级设定。例如,第一次为 1 000 Hz,转速显示到达设定值后,第二次设定 2 000 Hz,第三次设 3 000 Hz……最终达到设定值。

(2)调 Hartmann-Hahn 条件。

①调谐探头:先调^{13}C,再调^{1}H。

②设置采样参数:包括脉冲程序,^{13}C 的共振频率、谱宽、累加次数、两次采样之间的重复时间、采样点数、^{13}C 通道脉冲扳倒角的大小、脉冲功率;^{1}H 通道脉冲扳倒角的大小、脉冲功率(先取最小值)、接触时间等。

③预采样。这时用实部和虚部同时显示^{13}C FID 信号(取^{1}H 的脉宽小于 90°),调^{13}C 通道的功率值,让功率由小至大变化(db 值由大至小变化)。当信号值达到最大时,即表示已经满足 H-H 条件。

④再调^{1}H 的 90°脉宽,使值从小到大变化,同样当看到积分值最大时,表示已经达到 90°脉冲。到此为止,H-H 条件及^{1}H 的 90°脉冲均调好。

⑤正式采样。得到金刚烷的 CP/MAS 谱,定标低场峰为 38.56×10^{-6}。记下参照值,作为以后谱定标用。

3. 记欲测样品的 CP/MAS 谱

①换上待测样品。

②建立新文件。按前述步骤,建立 MAS 旋转。

③探头调谐匹配。

④设置采样参数。注意只要改变采样次数及接触时间,接触时间随样品而异,故建议对新的样品先测一下接触时间的最佳值。一般高分子为 1 ms,有机小分子为 2 ~ 3 ms,金刚烷为 5 ms,然后采样。

⑤设定处理参数:Fourier 变换内存块的大小,指数窗函数等。

⑥Fourier 变换,相位校正,基线校正,定化学位移参考,定最小峰,作图。

13.5.5 弛豫时间 T_1 的测定

1. 实验原理

弛豫时间的测定是 NMR 实验的重要内容之一,因为它反映了样品分子本征的动态信息。由于弛豫过程是在磁场环境下,磁化强度矢量从不平衡状态恢复到平衡状态的过程,所以这种恢复过程需要一定的时间。测定弛豫时间的方法有很多,本实验是用反转恢复法测自旋-晶格弛豫时间 T_1。

在 180°脉冲作用下,磁化矢量 M_0 从 $+Z$ 方向转到 $-Z$ 方向,在 τ 时间内,由于弛豫作用,M_x、M_y、M_z 逐渐恢复,然后加一个 90°脉冲,在 y 方向的线圈上获得 FID 信号,信号的强度反映了在 τ 时刻经过一定程度恢复的纵向磁化强度 M_z。取一组不同的 τ 值,τ 从很小值到 $\tau>5T_1$,得到一组不同 τ 值的 FID 信号,即得到各谱线的强度随 τ 的变化曲线,然后用最小二乘法,由不同的 τ 对应各条谱线的强度求得 T_1 值。

$$\frac{dM_z}{dt}=-\frac{M_z-M_0}{T_1}$$

据 180°脉冲后的初始条件：$t=0$，$M_z=-M_0$ 代入上面微分方程，解得

$$M_z(t)=M_0\left[1-2\exp\left(\frac{-t}{T_1}\right)\right]$$

90°脉冲后检测到的相应于 $M_z(t)$ 的信号强度为

$$I(t)=I_0\left[1-2\exp\left(\frac{-t}{T_1}\right)\right]$$

式中，I_0 相应于 M_0 的信号强度。现代谱仪里都具备反转恢复法的自动程序，这是测定 T_1 用得最多的一种方法。它的优点是由于动态范围大（从 $-M_0 \rightarrow M_0$），所以测量精度高，缺点是等待时间长（需等待 $5T_1$），否则磁化强度不能完全恢复到平衡态，造成测量误差。需要注意的是 τ 值的个数不能取得太少（一般为 8～10 个），其间隔设定的原则应是设法使得测定的 $M(t)$ 的值有较均匀的分布，而不是使时间变量呈均匀的分布。

2. 实验步骤

①调用脉冲程序。

②建立 τ 值表。

③调用自动程序采样。

④调用自动程序处理数据（取最强的一条 FID 信号为标准）。

⑤调用模拟程序。

⑥将模拟程序提供的结果（T_1）做数据处理。

⑦打印结果，作图。

13.6　分析方法

①对一张合格的 NMR 谱图作解析时，先应判断图中的参考标准物峰、溶剂峰、旋转边带及杂质峰。杂质峰的判断标准是峰面积积分值的比例不存在简单的整数比关系。

②根据谱峰的化学位移值，可以粗略判断它们分别所属基团或可能的基团，由 ^{1}H 谱积分值求出各峰所含 ^{1}H 原子的数目之比，初步确定各基团所含 ^{1}H 数目。可先从特殊的、简单的峰入手，如先寻找无耦合关系的孤立信号（单峰）的基团，如 CH_3O—、CH_3—、CH_3CO—等。对 ^{13}C-NMR 的定量谱的积分值基本反映碳原子数目。

③对于复杂谱峰的氢谱，应在多重峰、复杂峰中寻找等间距的峰的关系及耦合常数，用以寻找基团之间的耦合关系。步骤是先考虑一级谱中具有简单耦合关系的基团，而后分析复杂的耦合体系。

④当积分 ^{1}H 总数与已知条件矛盾时，要考虑分子内的对称性，否则应考虑低场质子或活泼氢，如 OH、NH_2、NH、SH、COOH 等是否可能会遗漏，或者有杂质混入。可以利用活泼氢的谱峰经加重水进行化学交换后消失（但分子内氢键不消失）来判断。

⑤已知化学分子式，应计算其不饱和度，了解可能存在的环及双键数目。

⑥对于比较复杂的 NMR 谱,或用常规谱分析不能确定分子结构,或为特殊研究目的,可以采用各种相应的简化手段或采取特殊的脉冲序列做进一步实验,以便寻找分子内各基团之间的相互联系。这些实验包括:改变溶剂,加位移试剂,改变磁场强度;各种双共振,如对于同核的有自旋去耦、自旋微扰、核的 Overhauser 效应实验;对于异核的有对^{1}H全去耦、选择性去耦、偏共振、各种门控去耦实验;用特殊的一维或多维脉冲序列来获取只有特定信息的各种谱的实验,如一维的 APT、DEPT、INADEQUATE 谱,二维的 2D-J 谱、2D-COSY 相关谱、2D-NOE 相关谱(NOESY)、2D-INADEQUATE 谱、2D-长程耦合谱,等等。

⑦综合每个峰组的 θ、J 积分值,合理地对各峰组的氢原子、碳原子数进行分配,确定各基团。再由各原子间的耦合关系,包括长程耦合关系等推断相应的分子片断或若干结构单元,最后将它们组合成可能的一个或数个完整的分子。并从可能的分子结构推出各基团的峰位与峰形,验证结构式的合理性,剔除不合理的结构式。合理的结构式应能正确指认谱图各峰及其互相关系。必要时合成出推定的化合物,作出谱图加以对比,最终确证。

13.7 应用实例

13.7.1 $(NH_4)_2Al_4(PO_4)_4(HPO_4)\cdot H_2O$ 的^{27}Al MAS NMR 谱分析

Al 的自旋量子数 $I=5/2$,是一种半整数四极核。半整数四极核具有核电四极矩(nuclear electric quadrupole moment),它与不均匀电场(存在电场梯度)之间的相互作用称为四极相互作用(quadrupolar interaction)。通常,核磁共振是在强外加恒定磁场中发生,Zeeman 相互作用远大于四极相互作用。在这种情形下,四极相互作用可看作 Zeeman 相互作用的微扰。因为四极相互作用可达 MHz 量级,微扰必须展开到二阶,即分别为一阶四极相互作用和二阶四极相互作用。一阶四极相互作用与外磁场无关,而二阶四极相互作用与核的共振频率成反比,即外磁场强度越大,二阶四极相互作用的影响越小。半整数四极核的中心跃迁不受一阶四极相互作用的影响,这是半整数四极核特有的性质。二阶四极相互作用会影响每一条跃迁,但频移的幅度远小于一阶四极相互作用引起的。它会使中心峰的谱线增宽,呈现出一定线型并向高场方向移动。

该化合物在 9.4 T 场强下的^{27}Al MAS 谱(图 13.2)显示了 4 个共振信号,化学位移分别为 44.4×10^{-6}、39.6×10^{-6}、$\sim10\times10^{-6}$、-14.5×10^{-6}。对照不同 Al 的配位态所对应的大致的化学位移范围,Al 信号的归属如下:位于低场的两个共振信号(44.4×10^{-6}和 39.6×10^{-6})归因于两个 4 配位的 Al 原子 Al(1)和 Al(4);位于 10×10^{-6}附近的、线型较宽的共振信号归因于 5 配位的 Al 原子 Al(2);位于-14.5×10^{-6}的共振信号归因于 6 配位的 Al 原子 Al(3)。10×10^{-6}处的谱峰增宽是由没被魔角旋转完全平均掉的二阶四极相互作用引起的。

为了获得四配位 Al 原子和六配位 Al 原子的四极相互作用参数 P_Q(the parameter of quadrupolar interaction)和各向同性化学位移 δ_{iso}(isotropic chemical shift),在 7.1 T 场强下采集了该化合物的^{27}Al MAS 谱。由图 13.2 可见,在 7.1 T 场强下,看到谱峰的线宽明显增宽,并且向高场移动,这是由于在相对较低的磁场强度下,二阶四极相互作用增大的缘

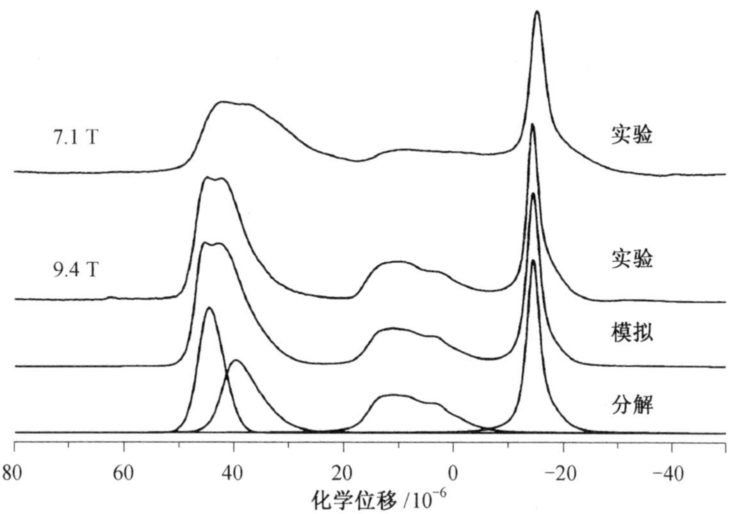

图 13.2　$(NH_4)_2Al_4(PO_4)_4(HPO_4)\cdot H_2O$ 在 9.4 T 和 7.1 T 场强下的 ^{27}Al MAS NMR 谱

故。计算出这两个不同场强下化学位移的差值 $\Delta\delta_{exp}$，由以下两个公式可以计算得到 P_Q 和 δ_{iso}（ν_0 为不同场强下 Al 的振动频率）。

$$\Delta\delta_{exp}=6\times10^3P_Q^2[(1/\upsilon_0')^2-(1/\upsilon_0'')^2]$$

$$\delta_{iso}=\delta_{exp}+6\times10^3(\frac{P_Q}{\upsilon_0})^2$$

再通过 DMFIT 程序对 ^{27}Al MAS 谱进行模拟，可以得到 5 配位 Al 原子的 P_Q、δ_{iso} 及电场梯度不对称因子 η_Q（asymmetry parameter），详细结果见表 13.1。

表 13.1　$(NH_4)_2Al_4(PO_4)_4(HPO_4)\cdot H_2O$ 中不同 Al 位置的化学位移和四极相互作用参数

Al 原子	δ_{exp} (7.1 T)	δ_{exp} (9.4 T)	$\Delta\delta_{exp}$	δ_{iso} /10^{-6}	P_Q /MHz	η
Al(1)	33.5	39.6	6.1	67.6	3.8	—
Al(2)	—	—	—	17.0	4.2	0.1
Al(3)	−15.4	−14.5	0.9	−13.4	1.4	—
Al(4)	41.5	44.4	2.9	48.1	2.6	—

^{27}Al MAS 谱的模拟谱图及其分峰拟合显示 4 配位、5 配位与 6 配位 Al 原子的强度整数比为 2∶1∶1，这个结果与单晶 X 射线结构分析的结果是一致的。

13.7.2　$(NH_4)_2Al_4(PO_4)_4(HPO_4)\cdot H_2O$ 的 ^{31}P MAS NMR 谱分析

化合物 $(NH_4)_2Al_4(PO_4)_4(HPO_4)\cdot H_2O$ 的 ^{31}P MAS NMR 谱显示了 4 个共振信号，分别位于 -16.7×10^{-6}、-18.8×10^{-6}、-22.7×10^{-6} 和 -25.2×10^{-6}，如图 13.3(b) 所示。高斯线型分峰拟和显示这 4 个共振信号的强度整数比为 1∶1∶2∶1，表明存在 5 个结晶学不等价的 P 位置，这个结果与单晶结构分析的结果一致。通常，PO_{4b}、$PO_{3b}O_t$、$PO_{2b}O_{2t}$ 和 PO_bO_{3t}

对应的^{31}P化学位移依次从高场到低场分布，这是由于随着磷原子上桥氧原子数量的减少，屏蔽效应相应减小的缘故。由于P(5)原子带有末端羟基，屏蔽效应较小，因此将位于低场-16.7×10^{-6}的信号归因P(5)。这个归属结果也可以通过$^{1}H\rightarrow^{31}P$交叉极化(CP)谱得到证实。

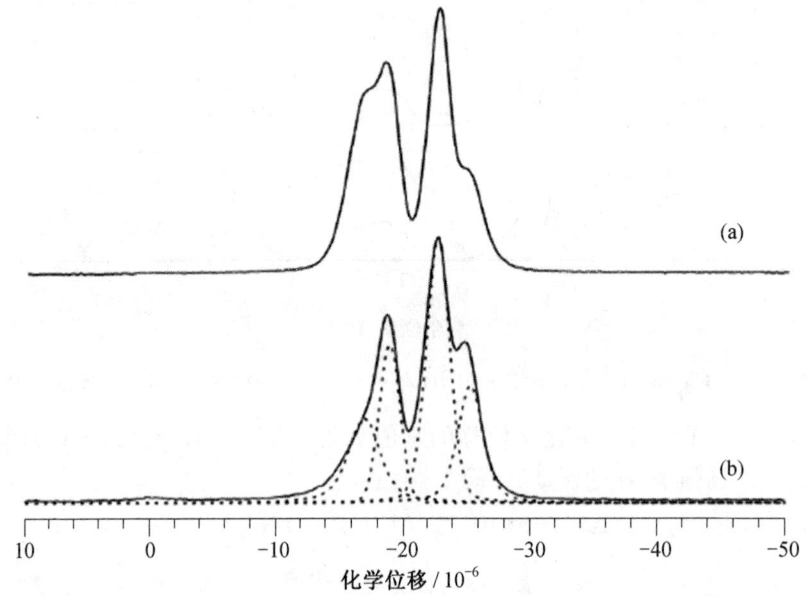

图13.3 $(NH_4)_2Al_4(PO_4)_4(HPO_4)\cdot H_2O$的$^{31}P$ MAS NMR谱及$^{1}H\rightarrow^{31}P$ CP MAS NMR谱

该化合物的$^{1}H\rightarrow^{31}P$ CP谱如图13.3(b)所示，接触时间设为0.2 ms。经过交叉极化，-16.7×10^{-6}的信号强度明显增加，说明此位置对应的磷原子与氢原子具有较强的偶极相互作用，因此被归属为连有羟基的磷原子P(5)。其余3个信号的化学位移位于$P(OAl)_4$的特征化学位移范围内，归因于P(1)、P(2)、P(3)和P(4)。-22.7×10^{-6}的信号对应两个P位置，这两个磷位置所处的化学环境相似。

有研究表明，磷酸铝骨架中配位数高于4的Al原子的存在会影响^{31}P的化学位移，使^{31}P的化学位移降低。因此，在归属$(NH_4)_2Al_4(PO_4)_4(HPO_4)\cdot H_2O$的$^{31}P$信号时，需将5配位Al原子和6配位Al原子的影响考虑在内。

表13.2 $(NH_4)_2Al_4(PO_4)_4(HPO_4)\cdot H_2O$中不同P位置的环境及$^{31}P$信号的归属

P原子	P的环境			化学位移/10^{-6}
P(1)	$1AlO_6$		$3AlO_4$	-22.7
P(2)	$2AlO_6$	$1AlO_5$	$1AlO_4$	-25.2
P(3)	$1AlO_6$	$2AlO_5$	$1AlO_4$	-22.7
P(4)		$1AlO_5$	$3AlO_4$	-18.8
P(5)	$2AlO_6$	$1AlO_5$		-16.7

显然，P(2)连接的5配位和6配位Al原子的数量最多(包括2个AlO_6和1个AlO_5)，因此将-25.2×10^{-6}的信号临时归属为P(2)。P(3)连接的5配位和6配位Al原子

的数量同 P(2)相同，但由于其连接的 AlO_6 比 P(2)少一个，因此被临时归属为 -22.7×10^{-6} 的信号，P(1)与 P(4)都只连有一个高于 4 配位的 Al 原子，但由于 P(1)连接的是 AlO_6，P(4)连接的是 AlO_5，因此将 -18.8×10^{-6} 的信号归因于 P(4)。

13.7.3　UiO-66/PEO（聚环氧乙烷）混合基质膜的 ^{13}C NMR 与 ^{1}H NMR 谱分析

Klaus Schmidt-Rohr 等人将金属有机框架 UiO-66 掺入聚环氧乙烷 PEO 中，合成了一系列不同 UiO-66/PEO 比例的混合基质膜并通过 NMR 监控 UiO-66 中 PEO 扩散的迹象来确定混合基质膜中 PEO 分布。图 13.4 显示了一系列 UiO-66/PEO 混合基质膜中 UiO-66配体 1-4 苯二羧酸酯(bdc^{2-})的 ^{13}C NMR 谱。当膜组分的 UiO-66 含量从100 wt% 降低到 70 wt%，bdc^{2-} 碳原子的峰位置发生移动，然后在 70～30 wt% 时保持不变。这些化学位移变化类似于溶液 NMR 中的溶剂作用，表明 PEO 链段与大多数(可能不是全部)UiO-66 配体之间存在直接相互作用。来自 bdc^{2-} 的芳族 C—H 基团处于孔空间内，由于 PEO 的加入其在～130 ppm 处显示出最大的化学位移变化，进一步支持了 PEO 的渗透模型。图 13.4(b)中相应的一系列 ^{1}H NMR 谱图显示，随着 UiO-66 含量从 100 wt% 降低到 70 wt%，UiO-66 中 bdc^{2-} 配体的芳族质子的线宽增加，归因于亚纳米距离内质子密度的增加，芳族 bdc^{2-} 质子的 ^{1}H-^{1}H 偶极耦合增加，这再次表明 UiO-66 孔中存在大量 PEO。这些数据表明，PEO 并不是覆盖于 UiO-66 表面，而是渗透进 UiO-66 孔道之中。

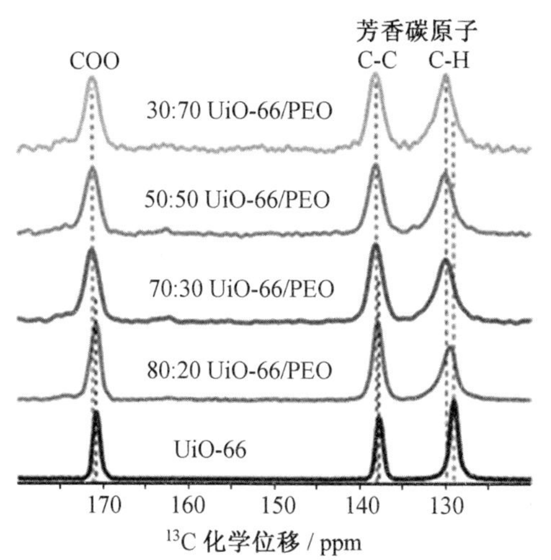

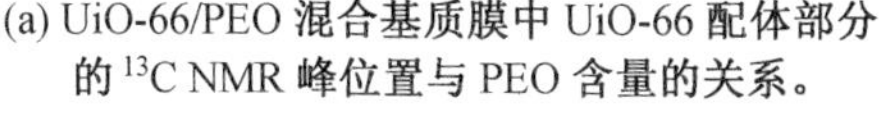
(a) UiO-66/PEO 混合基质膜中 UiO-66 配体部分的 ^{13}C NMR 峰位置与 PEO 含量的关系。

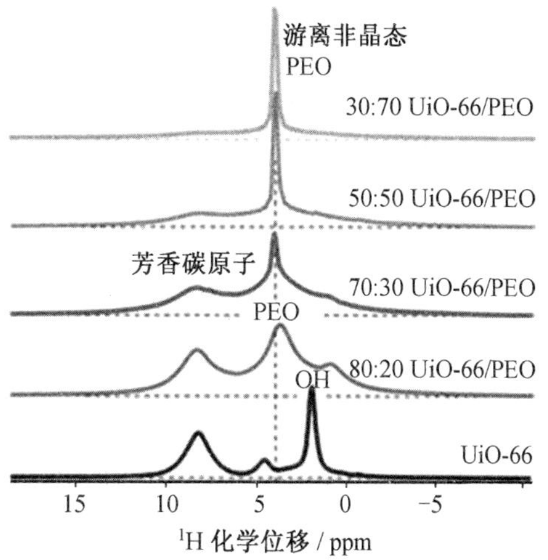

(b) UiO-66/PEO 混合基质膜不相应 ^{1}H NMR 谱

图 13.4　不同 UiO-66 含量下 UiO-66/PEO 混合基质膜的 ^{13}C NMR 和 ^{1}H NMR 谱

习　题

1. 已知某化合物分子式为 $C_3H_7NO_2$，测定其核磁共振氢谱谱图如图 13.5 所示，试着推断其结构。

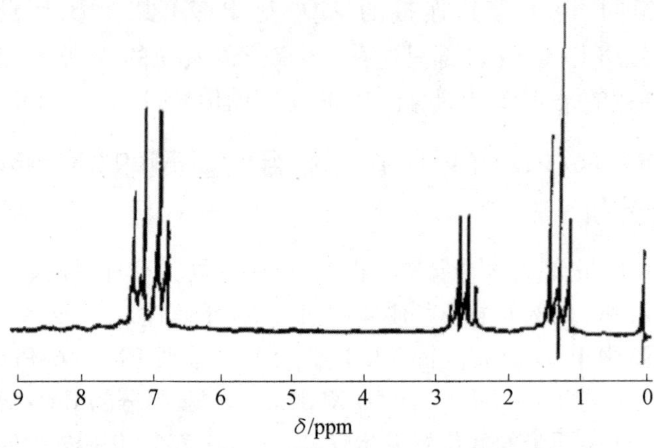

图 13.5　未知化合物 $C_3H_7NO_2$ 的谱图

2. 已知某化合物分子式为 C_8H_9Br，其氢谱谱图如图 13.6 所示，试求其结构。

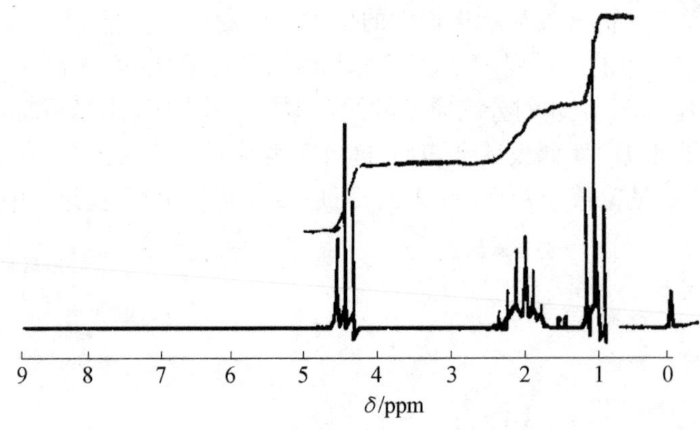

图 13.6　未知化合物 C_8H_9Br 的 ^1H NMR 图谱

3. 已知某化合物分子式 $C_7H_{16}O_3$，其 ^1H NMR 图谱如图 13.7 所示，试求其结构。

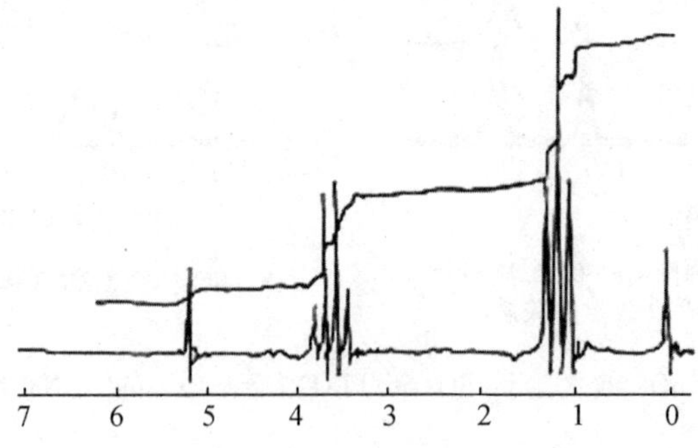

图 13.7　未知化合物 $C_7H_{16}O_3$ 的 ^1H NMR 图谱

4. 已知某化合物分子式 $C_8H_{12}O_4$，其^1H NMR 图谱如图 13.8 所示，试求其结构。

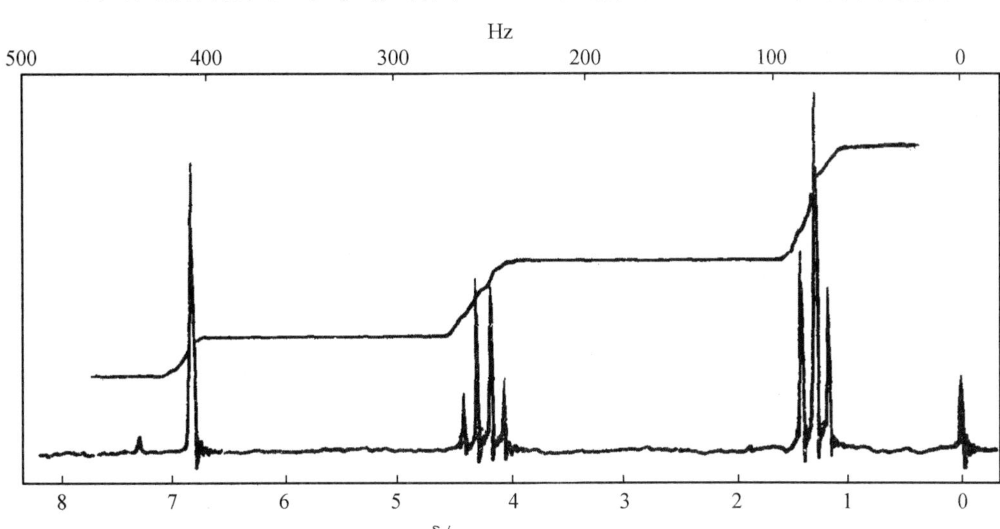

图 13.8　未知化合物 $C_8H_{12}O_4$ 的^1H NMR 图谱

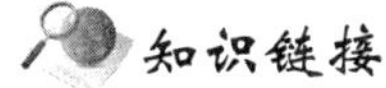
知识链接

核磁共振现象的发现

核磁共振现象是美国的珀塞尔（Purcell E. M）在 1945 年发现的，并同布洛兹（E. Bloch）因为这方面的研究成果共同分享 1952 年的诺贝尔物理学奖。

1912 年珀塞尔生于美国的一个小镇。1929 年他在普渡大学电气工程专业学习的时候，发现自己真正的兴趣是物理学，于是转行进行物理学的研究。二战爆发后，美国国防研究委员会在麻省理工学院（MIT）建立了辐射实验室，不久珀塞尔来到这里，研究军事雷达技术，这成为他科学生涯中的一个重大转折点。为了提高雷达的分辨率和探测距离，需要减小雷达系统的电磁波工作波长，珀塞尔等人开始了 K 波段（波长范围：1.111 ~ 1.667 cm）雷达的研究，并把波长标准定在 1.25 cm。随后几年的研究工作中，珀塞尔把全部精力投入到雷达的研制中，他每天都从哈佛物理系楼前经过直奔实验室，很少去自己的办公室。然而 1.25 cm 波长雷达的研究并不顺利。工作波长变短，性能不仅没有改善，反而使其灵敏度和探测距离变幻无常，甚至在阴雨天气根本接收不到反射波。试制的工作失败了，这是由于空气中的水分子吸收了雷达的电磁波能量。这次失败给珀塞尔留下了深刻印象，水分子的这一吸收模式深深地铭刻在他的脑海里。

1945 年夏，战争即将结束，辐射实验室完成了使命，也即将要关闭，珀塞尔开始考虑进行核磁共振方面的研究。珀塞尔受到水分子由于转动能级的存在而吸收电磁波现象的启发想到：磁场中氢质子所具有的两个塞曼能级是否可以吸收特定频率的电磁波，并通过实验被观测到？于是同年 9 月，珀塞尔与一同写书的托里（Torrey H. C）和庞德（Pound R. V）组成了 3 人兴趣小组，决定对物质核磁共振现象开展研究。珀塞尔等人在哈佛物理系斯特里特(Street J. C)教授那借来了电磁铁;委托车间制作了新的极靴;从本科实验室找来了冲击电流计和互感器;从临近的地下室找来了直流发电机;从哈佛心理声学实验室借来了信号发生器;委托 MIT 辐射实验室的机械师制作了谐振腔;庞德还借来了前置放大器和 30 MHz 的通讯接收机。1945 年 12 月 13 日晚至 15 日下午,经过反复的调节尝试,他们最终成功观察到了感应电流信号。

第 14 章　电子顺磁共振

14.1　简　　介

电子顺磁共振是由不配对电子的磁矩发源的一种磁共振技术，可用于从定性和定量方面检测物质原子或分子中所含的不配对电子，并探索其周围环境的结构特性。对自由基而言，轨道磁矩几乎不起作用，总磁矩的绝大部分（99% 以上）的贡献来自电子自旋，所以电子顺磁共振也称电子自旋共振（ESR）。

ESR 现象首先是由苏联物理学家 E. K. 扎沃伊斯基于 1944 年从 $MnCl_2$、$CuCl_2$ 等顺磁性盐类发现的。物理学家最初用这种技术研究某些复杂原子的电子结构、晶体结构、偶极矩及分子结构等问题。以后化学家根据 ESR 测量结果，阐明了复杂的有机化合物中的化学键和电子密度分布以及与反应机理有关的许多问题。美国的 B. 康芒纳等人于 1954 年首次将 ESR 技术引入生物学的领域之中，他们在一些植物与动物材料中观察到有自由基存在。20 世纪 60 年代以来，由于仪器不断改进和技术不断创新，ESR 技术至今已在物理学、半导体、有机化学、络合物化学、辐射化学、化工、海洋化学、催化剂、生物学、生物化学、医学、环境科学、地质探矿等许多领域内得到广泛的应用。

电子顺磁共振研究的对象是具有未偶电子（未配对的电子）的物质，例如：①具有奇数个电子的原子，如氢原子；②内电子壳层未被充满的离子，如过渡族元素的离子；③具有奇数个电子的分子，如 NO；④某些少数分子虽然不含奇数个电子，但其总角动量不为零，如 O_2；⑤在反应过程中或物质因受辐射作用产生的自由基；⑥固体缺陷中的 F 中心或 V 中心，以及半导体和金属等。

电子顺磁共振谱是以 g 因子、超精细结构分裂常数等参数来表征的，因此如何从实验波谱推求这些参数并合理地解释它们是波谱工作者的重要任务。另一方面，它们又与原子、分子中的电荷分布、化学键的性质紧密相关，所以探讨其之间的相互关系，不仅可加深对波谱分析的理解，而且对验证现代化学键理论和促进其发展也有现实意义。

14.2　ESR 的系统组成

电子顺磁共振波谱仪主要有微波系统、磁铁系统、信号处理系统以及显示和记录等部件组成。仪器的结构示意图如图 14.1 所示。

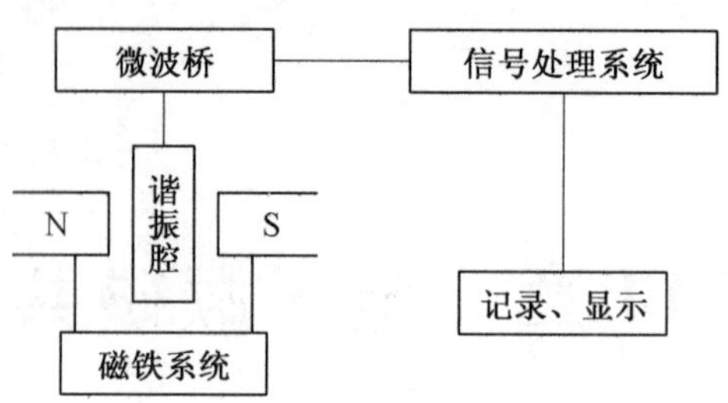

图 14.1　ESR 波谱仪的结构示意图

14.2.1　微波系统

根据共振条件式 $h\nu = g\mu_B B$ 可知，任意一个频率电磁波，都有一个对应的共振磁场。但实际上，只有采用较高频率的电磁波，才能获得较高的灵敏度。通常，商品波谱仪采用的电磁波频率都在微波范围内。所谓微波是指波长为 1 mm ~ 1 m 的电磁波。一般，ESR 波谱是采用扫场式来实现顺磁共振的，即固定微波频率，改变磁场强度来满足共振条件的。

微波系统主要是由微波桥和谐振腔等构成。

微波桥是由产生、控制和检测微波辐射的器件组成。通常用速调管或耿氏(Gunn)二极管振荡器作为产生微波的微波源。微波桥内有波导、隔离器、衰减器、环型器、晶体检波器、参考臂等微波器件，以及自动频率控制(AFC)单元。微波桥的一臂与谐振腔连接。

谐振腔是电子顺磁共振谱仪的核心部件。样品置于谐振腔的中心，谐振腔能使微波能量集中于腔内的样品处，使样品在外磁场作用下产生共振吸收。品质因数 Q 值是谐振腔的一个重要参数，它反映了谐振腔集聚微波功率的本领。谐振腔通常有矩形腔和圆形腔两种类型。一般，典型的矩形腔的 Q 值为 10 000 左右，圆柱形腔的 Q 值可达 20 000。谐振腔的 Q 值越高，谱仪的灵敏度也越高。

14.2.2　磁铁系统

目前，在 ESR 商品仪中，较多的是用电磁铁作为磁场源。但当需要较高的磁场时，如在 25 kG 以上，通常采用超导磁体作磁场源。表 14.1 是若干微波波段的波谱仪的波谱频率、波长以及相应的共振磁场。ESR 波谱仪中最常用的是 X 波段，但现代波谱仪也有配备多种波段的微波系统，可供切换使用。

表 14.1　各波段波谱仪的对应磁场强度

波段	L	S	X	K	Q	E	W
大约频率/GHz	1.1	3	9	24	35	70	94
大约波长/mm	300	90	30	12	8	4	3
大约磁强	0.3	1.1	3.3	8.5	12.5	25	33.5

14.2.3　系统信号处理系统

系统信号处理系统主要由调制、放大、相敏检波等电子学单元组成。其功能主要是把弱的直流 ESR 吸收信号调制成高频交流信号，经高频放大，相敏检波后得到原吸收线型的一次微分信号，即 ESR 谱。现代波谱仪都配有微型计算机的数据系统，能把 ESR 信号进行储存、显示、打印或绘图，以及波谱分析等数据处理。

14.3　基本原理

14.3.1　电子顺磁共振产生条件

当含有未成对电子的物质置于外磁场中时，电子的磁矩 μ 与外磁场 $\boldsymbol{B}_0$ 的相互作用能为

$$E=-\mu \cdot B_0=-\mu B_0\cos\theta=-\mu_z B_0=m_S g_e \mu_B B_0 \qquad (14.1)$$

式中，θ 是 μ 与 B_0 间的夹角；μ_z 是 μ 沿 B_0 方向的投影；m_S 是电子的磁量子数，可取值为 S、$S-1$、…、$-S$，共 $2S+1$ 个值；g_e 为无量纲因子，称为 g 因子。其相邻能级的能量差为

$$\Delta E=g_e \mu_B B_0 \qquad (14.2)$$

如果只有一个未成对电子，则沿磁场 $\boldsymbol{B}$ 方向的分量 m_S 只取±1/2 两个值。其两种可能状态的能量分别是

$$E_\alpha=\frac{1}{2}g_e\mu_B B_0,\quad E_\beta=-\frac{1}{2}g_e\mu_B B_0 \qquad (14.3)$$

式(14.3)表明，当 $B_0=0$ 时，$E_\alpha=E_\beta=0$，两种自旋的电子具有相同的能量。当 $B_0\neq 0$ 时，分裂为两个能级，能级分裂的大小与 B_0 成正比，如图 14.2(a)所示，两能级间能量差为

$$\Delta E=E_\alpha-E_\beta=g_e\mu_B B_0 \qquad (14.4)$$

由式(14.4)知，顺磁物质分子中未成对电子在直流磁场作用下产生能级分裂，如果在垂直于磁场 $\boldsymbol{B}_0$ 的方向上施加频率为 ν 的电磁波，由于磁能级跃迁的选律是 $\Delta m_S=\pm 1$，所以当满足下列条件

$$h\nu=g_e\mu_B B_0 \qquad (14.5)$$

处在上下两能级的电子发生受激跃迁，其净结果是有一部分低能级中的电子吸收电磁波能量跃迁到高能级中。这就是电子顺磁共振现象。式(14.5)称为 ESR 共振条件式，式中 h 是普朗克常数。受激跃迁产生的吸收信号经电子学系统处理可得到 ESR 吸收谱线，ESR 谱的谱线形状反映了共振吸收强度随磁场变化的关系。通常，现代 ESR 波谱仪记录的是吸收信号的一次微分线型，即一次微分谱线，如图 14.2(b)所示。

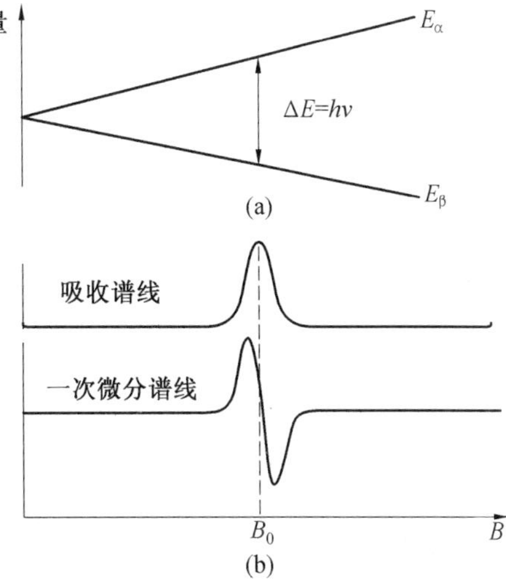

图 14.2　电子自旋的分裂及 ESR 谱图

14.3.2 电子顺磁共振波谱的线宽及线型

线宽:ESR 谱线的宽度(简称线宽)可用吸收谱线半高处的半宽来表示,但多数情况下是用一次微分谱的峰-峰极值间的宽度 ΔB_{pp} 表示,以磁场强度单位高斯(G)为单位。不同样品的谱线宽度可以有很大差别,有的只有 0.1 G,有的宽到数百 G。谱线宽度不仅与电子自旋和外加磁场间的相互作用有关,而且与电子自旋和样品内环境间的相互作用有关。因此研究线宽可以获得自旋环境的信息。

导致谱线增宽的基本原因有两个方面:寿命增宽(lifetime broadening)和久期增宽(secular broadening)。寿命增宽是由于电子不是静止地固定在某一能级上,而是不停地跃迁在两个能级之间,这是一个动态平衡过程,因此电子停留在某一自旋能级上的寿命只能是个有限值。导致电子不停地跃迁的原因是由于顺磁粒子和“晶格”(即它所处的周围环境)之间存在着能量的耦合,即称为“自旋-晶格相互作用”。这种作用越强,Δt 越短,根据测不准关系,ΔB 越宽。要减弱自旋-晶格相互作用,必须尽量减弱顺磁粒子和晶格热振动之间的耦合。这就是有些 ESR 实验需要在低温下(4.2 K)进行的原因。久期增宽是由顺磁粒子周围变化的局部磁场所引起的,这是样品中有许多小磁体(未成对电子、磁性核),它们之间存在着相互作用。如果增加这些顺磁性粒子间的距离,这种自旋-自旋相互作用就可减弱。通常,用逆磁性材料(如溶剂)稀释样品的方法,可减弱这类增宽效应,使 ESR 谱线变窄。实际上,上述两种增宽原因是引起谱线增宽的一个总效应,即自旋-自旋相互作用和自旋-晶格相互作用的两方面综合的结果,使谱线有一定的宽度。

线形:在实验中得到的 ESR 谱线形状是多种多样的,从理论分析其线形可分为洛伦兹(Lorentz)线型和高斯(Gauss)线型两类,如图 14.3 所示。

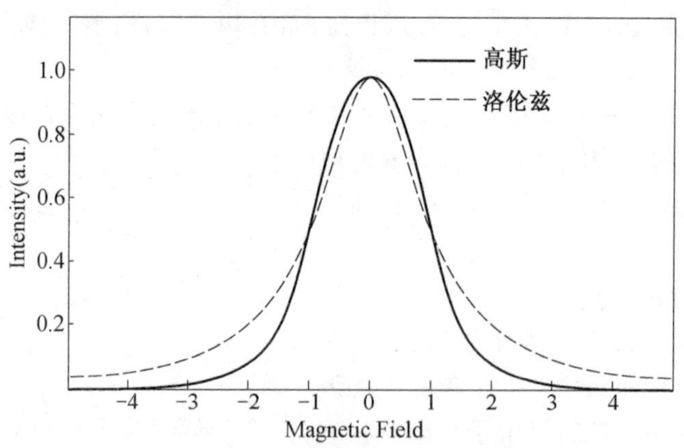

图 14.3 洛伦兹和高斯吸收线型的比较

两者主要的区别是 Lorentz 线型比 Gauss 线型有较长拖尾现象。Lorentz 线型通常意味着所有自由基共振于同一磁场(均匀加宽)。Gauss 型是体系中各顺磁粒子共振于稍略不同磁场的结果。稀溶液顺磁体系的线型是 Lorentz 线型,而许多 Lorentz 线型谱线的叠加结果就趋于 Gauss 线型。实际情况往往是处于中间状态。两类线型的解析形式如下:

Lorentz 型

$$Y=\frac{a}{1+bX^2} \tag{14.6}$$

Gauss 型

$$Y=a\mathrm{e}^{-bX^2} \tag{14.7}$$

式中，a、b 为常数。

14.3.3　电子顺旋共振波谱的 g 因子

式(14.5)的 ESR 共振条件 $h\nu=g_e\mu_B B_0$ 仅仅适合自由电子。对于实际体系的分子中的分子磁矩除了电子磁矩外还要考虑到轨道磁矩的贡献。实际上各种顺磁物质的 g 因子并不都等于自由电子的 g_e，利用式(14.5)，当波谱仪采用扫场法时，固定微波频率为 ν，则

$$\nu=g\mu_B B/h \tag{14.8}$$

对于不等于 g_e 的新定义的 g 因子，ESR 共振需要的实际磁场强度不是 $\boldsymbol{B}_0$ 而是 $\boldsymbol{B}$，所以从分子实际发生共振吸收时的磁场强度 $\boldsymbol{B}=\boldsymbol{B}_0+\boldsymbol{B}'$，可得到该分子的 g 因子。式(14.8)是更通用的电子自旋共振条件。其中 $\boldsymbol{B}'$ 是分子内部各种磁性粒子所产生的局部磁场，该局部磁场 $\boldsymbol{B}'$ 由分子结构确定。因此 g 因子在本质上反映了分子内局部磁场的特性，所以说它是能够提供分子结构信息的一个重要参数。

g 因子反映了分子内部的结构特征(即与自旋角动量、轨道角动量以及它们的相互作用的结构有关)。例如，Ni^{2+} 化合物中 Ni^{2+} 信号的 g 因子值依赖于 Ni^{2+} 周围的配位场，$NiBr_2$ 是 2.27，$NiSO_4 \cdot 7H_2O$ 是 2.20，$Ni(NH_3)_6Br_2$ 是 2.18，$[Ni(H_2O)_6]^{2+}$ 是 2.25，因此 ESR 中的 g 因子与 NMR 中的化学位移 δ 在反映结构特征方面有其相似之处。表 14.2 是一些典型顺磁物质的 g 因子值。对于自由电子，它只具有自旋角动量而无轨道角动量，或者说它的轨道角动量已经完全猝灭了，所以其 g 因子的值 $g_e=2.002\,3$。对于大部分自由基而言，其 g 值都十分接近 g_e 值，因它们自旋的贡献占 99% 以上。但是大多数过渡金属离子及其化合物的 g 值就偏离 g_e 值。g 值偏离 g_e 的原因主要是其轨道角动量对电子磁矩的贡献不等于零。所以，g 因子是能够反映磁性分子中电子自旋和轨道运动之间相互作用，即自旋角动量和轨道角动量贡献大小的结构信息的重要参数。

表 14.2　一些典型顺磁化合物的 g 因子值

化合物	电子组态	g 值	说　明
自由电子	—	2.002 3	—
有机自由基	—	2.002 2～2.010	—
Fe^{3+} 在 ZnO 中	$3d^5$	2.006 0	半充满，$g\cong g_e$
Ni^{2+} 在 $ZnSiF_6 \cdot 6H_2O$	$3d^8$	2.25	大于半充满，$g>g_e$
Fe^{2+} 在 MgO 中	$3d^6$	3.43	大于半充满，$g>g_e$
Ti^{3+} 在 CH_3OH	$3d^1$	1.953 2	小于半充满，$g<g_e$
Co^{2+} 在 MgO 中	$3d^7$	4.278	大于半充满，$g>g_e$

当顺磁样品的原子处在固体晶体或大分子中时，其 g 因子具有各向异性的特性。实验表明，不少固体的谱线显著地依赖于晶体样品在磁场中间的取向。例如，固体受辐照后，在其中产生取向的自由基，单晶中的过渡金属离子以及单晶中顺磁点缺陷等都呈现各向异性的性质。g 因子的各向异性通常用二级张量形式来描述。如果分子的主轴用 X、Y、Z 作标记，则各向异性 g_{xx}、g_{yy}、g_{zz} 分别表示磁场中的分子沿 X、Y、Z 方向的 g 因子。

如果分子在八面体、四面体或立方体等高度对称的体系中，X、X、Z 方向都是相同的，则 $g_{xx}=g_{yy}=g_{zz}$，在这种体系中，g 因子是各向同性的，可用一个单值来表示。如果顺磁粒子在低黏滞性的溶液中，分子的快速翻滚使全部 g 因子的各向异性都被平均掉了，则 g 因子也表现为各向同性。这时 g 因子可以认为是对所有取向取平均的有效值，即

$$g_{av}=\frac{1}{3}(g_{xx}+g_{yy}+g_{zz}) \tag{14.9}$$

如果分子含有一个 n 重对称轴，且 $n\geqslant 3$（即含三重或多重对称轴），称为轴对称分子。在这种情况下，如果对称轴为 Z，则 X 与 Y 方向相同，即 $g_{xx}=g_{yy}\neq g_{zz}$。通常用 $g_{/\!/}$ 代表平行于对称轴 Z 的 g 因子（即 $g_{/\!/}=g_{zz}$）；用 $g_{\perp}$ 代表垂直于此轴的 g 因子即（$g_{\perp}=g_{xx}=g_{yy}$）。对于不含三重或多重对称轴的分子，g 因子的主值就都不同，即 $g_{xx}\neq g_{yy}\neq g_{zz}$。

对随机取向的顺磁物质所观察到的波谱代表 B 的所有可能值的叠加。在杂乱无序的情况下，g 因子的各向异性使谱线比固有线宽大为增宽，可能只得到一条宽而无结构的谱线，结果 g 因子主值的一切信息都丢失了。但是，如果 g 因子主值差别非常显著，即使体系是无序的，也能得到部分信息，这一事实可用 $g_{/\!/}>g_{\perp}$ 的情况来说明，如图 14.4(a)、(b)所示。图 14.4(c)、(d)表示 $g_{xx}\neq g_{yy}\neq g_{zz}$ 时的谱线形状。

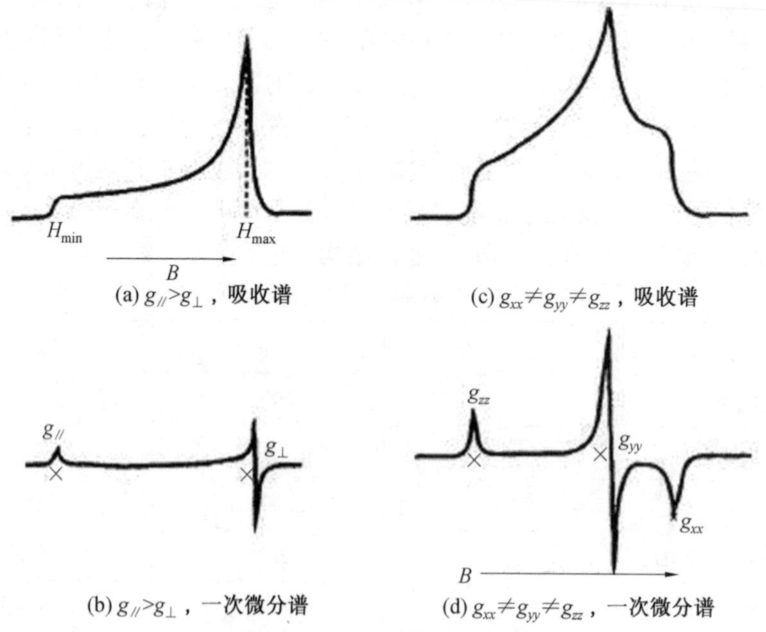

图 14.4 随机取向体系的 ESR 谱

g 因子的测量可根据式(14.8)得 $g=h\nu/\mu_B B$，只要用微波频率计和高斯计分别测得频率(Hz)和磁场(G)数据，即可计算得 g 值。

14.3.4　电子顺磁共振波谱的超相互作用

顺磁物质分子中的未成对电子不仅与外磁场有相互作用，还与附近的磁性核有相互作用，这种未成对电子自旋与核自旋磁矩间的相互作用称为超精细耦合或超精细相互作用。由于超精细相互作用，使原先单一的 ESR 谱线分裂成多重谱线，这些谱线称为超精细谱线。通过分析谱线数目、谱线间隔及其相对强度，可以判断与电子相互作用的核的自旋种类、数量及相互作用的强弱，有助于确定自由基等顺磁物质的分子结构。

原子核的磁性，是取决于原子的质量和原子序数的奇偶性。一些原子的常用磁性核的自旋量子数见表 14.3。

表 14.3　一些原子的常用磁性核的自旋量子数

元素	自旋量子数	元素	自旋量子数	元素	自旋量子数
^{1}H	1/2	^{2}H	1	^{6}Li	1
^{7}Li	3/2	^{11}B	3/2	^{13}C	1/2
^{14}N	1	^{15}N	1/2	^{17}O	5/2
^{19}F	1/2	^{23}Na	5/2	^{25}Mg	5/2
^{27}Al	5/2	^{29}Si	1/2	^{31}P	1/2
^{35}Cl	3/2	^{39}K	3/2	^{43}Ca	7/2
^{45}Sc	7/2	^{47}Ti	5/2	^{49}Ti	7/2
^{51}V	7/2	^{53}Cr	3/2	^{55}Mn	5/2
^{57}Fe	1/2	^{59}Co	7/2	^{61}Ni	3/2
^{63}Cu	3/2	^{65}Cu	3/2	^{67}Zn	5/2
^{77}Se	1/2	^{95}Mo	5/2	^{95}Mo	5/2
^{109}Ag	1/2	^{127}I	5/2	^{129}Xe	1/2
^{133}Cs	7/2	^{207}Pb	1/2		

由于未成对电子受邻近的磁性核的作用，所以，在电子处除了感受到外磁场作用外，还受到了磁性核产生的局部磁场的作用。磁性核的核自旋量子数 I 是量子化的，即 m_I 有 $(2I+1)$ 个值，所以局部磁场的大小也有 $(2I+1)$ 个值，这就可能在 $(2I+1)$ 个外磁场处观察到共振，波谱就分裂成多条谱线。下面介绍几种简单的体系。

1. 一个未成对电子与一个磁性核的相互作用

(1) 含有一个 $I=1/2$ 的体系

该体系中只有一个未成对电子和一个 $I=1/2$ 的核，电子自旋有两种状态，即 $m_S=\pm1/2$，磁性核也有两种状态，即 $m_I=\pm1/2$，所以体系有 4 个自旋状态。根据微扰理论，这些状态能量公式为

$$E(m_S,m_I)=m_S g\mu_B B+m_S m_I a' \tag{14.10}$$

式中，a' 是各向同性的超精细耦合常数，单位为尔格。以上 4 个自旋状态能量分别是

$$E_1\left(-\frac{1}{2},\frac{1}{2}\right)=-\frac{1}{2}g\mu_B B-\frac{1}{4}a'; \quad E_2\left(-\frac{1}{2},-\frac{1}{2}\right)=-\frac{1}{2}g\mu_B B+\frac{1}{4}a'$$

$$E_3\left(\frac{1}{2},-\frac{1}{2}\right)=\frac{1}{2}g\mu_B B-\frac{1}{4}a'; \quad E_4\left(\frac{1}{2},\frac{1}{2}\right)=\frac{1}{2}g\mu_B B+\frac{1}{4}a'$$

根据 ESR 的跃迁选律 $\Delta m_S=\pm1,\Delta m_I=0$,4 个能级间只有两个是允许跃迁的能量,如图 14.5 所示,只能产生两条谱线,即

$$h\nu=\Delta E_{41}=g\mu_B B_1+\frac{1}{2}a';h\nu=\Delta E_{32}=g\mu_B B_2-\frac{1}{2}a'$$

令 $B_0=\dfrac{h\nu}{g\mu_B},a=\dfrac{a'}{g\mu_B}$($a$ 也是各向同性的超精细耦合常数,其单位为高斯),于是得

$$B_1=\frac{h\nu}{g\mu_B}-\frac{1}{2}\frac{a'}{g\mu_B}=B_0-\frac{a}{2}; \quad B_2=\frac{h\nu}{g\mu_B}+\frac{1}{2}\frac{g\mu_B}{2}=B_0+\frac{a}{2} \tag{14.11}$$

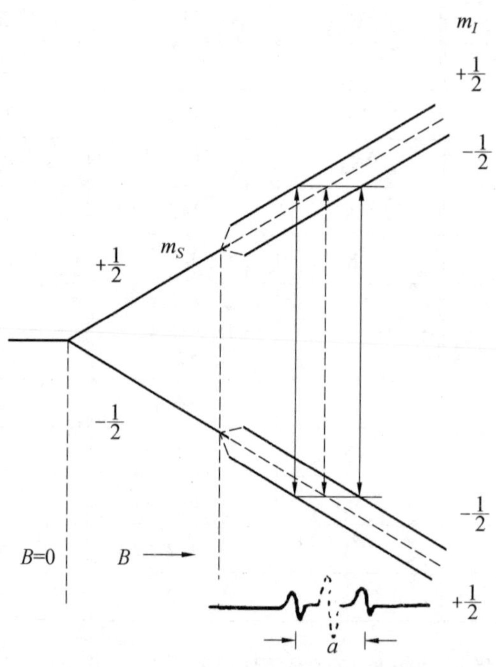

图 14.5 $S=1/2$ 和 $I=1/2$ 体系的能级

由式(14.11)看出,若 $a>0$,则 $\boldsymbol{B}_1$ 出现在低场,$\boldsymbol{B}_2$ 在高场;若 $a<0$,则情况相反。但是在实验中,不能判断哪条线是 $\boldsymbol{B}_1$,所以也无法确定 a 的符号,只能得到 a 的绝对值,即

$$|a|=|B_1-B_2| \tag{14.12}$$

(2)含一个 $I=1$ 的体系

氘原子($^2_1$H)是 $S=1/2$ 和 $I=1$ 的一个体系,其 $m_S=1/2$、$-1/2$;$m_I=1$、0、-1,共有 6 个自旋状态,相应能量可从式(14.10)求出,即

$$E_1\left(-\frac{1}{2},1\right)=-\frac{1}{2}g\mu_B B-\frac{1}{2}a'$$

$$E_2\left(-\frac{1}{2},0\right)=-\frac{1}{2}g\mu_B B$$

$$E_3\left(-\frac{1}{2},-1\right)=-\frac{1}{2}g\mu_B B+\frac{1}{2}a'$$

$$E_4\left(\frac{1}{2},-1\right)=\frac{1}{2}g\mu_B B-\frac{1}{2}a'$$

$$E_5\left(\frac{1}{2},0\right)=\frac{1}{2}g\mu_B B$$

$$E_6\left(\frac{1}{2},1\right)=\frac{1}{2}g\mu_B B+\frac{1}{2}a'$$

根据 ESR 的跃迁选择规律,6 个能级间只有 3 个是允许跃迁的能量,产生 3 条谱线,即

$$h\nu=\Delta E_{6,1}=g\mu_B B_1+a',\quad B_1=B_0-a$$

$$h\nu=\Delta E_{5,2}=g\mu_B B_2,\quad B_2=B_0$$

$$h\nu=\Delta E_{4,3}=g\mu_B B_3-a',\quad B_3=B_0+a$$

因为所有的能级无重合状态,即都是非简并的,所以这 3 条谱线是等强度的。如图 14.6 所示,根据实验谱可以定出 a 的绝对值,即

$$|a|=|B_1-B_2|=|B_2-B_3| \tag{14.13}$$

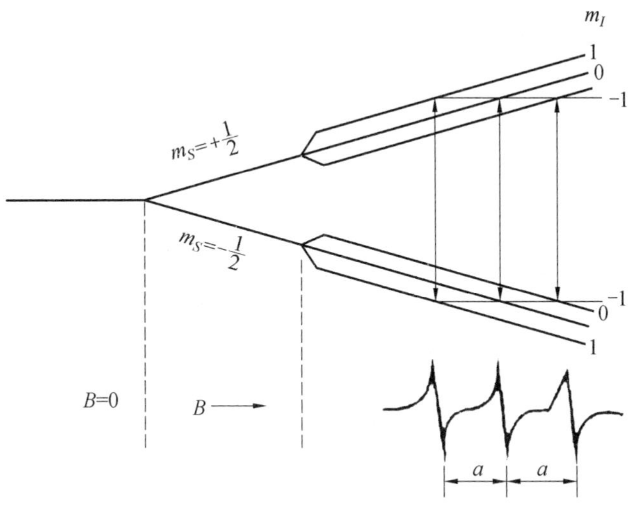

图 14.6　氘原子的能级(体系 $S=1/2, I=1$)

总之,对于一个未成对电子与一个核自旋为 I 的核相互作用,可以产生$(2I+1)$条等强度和等间距的超精细线,相邻两谱线间的距离 a 称为超精细耦合常数。

2. 一个未成对电子与多个磁性核的相互作用

在许多情况下,由于自由基中未成对电子的轨道常常分布到多个原子核,因此必须考虑未成对电子与几个核同时有相互作用的超精细结构。

①含有两个 $I=1/2$ 的等性核。·CH_2OH 自由基就是一例,其中未成对电子与 C 上的两个质子等性耦合,^{12}C 和 ^{16}O 都无核磁矩(非磁性核),而 OH 中质子的耦合较弱,在分辨率不高的仪器中无法观察到它的超精细结构,因此只要考虑与两个质子的相互作用。第一个质子与未成对电子相互作用的结果,使 $m_S=\pm1/2$ 的两个能级进一步分裂成 4 个能

级；同时，第二个质子与已分裂的 4 个能级再相互作用，再进一步一分为二，共分裂为 8 个能级。根据跃迁选律，只有 4 个允许跃迁的能量。由于等性的两个质子与未成对电子的作用强弱相等，因此产生的分裂大小也相等，故中间 $m_I=0$ 处有两个相等的能级重合在一起，强度是两侧的两倍，所以产生的 3 条线的谱强度为 1∶2∶1，如图 14.7 所示。

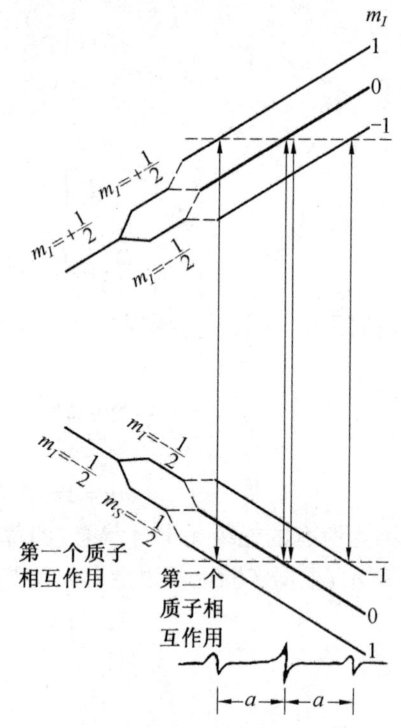

图 14.7　含两个等性质子的自由基的能级

$\cdot CH_3$ 自由基含有 3 个 $I=1/2$ 的等性质子，它的 ESR 谱是 1∶3∶3∶1 的 4 条谱线，产生超精细谱线的分析方法与上述类似。

若有 n 个 $I=1/2$ 的等性核与未成对电子相互作用，则产生 $(n+1)$ 条等间距的谱线，其强度正比于 $(1+X)^n$ 的二项式展开系数。

②含 2 个 $I=1$ 的等性核。若两个氮核与一个未成对电子有等同的作用，由于 ^{14}N 核的 $I=1, m_I=1, 0, -1$。当第一个氮核与未成对电子 $m_S=+1/2$ 作用分裂成 3 个能级，在此基础上，第二个氮核进一步发生分裂，由于作用的强弱与第一个氮核相同，所以有部分能级发生重合，最后产生 5 个能级；两个氮核和 $m_S=-1/2$ 的作用与 $m_S=+1/2$ 的情况类似，根据跃迁选律，最终产生 5 条谱线，它们的强度比为 1∶2∶3∶2∶1。

由上述分析可知，一个未成对电子与 n 个等性核相互作用，结果能产生 $(2nI+1)$ 条谱线，超精细谱线以中心线为最强，并以等间距 a 向两侧对称分布。

③含有多组不同的核。当未成对电子与多种核作用，如果其中有 n_1 个核自旋为 I_1，n_2 个核自旋为 I_2，…，n_k 个核自旋为 I_k，则能产生最多的谱线数为 $(2n_1I_1+1)(2n_2I_2+1)\cdots(2n_kI_k+1)$。

14.3.5　电子顺磁共振波谱的谱线强度

ESR 谱线的强度是用微波吸收谱线下所包的面积表示，但现代 ESR 谱仪往往记录的是它的一次微分谱线，对此要用两次积分法求出谱线的面积。

如果两样品谱线的线形和线宽相同，则可用一次微分谱线的峰-峰幅度代表谱线的相对强度。如果谱线的线形相同，而线宽不同。则其相对强度 I 与谱线峰-峰幅度 Y 和线宽 ΔB_{pp} 的关系如下：

$$I \propto Y(\Delta B_{pp})^2 \tag{14.14}$$

样品中含未成对电子的量是用自旋浓度表示，即单位质量或单位体积中未成对电子的数目（自旋数），如自旋数/克，自旋数/毫升。

通常，样品中的自旋数是用比较法测量，即用已知自旋数的标准样品与未知样品进行比较测量,然后根据两样品的谱线面积比例关系求出未知样品的自旋数。

14.4　ESR 测试方法

14.4.1　稳定性顺磁物质的直接检测

电子顺磁共振是直接研究和检测顺磁性物质的最直接和有效的方法。由于顺磁性物质含有未成对电子,所以大多数都呈现相当活泼的化学性质。但因其结构的不同,其活泼性也很不一样。以自由基为例,有的自由基分子中存在共轭体系、电子离域和未成对电子分散到更多的原子上的情况,增加了未成对电子的电子云分散性,这就提高了自由基的稳定性。有的自由基中存在空间位阻,或存在螯合作用等因素,这也提高了自由基的稳定性。如二苯基苦基肼基(Diphenyl Picryl Hydrazyl,DPPH)、三苯甲基自由基以及目前经常使用的大多数氮氧自由基都是相当稳定的顺磁性物质。有的能稳定数天或数月,有的甚至能稳定数年。对于性质稳定的顺磁性物质,不管其是固体、液体,还是气体,都可以直接进行检测。电子顺磁共振分析方法的特点是制样简单,通常不用对样品进行特别处理,直接取样即可;检测方便、快捷;其灵敏度很高,如在测量稳定的顺磁性标准样品DPPH 时,检测下限达 10^{-14} mol。

14.4.2　自旋捕获方法

大多数顺磁性物质的特点是其具有活泼的化学性质,以致化学反应性强、寿命短,在化学反应体系中,难以达到一定的浓度。虽然 ESR 的灵敏度很高,但也很难检测如此低浓度的活性物质。例如,羟基自由基 ·OH 的寿命大约是微秒级的,因此,难以用通常的直接测量方法进行检测。自旋捕获(spin trapping)方法是专门用于研究高活性、短寿命自由基的一种技术。它已广泛用于有机化学、电化学、高分子化学、生物学和医学等反应过程中低浓度、短寿命自由基的检测和结构研究。

自旋捕获方法是利用一种逆磁性的不饱和化合物 ST(称自旋捕获剂)和反应中的活性自由基 R · 起反应,生成另一种较为稳定的自由基产物 ST−R ·(称自旋加合物):

$$ST+R\cdot \longrightarrow ST-R\cdot$$

用 ESR 方法可检测这种自旋加合物,并根据其波谱特性来研究自由基的结构和性质。

常用的自旋捕获剂有 MNP(2−Methyl−2−nitrosopropane)、ND(nitrosodurene)、TNB(tritert-butylnitroso benzene)、PBN(Phenyl−tert−butyl nitrone)、DMPO(5,5−Dimethylpprroline−l−oxide)和 4−POBN(α−<4−Pyridyl 1−oxide>−N−tert−butylnitrone)等。

在使用自旋捕获技术时,除了要考虑反应体系的性质和反应中产生活性物质的特性外,更要考虑捕获剂的稳定性,捕获活性自由基的种类和能力,以及产生加合物的稳定性,加合物能提供结构信息的能力等因素。例如,MND 和 ND 都是较稳定的捕获试剂,它们都适用于捕获碳中心自由基。ND 的捕获速率常数大,在捕获短寿的自由基时,容易达到检测浓度,而且它对可见光和紫外线均不敏感,其加合物的性质也较稳定。MNP 的特点是其加合物的 ESR 谱对活性自由基 R · 极为敏感,容易呈现来自 R · 的超精细结构,有利于鉴别 R · 的种类和结构。又如,DMPO 是一种氮酮类化合物,它对氧中心自由基具有快

的捕获速率,能与短寿命的羟基自由基或超氧阴离子自由基反应:

$$\text{DMPO}+\cdot\text{OH}\longrightarrow\text{DMPO-OH};\quad \text{DMPO}+\cdot\text{O}_2^-\longrightarrow\text{DMPO-OOH}$$

生成的 DMPO-OH 和 DMPO-OOH 自旋加合物能呈现特征性的 ESR 谱图(图 14.8)。

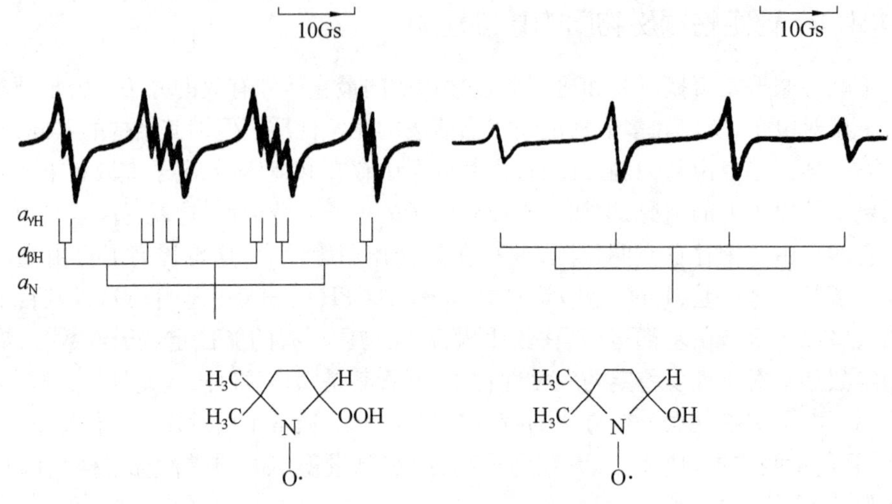

图 14.8 DMPO-OH 和 DMPO-OOH 的 ERP 谱图

DMPO-OH 的 ESR 谱是由 4 条谱线组成,其强度比为 1∶2∶2∶1,$a_N = a_H = 14.9$ G。DMPO-OOH 的谱是由 4 组 12 条谱线组成,$a_N = 14.3$ G、$a_{\beta H} = 11.7$ G、$a_{\gamma H} = 1.25$ G。这两个自旋捕获反应常被用于判断反应体系中是否存在羟基自由基或超氧阴离子自由基的特征性反应。

14.4.3 自旋标记法和自旋探针法

自旋标记(spin label)法和自旋探针(spin probe)法的共同特点是把一种稳定的顺磁性基团引入逆磁性的被研究体系,利用顺磁性物质的 ESR 信号及其变化来研究逆磁性物质的物理和化学性质。

自旋标记法是用化学反应的方法把顺磁性分子通过共价结合的方式引入被研究的逆磁性分子的特定部位。例如,为了研究聚合物的动态过程及其分子结构,可以用共聚或修饰的方法把自旋标记化合物引入高分子聚合物。如果把自旋标记化合物引入生物体系,则可研究生物膜、蛋白、酶、核酸的结构、性质及其变化情况。

目前,用得最多的自旋标记化合物是氮氧自由基,常用的氮氧自由基主要有以下几种类型:

哌啶氮氧自由基　　吡咯烷氮氧自由基　　噁唑烷氮氧自由基

上述结构式中的 R 基可以根据不同的实验要求来选择烷基、芳基或其他基团。

自旋探针法与自旋标记法的唯一区别是探针分子以非价键结合方式引入被研究体系。显然，自旋探针法制备样品的技术比较简单、方便。例如，在高分子聚合物中引入氮氧自由基的探针分子时，只要将选择的探针分子用溶解、熔融或蒸汽渗入等方法，均匀地分布于聚合物内即可，但要注意控制探针分子在体系中的浓度，一般应低于 10^{-3} mol/L。常用的自旋探针，除氮氧自由基外，有时也用 Cu^{2+}、Mn^{2+} 等金属离子，或者用能产生特征性 ESR 谱的某些逆磁性化合物。

自旋标记和自旋探针的方法能把一些逆磁性的物质也作为 ESR 研究的对象，从而为 ESR 波谱技术应用开拓了新的天地，扩展了 ESR 的研究范围。

14.5　研究对象

ESR 的研究对象主要是自由基和顺磁性金属离子（大多数过渡金属离子和稀土离子）及其化合物，具体地说可分为以下几类：

①自由基。

自由基指的是在分子中含有一个未成对电子的物质，如二苯基苦基肼基（DPPH）、三苯甲基。

②双基（biradical）或多基（polyradical）。

在一个分子中含有两个或两个以上未成对电子的化合物，但它们的未成对电子相距较远，相互作用较弱。

③三重态分子（triplet molecule）。

这种化合物的分子轨道中含有两个未成对电子，但与双基不同的是，两个未成对电子相距很近，彼此之间有很强的相互作用，如氧分子。

④过渡金属离子和稀土离子。

这类分子在原子轨道中出现未成对电子，如常见的过渡金属离子有 Ti^{3+}（$3d^1$）、V^{3+}（$3d^7$）等。

⑤固体中的晶格缺陷，一个或多个电子或空穴陷落在缺陷中或其附近，形成一个有单电子的物质，如面心、体心等。

⑥具有奇数电子的原子和含有单电子的分子等。

14.6　应用实例

电子顺磁共振技术可以鉴定样品中是否有顺磁性物质的存在，并对未成对电子以及分子结构进行研究；同时，在考察化学反应机理和反应动力学等方面也有极重要的价值。下面列举几个应用实例。

14.6.1　有机自由基的研究

用紫外线辐照含 H_2O_2 的甲醇溶液，测得 3 组 6 条谱线的 ESR 谱，如图 14.9 所示。现对该反应的分析和 ESR 谱线归属如下：

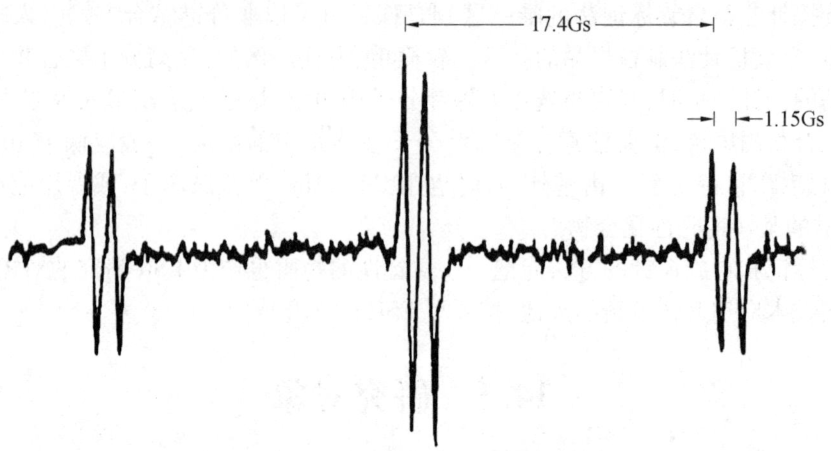

图 14.9 $\cdot CH_2OH$ 自由基的 ESR 谱

首先,紫外光辐照使 H_2O_2 光解,产生 ·OH 自由基,然后, ·OH 和 CH_3OH 反应产生 $\cdot CH_2OH$自由基,即

$$H_2O_2 \xrightarrow{h\nu} 2 \cdot OH$$

$$CH_3OH + \cdot OH \longrightarrow \cdot CH_2OH + H_2O$$

在 $\cdot CH_2OH$ 自由基中的未成对电子受到两种类型的质子作用,一种是 CH_2 中的两个等性质子,根据超精细谱线产生的原理,它应有 1 : 2 : 1 的分裂,另一种是 OH 中的一个质子,它应有 1 : 1 的超精细分裂。另外,由 $\cdot CH_2OH$ 自由基的分子结构可知,两个等性质子与未成对电子的距离较近,它们之间的相互作用应比较强,由此产生的超精分裂常数 a 值应较大;同理,OH 中一个质子产生 a 值应较小。因此,根据 ESR 谱线的强度、数目和谱线间的距离,以及实验的测量,得到 $a_{\alpha H}=17.4$ Gs,$a_{\beta H}=1.15$ Gs。

14.6.2 催化剂的研究

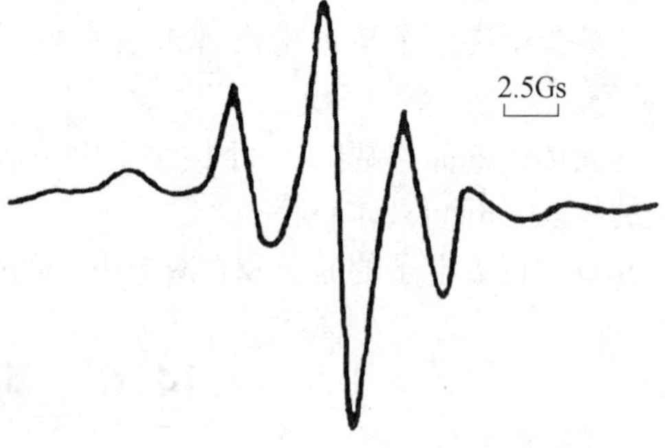

图 14.10 H-ZSM-5 吸附苯形成的 ESR 谱

在催化中,ESR 主要用于催化剂表面性质和催化反应机理等方面的研究。如果把H-ZSM-5分子筛加热到 1 073 K,然后再分别吸附二萘嵌苯、蒽和萘等芳烃,则都能生成相应的正离子自由基。如用苯进行吸附实验,虽然苯具有较高的电离势,但当苯蒸气在H-ZSM-5 上吸附时,仍可获得分辨很好的 7 条 ESR 谱线,其强度比约为 1 : 6 : 15 : 20 : 15 : 6 : 1。图 14.10 所示是苯正离子自由基的顺磁共振谱,说明苯与电子受体中心发生了电子转移反应。这是酸性特征的反应,表明催化剂表面存在酸中心的结构。

14.6.3 缺陷研究

二氧化钛 TiO_2 是用于光催化,能量存储和太阳能燃料技术的最有吸引力的半导体之一,是一种非化学计量的化合物 TiO_{2-x}。它具有 n 型半导体特性的氧空位与 p 型半导体特性的钛空位,n-p 结被认为是促进电荷分离并因此改善半导体的光电性能的非常有前途的结构。

Baolian Su 等人通过煅烧处理 TiO_2 缺陷,利用从 O 空位逸出/迁移的氧气形成 Ti 空位的 O 富集界面,制备单晶中 O 空位和 Ti 空位的同质结。煅烧温度从 250 ℃增加到 800 ℃,获得了 TiO_2-250,TiO_2-350,TiO_2-450,TiO_2-550,TiO_2-650,TiO_2-750 和 TiO_2-850 一系列样品。图 14.11 为这些样品的 ESR 光谱。对于 TiO_2-350,对应于 $g_{yy}=2.001$ 的尖峰可分配给氧空位,并且其最高的强度意味着 TiO_2-350 获得了最高的氧空位的水平。$g_{zz}=2.020$ 和 $g_{xx}=1.98$ 的 ESR 信号可归因于 O^{2-} 和 Ti^{3+}。因此 350 ℃为获得大量氧空位的最佳煅烧温度。

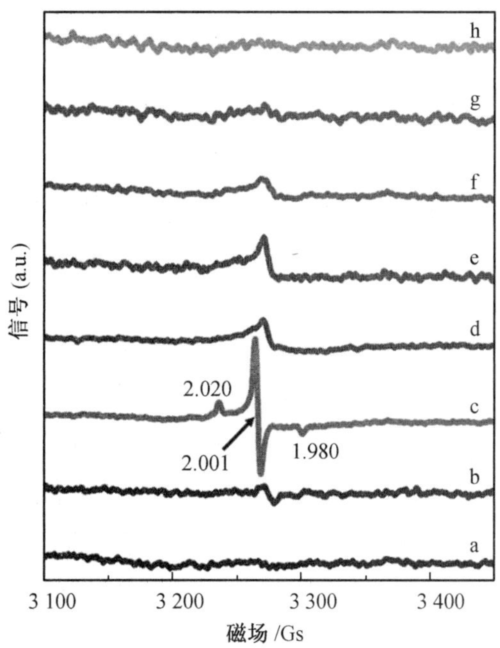

图 14.11 (a) TiO_2-A, (b) TiO_2-250, (c) TiO_2-350, (d) TiO_2-450, (e) TiO_2-550, (f) TiO_2-650, (g) TiO_2-750, (h) TiO_2-850 的 ESR 谱图

14.6.4 电化学方面

在电化学反应过程中,对于短寿命的中间产物,一般用现场 ESR-自旋捕获技术。杂多酸及其盐类的催化氧化反应就可用现场电解池进行研究。将六钨酸四丁基铵 $(NBu_4)_2W_6O_{19}$、异丙醇和捕获试剂苯亚甲基特丁基氮氧化物(PBN)的乙腈溶液经除氧后加入电解池,直接放在谐振腔内进行恒电位电解。电解反应的产物随时间变化,其 ESR 信号如图 14.12 所示。

其中图 14.12(a)表明电解反应前期,异丙醇氧化过程中产生的中间产物 A·,该自由基被 PBN 捕获:

$$CH_3\overset{O\cdot}{\overset{|}{C}}HCH_3 + Ph\text{-}\overset{H}{\overset{|}{C}}=\overset{O\cdot}{\overset{|}{N}}\text{-}C(CH_3)_3 \longrightarrow H\overset{CH_3}{\overset{|}{\underset{CH_3}{\underset{|}{C}}}}\text{-}O\text{-}\overset{H}{\overset{|}{\underset{Ph}{\underset{|}{C}}}}\text{-}\overset{O\cdot}{\overset{|}{N}}\text{-}C(CH_3)_3$$

A· PBN

在 180 min 时,阳离子NBu_4^+的电解反应产生了 H·:

$$NBu_4^+ + e^- \longrightarrow [NBu_3\cdot] + H\cdot + CH_2{=}CHCH_2CH_3$$

PBN 捕获 H·,产生 1:2:1 的三重峰。图 14.12(c)是两种自旋加合物的叠加谱。图 14.12(d)是计算机模拟谱,与实验谱图 14.12(c)完全吻合。电解后的溶液呈蓝绿色,表明钨(V)的存在。红外光谱证实产物中有丙酮存在。因此,提出催化氧化反应的历程如下:

$$[W_6O_{19}]^{2-} + e \longrightarrow [W_6O_{19}]^{3-}$$

$$[W_6O_{19}]^{3-} + AH \longrightarrow [HW_6O_{19}]^{3-} + A\cdot$$

$$A\cdot + [HW_6O_{19}]^{3-} \longrightarrow [H_2W_6O_{19}]^{3-} + CH_3COCH_3$$

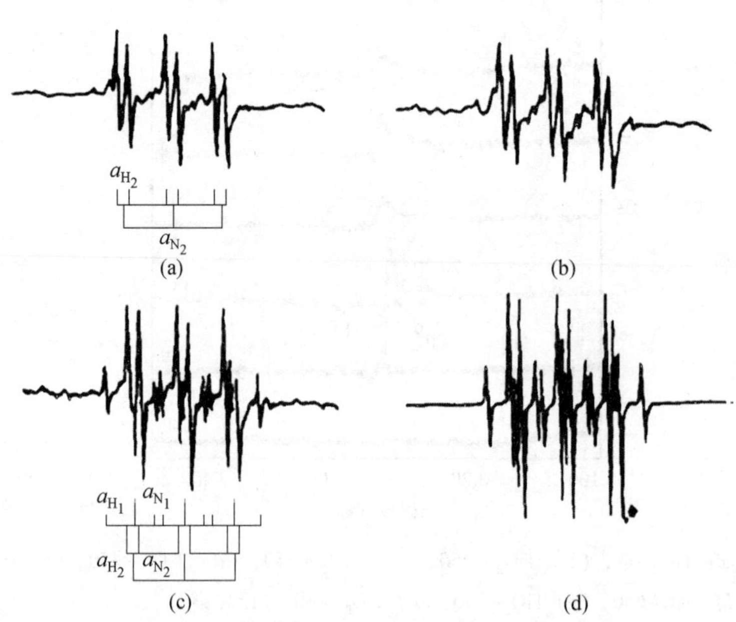

图 14.12 $(NBu_4)_2W_6O_{19}$+异丙醇+PBN 的乙腈溶液经不同时间电解产生的 ESR 谱

14.6.5 高分子材料方面

用自旋捕获法可研究高分子聚合反应及高聚物的降解、交联和老化等机理。近年来,聚乙烯厚样品快速交联的理论和应用研究已取得了突破性进展。用二苯甲酮(BP)作光引发剂,在紫外光辐照下引发低密度聚乙烯(LDPE)发生交联反应,选用能耐受紫外光辐照作用而不产生 ESR 信号的 2,3,5,6-四甲基亚硝基苯(ND)为自旋捕获试剂,在 100 ~ 413 K 观察光引发 LDPE 产生交联自由基中间体。图 14.13 是 LDPE 光交联的 ND 加合物的 ESR 谱。

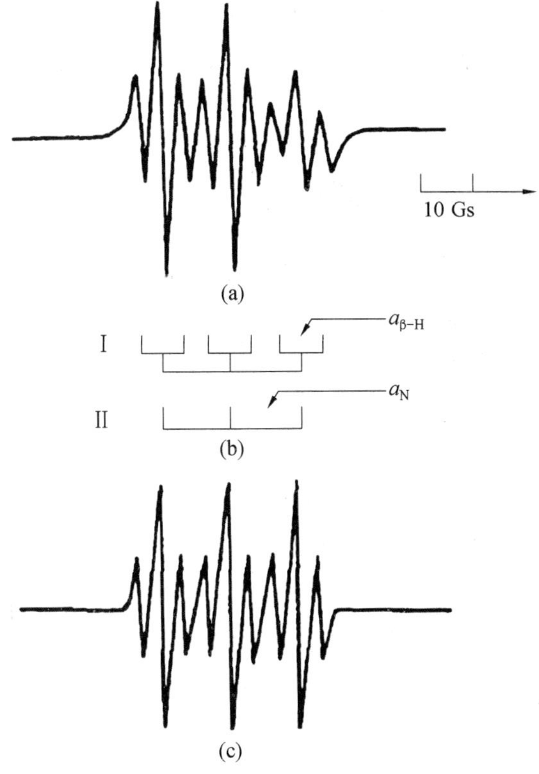

图 14.13　LDPE 光交联的 ND 加合物 ESR 谱

波谱分析认为,在紫外光和引发剂作用下,聚乙烯链的氢被夺取后产生了仲碳自由基(Ⅰ)和叔碳自由基(Ⅱ),自由基(Ⅰ)和(Ⅱ)被 ND 捕获:

$$\underset{(\text{I})}{\text{H—}\overset{\displaystyle |\atop \displaystyle \text{CH}_2}{\underset{\displaystyle \text{CH}_2 \atop \displaystyle |}{\text{C}\cdot}}} + \text{ND—NO} \longrightarrow \underset{(\text{I}_a)}{\text{H}_\beta\text{—}\overset{\displaystyle |\atop \displaystyle \text{CH}_2}{\underset{\displaystyle \text{CH}_2 \atop \displaystyle |}{\text{C}}}\text{—}\overset{\dot{\text{O}}}{\text{N}}\text{—ND}}$$

$$\underset{(\text{II})}{\text{—CH}_2\text{—}\overset{\displaystyle |\atop \displaystyle \text{CH}_2}{\underset{\displaystyle \text{CH}_2 \atop \displaystyle |}{\text{C}\cdot}}} + \text{ND—NO} \longrightarrow \underset{(\text{II}_a)}{\text{—CH}_2\text{—}\overset{\displaystyle |\atop \displaystyle \text{CH}_2}{\underset{\displaystyle \text{CH}_2 \atop \displaystyle |}{\text{C}}}\text{—}\overset{\dot{\text{O}}}{\text{N}}\text{—ND}}$$

根据超精细结构原理,加合物自由基(I_a)的未成对电子分别与 α-N 和 β-H 作用,产生 3 组双重峰;自由基(II_a)只产生三重峰。实验测得的是(I_a)和(II_a)两种自由基叠加谱。用各向同性的模拟程序进行两种自由基的叠合模拟,得到了图14.13(c)的模拟谱。

在上述 LDPE/ BP 光引发交联的反应体系中,用 2,4,6-三特丁基亚硝基苯(TBN)作捕获剂,也捕获到了仲碳自由基和叔碳自由基。实验谱和模拟谱如图 14.14 所示。实验表明,LDPE 的光引发交联点主要发生在叔碳和仲碳原子上,且 H-型交联点的结构占主导地位。

电子顺磁共振现象至今已有五十多年的历史，在半个多世纪中，ESR 理论、实验技术、仪器结构性能等方面都有了很大的发展，尤其是电子计算机技术和固体器件的使用，使 ESR 谱仪的灵敏度、分辨率均有了数量级的提高，从而进一步拓展了 ESR 的研究和应用范围。ESR 这一现代分析方法在物理学、化学、生物学、医学、生命科学、材料学、地矿学和年代学等领域内获得了越来越广泛的应用。通过对电子顺磁共振的研究，获得了以下的结论：

①电子顺磁共振产生的条件：$h\nu = g_e\mu_B B_0$。

②g 因子、超精细结构分裂常数等参数是分析电子顺磁共振波谱的关键。

③在电子顺磁共振实验方法中，自旋标记和自旋探针的方法也可以研究逆磁性物质，扩展了研究范围。

④电子顺磁共振的研究对象主要是自由基和顺磁性金属离子及其化合物。

⑤电子顺磁共振是一个应用范围非常广的现代分析技术。

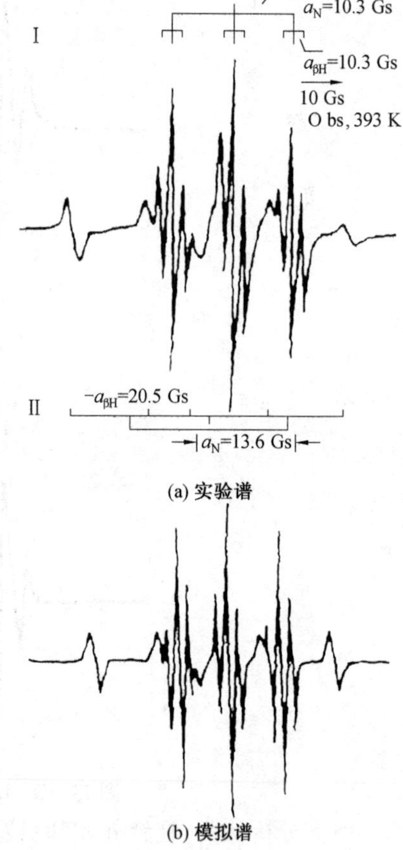

图 14.14 LDPE/BP 光交联的 TBN 加合物 ESR 谱

习　　题

1. ESR 和 NMR 的区别是什么？
2. 电子顺磁共振产生条件是什么？
3. ESR 的研究对象主要包括哪些？

第 15 章　质谱分析法

15.1 简　　介

19 世纪末，E. Goldstein 在低压放电试验中观察到正电荷粒子，W. Wein 发现了正电荷粒子束在磁场中发生偏转。1906 年，诺贝尔物理学奖的获得者英国学者 J. J. Thomson 在 20 世纪初展开了正电荷离子束的物理学研究，发明了质谱法。1912 年，J. J. Thomson 研制成第一台质谱仪，并运用质谱法首次发现了元素的稳定同位素，当时的质谱仪主要用于同位素测定和无机元素分析。他在分析氖元素时，发现了一个质荷比为 22 的峰。实验证明它既不是 CO_2 的双电荷离子，也不是放射性衰变产物，而是氖元素的一个同位素。这台质谱仪的诞生，标志着科学研究的一个新领域——质谱学的开创。

随着几种双聚焦仪器的出现，质谱仪的分析器部分已达到了比较完善的境地但当时的质谱学研究仍然限于少数几个实验室中。当然，它也取得了不少成绩。

第二次世界大战期间，质谱进入了实际应用领域。美国的原子弹制造计划需要大量的 ^{235}U，使质谱仪进入了军事科学领域。第一台商品质谱仪出售给一家石油公司后，质谱仪从此在汽油分析、人造棕胶、石油冶炼过程控制和真空检漏等领域都用作分析、检测工具。20 世纪 50 年代，质谱技术得到了飞速发展，特别是气相色谱与质谱联用成功。使得质谱在复杂有机混合物分析方面占有了独特的地位。近年来，新的离子化方法如场致电离（FI）、场解吸电离（FD）、化学电离（CI）、激光离子化、等离子体法（ICP）、快原子轰击法（FAB）和电喷雾电离（ESI）等不断出现使得质谱学获得了极大的发展，复杂高性能的质谱仪也不断出现。

质谱分析法简称为质谱法（Mass Spectrometry，MS），它是通过对样品离子的质量和强度的测量来进行定量分析和结构分析的一种分析方法。质谱法的分析过程是：首先将试样汽化为气态分子或原子，使其转变为快速运动的带电荷粒子（一般为正离子），再利用电磁学原理使带电荷粒子按质荷比大小有顺序地按时间或空间分离，进行检测。

质谱法分析速度快、灵敏度高及谱图解析相对简单，在结构定性方面质谱法是确定相对分子质量、分子式或分子组成以及阐明结构的重要手段，广泛应用在合成化学、药物及代谢产物、天然产物的结构分析中及地球化学、核工业、材料科学、环境科学、医学卫生、食品化学、石油化工等领域以及空间技术和公安工作等特种分析方面。在定量分析方面，质谱法是高灵敏的方法之一。随着质谱新技术及新仪器的不断发展，质谱分析法应用在更多新领域，如生物化学和生命科学领域中。

15.2 系统组成

质谱仪是一类能使粒子离子化成带电离子并通过适当的电场、磁场将它们按照空间位置、时间先后或者轨道稳定与否实现质荷比分离,并检测强度后进行物质分析的仪器。质谱仪一般由以下几部分组成:进样系统、离子源、质量分析器、检测器、计算机控制系统和真空系统。

1. 真空系统

为了获得离子的良好分析,避免离子的损失,因此凡是样品分子和离子通过的地方必须处于高真空状态,一般离子源真空度应达 $1.3\times10^{-4}\sim1.3\times10^{-5}$ Pa,质量分析器中应达 1.3×10^{-6} Pa。一般真空系统由机械真空泵和扩散泵或涡轮分子泵组成,机械真空泵能达到的真空度不能满足要求,因此必须依靠高真空泵。扩散泵是常用的高真空泵,性能稳定,但启动慢,从停机状态到仪器能正常工作所需时间长。涡轮分子泵则启动快,但使用寿命低于扩散泵但其使用方便,没有油的扩散污染问题。涡轮分子泵直接与离子源或分析器相连,抽出的气体再由机械真空泵排到体系之外。

2. 进样系统

进样系统需将样品引入离子源中且不能造成真空的降低。目前常用的进样装置有 3 种类型:间歇式进样系统、探头进样系统和色谱进样系统。

间歇式进样系统可用于气体、液体和中等蒸汽压的固体样品进样。通过可拆卸式的试样管将少量(10~100 μg)固体和液体试样引入试样贮存器中,使试样保持气态。由于进样系统的压强比离子源的压强要大,因此,样品离子可以以分子流的形式渗透过高真空的离子源中。

探头进样系统可以为蒸汽压低或热稳定性差的纯固体或高沸点液体提供质谱数据。常见的直接插入探头如图 15.1 所示,内置加热器位于探头前端。

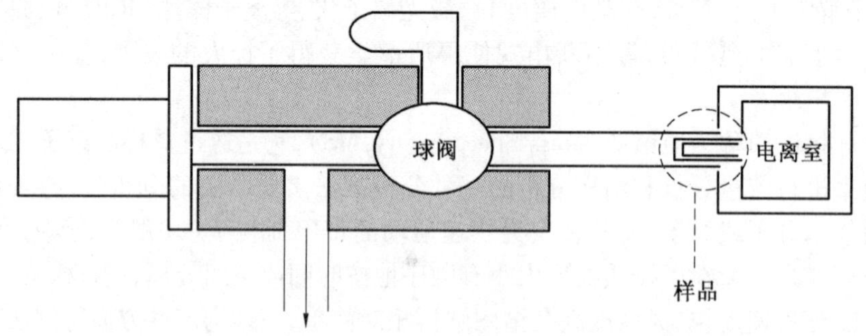

图 15.1 直接插入探头示意图

色谱进样系统的样品需要满足以下 3 个条件:①样品在离子源中电离之前必须汽化;②在汽化过程中样品尽量不发生热分解;③样品能在离子源中维持一定的蒸汽压。探头的升温速度是影响谱图质量的一个重要因素,快速升温可使样品在汽化过程中减少分解,这对于热不稳定的样品尤为重要。使探头趋近于离子源中的电离电子束,有时可以使热不稳定样品获得更强的分子或离子信号。后来被发展称为束内(in beam)技术,这种技术简便易行。

混合物的质谱数据对于化学研究是没有意义的，但是借助于色谱的有效分离，质谱可以在一定程度上鉴定出混合物的成分。色谱联用导入样品就是将质谱与色谱联用，进样系统则由它们的接口所代替，接口的作用是除去色谱流出的大量流动相，将样品导入高真空的质谱仪中。

3. 离子源

离子源是质谱仪器最主要的组成部件之一，其作用是使被分析的物质电离成为离子，将离子汇聚成有一定能量和一定几何形状的离子束，由于被分析物质的多样性和分析要求的差异，物质电离的方法和原理也各不相同。离子化所需要的能量随分子不同差异很大，因此对于不同的分子应选择不同的解离方法。在质谱分析中，常用的电离方法有电子轰击、离子轰击、原子轰击、真空放电、表面电离、场致电离、化学电离和光致电离等。各种电离方法是通过对应的各种离子源来实现的，不同离子源的工作原理、组成结构各不相同。作为质谱仪器的一个重要部分，离子源的性能直接影响质谱仪器的主要技术指标：①产生的离子流稳定性高，强度能满足测量精度；②离子束的能量和方向分散小；③记忆效应小；④质量歧视效应小；⑤工作压强范围宽；⑥样品和离子的利用率高。

表 15.1 列出了几种质谱研究中的离子源。

表 15.1　质谱研究中的几种离子源

名　　称	简称	类型	离子化试剂
电子轰击离子化(Electron Bomb Ionization)	EI	气相	高能电子
化学电离(Chemical Ionization)	CI	气相	试剂离子
场电离(Field Ionization)	FI	气相	高电势电极
场解析(Field Desorption)	FD	解吸	高电势电极
快原子轰击(Fast Atom Bombandment)	FAB	解吸	高能离子
二次离子质谱(Secondary Ion MS)	SIMS	解吸	高能离子
激光解析(Laser Desorption)	LD	解吸	激光束
离子喷雾(Electrohydrodynamic Ionization)	EH	解吸附	高场
热喷雾离子化(Thermospray Ionization)	ES		荷电微粒能量
基质辅助解析离子化(Matrix-assisted laser Desorption Ionization)	MALDI	解吸	激光束
电喷雾离子化(Electrospray Ionization)	ESI	解吸	电场

4. 质量分析器

质谱仪的质量分析器位于离子源和检测器之间，是质谱仪的核心，其作用就是将离子源产生的离子束按不同质核比实现在空间位置、时间先后上分开、聚焦、进入离子束流收集器。不同种类的质量分析器构成不同的质谱仪。常用的质量分析器包括磁分析器、四极杆质量分析器、飞行时间质量分析器、离子阱质量分析器、傅立叶变换离子回旋共振质谱等。

5. 检测器

质谱仪的检测器的功能是收集来自分析器的离子束，检测其离子束强度，实现各组分的测定。质谱仪的检测器主要使用电子倍增管,也有的使用光电倍增管和多通道板。由质量分析器出来的离子产生电子,电子经电子倍增器产生电信号,记录不同离子的电信号得到质谱。信号与倍增器电压有关,提高倍增器电压可以提高灵敏度,但同时会降低倍增器的寿命,因此,应该在保证仪器灵敏度的情况下采用尽量低的倍增器电压。由倍增器出来的电信号经计算机处理后可以得到质量色谱图、质谱图及其他各种信息。

15.3 工作原理

质谱仪基本工作原理:将被测试物质离子化,形成各种质荷比(m/e)的离子,然后利用电磁学原理使离子按不同的质荷比分离并测量各种离子的强度,从而确定被测物质的相对分子质量和结构。

有机质谱仪与无机质谱仪的工作原理不同的地方是物质离子化的方式不一样。有机质谱仪通常以电子轰击或其他的方式使被测物质离子化,无机质谱仪是以电感耦合高频放电或其他的方式使被测物质离子化。

15.3.1 质谱中的离子类型

质谱中获得的阳离子一般有分子离子、同位素离子、碎片离子、重排离子、亚稳离子、多电荷离子等。根据质谱计中的离子源不同,形成离子的状况也不同。

1. 分子离子

一个分子不论通过何种电离方式(如电子轰击电离等电离方法),使其失去一个外层价电子而形成带正电荷的离子,称为分子离子或称母体离子,常用 M^+ 表示。质谱中相应的峰称为“分子峰”或“母峰”。该离子一般位于质荷比最高的那一端,它的质荷比值即是该化合物的相对分子质量。通过高分辨质谱可获该峰的精确值——即相对分子质量,从而可计算分子式。通过该峰的相对强度也可判别化合物的类型。

2. 同位素离子

组成有机化合物的大多数元素都有天然同位素(除 P、F、I 外),由于各种元素同位素的含量并不相同,因此在质谱上就出现强度不等的同位素峰。这些含有不同重同位素的离子,它们出现在比各自轻同位素高 1 ~ 2 个质荷比的地方。

3. 碎片离子

在离子源中,当分子离子受到 70 eV 以上的能量轰击时,分子离子处于激发状态,可进一步断裂它的原子间的一些键,产生质量较低的碎片离子。碎片离子提供该样品的分子结构信息情况,对于结构鉴定具有重要意义。

4. 重排离子

分子离子在裂解过程中,由于本身结构的影响,可能同时发生原子或基团的重排,产生比较稳定的重排离子。在重排离子中,有些离子是由于无规律的重排所产生的,但大多数重排是有规律的。研究这些重排可以了解化合物的类型和重排过程的相互关系,在预测化合物的结构上是十分有用的。

5. 亚稳离子

离子源中形成的离子在到达收集器之前不再发生进一步裂解的都是稳定离子。如果在离子源中形成的一种离子被加速后，在进入磁场之前又发生裂解，这样的离子称为亚稳离子。利用亚稳离子的数值可以找到相关的母离子和子离子的相互关系，从而了解裂解途径，直接为质谱解析提供一个可靠的信息。

6. 多电荷离子

某些分子在离子化室中，可以承受失去两个电子或两个以上的电子，产生多电荷离子，分别在 $m/2e$、m/ne 处出现。单电荷离子在 1/2 和 $1/n$ 处出现（n 为离子所带电荷的数目）。具有 π 电子的芳烃、杂环或高度不饱和的化合物，能使双电荷离子稳定化。因此，双电荷离子是这些化合物的特征。

15.3.2 分子式的推断

如果一个未知物首先能够确定分子式，这对于结构的推断是十分重要的。通过质谱推断分子式目前有两种方法，即低分辨质谱法和高分辨质谱法。

1. 低分辨质谱法——同位素峰相对强度法

有机化合物一般由 C、H、O、N、S、Cl、Br、I、P 等组成，除 F、I、P 外，其他元素都含有重同位素，一些常见元素的同位素丰度比值见表 15.2。

表 15.2 有机物常见元素的同位素的丰度比值

同位素	相对原子质量	自然丰度/%	丰度比
^{1}H	1.007 825	99.985	$^{2}H/^{1}H=0.000\,15$
^{2}H	2.014 00	0.015	
^{12}C	12.000 0	98.9	$^{13}C/^{12}C=0.011\,2$
^{13}C	13.003 35	1.11	
^{14}N	14.003 07	99.63	$^{15}N/^{14}N=0.003\,7$
^{15}N	15.998 405	0.37	
^{16}O	15.994 914	99.76	$^{17}O/^{16}O=0.003\,7$
^{17}O	16.999 1	0.037	$^{19}O/^{16}O=0.002\,0$
^{19}O	18.998 405	0.204	
^{19}F	18.998 405	100.00	
^{28}Si	27.976 8	92.18	$^{29}Si/^{28}Si=0.051\,1$
^{29}Si	28.976 5	4.71	$^{30}Si/^{28}Si=0.033\,8$
^{30}Si	29.973 8	3.12	
^{31}P	30.973 763	100.00	
^{32}S	31.972 1	95.00	$^{33}S/^{32}S=0.008\,0$
^{33}S	32.971 5	0.78	$^{34}S/^{32}S=0.044\,4$
^{34}S	33.967 86	4.22	
^{35}Cl	34.968 855	75.5	$^{37}Cl/^{35}Cl=0.324$
^{37}Cl	36.965 8	24.5	
^{79}Br	78.918 348	50.5	$^{81}Br/^{79}Br=0.980$
^{81}Br	80.983	49.5	
^{127}I	126.904 352	100.00	

碳、氢、氧、氮的同位素的丰度较低,它们在分子中只能做大概的估算。天然碳元素主要含^{12}C,但仍然含有1.1%的^{13}C,对$(M+1)$的贡献为$1.1X$(X为碳原子数量)。而氮元素中^{15}N仅含有0.3%,因此,^{15}N对$(M+1)$的贡献为$0.37W$(W为氮原子的数目),所以综合起来

$$(M+1)\% = 100\,\frac{M+1}{M} = 1.1X + 0.37W$$

^{13}C对$(M+2)$的贡献$\frac{(1.1X)^2}{200}$,^{18}O对$(M+2)$的贡献$0.20Z$(Z为氧原子的数目),综合起来

$$(M+2)\% = 100\left(\frac{M+2}{M}\right) = \frac{(1.1X)^2}{200} + 0.20Z$$

氯、溴都有多两个质量单位的重同位素,氯和溴的同位素分别接近于3∶1和1∶1,它们的存在从质谱图中很容易判断。

^{34}S的丰度为^{32}S的4.44%,所以在没有氯、溴存在的分子中,在$(M+2)$处观察到大于4.44%的丰度时,可以认为有硫原子的存在。如果分子中有n个硫原子,它对$(M+2)$的贡献为$n\times4.44\%$,加上碳氢氧对$(M+2)$的贡献,实际丰度总是大于这个数字。

Beynon 和 Williams 已经对碳、氢、氧、氮原子的所有可能的组合方式的分子、其相对分子质量在500以下的化合物的$\frac{M+1}{M}$和$\frac{M+2}{M}$的比率做了计算,并列成表,利用这个表可以确定可能的分子式。

2. 高分辨率质谱测定分子式

相对原子质量是一种元素有天然同位素按其丰度的质量加权值,由于一般相对原子质量多不是整数,无法得到一个确切的分子式。通常可以用高分辨质谱测得精确质量得到。但用算术式来确定分子式非常费事,Beynon 和 Lederbeg 等人利用查表的方式设计了几种确定分子式的方法。其中根据高分辨质谱数据表可查得精确相对分子质量所代表的分子式。

15.4 样品的制备

质谱分析仪根据离子源的不同,所能分析的样品的状态及纯度都有所不同,本节主要从无机质谱、有机质谱和同位素质谱的样品的前处理和制备等方面介绍。

辉光放电质谱作为一种元素分析方法,其首要的特点是可以对固体样品直接分析。在痕量元素分析领域,溶液进样分析技术需要把样品转换为溶液,因此对试剂的纯度必须有很高的要求,背景空白的影响往往不可忽略;同时,大比例的溶剂稀释带来的稀释效应也大大地降低了分析的灵敏度。某些固体材料,尤其是大部分无机非金属材料难以溶解,

因此,对于固体样品而言,直接分析的辉光放电质谱比溶液分析技术的进样技术具有一定的优越性。对于多数金属、合金等块状导电材料样品的制备过程比较简单,只需切割加工成合适的形状即可直接进行分析。粉末样品需要压制成型,且要保持成型的样品需要一定的机械强度,否则可能在进样和放电过程中发生坍塌。对于高纯材料而言,即使很轻微的表面污染就可能比内部真实的杂质含量高出几个数量级。由于辉光放电减少可以对样品表面进行逐层剥离,因此样品表面的污染可通过一定时间的预溅射过程加以消除,满足痕量及超痕量的元素分析。制备成型的块状样品通常先采用电子侵蚀或化学试剂侵蚀等方法进行预处理,或通过抛光等方法减少气体杂质的吸附,以尽可能地去除表面污染成分,缩短预溅射过程时间。

二次质谱分析要求样品表面有比较好的平整度,以保证样品表面垂直于二次离子光轴,与萃取电极平行,使二次离子萃取电场均匀对称,不平整的样品最好经过研磨和抛光处理。对样品进行加工处理的过程严格,应尽可能地避免样品表面被重新污染。样品进行 SIMS 分析前,样品表面可用有机溶剂清洗或经化学腐蚀,水洗和干燥处理。对于组分和杂质均匀分布的体材料,可以先采用一次离子束轰击一段时间,进行预溅射,获得清洁表面后再开始进行分析。具有导电性性能的样品,只要样品与样品支架之间保持电接触,即可进行 SIMS 分析,对于非导电样品,一次离子轰击引起样品表面二次电子的发射将导致样品表面电荷积累,引起二次离子的萃取电场发生畸变,为克服这种表面电荷积累效应的影响,可在分析之前利用真空喷涂的方法在绝缘样品上喷镀一层纳米数量级厚度的碳膜或金属膜,也可以用一次负离子代替一次正离子去轰击样品。对于很薄或微粒状非导体样品,只要把它们放在导电的支架上,并用一次负离子轰击即可进行分析。

同位素稀释质谱法样品的前处理根据进样和电离方式不同,样品前处理程序也存在较大的差异。表 15.3 列出了同位素稀释质谱法所采用的主要进样和电离方式。

表 15.3　同位素稀释质谱法采用的主要进样和电离方式

进样方式	测量方法
固态进样	同位素稀释火花源质谱法和辉光旋电质谱法
液态进样	同位素稀释热电离质谱法和电感耦合等离子体质谱法
气态进样	同位素稀释电子(或原子)轰击质谱法

样品前处理通常有两种方法:干法灰化和湿法灰化。干法灰化法处理程序比较简单,根据分析灵敏度,称取一定量的试样,经过简单清洁,按照比例加入定量稀释剂,在红外灯下烤干样品或自然蒸干,然后在马弗炉中灼烧。湿法灰化样品容易均匀,但操作环节较复杂,化学试剂用量多。同位素质谱分析的元素均以微量组分存在于各种样品中,因此浓缩待测样品后,需将样品分解并制成适于分离的样品溶液。样品分解方法很多,如酸分解法、热分解法、熔融法、燃烧分解法等。但是后 3 种方法需要加入大量助溶剂、分解剂、助

燃剂等，而这些助剂也往往难于纯化，因此不适于同位素质谱分析样品的制备。因此同位素质谱分析样品通常采用酸分解法，根据样品类型采用不同的酸进行分解。如碳酸盐通常采用盐酸进行分解和溶解；氧化物矿物可以根据成分用盐酸、硝酸和氢氟酸等；硫化物的最佳分解试剂是硝酸，盐酸和氢溴酸仅能分解部分易分解的硫化物等。

15.5 分析方法

在质谱分析中，最重要的结构信息就是化合物的相对分子质量，即质谱中的分子离子峰。构成分子离子峰一般要满足下列 3 个条件：

①在质谱图中必须是质荷比最高质量的离子。

②必须是一个奇电子离子。

③在高质量区内，它能合理地失去中性碎片而产生重要的碎片离子。

这 3 个条件缺一不可，但它不是充分条件，这 3 个条件满足了仍有可能不是分子离子，还需要用其他方法加以验证。

被鉴定的化合物的质谱与手册上某一化合物基本吻合，可确定为该化合物结构，如果是一种未知物，则可按照下列程序进行结构分析。

首先对分子离子区进行解析：确认分子离子峰，并注意分子离子峰与基峰的相对强度比，这对于判断分子离子的稳定性，以及确定分子结构是有帮助的；注意碎片离子的奇偶性，并运用氮规则来确定含氮的情况；注意同位素峰中$\frac{M+1}{M}$和$\frac{M+2}{M}$数值的大小，据此可以判断分子中是否含有 S、Cl、Br 等同位素较大的元素，并可以初步推算分子式；根据高分辨质谱测得的分子离子的 m/e 值，推定分子式；根据分子式计算出不饱和度。其次对碎片离子分析：找出主要的离子峰，记录这些离子峰的质荷比和相对强度以及与分子离子峰的质量差，从而推断离子断裂中有何碎片脱掉，以此来推测结构类型（见表 15.4）及开裂方式；如果存在亚稳离子峰，可利用亚稳离子的计算公式确定母离子和子离子的关系，推断开裂过程；注意一些主要离子 m/e 的奇偶性，以帮助确认是失去中性分子还是游离基；注意存在哪些重要分子，并据此推测结构类型。然后列出部分结构单位，并确定原子数目；列出剩余的碎片是何种结构。最后提出结构式：按各种可能的连接方式将已知的结构碎片拼接组成可能的结构式；根据其他仪器方法或化学方法排除不可能存在的结构式，最后认定一个确定的分子式。

下面举几个离子来说明这些程序。

表 15.4 常见的碎片离子

m/e	碎片离子	*m/e*	碎片离子
14	CH_2	42	C_3H_6
15	CH_3	43	C_3H_7, $CH_3C{=}O$, C_2H_5NH
16	O	44	$CH_2CH{=}O$, CH_3CHNH, CO_2, $NH_2C{=}O$, $(CH_3)_2$
17	OH	45	$O{=}C{-}OH$, $CH_3CH{-}O{+}H$
18	H_2O, NH_4	46	NO_2
19	F, H_3O	47	CH_2SH, CH_3S
26	$C{\equiv}N$	48	$CH_2S{+}H$
27	C_2H_3	49	CH_2Cl
28	C_2H_4, CO, N_2, $CH{=}NH$	51	CHF_2
29	C_2H_5, CHO	53	C_4H_5
30	CH_2NH_2, NO	54	$CH_2CH_2C{\equiv}N$
31	CH_2OH, OCH_3	55	$C_4H_7{=}CH_2{=}CHC{=}O$
32	O_2	56	C_4H_8
33	SH, CH_2F	57	C_4H_9, $C_2H_5C{=}O$
34	H_2S	58	$CH_3C(CH_2){=}O{+}H$, $C_2H_5CHNH_2$, $(CH_3)_2NCH_2$, $C_2H_5CH_2NH$, C_2H_2S
35	Cl	59	$(CH_3)_2{=}OH$, $CH_2OC_2H_5$, $O{=}COCH_3$, $NH_2C(CH_2){=}O{+}H$, CH_3OCHCH_3, CH_3CHCH_2OH
36	HCl		
39	C_3H_3	60	$CH_2COOH{+}H$, CH_2ONO
40	$CH_2C{=}N$, Ar	61	$O{=}COCH_3{+}2H$, CH_2CH_2SH, CH_2SCH_3
41	C_2H_7, $CH_3C{=}O$, C_2H_5N	65	, $\equiv C_5H_5$

续表 15.4 常见的碎片离子

m/e	碎片离子	m/e	碎片离子
66	(环戊二烯自由基正离子), $\equiv C_5H_6$	85	C_6H_{13}, $C_4H_9C{=}O$, $CClF_2$
67	C_5H_7	86	$C_3H_7C(CH_2){=}O+H$, $C_4H_9CHNH_2$
68	$CH_2CH_2CH_2C\equiv N$	87	C_3H_7COO, $CH_2CH_2COOCH_2$
69	C_5H_9, CF_3, $CH_3CH{=}CHC{=}O$, $CH_2{=}C(CH_3)C{=}O$	88	$CH_2COOC_2H_5+H$
70	C_5H_{10}	89	$O{=}COC_3H_7+2H$, C_6H_5-C
71	C_5H_{11}, $C_3H_7C{=}O$	90	CH_3CHONO_2, C_6H_5-CH
72	$C_2H_5C(CH_2){=}O+H$, $C_3H_7CHNH_2$, $(CH_3)_2N{=}C{=}O$, $C_2H_5NHCHCH_3$	91	$C_6H_5-CH_2$, C_6H_5-CH+H, C_6H_5-C+2H, $(CH_2)_4Cl$, C_6H_5-N
73	碎片分子 59 的同系物	92	(吡啶-3-基)$-CH_2$, $C_6H_5-CH_2+H$
74	CH_2COOCH_3+H	93	CH_2Br, C_7H_9, C_7H_9, (邻甲苯酚基)$-OH$, C_6H_5-O, (吡咯环)$-C{=}O$
75	$O{=}COC_2H_5+2H$, $CH_2SC_2H_5$, $(CH_3)_2CSH$, $(CH_3O)_2OH$	94	C_6H_5-O+H, (吡咯-2-基, N-H)$-C{=}O$
77	C_6H_5	95	(呋喃-2-基)$-C{=}O$
78	C_6H_5+H	96	$CH_2CH_2CH_2CH_2CH_2C\equiv N$
79	C_6H_5+2H, Br	97	C_7H_{13}, (噻吩-2-基)$-CH_2$
80	(吡咯-2-基, N-H)$-CH_3$, CH_3SS+H		
81	(呋喃-2-基)$-CH_2$, $-C_6H_9$, $-$(环己烯基)		
82	$CH_2CH_2CH_2CH_2C\equiv N$, CCl, C_6H_{10}		
83	C_6H_{11}, $CHCl_2$, (噻吩-2-基)$-$		

续表 15.4　常见的碎片离子

m/e	碎片离子
98	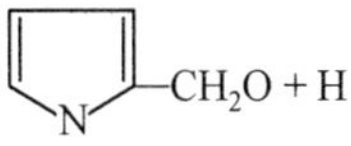 N, $—CH_2O + H$
99	C_7H_{15}, $C_6H_{11}O$
100	$C_4H_9C(CH_2){=}O+H$, $C_5H_{11}CHNH_2$
101	$O{=}COC_4H_9$
102	$CH_2COOC_3H_7+H$
103	$O{=}COC_4H_9+H$, $C_5H_{11}S$, $CH(OCH_2CH_3)_2$
104	$C_2H_5CHONO_2$
105	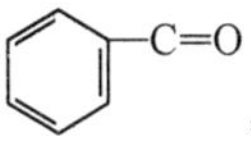 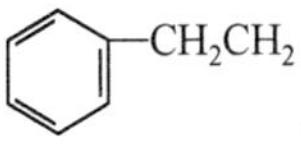 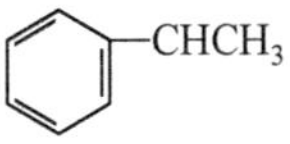 $—C{=}O$, $—CH_2CH_2$, $—CHCH_3$
106	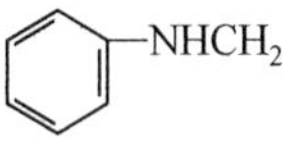 $—NHCH_2$
107	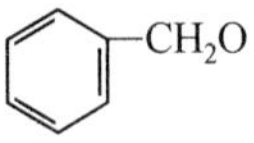  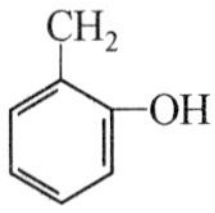 $—CH_2O$, CH / CH_2, CH_2 / $—OH$
108	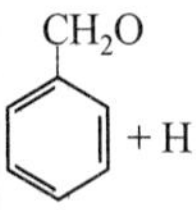 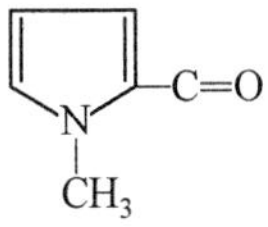 CH_2O $+H$, N $—C{=}O$ CH_3
109	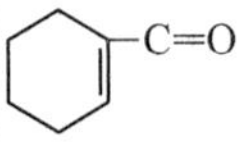 $—C{=}O$
111	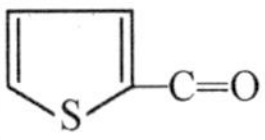 S $—C{=}O$
119	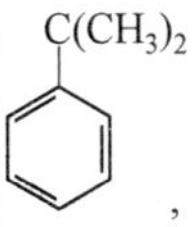 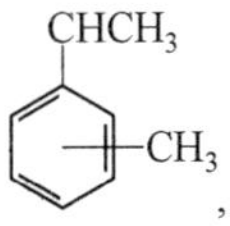 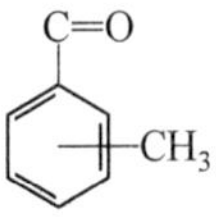 $C(CH_3)_2$, $CHCH_3$ $—CH_3$, $C{=}O$ $—CH_3$, CF_3CF_2
120	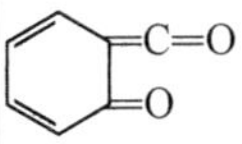 $—C{=}O$, $—O$
121	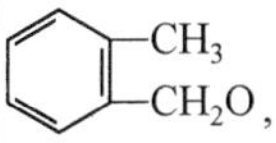 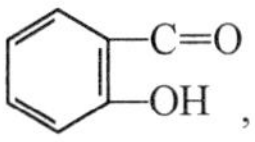 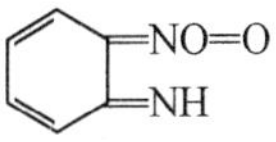 $—CH_3$ $—CH_2O$, $—C{=}O$ $—OH$, ${=}NO{=}O$ ${=}NH$, C_9H_{12}
122	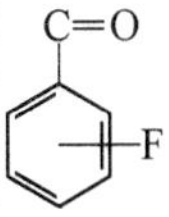 $C{=}O$ $—F$
125	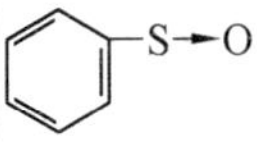 $—S{\rightarrow}O$
127	I
131	C_3F_5, 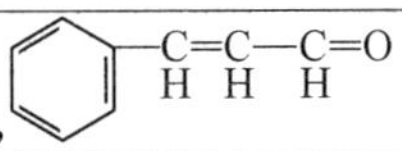 $—\underset{H}{C}{=}\underset{H}{C}—\underset{H}{C}{=}O$
135	$(CH_2)_4Br$
138	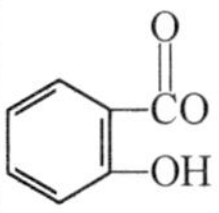 O, $—CO$, $—OH$ $+H$
139	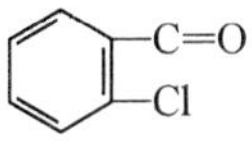 $—C{=}O$, $—Cl$
149	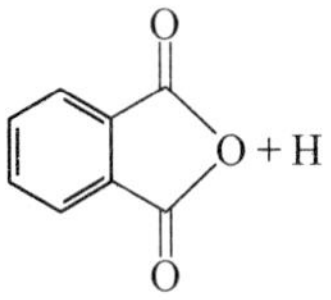 O, O, $O + H$
154	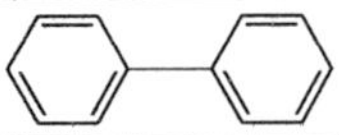

15.6 应用实例

【例 15.1】 根据表 15.5 谱确定未知物的结构。

表 15.5 m/e 和相对强度

m/e	相对强度	m/e	相对强度	m/e	相对强度
27	14	43	100	85	2.3
29	33	56	8.9	100	3.4
39	7.7	57	27	101	0.29
41	26	72	17	102	0.04

解析 检查分子离子区,分子离子可能是 $M^{+}=100$;它与$(M+1)$和$(M+2)$的相对强度是

	相对强度	调整后的相对强度
$m/e=100$	3.4%	100%
$m/e=101$	0.29%	0.29/3.4≈9%
$m/e=102$	0.04%	0.04/3.4≈1%

从 $M+1$ 峰的相对强度可估计含碳在 6~8 之间,从 M 为 100 可以推算出该未知物不含氮或含偶数氮。所以可能的分子式为 C_7H_{16}或 $C_6H_{12}O$。检查碎片离子区发现碎片峰不是有规律的都差 14($—CH_2—$),所以排除了 C_7H_{16}的可能性,可能的分子式为 $C_6H_{12}O$。谱表中 85 的质量数说明有 $M-15$ 的甲基失去,碎片中的基峰是 $m/e=43$,它是 $M-57$ 产生的,同时质谱中含有强的 $m/e=53$ 的峰,因此可能是在分子中间断开,一边为正离子时质量数为 57,也可能是 43 的正离子,根据不饱和度的计算,猜测可能是甲基酮,因此有下列 4 种结构:

(a) $CH_3CH_2CH_2CH_2C(=O)CH_3$

(b) $CH_3CH(CH_3)CH_2C(=O)CH_3$

(c) $CH_3CH_2CH(CH_3)C(=O)CH_3$

(d) $CH_3C(CH_3)_2—C(=O)CH_3$

上述结构中,只有(c)经过麦氏重排后产生 $m/e=72$ 的峰,与谱图吻合,因此,该未知物最可能的结构是 3-甲基-2 戊酮。

【例 15.2】 由元素分析测得某化合物的分子式为 $C_8H_8O_2$,其质谱图如图 15.2 所示,试确定该化合物的结构式。

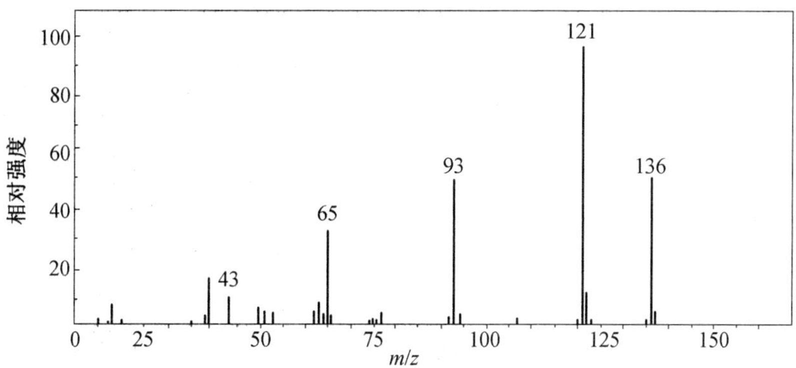

图 15.2　某未知化合物 $C_8H_8O_2$ 的质谱图

解析　该化合物的相对分子量为 136,分子离子峰的强度较大,说明此分子离子相对比较稳定,可能是芳香化合物。计算不饱和度 $U=8-\frac{8}{2}+1=5$,推断出该化合物中含有苯环,高质量端质谱峰 121 是 136 峰失去质量为 15($—CH_3$)的碎片产生的,93 为 136 峰失去质量 43($—COCH_3$)的碎片产生的,65 为 93 峰失去 CO 产生的,因此推断该化合物的结构式为

HO—(苯环)—C(=O)—CH_3

最后可以用标样确定未知物属于何种异构体,或采用红外光谱法进一步确定。对照标准谱图可以确定该化合物的结构式是:

HO—(对位苯环)—C(=O)—CH_3

主要碎片裂解过程如下:

$m/z=136$
$m/z=121$
$m/z=43$
$m/z=93$
$m/z=65$

【**例 15.3**】　某未知物的分子式为 $C_8H_{16}O$,质谱图如图 15.3 所示,试给出其分子结构与峰的归属。

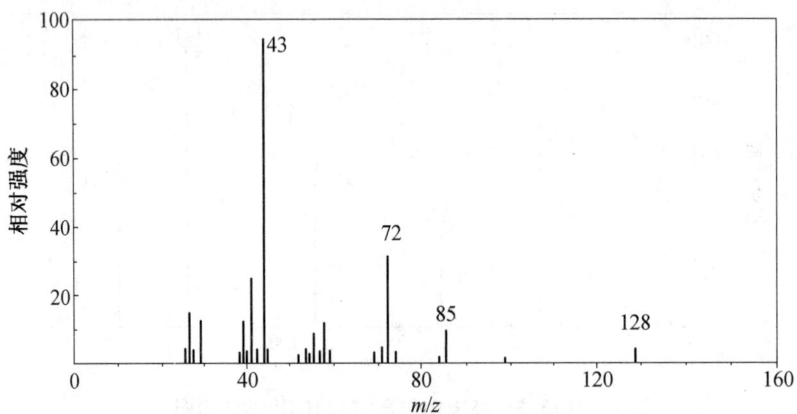

图 15.3 某未知化合物 $C_8H_{16}O$ 的质谱图

解析 由分子式 $C_8H_{16}O$ 计算该化合物的不饱和度 $U=\dfrac{2+2\times8-16}{2}=1$，可能是酮、醛或烯醇等化合物。

主要碎片离子峰有 128、85、72、57、43、41 和 29 等，其中 43 峰是甲基酮的特征离子峰，是由 α 裂解产生。可以证明该未知物是甲基酮，其甲基酮的裂解方式如下：

$$R-\overset{\overset{\displaystyle O}{\|}}{C}-CH_3 \begin{cases} \xrightarrow{\text{均裂}} R^{\cdot} + CH_3-C\equiv\overset{+}{O} \quad (m/z=43) \\ \xrightarrow{\text{异裂}} R^{+} + CH_2-C\equiv\overset{+}{O} \quad (m/z=85) \end{cases}$$

质荷比为 72 处的离子为偶数，与分子离子为偶数一致，由于 γ 氧的酮很容易发生麦氏重排，因此 72 峰的离子应该是麦氏重排离子，而且在 3 位 C 上有甲基，否则只能产生 58 峰的重排离子。

根据麦氏重排结果，则 R 可能是

$$CH_3-CH_2-CH_2-CH_2-\underset{}{\overset{\overset{\displaystyle CH_3}{|}}{CH}}-$$

由于质谱存在 29、43 和 57 的离子峰，具有直链烷基的特征，因此初步确定 R 的结构正确，未知物的结构是：

$$CH_3-CH_2-CH_2-CH_2-\overset{\overset{\displaystyle CH_3}{|}}{CH}-\overset{\overset{\displaystyle O}{\|}}{C}-CH_3$$

【例 15.4】 某未知化合物的质谱图如图 15.4 所示，试推导其结构。

解析 设高质荷比区的 128 峰为 M^+ 峰，与相邻碎片离子峰 100($M-28$)、99($M-29$)之间关系合理，故该峰是分子离子峰。其质荷比为偶数，说明分子中不含氮或含偶数氮。谱图中出现 43、57、71、85、99 等一系列 C_nH_{2n+1} 或 $C_nH_{2n+1}CO$ 碎片离子峰，没有明显的含氮特征碎片峰 30、44 等，可认为化合物不含氮，图中也没有苄基的特征峰，因此也不含苯环。

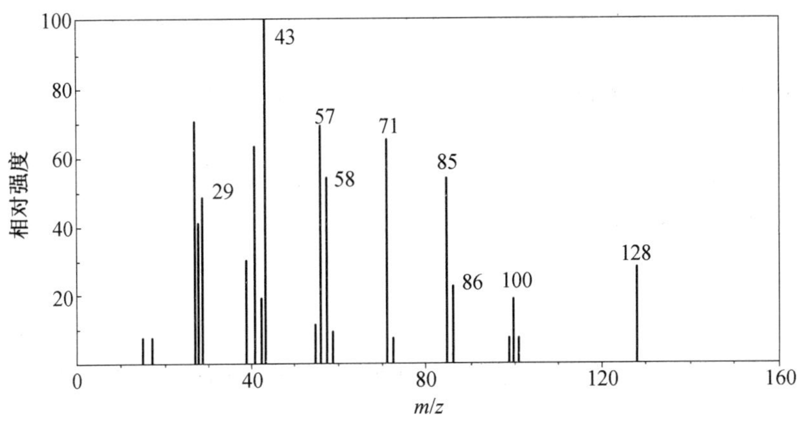

图 15.4　某未知化合物的质谱图

由于图中出现 58、86、100 的奇电子离子峰，应为氢的重排峰，说明化合物中含有羰基，没有明显的 $M-1$、$M-45$（羧基）、$M-OR$ 的离子峰，可以排除醛、酸、酯类化合物的可能性，可以认为该化合物为酮类化合物。由 100（$M-28$，$CH_2=CH_2$）、86（$M-42$，C_3H_6）峰的奇电子离子峰知道化合物中存在以下基团：

$$CH_3CH_2CH_2CO—、CH_3CH_2CH_2CHCO—、(CH_3)_2CHCH_2CO—$$

由于分子离子峰的位置为 128，可以推导出该化合物的分子式 $C_8H_{16}O$，不饱和度为 1，化合物可能的结构为

$CH_3CH_2CH_2COCH_2CH_2CH_2CH_3$　　　　$CH_3CH_2CH_2COCH_2CH(CH_3)_2$

主要裂解过程如下：

29　43　71　89

$CH_3—CH_2—|—CH_2—|—CO—|—CH_2—|—C_3H_7$

99　85　57　43

【例 15.5】　某化合物的分子式为 $C_6H_{12}O$，试由质谱图 15.5 推断该化合物的结构。

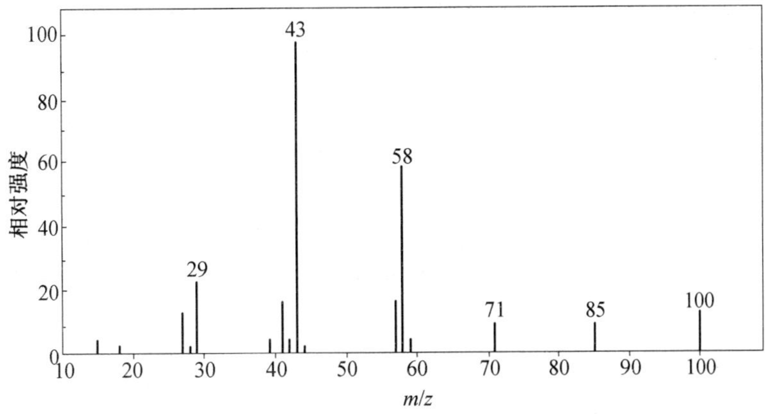

图 15.5　某未知化合物 $C_6H_{12}O$ 的质谱图

解析 分子离子峰为 100 峰(M),不饱和度 $U=1$,可能存在一个双键或环。碎片离子 $85 = M - 15$,说明化合物中含有甲基。43 峰为基峰,可能是 $CH_3C{\equiv}\overset{+}{O}$ 或 $CH_3CH_2\overset{+}{C}H_2$,其中前者较后者稳定,所以化合物应该甲基酮结构,环存在的可能性不存在。该化合物的结构可能是

$$H_3C—\overset{\overset{O}{\|}}{C}—n\text{-}C_4H_9 \qquad H_3C—\overset{\overset{O}{\|}}{C}—i\text{-}C_4H_9$$

而后者可以裂解出质荷比为 72 的峰,在质谱图中不存在,因此可以断定该化合物的结构如前者所示。

【例 15.6】 某未知化合物的分子式为 $C_9H_9ClO_3$,试由质谱图 15.6 推断该化合物的结构。

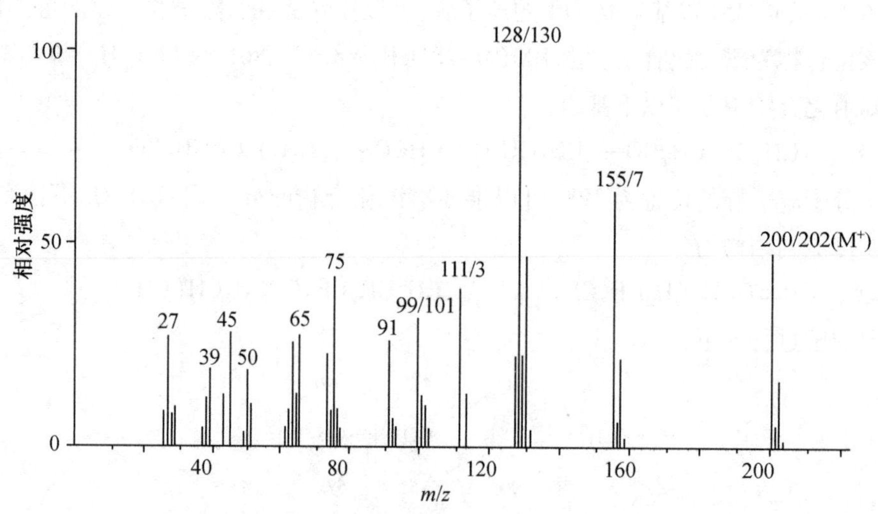

图 15.6 未知化合物 $C_9H_9ClO_3$ 的质谱图

解析 根据分子式,化合物的不饱和度为(2×9+2-10)/2=5,因此结构中可能存在苯环。谱图中分子离子为 $M^+=200$,155 的质谱峰为其失去 45 质量,对应于—COOH。128 质谱峰是 155 峰失去 27 (C_2H_3)的碎片产生的,111 峰对应于—OH 的失去,其质量比氯苯(112)少 1,因此苯环为双取代。由其红外光谱判断该化合物为苯环对位取代,因此,其结构可能是

$$Cl—C_6H_4—O—\overset{H_2}{C}—\overset{H_2}{C}—COOH \qquad Cl—C_6H_4—O—\underset{\underset{COOH}{|}}{\overset{H}{C}}—CH_3$$

又因谱图中不存在质荷比为 59 的峰(—CH_2COOH),所以后者为该化合物的结构。

习　　题

1. 某未知物的质谱图如图 15.7 所示,试推出其结构。

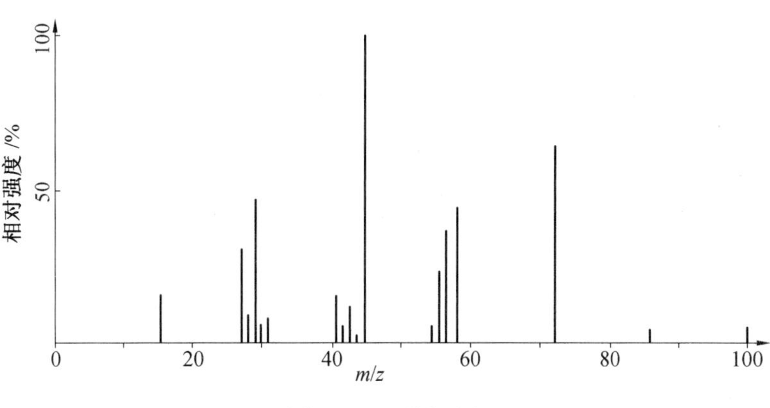

图 15.7　习题 1 图

2. 现有下列 3 个化合物(图 15.8)及 3 套质谱数据(表 15.6)(标注出了 M^+峰的强度及最强的五峰),试指出其对应关系,并说明理由。

表 15.6　质谱数据

M^+(强度%)	基峰 m/e	第二强峰 m/e	第三强峰 m/e	第四强峰 m/e	第五强峰 m/e
①154(12.8)	84	139	93	83	41
②154(0)	121	93	95	43	136
③154(24.4)	112	69	41	53	139

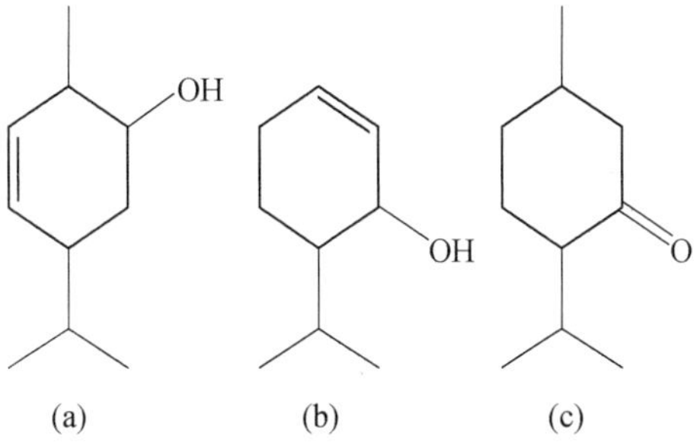

图 15.8　习题 2 图

3. 试判断以下两个谱图(图 15.9),何者为 3-甲基-2-戊酮,何者为 4-甲基-2-戊酮?

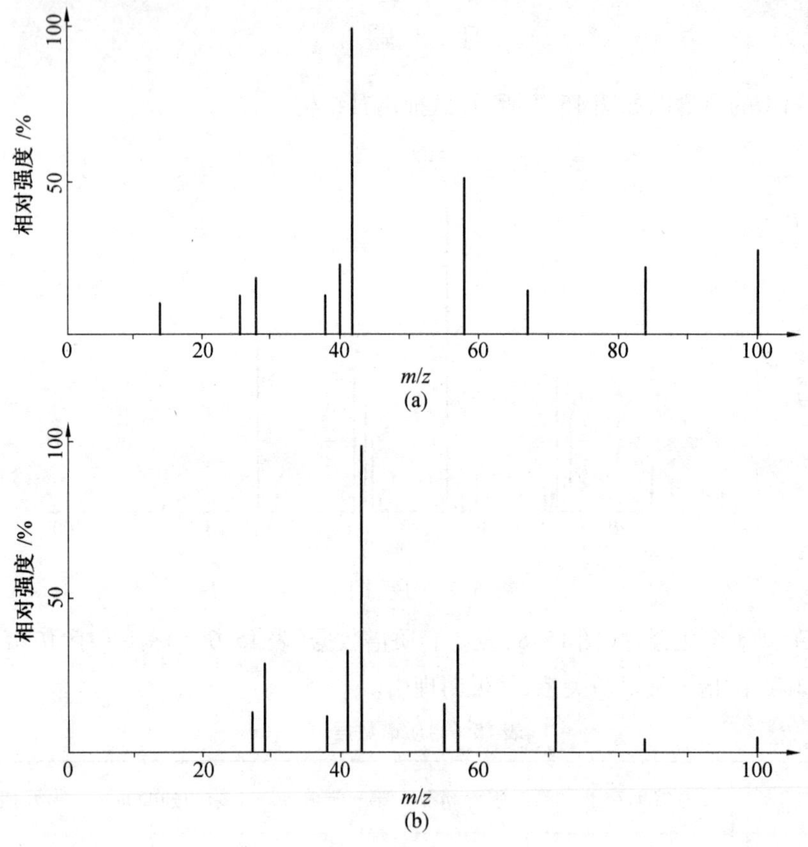

图 15.9　习题 3 图

4. 为确定某一未知物的结构，只得到质谱图（图 15.10），试确定该化合物的结构。

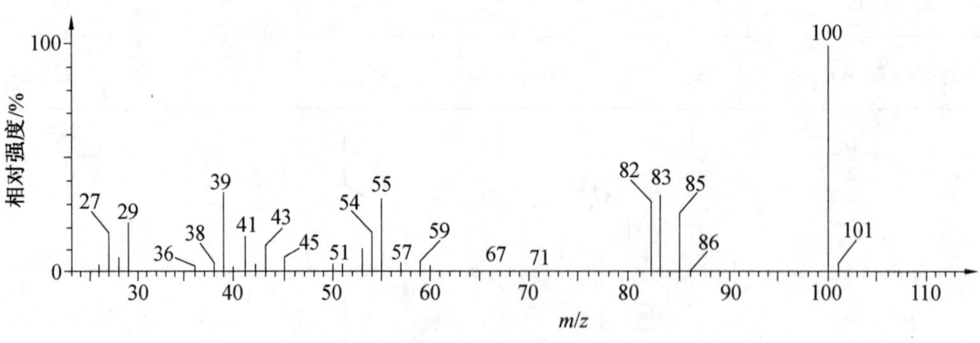

图 15.10　习题 4 图

5. 试判断以下两个谱图（图 15.11），哪种为 2-乙氧基丁烷，哪种为乙基正丁基醚？

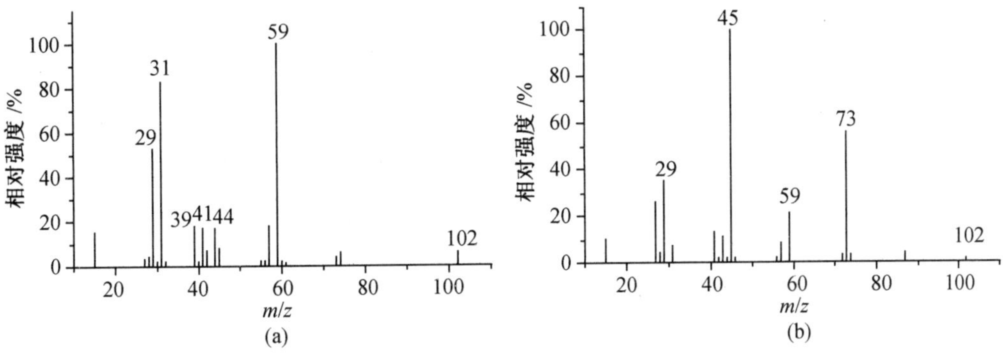

图 15.11　习题 5 图

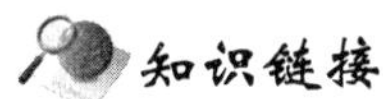

质谱仪的发明

质谱仪的发明者阿斯顿（Francis William Aston）是英国物理学家，他长期从事同位素和质谱的研究。他首次制成了聚焦性能较高的质谱仪，并用此来对许多元素的同位素及其丰度进行测量，从而肯定了同位素的普遍存在。同时根据对同位素的研究，他还提出了元素质量的整数法则。因此他荣获了 1922 年的诺贝尔化学奖。阿斯顿一生发表了许多论文，1922 年出版专著 *Isotopes*（《同位素》），1933 年重印时更名为 *Mass-spectra-and Isotopes*（《质谱与同位素》）。月球上有以其名字命名的“阿斯顿环形山”。

年轻的阿斯顿思想活跃，勇于接受新事物。当他仔细地研读了索迪的同位素假说后，立即认为这一假说是可以成立的。他采用了同位素的概念，用以解释他在实验中的发现。阳射线在电磁场作用下出现两条抛物线轨迹，表明同位素确实存在。由于同位素的质量不同，所以扩散时的速度也不同，故而出现两条抛物线轨迹。为了更清楚地证实这点，他先用分馏技术，然后又用扩散法，将氖同位素进行分离，最后再精确地测定它们的原子量，证实了 Ne^{20} 和 Ne^{22} 的存在，1913 年在全英科学促进会的会议上，阿斯顿宣读了因这些工作而撰写的论文，并做了实验演示，展示了两种氖同位素的试样。对于他的这项研究，同行们给予很高的评价。他也由此而获得了麦克斯韦奖。

第一次世界大战爆发后，阿斯顿应征入伍，来到皇家空军的一个部门，从事战时的科学研究。虽然身在军营，但是他从未忘记思考和整理前段时间对阳射线和同位素的研究。设想假若能发明一种仪器，可以测定各种元素均有同位素的存在，那么他的研究就可以有新的突破。为此，等到战争刚宣布结束，他就急忙地赶回卡文迪许实验室，开始新的攻关。

阿斯顿回到卡文迪许实验室不久，汤姆逊就任剑桥大学三一学院院长，著名物理学家卢瑟福接替了汤姆逊原先的工作，成为卡文迪许实验室的负责人。卢瑟福最早提出放射性元素的嬗变理论，因而对同位素的假说是理解的。他对阿斯顿的工作给予了很大的鼓励和具体的指导，使阿斯顿有足够的信心来实现自己的计划。

阿斯顿根据他原先改进的测定阳射线的气体放电装置，又参照了当时光谱分析的原理，设计出一个由离子源、分析器和收集器 3 个部分组成的，可以分析同位素并测量其质量及丰度的新仪器，这就是质谱仪。离子源部分使用来研究其同位素的物质形成离子，然后将离子流经过分析器，在恒定的电场和磁场作用下，各同位素的离子由于质量不同，各循不同的路径到达收集器，从它们到达收集器的位置和强度，可测得各同位素的质量和丰度。阿斯顿所研制的这一仪器也可以称为阳射线的光谱仪，是他从事阳射线和同位素研究成果的结晶。这种仪器测量结果的精度达到千分之一。因此使用这一仪器能帮助阿斯顿在同位素的研究中大显身手。

在质谱仪的帮助下，人们发现同位素的存在是个普遍的现象。阿斯顿在 71 种元素中发现了 202 种同位素。长期以来，元素一直是化学研究的主要对象，直到今天，由于阿斯顿的杰出工作，人们才发现元素具有这么丰富的内容。

第 16 章　热分析技术

16.1　简　　介

热分析技术(Thermal Analysis)是研究物质在程序控制的温度变化过程中其物理及化学性质变化,并将此变化作为温度或时间的函数来研究其规律的一种技术。

热分析技术具有检测快速、使用简便和连续性操作等优点,使其在无机化学、有机化学、高分子化学及催化研究等领域都有广泛的应用。特别是在催化领域,催化剂的活性、制备条件的选择及其组成的确定等都可以用热分析技术来分析。随着科学的不断发展,热分析技术在其他方面也将会具有广泛的应用。

热分析技术的发明和应用已有很长的历史,1780 年,英国人 Higgins 在研究石灰黏结剂和生石灰的过程中,第一次使用天平测量试样受热时所产生的质量变化,这也是热分析的一个雏形。英国人 Wedgwood 在 1782 年研究黏土时测得了第一条热重曲线,并发现黏土加热至暗红(500 ~ 600 ℃)时有明显失重。最初设计热天平的是日本东北大学的本多光太郎,他于 1915 年把化学天平的一端和秤盘用电炉围起来制成第一台热天平,但由于测定时间长而未能达到普及。直到 20 世纪 50 年代初期才有商业热天平供用户使用,我国第一台商业热天平是北京光学仪器厂于 20 世纪 60 年代制造的。

差热分析技术一般认为起源于法国,1887 年,法国物理学家 Henry-Louis Le Chartelier 应用热电偶测量黏土受热的变化过程,这还算不上是差热分析。两年后,英国人 Roberts 和 Austen 第一次采用温差热电偶的方法记录了样品和参比物之间的温差随时间或温度变化的规律,也就是差热分析仪的原始模型。1964 年,Wattson 和 O' Neill 等人发表了称之为"差示扫描量热法"的文章,提出了"差示扫描量热"的概念,后来被美国 Perkin-Elmer 公司采用并研制出差示扫描量热仪,即 DSC。

随着科学技术的发展,特别是电子技术的迅速发展,以及科学实验的应用需要,热分析的种类不断发展起来,如微商热重法、热机械法、逸出气体法、热光法、热磁法等多种热分析方法。

目前,热分析技术在科学研究中越来越显示了其重要性,现已成立了热分析方面的学术组织,即国际热分析协会(International Confederation for Thermal Analysis, ICTA),它是 1965 年成立的。我国于 1979 年在昆明成立了溶液化学-热力学-热化学-热分析专业组,并于 1980 年 10 月召开了第一次全国性学术会议。上海、北京、昆明等地也分别成立了地区性热分析专业组。

国际热分析协会(ICTA)对热分析总的定义规定为:在程序控温和一定气氛下,测量物质的物理性质与温度或时间变化关系的一类技术统称为"热分析"。ICTA 建议根据所测的物理性质的不同,热分析方法可分为9类17种(表16.1)。

表16.1 热分析方法的分类

物理性质	方　法	英文名称及缩写	备　注
质量	热重法	thermogravimetry(TG)	测定物质的质量与温度关系
	等压质量变化测定	isobaric mass - change determination	测定在恒定挥发物分压下的平衡质量与温度的关系
	逸出气检测法	evolved gas detection(EGD)	测定逸出的挥发物热导性与温度的关系
	逸出气分析	evolved gas analysis(EGA)	测定挥发物的类别及分量与温度的关系
	射气热分析	emanation thermal analysis	测定放射性物质与温度的关系
	热粒子分析	thermoparticulate analysis	测定放出的微粒物质与温度的关系
温度	升温曲线测定	heating-curve determination	测定物质温度与时间的关系
	差热分析	differential thermal analysis(DTA)	测定物质与参比物之间的温差与温度的关系
热焓	差示扫描量热法	differential scanning calorimetry (DSC)	测定物质与参比物的热流差(功率差)与温度的关系
尺寸	热膨胀法	thermodilatometry	包括线膨胀法和体膨胀法
力学量	热机械分析	thermomechanical analysis(TMA)	测定非振荡负荷下形变与温度的关系
	动态热机械分析	dynamic thermomechanical Analysis(DMA 或 DTMA)	测定振荡性负荷下动态模数(阻尼)与温度的关系
声学量	热发声法	thermosonimetry	测定声发射与温度的关系
	热传声法	thermoacoustimetry	测定声波的特性与温度的关系
光学量	热光法	thermophotometry	包括热光谱法、热折射法、热致发光法、热显微镜
电学量	热电法	thermoelectrometry	测定电学特性(电阻、电导、电容等)与温度的关系
磁学量	热磁法	thermomagnetometry	测定磁化率与温度的关系

虽然广义上热分析包括了这么多种类,但狭义上实际只限于DTA、DSC、TG、TMA、DMA、EGA等少数几种,本章重点介绍材料分析中应用最广的几种,包括TG和DSC(包括DTA)。

16.2 热重分析法

根据ICTA的定义,热重法(Thermogravimetry,TG)是在程序控温下测量物质与温度(或时间)关系的一种方法。从它又派生出微商热重法(DTG),它是将所得到的TG曲线再取其一阶导数的方法。凡是物质加热(或冷却)过程中有质量变化的都可以采用这两种方法进行测量。

16.2.1　系统组成

热重分析仪器实际上是一台热天平。图 16.1 是近代热天平的原理图，其主要组成部分有记录天平、炉子、程序控温系统、记录仪和工作站等。其中心部分为加热炉，样品以机械方式与一个分析天平相连接，故也可称其为热天平。

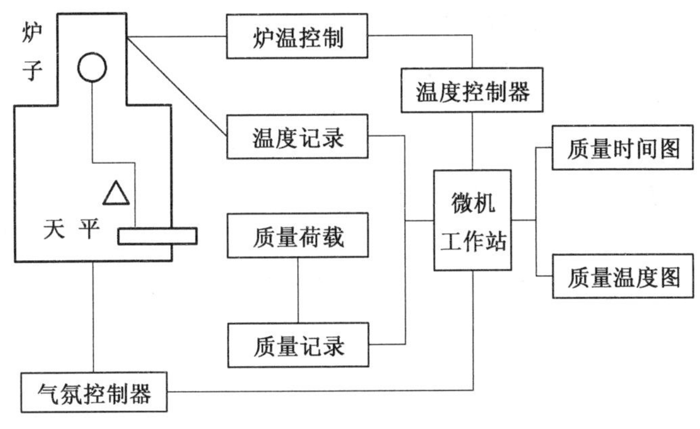

图 16.1　近代热天平的原理图

热天平是实现热重测量技术而制作的仪器，它是在普通分析天平的基础上发展起来的，它具有一些特殊要求的精密仪器。它应该在过高或过低的温度或极端条件下都必须保持精密和准确。

根据试样天平横梁支承点之间的相对位置，可以将热天平分为下皿式、上皿式与水平式 3 种。不管哪一种都包括炉子、坩埚支持器、保护管和热天平 4 个部分。

检测质量变化最常用的办法就是用热天平。测量的原理可分为变位法和零位法两种。所谓变位法，是根据天平梁倾斜度与质量变化成比例的关系，用差动变压器等检测倾斜度，并自动记录。零位法是采用差动变压器法、光学法测定天平梁的倾斜度，然后去调整安装在天平系统和磁场中线圈的电流，使线圈转动恢复天平梁的倾斜。由于线圈转动所施加的力与质量变化成比例，这个力又与线圈中的电流成比例，因此只需测量并记录电流的变化，便可得到质量变化的曲线。

16.2.2　基本原理

热重法(TG)是在温度程序控制下，测量物质质量与温度或时间关系的技术。由热重法测得的记录为热重曲线(TG 曲线)，热重曲线对温度或时间一阶导数所得到的曲线为微商热重曲线(DTG 曲线)。下面就对这两种曲线的分析作以简要的介绍。

1. 热重曲线

热重曲线(TG 曲线)是以温度(或加热时间)为横坐标，质量为纵坐标绘制的关系曲线，表示加热过程中样品失重累积量。其中质量的单位为 mg 或百分比(%)，温度的单位为 ℃或 K，一般都以温度作为横坐标。

图 16.2 是典型的热重曲线图。图中 *AB* 和 *CD* 为平台，表示 TG 曲线中质量不变的部

分，两平台之间的部分称为台阶。B 点所对应的温度为起始温度（T_i），是指积累质量变化达到天平能检测程度时的温度；C 点所对应的温度为终止温度（T_f），是指积累质量变化达到最大时的温度。$T_f \sim T_i$（B、C 点间温度差）为反应区间，测定曲线上平台之间的质量差值，可以计算出样品在相应温度范围内减少的质量分数。此外，除将 B 点对应的温度作为 T_i 外，也有将 AB 平台线的延长线与反应区间的曲线的切线的交点对应的温度取作 T_i，也就是图 16.2 中的 E 点所对应的温度。除将图中 C 点所对应的温度取作 T_f 外，也有将 CD 平台线的延长线与反应区间的曲线的切线的交点对应的温度取作 T_f，如图 16.2 中的 F 点。

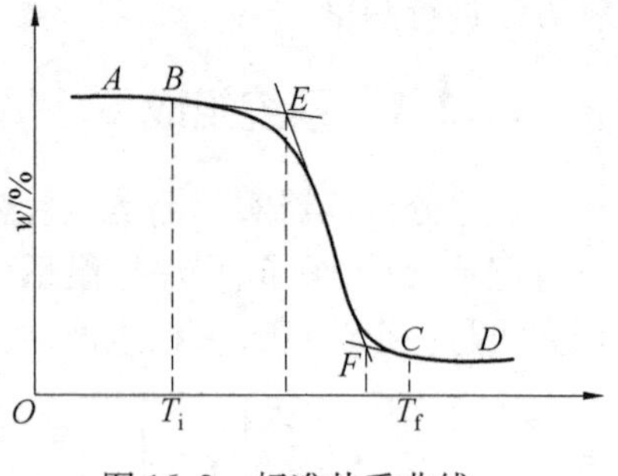

图 16.2　标准热重曲线

图 16.2 为一个台阶的标准曲线，实际所得到的曲线可含有多个台阶，其中台阶的大小表示质量的变化量，台阶的个数代表热失重的次数。一般每个台阶都代表不同反应，或样品中的不同物质的失重。

2. 微商热重曲线

微商热重曲线是以质量对温度（或时间）的一阶段导数为纵坐标，温度（或时间）为横坐标所做的关系曲线，表示样品质量变化速率与温度（或时间）的关系。图 16.3 是典型的 DTG 与 TG 曲线的比较图。

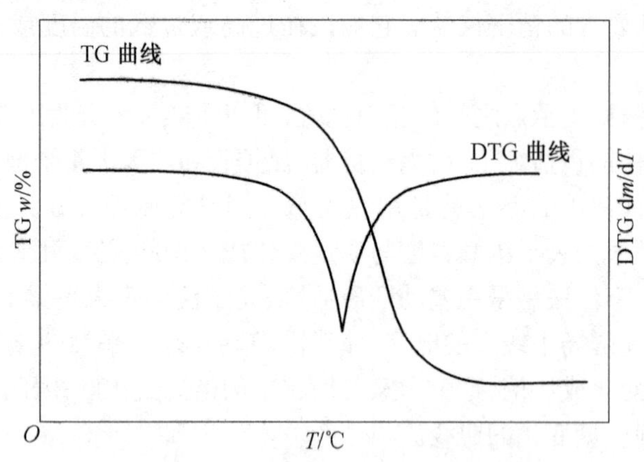

图 16.3　典型的 TG、DTG 标准曲线

由图 16.3 可以看出，DTG 曲线的峰与 TG 曲线质量变化阶段相对应，DTG 峰面积与样品的质量变化量成正比。DTG 曲线较 TG 曲线有很多优点，下面就对其进行简单的介绍。

①可以通过 DTG 的峰面积精确地求出样品质量的变化量，能够更好地进行定性和定量分析。

②从 DTG 曲线可以明显地看出样品热重变化的各个阶段，这样可以很好地显示出重叠反应，而 TG 曲线中的各个阶段却不易分开，很难起到 DTG 曲线的作用。

③能方便地为反应动力学计算提供反应速率数据。

④DTG 与 DTA 具有可比性，将 DTG 和 DTA 进行比较，可以判断出是质量变化引起的峰还是热量变化引起的峰，而 TG 对此无能为力。

另外必须注意的是，DTG 的峰顶温度反映的是质量变化速率最大时所对应的温度，而不是样品的分解的温度，或样品开始失重的温度。

16.2.3　影响因素

影响 TG 及 DTG 曲线的因素主要有仪器和实验条件两方面的因素，下面就分别简要介绍。

1. 仪器因素

仪器对 TG 及 DTG 曲线的影响可以总结为震动、浮力、冷凝和对流对测试结果的影响，其中以浮力和冷凝的影响最为严重。

(1)震动。

因为热重测量是连续测量不同温度或时间的质量的变化，而震动会引起天平静止点发生变化，这种变化也会被记录下来从而影响所得到的实验数据。因此，在测量热重时要严格防震。

(2)浮力。

温度升高会使试样和热天平部件的周围气体发生热膨胀，从而使密度减小，造成表观增重，比如一个质量为 8 g、体积为 3 mL 的坩埚，由于加热时浮力的减小，将引起表观增重 2.5 ~5.4 mg。据计算，300 ℃时的浮力降低到常温浮力的 1/2 左右，900 ℃时减少到 1/4 左右。解决的方法是在相同条件下做一空白实验，并作一条基线，目的是消除浮力效应造成的 TG 曲线的漂移。

(3)冷凝。

试样受热分解或升华逸出的挥发物会在热天平的低温区再冷凝。这些冷凝物会污染仪器，并使测得的样品质量偏低。温度进一步上升还会使这些冷凝物再次挥发造成假失重，使 TG 曲线变形，所测得的数据不能重复。减小试样用量、选择合适的吹扫气体流量或使用较浅的试样皿都可以减少再冷凝。

(4)对流。

由于热天平处于常温中而试样处于高温环境下，这样会产生热对流。它会对试样产生向上(或向下)的力，使质量发生变化，进而影响测试的数据。可以采用设置热屏板，或在天平部分和试样之间设置冷却水加以避免，还可以改变天平的梁、试样盘和炉子三者的相对位置来减少这种影响。

2. 实验条件

实验条件对 TG 和 DTG 曲线的影响主要有升温速率、气氛和所用的样品，这些条件对热重曲线的影响都很大。

(1)升温速率。

升温速率的快慢会影响到 T_i 和 T_f，升温速率越快会使温度的滞后越大，进而使 T_i ~ T_f 的分解温度区间增大，为了得到较好的热重曲线，一般把升温速率定为 5 ~ 10 ℃/min。

(2)气氛。

气氛对热重曲线的影响有气氛的种类和气氛的类型。一般常见的气氛有空气、O_2、N_2、He、Ar 等气体,需要根据不同的要求来选择不同的气氛,单一的热分解过程需选择 N_2 和 He 等惰性气氛,热氧化过程则需选择空气或氧气等气氛,它们所测得的 TG 和 DTG 曲线是不同的。此外,气氛还分为动态气氛与静态气氛,一般选择动态气氛,以便及时带走分解物。静态气氛只能用于分解前的稳定区域,或在强调减少温度梯度和热平衡时使用,它们对热重曲线也有一定的影响。

(3)样品。

样品的用量、粒度和装填情况都会影响热重曲线,为了得到较好的热重结果,一般要求测试样品的粒度不宜太大、装填的紧密程度应适中。样品量过大会使挥发物不易逸出并影响热重曲线变化的清晰度。因此,试样用量应在热重测试的灵敏度范围内尽量减少。

此外,同样的样品在不同厂家不同型号的仪器所得到的结果也会有不同。所以进行热重分析时为了得到最佳的可比性,应该尽可能稳定每次实验条件,以便尽可能减少误差,使分析结果更能说明问题。

16.2.4 测试技术

热重试验前要对温度进行校正,一般至少应当每半年进行一次温度校正。型号较早的热重分析仪采用居里点法和吊丝熔断法对其进行校正,对于 TG/DSC 联用仪,则可用标准物质同时进行温度标定和灵敏度标校验。

居里点法是根据铁磁材料在外磁场作用下达到居里点时(失去磁性)有表现失重的特性进行温度标定。将不同的金属(一般采用 5 种)或合金结合起来就可以在较大温度范围内进行标定,因为不同金属或合金的居里点不同。吊丝熔断法是将金属丝制成直径小于 0.25 mm 的吊丝,用吊丝把一个约 5 mg 的铂线圈砝码挂在热天平的试样容器一端,当温度超过金属吊丝熔点时,砝码掉下来,进而对温度进行标定。现在的热重分析仪可直接用电子技术对热电偶进行校正。

进行 TG 实验前,需根据样品特点和对样品的要求,综合考虑上述各种影响因素,按照操作规程进行试验。首先要根据对样品的要求(温度范围和升温速率)做基线(如果存有符合要求的基线数据,也可直接调出使用)。

为确保实验的准确性和可重复性,最好先在待进行的温度范围内进行“老化实验”,以消除湿气的可能影响,如做低温热重实验,则要反复进行抽真空-充氮气(氦气)过程以防止水分对热重曲线的影响。为了保证样品测试中不被氧化或与空气中的某种气体进行反应,需要对测量管腔进行反复抽真空并用惰性气体置换。一般置换 2 ~3 次即可。

热重实验中的样品制备对热重曲线的分析有很大的影响,因此有必要在此简述一下样品制备应该注意的事项。

首先要检查并保证测试样品及其分解物不能与测量坩埚、支架、热电偶等部件或吹扫气体发生反应,否则会损伤热重分析仪并且所得到的数据也没有实用价值。此外,样品可以是粉末状、颗粒状、片状、块状、固体和液体,但需保证与测量坩埚底部接触良好,样品的用量不宜过多也不宜过少(一般为坩埚中的 1/3 厚),对于热反应剧烈或在反应过程中易产生气泡的样品,应适当减少样品量。最后需要注意的就是保证样品测量时的温度稳定和天平稳定后所计的数才有效。除测试要求外,测量坩埚应加盖,以防反应物因反应剧烈溅出而污染仪器。

16.3　差热分析法

差热分析(Differential Thermal Analysis,DTA)是在程序控制温度下,测量样品与参比物之间的温度差和温度之间关系的一种技术。下面就从差热分析的系统组成、基本原理、影响因素和测试方法分别简要介绍。

16.3.1　系统组成

差热分析仪主要由加热炉、热电偶、参比物、温差检测器、程序温度控制器、差热放大器、气氛控制器、*X*-*Y* 记录仪等组成,其中较关键的部件是加热炉、热电偶和参比物,其结构示意图如图 16.4 所示。

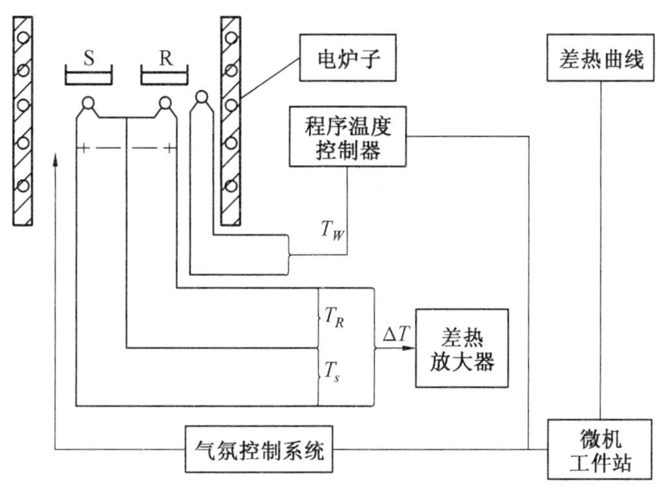

图 16.4　差热分析仪结构示意图

如图 16.4 所示,两个小坩埚 S 和 R(样品池)置于金属块(如钢)中相匹配的空穴内,R 和 S 分别为参比物和样品。将参比物和样品分别放入坩埚内,并且所加入的量要相等。在盖板的中间空穴和左右两个空穴中分别插入热电偶,以测量金属块和样品、参比物的温度。金属块通过电加热而慢慢升温,由于两坩埚中热电偶产生的电信号正好相抵消,其输出信号也为零。只要样品发生物理变化,就伴随热量的吸收和放出。例如,碳酸钙分解时逸出 CO_2,它就从坩埚中吸收热量,其温度显然低于参比物,它们之间的温差给出负信号;反之,若由于相变或失重导致热量的释放,样品温度高于参比物,直到反应停止,此时两者温差给出正信号,最后工作站将这些信号转变成 DTA 曲线。

差热分析仪器中的加热和温度控制装置与热重分析中使用的装置类似,根据热源的特性可分为电热丝加热炉、红外加热炉、高频感应加热炉等几种,其中电热丝加热炉最为常见。一般要求炉内具有均匀的炉温区,以便试样与参比样能够均匀受热,并且炉子的结构对热电偶应无影响,否则会使测得的结果不够准确。

差热分析法的主要特点之一是方便而且能再现地取得试样和参比物的实际温度的正确读数。根据使用仪器的不同,热电偶可以插入试样中,或者简化成与试样架直接接触。在任何情况下,热电偶对于每次实验都必须精确定位,参比物热电偶和试样热电偶对温度的影响应该相匹配,并且试样热电偶和参比物热电偶在炉内位置应该完全对称。热电偶的材料选择非常重要,一般选用镍铬-镍铝、铂-铂铑、铱-铑铱等材料作为热电偶材料,其中测试温度在 1 000 ℃以下的多采用镍铬-镍铝,而在 1 000 ℃以上的则应采用铂-铂铑为宜。

16.3.2 基本原理

按照 ICTA 的规定,差热分析(DTA)是在程序温度下,测量试样与参比物的温度差与温度关系的技术。样品与参比物同时置于加热炉中,以相同的条件升温或降温,其中参比物在受热过程中不发生热效应。因此,当样品发生相变、分解、化合、升华、失水、熔化等热效应时,样品与参比物之间就产生差热,利用差热电偶可以测量出反映该温度差的差热电势,并经微伏直流放大器放大后输入记录器即可得到差热曲线。

数学表达式为

$$\Delta T = T_s - T_r = f(T\text{ 或 }t)$$

式中,T_s、T_r 分别代表试样及参比物温度; T 为程序温度;t 为时间。

图 16.5 是一个典型的吸热 DTA 曲线。纵坐标为试样与参比物的温度差(ΔT),向上表示放热,向下表示吸热,横坐标为温度(T)或时间(t)。

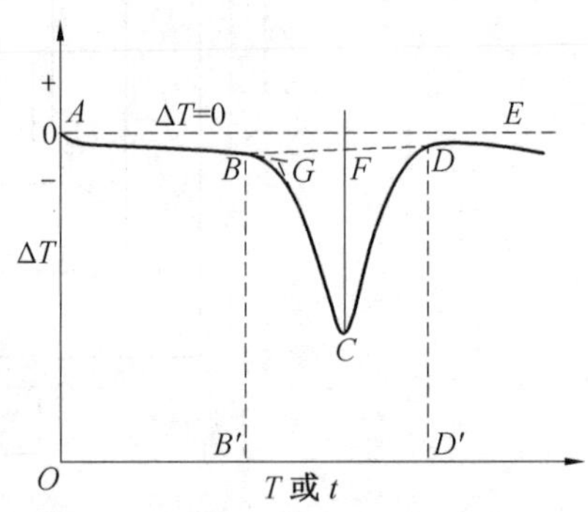

图 16.5 典型的吸热 DTA 曲线

差热分析曲线反映的是过程中的热变化,物质发生的任何物理和化学变化,其 DTA 曲线上都有相应的峰出现。如图 16.5 所示,AB 及 DE 为基线,是 DTA 曲线中 ΔT 不变的部分;B 点称为起始转变温度点,说明样品温度开始发生变化;BCD 为吸热峰,是指样品产生吸热反应,温度低于参比物质,ΔT 为负值(峰形凹起于基线),若为放热反应,则图中出现放热峰,温度高于参比物质,ΔT 为正值(峰形凸起于基线);$B'D'$为峰宽,为曲线离开基线与回至基线之间的温度(或时间)之差;C 点为样品与参比物温差最大的点,它所对应的温度称为峰顶温度,通常用峰顶温度作为鉴别物质或其变化的定性依据;CF 为峰高,是自峰顶 C 至补插基线 BD 间的距离;$BGCD$ 的面积称为峰面积,面积有很多方法进行计算,具体方法可参考其他热分析书。

DTA 法可用来测定物质的熔点,实验表明,在某一定样品量范围内,样品量与峰面积呈线性关系,而后者又与热效应成正比,故峰面积可表征热效应的大小,是计量反应热的定量依据。但在给定条件下,峰的形状取决于样品的变化过程。因此从峰的大小、峰宽和峰的对称性等还可以得到有关动力学的信息。根据 DTA 曲线中的吸热或放热峰的数目、形状和位置还可以对样品进行定性分析,并估测物质的纯度。

差热分析时，将试样和参比物对称地放在样品架上的样品池内，并将其置于炉子的恒温区内。当程序加热或冷却时，若样品没有热效应，样品与参比物没有温差，$\Delta T=0$，此时记录曲线为一水平线；若样品有热效应，则样品与参比物有温差，$\Delta T\neq 0$。如果是放热反应，ΔT 为正值，曲线偏离基线移动，直至反应结束，再经过试样与参比物之间的热平衡过程而逐渐恢复到 $\Delta T=0$，形成一个放热峰；如果是吸热反应，ΔT 为负值，曲线偏离基线移动，结果形成一个吸热峰。样品在加热或冷却过程中常见的化学变化或物理变化的热效应见表 16.2。

表 16.2　差热分析物理化学或化学变化的热效应

物理现象	反应热		化学现象	反应热	
	吸热	放热		吸热	放热
晶型转变	+	+	化学吸附	-	+
熔融	+	-	去溶剂化	+	-
蒸发	+	-	脱水	+	-
升华	+	-	分解	+	+
吸附	-	+	氧化降解	-	+
解吸	+	-	氧化还原反应	+	+
吸收	+	-	固态反应	+	+

注：+表示可检测；-表示观察不到

16.3.3　影响因素

差热曲线的影响因素包括仪器、操作条件和试样 3 个方面的因素。

1. 仪器的影响

仪器的加热方式、炉子形状、尺寸对 DTA 曲线都有影响。这些因素会影响 DTA 曲线的基线稳定性和平直性。样品支持器对曲线也有很大的影响，尤其是均温块体的结构和材质，低导热系数的材料如陶瓷制成均温块体对吸热过程有较好分辨率，测得的峰面积较大。此外，试样支持器与参比物支持器要完全对称，它们在炉子中的位置及传热情况都要仔细考虑。

热电偶对 DTA 曲线上的峰形、峰面积及峰在温度轴的位置都有一定的影响。其中，热电偶的接点位置、类型和大小影响最大。热电偶的材料决定温度电势特性，同种材料制得的热电偶，其温度电势特性也不完全一致，相应的 DTA 曲线也不同。另外，要考虑热电偶接点对于试样和参比物的对称配置。不对称配置会使 DTA 曲线的重复性变差。还有一点，是仪器的电路系统的工作状态的影响，其中影响最大的是仪器的微伏直流放大器的抗干扰能力、信噪比和稳定性及对信号的响应能力。

2. 操作条件的影响

升温速率是对 DTA 曲线产生最明显影响的实验条件之一，升温速率增大时，峰顶温度通常向高温方向移动，峰的大小和位置都有变化。气氛对 DTA 曲线也有很大的影响，不同性质的气氛(氧化气氛、还原气氛或惰性气氛)对 DTA 测定有较大影响。气氛对试样的影响决定了气氛对 DTA 测定的影响。气氛对 DTA 测定的影响主要发生于那些可逆的固体热分解反应,而对不可逆的固体热分解反应影响不大。压力对 DTA 测定也有影响,对于不涉及气相的物理变化(晶型转变、熔融、结晶),转变前后体积基本不变或变化不大,那么压力对转变温度的影响很小,DTA 峰温基本不变。相反,有气相变化的物理变化(热分解、升华、汽化、氧化)的 DTA 测试受压力的影响很大。

3. 试样的影响

试样的影响包括试样量的影响、参比物和稀释剂的影响。试样用量越多,内部传热时间越长,所形成的温度梯度越大,DTA 峰形就会扩张,而且试样用量过多还会使分辨率下降,峰顶温度会移向高温,即温度滞后会更严重。作为参比物必须满足在所使用的温度范围内是热惰性的,且参比物与试样比热容及热传导率相同或相近,一般都采用$\alpha-Al_2O_3$(高温煅烧过的氧化铝粉末)。满足以上两个条件才能使 DTA 曲线基线漂移小。

表 16.3 列举了一些用于差热分析的常见参比物质。对于无机样品,氧化铝、碳化硅常用作参比物,而对于有机样品,则可使用有机聚合物,例如硅油。

表 16.3 用于差热分析的常见参比物质

化合物	温度极限/℃	反应性	化合物	温度极限/℃	反应性
碳化硅	2 000	可能是一种催化剂	硅油	1 000	惰性的
玻璃粉	1 500	惰性的	石墨	3 500	在无 O_2 气氛中是惰性的
氧化铝	2 000	与卤代化合物反应	铁	1 500	约 700 ℃时晶形变化

为了使试样和参比物的热导率相匹配,还需要使用稀释剂。一般稀释剂可以选择表 16.3 所列的物质,但要求试样存在时稀释剂必须是惰性的。此外,稀释剂还可使试样量维持恒定。

总之,DTA 的影响因素是多方面的、复杂的,有的也是较难控制的。因此,要用 DTA 进行定量分析,一般误差很大,比较困难。如果只作定性,主要看峰形和要求不很严格的反应温度,则很多因素可以忽略,只考虑试样量和升温速率。

16.3.4 测试技术

这里主要介绍 DTA 测试过程中需要注意的一些事项,以便得到较好的测试结果,方便读者使用。

首先要做的是基线调整,因为基线呈向上突起时,其峰高、峰宽乃至求取峰面积均会带有一定的任意性,难以判断有怎样的热量变化。为避免这种情况,须调整在使用温度范围内的基线。操作方法主要是调整平衡旋钮,使在使用温度范围内的时间坐标(以一定速率升温表示的温度坐标)变成趋于平行的基线。

其次就是选择试样容器,这里容器的选择要根据所测的样品而定,预定温度在 500 ℃以下时用铝容器,超过 500 ℃则使用铂容器。如果发现与样品发生反应的容器则应使用氧化铝容器。根据试样的状态,也可加盖卷边或密封。

最后要注意的就是取样。对取样的要求也就是影响因素里面所提到的几点,再次提醒要注意的是尽量使试样内部的温度分布均一,试样容器与传感器的接触要良好,对于固相、液相向气相的反应(分解、脱水反应等)要注意控制其反应速率。

16.4　差示扫描量热法

差示扫描量热法(Differential Scanning Calorimetry,DSC)指在程序控温下,测量单位时间内输入到样品和参比物之间的功率差与温度关系的一种技术。它与 DTA 都是测定物质在不同温度下吸热或放热变化。

16.4.1　系统组成及原理

根据测量方法,可分为热流式差示扫描量热法和功率补偿式差示扫描量热法。不同的测量方法所用的仪器结构也有所差异,下面简要介绍常用的功率补偿式差示扫描量热法。

功率补偿式 DSC 的结构如图 16.6 所示。其主要特点是分别具有独立的加热器和传感器对试样和参比物的温度进行监控,其中一个控制温度,使试样和参比物在预定的速率下升温或降温;另一个用于补偿试样和参比物之间所产生的温差。此温差是由试样的放热或吸热效应产生的。通过功率补偿使试样和参比物的温度保持相同,这样就可以通过补偿的功率直接求算热流率。

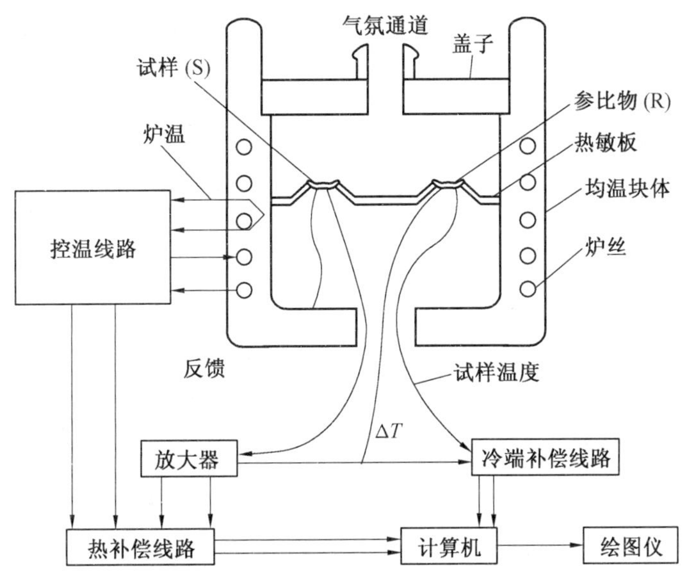

图 16.6　功率补偿式 DSC 示意图

对于功率补偿式 DSC 技术要求试样和参比物温度比较严格,无论试样吸热或放热都要处于动态零位平衡状态,使 $\Delta T=0$,这是 DSC 和 DTA 技术最本质的区别,实现 $\Delta T=0$ 的办法就是通过功率补偿。

DSC 曲线图的分析参见 16.5 节的热分析应用。

16.4.2　影响因素

影响 DSC 的因素很复杂，总体上可分为仪器因素、操作条件和样品 3 方面的影响，下面就分别从这 3 方面简要介绍。

1. 仪器因素

炉子的结构与尺寸对 DSC 曲线有很大的影响，它包括试样和参比物是否放在同一容器内、热电偶置于样品皿内外、炉子采用内加热还是外加热、加热池及环境的结构几何因素等。因此不同仪器测得的结果差别较大，甚至同一仪器的重复性欠佳。此外，均温块体也是影响基线好坏的重要因素，均温区好，其基线平直，检测性能稳定。热电偶的位置和形状也会影响 DSC 曲线结果，热电偶的位置不当会使曲线产生各种畸变。

2. 操作条件

对 DSC 影响的主要是升温速率和气氛，常用的升温速率范围为 5～20 ℃/min，一般都以 10 ℃/min。升温速率会影响 DSC 的峰面积和峰的形状，升温速率较快会使峰面积增大、峰形状变陡，还会掩盖小峰使分辨率变差，而低升温速率会使 DSC 的灵敏度变高，如图 16.7 所示。因此，应根据样品的实际情况，采用不同的升温速率。气氛的化学活性、流动状态、流速和压力等也会影响测试结果。可以被氧化的试样，在空气或氧气中会有很强的氧化放热峰，在 N_2 等惰性气体中则没有。因此，应该根据不同的测试选用不同的气氛。

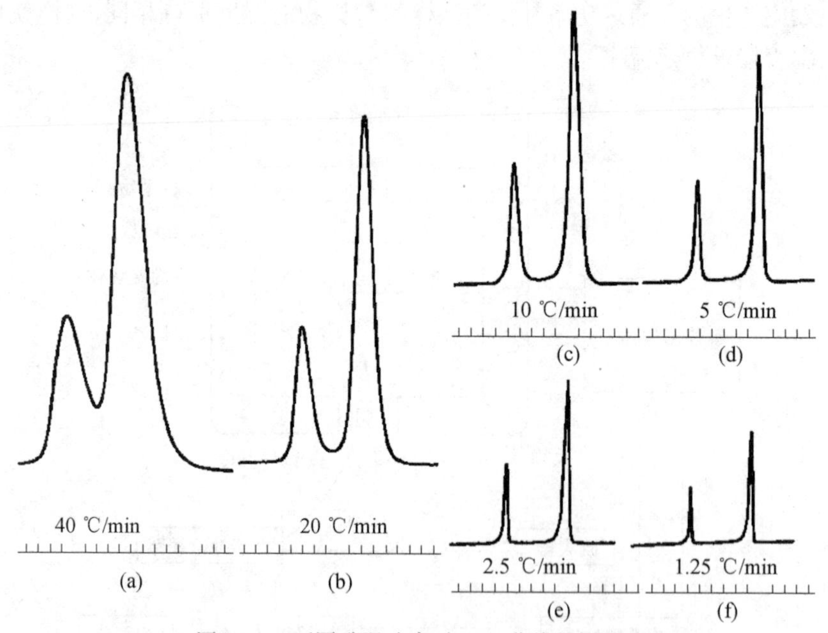

图 16.7　不同升温速率对 DSC 曲线的影响

3. 样品与参比物

DSC 曲线峰面积与样品的热导率成反比，而热导率与样品颗粒大小分布和装填的疏密程度有关，接触越紧密，则传导越好。在灵敏度足够的前提下，试样的用量应尽可能少，这样可减少因试样温度梯度带来的热滞后，一般以 5～10 mg 为宜，对于热效应很大的样品，可用热惰性物质（如 α-Al_2O_3）稀释。ΔT 与 ΔW 均是样品与参比物之差，因此作为参比的物质自身在测试温度范围内必须保持物理与化学状态不变，除因热容升温所吸热外，不得有任何热效应。在材料的热分析中,最常用的参比物为 $\alpha-Al_2O_3$。

通常 DSC 在开始测定时信号并不是直线,而是向上或向下大幅度偏转,2 ~ 3 min 之后才会回到直线。这是因为 DSC 扫描之前,加热炉内参比皿与试样皿是处于热平衡的,此时热流速率趋近于零。若令加热炉以每分钟若干度强制升温,由加热器所产生的热量经导热性非常好的金属薄板源源不断地同时涌入参比皿和试样皿,使得两者以同样的温度上升。但因两者的质量(或比热容)不同,样品皿内多了待测样品质量,自然需要较多的热量流入,所以可以观察到 DSC 信号偏离基线的程度随样品量的增大而增大,或随升温速率的增大而增大。

16.4.3　测试方法

DSC 可用于除气体外,固态、液态或浆状样品的测定。装样的原则是尽可能使样品既薄又广地分布在试样皿内,并且样品要尽量小,以便减少试样与试样皿之间的热阻。需注意的是,挥发性液体不能用普通试样皿,必须采用耐压(0.3 MPa)的密封皿,测沸点时要用盖上留有小孔的特殊试样皿。

在试验前要保证样品池清洁、仪器稳定,并选好温度区间以便得到一个较好的基线。如果样品池进行过清理或更换或基线最佳化处理后则需要对仪器进行温度和能量的校正,一般采用 99.999% 的高纯铟进行温度和热量的校正。表 16.4 为一些标准物质的温度校验标准,表中“I”表示晶型转变,“F”为熔化,“D”为脱水,“De”为分解。此外,不同加热速率的校正值是不同的,必须选用测定时所用速率来校正。

表 16.4　ICTA 的 DSC/DTA 温度校验标准

物质名称	转变方式	转变温度/℃	转变热/($cal \cdot g^{-1}$)
KNO_3	I	127.7	12.8
In	F	157.0	6.8
Sn	F	231.9	14.5
$BaCl_2 \cdot 2H_2O$	D	120	119
$KClO_4$	De	299.5	26.5
Pb	F	327.4	5.9
Zn	F	419.5	24.4
Al	F	658.5	95.2
SiO_2	I	573	4.83
$CaCO_3$	De	787	468

在操作的过程中应注意用力不宜过大,以免样品池损坏。操作温度应根据不同的试样皿来选择,不宜过高,否则也会对样品皿造成很大的伤害。此外应该注意的是电路的连接不能短路,样品应该被封住。

16.5　热分析应用

热分析的应用非常广泛,热重分析(TG)可用于测试不同气氛中材料的热稳定性、热分解和氧化降解等质量变化的所有过程。差热分析(DTA)可应用于单质和化合物的定性和定量分析、反应机理研究、反应热和比热容的测定。差示扫描量热(DSC)分析可用于测量物质的热稳定性、氧化稳定性、结晶度、反应动力学、熔融热焓、结晶温度及纯度等。热分析可应用于多个领域,在高分子、催化、无机材料及药物分析等方面都有应用。下面就分别从这几个领域分别对热分析的应用作以简单的介绍。

16.5.1　热分析在高分子材料中的应用

热分析在高分子材料中的应用比较广泛,热分析的操作过程、分析过程简单,可以比较直观地了解高分子材料的内部结构。通过热分析可以了解高分子材料的热稳定性、玻璃化转变温度和结晶转变温度等。

1. 热稳定性的评价

用 TG 法通过惰性气氛可以研究有机材料的热稳定性。最简单的方法是将不同材料的 TG 曲线画在同一张图上,直观地进行比较。图 16.8 为同样条件下测定的 5 种高分子的热重曲线。

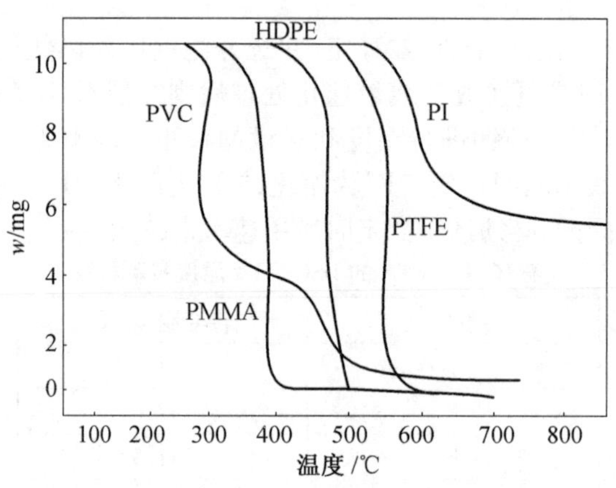

图 16.8　几种材料的相对热稳定性

从图 16.8 可以看出不同材料失重最剧烈的温度,并由此比较它们的热稳定性。其中 PVC 是聚氯乙烯,PMMA 是聚甲基丙烯酸甲酯,HDPE 是高压聚乙烯,PTFE 是聚四氟乙烯,PI 是芳香族聚酰亚胺。由图 16.8 可以看出它们的热稳定性顺序为 PVC<PMMA<HDPE<PTFE<PI,这主要从材料本身的失重温度来判断。

2. 玻璃化转变温度 T_g

有机材料的 DSC 的基线平移的温度称为玻璃化转变温度(T_g),这是因为热容发生变化而引起的,由于 DTA 曲线比较简单,如图 16.9(a)所示。这里主要简述 DSC 曲线分析 T_g 的方法,图 16.9(b)即是 T_g 测定的典型 DSC 曲线示意图。图 16.9(b)中 A 点是 DSC 曲线开始偏离基线的点,是玻璃化转变的起始温度,把低温区的基线由 A 点向右外延,并与转变区切线相交的点 B 作为外推起始温度。ICTA 已做出了在曲线上如何决定 T_g 的规定,即将外推起始温度(以转折线的延线与基线延线的交点 B)作为 T_g,也有人将中点温度 O 作为玻璃化转变温度 T_g,将转变区曲线与高温区基线向左外推的交点通常作为终止温度。在 T_g 转变区往往会出现一个异常小峰(焓变松弛),其峰回落后与基线的交点称为外推玻璃化温度。

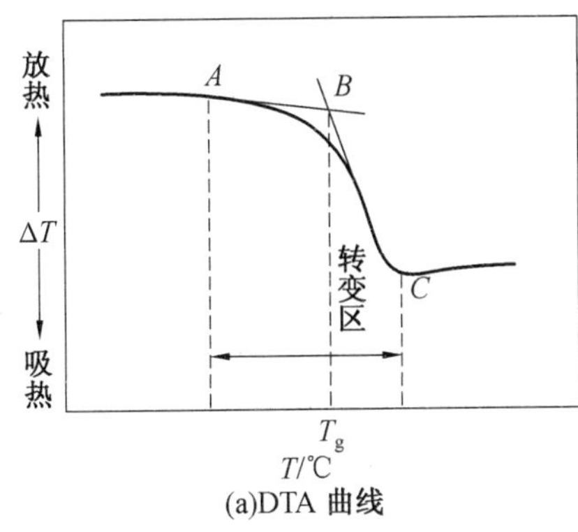

(a)DTA 曲线

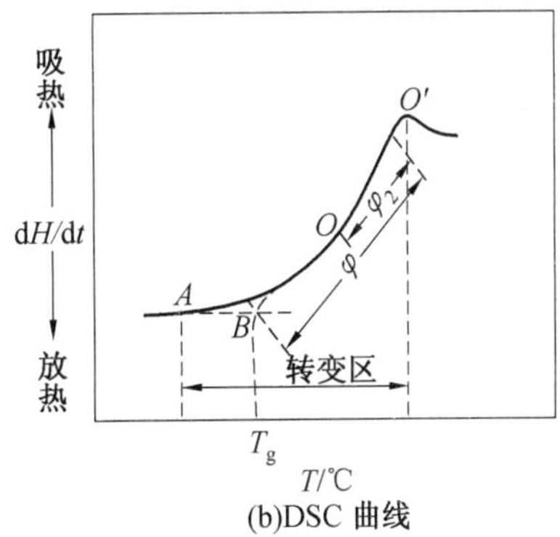

(b)DSC 曲线

图 16.9　玻璃化转变温度(T_g)测定曲线

由于玻璃化转变是一种非平衡过程,操作条件和样品状态会对实验结果有很大影响。其中升温速率越快,玻璃化转变越明显,测得的 T_g 值也越高。测 T_g 时常用 10 ~ 20 ℃/min的升温速率,为便于对比,测定的 T_g 值应当注明升温速率和条件。样品的热历史对 T_g 也有明显的影响,因此需消除热历史的影响才能保证同类样品玻璃化转变温度的可比性。消除热历史的方法是将样品进行退火处理,退火温度应高于样品的玻璃化转变温度,但如消除结晶对 T_g 的影响,则应加热到熔点上,消除热历史。此外,样品中残留的水分或溶剂等小分子化合物有利于有机材料分子链的松弛,从而使测定的 T_g 值偏低。因此试验前应将样品烘干,彻底除尽残留的水分或溶剂。

玻璃化转变温度 T_g 除了取决于聚合物的结构之外,还与聚合物的相对分子质量、增塑剂的用量、共聚物或共混物组分的比例、交联度的多少以及聚合物内相邻分子之间的作用力等有关系。

3. 结晶、熔化及蒸发温度

通过 DSC 曲线可以得出材料的结晶温度、熔化温度及蒸发温度,而且还能从 DSC 曲线图中得出所需要的能量。Lubaina 等人研究了水的 DSC 曲线,如图 16.10 所示。水的

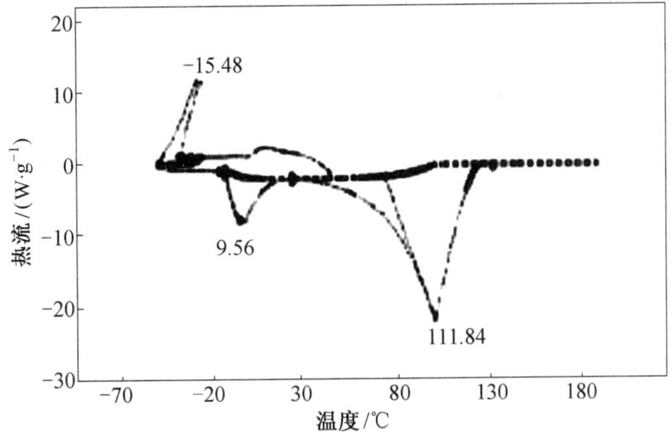

图 16.10　水的 DSC 曲线

DSC 曲线中有 3 个明显的峰，分别在 0 ℃、10 ℃和 112 ℃。0 ℃的吸热峰为结晶温度，然后是 10 ℃的熔化吸热峰，最后是 112 ℃的蒸发吸热峰，所需的能量为 2 200 J · g^{-1}。

16.5.2 热分析在催化中的应用

热分析是催化剂分析的主要方法之一，通过热分析可以了解催化剂的热稳定性及负载量的热分解过程等。

如图 16.11 所示，纯 $Ni(NO_3)_2 \cdot 6H_2O$ 无论在空气流中还是在氮气流中的分解均分 5 步进行。

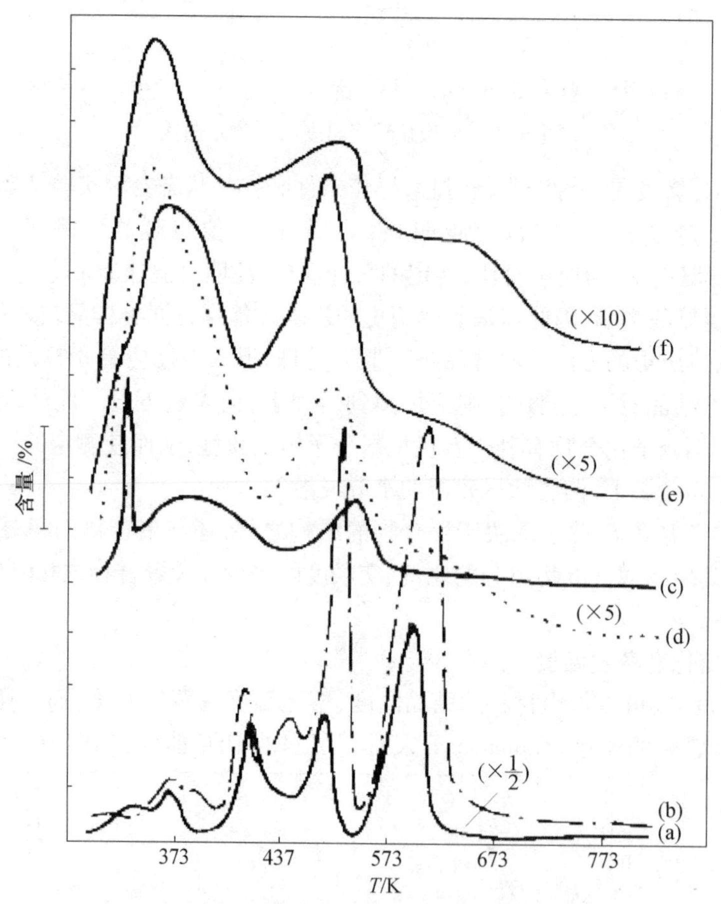

图 16.11 各催化剂样品热分解过程的 DTG 曲线

(a) $Ni(NO_3)_2 \cdot 6H_2O$ 在空气中分解；(b) $Ni(NO_3)_2 \cdot 6H_2O$ 在氮气流中分解；

(c) 催化剂 4 在空气流中分解；(d) 催化剂 3 在空气流中分解；

(e) 催化剂 2 在空气流中分解；(f) 催化剂 1 在空气流中分解

从失重率与计算值的对比可知，前 4 步均为失水过程，最后一步是 $Ni(NO_3)_2$ 在 600 K附近分解为 Ni_2O_3。$Ni(NO_3)_2 \cdot 6H_2O$ 在空气气氛和氮气气氛中的失水情况略有差异，在空气流中，在 330 K 左右先失去一分子水，在 370 K 左右再失去一分子水，450 K 附近失去两分子水，520 K 左右失去最后两分子水。在氮气流中，370 K 附近失去第一分子水,450 K 附近再失去一分子水,480 K 附近又失去一分子水,530 K 附近一步失去 3 分子水。这与差热分析的结果一致,如图 16.12 所示。上述各步反应均为吸热反应,其中 $Ni(NO_3)_2$分解为 Ni_2O_3 的吸热最明显。

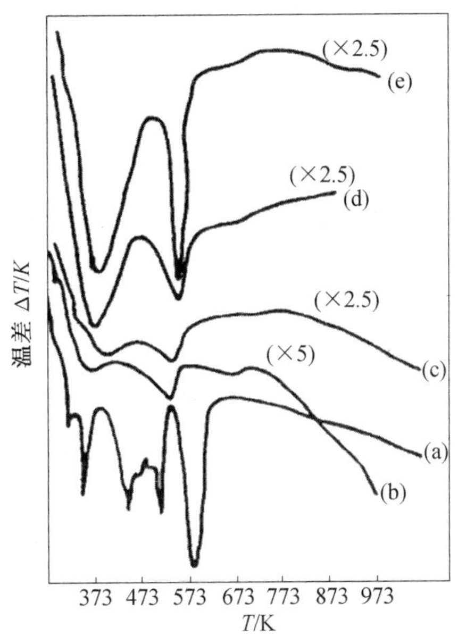

图 16.12　各催化剂在空气流中的 DTA 曲线

(a) $Ni(NO_3)_2 \cdot 6H_2O$;(b) 催化剂 1;(c) 催化剂 2;(d) 催化剂 3;(e) 催化剂 4

如图 16.12 所示,负载后的催化剂的热重分析和差热分析结果表明硝酸镍载于 Al_2O_3 表面后,其热分解情况与纯物完全不同。含 Ni 量最高的 4 号样品的 TG 曲线上仅出现了 3 个明显的失重峰,第一峰的出峰温度明显低于纯物的第一失水峰,但峰温较接近(330 K);第二峰为一宽峰,温度范围跨越纯物的第二、第三失水峰,最后一个失重峰的温度范围介于纯物的第四失水峰与 $Ni(NO_3)_2$ 分解峰之间(480 ~ 590 K)。进一步升高温度,体系再没有明显的质量变化。差热分析(DTA)得到了与之对应的结果,只是在 DTA 曲线上第一失重与第二失重过程的热效应没能区分开,仅出现一个吸热峰。第二个吸热峰与第三失重峰对应,更高温度范围内没有差热信号,其余 3 个 Ni 含量更低的催化剂的热重及差热曲线上均对应只出现两个峰。其第一峰为一宽峰,起始出峰温度低于纯硝酸镍的第一失水峰的起始出峰温度,温度范围跨越纯物的第一、第二失水峰的温度,催化剂的第二峰也为一宽峰,温度范围在纯物的第三失水峰与 $Ni(NO_3)_2$ 分解峰之间,差热分析得到了在相同温度范围内的两个宽的吸热峰。

对比纯物加热分解时的失重温度、失重率及热效应可见,1、2、3 号催化剂的第一失重峰及 4 号催化剂的第一、第二失重峰主要是失水引起的。硝酸镍载于 Al_2O_3 表面后,其结晶水分子与 Ni^{2+}的相互作用被强烈地削弱了,水可在更低温度下脱去,且各水分子与 Ni^{2+}作用的差异也远不及纯物中明显。

根据失重率和热效应还可看出,各样品在 440 K(对 4 号样为 480 ~ 590 K)左右的失

重主要是由 $Ni(NO_3)_2$ 的分解造成的。这说明硝酸镍载于 Al_2O_3 表面后,由于 Ni^{2+} 与 Al_2O_3 表面的相互作用,NO_3 与 Ni^{2+} 的相互作用也变弱了,分解比纯物容易得多。Ni 含量最低的 1 号样品,其两个温度段的失重率分别为 37% 和 38%,总失重率为 75%,均与 $Ni(NO_3)_2 \cdot 6H_2O$ 完全失水最后分解为 NiO 的理论失重率接近,因此,在该样品上,很可能是第一步完全失去结晶水,第二步分解为 NiO 或化学计量为 NiO 的表面物种。即硝酸镍载于 Al_2O_3 表面后,不仅分解步骤和分解温度发生了变化,而且由于 Al_2O_3 的作用,其分解产物也可能发生了变化,即 Al_2O_3 与 Ni^{2+} 之间的作用完全不是一个简单的支撑作用,而是十足的化学作用。随着 Ni 含量的增加,各样品的最后一步失重率及总的失重率均逐渐减小。

根据热分析的结果可以总结出引起催化剂热稳定性及吸热情况变化的 3 个原因。首先,由于浸渍过程中与 Al_2O_3 表面直接接触的 Ni^{2+} 与其他 Ni^{2+} 相互影响,使得结晶水的数量减少,因而总的失重率下降。其次,由于 Ni^{2+} 与 Al_2O_3、Ni^{2+} 与 Ni^{2+} 之间的相互作用,使得一部分 NO_3^- 在失水过程中就先逸出了,这会增大 300 ~ 440(480) K 温度段的失重率,因而也就使 440(480) ~ 590 K 之间的失重率降低。再者,由于有足够的 Ni^{2+},Ni^{2+} 与 Ni^{2+} 之间有可能通过分解过程形成化学计量为 Ni_2O_3 的产物或表面物种,这也会降低最后一步的失重率。进一步说明硝酸镍负载于 Al_2O_3 表面后,由于 Al_2O_3 的作用,其分解步骤、分解温度、分解产物均要发生变化,其分解情况与 Ni 的负载量有关。在 $Ni(NO_3)_2 \cdot 6H_2O$ 中,6 分子水是以结晶水的形式存在的,H_2O 通过 O 向 Ni^{2+} 的配位作用与 Ni^{2+} 相互作用,而用 $Ni(NO_3)_2$ 水溶液浸渍 Al_2O_3 载体后的干燥过程中,Al_2O_3 上的 O 很可能类似于 H_2O 中的 O 与 Ni^{2+} 发生配位作用,这种配位作用在其后的加热过程中得到加强。这可能就是该体系在热处理过程中 NiO 沿 Al_2O_3 晶面外延生长的因素之一。由于 Al_2O_3 的表面积是一定的,因而载 Ni 量不同,这种能与 Al_2O_3 表面 O 发生直接配位作用的 Ni^{2+} 的比例就不相同,故 Al_2O_3 对 Ni^{2+} 配位水的影响程度、结晶水数及水与 Ni^{2+} 作用的强度就不相同,故其分解温度及分解产物也随之发生变化,形成不同的表面 Ni 物种,导致催化剂的结构和性能的差异。

16.5.3 热分析在无机材料中的应用

热分析在无机材料中也有广泛的应用,一般无机材料的热稳定性好,通过热分析可以清晰地得出无机材料的热分解过程,结合化合物的结构就可以判断热重曲线变化的原因,即无机材料的热稳定性。

图 16.13 为三维开放骨架的 Ga/P 比为 7/8 的氟化磷酸镓微孔化合物 $Ga_7P_8O_{32}F_4(C_6H_{20}N_4)_2 \cdot 3H_3O^+ \cdot H_2O$(JGP-4)的热重曲线。从图 6.13 可以看出,JGP-4 在 100 ~ 820 ℃分两步失重:第一步在 100 ~ 200 ℃失重 1.02%,对应于结晶水的脱除(理论值 1.06%);第二步在 300 ~ 820 ℃失重 20.92%,对应于三乙烯四胺和质子化水分子的脱除(理论值 20.83%)。

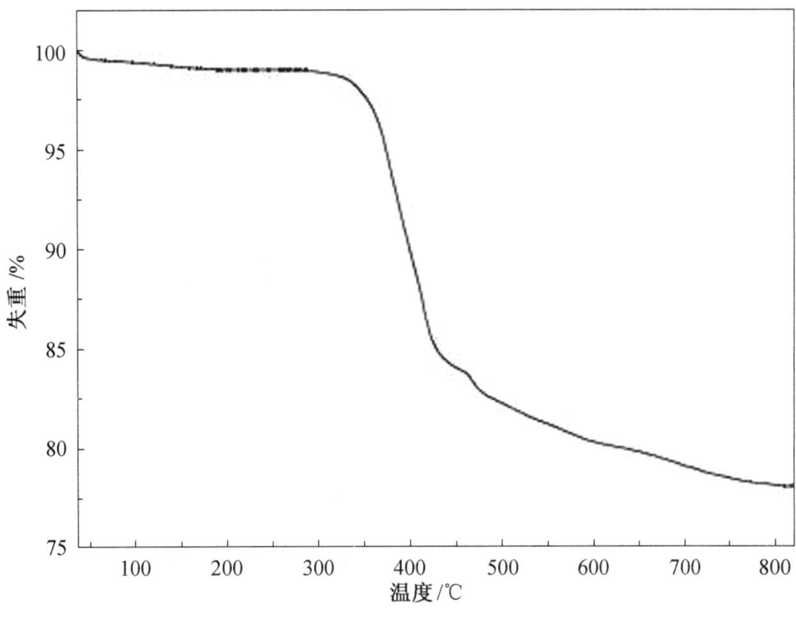

图 16.13　JGP-4 的 TG 曲线

热分析在材料中还有很多其他的应用，如反应热、转变热、纯度和反应速率等。随着科学技术的发展，联用技术也得到了广泛的应用，它包含热分析之间的联用和热分析与其他分析之间的联用，热分析间的联用包括 TG-DTA 联用和 TG-DSC 联用。热分析联用的“同时测定”技术得到的一对曲线不仅可以方便地分析、判断试样在加热过程中所出现的现象是由哪一类反应导致的，而且也消除了重复实验可能带来的误差。热分析与其他分析间的联用非常多，包括热分析和气相色谱联用、热分析与质谱联用、热重法与顺磁共振联用等，甚至热分析法还可以和显微镜联用。它们各有各的用途，这里就不一一介绍了。

16.5.4　热分析在药物负载分析中的应用

热分析是研究载药材料药物负载量的重要手段，可以通过药物与载体对应的不同失重台阶对二者的含量比进行计算。另外由于多数药品为有机分子，可以在空气中加热至其完全分解，还可通过残余重量计算药物负载量。

如图 16.14 所示为金属有机框架 Zn-cpon-1（H_2cpon=5-(4′-羧苯氧基)烟酸）负载药物前后的 TG 曲线，5-氟尿嘧啶(5-FU)与 6-巯基嘌呤(6-MP)为两种典型的小分子抗癌药物。从热重曲线中可以看到两种药物的失重均发生在载体 Zn-cpon-1 框架分解之前，通过残余重量计算出二者在 Zn-cpon-1 中的负载量分别为 44.75 wt%（5-FU)与 4.76 wt%（6-MP)，即平均每个 Zn-cpon-1 分子单元可以负载 2 个 5-FU 分子或 0.11 个 6-MP 分子。该结果与 UV-vis 光谱的分析结果一致。药物负载量与药物分子的大小以及几何形状有直接关系，与 6-MP 相比，5-FU 的尺寸与形状与 Zn-cpon-1 的孔道之间更加匹配，因此 Zn-cpon-1 具有高的 5-FU 负载量。

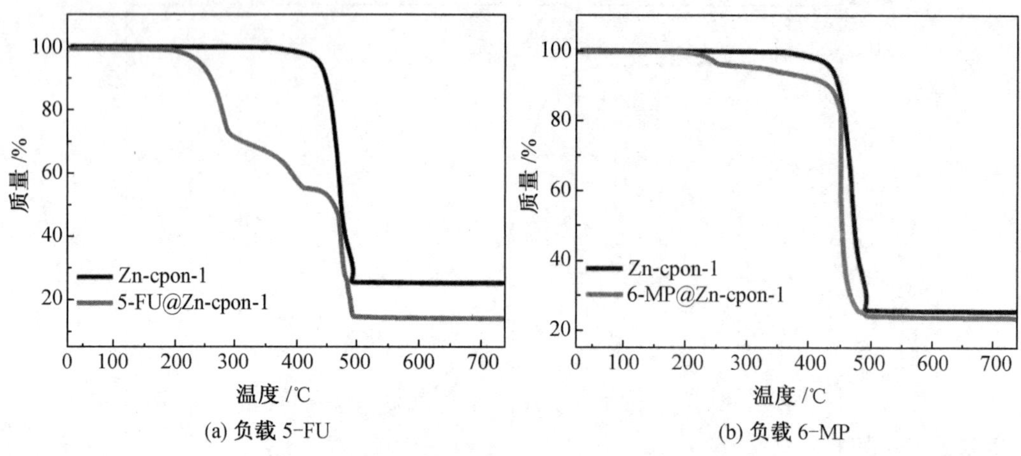

图 16.14 Zn-cpon-1 载药前后的 TG 曲线

习 题

1. TG 曲线的影响因素有哪些?

2. 差热分析的基本原理。

3. 差示扫描量热法的基本原理。

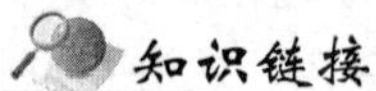

差热分析技术的创始人——勒夏特列

最早发现的一种热分析现象是热失重,由英国人爱德华(Edgwood)在 1786 年研究陶瓷被土时首次观察到。1887 年法国的勒夏特列(Le chatelier)使用了热电偶测量温度的方法对试样进行升温或降温来研究黏土类矿物的热性能,获得了一系列黏土试样的加热和冷却曲线。此外,他使用了高纯度物质(如水、硫、金)作为标准物质来标定温度。为了提高仪器的灵敏度,以便观察黏土在某一特定温度时的吸热或放热现象,他采用了分别测量试样温度与参比物温度之差的方法读得数据,第一次发表了最原始的差热曲线。为此,人们公认他为差热分析技术的创始人。

1850 年 10 月 8 日勒夏特列出生于巴黎的一个化学世家。他的祖父和父亲都从事跟化学有关的事业,当时法国许多知名化学家是他家的座上客。因此,他从小就受化学家们的熏陶,中学时代他特别爱好化学实验,一有空便到祖父开设的水泥厂实验室做化学实验。勒夏特列的大学学业因普法战争中道而止。战后回来,他决定去专修矿冶工程学。1875 年,他以优异的成绩毕业于巴黎工业大学,1887 年获博士学位,随即在高等矿业学校取得普通化学教授的职位。1907 年还兼任法国矿业部长,在第一次世界大战期间出任法国武装部长,1919 年退休。

勒夏特列对水泥、陶瓷和玻璃的化学原理很感兴趣,也为防止矿井爆炸而研究过火焰的物化原理。这就使得他要去研究热和热的测量。1877 年他提出用热电偶测量高温。

这是由两根金属丝组成的测温元件,一根是铂,另一根是铂铑合金,两端用导线相接。一端受热时,即有一微弱电流通过导线,电流强度与温度成正比。他还利用热体会发射光线的原理发明了一种测量高温的光学高温计。

对热学的研究很自然地将他引导到热力学的领域中去,使他得以在 1888 年宣布了一条因他而闻名遐迩的定律,那就是至今仍为人称道的勒夏特列原理。勒夏特列原理的应用可以使某些工业生产过程的转化率达到或接近理论值,同时也可以避免一些并无实效的方案(如高炉加高的方案),其应用非常广泛。

第 17 章　等离子体发射光谱

17.1　简　　介

电感耦合等离子体(ICP)发射光谱是 20 世纪 80 年代发展起来的分析技术,经过 20 多年的发展历程,已渐趋成熟。

等离子体(plasma)泛指电离的气体,它由离子、电子及未电离的中性粒子所组成,因其正、负电荷密度相等,从整体上看是电中性的,故称为等离子体。光谱分析常说的等离子体是指电离度较高的气体(其电离度在 0.1% 以上),普通的化学火焰电离度很低,一般不称为等离子体。

等离子体按其温度可分为高温等离子体和低温等离子体两大类。当温度达到 10^6 ~ 10^8 K 时,气体中所有分子和原子完全离解和电离,称为高温等离子体。当温度低于 10^5 K 时,气体仅部分电离,称为低温等离子体。作为光谱分析光源的 ICP 放电所产生的等离子体是属于低温等离子体,其温度最高不超过 10^4 K,电离度约为 0.1% 。

实际应用时又把低温等离子体分为热等离子体和冷等离子体。当气体在大气压力下放电,粒子(原子和分子)密度较大,电子的自由行程较短,电子和重粒子的碰撞频繁,电子从电场获得的动能较快地传递给重粒子,这种情况下各种粒子(电子、正离子、原子和分子)的热运动动能趋于相近,整个体系接近或达到热力学平衡状态,气体温度和电子温度比较接近或相等,这种等离子体称为热等离子体。作为光谱分析光源的直流等离子体喷焰、ICP 放电等都是热等离子体,是在大气压力下产生的。但是并不是在大气压力下放电的等离子体都处于热力学平衡状态或局部热力学平衡状态。如果放电在低压下进行,电子密度较低,则电子和重粒子碰撞机会少,电子从电场得到的动能不易与重粒子交换,它们之间的动能相差较大,放电中气体的温度远低于电子的温度。这样的等离子体处于非热力学平衡态,或者非局部热力学平衡状态,称为冷等离子体。作为光谱分析光源的辉光放电灯和空心阴极光源等都是冷等离子体。

17.2　ICP 系统组成

等离子体发射光谱法所用的仪器主要由 ICP 发生器和光谱仪两大部分组成。ICP 发生器包括高频发生器、进样装置及等离子体炬管。光谱仪包括分光器及相关的电子数据系统。ICP 光谱仪的组成如图 17.1 所示。其工作原理为,试样溶液经进样装置雾化器将液体样品雾化,进入 ICP,受 ICP 炬的激发产生复合光,分光系统将其分解成按波长排列的光谱,检测系统将各波长位置处的光谱强度转换成电信号,再由计算机进行数据采集与处理，最后用屏幕显示或打印输出分析结果。

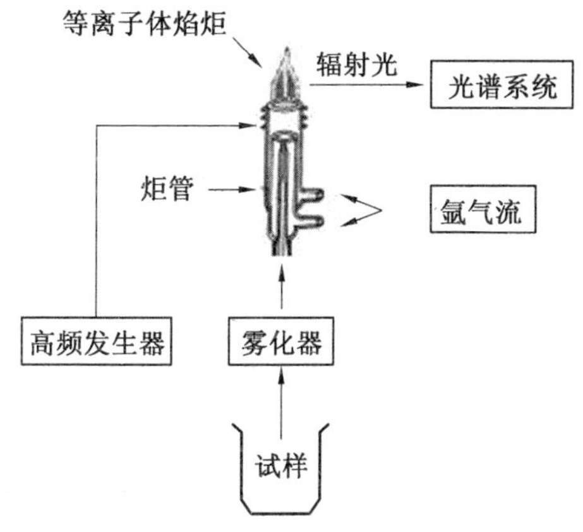

图 17.1　ICP 系统组成示意图

1. 高频发生器

高频发生器是 ICP 的基础核心部件，它的作用是产生高频磁场以供给等离子体能量，并维持 ICP 光源稳定放电，要求其具有高度的稳定性和不受外界电磁场干扰。从功率输出方式上可以分为自激式和它激式两类，自激式高频发生器能将稳定的直流电流变成具有一定周期的交流电流后，不需要外加交变信号控制就可以产生交变输出。它激式发生器是由石英晶体控制频率，必须外加交变信号才能产生交变输出。

目前商品化仪器的振荡频率主要使用 27.12 MHz 和 40.68 MHz 的。功率是高频发生器的另一个指标，因为功率是影响发射线强度和背景强度的主要因素，最大输出功率通常是 1～1.5 kW。

2. ICP 炬管

ICP 炬管的主体是一个直径为 18～25 mm 的石英管，放在高频发生器的负载线圈里。整个炬管由 3 个同心石英管组成，3 股氩气流分别进入炬管(图 17.2)。最外层等离子体气流的作用是把等离子体焰炬和石英管隔离开，以免烧熔石英炬管。中间管气流是点燃等离子体时通入的辅助气流，形成等离子炬后可以关掉，在点燃时它有保护中心管口的作用。内管的载气流主要作用是在等离子体中打通一条通道，并载带试样气溶胶由内管进入等离子体内。石英炬管外套有高频感应圈，感应圈一般为 2～4 圈空心铜管。

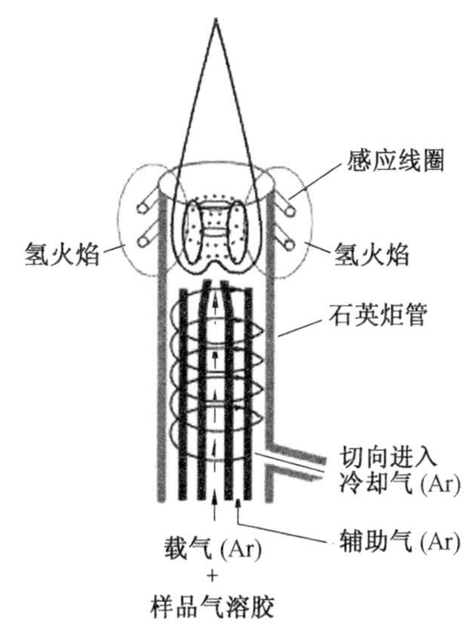

图 17.2　等离子体光源示意图

当电源接通，高频电流通过线圈时，在石英管内产生交变磁场，它的磁力线沿轴向方向。石英管内的磁场方向和强度都是随时间变化的，所以电子在每半周被加速，被加速的电子(或离子)遇到阻力(电阻)产生焦耳热,瞬间使氩气形成温度可达10 000 K的等离子焰炬。感应线圈将能量耦合给等离子体,并维持等离子炬。当载气载带试样气溶胶通过等离子体时,被后者加热至6 000~7 000 K,并被原子化和激发产生发射光谱。

3. 进样装置

ICP光谱仪器进样系统是把液体试样雾化成气溶胶倒入ICP光源的装置,通常由雾化器及相应的供气管路组成。雾化器中最常用的是气动雾化器,分为玻璃同心圆形和直角形两大类,此外,还有超生雾化器和双铂网雾化器等。

4. 分光装置

物质的辐射具有各种不同的波长,由不同波长的辐射混合而成的光,称为复合光。把复合光按照波长展开而获得光谱的过程称为分光。用来获得光谱的装置称为分光装置或分光器。不同激发光源所发射的光谱不同,对分光装置的要求也不同。常用的分光器有棱镜和光栅。

5. 测光装置

原子发射光谱仪用光电转换器件有光电倍增管和电荷转移器件两种。由光电转换器将光强度转换成电信号,再积分放大后,通过输出装置给出定性或定量分析结果。

17.3 光谱分析的基本原理

17.3.1 原子发射光谱的产生

1. 光谱的产生

通常情况下,原子处于基态,在激发光作用下,原子获得足够的能量,外层电子由基态跃迁到较高的能级状态即激发态。处于激发态的原子是不稳定的,其寿命小于10^{-8} s,外层电子就从高能级向较低能级或基态跃迁。当它跃迁到低能级或基态时就会发出一定波长的光,在光谱中形成一条谱线,就产生了原子光谱,这样产生的光谱是线状光谱。其发射光谱的波长取决于跃迁前后两能级的能量差,即

$$\lambda=\frac{hc}{E_2-E_1}=\frac{hc}{\Delta E} \tag{17.1}$$

式中,E_2,E_1分别为高能级与低能级的能量;λ为波长;h为普朗克常数;c为光速。

原子光谱是由原子外层电子在不同能级间的跃迁而产生的,处于高能级的电子经过几个中间能级跃迁回到原能级,可产生几种不同波长的光,在光谱中形成几条谱线。一种元素可以产生不同波长的谱线,它们组成该元素的原子光谱。不同元素其原子结构不同,原子的能级状态不同,发射谱线的波长不同,每种元素都有其特征谱线,这是光谱定性分析的依据。而根据待测元素原子的浓度不同,因此发射强度不同,可实现元素的定量测定。

2. 谱线强度

在光谱分析中,待测物质在激发光源中被蒸发,形成气态原子,气态原子电离,基态原子和离子被高速运动的各种粒子碰撞激发,使其处于等离子体状态。被激发的原子和离

子发射产生原子线和离子线。谱线的强度用辐射强度 $I(\mathrm{J/(s\cdot m^3)})$ 表示，即单位体积的辐射功率，它是群体光子辐射总能量的反映。谱线强度是光谱定量分析的依据。

$$I_{ij}=N_iA_{ij}E_{ij} \tag{17.2}$$

式中，N_i 为处于较高激发态原子的密度；A_{ij}为跃迁概率；E_{ij}为两能级间的能级差。

如果激发光源中的等离子体处于局部热力学平衡状态，激发态原子密度和基态原子密度遵从波尔兹曼分布定律。

谱线强度与下列因素有关：

(1)激发电位。

谱线强度与粒子(原子和离子)的激发电位呈负指数关系。激发电位越低，谱线强度越大。这是因为随着 E_i 的降低，处于激发态粒子的密度增大。因此，一般情况下，激发电位或电离电位较低的谱线强度较大，E_i 最低的主共振线往往是强度最大的谱线。

(2)跃迁几率。

跃迁几率是单位时间内每个原子由一个能级跃迁到另一个能级的次数。显然谱线强度与跃迁几率成正比。

(3)统计权重。

整体原子的能级状态可以用原子光谱项表示。光谱项是用 N、L、M、J 4 个量子数表征，N 为主量子数，L 为角量子数，M 为磁量子数，J 为自旋量子数。具有 N、L、M 值的轨道在外磁场中可以分裂成$(2L+1)$个能级，而一般无外加磁场时其能级不会发生分裂，这时可以认为这个能级是由$(2L+1)$个不同能级合并而成的，$(2L+1)$这个数值就称为简并度或统计权重。谱线强度与激发态和基态的统计权重之比成正比(g_i/g_0)。在光谱分析中 g 常用来计算因素多重线的强度比。当只是由于 L 值不同的高能级向同一低能级跃迁形成多重线时，其谱线强度比就等于高能级的 g 值之比。

(4)原子总密度。

谱线强度与原子总密度呈正比。在一定条件下，N 与试样中被测定元素的含量成正比，所以谱线强度也应与被测定元素的含量成正比，是光谱定量分析的依据。

(5)激发温度。

由谱线强度公式可知，激发温度升高，谱线强度增大。但由于温度升高，电离度增大，中性原子密度减少，使离子谱线强度增大，原子谱线强度减弱。不同元素的不同谱线各有其最佳激发温度，在此温度下谱线的强度最大。

3. 谱线的自吸和自蚀

光谱分析用光源均为有限体积的发光体，其温度的空间分布是不均匀的。原子或离子在等离子体的高温区域被激发，发射某一波长的谱线，当光子通过等离子体的低温区时，又可以被同一元素的原子或离子吸收，这种现象称为谱线的自吸。自吸收的发生，不但会影响谱线的强度，还会影响谱线的形状。当元素含量很小，即原子密度低时，谱线不呈现自吸收现象。当元素含量很大时，自吸收现象增强。当自吸收现象非常严重时，谱线中心的辐射完全被吸收，如同两条谱线，这种现象称为谱线的自蚀。原子发射光谱分析中，由于自蚀现象，影响谱线的强度和形状，使光谱定量分析的灵敏度和准确度都下降。因此，应该注意控制被测定元素的含量范围，并且尽量避免选择自吸收为元素的分析线。

17.3.2 ICP 光谱定量分析原理

1. ICP 定量分析基本关系式

光谱定量分析是根据被测试样中元素的谱线强度来确定元素的含量的。谱线强度与试样中元素含量的关系为

$$I=ac \tag{17.3}$$

式中，a 是与光源、蒸发、激发等工作条件及试样组成有关的一个参数；c 为待测元素含量。

当考虑到谱线存在自吸时，谱线强度与元素含量的关系可用罗马金（Lomakin）经验公式表示，即为

$$I=ac^{b} \tag{17.4}$$

在一定的经验条件下，a 和 b 为常数。b 为自吸系数，它与谱线自吸性质有关，$b\leqslant 1$。有自吸时，$b<1$，自吸越大，b 值越小；当被测元素含量很低时，谱线无自吸，$b=1$。对式（17.4）取对数后得

$$\lg I=\lg a+b\lg c \tag{17.5}$$

式（17.5）是光谱定量分析的基本公式。在一定浓度范围内，$\lg I$ 与 $\lg c$ 呈线性关系。当元素含量较高时，谱线发生弯曲。因此，只有在一定的实验条件下，$\lg I$ 与 $\lg c$ 关系曲线的直线部分才可作为元素定量分析的标准曲线，这种测定方法称为绝对强度法。

在光谱定量分析中，由于工作条件及试验组成等的变化，a 值在测定中很难保持为常数。因此，从测定谱线的绝对强度来进行定量分析很难得到准确的结果。故通常采用内标法来消除工作条件变化对分析结果的影响，提高光谱定量分析的准确度。

内标法是通过测量谱线相对强度进行定量分析的方法，又称为相对强度法。通常在被测定元素的谱线中选一条灵敏线作为分析线，在基体元素（或定量加入的其他元素）的谱线中选一条谱线为比较线。比较线又称内标线。发射内标线的元素称为内标元素。所选用的分析线与内标线组成分析线对。分析线与内标线的绝对强度的比值称为分析线对的相对强度。显然工作条件相对变化时，分析线对两谱线的绝对强度虽然均有变化，但对分析线对的相对强度影响不大。因此，测量分析线对的强度可以准确地测定元素的含量。内标法光谱定量分析的基本公式为

$$\lg R=I_1/I_2=b\lg c+\lg a \tag{17.6}$$

2. 光谱定量分析方法

光谱定量分析方法仍然是一种依赖于标准试验的方法。常用的方法有标准曲线法和标准加入法。

（1）标准曲线法。

通常是配制一系列（3 个或 3 个以上）基体组成与试验相似的标准试验，在与试验完全相同的工作条件下激发，测得相应的元素分析线的强度，或者测定相应的分析线对的相对强度。绘制 $\lg R$ 与 $\lg c$ 标准曲线，在相应的标准曲线上求出被测定元素的含量 C_x。

（2）标准加入法。

当测定元素含量很低时，或者基体组成复杂、未知时，难以配制与试验基体组成相似的标准试样，为了抑制基体的影响，一般采用标准加入法测定。该方法可以应用于粉末或

溶液试样中微量及痕量元素的分析。设试样中被测元素质量分数 C_x，等量称取待测试样若干份，从第二份开始每份中加入已知的不同量或不同质量分数的待测元素的标样或标准溶液，测得试样和不同加入量标样的分析线的强度比 R。作 $R-C_x$ 工作曲线，并延长工作曲线与横坐标相交点的含量或浓度的绝对值即为 C_x。

3. 定性和半定量分析

(1)定性分析方法。

常用辨认谱线的方法都是以谱线的位置为依据的，这些方法主要有以下几种：

①比较谱线法。

此法是以铁的光谱图作为基准波长表，把各种元素的灵敏线波长标于这个图中，从而构成一个标准图谱。当把试样与铁并列摄谱于同一块感光板以后，把感光板上的铁谱与标准铁光谱图对准位置，根据标准图谱上标明的各元素的灵敏线，可对照找出试样中存在的元素，查找出的试样元素谱线必须与标准铁光谱图中标明元素的谱线位置相吻合。例如，在铁谱线图中 306.72 nm 和 306.82 nm 两条铁谱的中间标出一条铋的灵敏线 306.77 nm的位置，找出上述两条谱线后，再观察样品的光谱。在两条铁谱线中间是否有谱线出现，用以判断样品中是否有铋存在。

②半自动定性分析。

计算机软件定性分析过程分为 3 步，先摄取试样光谱及空白溶液光谱，然后用差谱法从试样光谱中扣除空白溶液光谱，第三步启动软件程序对样品进行定性分析。

(2)半定量分析。

当试样的测定并不要求给出十分准确的分析数据，允许有较大的偏差但需要尽快给出分析数据时，可采用半定量分析方法。

①部分校准法。

部分校准法的原理是用一个含有 3 个元素的标准溶液校准仪器，然后用该程序可半定量测定多达 29 个元素的试样。标准溶液含 Ba、Cu、Zn 3 个元素，其浓度分析线见表 17.1。分析线的选择使其涵盖 200～450 nm 的常用波段范围。

表 17.1　混合标准溶液

元素	分析线/nm	浓度/(mg·L^{-1})	元素	分析线/nm	浓度/(mg·L^{-1})
Ba	233.53	5	Cu	324.75	10
Ba	455.40	5	Zn	213.86	10

由于试样基体可能对分析线产生光谱干扰，该程序首先要显示出全部分析线的扫描光谱图，观察分析线是否有畸形或不对称的情况，换掉有明显干扰的分析线，然后进行样品分析。这一方法的偏差约±25%。

②持久曲线法。

近几年来，ICP 光谱仪器稳定性不断改进，许多仪器一次校准后可以在较长时间内稳定工作。特别是一些固体检测器光谱仪，由于光谱仪无可移动部件等原因，几乎不需要经常进行波长校正而能长期工作。与定量分析方法相比，持久曲线法误差在-2.84%～+31.7%之间，可以满足某些样品的快速半定量分析的要求。

由于ICP光源温度高,其发射光谱谱线多而复杂,经常会有不同程度的光谱线干扰,所以ICP光源的半定量分析方法的应用受到限制。半定量分析结果的偏差大小,使对于以富线元素为基体的样品中微量元素的半定量分析变得困难,这一点在应用半定量分析方法时应予注意。

17.4 样品的制备及分析方法

现代高精度的分析仪器已不是分析误差的主要原因,90%以上的误差来源于样品的预处理,同时分析样品的预处理是整个分析过程中最费力、费时、最不被重视的环节。因此,样品预处理是分析测试全过程中的一个关键性的、不可忽视的环节。

17.4.1 试样的采集

从大量的待测物中抽出极小部分作为分析试样的过程,称为试样的采集。采集的样品必须具有代表性,否则无论分析进行得如何准确也毫无意义。根据分析对象是气体、液体或固体采取不同的取样方法。对气体和液体试样,大多是均匀的,比较容易采集;对不均匀的固体试样,首先应选取合理的采样点,其次对试样进行粉碎、过筛、混匀和缩分(如四分法)等过程,使试样具有代表性,达到定量分析的目的。

分析样品的采集应该注意:

①采集的样品一定要有代表性。

②确保样品不变质、不污染和不损失。

③盛放采集样品的容器一定要干净。

④样品保存在低温、干燥、不受震动的地方。

17.4.2 标准溶液的配制

配制精确的标准溶液是准确分析测试样品的第一步,不正确的配制方法将导致系统偏差的产生;介质和酸度不合适,会产生沉淀和浑浊;元素分组不当,会引起元素间谱线干扰;试剂和溶剂纯度不够,会引起空白值增加、检测限变差和误差增大等。单元素标准储备液可向有关部门购置,或按GB/T602配制。配制用的溶剂要用高纯酸或超纯酸,用离子交换水。所用金属、氧化物或盐类应使用光谱纯、高纯或基准物质,纯度应达到99.9%以上。标准储备液质量浓度一般为1 000 mg/L。储备液酸度为pH小于2,推荐用盐酸、硝酸或王水,避免使用磷酸及硫酸。标准储备液应储存在聚乙烯容器中保存。多元素的标准溶液,元素之间要注意光谱线的相互干扰,尤其是基体或高含量元素对低含量元素的谱线干扰。标准溶液中酸的含量与试样溶液中酸的含量要相匹配,两种溶液的黏度、表面张力和密度大致相同。把元素分成几组配制,避免谱线干扰或形成沉淀。

一般情况下配制标准溶液要遵循以下几个原则:

①器皿要按照一定的程序清洗干净(首先是用质量分数为20%的盐酸浸泡1 d,其次用质量分数为20%的硝酸浸泡1 d,再次用自来水将酸冲洗干净,最后用去离子水冲洗3次)。

②工作用标准溶液要现用现配。以防止器皿对标准溶液的吸附或器皿中的元素溶出而改变标准溶液浓度,进而影响分析的准确度。

③配制多元素标准溶液要根据各元素间的光谱干扰、基体成分和溶液中离子间相互化学反应等情况分组配制。

④标准溶液的浓度应该涵盖待测样品的浓度。不能用一条标准曲线计算所有浓度范围内样品的浓度。

⑤对于不同的元素,ICP 的灵敏度不同,因此不同元素的最低检测限也不同,不同元素的测定检测限如图 17.3 所示。

ICP-AES 测定检测限 (mg/L)

Li 0.3	Be 0.1											B 1	C 40	N na			
Na 3	Mg 0.1											Al 3	Si 4	P 30	S 30	Cl na	
K 20	Ca 0.02	Sc 0.3	V 0.5	Ti 0.5	Cr 2	Mn 0.4	Fe 2	Co 1	Ni 5	Cu 0.4	Zn 1	Ga 4	Ge 20	As 20	Se 50	Br na	
Rb 30	Sr 0.06	Y 0.3	Nb 5	Zr 0.8	Mo 3		Ru 6	Th 5	Pd 3	Ag 1	Cd 1	In 9	Sn 30	Sb 10	Te 10	I na	
Cs 10	Ba 0.1	La 1	Hf 4	Ta 15	W 8	Re 5	Os 0.4	Ir 5	Pt 10	Au 4	Hg 1	Tl 30	Pb 10	Bi 20			

Ce 5	Pr 1	Nd 1		Sm 2	Eu 0.1	Gd 1	Tb 2	Dy 2	Ho 0.4	Er 1	Tm 0.6	Yb 0.3	Lu 0.2
Th 70		U 15											

图 17.3 不同元素的检测限(注:na 代表该元素不能检测)

⑥标样的最高质量浓度一般不大于 100 mg/L。

17.4.3 测量条件的选择

在进行分析前,对于不同的分析元素,为了达到最佳操作条件,有必要对射频功率、观测位置、雾化气流速和等离子气流速等参数进行最佳化。设定仪器工作条件如下:

1. 编辑新的分析方法

设定各分析元素的测定波长、进样量、选择观测方式(径向或轴向)、输入各分析元素标准样品浓度及浓度单位等。

2. 设定仪器的工作参数

主要包括以下各参数的确定:

①ICP 光谱仪频率。

②射频发生器的最大输出功率。

③等离子气(冷却气)氩气的流速。

④辅助气氩气的流速。

⑤载气(雾化气)氩气的流速。

⑥观测高度的确定。

⑦雾化器的选择。

17.4.4 标准曲线的绘制与测定

根据待测样品浓度,由标准储备液逐级稀释至所需的范围。配制一组浓度合适的标准溶液,一般配5~6浓度点。依次测量标准溶液的发射强度值,作出标准工作曲线,如图17.4所示。

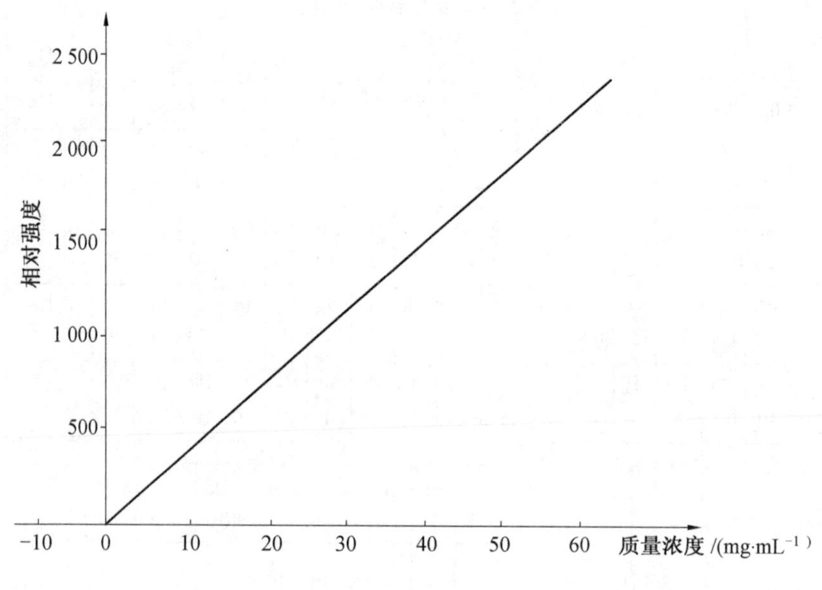

图17.4 标准曲线图

测量样品中待测元素的谱线强度值,利用已作出的标准工作曲线,计算出样品中该元素的浓度。

17.5 应用实例

水质分析的对象比较多,包括环境领域的天然水及污水;生产领域的工业用水及离子交换水;饮料类的矿泉水及纯净水;含盐量较高的电解盐水及海水等。这些类型的水样均可用ICP光谱法分析,它们本来就为液体状态,而ICP光源最通用的进样装置就是气动喷雾器,因此不需要进行样品形态的转化过程。由于水样中的主要成分是碱土元素及碱金属(Ca、Mg、Na、K),它们都不是富线光谱元素,不会产生严重的光谱干扰;水样中常见的非金属元素硫、磷、硼、硅等,可以容易地同其他元素一起被准确地测定。

用ICP光谱法测定水样的不足之处是它不能直接进行元素的形态分析,另一个问题是天然水中的许多重要元素含量很低,其正常含量低于ICP光谱法的检出限。对于这些元素往往采用预富集的方法,共沉淀法、色谱法及溶剂萃取法是经常采用的方法,其富集系数为 10 ~ 100 倍。为了改进检出限，采用超生雾化法分析水样，其检出限可以降低一个数量级，使许多元素可不经富集而直接测定。轴向观测 ICP 光源也可降低元素的检出限，解决部分元素检出限不足的问题。

同地质样品和金属样品相比，水样分析的样品前处理比较简单。但也需一定的程序处理，否则将影响分析结果的正确性。水样分析前处理应该注意以下几个方面：

①采样。在水样采取过程中取样点的位置和取样时间的影响必须考虑。由于水源不同深度会引起样品成分的差异、温度差异和盐浓度差异，这些差异引起的分层现象应该予以考虑。

②过滤。天然水体中总会有悬浮物，悬浮物包括无机成分和有机成分，其悬浮状态是不稳定的。在一般情况下，取样后应立即用 0.45 μm 的滤膜过滤。滤液中的成分被认为是可溶成分，可以用于测定。滤出的悬浮物可在消解后再进行测定。

③酸化及储存。天然水样的 pH 较高，一般在 pH = 5.5 左右，在此 pH 下多种金属离子水解呈氢氧化物状态，容易凝聚和被容器吸附，须对水样进行酸化。酸化还可以抑制微生物的繁殖。为了保持水样的稳定成分，最好用玻璃瓶或高密度聚乙烯容器储存水样，并维持其温度在 0 ~ 4 ℃环境下放置。

④污染问题。在测定水样中痕量元素时，必须注意容器及化学试剂所引起的玷污。容器要用无机酸洗净并保持环境的清洁。

下面按样品前处理方法的不同及试样特点分类介绍水样的分析方法。

1. 直接测定水样中的元素

以污水中 Fe、Zn、Cu、Mn、Pb、Cd、As、Ca、Cr、Al 的分析为例。测试方法为：将水样采集于聚乙烯瓶中，立即加入浓硝酸酸化至 pH 小于 2，取 100 mL 均匀样品，于 200 mL 的三角瓶中，加入 20 mL 硝酸，置于电热板上加热，确保溶液不沸腾，缓慢蒸干，取下冷却，反复进行这一过程，直至样品溶液颜色变为淡黄色，冷却，再加入少量去离子水，置于电热板上缓慢加热使残渣溶解，转移至 100 mL 容量瓶中，用质量分数为 5% 硝酸定容，摇匀备用，同时将空白试液和样品试液一起进行 ICP 测试。

2. 富集 ICP 光谱法

(1) 旋转薄膜蒸发器富集测定水中微量元素。

用旋转薄膜蒸发器浓缩水样，在 30 ~ 40 min 内将水样中杂质元素浓缩数 10 倍。用动态背景校正法扣除共存元素的影响。在标液中添加适量 Mg 消除 Cr 的光谱干扰。本法可测定水样中微量元素 Cd(5.7 μg/L)、Co(5.8 μg/L)、Cu(5.4μg/L)、Cr(3.1 μg/L)、Ni(10.0 μg/L)、Pb(117 μg/L)、Ti(0.96 μg/L)、V(10.0 μg/L)、Y(0.46 μg/L)。测定饮用水样的精密度为 0.66% ~ 8.91% (n=5)，加标回收率为 90% ~ 108%。

(2) Fe-DDTC 共沉淀分离富集测定水样中 9 个痕量元素。

用 Fe-DDTC 对痕量元素的共沉淀作用，可有效地分离掉常量元素 Ca、Mg、Na，杂质元素 Mn(7 μg/L)、Pb(10 μg/L)、Cd(2 μg/L)、Cu(1 μg/L)、Zn(3 μg/L)、Cr(0.2 μg/L) 的回收率为 80 ~ 110%，但 V(0.2 μg/L) 的回收率低于 50%。本方法用于河水及废水样品。

(3) 在线螯合树脂分离富集水中微量元素。

用 XAD-2 螯合树脂微柱在线富集河水中微量 Cd、Fe、Cu、Mn、Ni 及 Zn。树脂柱内径

2.5 mm、长 25 mm,树脂粒度 50 ~ 100 μm。水样中过渡金属离子 Cu^{2+}、Ni^{2+}、Zn^{2+}、Cd^{2+}、Fe^{2+}、Co^{2+}被吸附在树脂上,而 Ca、Mg、Al 等则不被保留。富集因子为 125。Mn 和 Ni 的检出限可达 ng/L。测定的精密度为 10%,较高浓度(1 μg/L)时为 5%。本方法用于海水中微量元素的测定。

3. 固体样品的测定

原子光谱分析通常是溶液进样,对于固体样品,可将被测样品通过消解的方法转化为溶液进行测定。但是如果分析过程中有些样品出现溶解不完全、易挥发、样品污染等问题或者一些难溶性样品不能转化为试液进样,则须对固体试样直接进行分析。

(1)固体样品的消解。

样品消解技术一直是原子光谱分析的关键技术,常用的消解法主要包括干法消解和湿法消解。干法消解常在高温马弗炉进行,湿法消解常通过电热板加热或微波消解得以实现。两种消解法各有自己的缺点。干法缺点:周期长,易挥发性元素容易损失。湿法缺点:消解不易完全;容易造成环境(酸雾)污染;易挥发性元素容易损失。

对样品进行预处理,选择预处理方法的原则是:

①能够将被测元素快速而且完全溶解。

②在试样的处理过程中,被测元素不应挥发或损失。

③被测元素不应与其他组分生成不溶性物质。

④过量溶(熔)剂不应该对分析结果产生影响。

⑤不应损伤试样溶解过程中的容器以及喷雾器、燃烧器等。

无机固体试样传统的制样一般采用湿法硝化法和熔融法处理,但是对于 As、Se、Hg、Pb 等易挥发性元素,不能采用熔融法。常用来溶解无机固体试样的溶剂有硝酸(HNO_3)、盐酸(HCl)、高氯酸($HClO_4$)、硫酸(H_2SO_4)。但是单一酸的溶解能力有限,一些难溶无机固体可以采用混酸进行溶解,常用的混酸体系包括二元混酸体系:硝酸(HNO_3)/氢氟酸(HF)、硝酸(HNO_3)/过氧化氢(H_2O_2)、硝酸(HNO_3)/盐酸(HCl),三元混酸体系:硝酸(HNO_3)/盐酸(HCl)/氢氟酸(HF)、硝酸(HNO_3)/盐酸(HCl)/高氯酸($HClO_4$),四元体混酸系:硝酸(HNO_3)/盐酸(HCl)/氢氟酸(HF)/高氯酸($HClO_4$)。

在选择溶剂时往往遵循先选择稀酸,再选择浓酸及混合酸的原则。在使用 HF 作为溶剂时,一定要在聚四氟乙烯容器中进行消解,试样溶解后还需要用 $HClO_4$ 和 H_2SO_4 加热赶去 HF,最后再将 $HClO_4$ 和 H_2SO_4 加热赶尽。

有些固体样品不溶于酸,但是溶解于碱,这时可选择碱作为溶剂,常用的碱性溶剂包括无水 Na_2CO_3、NaOH、KOH、Na_2O_2 和 $LiBO_2$。

但是为了减少测定干扰,最后试样的介质通常处理成 HNO_3 和 HCl 介质。

有机物固体试样主要包括人体及动物组织,食品中粮食、奶类,植物的茎、叶、花等。其传统的制样方法包含湿法硝化法和干法灰化法处理及微波消解的处理方法。

①干法灰化。

将样品放在坩埚(石英、陶瓷等)中灼烧,直到所有有机物燃烧完全,只留下不挥发的无机残留物。这种残留物主要是金属氧化物以及非挥发性硫酸盐、磷酸盐和硅酸盐等。这种技术的最主要缺点是使可以转变成挥发性形式的成分很快地部分或全部损失。灰化温度越高,损失越严重,但温度过低,会使灰化不完全。通常灰化在马弗炉内进行,温度为500 ~600 ℃。干法灰化法只适用于金属氧化物,因为大多数非金属常会氧化成挥发性产物,甚至某些金属,如 As、Sb、Ge、Tl、Hg 也易损失。有些元素会由于另一种物质存在而更易挥发,例如铅,因氯离子存在生成 $PbCl_2$ 而挥发。若灰化的残留物与坩埚材料发生反应,也就带来误差。

以干灰化法制样测定食品中铝的含量为例,测定过程为:称取 1 ~3 g 样品于瓷坩埚中,在可调式电热板上碳化至无烟后,放入马弗炉中,加热升温至580 ℃,灰化 4 h,取出冷却。向坩埚中加 2 mL 硝酸溶解残渣,于电热板上煮沸,冷却。用滴管将消化液转移、洗涤,并用质量分数为 2% 硝酸定容至 25 mL 待测;同时做试剂空白实验。干法消解测定的回收率为 92.5% ~103.5% 。

②湿法灰化。

湿法灰化是将样品与浓的具有氧化性的无机酸(单酸或混合酸)强烈共热。这与用酸溶液处理无机样品相似。若酸的氧化能力足够强,且加热时间足够长,有机物和生物样品就完全被氧化,各种元素以简单的无机离子形式存在于酸溶液中。湿法灰化时,常用的酸是硫酸、硝酸和高氯酸。常用的混合酸是硫酸和硝酸,将样品与硫酸共热至发烟,然后加入硝酸使样品完全氧化。也可以用硝酸和高氯酸的混合物,先用硝酸氧化样品至只留下少许难以氧化的物质,待冷却后加入高氯酸,共热至样品完全氧化。湿法灰化最适合于测定有机和生物样品中的痕量金属。它也可用来测定 N、P 和 S。由于灰化时体系敞开,具有一定挥发性的元素,如卤素(F 除外),Te、As、Se、B 和 Sn 等损失严重。为了测定这些元素,可将样品与酸一起放入一厚壁试管中,然后于 250 ~300 ℃密封加热数小时,为了防止爆炸的危险,应将样品管放入一保护钢管中。

例如,采用湿式消解法测定土壤中的一些元素,测定过程为将风干磨碎的土样过 100 目尼龙筛,准确称取 1.000 g,置于聚四氟乙烯坩埚中,加入 5 mL 硝酸、2 mL 高氯酸和 5 mL 氢氟酸,使土样全部被酸浸润,置于砂浴或电热板上。开始以低温加热分解,使土样激烈反应后,继续在砂浴或电热板上加热分解至土样呈近似白色浆状物,并冒高氯酸白烟。取下稍冷却,再加 2 mL 高氯酸以赶尽氢氟酸,冷却,再加 5 mL 2 mol/L 盐酸,在砂浴或电热板上加热溶解盐类。然后取下静置,使沉淀物沉降。用中速定量滤纸过滤(沉淀不必全部移入滤纸上),收集滤液于 50 mL 容量瓶中。用少量的 2 $mol \cdot L^{-1}$ 盐酸溶液洗涤坩埚内壁及滤纸上残渣,用去离子水洗涤,将洗涤液一并收集于容量瓶中,定容,摇匀备用,同时作试剂空白。采用 ICP 测定其中的 Cu、Pb、Cd、K、Na、Ca、Mg、Fe、Zn 等元素。

此外,湿法灰化也常用于研究一些改性化合物中不同元素的比例,尤其在合成后修饰的金属有机框架(MOF)材料成分分析中应用广泛。SonBinh T. Nguyen 等人用 H_2O_2 从 Mn^{III}SO-MOF 的 Salen 配体上去除 Mn 离子并用多种金属离子 M^{II}(M = Cr, Co, Mn, Ni, Cu, Zn)对 Salen 配体进行再金属化。在进行电感耦合等离子体发射光谱(ICP)测量时,将1 ~2 mg 晶体样品溶于 H_2SO_4/H_2O_2(体积比 3 : 1)水溶液并在 120 ℃下加热至溶液变得无色透明且不再产生气泡,之后将所得液体样品稀释至合适浓度后测试,分析不同晶体材料中 Cr, Co, Mn, Ni, Cu, Zn 的含量。在经过 H_2O_2 去除 Mn 离子后,晶体中 Zn : Mn 比从原始材料中的约 2 : 1 变为 Mn 耗尽的材料中的约 20 : 1(消耗 90%)。再金属化后,除 Cu 外其余五个重金属化 MOF 均显示出接近或等于可用 salen 位点的金属含量。CuSO-MOF 表现出的铜质量当量远超过 salen 的再金属化位点，这可归因于 MOF 的桨轮节点中的 $Zn^{Ⅱ}$ 与溶液中的外部 $Cu^{Ⅱ}$ 的交换。同样，在 $Co^{Ⅱ}$ 和 $Cr^{Ⅱ}$ 的金属含量也略高于预期，可能是由于 MOF 桨轮节点处的金属交换有限。

由于 ICP-MS 技术的检测限极低，干扰小，能多元素同时测定，分析速度快，使这种技术成为稀土元素、铌、钽等元素的纯度分析中最具有魅力的技术。以高纯铌、钽氧化物的纯度测定为例。测定前需要对氧化物在密封消解罐中进行消解。消解罐的外套为不锈钢材质，内衬为聚四氟乙烯。称取 0.5 g 高纯 Ta_2O_5 或 Nb_2O_5，装入密封消解罐，加入3 mL质量分数为40% 的浓 HF 和 1 mL 质量分数为 68% 的浓 HNO_3 密封，在 160 ℃烘箱中加热 4 ~6 h。冷却到室温，打开密封罐。在 50 mL 洁净的 PET 塑料瓶中加入约 10 mL 纯水，将消解液用移液枪全部转移到 PET 塑料瓶中，用电子天平称重使溶液总质量为 50 g，采用仪器内置的标准加入工作曲线法测定。该方法测定 2 $ng \cdot L^{-1}$ 的标准溶液的加标回收率在 90% ~110% 之间，而各目标元素的长期稳定性 RSD 多数小于 5%，该技术可作为常规分析方法进行长期稳定的高纯铌、钽样品中杂质的测定。

③微波消解。

微波是电磁能，频率为 $3\times10^2 \sim 3\times10^5$ MHz。微波消解是以微波作为加热源，直接通过物质吸收热量来达到加热目的。一种材料可以吸收、反射或透过微波辐射的能量后，随微波辐射快速运动而迅速被加热，同时，微波也能被样品分子吸收，增加样品基体分子的动能。固体样品置于溶液中，它本身会吸收微波能，使样品表面温度快速升高，从而更促使表面与酸的反应，并可以防止由于样品表面形成防酸层而使溶解反应钝化。微波辐射同分子相互作用，由于物质的成分和质量不同，作用强度也不相同。样品中的极性分子和离子分子通过偶极子转动和离子传导与微波辐射相互作用，从而促进样品分解。微波消解样品具有快速、回收率高、污染小、样品溶解完全等优点。微波消解法适合于多种性质的样品，如成分极其复杂的地质样品、动物和植物样品、食品以及金属样品等。要注意许多合金会与微波作用，使样品加热而熔化塑料容器。应避免使用大块金属样品，还要防止消解中由于放出的 H_2 与金属在电磁场作用下产生火花而发生爆炸。因此消解应在充有惰性气体且能承受温度与压力的密闭容器中进行。

例如，采用微波消解方法对食用油中的一些元素进行分析。食用油的消化处理一直是食品化学分析的难点。常用的干灰化和湿法消解均需长时间处理，且易引起玷污，而用微波消解具有显著的优点，如测定的空白值低，元素损失少，节省时间等。分析过程为：称取 0.5 g 样品，依次加入 5 mL 硝酸、2 mL H_2O_2 及 2 mL 蒸馏水，低温加热，至反应稳定后再盖好送入微波炉消解。压力为 1.5 ~2.5 MPa 时消解 5 ~10 min，可得到无色透明的溶解液。

（2）固体样品直接分析。

将固体试样引入 ICP 系统有粉末固体直接进样、样品直接插入、火花溅射、激光剥蚀、悬浮液进样等几种方法。其中激光剥蚀和悬浮液进样技术操作简便、快速、准确，适用范围广。下面举例说明这两种进样方法。

①激光剥蚀进样与 ICP-MS 联机技术（LA-ICP-MS）。

LA-ICP-MS 技术可用于固体样品的直接分析。将固体样品置于封闭的样品槽中，经过高能量激光透过石英窗照射在样品上，局部样品受热汽化挥发。流速受控制的氦气或氩气通过样品槽，将汽化的样品通过一根惰性的样品管载带到 ICP-MS 的炬管中心管内。此时 ICP-MS 的雾化器不工作，激光器的样品管与 ICP-MS 的炬管直接相连，汽化的样品通过样品管和炬管中心管直接进入 ICP 火焰的中心通道内，进一步受热解离成分子、原子和离子，被质谱仪检测。这种 LA-ICP-MS 联机技术提供了很好的分析优势，尤其在地质分析领域和针对痕量样品的应用分析领域。常用的与 ICP-MS 联机的激光器包括 Nd-YAG脉冲激光器，这种激光器一般最大脉冲频率为 20 Hz，激光输出功率为 3 ~ 20 mJ，每个激光脉冲的持续时间为 20 ~ 100 ns，脉冲的能量密度为 1 ~ 3 GW/cm^2，激光脉冲剥蚀的点直径为 2 ~ 50 μm。Nd-YAG 脉冲激光器的基础波长为 1 064 nm，处于远红外区，对多数透明或半透明材料的作用很差。所以，Nd-YAG 脉冲激光器一般使用“倍频”技术将激光频率进行调制，从 1 064 nm 到 532 nm、266 nm、213 nm 等，波段从远红外变到紫外，对多数材料，即使是透明的材料，也有很好的激光能量吸收效率。最常用的激光波长为 266 nm或 213 nm，266 nm 脉冲激光一般用于各种金属材料、玻璃以及一般环境样品和地质样品。213 nm 脉冲激光器一般用于要求较高的难溶的岩石等地质研究样品的分析，尤其是所包含的化合物研究以及微区分布研究等。更先进的脉冲激光器为波长 193 nm 的 ArF 受激准分子激光器，由于能量密度高达 35 J/cm^2，可对难溶材料以及透明材料剥蚀产生更细的汽化颗粒、更小的剥蚀直径，因此多应用在要求最精密的科研工作中。但由于这种激光器价格昂贵，并且使用和维护要求较高，因此限制了它的广泛使用。

LA-ICP-MS 的技术优点包括：①可直接分析固体样品，无需预处理，快速；②很高的灵敏度；③需要样品量少；④基本上是非破坏性分析，激光取样最小可只剥蚀 5 ~ 10 μm 的样品，在外观上基本无损；⑤样品制备简单，几乎无过程污染问题。由于 LA-ICP-MS 直接分析固体样品，无需预处理，对样品的取样量较小又不引入水，ICP 的能量完全用于样品的分解和电离，离子化效率高，又避免了水分解出的 O、OH—等与样品基体形成分子离子的干扰。对 Si、S、P、Cl 等难电离有干扰元素的分析尤其有利，可完成 nmol/L 量级的痕量元素的分析。

以 LA-ICP-MS 法测定土壤中的微量元素为例，仪器的工作条件见表 17.2。

表 17.2　LA-ICP-MS 工作条件

ICP-MS 参数	激光(Laser)参数
射频功率 1 150 W	激光波长 Nd :YAG266 nm
等离子体气流速 14 L/min	工作模式 Q2 开关
雾化器流速 1.02 L/min	最大脉冲能量 5 mJ
辅助气流速 1.0 L/min	能量稳定性 0.5%(RSD)
扫描次数 1	光束轮廓剖面 Flot-Top
采样深度 12 mm	激光脉冲宽度小于 6 ns
扫描/读出 1	孔穴直径 10 ~ 300 μm
积分时间 10 ms	线扫描速率 10 μm/s

准确称取土壤样品 5.000 g 于石英坩埚中，加入 5 mL 10 μg/mL In 标准溶液，混合均匀，置于 60 ℃烘箱中低温干燥，干燥的土壤样品用玛瑙研钵研磨到粒度为 0.074 mm，样品中内标元素 In 质量分数为 10 μg/g。准确称取研磨好的土壤样品 1.000 0 g，加入聚四氟乙烯（PTFE）黏合剂 0.500 0 g，混匀，在 200 kN 压力下压制成薄片。分别切取土壤样品粉末压片放入塑料圆环座内（直径为 1 cm），用快速凝固的无色透明环氧树脂将样品固定，表面抛光，以备 LA－ICP－MS 分析使用。这种方法各元素的检出限在 21.40 ~ 231.6 mg/g 之间。

②悬浮液直接进样技术。

由于所制得的粉末与水不能互溶，不能形成稳定均一的溶液，所以必须选择合适的稳定剂，如丙三醇、黄原胶、琼脂和分散剂，如聚乙二醇辛基苯基醚（TritonX－100）、焦磷酸钠和氨水等，并采用一定的分散手段将其混合均匀。为了消除基体干扰，可采用聚四氟乙烯作为基体改进剂，用于分析固体生物样品和高纯物质。悬浮液制备的最后步骤是振荡和分散，近年来越来越多的分析者采用超声波搅拌来制备悬浮液，因其可使悬浮液分析的精密度更接近常规的溶液分析，并且能有效地避免悬浮液与搅拌装置直接接触而引起的再次污染，特别适用于痕量分析。

以悬浮进样 ICP－AES 分析钴钛酸铅镧中的杂质元素为例，测试时以钴钛酸铅镧粉末（d_{50}=0.37 μm，密度为 7.085 g/cm^3）作为测试材料。样品不需要再研磨，样品在烘箱中105 ℃烘2 h 备用。称取0.100 0 g 的钴钛酸铅镧试样于容量瓶中，加入适量的分散剂 TritonX－100，使用盐酸和氨水调节 pH 至 9，并用水定容至 100 mL，置于超声振荡器分散 10 min。

样品进样系统采用 Babington 改进型 V－groove 雾化器和 Sturman－Masters 型气旋式雾化室。当悬浮液用蠕动泵通过输液管送到 Babington 雾化器基板上，悬浮液沿倾斜的基板（或沟槽）自由流下，在悬浮液流经的通路上有一小孔，高速的载气流从小孔喷出，将悬浮液喷成雾滴。Babington 雾化器和 V－groove 雾化器因为没有玻璃同心雾化器的毛细管，因此在实验中没有堵塞现象。Sturman－Masters 型气旋式雾化室的使用不会造成气溶胶在雾化室中的停留，提高了雾化效率，仪器的操作条件见表 17.3。

表 17.3　仪器和操作条件

扫描范围	167 ~ 785 nm
观测角度	轴向
高频发生器	40 MHz
注射器直径	2.3 mm
功率	1.20 kW
等离子体流速	15.0 L/min
辅助气流速	1.50 L/min
雾化器流速	0.80 L/min
重复次数	3
进样延迟时间	20 s
洗脱时间	10 s

颗粒的粒径对测定结果有很大影响，颗粒的粒径分布如图 17.5 所示，可以看出试样中 65% 的颗粒粒径小于 0.5 μm，85% 的颗粒粒径小于 1.5 μm，平均粒径为 0.37 μm。悬浮试样中粒径的大小分布制约了分析准确度和精密度，同时也是制约分析回收率的限定性因素。通常情况下，小颗粒在悬浮液中所占的比例越高，其雾化效率、灵敏度及回收率也越高。悬浮液雾化进入等离子体需要悬浮液颗粒在样品传输效率和颗粒在等离子体中原子化效率与相应水溶液标准一致。从本实验的分析结果看，当悬浮液的颗粒粒径大于 1.5 μm 时，粒径较大的粒子可能不能达到等离子体，或其在等离子体中保留时间太短以至于不能被完全原子化和激发，导致信号的损失，使悬浮液雾化进样的分析结果偏低（见表 17.4）。

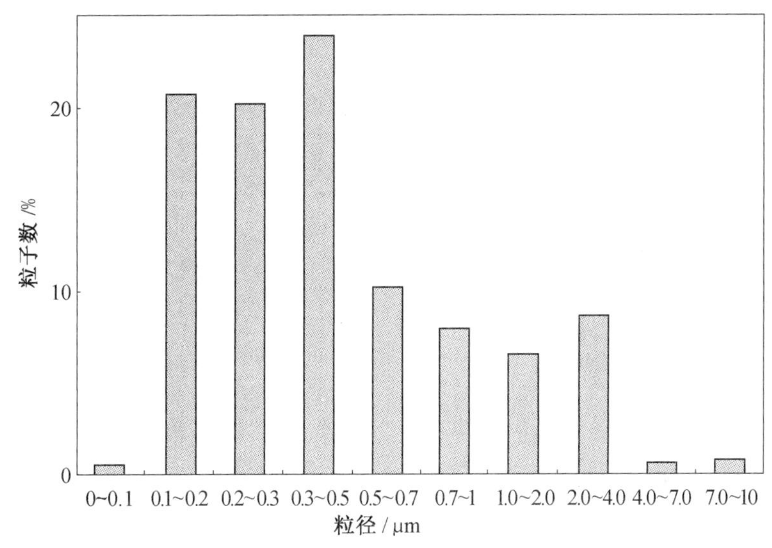

图 17.5　土壤颗粒粒径分布

表 17.4　ICP 对钴钛酸铅镧的分析结果

元素	激发波长/nm	碱熔法测定结果 /($mg \cdot kg^{-1}$)	悬浮液测定结果 /($mg \cdot kg^{-1}$)	回收率/%	RSD
Ba	233.527	13.11±0.6	12.55±0.5	96.18	3.2
Bi	222.921	247±8	225±13	94.32	3.4
Co	238.892	13.65±3	14.65±1	90.01	1.7
Cu	324.754	193±4	178±10	95.35	3.4
Fe	238.204	75±6	69±3	98.74	6.9
Mn	257.610	2.1±0.4	1.7±0.4	95.48	2.8
Sb	231.146	1 127±99	1 015±58	96.42	4.6
Sn	238.998	629±40	646±22	95.78	0.8
V	292.401	55.59±8	55.19±5	96.39	2.1

4. 固体汽化进样分析

激光汽化固体进样是较为先进的方法，是将重复频率的激光聚焦在样品表面，利用激光的高强度能量使样品汽化，进行后续分析。

图 17.6 为激光汽化固体进样电感耦合等离子原子发射光谱分析示意图。程序控制系统由两部分组成：程序控制器控制激光触发，进样系统启动与复位和激光汽化时间；微机控制光谱仪积分时间和数据获得与处理。

测定时将样品于玛瑙研钵中研磨至均匀（粒径小于 200 目），称取 0.5 g，滴 2 滴钾水玻璃胶（30% 硅酸钾水溶液），混匀，置于模具内以 14 MPa 压力压制成圆片状。调整激光束聚焦镜至固定位置，光谱仪，微机启动后，用汞灯进行波长扫描校准，通过微机设定分析线波长、积分时间等参数。启动 ICP 发生器，打开冷却水及排气装置，打开氩气阀调节载气等，预热 1 min 后点燃等离子炬，将样品置于样品室，先通氩气排除室内空气并冲洗管道，然后触发激光束，同时启动样品室作均匀连续 $X-Y$ 轴扫描移动和光谱仪扫描积分。

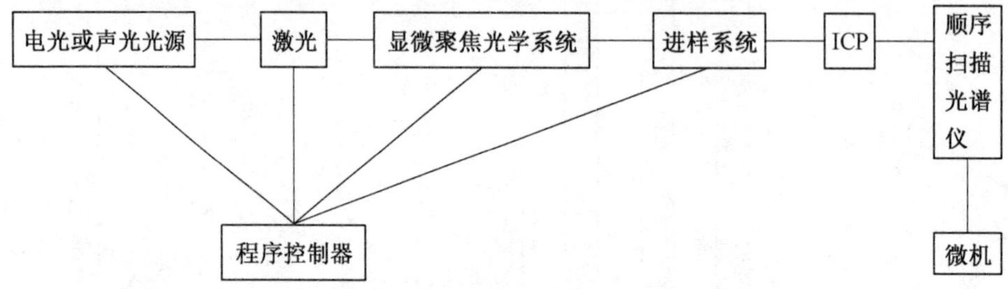

图 17.6 激光汽化固体进样 ICP-AES 分析示意图

电光调激光固体汽化进样 ICP-AES 能对含多元素的粉末样品进行分析，Be、Ni、Nb、Cr、Y、La、V、Co、Yb、Ag、Pb、Zn 等元素测定的 RSD（相对标准偏差）在 10% 以下，测定值与推荐值接近，基本上能满足分析要求。对于 Zr 这样的难熔难汽化元素，不仅连续激光汽化效果不理想，电光调因激光作用于样品的时间短而导致汽化不完全，分析结果偏低。但采用声光调激光汽化，则消除了以上缺陷。

习　　题

1. 原子发射谱线强度与哪些因素有关？
2. 固体样品应如何测定 ICP 光谱？

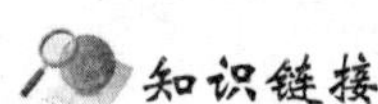

我国等离子体研究所的发展

我国的中国科学院等离子体物理研究所（简称等离子体所）成立于 1978 年。在 20 世纪 70 年代的艰难岁月里，一批执着于科研事业的开拓者们，如陈春先、严陆光、邱励俭、季幼章等老一辈科学家艰苦奋斗、锐意进取，怀着共同的志趣，筹划在合肥建立高温等离子体物理与受控核聚变研究机构。适逢 1978 年，全国科学大会召开，科学之春暖入人心，在这种时代背景和宏观环境里，历经 8 年的努力，理想在这一年变为现实，9 月 20 日中国科学院等离子体物理研究所诞生了。

经过 40 多年的发展，等离子体所在高温等离子体物理实验及核聚变工程技术研究方面处于国际先进水平，形成了广泛的国际交流与合作，与欧、美、日、俄、澳等近 30 个国家和地区建立了稳定合作交流关系，开展多个国际合作项目，成为“第三世界科学院开放实验室”和“世界实验室聚变研究中心”，是国际热核聚变实验堆计划(ITER)中国工作组的重要单位之一。

建所以来，等离子体所承担着国家发改委、科技部、国家基金委和中国科学院等多项重大科研项目，获得科研成果 200 多项，其中重要成果 105 项。等离子体所依靠自己的力量先后建设了常规磁体托卡马克装置 HT-6B 和 HT-6M，以及中国第一个圆截面超导托卡马克装置 HT-7；2006 年，世界上第一个非圆截面全超导托卡马克 EAST 装置又在等离子体所自主建成，EAST 的成功建设被国际聚变界评价为：“是全世界聚变工程的非凡业绩，是全世界聚变能开发的杰出成就和重要里程碑”，该重大成果荣获 2008 年度国家科学技术进步奖一等奖，入选为 2006“中国十大科技进展”和“中国基础研究十大新闻”。

第 18 章　电化学分析方法

18.1　简　　介

利用物质的电学及电化学性质来进行分析的方法称为电分析化学法(electroanalytical methods)。它通常是将待分析的试样的溶液构成一化学电池(电解池或原电池),然后根据所组成的电池的某些物理量(如两电极间的电位差、通过的电流或电量、电解质溶液的电阻等)与其化学量之间的内在联系来进行测定。电化学方法的仪器较简单,测量速度快,不仅可以进行组分含量分析,还可以进行价态、形态分析以及用于研究电极过程和表面现象、电极过程动力学、氧化还原过程动力学、催化过程、有机电极过程、吸附现象、金属腐蚀速率等。电分析化学法在科学研究和生产控制中是一种重要的工具,主要包括极谱分析法、伏安法、电极交流阻抗法和金属腐蚀速率的电化学测量法,其中极谱分析法、伏安法包含在仪器分析课程中,这里主要介绍电极交流阻抗法和金属腐蚀速率的电化学测量法。

18.2　电极交流阻抗法

电极交流阻抗法是电化学测试技术中的一类十分重要的方法,是研究电极过程和表面现象的重要手段。它是控制电极电流(或电位)按小幅度正弦波规律随时间变化,同时测量相应的电极电位(或电流)随时间的变化,或者直接测定电极的交流阻抗,进而计算各种电极参数。本书只研究交流阻抗用于陶瓷微结构及电极表面覆盖层的研究的方法,其他交流阻抗法的应用有兴趣的读者请参考相关专业书籍。

18.2.1　电极交流阻抗的原理

测量电极系统的交流阻抗主要有两个目的:①确定等效电路,与其他相应电化学方法相结合,推测电极系统中包含的动力学过程及其机理;②如果等效电路为已知,或者可以提出一个为大家所接受的等效电路,确定等效电路中有关元件的参量值,从而估算有关的动力学参数。

一个正弦交流电压的大小,可以表示为

$$E(t)=E_0\sin(\omega t+\varphi)$$

式中,E_0 是交流电压的幅值;φ 是交流电的初相位;ω 为角频率,有

$$\omega=2\pi f=\frac{2\pi}{T}$$

假设有一正弦电流为

$$E(t)=E_0\sin\omega t$$

根据欧拉公式,即

$$E(t)=E_0\cdot e^{j\omega t}$$

这时,称 ωt 为辐角。

将该正弦交流电压加到一个电阻值为 R 的纯电阻两端时,在电阻中有电流 I_R 流过。根据欧姆定律:

$$I_R=\frac{E}{R}=\frac{E_0}{R}e^{j\omega t}=I_0e^{j\omega t}$$

即电流 I_R 也是角频率为 ω 的正弦波,它的幅值 $I_0=\frac{E_0}{R}$,在时间为 t 时,I_R 的相位(即上式中的辐角)也是 ωt,即与电压 E 的相位相同。

而电阻器 R 的阻抗则为

$$Z_R=\frac{E}{I_R}=R$$

如果电路是由一个电容值为 C 的理想电容器构成,将该交流电压 E 加到这一电路上时,相应的电流为

$$I_C=C\frac{dE}{dt}=j\omega CE_0\cdot e^{j\omega t}=j\omega CE=\omega CE_0\cdot e^{j\left(\omega t+\frac{\pi}{2}\right)}=I_C\cdot e^{j\left(\omega t+\frac{\pi}{2}\right)}$$

在时间为 t 时,电压 E 的相位为 ωt,而 I_C 的相位则为$\left(\omega t+\frac{\pi}{2}\right)$,故电流 I_C 的相位比 E 的相位提前了$\frac{\pi}{2}$。I_C 的幅值为 ωCE_0。电容 C 的阻抗为

$$Z_C=\frac{E}{I_C}=\frac{1}{j\omega C}=-j\frac{1}{\omega C}$$

同样可以证明,对于一个电感值为 L 的"纯"电感器来说,交流电流与电压的关系为

$$I_L=\frac{E_0}{j\omega L}e^{j\omega t}=\frac{E_0}{\omega L}e^{j\left(\omega t-\frac{\pi}{2}\right)}=I_0\cdot e^{j\left(\omega t-\frac{\pi}{2}\right)}$$

即流过一个纯电感(电阻为零)的交流电流的相位比电压的相位落后$\frac{\pi}{2}$。电流 I_L 的幅值为$\frac{E_0}{\omega L}$,电感 L 的阻抗为

$$Z_L=\frac{E}{I_L}=j\omega L$$

(1)复合元件和简单电路。

电阻、电容和电感等串联或并联在一起,构成简单的交流电路,也可以把它们的串联或并联看成一个整体,即一个复合元件。

①R 和 C 串联电路。

如果一个电路由一个电阻 R 和一个电容 C 串联而成,则整个电路的阻抗为

$$Z=Z_R+Z_C=R-\mathrm{j}\frac{1}{\omega C}$$

采用与电工学不同的表示方法

$$Z=Z'-\mathrm{j}Z''$$

即在虚部 Z''前取负号,则

$$Z=|Z|\mathrm{e}^{-\mathrm{j}\theta}$$

$$Z'=|Z|\cos\theta$$

$$Z''=|Z|\sin\theta$$

$$|Z|=\sqrt{Z'^2+Z''^2}$$

$$\tan\theta=\frac{Z''}{Z'}$$

式中,Z'为电阻;Z''为电抗;θ 为阻抗的相角。

可知,对于 R 和 C 串联电路,有

$$Z'=R,\quad Z''=\frac{1}{\omega C}$$

$$|Z|=\sqrt{R^2+\left(\frac{1}{\omega C}\right)^2}=\frac{\sqrt{1+(RC\omega)^2}}{\omega C}$$

$$\tan\theta=\frac{1}{\omega RC}$$

由上两式可见:

a. 在高频时,由于 ω 很大,$RC\omega\gg1$,于是$|Z|\approx R$,$\tan\theta\approx0$,即 $\theta\approx0$,电流与电压的相位相等。整个电路相当于仅由电阻组成。

b. 在低频时,由于 ω 很小,$RC\omega\ll1$,于是$|Z|\approx\frac{1}{\omega C}$,$\tan\theta\approx\infty$,即 $\theta\approx\frac{\pi}{2}$,电流的相位比电压的相位超前$\frac{\pi}{2}$。整个电路相当于仅由电容组成。

在高频和低频之间有一个特征频率 ω_C,其值为

$$\omega_C=\frac{1}{RC}$$

当 $\omega=\omega_C$ 时,$\tan\theta=1$,$\theta=\frac{\pi}{4}$,$|Z|=\sqrt{2}R$,特征频率的倒数 $\omega_C^{-1}=\tau=RC$,称为这一电路的时间常数。

将上式左右取对数,得

$$\lg|Z|=\frac{1}{2}\lg[1+(RC\omega)^2]-\lg\omega-\lg C$$

以 $\lg\omega$ 为横轴,以 $\lg|Z|$为纵轴作图,此图称为 Bode 模图。

如图 18.1 所示,在高频区,$RC\omega\gg1$,$\lg|Z|\approx\lg R_S$,为一平行于横轴的直线;在低频区,$RC\omega\ll1$,$\lg|Z|\approx-\lg\omega-\lg C$,为一斜率为-1 的直线。这两条直线的延长线交点所对应的横坐标即为 $\lg\omega_C$,其纵坐标即为 $\lg R_S$,但 $\lg|Z|$的实际轨迹,在 $\omega=\omega_C$ 时,纵坐标应

为0. 15+lg R。

相角 θ 随 lg ω 变化的图形称为 Bode 相角图。在 ω_C 处，应有 $\theta=\frac{\pi}{4}$。

一般将 Bode 模图和 Bode 相角图放在一起，合称 Bode 图，如图 18. 1 所示。由图中确定 lg R 和 ω_C 的值，即可求出 R 和 C 的值。

除了 Bode 图外，还有一种表示阻抗的图，称为 Argand 图或 Nyquist 图，RC 串联电路的 Nyquist 图如 18. 2 所示。

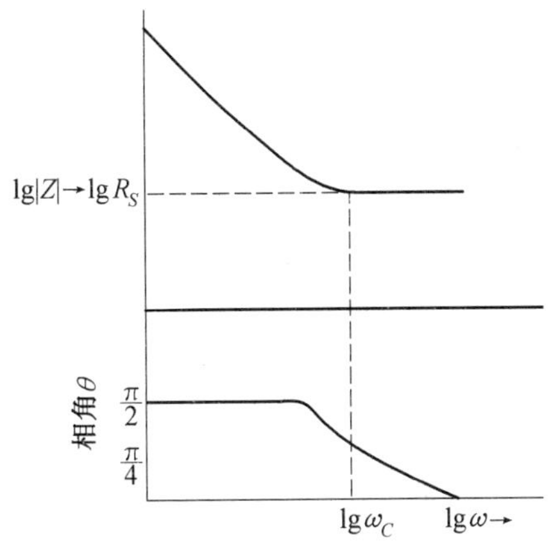

图 18. 1　RC 串联电路的 Bode 图

图 18. 2　RC 串联电路的 Nyquist 图

②R 和 C 并联的电路。

由电工学知识可知，R 和 C 并联电路的阻抗应为

$$Z=\frac{R}{1+\mathrm{j}\omega RC}=\frac{R}{1+(\omega RC)^2}-\mathrm{j}\frac{\omega R^2C}{1+(\omega RC)^2}$$

则

$$Z'=\frac{R}{1+\mathrm{j}\omega RC}$$

$$Z''=\frac{\omega R^2C}{1+(\omega RC)^2}$$

$$|Z|=\sqrt{Z'^2+Z''^2}=\frac{R}{\sqrt{1+(\omega RC)^2}}$$

可以得到 R 和 C 并联电路的 Bode 图和 Nyquist 图，如图 18. 3、图 18. 4 所示。

(2)电解池的等效电路(等效阻抗)。

把实测的结果画成 Bode 图或 Nyquist 图，将参数元件组成的电路或分布参数电路的交流阻抗谱进行比较，便可把这些物体或系统的电过程用由各种元件串、并联组成的电路来模拟，这种用来模拟的电路称为等效电路。

由电阻 R 和电容 C 组成的等效电路可模拟电解池在小振幅的交流扰动信号作用下的电性质，换句话说，等效电路中的元件代表一些确定的电极过程和电化学性质。例如，溶液的电阻，可用一个纯电阻 R_S 表示；电荷跃迁相界面的过程，即法拉第过程也可以用一个纯电阻表示；电极与电解质溶液之间的双电层，可用一个纯电容表示；由扩散引起的浓差极化,可用 Warburg 阻抗(可表示为电阻和电容的串联)表示;当电极表面有膜层或吸附层覆盖时,电化学双层,可用复数电容 C_d 表示。

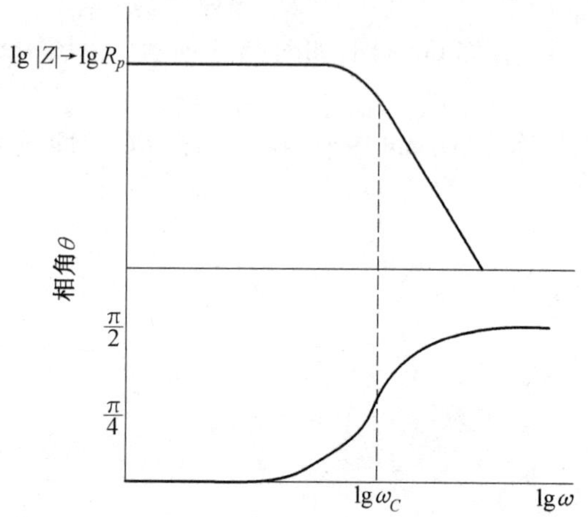

图 18.3 *RC* 并联电路的 Bode 图

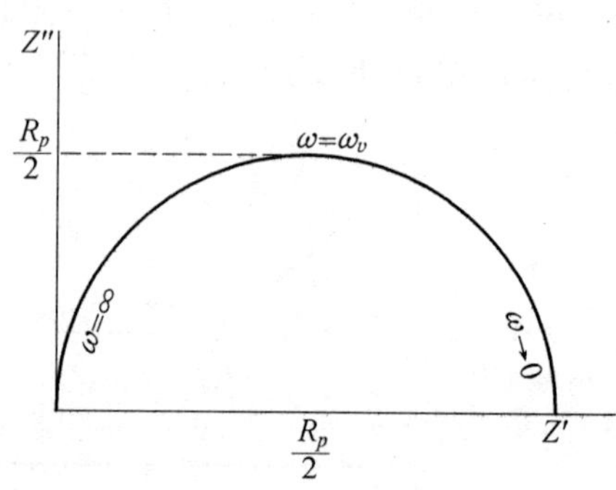

图 18.4 *RC* 并联电路的 Nyquist 图

溶液电阻不能忽略的电化学电极,其等效电路如图 18.5 所示。

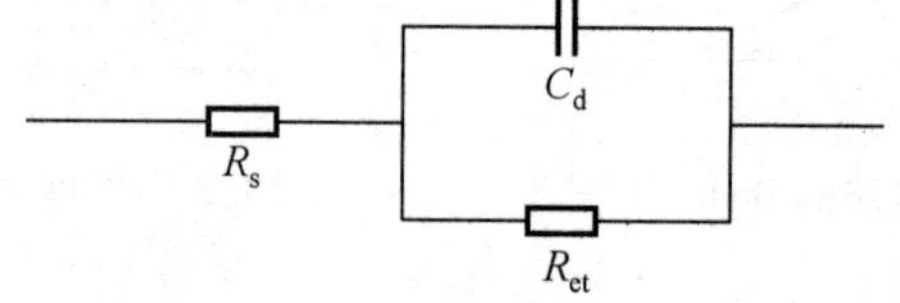

图 18.5 溶液电阻不能忽略的电化学电极的等效电路

C_d—双电层的微分电容;R_{et}—电荷转移电阻;R_s—溶液电阻

电解池的等效电路的 Nyquist 图,如图 18.6 所示,为半圆形,圆心坐标(R_s+R_{et}/2,0),半径为 R_{et}/2。半圆的直径对应于反应电子传递电阻 R_{et} 的数值,原点到半圆的起点对应于溶液电阻的数值,由半圆顶点对应的特征频率 ω^* 可求得双电层电容 C_d。

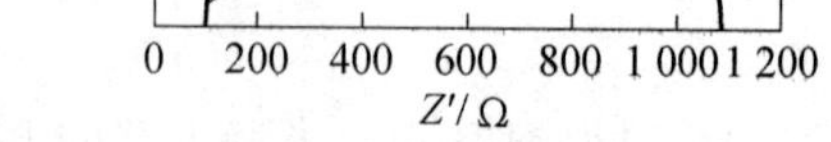

电化学极化和浓差极化并存的电化学电极,其等效电路如图 18.7 所示。

Z_w 即传质过程浓差极化 Warburg 阻抗,其 Nyquist 图,如图 18.8 所示。

图 18.6 溶液电阻不能忽略的电化学极化电极的 Nyguist 图

在全频范围内,表现为一半圆和一直线。在频率高时,Warburg 阻抗很小,浓差极化可忽略,电极阻抗为一半圆,由前面知识利用高频区的数据,可得 R_s、R_{et}、C_d 的数值。

在频率足够低时,电极阻抗的 Nyquist 图为斜率为 1 直线,在横坐标的截距为 $R_s+R_{et}-2C_d\sigma^2$。利用高频区得到 R_s、R_{et}、C_d 的数值,由截距得到 Warburg 系数 σ,由此数值可求得扩散系数。

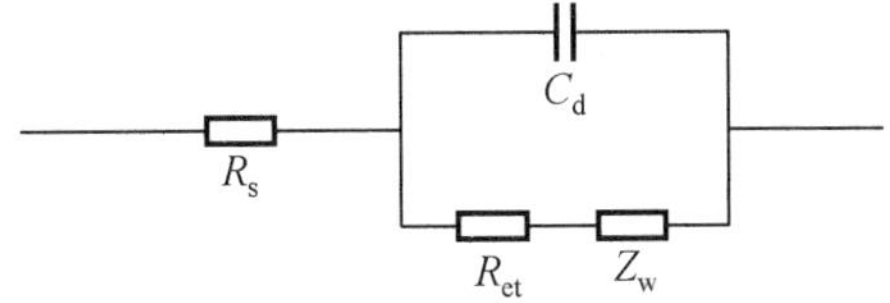

图 18.7 电化学极化和浓差极化并存的电化学电极的等效电路图

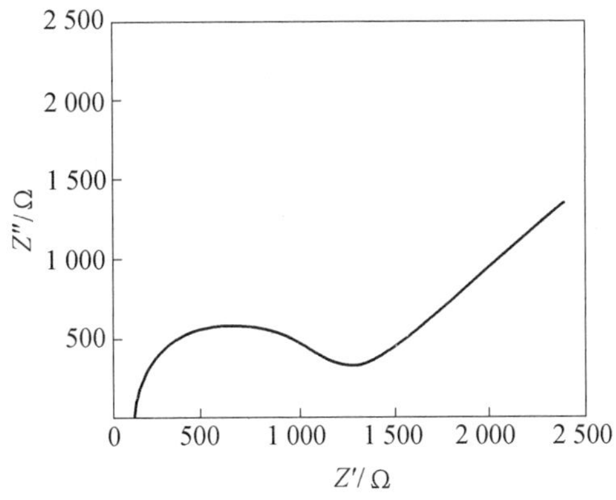

图 18.8 传质过程浓差极化 Warburg 阻抗的 Nyquist 图

18.2.2 交流阻抗谱的测量与数据处理

阻抗测量是一种准稳态的研究方法，在测量时必须首先确定被测对象所处的状态，需要通过对同一个系统在不同状态下进行阻抗测量，并对系统在不同状态下的阻抗特征进行比较，以判断系统的性质或其工作特性。对系统在不同状态下的阻抗谱进行比较时，已经做出定性的判断，阻抗数据本身并不重要。

在使用阻抗数据做定量研究时，首先必须对阻抗数据的准确性和可靠性进行校验。除了进行重复测试外，一个重要的方法是应用 K—K 变换（Kramers-Kronig 关系，即色散关系，简称 K-K 变换或 K-K 关系）。对于不能进行重复测试的系统（例如，在测试的时间中，系统已发生较明显的变化，或者经过极化条件下的测试，系统的状态已不能恢复，例如腐蚀系统等），应用 K—K 变换校验数据的准确性和可靠性尤为重要。K—K 变换反映了阻抗谱中实部和虚部的内在联系。K—K 变换要求很多的实验数据，但实际情况往往不能满足要求，尤其在低频情况下更是如此。

对于具体的数据处理方法，可以分成两大类：不用等效电路的方法和应用等效电路的方法。

1. 不用等效电路的方法

不用等效电路的方法是从 Bode 模图出发寻求阻抗的解析表达式。

2. 应用等效电路的方法

应用等效电路来处理阻抗数据分两种情况：

①阻抗的等效电路是已知的，对于阻抗谱曲线形状比较简单的系统，可以从曲线形状直接得到等效电路的知识。对于一些比较简单的物理过程和化学过程，也可从对该过程的知识出发，作出相应等效电路，例如 Randles 等效电路等。对于已知等效电路的系统，

阻抗数据可以用来确定等效电路中的元件参数。

②阻抗的等效电路是未知的,要通过对阻抗数据的分析来求出最可能的等效电路,并求出该等效电路中各等效元件的参数。荷兰学者 Boukamp 设计了一套完整的得到等效电路的方法。

18.2.3 电极交流阻抗在材料研究中的应用

电化学阻抗谱具有测量速度快,对研究对象表面状态干扰小的特点,在实际工作中,应用非常广泛。就电化学和电分析化学领域而言,主要用于电极过程的研究,金属腐蚀行为和缓蚀作用的研究,在材料分析方面则开发了多晶晶粒间界面现象研究,陶瓷晶粒界面研究和固体表面结构研究等应用。

1. 单晶和多晶材料

单晶不存在晶粒间界,其阻抗谱只有一个弧,是由本体电导和电极所引起的;而多晶则不同,在晶粒与晶粒相接触的界面,其电性质与晶粒内部是不同的,故阻抗谱中会存在晶粒间界弧而呈现两个弧线。因此,可用阻抗谱区别单晶和多晶。

2. 陶瓷材料

对于多晶,存在着晶粒间界。在多晶固体中,交流阻抗谱与固体的微结构密切相关,因此是了解固体微结构的探针。早在 1969 年,Bauerle 就开始从事这方面的研究工作。交流阻抗谱的工作往往和扫描电镜的工作结合在一起,来确定多晶固体的微结构。这方面的工作包括研究晶粒和晶粒间界的结构,一个分散相分散在一个连续相中等。

交流阻抗谱工作的特点是往往要根据被研究的系统的特点首先提出模型和响应的等效电路。早在 1881 年,Maxwell 已经提出了两相混合物的模型。

笼统地说,两相系统的微结构可用图 18.9 等效电路来表示。图中 g_1、g_2 为电导,C_1、C_2 为电容。可将其整个看成是复合元件,称为 Voigt 元件。

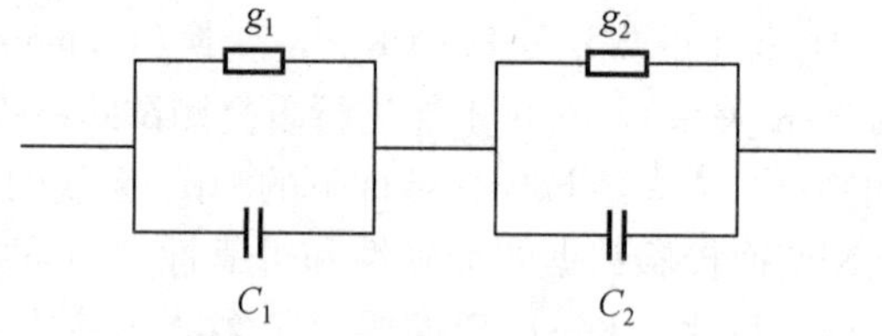

图 18.9 两相微观结构的等效电路

(1)陶瓷微结构——晶粒间界性质的相关性。

下面用两个例子来说明晶粒间界对阻抗的影响,摩尔分数为 3% Y_2O_3 的四方多晶氧化锆和摩尔分数为 6% Y_2O_3 的立方氧化锆。

ZrO_2 是多晶型的,它有 3 种不同的晶体结构:在室温下是单斜(m)的,在 1 170 ℃转变为四方(t)的,2 370 ℃转化为立方(c)的。在冷却时,晶格结构由 c 向 t 最后向 m 转化。从纯的 ZrO_2 制备陶瓷是不行的,因为在 t→m 转化时,立方晶型破坏,所以,一般 ZrO_2 与其他氧化物如 CaO、MgO 和 Y_2O_3 等形成固溶体,这些固溶体是稳定氧化锆。当稳定剂的摩尔分数为 10% 时,固溶体为立方结构;若固溶体中含有摩尔分数为 2% ~6% 的 Y_2O_3,则如果晶粒很小,仍可保持四方结构;当稳定剂的含量在两者之间时陶瓷是部分稳定的,

它以立方 ZrO_2 为母体，四方 ZrO_2 和/或单斜 ZrO_2 分散于其中。两者均属 Bauerle 等效电路，在 300 ℃下的阻抗谱如图 18.10 所示。

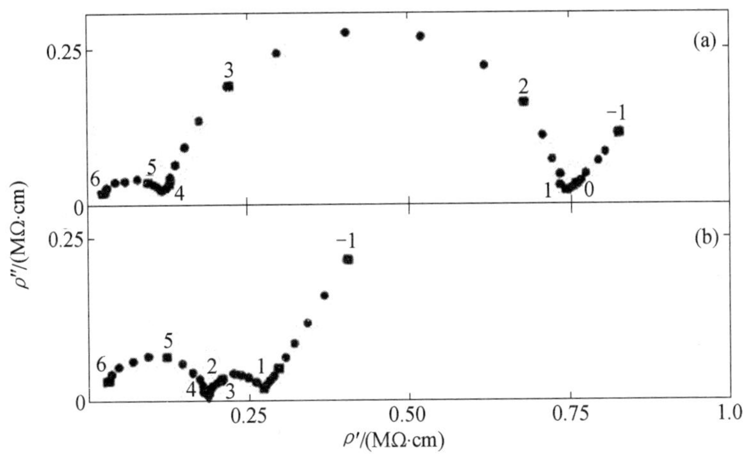

图 18.10　300 ℃下两种氧化锆陶瓷的阻抗谱

(a) ZrO_2+3%（摩尔分数）Y_2O_3，晶粒间界相连续，故其阻抗弧大；

(b) ZrO_2+6%（摩尔分数）Y_2O_3，晶粒间界相分散，故其阻抗弧小

在图 18.10(a)中，电阻以晶粒间界为主。在图 18.10(b)中，即 6%（摩尔分数）的 ZrO_2 陶瓷，晶粒间界对电阻贡献较小，与其以离子电导为主相符合，在这种情况下，由于晶粒间界相分散，因而其电阻较小。

由阻抗谱利用 Maxwell 模型，可以得到离子导体的电导率分布情况，从 σ_{gi} 和 σ_{gb}（σ_{gi} 和 σ_{gb} 分别为晶粒内部电导率和晶粒间界电导率）随温度的变化规律也可得到关于晶粒间界相形态的间接信息。离子导体的电导率与温度的关系为

$$\sigma=(\sigma_0/T)\exp(-\Delta H_m/kT)$$

式中，H_m 为离子迁移的活化焓，J/mol。

用对数 $\ln(\sigma T)$ 对（1 000/T）作图，得一直线，其斜率为 $-\Delta H_m/k$，称 Arrhenius 图。对上述两种陶瓷的 σ_{gi} 和 σ_{gb} 的 Arrhenius 图在 200～500 ℃时如图 18.11 所示。

两种陶瓷 σ_{gi} 和 σ_{gb} 的 Arrhenius 图在 200～500 ℃时都是线性的，如图 18.12 所示。由图 18.12 可看出，3%（摩尔分数）Y_2O_3 的四方氧化锆（图 18.12(a)），两条直线的斜率显然不同，其为没有捷径的砖层模型结构。而 6%（摩尔分数）Y_2O_3 的立方氧化锆（图 18.12(b)），两条直线的斜率 r_{gi} 和 r_{gb} 是一样的，这说明其为捷径模型的结构。

又如，分别包含 2.2%（摩尔分数）和 3.4%（摩尔分数）Y_2O_3 的 ZrO_2 ∶ Y_2O_3 组成的单晶，从 X 射线衍射和电镜观察确定其为单晶。两种单晶的阻抗谱如图 18.13 所示。

含 2.2%（摩尔分数）Y_2O_3 的晶体得到一大的压扁的晶粒内弧和电极弧（图 18.13(a)），它由四方相和单斜相组合而成。含 3.4%（摩尔分数）晶体的高频弧表示了四方相（图 18.13(b)），这些都与电镜观察相符。

这些都说明交流阻抗谱对陶瓷结构的变化是敏感的，因而可用交流阻抗谱来研究陶瓷的微结构。

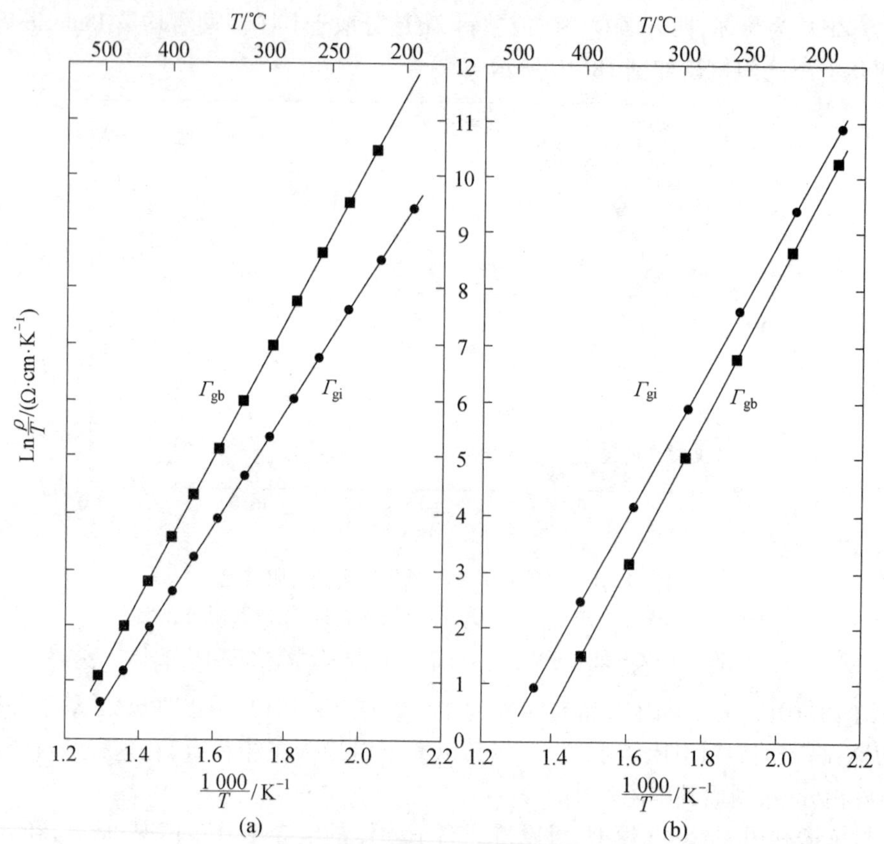

图 18.11　两种氧化锆陶瓷的晶粒内部和晶粒间界电阻的 Arrhenius 图

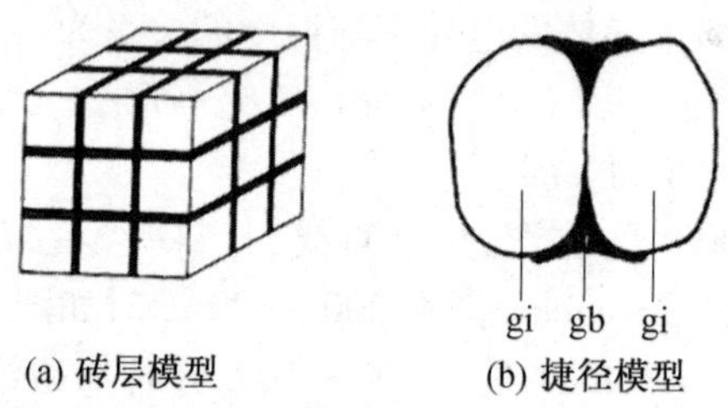

(a) 砖层模型　　(b) 捷径模型

图 18.12　两相陶瓷的捷径模型和砖层模型

(2)晶粒间界的厚度的计算。

对于适用于砖层模型解释的陶瓷,其晶粒间界电容还可以用于计算晶粒间界的厚度。

多晶材料的复阻抗谱图一般会出现 3 个特征半圆(或下沉半圆),从低频到高频端分别对应于电极、晶界和晶粒的贡献,如图 18.14(a)所示,其对应的等效电路如图18.14(b)所示。

由复阻抗谱图中每个半圆与横坐标的交点可以得到试样在测试温度下的晶粒电阻和晶界电阻,然后将每个电阻值转换成电导率值,即

$$\sigma = \frac{l}{SR}$$

式中,l 为试样厚度;S 为试样表面的电极面积。

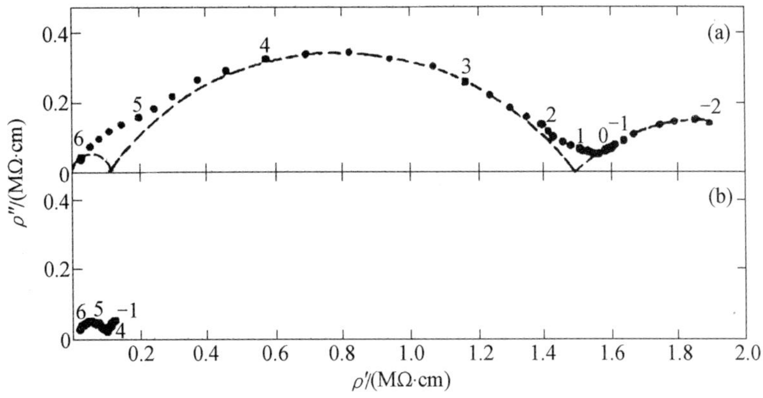

图 18.13　300 ℃下两种 ZrO_2 : Y_2O_3 单晶阻抗谱的比较

(a) ZrO_2:2.2%(摩尔分数)Y_2O_3 四方加单斜单晶,阻抗弧大;

(b) ZrO_2:3.4%(摩尔分数)Y_2O_3 全四方单晶,阻抗弧小

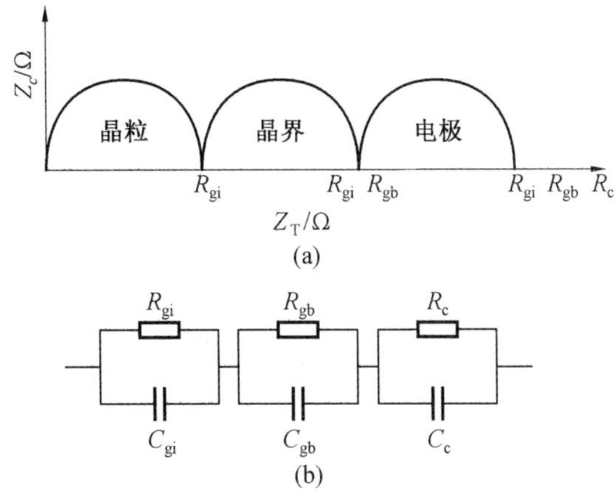

图 18.14　固体电解质材料的典型复阻抗谱图和等效电路

一般地,固体电解质材料的离子电导率与温度之间的关系用 Arrhenius 公式来描述,即

$$\sigma=\frac{\sigma_0}{T}\exp\left(-\frac{E}{kT}\right)$$

式中,T 为绝对温度;E 为离子电导的活化能;k 为玻尔兹曼常量;σ_0 为电导常量,由材料中载流子的浓度 N、荷电量 q、本征振动频率 ν_0、平均跃迁距离 δ 等因素确定。

砖层模型的提出可以来模拟多晶陶瓷的微观构成,由此可以定量地计算出材料中晶界的体积分数,为深入地理解材料微观结构对电性能的影响提供了有效的方法。在砖层模型中,假设多晶材料是由立方形晶粒堆砌而成,晶粒之间由晶粒间界分开。每一晶粒的大小为 D,晶粒间界的厚度为 d,则晶粒间界相的体积分数为 $3d/D(\chi_{gb})$。组成电池后,通常电流沿两条途径进行:通过晶粒并穿过晶粒间界;或者沿着晶粒间界。前者的电导率为 σ_{gi},后者的电导率为 σ_{gb},此时多晶的复电导率为

$$\phi_t=\left(\phi_{gi}^{-1}+\frac{x_{gb}}{3}\phi_{gb}^{-1}\right)^{-1}+\frac{2}{3}\chi_{gb}\phi_{gb}$$

根据等效电路可得晶粒电容、晶粒间界电容和晶界体积分数之间的 Näfe 关系式为

$$\chi_{gb}=3\frac{C_{gi}\varepsilon_{gb}}{C_{gb}\varepsilon_{gi}}$$

式中，C_{gi}、ε_{gi}、C_{gb}、ε_{gb}分别表示晶粒与晶界的电容和电容率。上式建立了电性能和微结构间的联系。通常χ_{gb}很难用电子显微镜来观察计算，因此可用上式进行估算，计算时一般可假定 $\varepsilon_{gb}=\varepsilon_{gi}$。

利用多晶 Y_2O_3 稳定 ZrO_2[$n(ZrO_2):n(Y_2O_3)=1:0.08$]为例。

图 18.15 为 YSZ 陶瓷样品在 1 200 ℃烧结样品在 180 ℃测试温度下的阻抗谱。从图 18.15 中可以看出，高频端的半圆和低频端的半圆分别对应于晶粒和晶界的阻抗贡献。经拟合后可以分别得到晶粒电阻和晶界电阻，从而计算出相应的离子电导率。

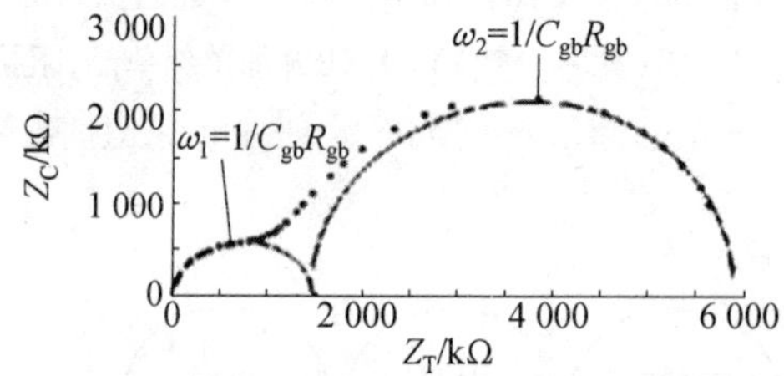

图 18.15　YSZ 陶瓷样品(1 200 ℃烧结)在 180 ℃的阻抗谱图

图 18.16 给出了烧结样品晶界电导率的 Arrhenius 曲线。从图 18.16 中可以看出，曲线具有很好的线性关系，表明体系中载流子导电机制为离子导电。同时两条直线的斜率不一样，可看出烧结样品确实可以用砖层模型描述，且烧结温度提高后晶界电导活化能有明显的降低。

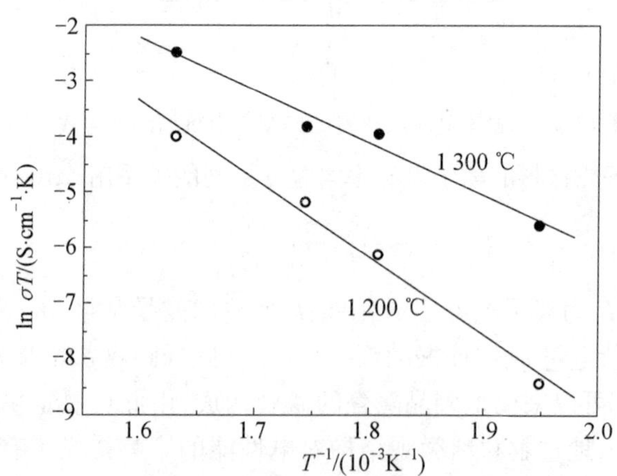

图 18.16　烧结样品晶界电导率的 Arrhenius 曲线

根据 Näfe 公式估算晶界体积分数值。从计算结果(见表 18.1)可知，1 300 ℃烧结样品晶粒间界的体积分数比 1 200 ℃烧结样品有明显的减少，说明烧结温度提高后，由于传质加快，烧结体的晶粒长大，晶界逐渐减少。

表 18.1　烧结体的晶界电导率和晶界体积分数

烧结条件	$\sigma_{gb}/(10^6\ S\cdot cm^{-1})$				$\chi_{gb}/\%$
	240 ℃	280 ℃	300 ℃	340 ℃	
1 200 ℃,2 h	0.43	3.92	9.81	29.7	13.5
1 300 ℃,2 h	7.42	34.8	38.3	134.6	6.48

3. 固体表面分析

除了基础电化学的研究常用滴汞电极外,对于一般应用电化学,大多数应用固体电极。固体电极除了具有各种不同的几何形状外,固体的表面也是复杂的,而且在电化学过程中不断改变。即使是常用的平面金属电极,其表面也不可视为理想的二维平面。因此,一方面要设法克服这些表面因素对电化学测量的影响,如使用线性电位扫描或循环伏安法等;另一方面,电化学测量本身为固体表面表征提供了有力的手段,例如,早期曾用测双层电容的方法来研究固体的真实表面积,现在,交流阻抗谱方法提供了研究固体分数表面和孔结构的良好办法。当然,对固体表面的研究一般还要与扫描电镜等其他方法结合起来,才能获得更好的结果。

在交流阻抗测量中,固液界面的电荷传递过程的特性常可用并联的等效电路来表示。对于粗糙的电极表面,常可观察到电容随频率改变的弥散效应,也就是说,电容实际上是分布参数。最早研究这一问题的是 De Levie,他使用传输线模型。在一导电电极上考虑一圆柱形孔,如果单位长度电解质的串联电阻为 r,单位长度的界面电容为 C,则其阻抗为 $\sqrt{r/pC}$。

De Levie 提出了 V 形槽传输线模型来描述粗糙电极(图 18.17),其解的特点是,根据 V 形槽几何特征的不同,阻抗 Z 的相角在 $\pi/2\sim\pi/4$ 之间的某一定值。

用同样方法可以得到其他几何形状的传输线和分布阻抗。这一模型的最大缺点是假定电流分布垂直于宏观表面,忽略了真实的电流分布;对于粗糙表面,电力线不会均匀地收敛在表面上,因此,双层充电不是均匀的,导纳不但依赖于频率,也会随时间而变。

Sheider 提出了另一种分支型传输线模型(图 18.18),其分支程度可以是无限的。令单位长度的串联阻抗为 z,单位长度的并联阻抗为 y。

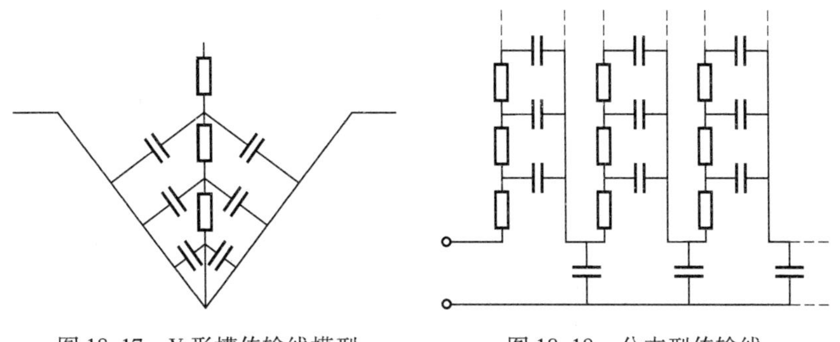

图 18.17　V 形槽传输线模型　　图 18.18　分支型传输线

其单条传输线阻抗 Z_T 可用繁分数来表示,即

$$Z_T=\cfrac{1}{y+\cfrac{1}{Z+\cfrac{1}{y+\cdots}}}$$

可得

$$Z_T=\sqrt{\frac{A}{C}(j\omega)^{-3/4}}$$

可见,各种传输线相当于一个相角为一定的阻抗元件,这个与整个分布参数电路等效的元件称为常相角元件(constant phase element,CPE)。

刘氏和 Kaplan 分别讨论了非均匀的传输线模型,把粗糙表面与分数维几何(分形)联系起来,用粗糙表面的分数维数来表示表面粗糙度,并把它和常相角指数联系起来。而史美伦则进一步提出了直接从 Nyquist 图求得常相角指数和表面的分数维数的方法,并把它用于铜电极表面粗糙度的研究。

(1)常相角指数法。

一般用 Contor 杆模型(图 18.19)来表示与液体相接触的粗糙表面,粗糙度用 Contor 杆模型中的槽数和分支阶数来表示。其对应的等效电路如图 18.20 所示。

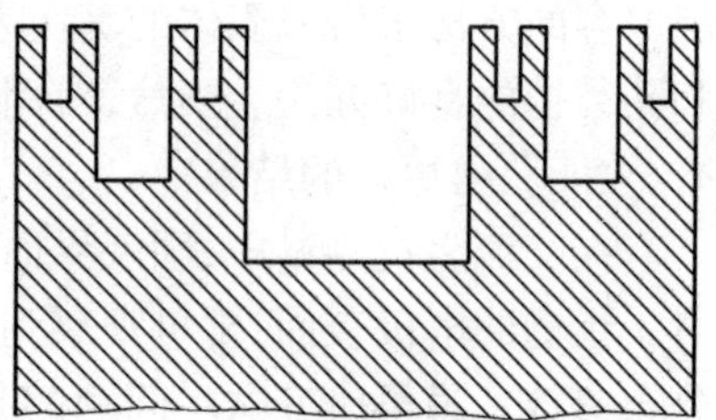

图 18.19 Confor 杆模型

其复数阻抗 $Z(\omega)$ 满足标度律,即

$$Z\left(\frac{\omega}{a}\right)=R+\frac{aZ(\omega)}{j\omega CZ(\omega)+2}$$

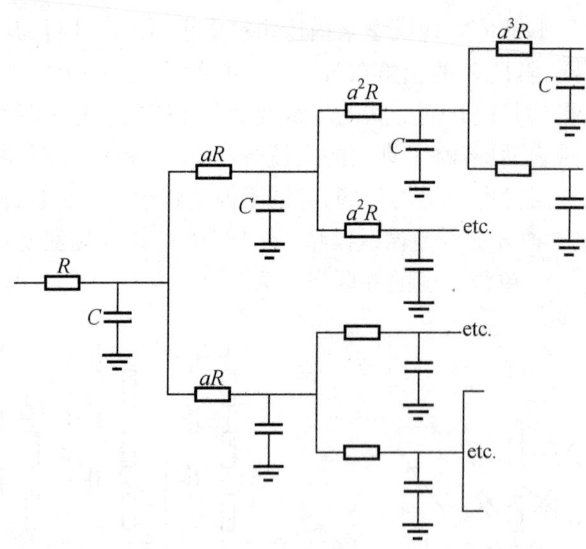

图 18.20 Confor 杆模型的等效电路图

式中,a 为标度因子;R 为电阻;C 为电容。对于给定的体系 a 不随表面粗糙度的变化而变化。若当 $\omega\to 0$ 时,$Z(\omega)$ 的发散慢于 $1/\omega$,即 $\omega Z(\omega)\to 0$,则当 $R\to 0$ 时,有

$$Z\left(\frac{\omega}{a}\right)=\left(\frac{a}{2}\right)Z(\omega)$$

可得

$$Z(\omega)=kR(\mathrm{j}RC\omega)^{-\eta}=KR(\mathrm{j}\omega)^{-\eta}$$

常相角元件的指数 η 满足下列关系

$$\eta=1-\frac{\ln(N)}{\ln(a)}=1-\bar{d}$$

式中，N 为 Contor 杆模型的槽数，直观地表征表面的粗糙度；$\bar{d}$ 为表面粗糙度的分数维表示，又粗糙表面的分数维数 $\bar{d}_s=2+\bar{d}$，因此 $\eta=3-\bar{d}_s$。对于光滑表面，槽数少（即 N 小），每一分支有一大的面积还原比（即大的 a），则 $\bar{d}$ 小，η 接近于 1。但一般 N 较难求得，只能直接建立 η 与 $\bar{d}$ 的关系。

用交流阻抗技术研究了不同电沉积时间的钙磷陶瓷沉积层，电化学沉积钙磷陶瓷是在室温条件下进行的，电解液中钙离子的浓度为 0.004 2 mol/L，磷酸二氢根离子的浓度为 0.002 5 mol/L，用氨水调节溶液 pH 值等于 5.5。工作电极是直径 1 mm 的钛铝钒合金，辅助电极和参比电极分别为大面积铂片和饱和甘汞电极（SCE）。在 $E=-1.60$ V 恒电位条件下，电化学沉积钙磷陶瓷，沉积时间分别控制为 5 min、10 min、15 min、20 min、25 min、30 min。

用德国 Zahner-BAS 公司生产的 IM6 阻抗频谱分析仪进行电化学交流阻抗测量及阻抗谱的拟合解析。在测量不同电沉积时间得到的钙磷陶瓷沉积层的交流阻抗谱过程中，控制直流电位 $E=-0.50$ V，交流幅值为 5 mV，频率范围为 $10^5\sim10^{-2}$ Hz。

考虑到所研究体系中各个部分的电化学响应并非严格对应于纯电容元件，在模拟解析时对所有涉及电容的元件都用恒相位角元件 CPE 来代替。恒相位角元件的阻抗值（Z_{CPE}）具体表达式为

$$Z(\omega)=KR(\mathrm{j}\omega)^{-\eta}$$

式中，K 为一常数；η 为常相位角元件的指数项。

除陶瓷沉积层对交流阻抗谱的影响外，还考虑了电极/溶液界面的双层电容、电极界面的极化电阻及溶液电阻，由此提出模拟陶瓷沉积层交流阻抗谱的等效电路如图 18.21 所示。

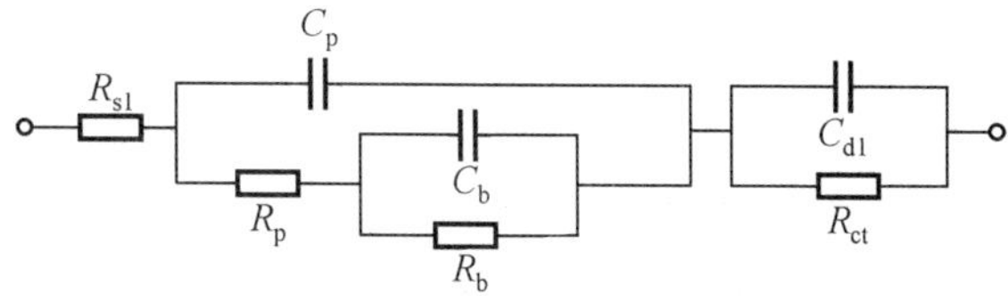

图 18.21　陶瓷沉积层交流阻抗等效电路图

图 18.21 中各元件所代表的意义如下：R_{sl} 为溶液电阻，C_p 为陶瓷沉积层外层电容，R_p 为陶瓷沉积层外层微孔电阻，C_b 为陶瓷沉积层内层电容，R_b 为陶瓷沉积层内层微孔电阻，C_{dl} 为双电层电容，R_{ct} 为界面电荷转移电阻。

不同电沉积时间得到的钙磷陶瓷沉积层的电化学阻抗谱如图 18.22 所示（分散点为实验值）。计算所得的不同沉积时间钙磷陶瓷沉积层的阻抗模拟值见表 18.2。

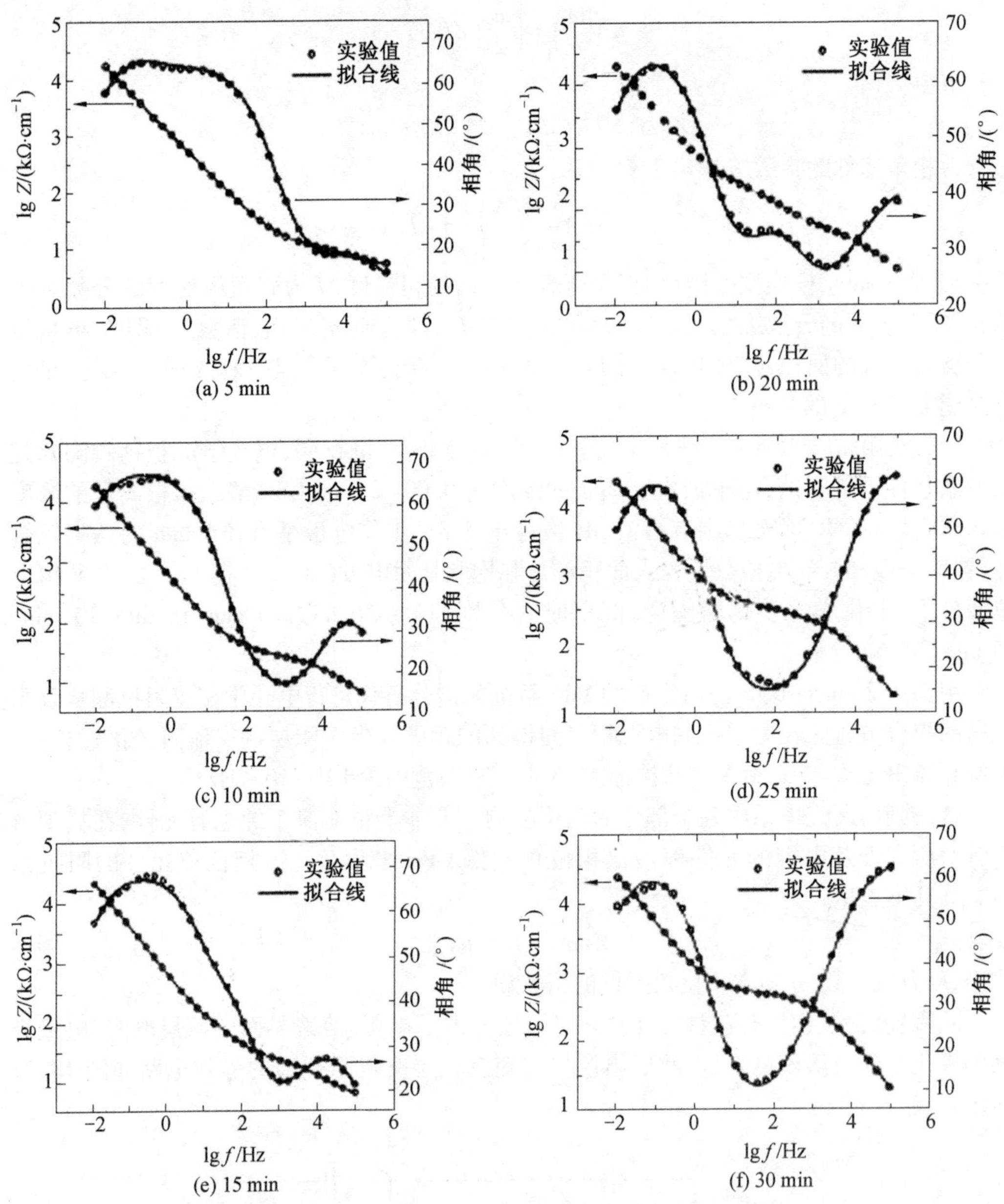

图 18.22 不同电沉积时间的钙磷陶瓷电沉积层的电化学阻抗谱

从表 18.2 可以看出,涉及界面双层电容的常相角元件的指数随着电沉积时间的增加,其值逐渐增大,即粗糙表面的分数维数逐渐减小,即电极表面的粗糙度逐渐降低。这种现象说明钙磷陶瓷优先沉积于电极表面粗糙度较大的地方,随着电沉积时间的增加,电极与溶液接触的裸露表面相对比较平整。涉及陶瓷沉积层的分形维数,无论是内层还是外层其值都是随着沉积时间的增加而逐渐减小,说明钙磷陶瓷沉积层的粗糙度在电化学沉积过程中逐渐降低,这可能是由于沉积过程中晶体颗粒嵌接长大及沉积层的密度增加所致。但对所有沉积时间的陶瓷沉积层来说，外层的粗糙度都比内层的粗。此结论则说明了电沉积陶瓷外层比较疏松、内层相对致密这一双层结构物理模型的正确性。

表 18.2　不同沉积时间的钙磷陶瓷沉积层的阻抗模拟值

时间/min	$C_d/\mu F$	η_d	$R_{ct}/M\Omega$	C_b/nF	η_b	$R_b/k\Omega$	C_p/nF	η_p	$R_p/k\Omega$	R_d/Ω
5	2.916	0.799 6	3.654	881.6	0.656 5	0.864 6	170.2	0.544 5	0.616 5	150.5
10	1.586	0.820 9	3.624	643.5	0.671 7	3.268	136.8	0.546 6	0.763 8	131.9
15	1.274	0.824 4	3.517	418.3	0.702 7	5.167	74.43	0.607 3	0.915 1	126.1
20	1.175	0.861 2	3.504	188.7	0.741 7	7.106	26.79	0.651 9	2.604	121.5
25	0.967 6	0.892 7	3.473	152.4	0.766 9	8.606	6.555	0.694 6	4.628	117.3
30	0.752 1	0.901 3	3.445	106.7	0.793 3	9.068	6.514	0.724 3	6.472	104.2

(2)史美伦法。

一般，滴汞电极体系表示为 Randles 等效电路(图 18.23)。其中，C_d 为双电层电容；Z_F 为法拉第阻抗；C_d 与 Z_F 并联电路的阻抗是

$$Z-R_\infty=\frac{R_0-R_\infty}{1+j\omega Z_F C_d}=\frac{R_0-R_\infty}{1+j\omega\tau}$$

式中，R_0 为 Z_F 中的电荷转移阻抗；$\tau=R_0C_d$。对于固体电极，由于存在分布电容，其等效电路如图 18.24 所示。

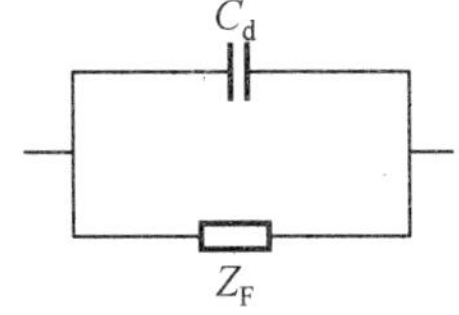

图 18.23　Randles 等效电路

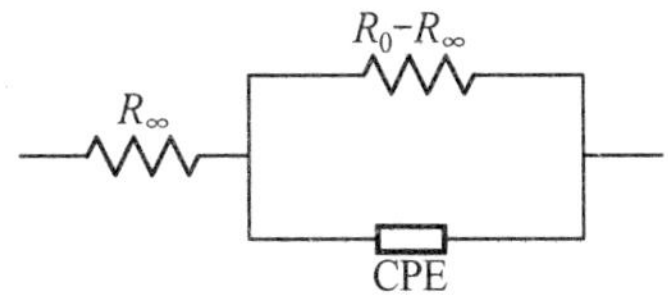

图 18.24　固体电极的等效电路

该等效电路的 Nyquist 图为一压扁的半圆弧，其圆心在实轴下方第四象限(图 18.25)。

严格来说，可用三点定圆，用复数非线性最小二乘法拟合来求得最优值，但实际应用中可以作近似处理。对于等效电路中存在常相角元件的情况，时间常数 τ 不是单值，而是连续地或分立地分布在一平均值 $\tau_m=\omega_m^{-1}$ 的周围，因此可根据不同

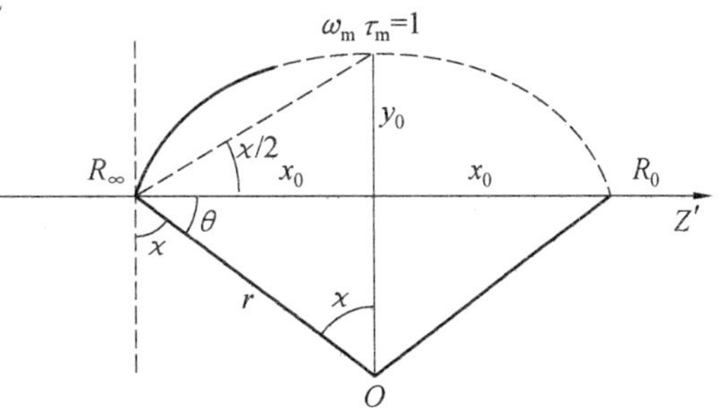

图 18.25　常相角原件的 Nyquist 图

ω 下的实验值 Z' 和 Z'' 求得 $\tau=RC=Z'/\omega Z''$ 的平均值 $\tau_m=\omega_m^{-1}$，τ_m 值的物理意义相当于 $\eta=1$ 时即圆弧未经压扁时的单值时间常数。从图 18.25 中可见

$$Z-R_\infty=\frac{R_0-R_\infty}{1+(j\omega\tau_m)^\eta}$$

从平均值 τ_m 立刻可得 ω_m 及 x_0、y_0 等值，从 x_0 和 y_0 易得角度 χ 和 θ（互为余角）：

$$x_\infty=\frac{R_0-R_\infty}{2},\quad \frac{\chi}{2}=\arctan\frac{y_0}{x_0}$$

可知，$\theta=\frac{\pi}{2}-\chi=\frac{\pi}{2}(1-\eta)$，因此可得

$$\eta=\frac{2\chi}{\pi}$$

将铜电极浸泡在不同浓度的苯并三唑（BTA）中缓蚀，缓蚀剂覆盖铜表面用的电极面积为 1 cm^2，电解液为质量分数为 3% NaCl 溶液，缓蚀剂体积浓度分别为 0 mg/L、15 mg/L、100 mg/L、350 mg/L 及 500 mg/L，浸泡时间为 2 h。测量在三电极体系中进行，铜电极为工作电极，铂电极和饱和甘汞电极分别为辅助电极和参比电极，阻抗测量从 0.05 Hz到 100 kHz 共取 42 个实验点，平均每一量级取 5 个点。不同缓蚀剂浓度下的铜电极的 Nyquist 图如图 18.26 所示。

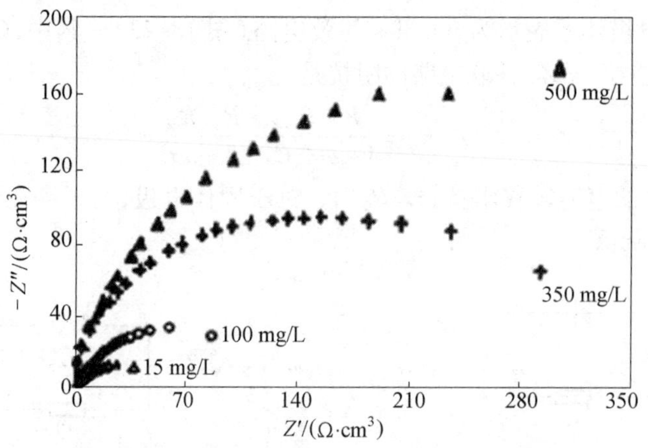

图 18.26 不同缓蚀剂浓度下的铜电极的 Nyquist 图

不同缓蚀剂浓度下阻抗的计算结果见表 18.3。

表 18.3 不同缓蚀剂浓度的计算结果

BTA 体积浓度 /(mg · L^{-1})	τ_m/s	ω_m/s^{-1}	η	$\bar{d}$	$\bar{d}_s$
0	0.212 1	4.715	0.760	0.240	2.240
15	1.061	0.943	0.576	0.424	2.424
100	1.061	0.943	0.650	0.350	3.350
350	0.212 1	4.715	0.776	0.222	2.222
500	0.454 5	2.200	0.883	0.117	2.117

从表 18.3 可见,随着 BTA 浓度的增加,η 增加,$\bar{d}$ 和 $\bar{d}_s$ 减小,较大的 η 和较小的 $\bar{d}_s$ 意味着较为致密的表面。表 18.3 中不含 BTA 溶液中的铜电极计算结果无法进行比较,这说明它具有不同的反应机理。

最后,在用 Nyquist 图中的压扁圆弧求取表面粗糙度及膜致密程度时,必须注意下列各点:

①图 18.26 中的 4 条圆弧有的在实验所测的低频下限尚未有明显可见的顶点,一般用公式进行计算处理以求取 ω_m,已见明显的压扁半圆顶点的,则直接以顶点的 ω 值为 ω_m 的近似值,测量该点的 x_0 和 y_0,便可直接通过 χ 求得 η。

②由于扩散过程的影响,Nyquist 图在低频区可能发散,此时必须弃去低频数据,利用中频或高频数据把圆弧向低频方向扩展。

当存在两个以上圆弧时,不论圆弧是相切的,或是互相交错而使图形产生畸变的,只要交盖仅在 $\omega<\omega_m$ 时显著,只需要弃去低频数据便行,若在高频上限处另外存在不明显的小圆弧,应在求平均时注意弃去。

4. 多层膜材料分析

电化学阻抗谱还是研究多层沉积过程的独特技术,可以用来监测多层膜的形成和表征多层膜的界面性能。以 Au 基板沉积多层多金属氧酸盐 $SiW_{12}O_{40}^{4-}$(SiW_{12})为例。Yang Xiurong 等人利用半胱胺(Cyst)提供带正电的表面,之后将基板交替浸入 SiW_{12}和 QPVP-Os 溶液中来制作多层膜。

图 18.27 显示了在含有 $Fe(CN)_6^{4-/3-}$ 的氧化还原探针的水溶液中具有不同层数的多层电极的典型阻抗特征。在 Au 膜界面上只有 $Fe(CN)^{4-}/_6^{3-}$ 反应发生,在电极上逐步形成多层膜的过程中,观察到阻抗谱的显着变化。首先,仅在 SiW_{12}/QPVP-Os 双层数较低的多层膜(早期形成阶段,$n=3$)的谱线中出现低频处的线,但是对于双层数较高的多层膜

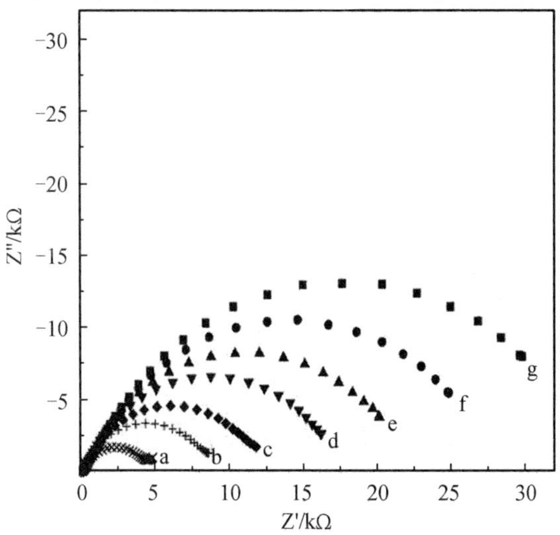

图 18.27　Au/Cyst/nSiW_{12}/(n−1)QPVP-Os 的多层化学修饰电极的复平面阻抗图,其 SiW_{12}/QPVP-Os 双层数 $n=3\sim9$(曲线 a 至 g)

(n>4)则不存在。其次,清楚地观察到半圆形部分的直径随着膜的生长而增加,这意味着在所研究范围内的任何频率下,反应都处于动力学控制之下。

在溶液中存在氧化还原探针的情况下,Randles 等效电路可以很好地描述电极-溶液界面的阻抗响应。该电路如图 18.28 所示,总阻抗由以下四个参数确定:①膜电极-溶液界面处的扩散 Gouy-Chapman 双层电容 C_{dl};②电荷转移电阻 R_{ct};③Warburg 元件 Z_w;④耐电解质R_{sol}。

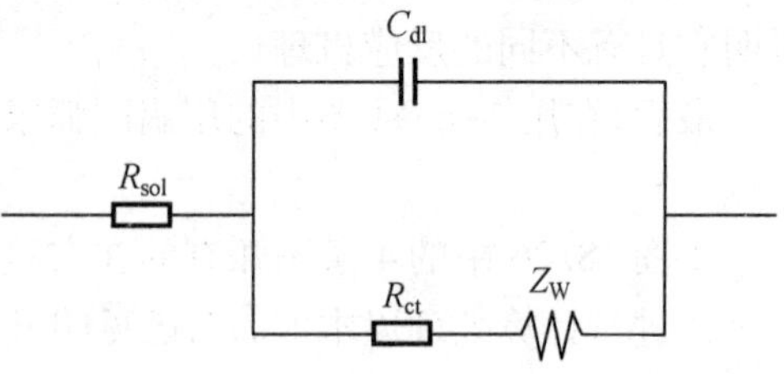

图 18.28 在 $Fe(CN)_6^{4-/3-}$ 作为氧化还原探针的情况下,在用多层膜修饰的 Au 电极上进行电化学阻抗谱测量的通用等效电路

图 18.29 显示了逐步沉积 SiW_{12}和QPVP-Os 层时的 R_{ct}变化。与外部双层相比,初始双层中的 R_{ct}值较小。该曲线显示了 R_{ct}与从第四个双层起的双层数之间的良好线性关系,但是初始 R_{ct}值(n<4)与随后的值相比并无规律。

可以假设氧化还原对和修饰电极之间电子转移的机理:①电活性物质可以透过薄膜渗透并在电极表面反应;②电活性物质可通过膜的孔或缺陷直接扩散到电极上的裸点。R_{ct}随着双层数的增加而非线性增加,表明初始双层中的结构与其余薄膜不同。在初始膜中,探针可以通过膜中的缺陷和针孔进入电极表面。当薄膜变厚时,通向电极表面的路径将越来越少。

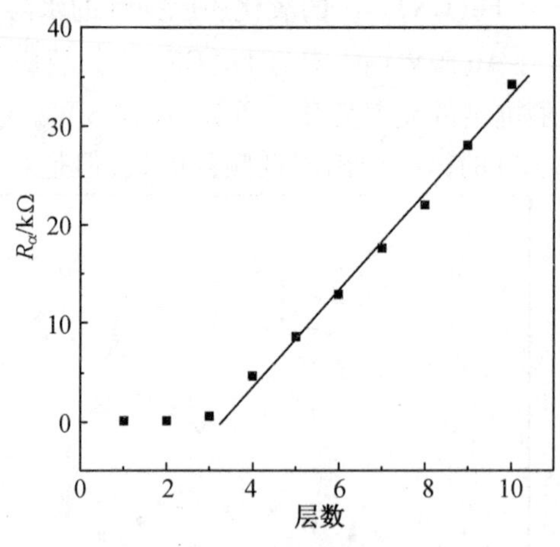

图 18.29 R_{ct}与双层数之间的关系

18.3 金属腐蚀速率的电化学测量法

18.3.1 Tafel 线外推法

极化曲线法或称 Tafel 线外推法,是通过金属腐蚀共轭反应的反应极化曲线推求金属腐蚀电流的方法。它是在恒电流或恒电势的条件下测定腐蚀电极体系的稳态伏安数据,

进而外推金属腐蚀电流,求出金属腐蚀速率。用电化学的方法测量金属的腐蚀比较快速,相对精度高,是研究金属腐蚀问题的重要手段。

金属均匀腐蚀的电化学机理。

当把金属铁浸在除 O_2 的盐酸中时,铁将不断“自动溶解”,同时放出氢气:

$$Fe+2H^+ \longrightarrow Fe^{2+}+H_2$$

这就是铁在酸性介质中的腐蚀反应。从电化学的角度来说,Fe/HCl 这个体系正是一个二重电极,即在 Fe/HCl 界面上有可能同时发生两个电极反应:

$$Fe \rightleftharpoons Fe^{2+}+2e^- \qquad (\alpha)$$

$$H_2 \rightleftharpoons 2H^++2e^- \qquad (\beta)$$

这两个反应称为“共轭反应”。因为如果没有(β)反应,则铁的溶解不可能持续下去,Fe 金属将与溶液中溶解的 Fe^{2+}建立平衡,假设平衡时 Fe^{2+}浓度为 10^{-2} mol/L,由 Nernst 公式计算,铁的平衡电势为

$$E_{Fe}^{P} \approx -0.50\ V$$

但是,由于存在共轭的(β)反应,(α)反应持续向右进行。这相当于电极 Fe/HCl 上存在着阳极电流 $I_{Fe}>0$。根据极化原则,应有

$$\eta_{Fe}=E-E_{Fe}^{P}>0$$

式中,E 代表 Fe/HCl 的电势;η_{Fe}为对于 E_{Fe}^{P}而言的超电势。因此 E 应大于-0.50 V。I_{Fe}与 E 的关系也就是铁电极 Fe/Fe^{2+}的极化曲线(电极反应为(α),图 18.27 中的曲线 *apb*)。

同理,I_H 与 E 的关系也可以根据氢电极($Fe/H_2,H^+$;电极反应为(β))的极化曲线(图 18.27 中的曲线 *Oqc*)来确定。

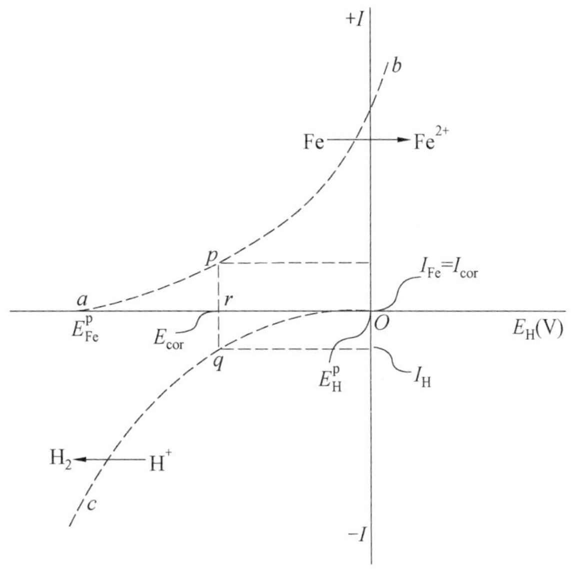

图 18.27　二重电极体系 Fe/HCl 的阳极极化曲线和阴极极化曲线示意图

E_H^P—H_2 的平衡电势;E_{Fe}^P—Fe 的平衡电势;E_{cor}—自腐蚀电势;I_{cor}—腐蚀电流

由于上述 Fe/HCl 电极体系并未与外电路连接,其净电流为 0,即

$$I_{Fe}=-I_H$$

故在稳定状态下，电极 Fe/HCl 的电势 E 应是能维持 $I_{Fe}=-I_H$ 的电势，这相当于图 18.27 中的 r 点，因为 $rp=rq$。实际上能测得 $E\approx-0.25$ V，这就是电极 Fe/HCl 的静态电势，也即自腐蚀电势 E_{cor}，因为它是金属处于腐蚀状态下的电势。金属的自腐蚀电势 E_{cor} 可以通过适当的参考电极，如饱和甘汞电极来测量。但由于此时电极上无净电流通过，故 I_{Fe}的数值无法直接测得。而这一数值反映了金属铁在 HCl 介质中的溶解速率，实际上也就是它的腐蚀速率，即

$$|I_{Fe}|=|I_H|=|I_{cor}|$$

I_{cor}称为腐蚀电流。

对于上述 Fe/HCl 电极体系，如果用恒电势或恒电流的方法进行稳态的伏安测量(I~E 的测量)时，所得到的极化曲线将既非图 18.27 中的 apb 线，也非其中的 Oqc 线，而是像图 18.28(a)中的 $bjrwc$ 实线，它代表 apb 和 Oqc 两线的代数和。

当外加电压，若将电极 Fe/HCl 极化到 u 点时，由图 18.28(a)可看出，这时的净电流 $I_{总}$ 几乎与 I_{Fe}相等。显然更高的极化将使两条极化曲线完全重合(jb 段)。同样，当对 Fe/HCl电极进行负向极化时，也将发生 cw 段的极化曲线的重合。

金属铁上的 H^+还原出 H_2 的过程是由迁移步骤控制的，它的 I~E 曲线将在高极化的部分段符合 Tafel 半对数关系，即

$$\eta_H=a_H+b_H\lg|I_H|$$

因此，如取 $\lg|I_H|$ 对 $E(\eta_H=E-E_H^P)$ 作图，在极化较高的范围，可得到一直线部分(Tafel 线，即图 18.28(b)中的 $c'w'$直线)，而在极化电势接近于 E_{cor}时，$\lg|I_H|$ ~E 线偏离直线(图 18.28(b)中的 $w'r'$段)。

假设 Fe 溶解的反应也是由迁移步骤控制的，同样取 $\lg|I_{Fe}|$对 E 作图，也将得到一直线段(图 18.28(b)中的 $j'b'$段)，而当极化电势接近于 E_{cor}时，也将偏离直线。

因此，在实际测量 Fe/HCl 电极体系的伏安关系时，所得到的 I~E 极化曲线将是图 18.28(a)中 $bjrwc$ 那样的曲线，相应的 $\lg|I|$ ~E 极化曲线将是图 18.28(b)中 $b'j'r'$和 $r'w'c'$那样的两条线。其中 $b'j'$段和 $c'w'$段都是线性的，是 Tafel 线，它们能分别代表极化较高时的 Fe|(Fe^{2+})电极的阳极极化曲线和 Fe|(H_2,H^+)电极的阴极极化曲线。现在可以把 $c'w'$线和 $b'j'$线分别延长，得到它们的交点 z，则 z 的纵坐标既能代表 $\lg|I_H|$，又能代表$\lg|I_{Fe}|$，实际上也就是 $\lg|I_{cor}|$，即

$$\lg|I_{Fe}|=\lg|I_H|=\lg|I_{cor}|$$

而 z 的横坐标则代表两个共轭反应电流相等的电势，也就是自腐蚀电势 E_{cor}。

实际测量时把金属样品制成“电极”的形式浸在腐蚀介质中，可采用恒电流或恒电势法测量稳态的伏安数据，作 $\lg|I|$ ~E 并找出其阴、阳极化曲线的线性部分，分别延长，根据交点确定样品的腐蚀电流 I_{cor}，就能求出金属的腐蚀速度为

$$v=\frac{I_{cor}}{\mathrm{F}}\left(\frac{\omega}{n}\right)\times100^2\times3\ 600=(3.6\times10^7)I_{cor}\frac{\omega}{nF}$$

式中，I_{cor}的单位是 A/cm^2；F=96 500 C/eg；ω 为金属的相对原子质量；n 为金属离子的价数。

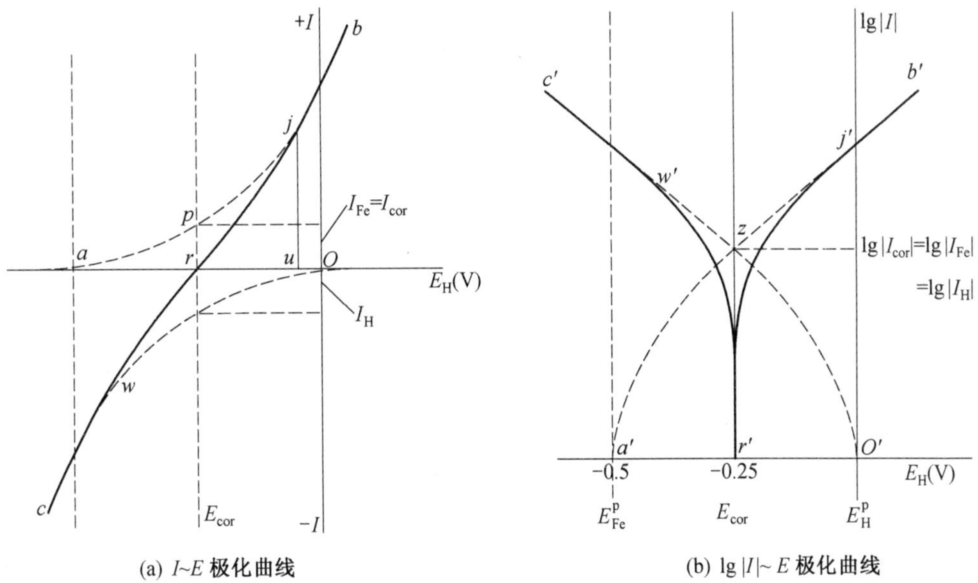

图 18.28　Fe/HCl(除氧)体系极化曲线示意图

以上的电化学法用于金属的均匀腐蚀。许多实验证明,利用 Tafel 线外推法求得的腐蚀速度与失重法求得的数据很好地符合。

18.3.2　极化电阻法

极化电阻法也是一种电化学的腐速测定方法,所用仪器可与 Tafel 曲线外推法完全一样,如图 18.29 所示。它是在腐蚀电势附近加一小量极化 η',此时电极上应有净电流 I'通过。由于极化量很小,故

$$I'/\eta'=\left(\frac{\mathrm{d}I}{\mathrm{d}E}\right)_{E=E_{cor}}=1/\left(\frac{\mathrm{d}E}{\mathrm{d}I}\right)E_{cor}$$

称$\left(\frac{\mathrm{d}E}{\mathrm{d}I}\right)E_{cor}$为极化电阻。

对于许多金属腐蚀电极体系来说,在 E_{cor}附近 η'和 I'的关系往往是线性的,也就是说$\left(\frac{\mathrm{d}E}{\mathrm{d}I}\right)E_{cor}$为常数。根据极化曲线的特征,可以推导出此常数是与腐蚀电流 I_{cor}成反比的,即

$$\frac{\eta'}{I'}=\left(\frac{\mathrm{d}\eta}{\mathrm{d}I}\right)_{E_{cor}}=\frac{b_A b_C}{2.3(b_A+b_C)}\times\frac{1}{I_{cor}}$$

式中,b_A 为金属腐蚀电极体系阳极极化曲线的 Tafel 线(相当于图 18.28(b)中线 $j'b'$)斜率;b_C 为相应阴极极化曲线的 Tafel 线(同图 18.28(b)$c'w'$)斜率。对于 Fe/HCl 体系来说,b_A 就是式 $\eta_{Fe}=a_{Fe}+b_{Fe}\lg|I_{Fe}|$的 b_{Fe};b_C 就是式 $\eta_H=a_H+b_H\lg|I_H|$的 b_H。

在实际进行极化电阻法测量时采用恒电势法,先测出腐蚀电势 E_{cor},然后加上固定的极化值,如+10 mV,则根据所得到的极化电流 I'就能计算出 I_{cor}。事实上可以无需每次都测定 b_A 和 b_C 的数值,只需要利用在同样的条件下以失重法获得的腐蚀数据进行标定,就

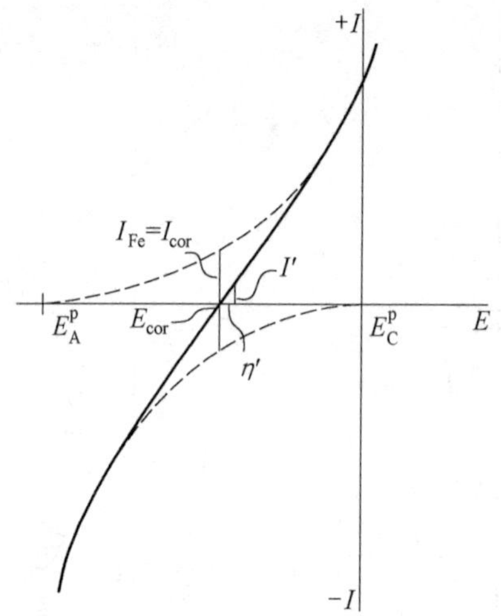

图 18.29　极化电阻法示意图

能直接从 I' 确定 I_{cor}，因此测量过程就大大简化了。还可以利用极化电阻法所具有的快速简便的特点，制成专用的“腐蚀测试仪”，用来进行金属设备腐蚀情况的现场监控或预报和快速地鉴别防腐措施的效率等。

需要特别强调的是，以上两种测试方法都只对均匀腐蚀有效。

习　　题

1. 电化学分析有哪些优点？
2. 如何对交流阻抗谱进行数据处理？

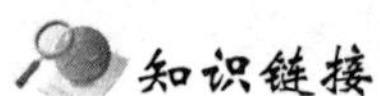 知识链接

伏打电堆的发明

电化学的发展始于 1800 年，意大利科学家亚历山德罗 · 伏特(Alessandro Volta)发明的伏打电堆。伏特也因这一发明而闻名世界，后来他受封为伯爵。为了纪念他，人们将电动势单位取名伏特。

1745 年，伏特出生于意大利科莫的一个富有的天主教家庭里。1775 年由于他的起电盘的发明，使伏特担任了科莫一些学校的物理教授。伏特在四十五岁生日后不久，读到了伽伐尼 1791 年的文章，这促使他后来完成了最大的发明和发现。他在研究中注意到，如果两种相互接触的不同金属放在舌上，就会引起一种特殊的感觉，有的是酸性的，有时是碱性的。伏特对这个问题进行了更深入的研究，使他发明了伏打电堆，这是历史上的神奇发明之一。伏特发现导电体可以分为两大类：第一类是金属，它们接触时会产生电势差；第二类是液体(在现代语言中称为电解质)，它们与浸在里面的金属之间没有很大的电差。而且第二类导体互相接触时也不会产生明显的电势差，而第一类导体可依次排列起来，使其中第一种相对于后面的一种是正的，例如锌对铜是正的，在一个金属链中，一种金

属和最后一种金属之间的电势差是一样的，仿佛其中不存在任何中间接触，而第一种金属和最后一种金属直接接触似的。

伏特最后得到了一种思想，他把一些第一种导体和第二种导体连接得使每一个接触点上产生的电势差可以相加。他把这种装置称为“电堆”，因为它是由浸在酸溶液中的锌板、铜板和布片重复许多层而构成的。他在一封写给英国皇家学会会长班克斯(1743—1820)的著名信件中介绍了他的发明，用的标题是《论不同导电物质接触产生的电》。电堆能产生连续的电流，它的强度的数量级比从静电起电机能得到的电流大，由此开始了一场真正的科学革命。

1801 年他去巴黎，在法国科学院表演了他的实验，当时拿破仑也在场，他立即下令授予伏特一枚特制金质奖章和一份养老金，于是伏特成为拿破仑的被保护人。1804 年他要求辞去帕维亚大学教授而退休时，拿破仑拒绝了他的要求，赐予他更多的名誉和金钱，并授予他伯爵的称号。

习题答案

第1章

1. 要获得一幅细节清晰的扫描电子像,应满足以下条件:

①像元的尺寸应当小于或等于人肉眼的分辨能力,有关这方面的质量通常用像元的数目来衡量。

②两像元间由于成像信息(如二次电子、背反射电子等)所贡献的亮度差异应远大于噪音,有关这方面的质量通常用信噪比来衡量。

③在试样上产生成像信息的体积单元,在线长度上应小于或等于相应一个像元周期内电子束所扫描过试样的距离。因为产生成像信息的体积单元决定了能区分开在试样上两点间最近距离的能力,故有关这方面的质量通常是用所谓分辨力来衡量。

此外,要获得一幅富有立体感的图像,主要同拍摄图像时的焦深有关;要获得一幅层次丰富和对比鲜明的图像,主要同拍摄时的衬度控制、宽容度控制、正确的曝光条件等有关。

2. X 射线显微分析在微区、微粒和微量成分分析上具有分析元素范围广、灵敏度高、准确、快速和不损耗试样等特点。

目前,这类显微分析术主要应用在如下几个方面:

①测定合金中微小析出相(0.1 ~ 10 μm)的成分,有助于弄清合金的组织结构。

②测定合金中沉淀物的成分,分析合金元素和含量和出现的沉淀相的关系,研究合金元素对材料力学性能影响的本质。

③测定材料中夹杂物的成分、大小、形状和分布,选择合理的生产工艺,以减小材料中有害夹杂的作用。

④测定晶界元素的偏析,分析晶界和晶粒内部的结构差异。

⑤通过元素含量的线分析,研究元素的扩散现象,为金属材料的表面化学热处理提供理论分析的实验依据。这种方法不但很方便地绘出成分与扩散距离的关系曲线,而且在微米级距离上逐点定量分析,能够精确地确定出两种不同物质之间的互扩散系数和扩散激活能。

⑥通过对一个扩散层从 100% 的纯金属开始直到浓度变化到零的位置,进行逐相分析,确定该温度下相图的相界位置。

⑦通过对材料的表层进行逐层成分分析,研究表面的氧化和腐蚀现象等。

3. 能直接观察样品原始表面,可观察厚块试样;试样在样品室可调自由度大;样品制备非常方便；观察试样视场大；景深大；放大倍数连续调节范围大；可进行动态观察。

4. 二次电子是样品与入射电子相互作用后，原子较外层电子（价带或导带电子）电离产生的。二次电子能量较低，仅在样品表面5～10 nm深度逸出表面，因此对表面形貌十分敏感，适用于显示样品形貌衬度，而其强度与原子序数没有明确关系，无法显示成分衬度；背散射电子是指入射电子与样品互作用后，再次逸出样品表面的高能电子，其能量接近入射电子能量。背散射电子产额随样品原子序数增大而增加，可以用来显示样品的成分衬度。

第2章

1. 透射电镜中，电子束穿样品成像，而电子束的透射本领不大，这就要求将样品制得很薄，使得电子束能穿透样品而不被吸收。扫描是通过电子束轰击样品表面激发产生的物理信号成像，不要求电子穿透样品，所以不要求样品非常薄。

2. 通过平移物镜光栏，分别让透射束或衍射束通过，仅让透射束通过的操作称为明场操作，所成的像为明场像；反之，仅让某一衍射束通过的操作称为暗场操作，所成的像为暗场像。通过二者对比，可以方便地进行物相鉴定和缺陷分析。

3. 电子衍射的原理和X射线衍射相似，以满足（或基本满足）布拉格方程作为产生衍射的必要条件。两种衍射技术得到的衍射花样在几何特征上也大致相似。单晶衍射花样由排列得十分整齐的斑点组成；多晶体的衍射花样是一系列不同半径的同心圆环；非晶态物质的衍射花样只有一个漫散的中心斑点。

第3章

1. 通过对XPS谱图的分析主要可以得到以下重要信息：

（1）元素定性：可以利用XPS内层光电子峰以及俄歇峰这两者的峰位置和强度作为“指纹”特征，进行元素定性鉴定。

（2）化学价态鉴定：通过XPS进行化学价态鉴定较为常用的是内层光电子峰的化学位移和震激伴峰，即峰的位置和峰形可以提供有关化学价态的信息。

（3）半定量分析：利用峰面积和原子灵敏度因子法进行XPS定量测量比较准确。

（4）深度分布：利用XPS研究深度分布有以下几种方法：①转动样品，改变出射角θ，研究样品各种信息随取样深度的变化，在改变θ时，注意谱峰强度的变化，就可以推定不同元素的深度分布；②测量同一元素不同动能的光电子峰强度比；③从有无能量损失峰鉴别体相原子或表面原子。对于表面原子峰两侧应对称且无能量损失峰。对于深层分布的原子，因出射的光电子要经历非弹性散射，使其能量损失，于是光电子峰低动能侧背景有提升；④离子刻蚀，逐层剥离表层，然后逐一对表面进行分析。

2. 利用XPS技术可以进行催化剂各组分（如活性组分、助催化剂）的剖析，可以研究活性相的组成与性能的关系、毒质及其效应，可以进行对反应机理、催化剂的组成-结构-活性之间的关联的研究等。XPS技术在催化中最基本、常见的应用是组分鉴别、价态分析以及半定量分析。

3. 化学位移:原子所处化学环境的变化引起的谱峰位移。(同种原子处于不同化学环境而引起的电子结合能变化,在谱线上造成的位移称为化学位移。)

XPS 谱图表示:横坐标:动能或结合,单位是 eV;纵坐标:相对强度。

4. (1)电离过程——一次过程 (Primary process)。

任何有足够能量的辐射或粒子,当与样品原子分子或固体碰撞时,原则上都能引起电离或激发,但光子分子及电子、分子之间的作用有很大的不同,电离过程是电子能谱学和表面分析技术中的主要过程之一。

光电离: $A+h\nu \to A^{+*}+e^-$(分立能量)$E_k=h\nu-E_B$

其中,A 为原子或分子;$h\nu$ 是光子能量

直接电离是一步过程,虽然光电离过程也是一个电子跃迁过程,但它有别于一般电子的吸收和发射过程,它不需遵守一定的选择定则,任何轨道上的电子都会被电离。

(2)弛豫过程——二次过程(secondary process)。

由电离过程产生的终态离子(A^{+*})是不稳定的,处于高激发态会自发发生弛豫(退激发)而变为稳定状态,这一弛豫过程分辐射弛豫和非辐射弛豫两种。

①荧光过程(辐射弛豫):处于高能级上的电子向电离产生的内层电子空穴跃迁,将多余能量以光子形式放出。

$$A^{+*} \to A^{+}h\nu'\text{(特征射线)}$$

②俄歇过程(非辐射弛豫):

$$A^{+*} \to A^{++*}+e^-\text{(分立能量-Auger)}$$

俄歇电子能量并不依赖于激发源的能量和类型。

第4章

1. 当电子束照射到样品表面时,将有带着该样品特征的俄歇电子从样品表面发射出来时,从俄歇电子可以得到如下信息:发射的俄歇电子能量,可以确定元素种类;俄歇电子数量,确定元素含量;正电子束聚焦、偏转和扫描,确定元素面分布;正离子束溅射刻蚀,确定元素深度分布。

2. 俄歇电子能谱作为一种重要的材料成分分析技术,最大的特点是信息来自于表面(0.3 ~3 nm),具有微区分析能力(横向与深度分辨率好),定量分析较好。

3. X-ray(或电子)激发固体中原子的内层电子,使原子电离从而发射出光电子(二次电子)。同时原子内层出现电子空穴,此时原子处于激发态。处于激发态的原子,这种状态是不稳定的,必然自发地跃迁至能量较低的状态,这一过程称为退激发,退激发的方式有两种:一种是发射特征 X-ray;另一种是较外层电子向空穴跃迁,退激发的能量使外层电子克服结合能脱离原子,发射出来的电子被称为俄歇电子。

4. 定性分析步骤如下:

(1)首先分析最强的峰,利用"主要俄歇电子能量图",可以把对应于此峰的可能元素减少到 2 ~3 种。然后通过这几种可能元素的标准谱的对比分析,确定究竟是什么元素的

峰。考虑到可能存在化学位移,测得的峰的能量与标准谱上峰的能量相差几个电子伏特被认为是不重要的,所以这种定性分析只用来进行元素的识别。

(2)确定是什么元素后,利用标准谱图,标明属于此元素的所有的峰。

(3)继续反复按此步骤去识别更弱的峰。含量少的元素,只有其主峰在被分析的谱图上可以被观察到。

(4)如果还有峰未确定,则它们可能是一次电子损失了一定能量背射出来形成的能量损失峰。可以改变一次束能量,观察峰是否移动,跟着移动的就不是俄歇峰。

通常采用上述步骤可以很快地进行元素识别。有时有这种情况:由于微量杂质的主峰与含量多的元素的次要峰重叠,以致微量杂质的主峰被“淹没”而使此微量杂质不能被检测出来,但这种情况一般不会发生。

第5章

1. 无需样品准备,样品可直接通过光纤探头或者通过玻璃、石英和光纤测量。

①由于水的拉曼散射很微弱,拉曼光谱是研究水溶液中的生物样品和化学化合物的理想工具。

②拉曼一次可以同时覆盖 0 ~ 4 000 cm^{-1} 波数的区间,可对有机物及无机物进行分析。

③拉曼光谱谱峰清晰尖锐,更适合定量研究数据库搜索以及运用差异分析进行定性研究。

④因为激光束的直径在它的聚焦部位通常只有 0.2 ~ 2 mm,常规拉曼光谱只需要少量的样品就可以得到。这是拉曼光谱相对常规红外光谱一个很大的优势。

⑤共振拉曼效应可以用来有选择性地增强大生物分子各个发色基团的振动,这些发色基团的拉曼光强能被选择性地增强 1 000 ~ 10 000 倍。

2. ①在拉曼光谱仪中,光源采用激光光源,激光的亮度非常高,为保护眼睛,在进行调整光路操作时,应把光源调到最小后,戴保护镜操作。池底的玻璃壁上反射的激光也会射到眼睛,因此在拉曼光谱的测试中,注意一定不要把眼睛直接对着光源。

②激光窗口及镜子一定要保持清洁,否则会降低激光强度。

③测试室的光线应比较暗,防止杂光进入分光器。

④在 100 cm^{-1} 以下进行扫描时,要调整狭缝宽度,需要注意的是不要将散射光调至瑞利散射区域,因为瑞利散射光的能量非常强,这种强光照射到检测器有可能把检测器烧坏。

3. 拉曼光谱测量的样品制备需注意:(1)由于拉曼散射光非常弱,仅约为荧光的万分之一,因此要采用非常纯净的样品,即使含有很少的荧光性杂质也很难测量。如果含有微量杂质在测量红外吸收光谱时仅会出现杂峰,但对拉曼散射的测量则很难。(2)如若测试溶液样品,则对于无色溶液试样的质量分数浓度为 5% ~10% 左右。(3)采用毛细血管法测试需要的试样量较少,采用旋转试样池法或喷雾流动法测样需要的样品量较多。

4. 答案:Rayleigh 散射:发生弹性碰撞,方向改变而未发生能量交换;Raman 散射:发生非弹性碰撞,方向改变并发生能量交换。

第6章

1. 金属中的自由电子具有波动性,当电子波(ψ)向表面传播遇到边界时,一部分被反射(ψ_R),而另一部分则可透过边界(ψ_T),从而在其表面形成电子云,电子云的密度随距表面的距离成指数衰减。当两金属靠得很近时,表面的电子云可以相互渗透,即金属1的透射波ψ_{T1}与金属2的透射波ψ_{T2}相互重叠,在两金属间形成电流,这一现象被称为隧道效应,由此产生的电流为隧道电流。隧道效应是粒子波动性体现,是一种典型的量子效应。此时,如果在两金属或半导体上施加电压,则电子定向流动,形成隧道电流。

2. STM的工作原理就是利用了电子隧道效应,用一个原子尺寸的针尖在样品表面扫描,当针尖与样品表面非常接近时,由于隧道效应可在针尖与样品表面之间形成隧道电流。隧道电流I是间距的指数函数,当d减小0.1 nm时,I将增加一个数量级。可见隧道电流I对样品表面的起伏是非常敏感的,当d小到原子尺度时,就可以得到样品表面原子排列和原子形态的清晰的图象。

3. STM有两种工作模式:恒流模式和恒高模式。恒流:保持隧道电流I不变,使针尖上下移动而改变高度Z;恒高:保持高度Z,使隧道电流I改变。

针尖沿着x/y方向扫描,就可以得到表面三维的数据,从而得到表面原子的分布,通过计算机的数据采集系统,转化成图像直接显示出来,也可以将数据转化成三维图像。二维图像,用景深表示z方向的信息,三维图像更直接地表示。

第7章

1. AFM利用一个对力敏感的传感器探测针尖与样品之间的相互作用力来实现表面成像,将针尖固定在对微弱力极其敏感的弹性微悬臂上,当针尖与样品表面接触时,针尖尖端原子与样品表面之间存着极微弱的作用力。当样品靠近针尖时,两者之间是范德华引力,当进一步接近时,变成范德华斥力。微悬臂会发生微小的弹性变形,通过测定微悬臂形变量ΔZ,就可以得到针尖与样品表面作用力与距离的关系,当针尖在样品表面进行扫描时,记录针尖运动的轨迹,就可以得到样品表面形貌的信息。

2. STM:检测记录针尖与样品表面之间隧道电流的变化;AFM:检测记录针尖与样品之间作用力的变化。由于AFM利用的是针尖与样品表面作用力,所以不受样品导电性能的影响。

第8章

1. X射线入射晶体时,作用于束缚较紧的电子,电子发生晶格振动,向空间辐射与入射波频率相同的电磁波(散射波),该电子成了新的辐射源,所有电子的散射波均可看成是由原子中心发出的,这样每个原子就成了发射源,它们向空间发射与入射波频率相同的散射波,由于这些散射波的频率相同,在空间中将发生干涉,在某些固定方向得到增强或减弱甚至消失,产生衍射现象,形成了波的干涉图案,即衍射花样。因此,衍射花样的本质是相干散射波在空间发射干涉的结果。当相干散射波为一系列平行波时,形成增强的必要条件是这些散射波具有相同的相位,或光程差为零或光程差为波长的整数倍。这些具有相同相位的散射线的集合构成了衍射束,晶体的衍射包括衍射束在空间的方向和强度

2. 极化因子;结构因子;多重性因子;吸收因子;温度因子。

3. 测试样品必须为单晶。选择表面光洁,颜色和透明度一致的单晶样品,不附着小晶体,没有缺损重叠,裂缝等缺陷。晶体长宽高的尺寸均为 0.1 ~ 0.4mm,对角线长度不超过 0.5mm。

第 9 章

1. 从分子式可以看出它是一个简单的饱和烃,在 1 380 cm^{-1} 处没有端基的二甲基双峰,可以认为在第一个碳原子上没有支链,乙基峰在 790 cm^{-1} 处,说明支链在内部的碳上,所以化合物为 3-甲基戊烷。

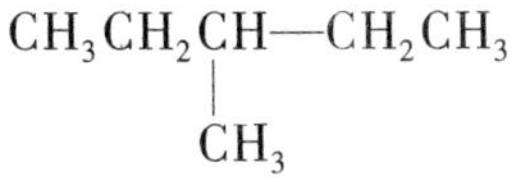

$$
\begin{array}{c}
CH_3CH_2\underset{\displaystyle\overset{|}{CH_3}}{CH}—CH_2CH_3
\end{array}
$$

2. 由分子式可求得化合物的不饱和度为 4,由红外谱图可知 3 010 cm^{-1} 处有吸收,1 500 ~ 1 480 cm^{-1} 和 1 610 ~ 1 590 cm^{-1} 区域中的 1 490 cm^{-1} 和 1 600 cm^{-1} 为苯环的伸缩振动吸收。在 763 cm^{-1} 和 698 cm^{-1} 处 C—H 面外弯曲振动是单取代苯环,在 2 970 cm^{-1}、2 900 cm^{-1} 和 2 850 cm^{-1} 与 1 460 cm^{-1} 的吸收表明烷烃是甲基,1 380 cm^{-1} 附近有 1 376 cm^{-1} 和1 356 cm^{-1} 双峰,且峰强度相等,因此应为异丙基,且在 1 150 cm^{-1} 处有异丙基的 C—C 骨架振动吸收,因此该化合物为异丙苯。

3. 由分子式可以计算出该化合物的不饱和度为 2,应有两个双键,或是一个含有单双键的环。1 810 cm^{-1} 和 1 740 cm^{-1} 为羰基的伸缩振动吸收,可能有两个羰基,1 040 cm^{-1} 为—CO—O—CO—单元的伸缩振动吸收,化合物是酸酐。1 465 cm^{-1} 和 1 370 cm^{-1} 是甲基和亚甲基的弯曲振动吸收,1 410 cm^{-1} 表示亚甲基和羰基相邻。该化合物应为丁酸酐,其结构为

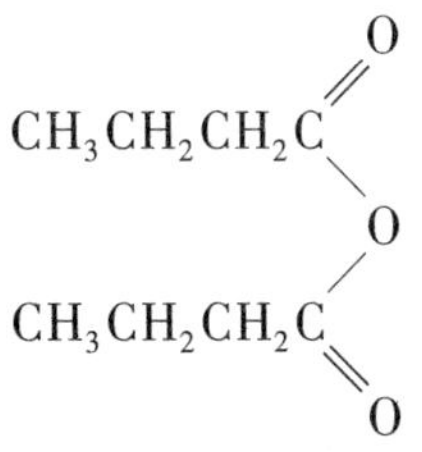

$$
(CH_3CH_2CH_2C(=O))_2O
$$

4. 由分子式可以计算出该化合物的不饱和度为 0,因此该化合物为饱和化合物。化合物中含 N,但是没有腈的吸收峰,因此不是腈。可能是胺,但是又没有 N-H 峰的吸收,因此可能是叔胺。790 cm^{-1} 峰是乙基峰,在 743 ~ 734 cm^{-1} 处没有丙基的吸收峰,因此该化合物应为三乙胺($(CH_3CH_2)_3N$)。

5. 化合物的不饱和度为(2×8+2-8)/2=5。3 083 cm^{-1},3 057 cm^{-1} 和 3 023cm^{-1} 处的吸收峰为多个不饱和碳的 C—H 伸缩振动,没有 3 000 ~ 2 500 cm^{-1} 的强吸收峰,说明不存

在饱和 C—H。苯环骨架振动出现在 1 629 cm^{-1},1 493 cm^{-1},1 447cm^{-1},吸收带很明显,说明有苯环结构,具有 4 个不饱和度。989 cm^{-1},908cm^{-1}为单取代烯烃的特征振动吸收峰,说明存在单取代烯烃结构,具有 1 个不饱和度;775 cm^{-1},694 cm^{-1}为单取代苯环峰。故该化合物结构为:

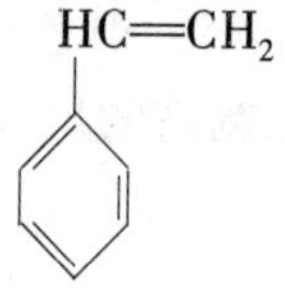

HC═CH_2

第 10 章

1. 影响漫反射光谱的因素通常包括:①粒度的大小;②样品表面的光洁度;③样品受潮或水分的存在;④稀释剂或稀释剂粒度的大小。

2. 紫外漫反射在分析测试中可应用在以下领域:可应用在药物分析、薄层色谱、测定有机酸性、染料、涂料、纤维和塑料等方面的测试和研究工作中,特别是颜色的测量一直是反射光谱的主要用途之一。

3. 共轭效应;立体化学效应:溶剂效应。

4. 转动、振动能级跃迁所需能量小于电子能级跃迁,故电子能级跃迁过程中伴随着振动和转动能级跃迁,如果单纯考虑电子吸收光谱,仅是一系列孤立的单线条,由于同时产生的各类振动、转动能级跃迁,光谱重叠在电子跃迁产生的单线上,连在一起形成谱带,成为紫外-可见吸收光谱。

第 11 章

1. 荧光分析法的特点是灵敏度高、选择性好、样品用量少和操作简单。

2. 荧光与磷光的根本区别是:荧光是由激发单重态最低振动能级到基态跃迁产生的辐射跃迁;磷光是由激发三重态的最低振动能级到基态跃迁产生的辐射跃迁。

3. 长;加强;减弱。

4. 造成荧光猝灭有如下原因:

①激发态荧光分子和猝灭剂分子碰撞,将能量转移到猝灭剂而使荧光猝灭。

②荧光分子与猝灭剂分子作用生成了本身不发光的物质。

③荧光物质分子中引入重原子后,易发生系间窜越而转变为三重态。

④当荧光物质浓度较大时,激发态分子和基态分子发生碰撞,产生荧光自猝灭现象。

⑤溶液中溶解的氧分子能引起几乎所有的荧光物质不同程度的荧光猝灭。

5. 利用荧光物质本身具有荧光激发光谱和发射光谱,实验时可选择任一波长来进行多组分的荧光测定。

若二组分的荧光光谱峰不重叠,可选用不同的发射波长来测定各组分的荧光强度;若二组分的荧光光谱峰相近,甚至重叠,而激发光谱有明显差别,这时可选用不同的激发波长来进行测定。

任何荧光分子都具有两种特征的光谱,即激发光谱和发射光谱。

第12章

一、选择题。

(1)A (2)A (3)A

二、简答题。

1. 荧光效率较高的物质常常具有的特点:①具有大共轭 π 键结构;②具有刚性平面结构;③取代基为给电子基。因为荧光素分子中的氧桥使其具有刚性平面结构,而这种结构可以减少分子的振动,使分子与溶剂或其他溶质分子的相互作用减小,也就减少了碰撞去活的可能性。因此荧光素的荧光量子产率高于酚酞的荧光量子产率。

2. 分子结构有利于电子离域的,则荧光增强。因此,一般邻位、对位给电子基团导致荧光增强。另外,有利于形成环状结构,导致分子刚性增大的化合物,荧光较强。所以邻羟基苯甲酸的荧光强度比其他两种异构体要大。

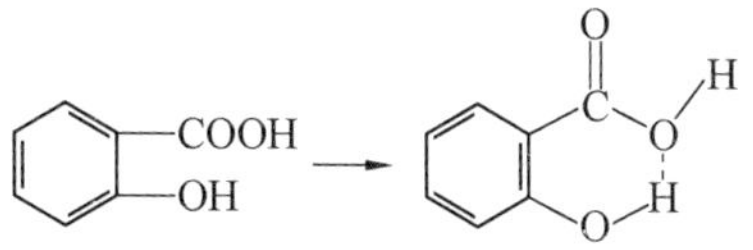

3. 连续 X 射线谱:一部分是具有连续波长的“白色”X 射线谱,称为连续谱或“白色”谱。从阴极发出的电子经高压加速到达阳极靶材时,由于单位时间内到达的电子数目大,而且到达靶材的时间和条件各不相同,并且大多数电子要经过多次碰撞,能量逐步损失掉因而出现连续变化的波长谱。

特征 X 射线谱:是由阳极金属材料成分决定的波长确定的特征 X 射线,称为特征谱,也称为单色谱或标识谱。从阴极发出的电子在高压加速后,如果电子的能量足够大而将阳极靶原子中内层电子击出留下空位,原子中其他层电子就会跃迁以填充该空位,同时将多余的能量以 X 射线光子的形式释放出来,结果得到具有固定能量,频率或波长的特征 X 射线。其 X 射线的频率和能量由电子跃迁前后级(E_2 和 E_1)决定,即 $h\nu=E_2-E_1$。

第13章

1. 计算不饱和度 $u=1$,可能存在双键,1.50×10^{-6} 和 1.59×10^{-6} 有小峰,峰高不大于 1 个质子,故为杂质峰。经谱图可见有 3 种质子,总积分值扣除杂质峰按 7 个质子分配。从低场向高场各种峰群的积分强度分别为 2 ∶ 2 ∶ 3,可能有—CH_2—、—CH_2—、—CH_3 基团。各分裂峰的裂距(J),低场三重峰为 7 Hz,高场三重峰为 8 Hz,所以这两个三峰没有耦合关系,但它们与中间六重峰有相互作用。这六重峰的质子为 2 个,所以使两边信号分裂为三重峰,则该化合物具有 CH_3—CH_2—CH_2—结构单元。参考所给定的分子式为 CH_3—CH_2—CH_2—NO_2,即 1-硝基丙烷。

2. 由分子式可知不饱和度 $u=4$,在谱图上 $\delta=7.3$ 左右有弱强强弱 4 条谱线属于 AA′BB′系统,这是对位二取代苯中质子的吸收峰形。$\delta=1.3$ 为甲基的吸收峰,受相邻碳上两质子的耦合裂分为三重峰。$\delta=2.6$ 为—CH_2—的吸收峰,受相邻甲基耦合而裂分为四重峰,所有 $\delta=1\sim3$ 之间的峰为 CH_3—CH_2—,另外根据分子式可知还有溴,所以化合物的分子式为 Br—Ph—CH_2—CH_3。

3. 计算不饱和度为0,是饱和化合物。从峰面积可以得到三种 H 的数量比为 1 : 6 : 9,$\delta=1.2$ 的 H 屏蔽最大,临近 CH_2 基团;$\delta=3.6$ 的 H 屏蔽中等,临近 CH_3 基团;$\delta=5.2$ 的 H 屏蔽最小,无临近 H 原子。根据分子式 $C_7H_{16}O_3$ 和图中信息,应该有三个排列对称的—CH_2CH_3 以及一个单独和 H,结构式如下:

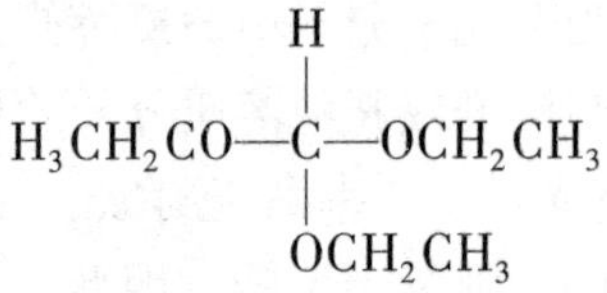

$$
\begin{array}{c}
\mathrm{H} \\
| \\
\mathrm{H_3CH_2CO{-}C{-}OCH_2CH_3} \\
| \\
\mathrm{OCH_2CH_3}
\end{array}
$$

4. 由分子式计算分子的不饱和度 $u=(8\times2+2-12)/2=3$。由低场到高场,分别为烯氢、碳氢相与饱和碳相连的饱和碳氢,积分比 1 : 2 : 3,总和为 6,恰为分子式中氢原子数的一半,故化合物应为对称结构;$\delta=1.32$ 三重峰和 $\delta=4.25$ 四重峰说明分子中有乙基,其中亚甲基($\delta=4.25$)为酰氧基去屏蔽处于较低场,似为乙酰基;烯氢处于 $\delta=6.9$,也为羰基去屏蔽。结构式如下:

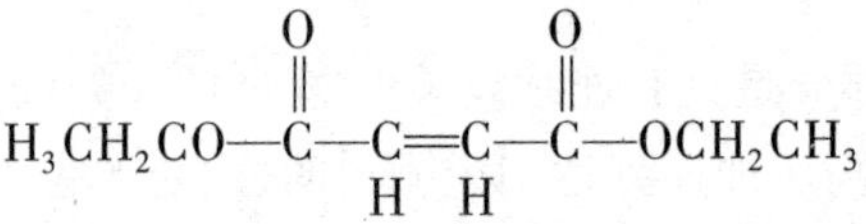

$$
\mathrm{H_3CH_2CO{-}\overset{\overset{\displaystyle O}{\|}}{C}{-}\underset{H}{C}{=}\underset{H}{C}{-}\overset{\overset{\displaystyle O}{\|}}{C}{-}OCH_2CH_3}
$$

第14章

1. ESR 和 NMR 的区别如下:①ESR 是研究电子磁矩与外磁场的相互作用,即通常认为的电子塞曼效应引起的,而 NMR 是研究核磁矩在外磁场中核塞曼能级间的跃迁,也就是说 ESR 和 NMR 是分别研究电子磁矩和核磁矩在外场中重新取向所需要的能量;②ESR的共振频段在微波波段(9.23 GHz),NMR 的共振频段在射频波段(~23 MHz);③ESR的灵敏度比 NMR 的灵敏度高,ESR 检出所需要自由基的绝对浓度约在 10^{-8}M 数量级。

2. 若原子含未成对电子,其在直流外磁场 B_0 的作用下产生能级分裂($\Delta E=E_\alpha-E_\beta$),当在垂直于磁场 B_0 方向上施加频率为 ν 的电磁波,使 $h\nu=\Delta E$,则处在上下两能级的电子受激跃迁,其净结果为一部分低能级中的电子吸收电磁波能量跃迁到高能级中,即电子顺磁共振现象。

3. 自由基;双基或多基;三重态分子;过渡金属离子和稀土离子;固体中的晶格缺陷;具有奇数电子的原子和含有单电子的分子等。

第15章

1. 质谱图上最大质荷比的峰为 $m/z=102$,下一个质荷比的峰为 87,二者相差 15,对应一个甲基,中性碎片的丢失是合理的,可以初步确定 $m/z=102$ 为分子离子峰。

该质谱分子离子峰较弱,也未见苯环碎片,由此可知该未知物为脂肪族化合物。

从 31、45、73、87 的系列峰可知该化合物含氧且为醇或醚类型。由于质谱上没有 M—18等有关离子，因此未知物应为脂肪族醚类化合物，结合相对分子质量 102 可推出未知物分子式为 $C_6H_{14}O$。

从高质量端 87 和强峰 73 可知二者分别为化合物碎裂时失去甲基、乙基后的离子峰。

综上所述，未知物的可能结构有以下两种：

$$H_3C-CH_2-CH(CH_3)-O-CH_2-CH_3 \qquad (H_3C)_2CH-CH_3$$

59 和 45 分别对应 87 和 73 失去 28 的分子峰，失去的分子式为 C_2H_4。因此，未知物结构式应为前者，产生 59 和 45 的峰在质谱中可见，若该化合物的结构式为后者，则可产生 45 和 31 的分子峰，而没有 59，因此后者结构被排除。

前者的主要碎裂途径：

$$CH_3CH_2^+ \ (m/z=29) \xleftarrow{-\dot{O}C_4H_9} CH_3CH_2CH(CH_3)\text{-}\dot{O}^{+}\text{-}CH_2CH_3 \xrightarrow{-\dot{C}H_3} CH_3CH_2CH(CH_3)\text{-}\overset{+}{O}{=}CH_2 \longrightarrow HO{=}CH_2 \ (m/z=31)$$

$$CH_3CH_2CH(CH_3)\text{-}\dot{O}^{+}\text{-}CH_2CH_3 \xrightarrow{-\dot{O}C_2H_5} H_3C-CH_2-CH^{+}(CH_3) \ (m/z=57)$$

$$CH_3CH_2CH(CH_3)\text{-}\dot{O}^{+}\text{-}CH_2CH_3 \xrightarrow{-CH_2CH_3} H_3C-CH{=}\overset{+}{O}-CH_2CH_3 \xrightarrow{-CH_2{=}CH_2} CH_3CH{=}\overset{+}{O}H \ (m/z=45)$$

$$CH_3CH_2CH(CH_3)\text{-}\dot{O}^{+}\text{-}CH_2CH_3 \xrightarrow{-\dot{C}H_3} H_3C-CH_2CH{=}\overset{+}{O}-CH_2CH_3 \ (m/z=59)$$

2. ①对应 B。

②对应 A。分子离子不稳定，分子离子峰强度为零。$M-H_2O-CH_3$ 产生基峰，$M-H_2O-C_3H_7$（环外支链）产生 93 峰。

③对应 C。因为酮类化合物分子离子峰较醇类化合物的强，在 A、B 和 C 中，C 的分子离子峰强度最大，且化合物 C 裂解后可以产生 69 的峰。

3. 4-甲基-2-戊酮和 3-甲基-2-戊酮的结构分别是：

$$H_3C-\overset{O}{\overset{\|}{C}}-CH_2\underset{CH_3}{\underset{|}{CH}}-CH_3 \qquad H_3C-\overset{O}{\overset{\|}{C}}-\underset{CH_3}{\underset{|}{CH}}-CH_2CH_3$$

重排裂解过程：

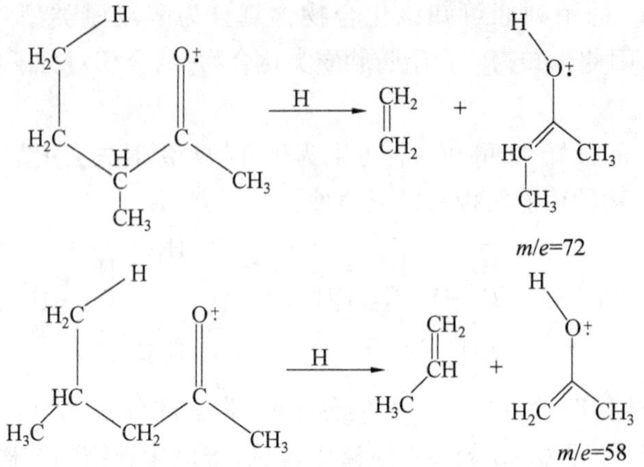

$$\mathrm{H_2C(H)-H_2C-CH(CH_3)-C(=O^{+\cdot})-CH_3} \xrightarrow{\mathrm{H}} \mathrm{CH_2{=}CH_2} + \mathrm{HC(CH_3){=}C(O^{+\cdot}H)CH_3}$$

m/e=72

$$\mathrm{H_2C(H)-CH(CH_3)-CH_2-C(=O^{+\cdot})-CH_3} \xrightarrow{\mathrm{H}} \mathrm{CH_2{=}CH-CH_3} + \mathrm{H_2C{=}C(O^{+\cdot}H)CH_3}$$

m/e=58

可以看出4-甲基-2-戊酮的特征峰是 $m/z=58$,3-甲基-2-戊酮的特征峰是$m/z=72$。而图15.8(b)中有 $m/z=72$ 的特征峰,因此是3-甲基-2-戊酮的质谱图;图15.8(a)谱图中有 $m/z=58$ 的特征峰,是4-甲基-2-戊酮的质谱图。

4.解析过程如下:

①未知物分子的分子离子峰应为100,从分子离子断下来的最小碎片分子的相对分子质量为15。

②由于(M+2)峰很弱,所有化合物中没有Cl、Br、S等元素存在。

③M、M+1和M+2峰的相对强度无法精确测量,因此,除了估计未知物的分子不含氮或含偶数个氮原子外,无法按通常的方法确定分子。

④由于质谱中大部分离子的质量数为奇数,联系相对分子质量为偶数这一事实,估计未知物不含氮原子。如果确是这样,则82和54峰的两个碎片离子是奇电子碎片离子,并且后者只能是[C_3H_2O]或[C_4H_6]。

⑤前5个从分子离子断下的较大碎片,它们的相对分子质量分别是15、17、18、45和46,如果未知物不含氮,则前3个碎片为CH_3、OH和H_2O。相对分子质量45的碎片由17和28组成,几乎可以肯定是HO+CO,即未知物含有羧基。

⑥低质量的碎片离子有19、39、41、54和55,因为未知物不含氮,故39峰的碎片离子应是$C_3H_3^+$,并且41峰的碎片离子可能就是$C_3H_5^+$。

综上所述,未知物分子含有一个羧基和一个甲基,而分子的其余部分(质量数为100-45-15=40)只能是C_2O或C_3H_4。显然,后者的可能性更大。这样,未知物的分子式为$C_5H_8O_2$。

⑦该未知物的不饱和度为2,除了一个羧基外,还应有一个双键。结合其他的化学知识推测,未知物很可能是α,β-不饱和酸,其结构可能是

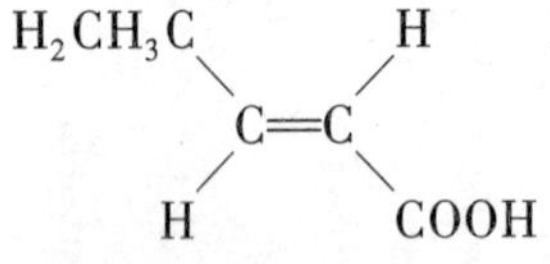

$$\mathrm{(H_2CH_3C)(H)C{=}C(H)(COOH)}$$

(Ⅰ)

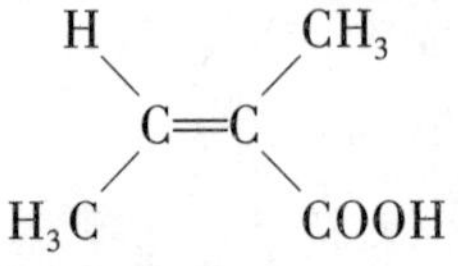

$$\mathrm{(H)(H_3C)C{=}C(CH_3)(COOH)}$$

(Ⅱ)

$$\mathrm{(H_3C)(H_3C)C{=}C(H)(COOH)}$$

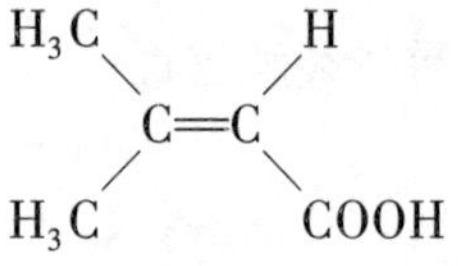

(Ⅲ)

因为质谱中没有$[M-29]^+$峰，因而可以否定(Ⅰ)，而认为未知物的结构可能是(Ⅱ)或(Ⅲ)，实际上只需再做一个核磁共振谱就可以确定其具体结构。

5. 2-乙氧基丁烷与乙基正丁基醚的结构式分别为：

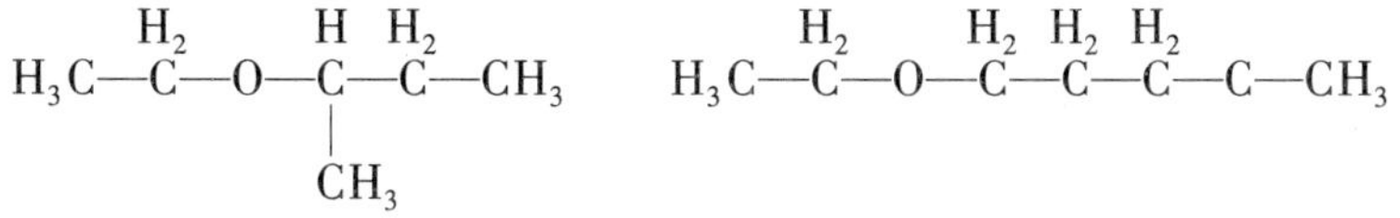

$$H_3C-\overset{H_2}{C}-O-\underset{CH_3}{\overset{H}{C}}-\overset{H_2}{C}-CH_3 \qquad H_3C-\overset{H_2}{C}-O-\overset{H_2}{C}-\overset{H_2}{C}-\overset{H_2}{C}-CH_3$$

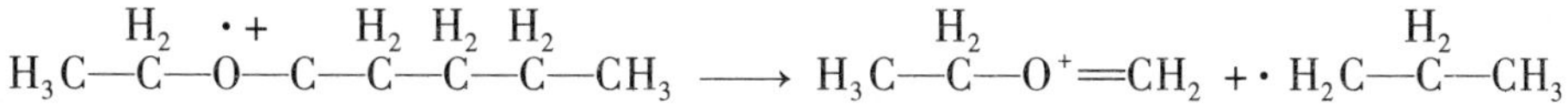

β 开裂过程：

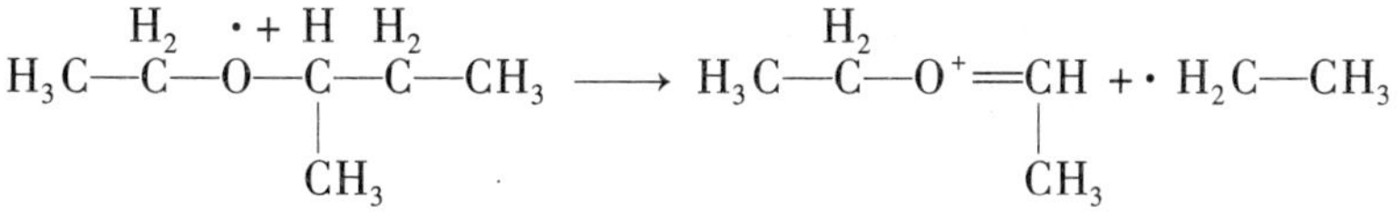

$$H_3C-\overset{H_2}{C}-\overset{\cdot +}{O}-\underset{CH_3}{\overset{H}{C}}-\overset{H_2}{C}-CH_3 \longrightarrow \underset{m/e=73}{H_3C-\overset{H_2}{C}-O^+{=}\underset{CH_3}{CH}} + \cdot H_2C-CH_3$$

$$H_3C-\overset{H_2}{C}-\overset{\cdot +}{O}-C-\overset{H_2}{C}-\overset{H_2}{C}-\overset{H_2}{C}-CH_3 \longrightarrow \underset{m/e=59}{H_3C-\overset{H_2}{C}-O^+{=}CH_2} + \cdot H_2C-\overset{H_2}{C}-CH_3$$

可以看出2-乙氧基丁烷的特征峰是$m/z=73$，乙基正丁基醚的特征峰是$m/z=59$。所以图15.10(a)为乙基正丁基醚，15.10(b)为2-乙氧基丁烷。

第16章

1. ①仪器因素：震动；浮力；冷凝；对流等。②实验条件：升温速度；气氛；样品粒度、用量和装填情况等。

2. 差热分析是以恒的加热速度加热样品时，观察样品温度的变化速度，从而研究样品的相变和化学变化。缓慢加热样品时，如果样品不发生变化，应以稳定速度升温，但当发生放热反应时，则样品温度上升速度大于升温速度，此时差示信号(ΔT样品随温度T的变化)为正。

反之，吸热反应的差示信号为负。

3. 差示扫描量热法(DSC)是在温度程序控制下，测量输给物质和参比物的功率差与温度关系的一种技术。根据测量方法，这种技术可分为功率补偿式差示扫描量热法和热流式差示扫描量热法。对于功率补偿型DSC技术要求试样和参比物温度，无论试样吸热或放热都要处于动态零位平衡状态。而实现使ΔT等于0，其办法就是通过功率补偿。对于热流式DSC技术则要求试样和参比物温差ΔT与试样和参比物间热流量差成正比例关系。

第17章

1. 激发电位；跃迁几率；统计权重；原子总密度；激发温度。

2. 对于固体样品一般采用消解的方式转化为液体进行测定，方法包括干灰化法、湿灰化法与微波消解。难溶、对于易挥发或易污染的样品，需对固体样品直接分析，进样方法有固体粉末直接进样、样品直接插入、火花溅射、激光剥蚀、悬浮液进样等。

第18章

1. 电化学分析方法的仪器较简单,测量速度快,不仅可以进行组分含量分析,还可以进行价态、形态分析以及用于研究电极过程和表面现象、电极过程动力学、氧化还原过程动力学、催化过程、有机电极过程、吸附现象、金属腐蚀速率等。

2. (1)不用等效电路的方法:从 Bode 模图出发寻求阻抗的表达式。

(2)应用等效电路的方法:①阻抗等效电路已知:对于阻抗谱曲线较简单的系统,可从曲线形状直接得到等效电路的知识。对于一些简单的物理或化学过程,也可从对该过程的知识出发,做出相应等效电路。对于阻抗等效电路已知的系统,阻抗数据可以用来确定等效电路中的元件参数。

②阻抗等效电路未知:通过对阻抗数据分析来求出最可能的等效电路,并求出该等效电路中各等效元件的参数。

参考文献

[1] 张寿禄. 电子背散射衍射技术及其应用[J]. 电子显微学报, 2002, 21 (5): 703-704.

[2] 汤雪明, 戴书文. 生物样品的环境扫描电镜观察[J]. 电子显微学报, 2001, 20(3): 217-223.

[3] 闫允杰, 唐国翌. 利用场发射扫描电镜的低电压高性能进行材料表征[J]. 电子显微学报, 2001, 20(4): 275-278.

[4] WU X C, WEI W, JIANG J W, et al. High-flux high-selectivity metal-organic framework MIL-160 membrane for xylene isomer separation by pervaporation[J]. Angewandte Chemie International Edition, 2018, 57 (47): 15354-15358.

[5] 周玉, 武高辉. 材料分析测试技术——材料 X 射线衍射与电子显微分析[M]. 哈尔滨: 哈尔滨工业大学出版社, 1998.

[6] LIU C, LIN L N, SUN Q, et al. Site-specific growth of MOF-on-MOF heterostructures with controllable nano-architectures: beyond the combination of MOF analogues [J]. Chemical Science, 2020, 11 (14): 3680-3686.

[7] 左演声, 陈文哲, 梁伟. 材料现代分析方法[M]. 北京: 北京工业大学出版社, 2000.

[8] 骆燕, 王德海, 蔡延庆. 丙烯酸酯紫外光固化材料表面的 XPS 研究[J]. 感光科学与光化学, 2006, 24(6): 428-435.

[9] LV S W, LIU J M, LI C Y, et al. A novel and universal metal-organic frameworks sensing platform for selective detection and efficient removal of heavy metal ions[J]. Chemical Engineering Journal, 2019, 375: 122111.

[10] 赵林, 李侃社, 闫兰英, 等. 磺基水杨酸掺杂聚苯胺/石墨复合粉体的研究[J]. 高分子材料科学与工程, 2005, 21(2): 292-295.

[11] 吴宁晶, 黄礼侃, 郑安, 等. 聚苯乙烯/聚二甲基硅氧烷嵌段与接枝共聚物表面聚集态的研究[J]. 高分子学报, 2005, 24(1): 137-141.

[12] 王幸宜. 催化剂表征[M]. 上海: 华东理工大学出版社, 2008.

[13] 刘志广, 张华, 李亚明. 仪器分析[M]. 大连: 大连理工大学出版社, 2004.

[14] ALPHEI L D, DOBBE C, BECKER V, et al. A high-temperature Auger electron spectrometer setup and its application to reactive wetting experiments at 1700 K[J]. Journal of Materials Science, 2015, 50 (8): 3175-3182.

[15] 孟令芝, 龚淑玲, 何永炳. 有机波谱分析[M]. 2 版. 北京: 武汉大学出版社, 2003.

[16] 张华，彭勤纪，李亚明，等. 现代有机波谱分析[M]. 北京：化学工业出版社，2005.
[17] 胡继明，胡军. 拉曼光谱在分析化学中的应用进展[J]. 分析化学评论与进展，2000，28(6)：764-771.
[18] 伍林，欧阳兆辉，曹淑超. 拉曼光谱技术的应用及研究进展[J]. 光散射学报，2005，17(2)：180-186.
[19] STANKOVICH S，DIKIN D A，PINER R D，et al. Synthesis of graphene-based nanosheets via chemical reduction of exfoliated graphite oxide[J]. Carbon，2007，45(7)：1558-1565.
[20] 陈培榕，邓勃主. 现代仪器分析实验与技术[M]. 北京：清华大学出版社，1999.
[21] 朱传凤，王琛. 扫描探针显微术应用进展[M]. 北京：化学工业出版社，2007.
[22] CAI Z F，ZHAN G L，DAUKIYA L，et al. Electric-field-mediated reversible transformation between supramolecular networks and covalent organic frameworks[J]. Journal of the American Chemical Society，2019，141 (29)：11404-11408.
[23] GUO S J，DONG S J，WANG E K. Three-dimensional Pt-on-Pd bimetallic nanodendrites supported on graphene nanosheet：facile synthesis and used as an advanced nanoelectrocatalyst for methanol oxidation[J]. ACS Nano，2010，4 (1)：547-555.
[24] 陈小明，蔡继文. 单晶结构分析原理与实践[M]. 北京：科学出版社，2003.
[25] KRISHNAMOORTHY K，VEERAPANDIAN M，YUN K，et al. The chemical and structural analysis of graphene oxide with different degrees of oxidation[J]. Carbon，2013，53：38-49.
[26] 马礼敦. 高等结构分析[M]. 上海：复旦大学出版社，2002.
[27] FAIT M J G，ABDALLAH R，LINKE D，et al. A novel multi-channel reactor system combined with operando UV/vis diffuse reflectance spectroscopy：Proof of principle[J]. Catalysis Today，2009，142 (3-4)：196-201.
[28] 张华. 现代有机波谱分析[M]. 北京：化学工业出版社，2005.
[29] 冯金城. 有机化合物结构分析与鉴定[M]. 北京：国防工业出版社，2003.
[30] 陆婉珍，袁洪福，徐广通，等. 现代近红外光谱分析技术[M]. 北京：中国石化出版社，2007.
[31] 刘宏民. 实用有机光谱解析[M]. 郑州：郑州大学出版社，2008.
[32] 高向阳. 新编仪器分析[M]. 北京：科学出版社，2004.
[33] GUO X L，ZHU N S，WANG S P，et al. Stimuli-responsive luminescent properties of tetraphenylethene-based strontium and cobalt metal-organic frameworks[J]. Angewandte Chemie International Edition，2020，59 (44)：19716-19721.
[34] 钟润生，张锡辉，管运涛，等. 三维荧光指纹光谱用于污染河流溶解性有机物来源示踪研究[J]. 光谱学与光谱分析，2008，28(2)：341-351.
[35] 吉昂，陶光仪，卓尚君，等. X 射线荧光光谱分析[M]. 北京：科学出版社，2003.

[36] 刘粤惠，刘平安. X 射线衍射分析原理与应用[M]. 北京：化学工业出版社，2003.

[37] 梁钰. X 射线荧光光谱分析基础[M]. 北京：科学出版社，2007.

[38] GALINA V. PASHKOVA. X-ray fluorescence determination of element contents in milk and dairy products[J]. Food Analytical Methods, 2009, 2 (4): 303-310.

[39] 马礼敦，杨福家. 同步辐射应用概念[M]. 上海：复旦大学出版社，2005.

[40] 毛希安. 核磁共振基础简论[M]. 北京：科学出版社，1996.

[41] DUAN P, MORETON J C, TAVARES S R, et al. Polymer infiltration into metal-organic frameworks in mixed-matrix membranes detected in situ by NMR[J]. Journal of the American Chemical Society, 2019, 141 (18): 7589-7595.

[42] 宁永成. 有机化合物结构鉴定与有机波谱学[M]. 2 版. 北京：科学出版社，2000.

[43] 张华主. 现代有机波谱分析[M]. 北京：化学工业出版社，2005.

[44] 冯金城. 有机化合物结构分析和鉴定[M]. 北京：国防工业出版社，2003.

[45] 邓芹英，刘岚，邓慧敏. 波谱分析教程[M]. 北京：科学出版社，2003.

[46] WU S M, LIU X L, LIAN X L, et al. Homojunction of oxygen and titanium vacancies and its interfacial n-p effect[J]. Advanced Materials, 2018, 30 (32): 1802173.

[47] 黄达峰，罗修泉，李喜斌. 同位素质谱技术与应用[M]. 北京：化学工业出版社，2006.

[48] 赵墨田，曹永明，陈刚. 无机质谱概论[M]. 北京：化学工业出版社，2006.

[49] 杨万龙，李文友. 仪器分析实验[M]. 北京：科学出版社，2008.

[50] 魏月英，林木良，李晓燕. 用热分析方法研究药物降解过程及动力学[J]. 广州化工，2003，31(1)：41-43.

[51] XING K, FAN R Q, WANG F Y, et al. Dual-stimulus-triggered programmable drug release and luminescent ratiometric pH sensing from chemically stable biocompatible zinc metal-organic framework[J]. ACS Applied Materials & Interfaces, 2018, 10 (26): 22746-22756.

[52] 黄新民，解挺. 材料分析测试方法[M]. 北京：国防工业出版社，2006.

[53] 陈培榕，李景虹，邓勃. 现代仪器分析试验与技术[M]. 北京：清华大学出版社，2006.

[54] SHULTZ A M, SARJEANT A A, FARHA O K, et al. Post-synthesis modification of a metal-organic framework to form metallosalen-containing MOF materials[J]. Journal of the American Chemical Society, 2011, 133 (34): 13252-13255.

[55] 史美伦. 交流阻抗谱原理及应用[M]. 北京：国防工业出版社，2001.

[56] 张建民，扬长春，石秋芝，等. 交流阻抗谱研究钙磷陶瓷电沉积层的结构[J]. 硅酸盐学报，2003，31，2：127-132.

[57] CHENG Z L, CHENG L, GAO Q, et al. Characterization of organic-inorganic multilayer films by cyclic voltammetry, UV-Vis spectrometry, X-ray photoelectron spectroscopy, small-angle X-ray diffraction and electrochemical impedance spectroscopy[J]. Journal of

Materials Chemistry, 2002, 12 (6): 1724-1729.

[58] 蒋肖斌. 中科院首台扫描隧道显微镜入藏国博, 30 年前有段传奇故事[N]. 中国青年报, 2019-08-14.

[59] 斯托克斯 G G. 力学[M]//朱照宣. 中国大百科全书(74 卷). 北京: 中国大百科全书出版社, 1985.

[60] DANIEL R, FRANZ G, Calvin F. Quate (1923—2019) [J]. Science, 2019, 365 (6455): 760.

名词索引